westermann

Herausgegeben von
Bernhard Euler
Martin Zacharias

5

ELEMENTE der Mathematik

ELEMENTE der Mathematik

Herausgegeben von
Bernhard Euler, Martin Zacharias

Bearbeitet von
Florian Ehrmann, Bernhard Euler, Dr. Tatjana Hoenig, Eva Marks, Elke Renwanz, Martin Zacharias

Zum Schülerband erscheinen:
Lösungen: Best.-Nr. 978-3-14-109652-1
Arbeitsheft mit Lösungen: Best.-Nr. 978-3-14-109653-8
Arbeitsheft mit interaktiven Übungen und Lösungen: Best.-Nr. 978-3-14-109655-2

Druck A² / Jahr 2024
Alle Drucke der Serie A sind im Unterricht parallel verwendbar.

Redaktion: Björn Deling
Illustrationen: Mario Valentinelli, Rostock
Umschlagentwurf: Lio Designagentur, Braunschweig
Innenlayout: Janssen Kahlert Design & Kommunikation GmbH, Hannover
Druck und Bindung: Westermann Druck GmbH, Georg-Westermann-Allee 66, 38104 Braunschweig

ISBN 978-3-14-**109651**-4

1 Daten und Zahlen

2 Brüche

3 Geometrie

4 Rechnen mit natürlichen Zahlen

5 Größen

6 Körper

7 Flächeninhalt

8 Argumentieren und Begründen

9 Rechnen mit Brüchen

Vorbereiten und Wiederholen

Vorbereiten: Grundlagen nachschlagen und üben

QR-Code: Link auf Videos und weitere Materialien
Den **Web-Code** unter www.westermann.de/webcode eingeben.

Einstieg: Neugierig werden, Neues kennenlernen

Information: Neues kurz erklärt und zusammengefasst

Beispiele: Neues Wissen konkret angewendet

Die **Überschriften** verraten dir, was dich in den Aufgaben erwartet.

Üben, üben, üben
trainieren, verstehen, vertiefen
- einfach
- mittel
- schwieriger

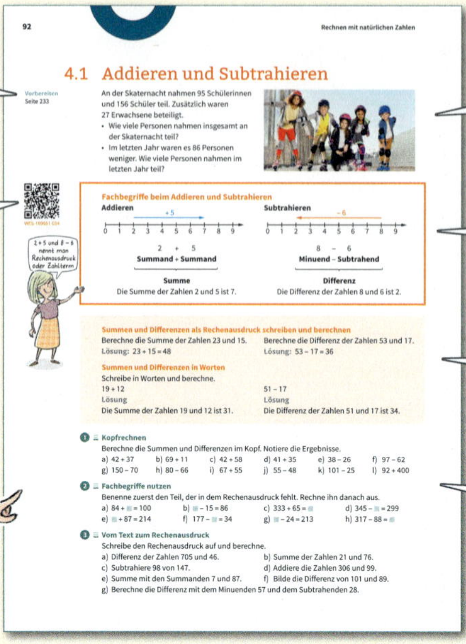

Viele **Beispiele** zu den Aufgaben zeigen dir, wie es geht.

Prüfe dich!
Dein Etappenziel!
Erst rechnen, dann kontrollieren

Schlau wie der Fuchs: Prüfen, forschen, Fehler finden

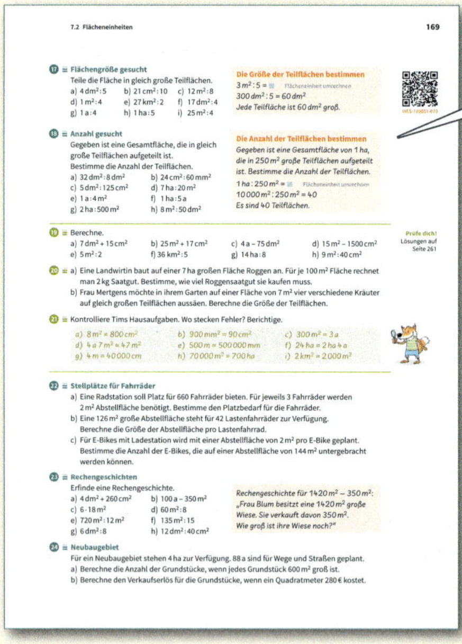

Sonderseite
Themen, Methoden, Ausblicke
Was gibt es zu entdecken?

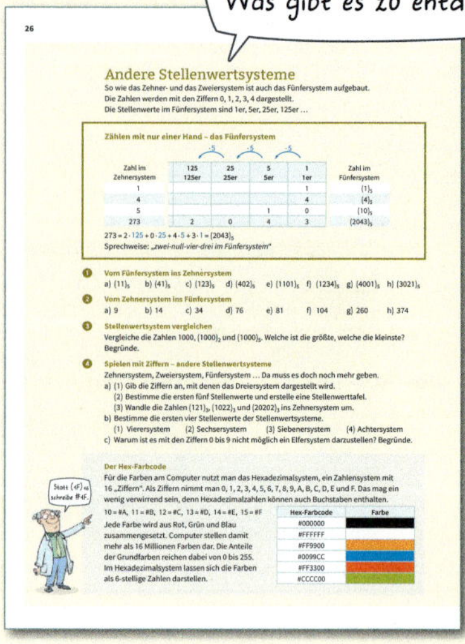

Ausgezeichnete Aufgaben

Mathematik in Worten ausdrücken

Zusammenarbeiten im Team

Medien nutzen und recherieren

Digitale Hilfsmittel nutzen

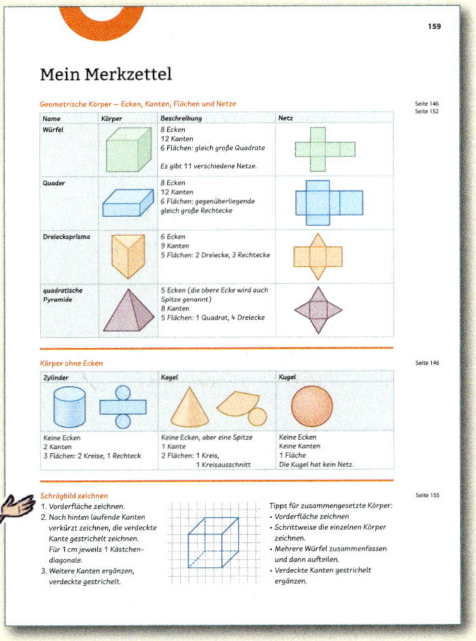

Mein Merkzettel
Hier findest du kurz zusammengefasst, was du gelernt hast und für die Klassenarbeit brauchst.

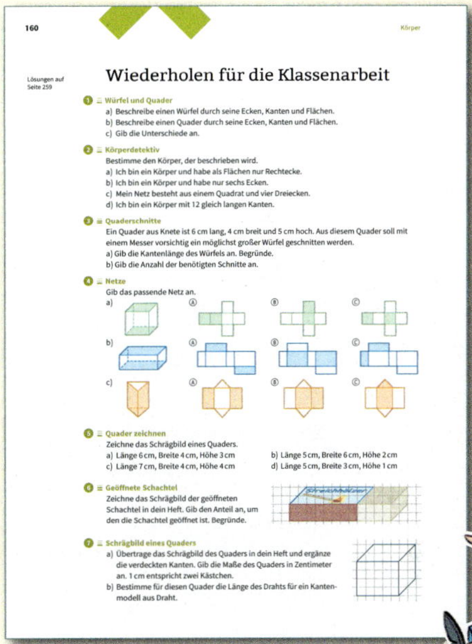

Wiederholen für die Klassenarbeit
Eine Sammlung von möglichen Klassenarbeitsaufgaben.
Nutze deinen Merkzettel, wenn du beim Üben nicht weiterkommst.

3-Minuten-Runden
Grundwissen immer wieder üben und wachhalten.

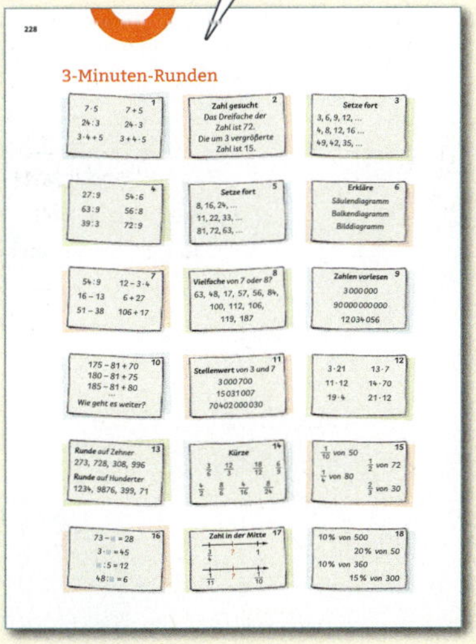

Vorbereiten
Angebot zum Wiederholen und Vorbereiten auf ein neues Thema.

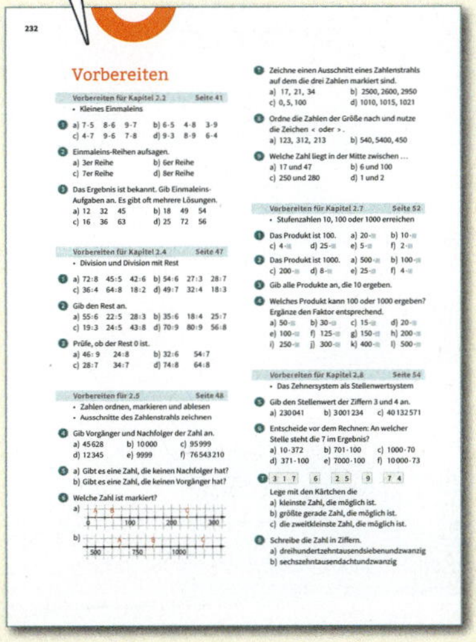

Lösungen
Prüfe dich!
Wiederholen für die Klassenarbeit

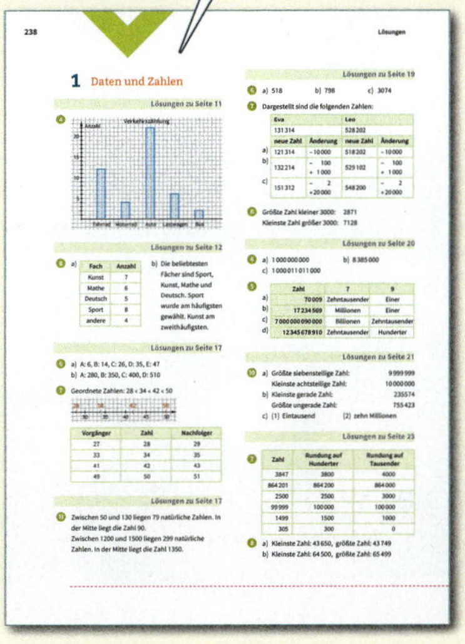

1 Daten und Zahlen

Wer in deiner Klasse spielt ein Musikinstrument?

Wer hat viele Geschwister?

Mit einer Umfrage lässt sich das herausfinden. So könnt ihr euch in der Klasse besser kennenlernen!

In diesem Kapitel

- **Wie lassen sich Umfrageergebnisse in einem Bild darstellen?**
- **Wir rechnen im Zehnersystem. Gibt es auch andere Systeme?**
- **Wie haben die Römer gezählt?**

1.1 Meine Klasse und ich

Die Klasse 5 a möchte sich untereinander besser kennenlernen und führt eine Umfrage zur Lieblingssportart durch. Dafür gehen alle nacheinander an die Tafel und setzen genau einen Strich hinter ihre Lieblingssportart.

- Wie viele Kinder machen welche Sportart?
- Welche Sportart ist am beliebtesten?
- Wie viele Kinder mögen am liebsten eine Ballsportart?
- Wie viele Kinder sind in der 5 a?

Stelle die Daten in einem Diagramm dar.

Daten darstellen

Strichliste

Sportart	*Anzahl*
Fußball	𝍸 𝍸 I
Reiten	𝍸 II
Schwimmen	𝍸 I
Judo	I
Basketball	IIII

In der Strichliste werden die Anzahlen gesammelt.

Häufigkeitstabelle

Sportart	Anzahl
Fußball	11
Reiten	7
Schwimmen	6
Judo	1
Basketball	4

In der Häufigkeitstabelle werden die Anzahlen als Zahlen wiedergegeben.

Säulendiagramm

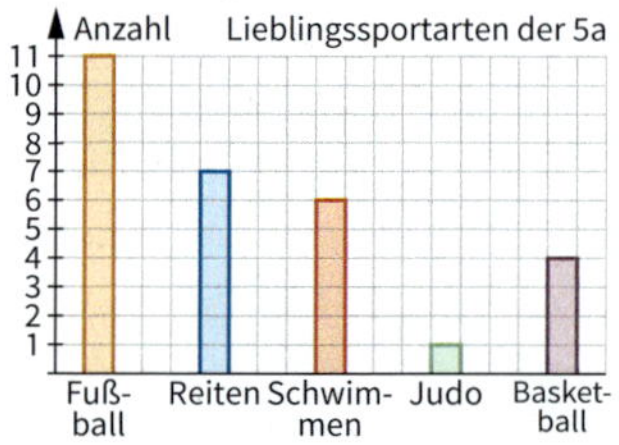

Das Säulendiagramm stellt die Anzahlen grafisch dar.

WES-109651-001

Säulendiagramm zeichnen

- Beachte den größten Wert, nach ihm richtet sich die Höhe des Diagramms. Die Schritte auf der Achse nach oben müssen immer gleich sein.

Damit fahre ich am liebsten

	Anzahl	Anzahl
Roller	𝍸 𝍸	10
Fahrrad	𝍸 𝍸 II	12
Inliner	𝍸 I	6
Einrad	I	1

- Die Anzahl der möglichen Antworten bestimmt die Breite des Diagramms. Zeichne alle Säulen gleich breit. Achte auch auf gleiche Abstände zwischen den Säulen.
- Beschrifte jede Säule und gib dem Diagramm eine Überschrift.

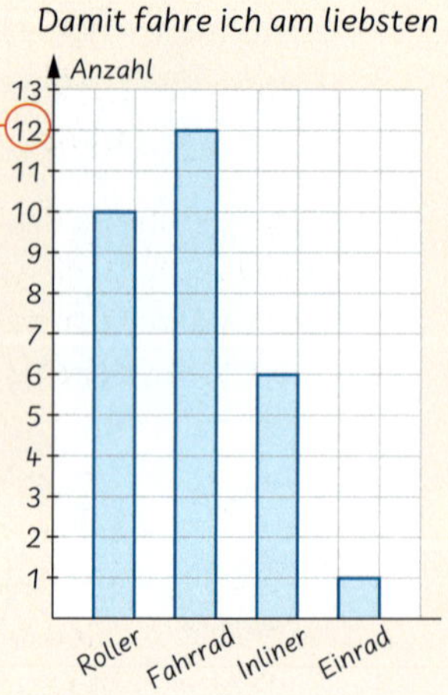

1 ☰ **Säulendiagramm zeichnen**

Eine Klasse wurde nach dem Lieblingsobst gefragt. Erstelle zu der Strichliste eine Häufigkeitstabelle und zeichne ein Säulendiagramm.

Lieblingsobst	*Birne*	*Banane*	*Kiwi*	*Apfel*	*Erdbeere*	*Melone*
Anzahl	卌	卌 I	II	卌 IIII	IIII	III

2 ☰ **Säulendiagramm aus Häufigkeitstabelle**

In der Klasse 5 a wurden die Blutgruppen der Schülerinnen und Schüler in einer Häufigkeitstabelle notiert.
Erstelle ein Säulendiagramm.

Blutgruppe	Anzahl
A	11
0	11
B	3
AB	1

3 ☰ **Von der Strichliste zum Säulendiagramm**

Die Schülerinnen und Schüler der Klasse 5 c haben eine Befragung zur Länge ihrer Schulwege durchgeführt. Die Strichliste zeigt die Ergebnisse.

a) Zeichne ein Säulendiagramm.

b) Die Längen der Schulwege werden zu Bereichen zusammengefasst. Begründe.

4 ☰ Peter und Esra führen vor ihrer neuen Schule eine Verkehrszählung durch.
Sie notieren in einer Strichliste die Fahrzeuge, die in einer Viertelstunde vorbeikommen.
Zeichne ein Säulendiagramm.

Prüfe dich!
Lösungen auf
Seite 238

5 ☰ **Ein Säulendiagramm lesen**

Jakob hat in seiner Klasse eine Umfrage durchgeführt und ein Diagramm erstellt.

a) Was erkennst du auf den ersten Blick?

b) Übertrage die Daten aus dem Diagramm in eine Häufigkeitstabelle. Gib die Gesamtzahl der Haustiere aller Kinder an.

c) Kannst du dem Diagramm entnehmen, wie viele Schülerinnen und Schüler Jakob befragt hat? Begründe.

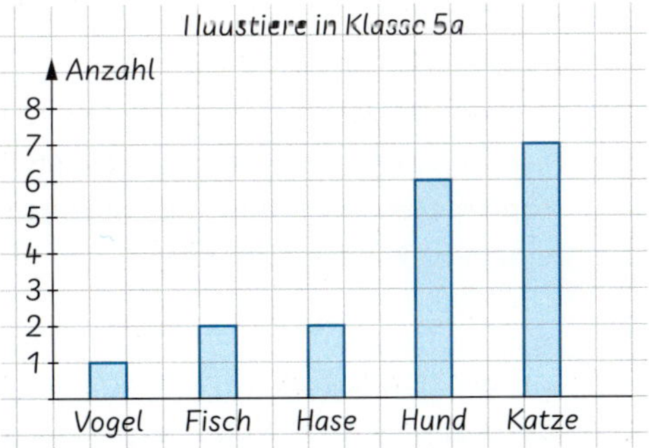

6 ☰ **Ein Diagramm zum Vergleichen**

In zwei 5. Klassen gab es eine Umfrage zu den Lieblingsgetränken, die Ergebnisse siehst du in der Häufigkeitstabelle.

a) Zeichne ein Säulendiagramm, bei dem du zu jedem Getränk zwei direkt aneinandergrenzende Säulen erstellst. Eine Säule für die 5 a, die andere für die 5 b.

b) Was fällt sofort auf, wenn man das Diagramm betrachtet?

Lieblingsgetränk	**5 a**	**5 b**
Mineralwasser	5	2
Saft	3	5
Limonade	6	4
Cola	9	11
Tee	2	0
Milch	2	6
Kakao	3	2

7 ≡ Richtig fragen – alle antworten

Die 30 Schülerinnen und Schüler der 5 d wurden gefragt: „*Kommst du zu Fuß oder mit dem Fahrrad zur Schule?*“

a) Lies die Ergebnisse ab und trage sie in eine Häufigkeitstabelle ein.

b) Begründe, warum es weniger Antworten als Kinder in der Klasse gibt. Wie kann die Fragestellung geändert werden, damit alle bei der Umfrage antworten können?

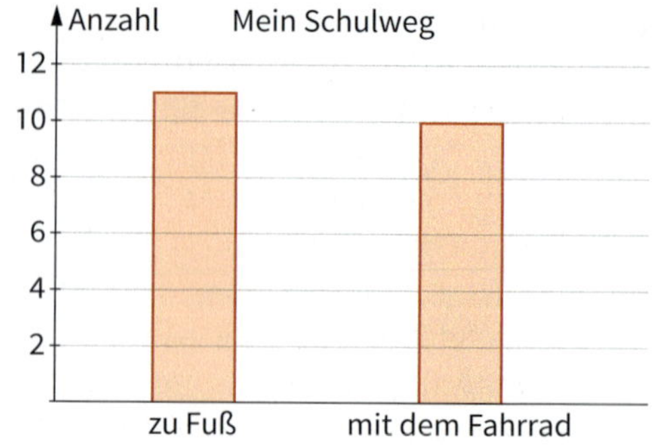

Prüfe dich!
Lösungen auf Seite 238

8 ≡

a) Übertrage die Daten aus dem Diagramm in eine Häufigkeitstabelle.

b) Formuliere eine kurze Nachricht, die die wichtigsten Informationen des Diagramms wiedergibt.

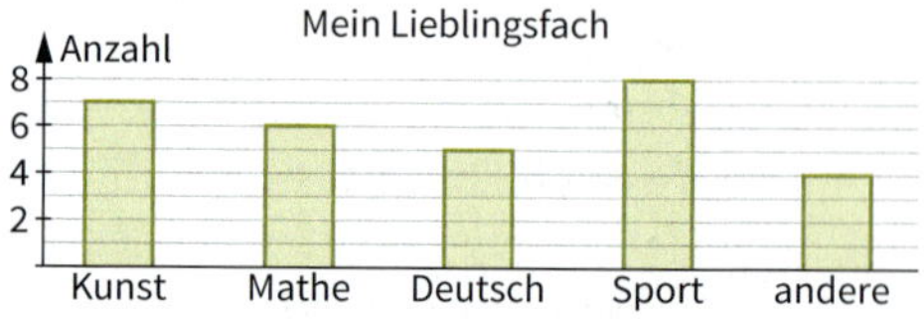

WES-109651-002

Daten im Balkendiagramm darstellen

Ein Balkendiagramm stellt die Anzahlen in waagerechten Balken dar.

Das Balkendiagramm wird genutzt, wenn

- die Darstellung inhaltlich so sinnvoller ist,
- es platzsparender ist.

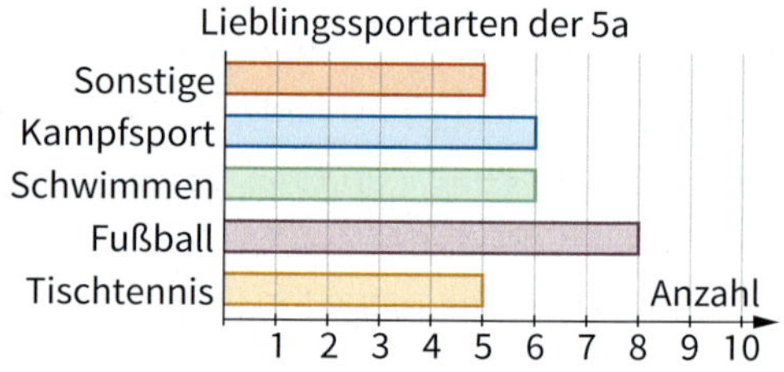

9 ≡ Ein Balkendiagramm zeichnen

Luca führt eine Umfrage zur Augenfarbe durch. Er erfährt: 15 Kinder haben braune Augen, 13 Kinder blaue Augen und 2 Kinder haben grüne Augen. Stelle die Daten der Umfrage in einer Häufigkeitstabelle und in einem Balkendiagramm dar.

10 ≡ Geschwister

Die Schülerinnen und Schüler der Klasse 5 b wurden zur Anzahl ihrer Geschwister befragt. Wie viele Kinder sind in der Klasse? Zeichne ein Balkendiagramm.

Anzahl der Geschwister	**0**	**1**	**2**	**≥ 3**
Anzahl Kinder der Klasse 5 b	8	10	6	5

11 ≡ Lebt ein Hund doppelt so lang wie ein Wellensittich?

Leon hat die Altersangaben einiger Tiere im Internet gefunden.

Hund: 15 Jahre   Wellensittich: 10 Jahre
Hase: 8 Jahre   Hamster: 3 Jahre

Er hat die Daten in einem Balkendiagramm dargestellt. Beschreibe die Fehler, die er dabei gemacht hat.

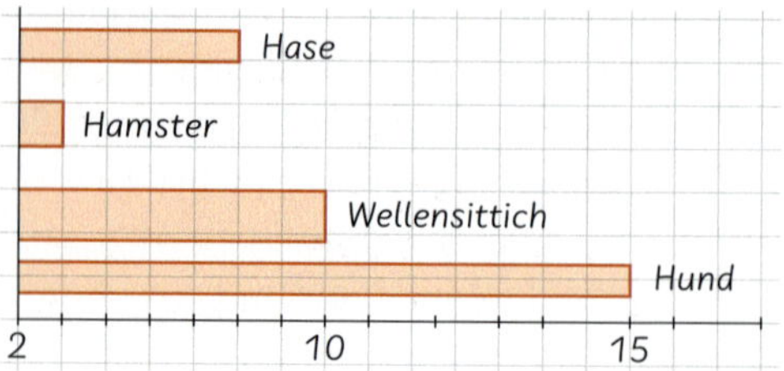

12 ≡ **Klassensprecherwahl**

In der Klasse 5 a sollen die beiden Klassensprecher gewählt werden. Im Säulendiagramm ist das Ergebnis der Wahl dargestellt.

a) Beschreibe das dargestellte Ergebnis. Nutze die folgenden Wörter: „meiste Stimmen", „fast so viele wie", „fast doppelt", „Jungen zusammen"

b) Enno und Meriam beschweren sich: *„Wir hätten besser zwei Wahlgänge machen sollen!"* Was meinst du dazu?

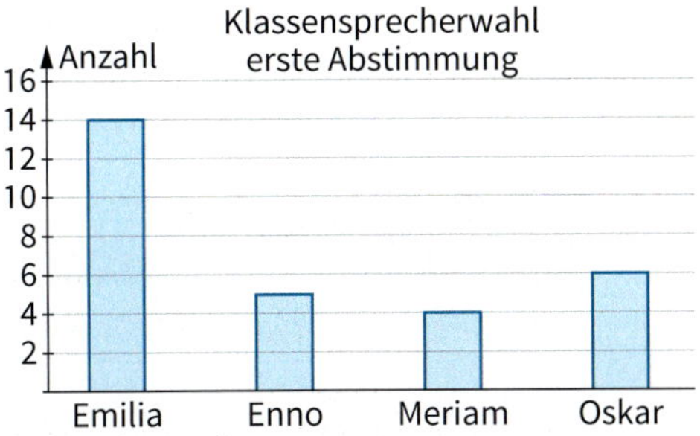

13 ≡ **Bilddiagramme**

Oft werden Daten mithilfe kleiner Bildchen oder Symbole dargestellt.

a) Welche Information kann man dem Diagramm entnehmen?

b) Stelle eine Handynutzung von $2\frac{1}{2}$ Stunden dar.

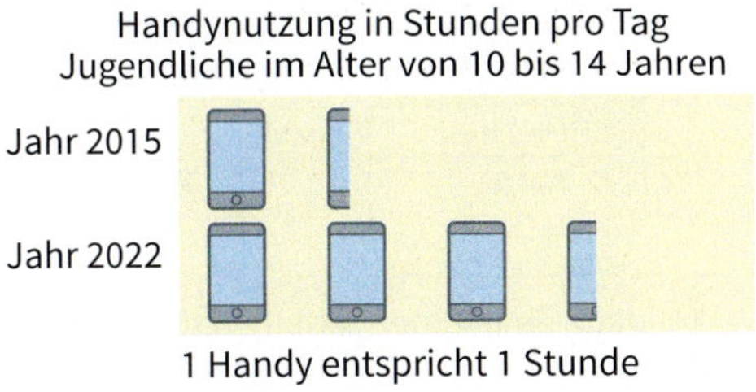

14 ≡ **Bilddiagramm erstellen**

In einer Häufigkeitstabelle wurden die an einem Tag verkauften Eiskugeln notiert.

Eissorte	Schokolade	Vanille	Haselnuss	Erdbeere	Zitrone
Anzahl	100	75	57	52	12

Erstelle ein Bilddiagramm. Wähle als Symbol für 10 verkaufte Kugeln zum Beispiel: 

Umfragen im Klassenzimmer

In deiner neuen Klasse kannst du mit einem Fragebogen viel über deine neuen Mitschülerinnen und Mitschüler herausfinden.

Wie ist ein Fragebogen aufgebaut?

- Vermeide Ja-Nein-Fragen.
- Gib verschiedene Antwortmöglichkeiten für die Frage vor. Dazu gehört auch eine Antwort für „Sonstiges".
- Gib bei Zeit- oder Längenangaben Bereiche zur Auswahl vor.

Welche Umfragen könnte man erstellen?

- Was versteckt sich in deinem Schulranzen?
- Wann stehst du morgens auf?
- Wie viele Füller musstest du schon kaufen?
- …

Die Ergebnisse der Umfrage präsentieren

- große Schrift, wenig Text
- große Bilder, große Diagramme
- Plakatelemente übersichtlich anordnen
- Wirkung der Farben, Farbkontraste

WES-109651-003

Diagramme mit Tabellenkalkulation

Mit einem Tabellenkalkulationsprogramm kann man Berechnungen durchführen und Diagramme mit wenigen Klicks erstellen.

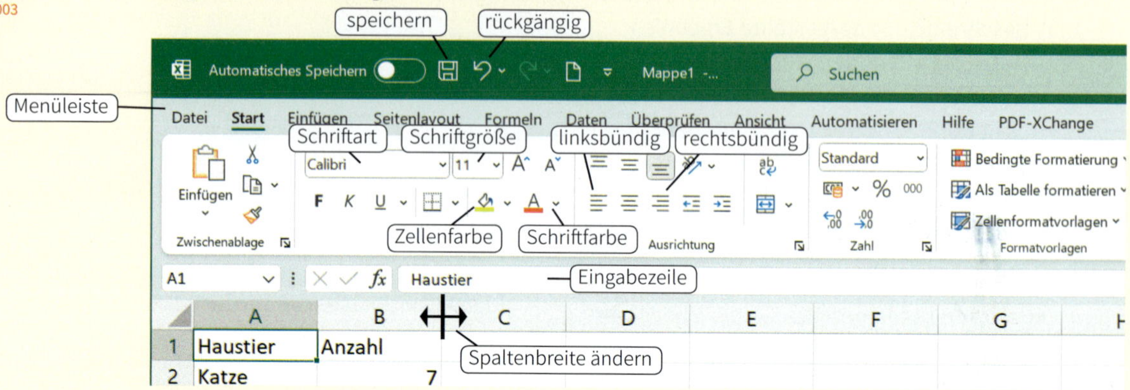

Daten eintragen

Jede Zelle einer Tabelle hat eine Adresse, die aus einem Buchstaben (Spalte) und einer Zahl (Zeile) besteht. Hier steht „Hund" in der Zelle A3.

- In der Zeile 1 die Überschriften eintragen („Haustier" in Zelle A1 und „Anzahl" in Zelle B1)
- In der Spalte A die Antworten eintragen
- In der Spalte B die zugehörige Anzahl eintragen.
- Nach Anklicken einer Zelle erscheint der Inhalt in der Bearbeitungsleiste und kann dort geändert werden.

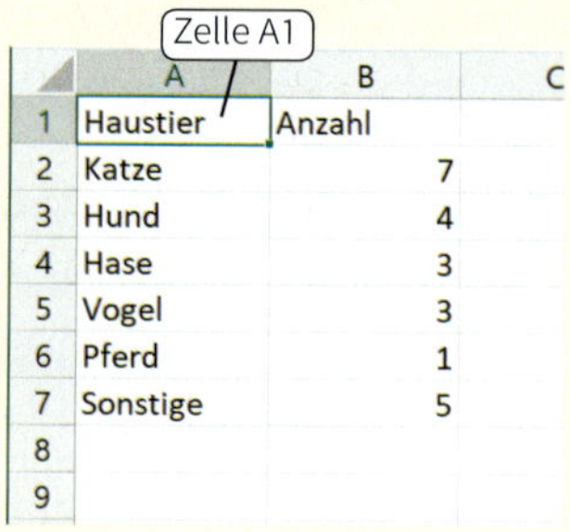

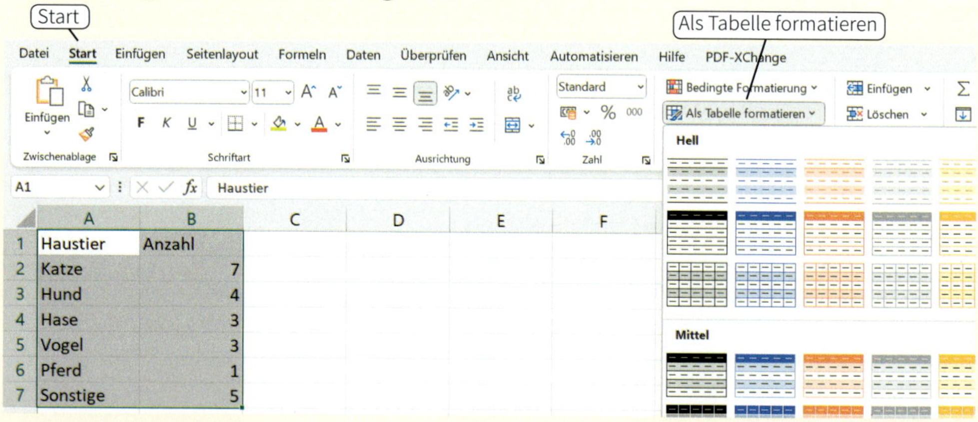

Als Tabelle formatieren

- Gesamte Tabelle markieren: Hierzu mit gedrückter linker Maustaste über alle Zellen fahren.
- In der Menüleiste [Start] > [Als Tabelle formatieren] klicken und eine Vorlage auswählen.
- Die Tabelle erscheint nun farbig und mit hervorgehobenen Überschriften.
- Anschließend Schriftart, Schriftgröße, Ausrichtung der Zellen und vieles mehr anpassen.

Ein Diagramm erstellen

Das aufwendige Zeichnen von Diagrammen übernimmt die Software und bietet hierfür zahlreiche Diagrammtypen an.

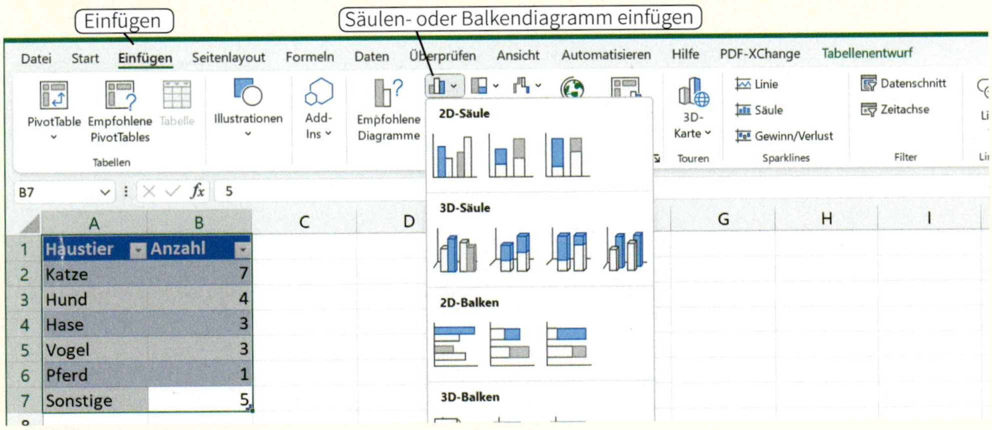

- Tabelle markieren (Zellen mit Inhalten auswählen)
- In der Menüleiste [Einfügen] auswählen
- [Diagramme] > [Empfohlene Diagramme] oder [Diagramme] > [2D-Säulen]
- Schon erscheint das Säulendiagramm.

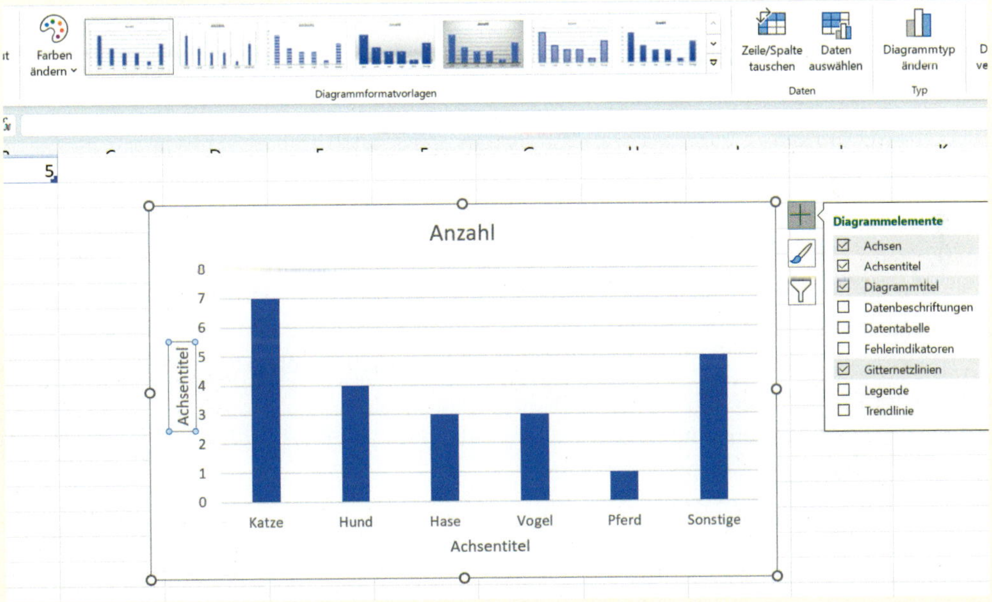

Das Diagramm gestalten

- Titel ändern: Doppelklick auf die Diagrammüberschrift
- Schriftgröße und Schriftart im Diagramm ändern: Einen Bereich anklicken und in der Menüleiste [Start] auswählen und die Schriftart und die Schriftgröße anpassen
- Elemente im Diagramm ergänzen, Säulenbreite und Farbe ändern: Klick auf das Diagramm und auf das Symbol ⊞.
- Nutze auch den Pinsel.

1.2 Natürliche Zahlen auf dem Zahlenstrahl

Wo liegen die Zahlen 5 und 11 auf dem Zahlenstrahl?
Welche Zahl liegt direkt vor, welche nach der 5?
Wie viele Zahlen liegen genau zwischen 5 und 11?
Ben sagt: *„Heute ist der 17. August. Ich habe am 29. August Geburtstag.“* Wie viele Tage muss Ben noch auf seinen Geburtstag warten? Veranschauliche dies am Zahlenstrahl.

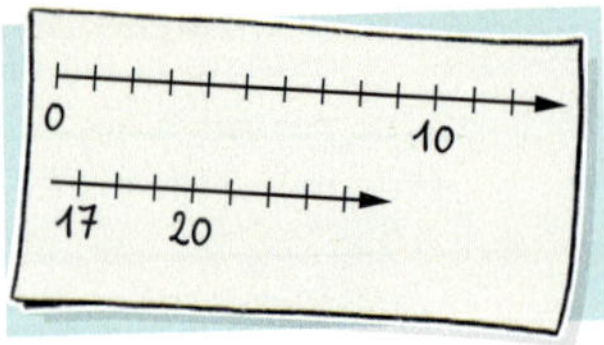

WES-109651-004

Natürliche Zahlen

Die Zahlen 0, 1, 2, 3, 4 ... nennt man **natürliche Zahlen**.
Man verwendet die natürlichen Zahlen zum Zählen.
Jede Zahl hat einen Nachfolger und einen Vorgänger, mit Ausnahme der Null. Die Null hat keine natürliche Zahl als Vorgänger.

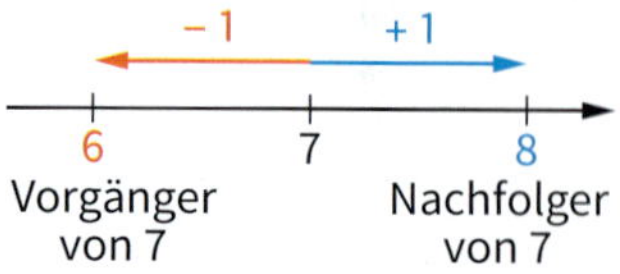

Zahlenstrahl

Natürliche Zahlen kann man am Zahlenstrahl darstellen. Der Zahlenstrahl beginnt bei der Null. Die Pfeilspitze zeigt in Richtung größer werdender Zahlen.
Je weiter rechts eine Zahl liegt, desto größer ist die Zahl.

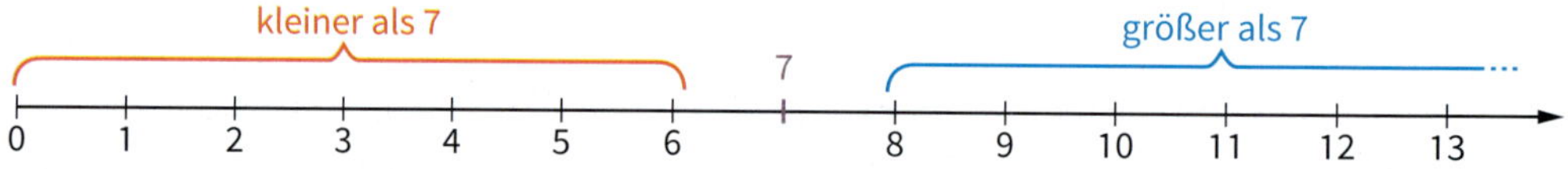

3 < 7
„3 ist kleiner als 7“

6 < 7 < 9
„7 liegt zwischen 6 und 9“

11 > 7
„11 ist größer als 7“

Einen Zahlenstrahl zeichnen

Wähle die Länge und die Einteilung des Zahlenstrahls so, dass du die Null und die größte Zahl auf dem Zahlenstrahl eintragen kannst. Die Schrittlänge muss immer gleich sein. Orientiere dich dabei an Kästchen oder Zentimetern. Zwei Kästchenlängen im Heft entsprechen 1 cm.

- Zahlenstrahl für 3, 7, 11 zeichnen:
  11 cm passen auf ein Blatt.
  Schrittlänge: 2 Kästchen ≙ 1 Schritt

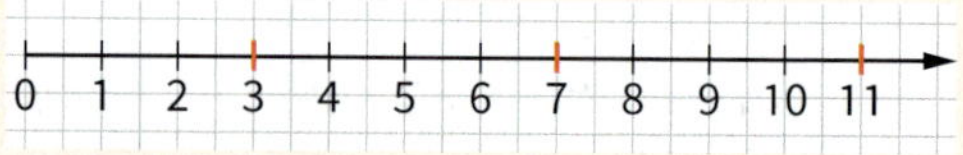

- Zahlenstrahl für 5, 35, 50 zeichnen:
  50 cm sind zu lang, 25 cm sind zu lang,
  10 cm passen auf ein Blatt.
  Schrittlänge: 2 Kästchen ≙ 5 Schritte

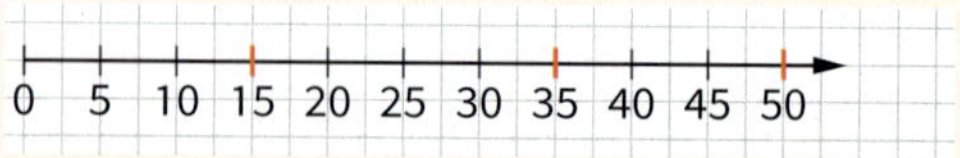

Einen Ausschnitt des Zahlenstrahls zeichnen

Wähle die Länge und die Einteilung des Zahlenstrahls so, dass du die kleinste und die größte Zahl eintragen kannst.

- Ausschnitt für 97, 100, 104, 108 zeichnen:
  Schrittlänge: 2 Kästchen ≙ 1 Schritt

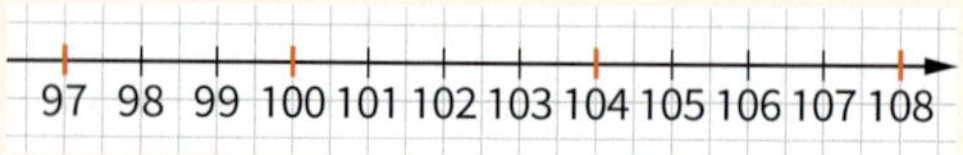

- Ausschnitt für 530, 545, 595, 640 zeichnen:
  Schrittlänge: 1 Kästchen ≙ 5 Schritte

1 ≡ Davor und danach

Bestimme den Vorgänger und den Nachfolger.

a) 29 b) 290 c) 2900 d) 7850 e) 10 000 f) 12 345

2 ≡ Kleine Zahlen ablesen

Gib die auf dem Zahlenstrahl markierten Zahlen an.

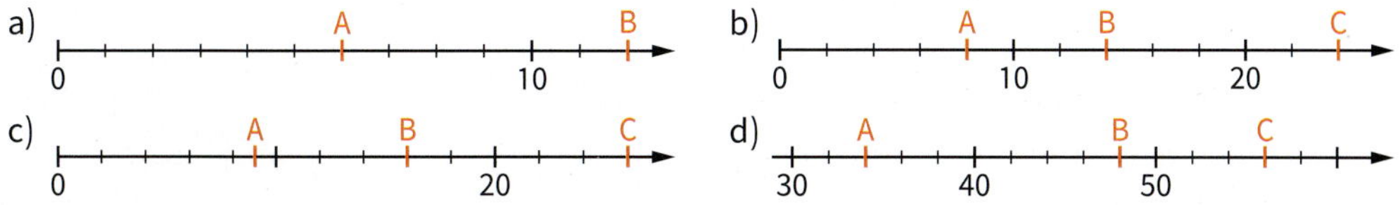

3 ≡ Große Zahlen ablesen

Gib die auf dem Zahlenstrahl markierten Zahlen an.

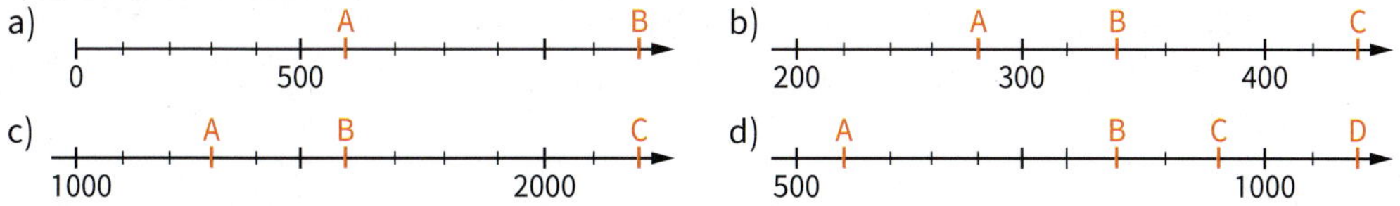

4 ≡ Zahlenstrahl zeichnen

Zeichne einen Zahlenstrahl und markiere die Zahlen darauf.

a) 15, 30, 40, 55 b) 100, 300, 350, 500 c) 60, 90, 100, 130 d) 600, 1450, 1600

5 ≡ Ausschnitt des Zahlenstrahls zeichnen

Zeichne einen geeigneten Ausschnitt des Zahlenstrahls und markiere die Zahlen darauf.

a) 93, 95, 102, 105 b) 95, 120, 140, 160 c) 1300, 1550, 1700 d) 5000, 8000, 9500

6 ≡ Gib die auf dem Zahlenstrahl markierten Zahlen an.

Prüfe dich!
Lösungen auf Seite 238

7 ≡ Stelle die Zahlen 42, 34, 28 und 50 auf einem geeigneten Ausschnitt des Zahlenstrahls dar. Gib zu jeder Zahl den Vorgänger und den Nachfolger an.

8 ≡ Platz dazwischen

Wie viele natürliche Zahlen liegen dazwischen?

a) 7 und 11 b) 780 und 880 c) 100 und 110 d) 1234 und 1235

9 ≡ Genau in der Mitte

Lies die Zahl ab, die in der Mitte steht. Gib die Schrittlänge an.

10 ≡ Natürliche Zahlen gesucht

Gib alle natürliche Zahlen an, die in das Kästchen passen.

a) ▢ < 6 b) ▢ < 1 c) 2 < ▢ < 7 d) 27 < ▢ < 28 e) 39 > ▢ > 7 f) ▢ > 17

11 ≡ Untersuche, wie viele natürliche Zahlen zwischen den beiden angegeben Zahlen liegen. Gib die Zahl in der Mitte an.

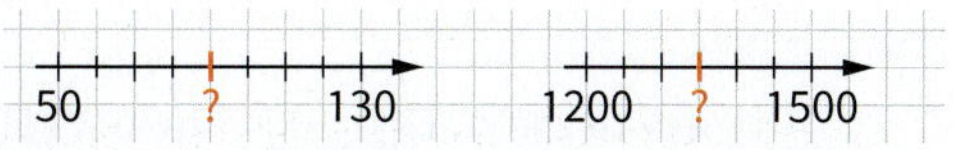

Prüfe dich!
Lösungen auf Seite 238

1.3 Das Zehnersystem

Raul und Jessica spielen „Wer hat die größte Zahl?".
Vor ihnen liegt ein Blatt mit fünf freien Feldern für die Ziffern. Sie würfeln abwechselnd, jeder insgesamt fünfmal. Nach jedem Wurf müssen sie sofort entscheiden, an welcher Stelle sie die Augenzahl eintragen.

- Raul würfelt eine 6. An welche Stelle setzt er sie?
- Dann würfelt er eine 1. Was bedeutet die 1 an den verschiedenen Stellen und wohin setzt er sie?
- Nun würfelt er eine 4. An welche Stelle sollte er sie setzen?

WES-109651-005

Das Zehnersystem oder Dezimalsystem

Im Zehnersystem werden die **Zahlen** mit den zehn **Ziffern** von 0 bis 9 dargestellt. Zahlen größer als 9 bestehen aus mehreren Ziffern. Die **Stellenwerte** sind Einer, Zehner, Hunderter … An der Einerstelle hat eine 5 den Wert 5, an der Hunderterstelle den Wert 500.

·10 ·10 ·10 ·10 ·10 ·10

100 000 Hunderttausender HT	10 000 Zehntausender ZT	1000 Tausender T	100 Hunderter H	10 Zehner Z	1 Einer E
4	2	1	5	0	5

$421\,505 = 4 \cdot 100\,000 + 2 \cdot 10\,000 + 1 \cdot 1000 + 5 \cdot 100 + 0 \cdot 10 + 5 \cdot 1$

In Wortform: „vierhunderteinundzwanzig**tausend**fünfhundertfünf"

Von der Zahl zur Wortform und zurück

Zahl in Ziffern	HT	ZT	T	H	Z	E	Zahl in Worten
308				3	0	8	dreihundertacht
10 002		1	0	0	0	2	zehntausendzwei
280 090	2	8	0	0	9	0	zweihundert achtzig tausend neunzig

(Mittlere Spalten: Stellenwerttafel)

Den Stellenwert einer Ziffer angeben

18 358: Die Ziffer 3 hat den Stellenwert Hunderter (H), die Ziffer 5 den Stellenwert Zehner (Z).

1 ≡ **Zahlen aufschreiben**

Schreibe die Zahl mit Ziffern.

a) neunhundert
b) zweihundertsieben
c) achthundertdreiundneunzig
d) sechshundertdreizehn
e) vierhundertzweiundfünfzig
f) dreihundertsechsunddreißig

2 ≡ **Zahlen vorlesen**

Arbeitet zu zweit. Lest euch abwechselnd die Zahlen vor und kontrolliert euch gegenseitig.

a) 901; 777
b) 2 035; 9 100
c) 67 600; 49 320
d) 270 005; 100 876
e) 20 020; 99 111
f) 666 666; 123 456

3 ☰ Stellenwerte angeben

Gib den Stellenwert der Ziffer 7 an.

a) 273 b) 2783 c) 270 800 d) 7001 e) 27 005 f) 3750

4 ☰ Zahlen aus Plättchen bilden

Mia und Paul legen Zahlen. Jedes Plättchen steht für „1-mal den Wert der Stelle“.

Mia

HT	ZT	T	H	Z	E
●●	●●●	●●	●●●●● ●●	●●●	●●●●● ●●●

Paul

HT	ZT	T	H	Z	E
●●		●●●●		●●●	●

a) Gib an, welche Zahlen Mia und Paul gelegt haben.

b) Um wie viel ändert sich die Zahl? Welche Zahl ist nun dargestellt?

(1) Auf der Zehnerstelle werden zwei Plättchen hinzugefügt.

(2) Von der Zehnerstelle werden drei Plättchen weggenommen.

(3) Auf der Tausenderstelle werden vier Plättchen hinzugefügt.

(4) Von der Hunderttausenderstelle werden zwei Plättchen weggenommen.

c) Um wie viel ändert sich die Zahl?

(1) Ein Plättchen wird von der Einerstelle auf die Zehnerstelle verschoben.

(2) Zwei Plättchen werden von der Tausenderstelle auf die Zehnerstelle verschoben.

d) Mia möchte zusätzlich fünf Plättchen auf die Hunderterstelle legen. Was sagst du dazu?

5 ☰ Zahlen aus Ziffern bilden

a) Schreibe alle dreistelligen Zahlen auf, die man mit den Ziffern 7, 8, 9 bilden kann. Jede Ziffer soll genau einmal vorkommen. Ordne die Zahlen nach ihrer Größe.

b) Mit den Ziffern 4, 5, 6, 7 kann man vierstellige Zahlen schreiben. Die Ziffern dürfen hier auch mehrfach vorkommen.

(1) Wie heißen die sechs kleinsten Zahlen? (2) Wie heißen die sechs größten Zahlen?

c) Schreibe die größte fünfstellige Zahl auf, die keine 9 und keine 8 enthält. Jede Ziffer darf mehrfach vorkommen.

Prüfe dich!
Lösungen auf
Seite 238

6 ☰ Schreibe die Zahl mit Ziffern.

a) fünfhundertachtzehn b) siebenhundertachtundneunzig c) dreitausendvierundsiebzig

7 ☰ Welche Zahl entsteht? Wie ändert sich die Zahl?

a) Bei ZT ein Plättchen wegnehmen.

b) Ein Plättchen von H nach T verschieben.

c) Zwei Plättchen von E nach ZT verschieben.

	HT	ZT	T	H	Z	E
Eva	●	●●●	●	●●●	●	●●●●
Leo	●●●●●	●●	●●●●● ●●●	●●		●●

8 ☰ Aus den Ziffern 1, 2, 7 und 8 werden vierstellige Zahlen gebildet. Jede Ziffer muss einmal vorkommen. Gib die größte Zahl kleiner als 3000 an. Gib die kleinste Zahl größer als 3000 an.

---

9 ☰ Ziffer und Zahl

Erkläre den Unterschied zwischen einer Zahl und einer Ziffer. Die Kärtchen können dir dabei helfen.

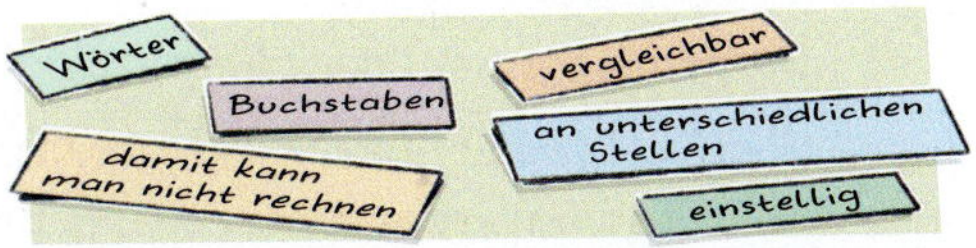

10 ☰ WANTED – Zahlen gesucht

a) Die kleinste und die größte fünfstellige Zahl, die an der Hunderterstelle die Ziffer 5 hat.

b) Alle zweistelligen Zahlen, die unterschiedliche Ziffern haben. Wie viele gibt es?

1.4 Große Zahlen

- Gibt es eine größte Zahl?
- Schreibe die Zahlen auf, die die Kinder genannt haben.
- Wie sprichst du 7 067 000 000 000 aus?

WES-109651-006

Große Zahlen

eintausend	1 000		
eine Million	1 000 000	sind	1000 Tausender
eine Milliarde	1 000 000 000	sind	1000 Millionen
eine Billion	1 000 000 000 000	sind	1000 Milliarden
eine Billiarde	1 000 000 000 000 000	sind	1000 Billionen
eine Trillion	1 000 000 000 000 000 000	sind	1000 Billiarden
eine Trilliarde	1 000 000 000 000 000 000 000	sind	1000 Trillionen

Große Zahlen schreibt man zur besseren Lesbarkeit in Dreierpäckchen auf.

Große Zahlen in der Stellenwerttafel

Diese Stellenwerttafel hilft beim Lesen großer Zahlen.

Billionen			Milliarden			Millionen			tausend						
H	Z	E	H	Z	E	H	Z	E	H	Z	E	H	Z	E	Sprechweise
								2	5	6	3	4	2	0	2 Millionen 563 tausend 420
				2	2	0	0	0	0	4	8	0	0	0	22 Milliarden 48 tausend
		7	0	6	7	0	0	0	0	0	0	0	0	0	7 Billionen 67 Milliarden

WES-109651-007

1 **Zahlen aufschreiben**

Schreibe die Zahl mit Ziffern.

a) 18 Millionen b) 7 Milliarden c) 9 Billiarden
d) 5 Millionen 807 tausend e) 16 Billionen 28 Millionen f) 673 Milliarden 712

2 **Zahlen diktieren**

a) Denke dir fünf große Zahlen bis zu einer Billion aus. Schreibe die Zahlen mit Ziffern.
b) Arbeitet zu zweit. Diktiert euch abwechselnd eure Zahlen und kontrolliert, ob sie richtig aufgeschrieben wurden.

3 **Stellenwerte angeben**

Gib den Stellenwert der Ziffern 2, 3 und 5 an.

a) 120 345 b) 301 000 052 c) 102 030 405 d) 234 567 890 e) 12 506 783 496 111 799

Prüfe dich!
Lösungen auf Seite 238

4 Schreibe die Zahl mit Ziffern.

a) 1 Milliarde b) 8 Millionen 385 tausend c) 1 Billion 11 Millionen 11 tausend

5 Gib den Stellenwert der Ziffern 7 und 9 an.

a) 70 009 b) 17 234 569 c) 7 000 000 090 000 d) 12 345 678 910

6 **Nullen zählen**

Gib an, wie viele Nullen die Zahl hat, wenn du sie mit Ziffern schreibst.

a) 80 Millionen
b) 305 tausend
c) 40 Milliarden 7 tausend
d) 9 Billionen 9 tausend 9
e) 1 Million 1 tausend 10
f) 7 Trilliarden

7 **Zahlen benennen**

a) eine Eins mit 12 Nullen
b) eine Eins mit 6 Nullen
c) eine Eins mit 10 Nullen

Googol

Eine Trilliarde ist mit 21 Nullen sehr groß. Kannst du dir eine Zahl mit 100 Nullen vorstellen? Wie würdest du sie nennen? Milton Sirotta war erst neun Jahre alt, als er sich einen lustigen Namen für diese Riesenzahl ausdenken sollte. Er nannte sie „Googol“. Weil das Internet auch unvorstellbar groß ist, wurde viele Jahre später die Suchmaschine Google nach dieser Superzahl benannt. Größer geht es nicht, oder? Doch: „Googolplex“ ist eine Eins mit einem Googol Nullen!

8 **Welche Zahl ist größer?**

a) 2738 oder 27 038
b) 538 098 oder 49 049
c) 2 393 049 oder 2 393 102
d) 937 480 oder 936 870
e) 54 492 491 oder 54 492 490
f) 197 485 321 oder 197 485 231

9 **Zahlen legen**

Bilde mit den Zahlkärtchen durch Hintereinanderlegen weitere Zahlen.

a) Gib die größte und die kleinste elfstellige Zahl an.
b) Gib die größte und die kleinste neunstellige Zahl an.

10 a) Gib die größte siebenstellige Zahl und die kleinste achtstellige Zahl an.
b) Bilde aus den Ziffern 2, 3, 4, 5, 5, 7 die kleinste gerade Zahl und die größte ungerade Zahl.
c) Nenne die beschriebene Zahl. (1) eine Eins mit 3 Nullen (2) eine Eins mit 7 Nullen

Prüfe dich!
Lösungen auf Seite 238

11 **So steht es im Duden**

Schreibe die Zahl mit Ziffern.

a) zehn Millionen
b) eine Million eins
c) elf Milliarden siebenundzwanzig
d) acht Millionen vierhundertdreizehntausend
e) dreihundertsiebzig Billionen
f) achtundzwanzig Millionen vierundzwanzig
g) achtzehn Trillionen sechshundertdrei

12 **Die Bedeutung der Null**

Hannes überlegt: „*Die Null hat doch keinen Wert. Sie bedeutet also nichts. Dann kann man doch auch eigentlich auf sie verzichten.*“ Was sagst du ihm?

Was ist eine Billion? Andere Sprachen – andere Zahlen

Achtung: Im Deutschen und im Englischen hat das Wort eine unterschiedliche Bedeutung.

Als Urknall wird der Beginn des Universums bezeichnet. Dies ist der Anfangspunkt der Entstehung von Materie, Raum und Zeit. Der Urknall ereignete sich vor etwa 13,8 Milliarden Jahren. Wie würde dies in England angegeben werden?

Zahl	deutsch	englisch
100	hundert	hundred
1 000	tausend	thousand
1 000 000	Million	million
1 000 000 000	Milliarde	billion
1 000 000 000 000	Billion	trillion
1 000 000 000 000 000	Billiarde	quadrillion

1.5 Runden

Die Klasse 5 a besucht ein Museum und bestaunt eine alte ägyptische Münze. Die Museumsführerin erklärt: *„Die Münze ist 2000 Jahre alt.“*
In der nächsten Mathestunde fragt die Lehrerin nach dem Alter der Münze. Finn antwortet: *„Die Münze ist 2000 Jahre und zwei Tage alt.“* Hat er recht?

WES-109651-008

Runden

Manchmal muss oder kann man den genauen Wert einer Zahl nicht wissen. Dann wird gerundet.

- Zuerst die **Rundungsstelle** festlegen.
- **Abrunden**, wenn 0, 1, 2, 3 oder 4 folgt:
  - Die Rundungsstelle bleibt gleich.
  - Die Ziffern danach werden durch Nullen ersetzt.
- **Aufrunden**, wenn 5, 6, 7, 8 oder 9 folgt:
  - Die Rundungsstelle wird um 1 erhöht.
  - Die Ziffern danach werden durch Nullen ersetzt.

Schreibweise: 14 285 ≈ 14 300
Sprechweise: „14 285 ist ungefähr 14 300“

Auf Tausender runden:

	ZT	T	H	Z	E
	1	4	**2**	8	5
≈	1	4	0	0	0

2, also abrunden

Auf Hunderter runden:

	ZT	T	H	Z	E
	1	4	2	**8**	5
≈	1	4	3	0	0

8, also aufrunden

95 473 runden

... auf Zehner: 95 473 ≈ 95 470 abrunden

... auf Hunderter: 95 473 ≈ 95 500 aufrunden

... auf Tausender: 95 473 ≈ 95 000 abrunden

... auf Zehntausender: 95 473 ≈ 100 000 aufrunden

1 Runden üben

Runde die Zahlen auf die angegebene Rundungsstelle.

a) auf Zehner:	17	58	321	496	3929	7894	13 542	50 590	54 321
b) auf Hunderter:	58	209	468	4047	1928	54 762	87 108	342 089	54 321
c) auf Tausender:	588	7492	1683	10 239	42 834	332 390	45 454	54 321	1999

2 Richtig runden

Entscheide, ob richtig oder falsch auf Hunderter gerundet wurde. Korrigiere die Zahl, wenn falsch gerundet wurde.

a) 8317 ≈ 8300
2189 ≈ 2190
981 ≈ 1000
8721 ≈ 8700

b) 2352 ≈ 2300
4121 ≈ 4200
4900 ≈ 5000
8293 ≈ 8300

3 Große Zahlen runden

Runde die Zahlen auf die angegebene Rundungsstelle.

a) Zehntausender:	23 478	28 563	157 234	987 654 321	9999
b) Hunderttausender:	2 890 073	111 222	4 072 389	987 654 321	999 999
c) Millionen:	4 785 934	987 654 321	10 101 010	43 489 342	1 408 937

4 Auf unterschiedliche Stellen runden

Runde die Zahl auf Zehner, Hunderter, Tausender.

a) 1 234 567 b) 872 c) 370 308 d) 398 e) 46 f) 100 835

5 ≡ **Größte und kleinste Zahl**

Gib die größte und die kleinste Zahl an, die in das Kästchen passt.

a) ▪ auf Zehner runden ergibt 130.
b) ▪ auf Hunderter runden ergibt 4500.
c) ▪ auf Tausender runden ergibt 34 000.
d) ▪ auf Zehntausender runden ergibt 350 000.

6 ≡ **Runden kann überzeugen**

a) Wie teuer könnte das Spielzeug sein?
b) Hat Tim wohl eher auf- oder abgerundet?

7 ≡ Runde die Zahl auf Hunderter und auf Tausender.

a) 3847 b) 864 201 c) 2500 d) 99 999 e) 1499 f) 305

Prüfe dich! Lösungen auf Seite 238

8 ≡ Gib die größte und die kleinste Zahl an, die

a) auf Hunderter gerundet 43 700 ergibt.
b) auf Tausender gerundet 65 000 ergibt.

9 ≡ **Runden erlaubt?**

In welchen Fällen darf man runden? Begründe deine Entscheidung.

a) In unserem Dorf wohnen heute 748 Personen.
b) Luca hat die Telefonnummer 73 85 46.
c) Der größte Reisebus des Unternehmens hat 56 Sitzplätze.
d) Das Goethe-Gymnasium hat 1076 Schülerinnen und Schüler.
e) In Stuttgart leben heute 613 713 Personen.
f) Der Mond umkreist die Erde in einer Entfernung von 384 400 km.
g) Mike hat die Kleidergröße 152.

10 ≡ **Von den Daten zum Artikel**

Wie würde die Zeitung „Runde Nachrichten" die Meldungen drucken? Runde die Zahlen da, wo es sinnvoll ist. Schreibe selbst Meldungen und Artikel mit aktuellen Zahlen.

a) Im Jahre 2019 wurden in Deutschland insgesamt 702 597 689 Tonnen Kohlenstoffdioxid freigesetzt, immerhin 206 806 811 Tonnen weniger als im Jahre 2016.
b) Im Jahre 2020 wurden 2 917 678 Autos neu zugelassen, davon 194 163 Elektroautos.
c) Im Jahr 2021 gab es in Baden-Württemberg 207 953 Schafe und 370 055 Kühe.

11 ≡ **Schrittweise runden?**

Sarina rundet 2548 auf Hunderter. Dabei geht sie schrittweise vor. Sie rundet zunächst auf Zehner und erhält 2550. Diese Zahl rundet sie auf Hunderter und erhält 2600.
Wie würdest du vorgehen? Vergleiche.

12 ≡ **Artikel für die Schulzeitung**

Schreibe den Artikel neu, indem du die Zahlen rundest, wenn es sinnvoll ist.

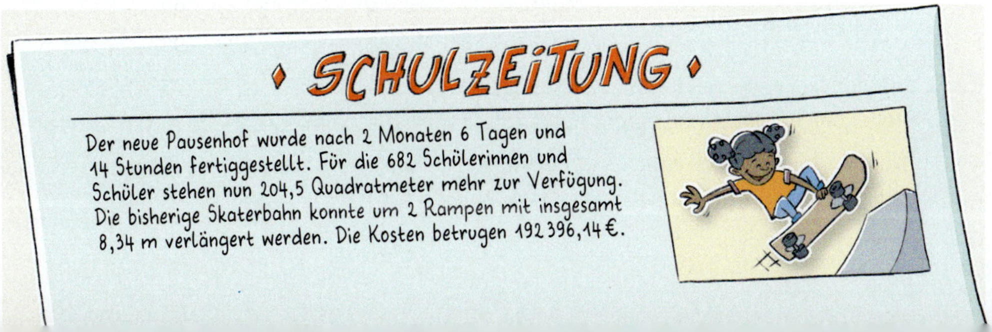

SCHULZEITUNG

Der neue Pausenhof wurde nach 2 Monaten 6 Tagen und 14 Stunden fertiggestellt. Für die 682 Schülerinnen und Schüler stehen nun 204,5 Quadratmeter mehr zur Verfügung. Die bisherige Skaterbahn konnte um 2 Rampen mit insgesamt 8,34 m verlängert werden. Die Kosten betrugen 192 396,14 €.

1.6 Diagramme mit großen Zahlen

Ahmet soll die Einwohnerzahlen der Heidelberger Stadtteile in einem Säulendiagramm darstellen.
Er überlegt: *„Wenn ich 1 Kästchen für eine Person nehme, wird das Säulendiagramm über 12 000 Kästchen hoch.“*
Wie soll er vorgehen?

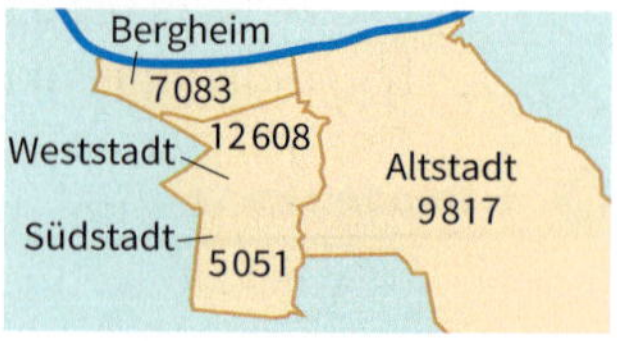

WES-109651-009

Diagramme mit großen Zahlen zeichnen

- Wähle die Länge und die Einteilung der Hochachse so, dass du die Null und die größte Zahl eintragen kannst.
- Runde die Zahlen sinnvoll auf dieselbe Rundungsstelle.
- Zeichne das Diagramm.

Heidelberger Stadtteile

Stadtteil	Einwohner	
Altstadt	9 817	≈ 10 000
Bergheim	7 083	≈ 7 000
Weststadt	12 608	≈ 13 000
Südstadt	5 051	≈ 5 000

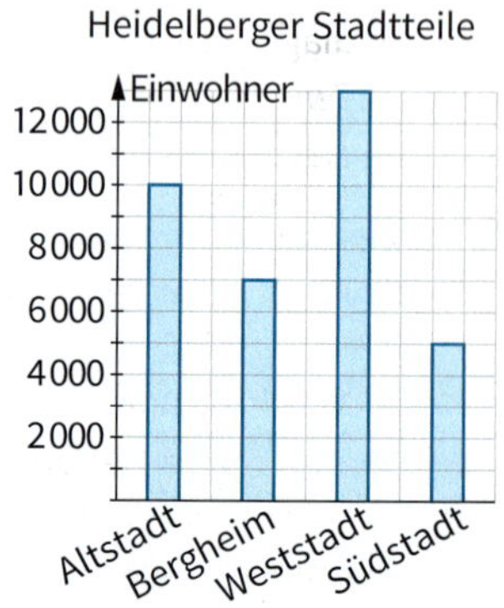

Hochachse einteilen

Sender	Zuschauer	
ARD	5 000 013	≈ 5 000 000
RTL	2 899 125	≈ 3 000 000
ZDF	901 395	≈ 1 000 000

- Der Platz in deinem Heft bestimmt die Länge der Hochachse.
- Runde die Zahlen auf Millionen.

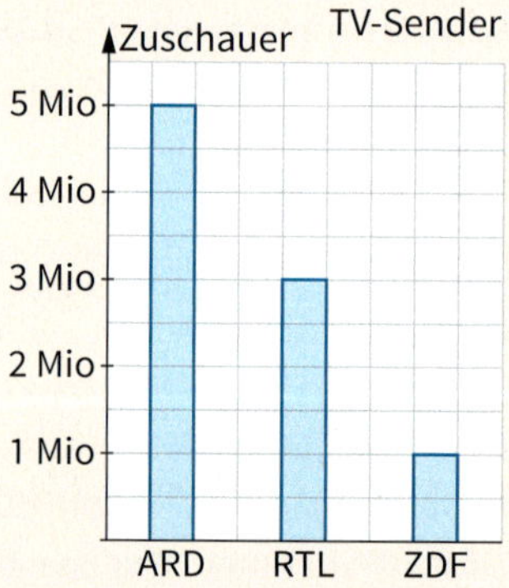

Hast du viel Platz, so wähle 2 Kästchen für 1 Mio.
Hast du wenig Platz, so wähle 1 Kästchen für 1 Mio.

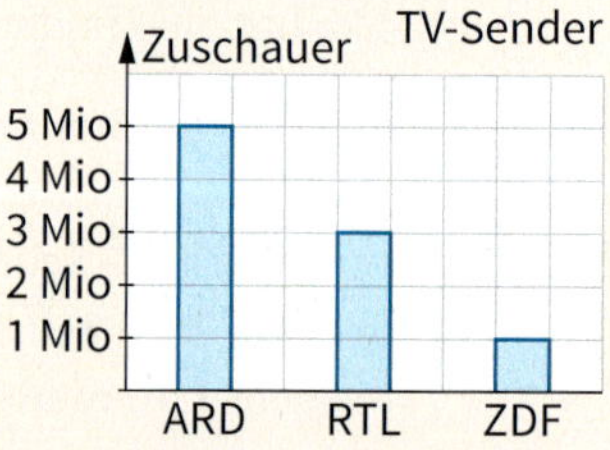

1 **Säulendiagramm zeichnen – Berghöhen**

a) Stelle die Berghöhen in einem Säulendiagramm dar (1 cm ≙ 1000 m). Runde sinnvoll.

Berg	Mount Everest	Aconcagua	Kilimandscharo	Mont Blanc	Mauna Kea	Mawson Peak
Berghöhe in m	8848	6962	5895	4810	4205	2745

b) Stelle die Berghöhen in einem Säulendiagramm dar (1 cm ≙ 100 m). Runde sinnvoll.

Berg	Zugspitze	Watzmann	Biberkopf	Feldberg	Großer Arber	Brocken
Berghöhe in m	2962	2713	2599	1493	1456	1141

2 **Balkendiagramm zeichnen – Flusslängen**

Stelle die Flusslängen in einem Balkendiagramm dar. 1 cm entspricht 100 km. Runde sinnvoll.

Fluss	Elbe	Rhein	Oder	Mosel	Spree	Kocher
Länge in km	1094	1233	840	544	400	169

3 Diagramm lesen – Tierwanderungen

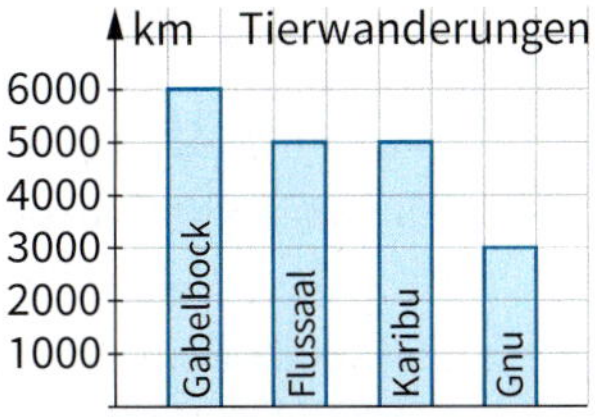

a) Lies die Entfernungen ab, die die Tiere im Jahr wandern.
b) Die Werte im Diagramm sind gerundet.
Welche Informationen sind dadurch verloren gegangen?
c) Eine Schildkröte legt im Jahr ungefähr 15 000 km zurück.
Was müsste man im Diagramm ändern, um ihre Wanderung einzutragen?

4 Diagramme lesen

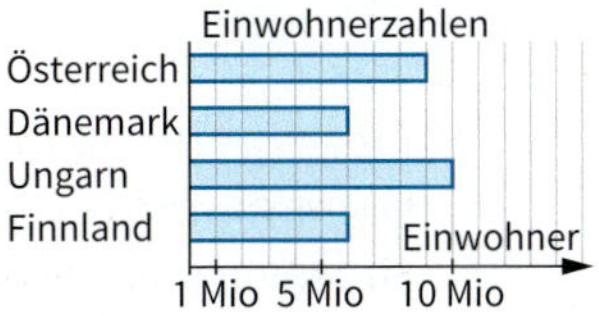

a) Lies die Einwohnerzahlen der Länder aus dem Balkendiagramm ab.
b) Zwei Länder haben die gleichen Werte. Wohnen dort gleich viele Menschen? Begründe.

5 Wasserverbrauch

Kim notiert eine Woche lang jeden Tag den Wasserverbrauch ihrer Familie.
a) Runde die Werte auf Zehner. Erstelle ein Säulendiagramm.
b) Erstelle ein weiteres Säulendiagramm. Für dieses Diagramm runde die Werte auf Hunderter. Welche Unterschiede ergeben sich zwischen den Diagrammen?
c) Was passiert, wenn du die Werte auf Tausender rundest?

Wochentag	Wasser in Liter
Mo	254
Di	223
Mi	194
Do	309
Fr	365
Sa	396
So	378

Prüfe dich!
Lösungen auf Seite 239

6 Lies die Höchstgeschwindigkeiten der Tiere ab. Gib das schnellste Tier an.

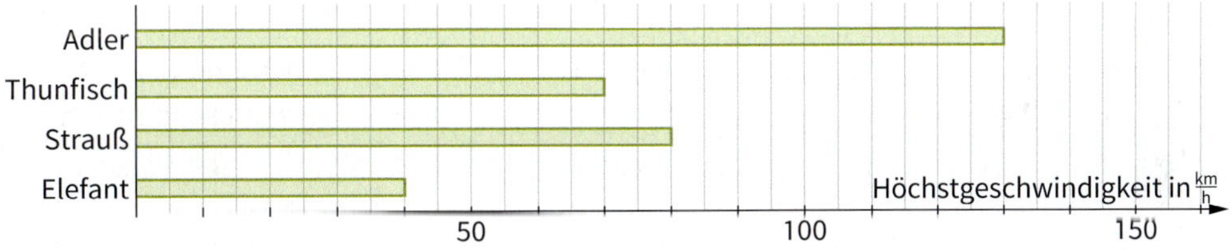

7 Zeichne ein Säulendiagramm mit der Überschrift „Gewicht von verschiedenen Tieren“.
Eisbär: 455 kg Strauß: 122 kg Narwal: 940 kg Schwein: 180 kg Pferd: 608 kg

8 Bilddiagramm lesen und zeichnen

Die Einwohnerzahlen von Mannheim (309 721), Heilbronn (126 458) und Rastatt (50 165) sind als Bilddiagramm dargestellt.
a) Gib an, wofür eine Figur steht.
b) Vergleiche im Bilddiagramm Rastatt und Heilbronn.
Was fällt dir auf?
c) Stelle die Einwohnerzahlen von Karlsruhe (308 436), Stuttgart (613 713) und Heidelberg (158 741) ebenso mit Figuren dar.

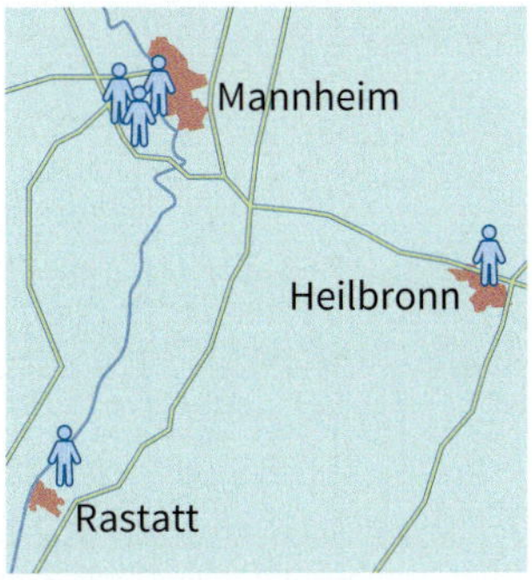

9 Europäische Millionenstädte im Bilddiagramm

Zeichne ein Bilddiagramm der Einwohnerzahlen europäischer Millionenstädte. Runde zuerst sinnvoll. Wähle ein passendes Symbol.

Berlin: 3 664 088 London: 8 961 989 Paris: 2 206 488 St. Petersburg: 5 208 690
Rom: 2 837 332 Madrid: 3 266 126 Prag: 1 335 084 Hamburg: 1 851 430

1.7 Das Zweiersystem

Die Punkte der Karten addiert ergeben 31.
Für eine aufgedeckte Karte schreibe 1, für eine verdeckte 0.
Zum Beispiel ergibt sich $(10001)_2$ für die Zahl 17.

- Welche Karten müssen für die Zahl 23 aufgedeckt sein? Schreibe wie im Beispiel mit den Ziffern 0 und 1.
- Stelle mit den Karten möglichst viele Zahlen dar. Beginne mit 1.
- Für Zahlen, die größer als 31 sind, benötigt man weitere Karten. Wie viele Punkte werden wohl auf der Karte links von der 16er-Karte zu sehen sein?

WES-109651-010

Das Zweiersystem oder Binärsystem

Im Zweiersystem werden die Zahlen mit den Ziffern 0 und 1 dargestellt.
Zahlen größer als 1 bestehen aus mehreren Ziffern.
Die Stellenwerte im Zweiersystem sind Einer, Zweier, Vierer …

(Von rechts nach links jeweils $\cdot 2$)

Zahl im Zehnersystem	16 Sechzehner 16er	8 Achter 8er	4 Vierer 4er	2 Zweier 2er	1 Einer 1er	Zahl im Zweiersystem
1					1	$(1)_2$
2				1	0	$(10)_2$
8		1	0	0	0	$(1000)_2$
11		1	0	1	1	$(1011)_2$
23	1	0	1	1	1	$(10111)_2$

$23 = 1 \cdot 16 + 0 \cdot 8 + 1 \cdot 4 + 1 \cdot 2 + 1 \cdot 1 = (10111)_2$

Schreibweise: $(10111)_2$

Sprechweise: *„eins-null-eins-eins-eins im Zweiersystem"*

Vom Zweier- ins Zehnersystem

Stelle $(11011)_2$ im Zehnersystem dar.

16er	8er	4er	2er	1er
1	1	0	1	1

$1 \cdot 16 + 1 \cdot 8 + 0 \cdot 4 + 1 \cdot 2 + 1 \cdot 1 = 27$

$(11011)_2 = 27$

Sprechweise: *„eins-eins-null-eins-eins im Zweiersystem ist 27 im Zehnersystem"*

Vom Zehner- ins Zweiersystem

Wandle 41 ins Zweiersystem um.

- Beginne mit dem größten Stellenwert, der in die Zahl passt. Hier: „32 passt in 41."
- Passt der nächste Stellenwert in den Rest?

32 ✓ 16 ✗ 8 ✓ 4 ✗ 2 ✗ 1 ✓

41 − 32 = 9 **9** − 8 = 1 **1** − 1 = 0

$41 = 1 \cdot 32 + 0 \cdot 16 + 1 \cdot 8 + 0 \cdot 4 + 0 \cdot 2 + 1 \cdot 1$

$41 = (101001)_2$

1 **Vom Zweiersystem ins Zehnersystem – Kleine Zahlen**

Stelle die Zahl im Zehnersystem dar.

a) $(1001)_2$ b) $(101)_2$ c) $(1100)_2$ d) $(1011)_2$ e) $(111)_2$ f) $(1110)_2$
g) $(1010)_2$ h) $(110)_2$ i) $(1101)_2$ j) $(1111)_2$ k) $(11001)_2$ l) $(10101)_2$

2 ≡ Stellenwerte im Zweiersystem

Ergänze die Stellenwerte in deinem Heft. Wandle die eingetragene Zahl ins Zehnersystem um.

← ·2 ← ·2 ← ·2 ← ·2 ← ·2 ← ·2 ← ·2 ← ·2 ← ·2 ← ·2

■	■	■	■	■	■	■	8er	4er	2er	1er
1	0	1	0	0	1	1	1	0	1	0

3 ≡ Vom Zweiersystem ins Zehnersystem – Große Zahlen

a) $(10111)_2$ b) $(111010)_2$ c) $(100011)_2$ d) $(10000001)_2$
e) $(110011)_2$ f) $(1100111)_2$ g) $(1011010)_2$ h) $(10010010)_2$

4 ≡ Vom Zehnersystem ins Zweiersystem – Kleine Zahlen

a) 9 b) 14 c) 16 d) 21 e) 28 f) 31
g) 33 h) 37 i) 43 j) 48 k) 59 l) 63

5 ≡ Vom Zehnersystem ins Zweiersystem – Große Zahlen

a) 64 b) 67 c) 69 d) 73 e) 82 f) 100
g) 111 h) 118 i) 123 j) 127 k) 144 l) 1000

6 ≡ a) Stelle die Zahl im Zehnersystem dar. $(11101)_2$; $(1000001)_2$; $(11111)_2$; $(110110110)_2$
b) Stelle die Zahl im Zweiersystem dar. 17; 38; 84; 129; 500

Prüfe dich!
Lösungen auf Seite 239

7 ≡ Binärzahlen darstellen

Man kann mit LED-Lampen Binärzahlen darstellen.  steht für 1  steht für 0
Gib die Binärzahl an. Wandle die Zahl anschließend ins Zehnersystem um.

8 ≡ Vorgänger und Nachfolger

Gib den Vorgänger und den Nachfolger der Binärzahl an.
a) $(1)_2$b) $(100)_2$ c) $(1111)_2$ d) $(1001)_2$ e) $(10101)_2$ f) $(10110)_2$

9 ≡ Besondere Zahlen

a) Gib die größte und die kleinste sechsstellige Zahl im Zweiersystem an.
Wandle die Zahl ins Zehnersystem um.
b) Was ist an diesen Zahlen besonders, wenn man sie im Zweiersystem darstellt? Begründe.
(1) 4; 8; 16; 32; 64; 128 (2) 3; 7; 15; 31; 63; 127 (3) 5; 9; 17; 33; 65; 129

10 ≡ Gerade oder ungerade?

Erkläre, wie man schnell erkennen kann, ob eine im Zweiersystem geschriebene Zahl gerade oder ungerade ist.

11 ≡ Gib im Zweiersystem die kleinste und die größte Zahl mit sieben Stellen an. Wandle diese Zahlen ins Zehnersystem um.

Prüfe dich!
Lösungen auf Seite 239

12 ≡ Entscheide ohne zu rechnen, ob die Zahl gerade oder ungerade ist.
a) $(101011)_2$ b) $(110001)_2$ c) $(100010)_2$ d) $(1110001)_2$

13 ≡ Vorsicht beim Lesen!

Tim sieht $(10000)_2$ und liest „*Zehntausend im Zweiersystem*“. Was sagst du dazu?

Andere Stellenwertsysteme

So wie das Zehner- und das Zweiersystem ist auch das Fünfersystem aufgebaut.
Die Zahlen werden mit den Ziffern 0, 1, 2, 3, 4 dargestellt.
Die Stellenwerte im Fünfersystem sind 1er, 5er, 25er, 125er …

Zählen mit nur einer Hand – das Fünfersystem

$\cdot 5$ $\cdot 5$ $\cdot 5$

Zahl im Zehnersystem	125 125er	25 25er	5 5er	1 1er	Zahl im Fünfersystem
1				1	$(1)_5$
4				4	$(4)_5$
5			1	0	$(10)_5$
273	2	0	4	3	$(2043)_5$

$273 = 2 \cdot 125 + 0 \cdot 25 + 4 \cdot 5 + 3 \cdot 1 = (2043)_5$
Sprechweise: *„zwei-null-vier-drei im Fünfersystem“*

1 Vom Fünfersystem ins Zehnersystem
a) $(11)_5$ b) $(41)_5$ c) $(123)_5$ d) $(402)_5$ e) $(1101)_5$ f) $(1234)_5$ g) $(4001)_5$ h) $(3021)_5$

2 Vom Zehnersystem ins Fünfersystem
a) 9 b) 14 c) 34 d) 76 e) 81 f) 104 g) 260 h) 374

3 Stellenwertsystem vergleichen
Vergleiche die Zahlen 1000, $(1000)_2$ und $(1000)_5$. Welche ist die größte, welche die kleinste? Begründe.

4 Spielen mit Ziffern – andere Stellenwertsysteme
Zehnersystem, Zweiersystem, Fünfersystem … Da muss es doch noch mehr geben.
a) (1) Gib die Ziffern an, mit denen das Dreiersystem dargestellt wird.
(2) Bestimme die ersten fünf Stellenwerte und erstelle eine Stellenwerttafel.
(3) Wandle die Zahlen $(121)_3$, $(1022)_3$ und $(20202)_3$ ins Zehnersystem um.
b) Bestimme die ersten vier Stellenwerte der Stellenwertsysteme.
(1) Vierersystem (2) Sechsersystem (3) Siebenersystem (4) Achtersystem
c) Warum ist es mit den Ziffern 0 bis 9 nicht möglich ein Elfersystem darzustellen? Begründe.

Der Hex-Farbcode

Für die Farben am Computer nutzt man das Hexadezimalsystem, ein Zahlensystem mit 16 „Ziffern“. Als Ziffern nimmt man 0, 1, 2, 3, 4, 5, 6, 7, 8, 9, A, B, C, D, E und F. Das mag ein wenig verwirrend sein, denn Hexadezimalzahlen können auch Buchstaben enthalten.

10 = #A, 11 = #B, 12 = #C, 13 = #D, 14 = #E, 15 = #F

Jede Farbe wird aus Rot, Grün und Blau zusammengesetzt. Computer stellen damit mehr als 16 Millionen Farben dar. Die Anteile der Grundfarben reichen dabei von 0 bis 255. Im Hexadezimalsystem lassen sich die Farben als 6-stellige Zahlen darstellen.

Hex-Farbcode	Farbe
#000000	
#FFFFFF	
#FF9900	
#0099CC	
#FF3300	
#CCCC00	

Römische Zahlzeichen

Was sind das für Zeichen auf der Uhr? Diese Zeichen haben die Römer vor 2000 Jahren für die Zahlen genutzt. Die Römer kannten kein Zeichen für die Null. Daher konnten sie kein Stellenwertsystem entwickeln. Die römischen Zahlzeichen wurden vor etwa 500 Jahren durch die arabischen Ziffern 0, 1, 2, 3, 4, 5, 6, 7, 8 und 9 ersetzt.

Römische Zahlzeichen

Römische Zahlzeichen	I	V	X	L	C	D	M
Zehnersystem	1	5	10	50	100	500	1000

Steht der größere Wert vor dem kleineren, so wird addiert.
XI = X + I = 11

Steht der kleinere Wert vor dem größeren, so wird subtrahiert.
IV = V − I = 4

Nur I, X und C dürfen vor größeren Werten stehen.
XLV statt VL

I, X und C stehen höchstens dreimal hintereinander.
IV statt IIII

Römische Zahlen und Zehnersystem

IX = 10 − 1 = 9
XXX IV = 10 + 10 + 10 + (5 − 1) = 34
CM = 900

90 = 100 − 10 = C − X = XC
26 = 20 + 5 + 1 = X + X + V + I = XX VI
49 = IL = XL IX

1 Römische Zahlen ins Zehnersystem übersetzen

a) XXXVII b) CXXV c) DCCLII d) MCCCXXVI
e) MDCLXVI f) MDCCLXXIII g) XLII h) XXIV
i) XXXIX j) XCIII k) XCIV l) MCMXLIX

2 Inschriften

An Bauwerken findet man manchmal römische Zahlen, die das Erbauungsjahr angeben.

a) Gib an, wann die Gebäude errichtet wurden.
b) Erkunde deine Umgebung und dokumentiere die römischen Zahlzeichen, die du findest.

3 Zahlen mit römischen Zahlzeichen schreiben

a) von 1 bis 20 b) 33, 66, 85 c) 821, 624, 1 872 d) 2987, 312, 49

4 Größte und kleinste Zahl

Bilde die größte und die kleinste Zahl mit diesen römischen Zahlzeichen.

a) X und L b) C und M c) V, X und C d) I, X, C, D, M

5 Vorgänger – Nachfolger

Schreibe die beiden benachbarten Zahlen auf.

a) XXV b) XL c) CCXIX d) CMXCIV

6 Knobelaufgaben

Wenn du ein Streichholz umlegst, wird die Rechnung richtig. Gibt es mehrere Möglichkeiten?

a) V+III=VI b) XI−IX=XIX c) XII+V=VI d) XI + I = X

Mein Merkzettel

Seite 10

Ein Säulendiagramm zeichnen

- Strichliste in Häufigkeitstabelle übertragen
- Hochachse:
  größter Wert bestimmt die Länge,
  gleiche Schrittweite, Pfeilspitze
- Rechtsachse:
  Kategorien beschriften, keine Pfeilspitze
- Säulen zeichnen:
  Säulen gleich breit, Abstände gleich weit

Ein Diagramm lesen

- Lineal waagerecht am oberen Ende der Säule anlegen, Zahl an der Hochachse ablesen
- Werte in Häufigkeitstabelle eintragen
- Manchmal werden Werte zusammengefasst. Dann gehen Informationen verloren.

„Mein liebster Fußballverein"

Verein	VfB	SCF	BVB	FCB	andere	keiner
Stimmen	𝍸 II	III	IIII	𝍸 I	II	𝍸 III
Anzahl	7	3	4	6	2	8

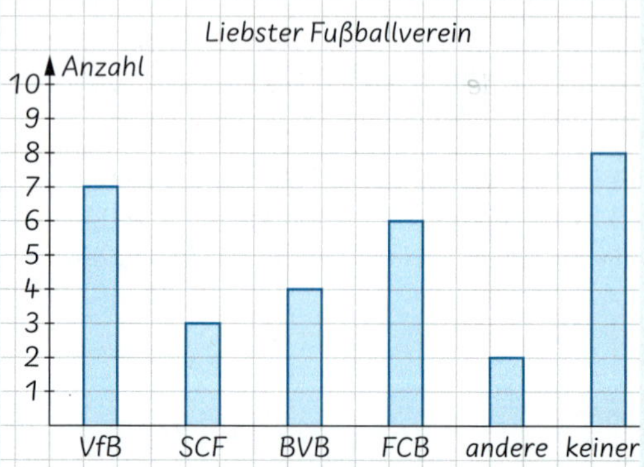

Seite 12

Ein Balkendiagramm lesen und zeichnen

Ein Balkendiagramm ist ein gekipptes Säulendiagramm.

- Kategorien an der Hochachse
- Zahlen an der Rechtsachse
- Aus Säulen werden Balken
- Beim Ablesen das Lineal senkrecht anlegen.

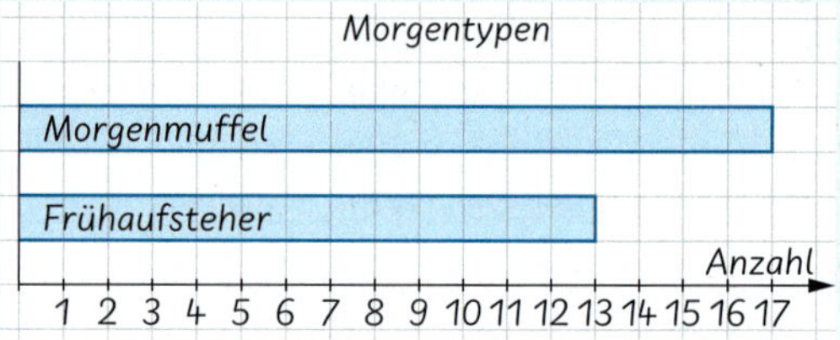

Seite 16

Natürliche Zahlen auf dem Zahlenstrahl

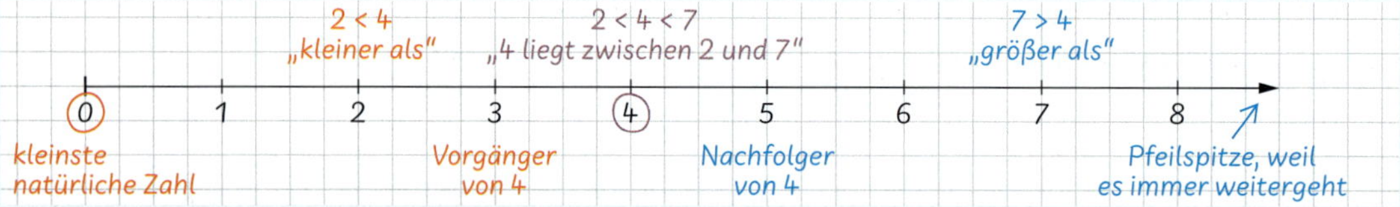

Natürliche Zahlen: 0, 1, 2, 3, 4, 5, 6 …

Seite 16

Zahlen auf dem Zahlenstrahl markieren

- Den Zahlenstrahl so lang zeichnen, dass die kleinste und die größte Zahl eingetragen werden können.
- Markierungen müssen nicht Einerschritte sein.

- Zahlenstrahl von 0
- Schrittlänge: 2 Kästchen ≙ 2 Schritte

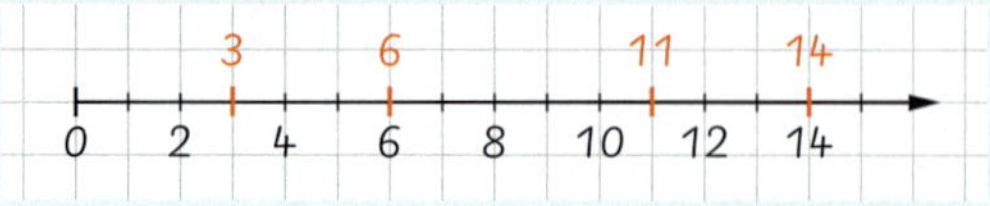

- Ausschnitt des Zahlenstrahls von 70 bis 140
- Schrittlänge: 2 Kästchen ≙ 10 Schritte

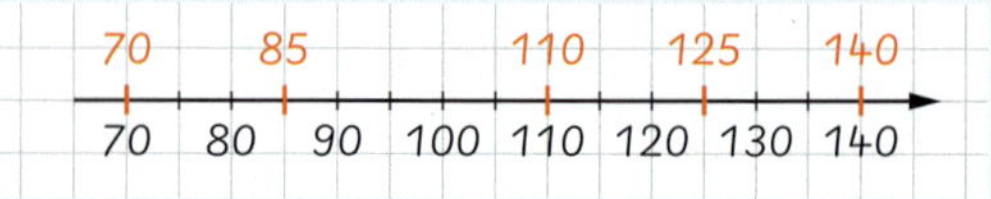

Das Zehnersystem

Seite 18

3209 = 3 Tausender + 2 Hunderter + 0 Zehner + 9 Einer

$= 3 \cdot 1000 + 2 \cdot 100 + 0 \cdot 10 + 9 \cdot 1$

Die Ziffer 2 hat den Wert 200, weil sie an der Hunderterstelle steht.

Wortform: dreitausendzweihundertneun

Stellenwerttafel

HT	ZT	T	H	Z	E
		3	2	0	9

Große Zahlen

eintausend	eine Eins mit 3 Nullen
eine Million	eine Eins mit 6 Nullen
eine Milliarde	eine Eins mit 9 Nullen
eine Billion	eine Eins mit 12 Nullen
eine Billiarde	eine Eins mit 15 Nullen
eine Trillion	eine Eins mit 18 Nullen
eine Trilliarde	eine Eins mit 21 Nullen

Stellenwerttafel zum Lesen der großen Zahlen

Seite 20

13 000 439 000

Milliarden			Millionen			tausend					
H	Z	E	H	Z	E	H	Z	E	H	Z	E
	1	3	0	0	0	4	3	9	0	0	0

13 Milliarden 439 tausend

Zahlen runden

Seite 22

- Ziffer nach Rundungsstelle 0, 1, 2, 3 oder 4:
  Abrunden – Rundungsstelle bleibt gleich
  Stellen rechts werden 0
- Ziffer nach Rundungsstelle 5, 6, 7, 8, oder 9:
  Aufrunden – Rundungsstelle plus 1
  Stellen rechts werden 0

- auf Zehner
  $8392 \approx 8390$
  2, also abrunden
- auf Hunderter
  $8392 \approx 8400$
  9, also aufrunden
- auf Tausender
  $8392 \approx 8000$
  3, also abrunden
- auf Zehntausender
  $08392 \approx 10000$
  8, also aufrunden

Manchmal ist Runden nicht sinnvoll oder nicht erlaubt, z. B. bei Telefonnummern, Kleidergrößen …

Große Zahlen in Diagrammen

Seite 24

- Wenn nötig, Zahlen aus der Häufigkeitstabelle runden.
- Einteilung der Hochachse so wählen, dass 0 und die größte Zahl eingetragen werden können.
- Beim Lesen des Diagramms daran denken, dass Werte gerundet sein können.

Das Zweiersystem

Seite 26

- Zahlen (Binärzahlen) bestehen nur aus den Ziffern 0 und 1.
- Schreibweise: $11 = (1011)_2$; $63 = (111111)_2$; $64 = (1000000)_2$
- Stellenwerte: … 64; 32; 16; 8; 4; 2; 1

Vom Zweier- ins Zehnersystem

Stelle $(11011)_2$ im Zehnersystem dar.

16er	8er	4er	2er	1er
1	1	0	1	1

$1 \cdot 16 + 1 \cdot 8 + 0 \cdot 4 + 1 \cdot 2 + 1 \cdot 1 = 27$

$(11011)_2 = 27$

Sprechweise: „eins-eins-null-eins-eins im Zweiersystem ist 27 im Zehnersystem"

Vom Zehner- ins Zweiersystem

Wandle 42 ins Zweiersystem um.

Welcher größte Stellenwert passt in die Zahl?

Passt der nächste Stellenwert in den Rest?

32 ✓ 16 ✗ 8 ✓ 4 ✗ 2 ✓ 1 ✗

$42 - 32 = 10$ $10 - 8 = 2$ $2 - 2 = 0$

$42 = 1 \cdot 32 + 0 \cdot 16 + 1 \cdot 8 + 0 \cdot 4 + 1 \cdot 2 + 0 \cdot 1$

$42 = (101010)_2$

Lösungen auf Seite 239

Wiederholen für die Klassenarbeit

1 Von der Strichliste zum Säulendiagramm

Die Schülerinnen und Schüler der Klasse 5 b wurden nach der Anzahl ihrer Geschwister befragt.
Erstelle ein Säulendiagramm.

Geschwister-anzahl	0	1	2	3	4
Schüler-anzahl	𝍸 III	𝍸 𝍸	𝍸 I	IIII	I

2 Säulendiagramm zeichnen

Erstelle ein Säulendiagramm zu den Fruchtsorten. Gib die Gesamtanzahl an.

Fruchtsorten	Apfel	Ananas	Erdbeere	Zitrone	Orange
Anzahl	5	7	6	4	8

3 Diagramm lesen

In der Klasse 5 c gibt es 30 Schülerinnen und Schüler. Sie führen eine Umfrage durch: *„Welches Musikinstrument spielst du?"*

a) Gib das Instrument an, das am häufigsten gespielt wird.

b) Lies die Werte aus dem Diagramm ab. Trage sie in eine Häufigkeitstabelle ein.

c) Untersuche, ob alle 30 Schülerinnen und Schüler ein Instrument spielen.

d) Tim behauptet: *„In der 5 c werden neun verschiedene Instrumente gespielt."* Nimm Stellung dazu.

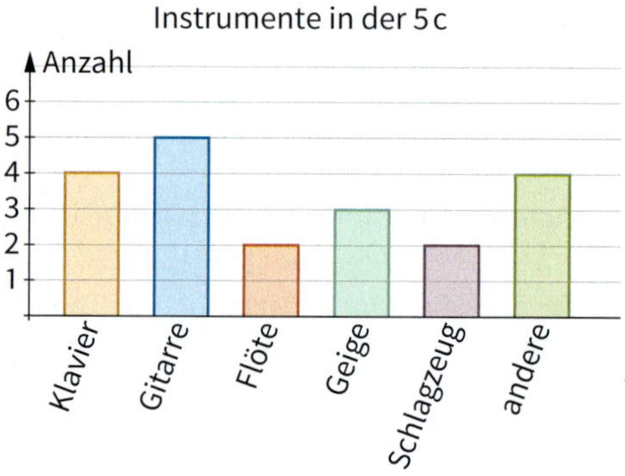

4 Auf dem Zahlenstrahl

a) Lies die markierten Zahlen ab.

b) Zeichne einen Zahlenstrahl und markiere die Zahlen 4, 7, 10, 15, 18 darauf.

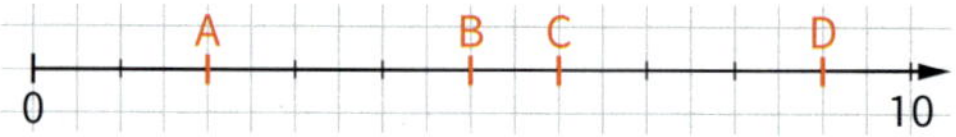

5 Zahlen ordnen

Ordne die Zahlen von klein nach groß.

a) 35 729, 5729, 35 792, 305 729

b) 324 789, 3 240 789, 324 879, 42 789

6 Zahlen ablesen

Lies die markierten Zahlen ab.

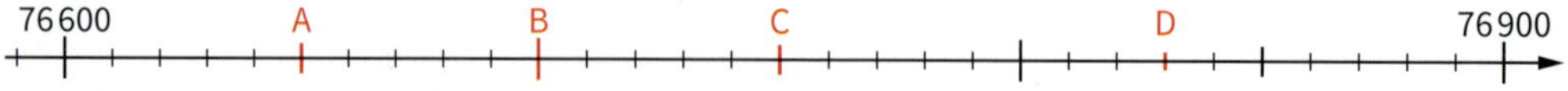

7 Ausschnitt eines Zahlenstrahls zeichnen

Zeichne einen Ausschnitt des Zahlenstrahls und markiere die Zahlen.

a) 310, 340, 375, 400, 420, 430

b) 1740, 1743, 1750, 1755, 1762, 1770

8 Zahl in der Mitte

Die Zahl in der Mitte ist rot markiert. Gib die fehlende Zahl an.

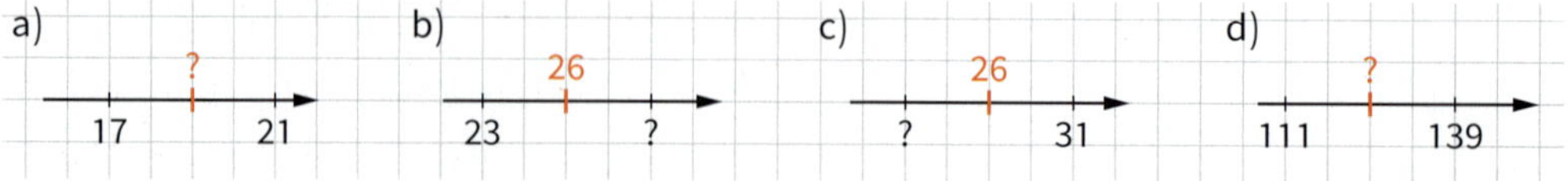

Lösungen auf Seite 240

9 Zahlen aufschreiben

Schreibe die Zahlen mit Ziffern.

a) dreihundertachtundzwanzig
b) sechstausendzweiunddreißig
c) dreihundertzwanzigtausend
d) siebenundsechzig Billiarden
e) drei Milliarden fünfzig Millionen
f) fünfhundertdreißig Millionen
g) einundfünfzig Trilliarden
h) drei Billionen zwanzig Millionen

10 Zahlen runden

Runde die Zahlen auf Hunderter, Tausender und Zehntausender.

a) 43 891 b) 327 408 c) 9037 d) 1 383 902

11 Über das Runden nachdenken

a) Eine Zahl wird auf Tausender zu 527 000 abgerundet. Gib die größtmögliche Zahl an.
b) Gibt es natürliche Zahlen, die beim Runden auf Hunderter zu Null werden? Nenne gegebenenfalls ein Beispiel.
c) Gib eine Zahl an, die beim Runden auf Zehner, Hunderter und Tausender gleich bleibt.

12 Säulendiagramm zeichnen

Wirbeltiere besitzen eine Wirbelsäule. Die Wirbeltiere werden in fünf große Gruppen eingeteilt. Innerhalb dieser Gruppen unterscheidet man verschiedene Arten.
Erstelle ein Säulendiagramm mit den Anzahlen der Arten in den Gruppen.

Artengruppe	Säugetiere	Vögel	Amphibien	Reptilien	Fische
Arten (Anzahl)	5513	10 425	7357	10 038	32 917

13 Passende Aussagen?

Lea hat eine Umfrage über die Lieblingseissorten an ihrer Schule durchgeführt. Lies am Balkendiagramm ab, ob die folgenden Aussagen wahr oder falsch sind.

(1) Die meisten Kinder mögen Erdbeereis.
(2) 41 Kinder mögen Vanilleeis am liebsten.
(3) Mehr Kinder mögen Schlumpfeis als Zitroneneis.
(4) Vanilleeis und Zitroneneis sind zusammen beliebter als Erdbeereis.

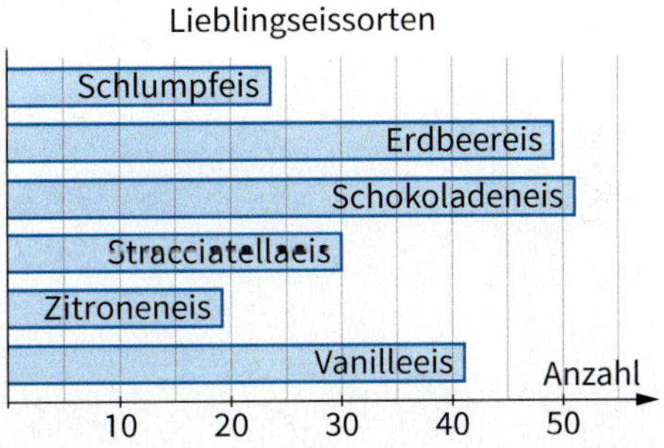

14 Umwandeln vom Zweier- ins Zehnersystem

Wandle die Zahl vom Zweiersystem ins Zehnersystem um.

a) $(11011)_2$ b) $(100001)_2$ c) $(11001100)_2$ d) $(10011)_2$
e) $(10101010)_2$ f) $(11111)_2$ g) $(10010010)_2$ h) $(10111)_2$

15 Umwandeln vom Zehner- ins Zweiersystem

a) 12; 57 b) 99; 256 c) 112; 145 d) 300; 120 e) 111; 124 f) 2000; 1024

16 Größte Zahl

Notiere jeweils die größte Zahl im Zweiersystem. Wandle die Zahl ins Zehnersystem um.

a) vierstellige b) fünfstellige c) sechsstellige d) siebenstellige

17 Anzahl von Binärzahlen

Gib die Anzahl der Zahlen im Zweiersystem an.

a) dreistellige b) vierstellige c) fünfstellige d) sechsstellige

2 Brüche

Beim Backen misst du Anteile von Mehl und Wasser ab.

Beim Aufteilen von Pizza und Kuchen bildest du Anteile. Mit Brüchen kann man diese Anteile beschreiben.

Antonia möchte drei Achtel der Pizza essen. Wie viel bleibt für dich übrig?

In diesem Kapitel

- Sind Brüche Zahlen?
- Kann man Brüche der Größe nach ordnen?
- Wie viele gleichwertige Brüche gibt es?
- Warum gibt es Brüche in der Musik?

2.1 Anteile mit Brüchen angeben

Opa Hans ist Mathematiker. Er hat einmal im Jahr Geburtstag, wie andere Menschen auch. Heute ist solch ein Tag!
Seine Enkelin Annika isst sehr gerne Kuchen, aber sie kann erst später zum Fest kommen. Deshalb fragt sie Opa Hans am Telefon, wie viel Kuchen noch übrig ist. Typisch Opa, er antwortet: „*Acht Fünfzehntel Schokokuchen*“
- Was meint er damit?
- Was sagt Opa Hans zum Rest der Torte?

Schokokuchen

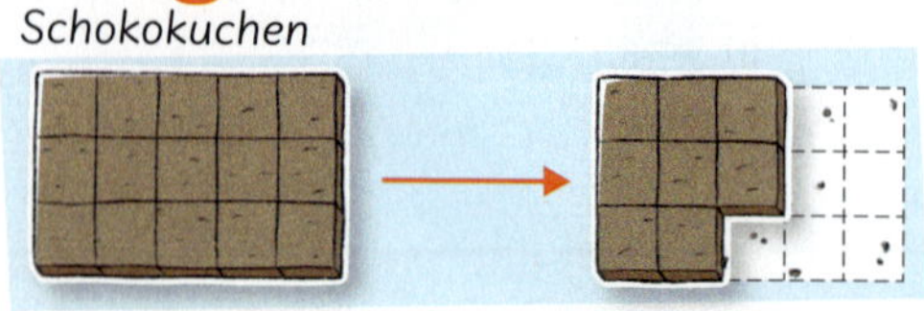

Torte

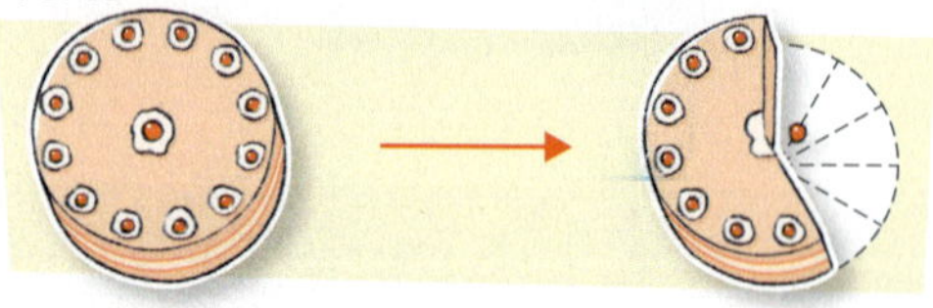

WES-109651-011

Anteile als Bruch angeben

Brüche treten auf, wenn man etwas aufteilt. Brüche beschreiben, wie groß ein Anteil eines Ganzen ist.

$\frac{7}{12}$ eines kreisrunden Kuchens bedeutet:
Teile den Kuchen in 12 gleich große Teile und nimm 7 davon.

Der Nenner gibt an, in wie viele gleich große Teile ein Ganzes geteilt wird und wie man einen einzelnen Teil **nennt**, hier Zwölftel.

Der Zähler gibt an, wie viele gleich große Teile man nimmt – wie viele Teile man also **zählt**.

$\frac{7}{12}$ — Zähler, Bruchstrich, Nenner

Sprechweise: „*sieben Zwölftel*“

Anteile als Bruch angeben

Beschreibe am Beispiel eines Rechtecks, wie ein Anteil entsteht und wie man den Anteil nennt.

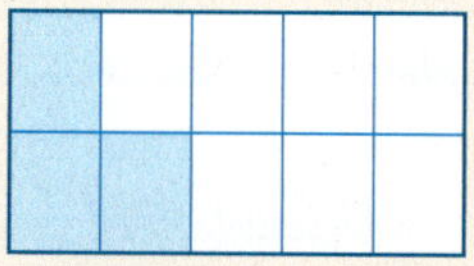

Lösung

Was ist das Ganze?
Ein Rechteck

1

Wie heißt ein Teil?
Ein Zehntel

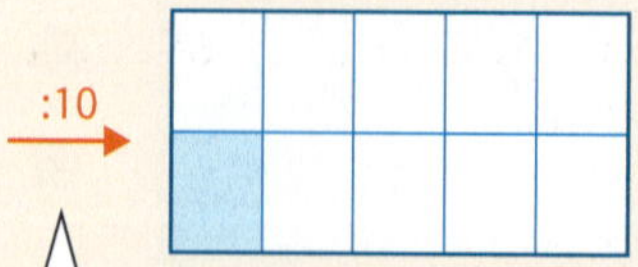

$\frac{1}{10}$

in 10 gleich große Teile teilen

Das ergibt den Nenner 10.

Wie heißt der Anteil?
Drei Zehntel

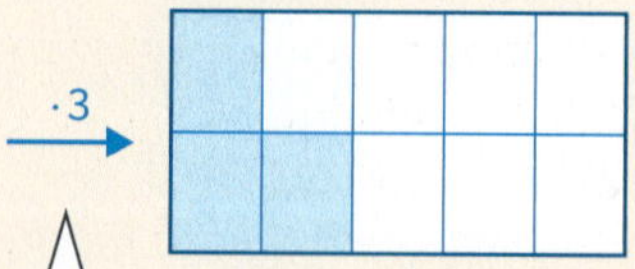

$\frac{3}{10}$

3 Teile nehmen

Das ergibt den Zähler 3.

Bruch in Worten: „*Das Ganze in 10 gleich große Teile teilen und 3 Teile davon nehmen.*“

1 ≡ **Anteile als Bruch angeben – unvollständiges Tafelbild**

Übertrage das unvollständige Tafelbild in dein Heft und ergänze es.

a) b) c) d)

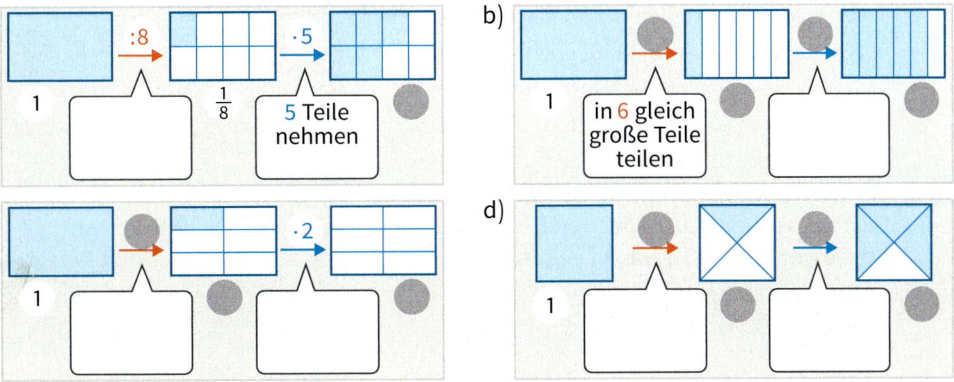

2 ≡ **Brüche in Worten**

Schreibe zu dem gefärbten Anteil einen Satz: „*Das Ganze in … teilen und … nehmen.*"
Gib den gefärbten Anteil als Bruch an.

a) b) c) d)

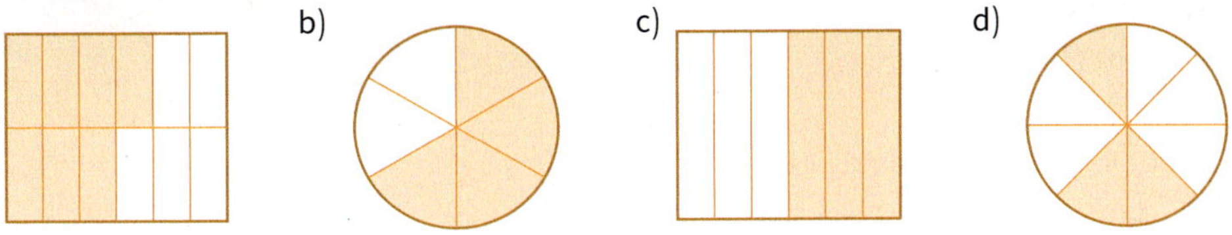

3 ≡ **Anteile am Rechteck angeben**

Welcher Anteil des Rechtecks ist gefärbt? Gib den Anteil als Bruch an.

a) b) c) d)

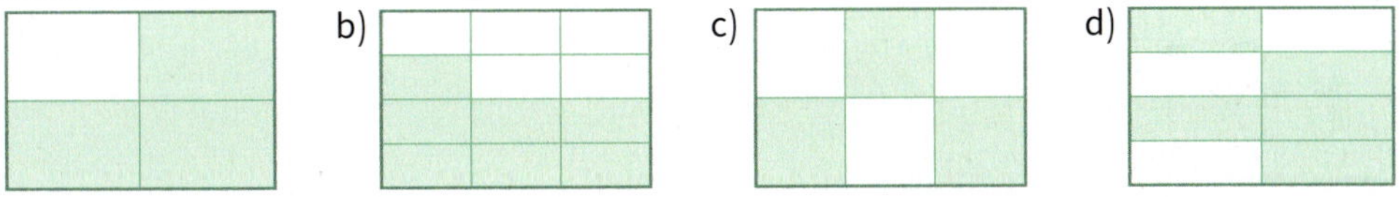

4 ≡ **Anteile am Kreis angeben**

Welcher Anteil des Kreises ist gefärbt? Gib den Anteil als Bruch an.

a) b) c) d)

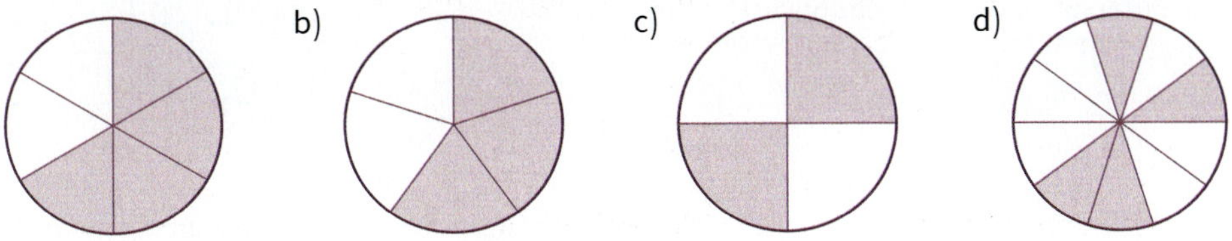

5 ≡ Schreibe zu dem Anteil einen Satz: „*Das Ganze in … teilen und … nehmen.*"
Gib den gefärbten Anteil als Bruch an.

a) b) c) d)

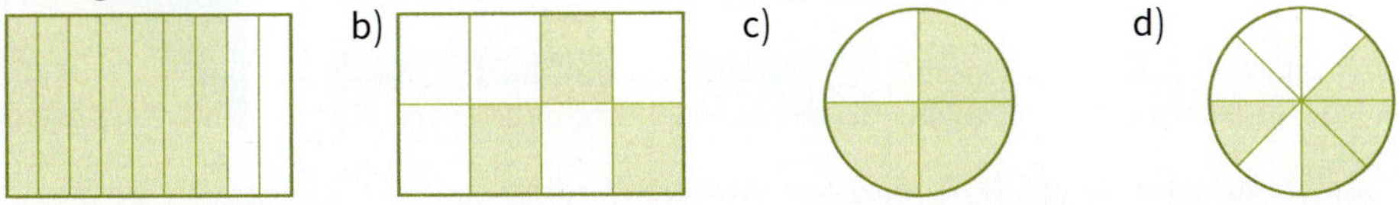

Prüfe dich!
Lösungen auf Seite 241

6 ≡ **Anteile im Rechteck**

Stelle den Anteil zeichnerisch in einem Rechteck dar. Wie geht das am einfachsten? Erkläre.

a) $\frac{3}{4}$ b) $\frac{2}{3}$ c) $\frac{2}{5}$ d) $\frac{3}{8}$ e) $\frac{5}{6}$ f) $\frac{7}{10}$ g) $\frac{5}{5}$ h) $\frac{5}{9}$

7 ≡ **Anteile beschreiben**

Beschreibe, wie der Anteil gebildet wird und gib den Anteil als Bruch an.
Nutze Wörter wie „teilen“, „gleich groß“, „nehmen“, „das ergibt“.

a) b) c) d)

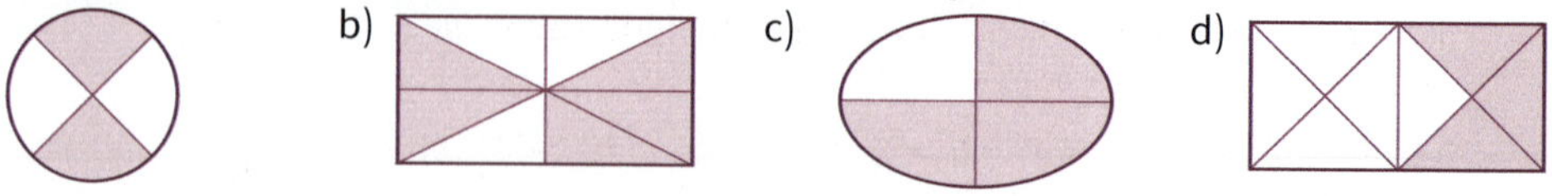

8 ≡ **Ein Ganzes kann auch eine beliebige Figur sein**

Die Figur ist ein Ganzes, der Anteil ist blau gefärbt. Gib den Anteil als Bruch an.

a) b) c) d)

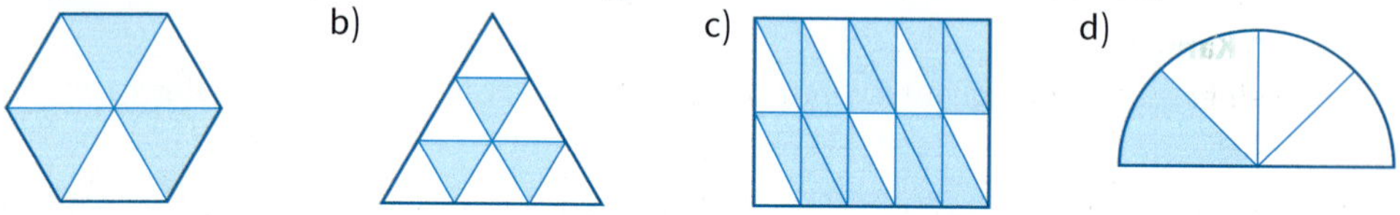

9 ≡ **Problematische Anteile**

Josha möchte den gefärbten Anteil als Bruch angeben. Welche Probleme treten dabei auf?

a) b) c) d)

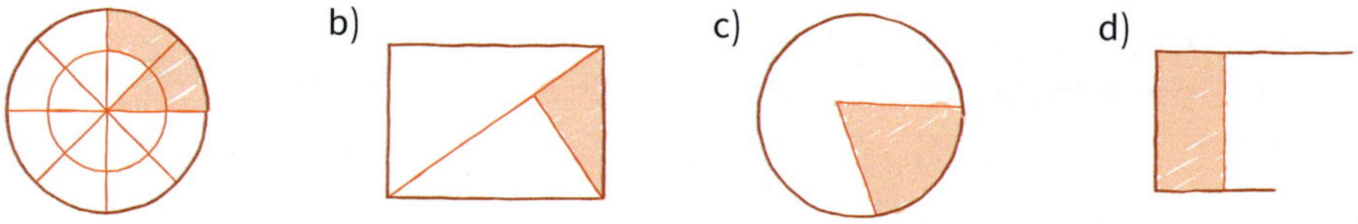

Prüfe dich!
Lösungen auf
Seite 241

10 ≡ Gib den Anteil als Bruch an.

a) b) c) d)

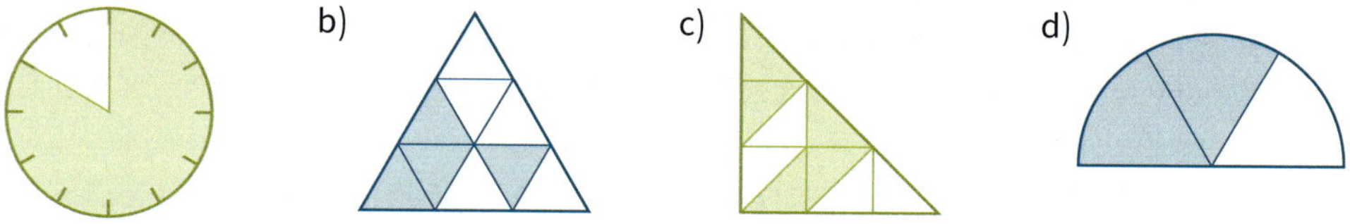

11 ≡ Stelle den Bruch als Anteil eines Rechtecks dar.

a) $\frac{1}{4}$ b) $\frac{5}{8}$ c) $\frac{3}{10}$ d) $\frac{4}{9}$

12 ≡ Untersuche die Darstellung auf Fehler.

a) $\frac{3}{5}$ b) $\frac{3}{5}$ c) $\frac{2}{3}$ d) $\frac{5}{8}$

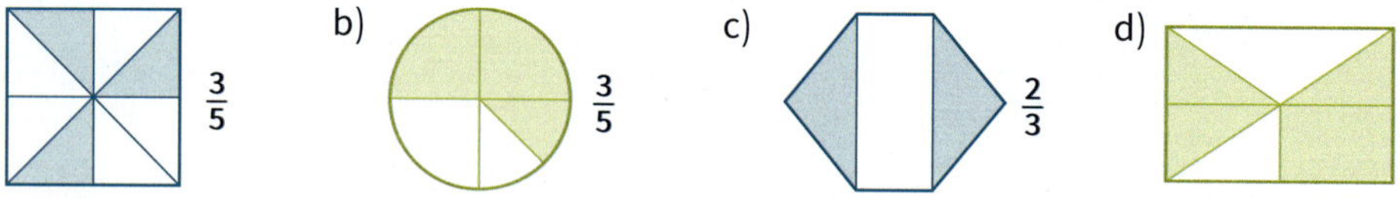

---

13 ≡ **Flaggen**

a) Gib für jede Flagge den Anteil der einzelnen Farben an.
b) Zu welchem Land gehört welche Flagge?
c) Zeichne weitere Flaggen und bestimme die Farbanteile.
d) Entwirf eine Flagge auf kariertem Papier, bei der $\frac{1}{5}$ rot und $\frac{3}{10}$ blau ist. Der Rest soll weiß bleiben. Welcher Anteil ist weiß geblieben?

14 ≡ **Platz für Isolde**

Frau Märkle möchte ihrer Kuh Isolde ein Viertel der Wiese zum Weiden überlassen. Doch ihr fallen mindestens fünf Möglichkeiten ein, wie sie die Wiese aufteilen kann. Eine davon ist in der Abbildung dargestellt.
Zeichne die quadratische Wiese in dein Heft, acht Kästchen lang und acht Kästchen breit, und teile ein Viertel ab.
Finde möglichst viele verschiedene Weideflächen für die Kuh Isolde.

15 ≡ **120 Kaninchen**

In einer Zoohandlung gibt es insgesamt 120 Kaninchen.
Davon sind $\frac{1}{3}$ Angoras, $\frac{2}{5}$ Chinchillas und 26 Holländer.
Der Rest sind Farbenzwerge. Wie viele Angoras und wie viele Chinchillas gibt es in der Zoohandlung?
Welchen Anteil haben die Holländer und die Farbenzwerge?

16 ≡ **Zum Ganzen ergänzen im Kopf**

Ergänze den Anteil im Kopf zum Ganzen und gib den fehlenden Anteil an.

a) $\frac{1}{4}$ b) $\frac{5}{8}$ c) $\frac{7}{8}$ d) $\frac{2}{7}$ e) $\frac{2}{5}$ f) $\frac{7}{12}$ g) $\frac{3}{10}$ h) $\frac{4}{9}$

17 ≡ **Figuren zum Ganzen ergänzen**

Du siehst jeweils einen Anteil eines Ganzen. Übertrage die Figur ins Heft und ergänze so wie im Beispiel den Anteil zu einem Ganzen. Oft ist die ganze Figur ein Rechteck.
Bei den Teilaufgaben e) und f) erhältst du für das Ganze kein Rechteck. Begründe.

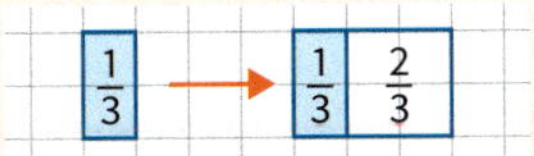

$\frac{1}{3}$ wird mit $\frac{2}{3}$ zu einem Ganzen ergänzt.

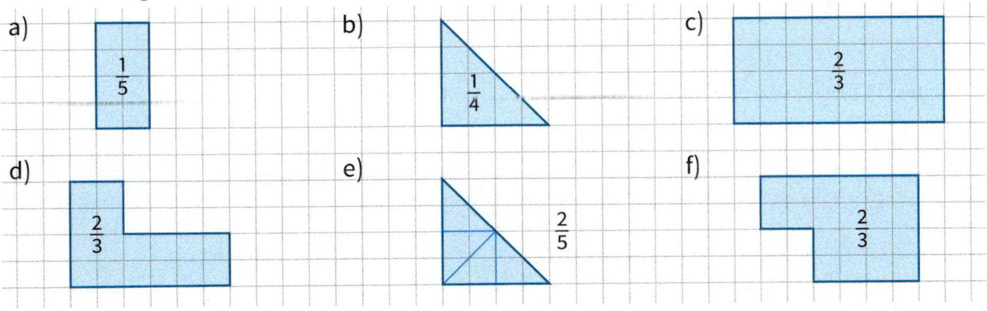

18 ≡ Eine Figur besteht aus 28 Kästchen. $\frac{1}{4}$ davon sind rot, $\frac{1}{14}$ gelb und die Hälfte ist blau gefärbt. Der Rest ist grün. Bestimme die Anzahl der grünen Kästchen. Gib den Anteil als Bruch an.

Prüfe dich!
Lösungen auf Seite 241

19 ≡ Die Figur zeigt den angegebenen Anteil. Ergänze die Figur in deinem Heft zu einem Ganzen.

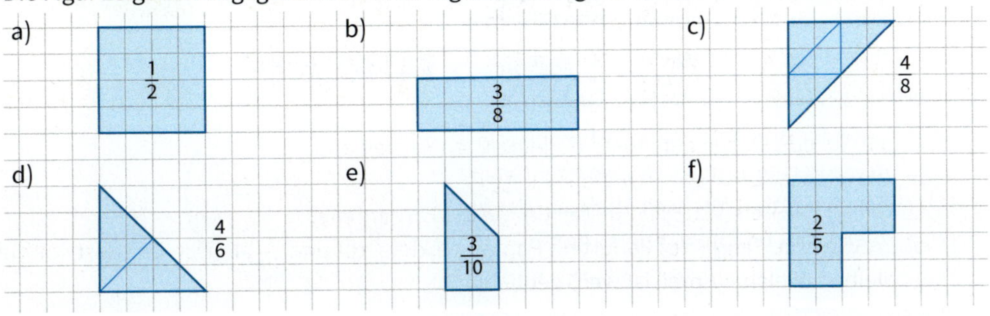

20 ≡ **Wer hat recht?**

Nimm Stellung zu den Aussagen.

a) Paul sagt: *„Ein Viertel ist mehr als ein Drittel, denn 4 ist mehr als 3.“*

b) Inga sagt: *„Vier Fünftel sind mehr als zwei Drittel, denn bei vier Fünftel bin ich näher an einem Ganzen.“*

21 ≡ **Brüche mit dem 5 × 5-Geobrett**

„Brüche“ können mit einem farbigen Gummiband durch Umspannen einer Fläche auf einem Geobrett dargestellt werden.

a) Christoph hat mit einem roten Gummiband $\frac{1}{8}$ der weißen Fläche des Geobretts umspannt. Finde noch zwei weitere Möglichkeiten, $\frac{1}{8}$ der weißen Fläche zu umspannen.

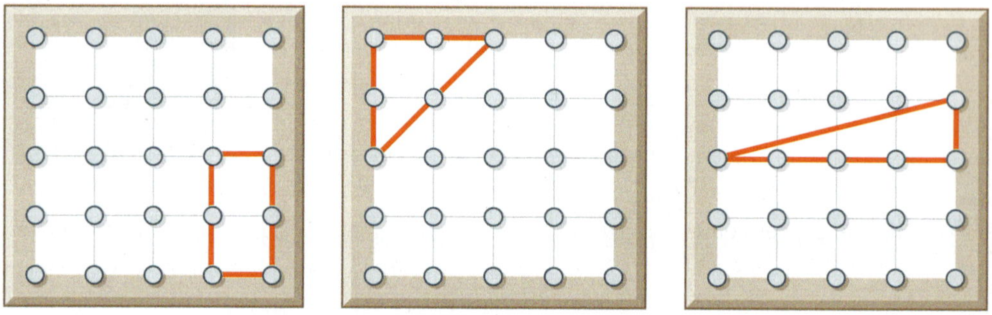

b) Laura hat mit Gummibändern weitere Figuren gespannt. Welcher Anteil des Geobretts ist jeweils umspannt?

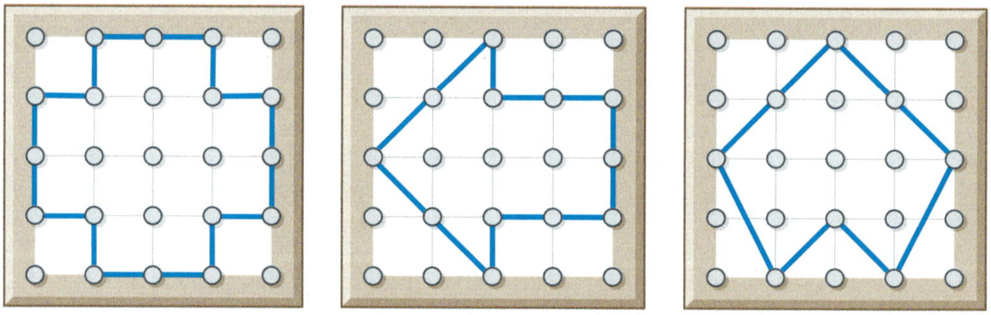

c) Spanne ein Gummiband so, dass $\frac{3}{4}$ der Fläche umspannt ist. Ebenso $\frac{3}{8}$, $\frac{9}{16}$, $\frac{7}{16}$, $\frac{10}{16}$.

d) Erfinde weitere Figuren und gib deren Anteil am Geobrett als Bruch an.

22 ≡ **Bruchuhr**

Mit zwei kreisförmigen Papierscheiben hat sich Miriam eine „Bruchuhr“ gebastelt. Auf eine der Papierscheiben hat sie dabei eine Unterteilung in 12 gleiche Teile gezeichnet.

a) Baue eine Bruchuhr und stelle damit die folgenden Brüche dar: $\frac{1}{4}$, $\frac{1}{6}$, $\frac{5}{6}$, $\frac{1}{3}$, $\frac{3}{4}$.

b) Stelle einen Anteil ein und zeige die Rückseite der Bruchuhr. Dein Partner oder deine Partnerin soll den eingestellten Bruch erraten. Wechselt euch ab. Wer hat zuerst fünf Brüche richtig erraten?

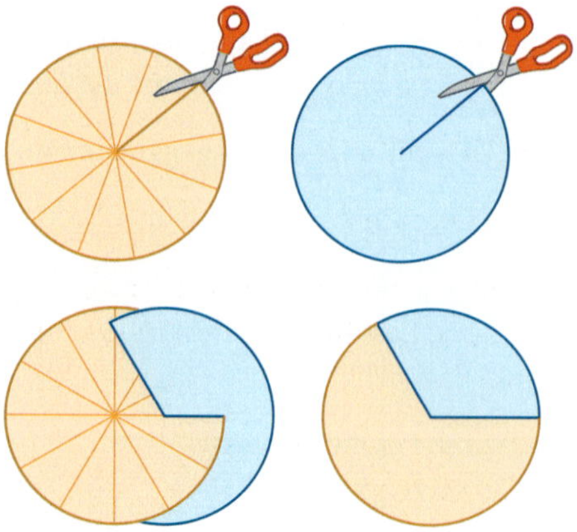

WES-109651-012

2.2 Erweitern und Kürzen

Herr Gauß feiert Geburtstag.
Für die Familie will er noch eine halbe Torte besorgen.

- Was sagst du dazu?
- Wie würdest du dich entscheiden?

Vorbereiten Seite 232

WES-109651-013

Gleichwertige Brüche

Brüche, die denselben Anteil beschreiben, nennt man gleichwertig.

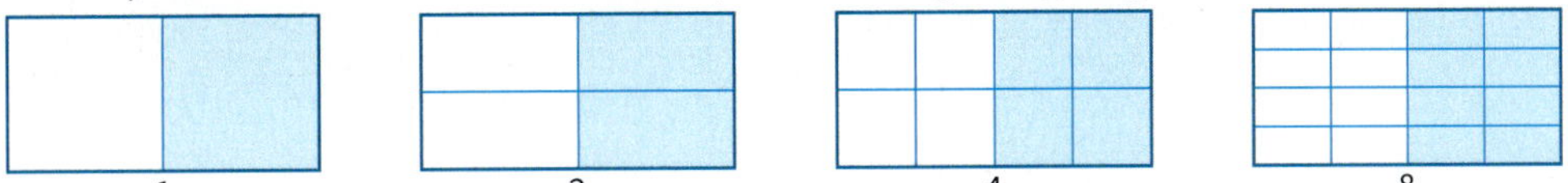

$\frac{1}{2}$ $\frac{2}{4}$ $\frac{4}{8}$ $\frac{8}{16}$

Kürzen heißt Vergröbern

Beim Vergröbern einer Unterteilung werden die Teile größer und es werden weniger.

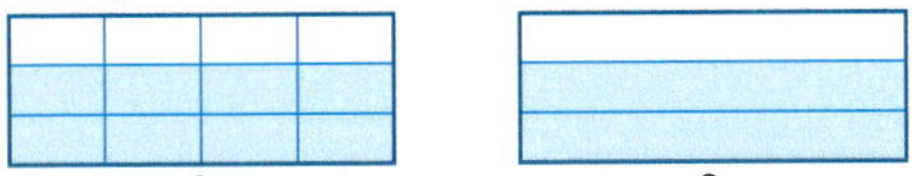

$\frac{8}{12}$ $\frac{2}{3}$

Erweitern heißt Verfeinern

Beim Verfeinern einer Unterteilung werden die Teile kleiner und es werden mehr.

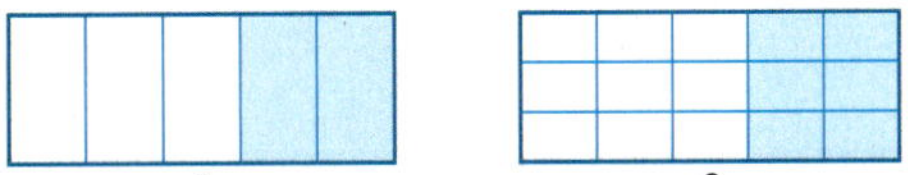

$\frac{2}{5}$ $\frac{6}{15}$

Kürzen Zähler und Nenner durch die gleiche Zahl dividieren

Kürzen mit 4
$\frac{8}{12} = \frac{8:4}{12:4} = \frac{2}{3}$
Zähler und Nenner durch 4 dividieren.

Erweitern Zähler und Nenner mit der gleichen Zahl multiplizieren

Erweitern mit 3
$\frac{2}{5} = \frac{2 \cdot 3}{5 \cdot 3} = \frac{6}{15}$
Zähler und Nenner mit 3 multiplizieren.

Gleichwertige Brüche durch Kürzen und Erweitern bestimmen

Bestimme durch Kürzen und Erweitern mindestens sechs gleichwertige Brüche zu $\frac{18}{24}$.
Wie viele gleichwertige Brüche kann man finden?

Lösung

Kürzen mit 2	$\frac{18}{24} = \frac{18:2}{24:2} = \frac{9}{12}$	Erweitern mit 2	$\frac{18}{24} = \frac{18 \cdot 2}{24 \cdot 2} = \frac{36}{48}$
Kürzen mit 3	$\frac{18}{24} = \frac{18:3}{24:3} = \frac{6}{8}$	Erweitern mit 10	$\frac{18}{24} = \frac{18 \cdot 10}{24 \cdot 10} = \frac{180}{240}$
Kürzen mit 6	$\frac{18}{24} = \frac{18:6}{24:6} = \frac{3}{4}$	Erweitern mit 5	$\frac{18}{24} = \frac{18 \cdot 5}{24 \cdot 5} = \frac{90}{120}$

Nicht jeden Bruch kann man kürzen, aber jeden Bruch kann man beliebig erweitern.
Durch Erweitern lassen sich unendlich viele gleichwertige Brüche finden.

1 ≡ **Kürzen und erweitern**

a) Kürze mit 2: $\frac{6}{8}$ $\frac{6}{16}$ $\frac{20}{60}$ $\frac{8}{12}$ $\frac{24}{36}$

b) Erweitere mit 4: $\frac{4}{8}$ $\frac{2}{3}$ $\frac{4}{5}$ $\frac{7}{9}$ $\frac{11}{15}$

c) Kürze mit 3: $\frac{3}{9}$ $\frac{6}{12}$ $\frac{27}{81}$ $\frac{21}{27}$ $\frac{24}{36}$

d) Erweitere mit 5: $\frac{2}{5}$ $\frac{3}{4}$ $\frac{5}{7}$ $\frac{6}{9}$ $\frac{10}{12}$

2 ≡ **Immer vier sind gleichwertig**

Bestimme zu jedem Bruch drei gleichwertige Brüche. Gib an, mit welcher Zahl du den Bruch gekürzt oder erweitert hast.

a) $\frac{10}{50}$ b) $\frac{3}{7}$ c) $\frac{5}{15}$ d) $\frac{20}{60}$ e) $\frac{7}{9}$ f) $\frac{8}{12}$ g) $\frac{27}{81}$ h) $\frac{24}{36}$

3 ≡ **Immer feiner – Verfeinerungen erkennen**

Welcher Bruch ist dargestellt? Was wurde dann geändert, was bleibt gleich? Beschreibe.

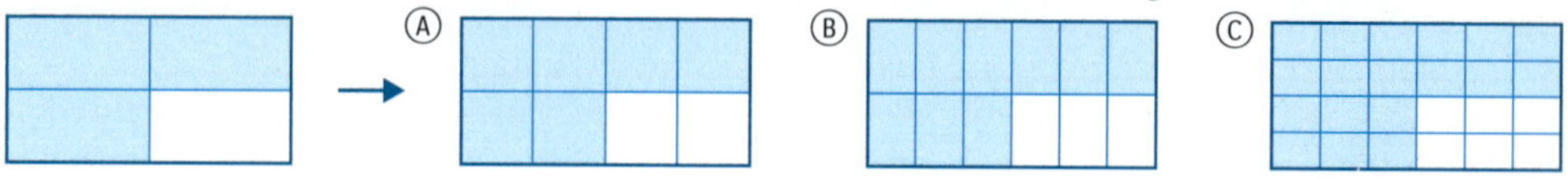

4 ≡ **Immer feiner – Verfeinerungen zeichnen**

a) Stelle am Rechteck $\frac{1}{3} = \frac{2}{6} = \frac{6}{18}$ dar. b) Stelle am Rechteck $\frac{2}{5} = \frac{4}{10} = \frac{8}{20} = \frac{16}{40}$ dar.

Prüfe dich!
Lösungen auf Seite 241

5 ≡ Gib den gefärbten Anteil als Bruch an. Bestimme vier weitere gleichwertige Brüche.

a) 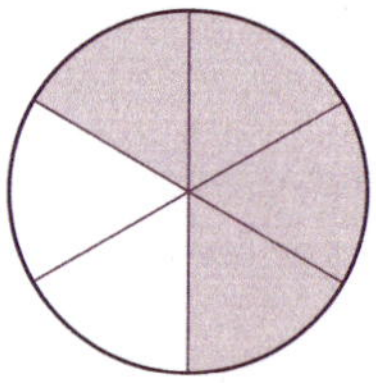

b) 

c) 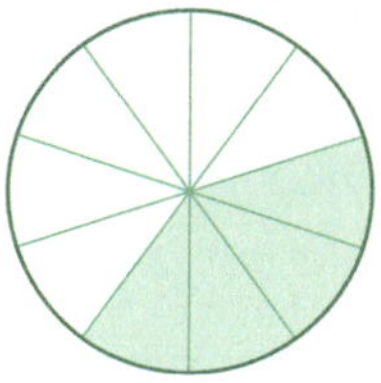

d) 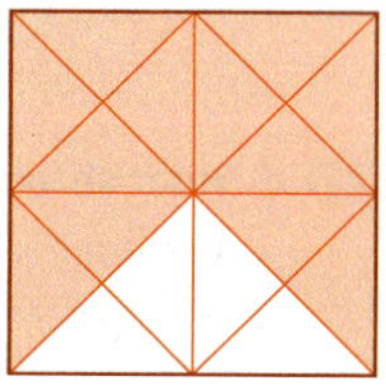

6 ≡ Veranschauliche an Rechtecken.

a) $\frac{1}{2} = \frac{2}{4} = \frac{4}{8}$ b) $\frac{1}{3} = \frac{2}{6} = \frac{4}{12}$ c) $\frac{1}{3} = \frac{3}{9} = \frac{6}{18}$ d) $\frac{5}{6} = \frac{10}{12} = \frac{15}{18}$

7 ≡ **Kürzen bis zum Ende – vollständig kürzen**

Kürze so weit wie möglich.

a) $\frac{30}{40}$ b) $\frac{16}{20}$ c) $\frac{5}{15}$ d) $\frac{24}{45}$ e) $\frac{6}{33}$ f) $\frac{5}{6}$ g) $\frac{12}{30}$ h) $\frac{13}{39}$

Formuliere die Eigenschaft eines vollständig gekürzten Bruchs.

8 ≡ **Brüche finden**

Gib zwei Brüche mit dem Nenner 36 an, die man…

a) … kürzen kann. b) … mindestens zweimal kürzen kann.
c) … nicht kürzen kann. d) … genau dreimal kürzen kann.

9 ≡ **Fehlender Zähler**

Bestimme den fehlenden Zähler.

a) $\frac{3}{4} = \frac{\square}{20}$ b) $\frac{18}{30} = \frac{\square}{5}$ c) $\frac{2}{7} = \frac{\square}{28}$ d) $\frac{24}{60} = \frac{\square}{5}$ e) $\frac{\square}{56} = \frac{5}{8}$ f) $\frac{74}{111} = \frac{\square}{3}$

10 ≡ **Fehlender Nenner**

Bestimme den fehlenden Nenner.

a) $\frac{3}{5} = \frac{36}{\square}$ b) $\frac{4}{7} = \frac{48}{\square}$ c) $\frac{1}{9} = \frac{12}{\square}$ d) $\frac{3}{8} = \frac{27}{\square}$ e) $\frac{5}{\square} = \frac{35}{56}$ f) $\frac{76}{\square} = \frac{2}{3}$

11 ≡ **Fehlerkorrektur**

Wenn du einen Fehler findest, dann ändere entweder nur den Zähler oder nur den Nenner so, dass die Brüche gleichwertig sind.

a) $\frac{3}{7} = \frac{18}{42}$ b) $\frac{48}{52} = \frac{12}{13}$ c) $\frac{72}{126} = \frac{9}{14}$ d) $\frac{8}{17} = \frac{32}{68}$ e) $\frac{22}{27} = \frac{66}{81}$ f) $\frac{45}{64} = \frac{5}{8}$

12 ≡ **Kürzen auf verschiedenen Wegen**

Milena und Jan haben begonnen, den Bruch $\frac{48}{72}$ schrittweise zu kürzen.

a) Setze beide Wege fort. Was stellst du fest?

b) Kürze $\frac{80}{180}$ auf verschiedenen Wegen.

---

13 ≡ Gib an, mit welcher Zahl der Bruch gekürzt bzw. erweitert wurde. Ergänze den fehlenden Nenner oder Zähler. Achtung: Zwei Fehler haben sich eingeschlichen!

Prüfe dich! Lösungen auf Seite 241

a) $\frac{12}{14} = \frac{■}{7}$ b) $\frac{9}{18} = \frac{■}{2}$ c) $\frac{3}{8} = \frac{15}{■}$ d) $\frac{21}{24} = \frac{7}{■}$

e) $\frac{7}{8} = \frac{■}{2}$ f) $\frac{9}{■} = \frac{63}{91}$ g) $\frac{■}{18} = \frac{17}{36}$ h) $\frac{9}{11} = \frac{■}{121}$

14 ≡ a) Kürze jeden Bruch so weit wie möglich. $\frac{4}{10}$; $\frac{5}{11}$; $\frac{6}{12}$; $\frac{16}{22}$; $\frac{17}{23}$; $\frac{18}{24}$; $\frac{9}{33}$; $\frac{10}{43}$

b) Gib drei verschiedene Zahlen an, mit denen man $\frac{210}{420}$ kürzen kann. Kürze dann in unterschiedlicher Reihenfolge schrittweise mit diesen Zahlen. Was stellst du fest?

---

15 ≡ **Anteile beschreiben**

Welcher Anteil ist farbig markiert? Schätze zuerst.
Gib den Anteil als vollständig gekürzten Bruch an.

a)  b)  c)  d) 

16 ≡ **Auf den Nenner, fertig, los**

a) Erweitere jeden Bruch auf den Nenner 24 und sortiere dann die Brüche der Größe nach. Beginne mit dem größten Bruch. $\frac{5}{8}$; $\frac{2}{3}$; $\frac{7}{12}$; $\frac{1}{6}$; $\frac{3}{8}$

b) Erweitere jeden Bruch auf den Nenner 30 und sortiere dann die Brüche der Größe nach. Beginne mit dem kleinsten Bruch. $\frac{3}{5}$; $\frac{10}{15}$; $\frac{6}{10}$; $\frac{2}{30}$; $\frac{5}{6}$

17 ≡ **Familien finden**

Einige Brüche sind gleichwertig, diese bilden eine Familie. Aber es gibt auch Brüche, die zu keiner Familie gehören. Finde sie.

a) $\frac{21}{35}$ $\frac{60}{100}$ $\frac{20}{30}$ $\frac{12}{18}$ $\frac{3}{5}$ $\frac{4}{6}$ $\frac{3}{2}$ $\frac{40}{60}$ $\frac{15}{25}$ $\frac{50}{30}$ $\frac{12}{20}$

b) $\frac{2}{7}$ $\frac{6}{18}$ $\frac{20}{60}$ $\frac{200}{300}$ $\frac{200}{700}$ $\frac{2}{6}$ $\frac{60}{210}$ $\frac{20}{700}$ $\frac{10}{30}$ $\frac{4}{14}$

18 ≡ **Domino**

Man darf einen Stein an den anderen legen, wenn die Brüche auf beiden Steinen gleichwertig sind. 10 der 11 Dominosteine bilden so eine Reihe, aber ein Stein passt nicht hinein! Finde den falschen Stein. Schreibe die Dominoreihe in dein Heft.

2.3 Brüche vergleichen

Sortiere die Anteile der Kuchenreste der Größe nach. Alle Bleche sind gleich groß.

Anteile als Brüche angeben

Schokokuchen: $\frac{5}{12}$ Kirschkuchen: $\frac{3}{8}$ Erdbeerkuchen: $\frac{2}{6}$ Zitronenkuchen: $\frac{2}{4}$

Vergleich bei gleichem Zähler

Erdbeerkuchen: $\frac{2}{6}$; Zitronenkuchen: $\frac{2}{4}$

Sechstel sind kleiner als Viertel: $\frac{2}{6} < \frac{2}{4}$

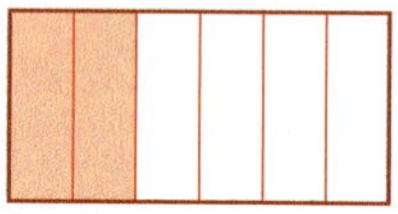

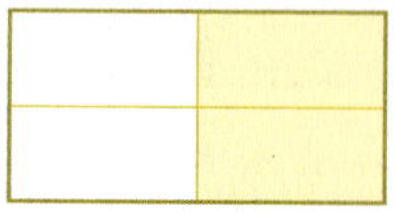

Einen gemeinsamen Nenner suchen

24 ist ein gemeinsames Vielfaches der Nenner 12, 6, 8 und 4. Alle vier Brüche lassen sich durch Erweitern auf den gemeinsamen Nenner 24 bringen.
Nun kann man die Brüche vergleichen.

$\frac{5}{12} = \frac{10}{24}$ (·2) $\quad \frac{3}{8} = \frac{9}{24}$ (·3) $\quad \frac{2}{6} = \frac{8}{24}$ (·4) $\quad \frac{2}{4} = \frac{12}{24}$ (·6)

$\frac{8}{24} < \frac{9}{24} < \frac{10}{24} < \frac{12}{24}$

$\frac{2}{6} < \frac{3}{8} < \frac{5}{12} < \frac{2}{4}$

Die Kuchenreste der Größe nach sortiert ergibt: „Erdbeer < Kirsch < Schoko < Zitrone“

WES-109651-014

Brüche miteinander vergleichen

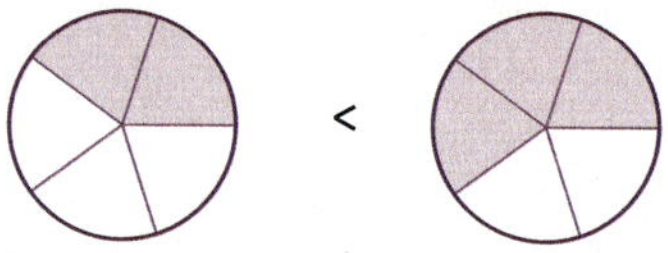

Beide Anteile bestehen aus gleich großen Teilen. Die Anzahl der Teile vergleichen.

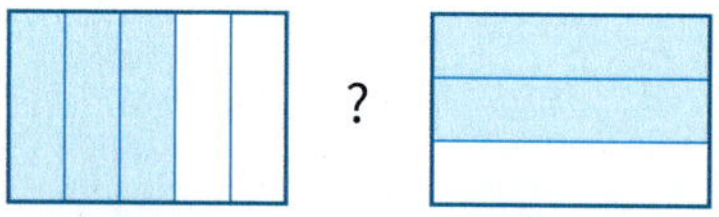

Eine gemeinsame Verfeinerung finden:

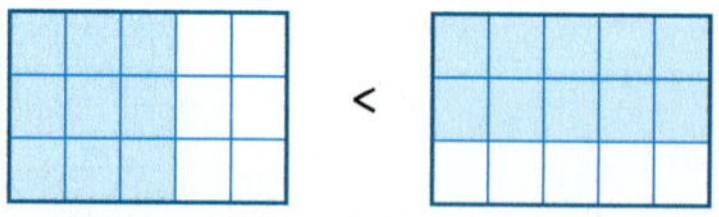

Beide Anteile bestehen aus gleich großen Teilen. Die Anzahl der Teile vergleichen.

Gleiche Nenner

- Die Zähler der Brüche vergleichen.

Vergleiche $\frac{2}{5}$ und $\frac{3}{5}$. Der Nenner ist 5.
Zähler vergleichen: $2 < 3$, also $\frac{\mathbf{2}}{5} < \frac{\mathbf{3}}{5}$

Unterschiedliche Nenner

- Die Brüche gleichnamig machen, dazu beide Brüche auf einen gemeinsamen Nenner erweitern.
- Nun die Zähler der Brüche vergleichen.

Vergleiche $\frac{3}{5}$ und $\frac{2}{3}$. Die Nenner sind 5 und 3.

Ein gemeinsamer Nenner ist 15. $\quad \frac{3 \cdot 3}{5 \cdot 3} = \frac{9}{15} \quad \frac{2 \cdot 5}{3 \cdot 5} = \frac{10}{15}$

Zähler vergleichen: $\frac{\mathbf{9}}{15} < \frac{\mathbf{10}}{15}$, also $\frac{3}{5} < \frac{2}{3}$

Brüche vergleichen – unterschiedliche Nenner

$\frac{5}{8}$ und $\frac{2}{3}$ vergleichen: Die Nenner sind 8 und 3.

- 24 ist ein gemeinsamer Nenner, da $8 \cdot 3 = 24$.
  Beide Brüche auf den Nenner 24 erweitern.
- Nun die Zähler der erweiterten Brüche vergleichen.

$8 \cdot 3 = 24$

$\frac{5}{8} = \frac{5 \cdot 3}{8 \cdot 3} = \frac{15}{24}$ und $\frac{2}{3} = \frac{2 \cdot 8}{3 \cdot 8} = \frac{16}{24}$

$15 < 16$, also $\frac{\mathbf{15}}{24} < \frac{\mathbf{16}}{24}$, also $\frac{5}{8} < \frac{2}{3}$

1 Welcher Bruch ist größer?

Vergleiche die Brüche.

a) $\frac{5}{7}$ und $\frac{6}{7}$ b) $\frac{4}{98}$ und $\frac{3}{98}$ c) $\frac{2}{5}$ und $\frac{1}{2}$ d) $\frac{3}{5}$ und $\frac{1}{2}$ e) $\frac{3}{6}$ und $\frac{1}{2}$ f) $\frac{5}{8}$ und $\frac{3}{4}$

g) $\frac{2}{3}$ und $\frac{3}{4}$ h) $\frac{9}{15}$ und $\frac{17}{30}$ i) $\frac{7}{12}$ und $\frac{9}{16}$ j) $\frac{5}{6}$ und $\frac{7}{9}$ k) $\frac{8}{15}$ und $\frac{11}{21}$ l) $\frac{7}{11}$ und $\frac{7}{9}$

2 Größer, kleiner oder gleich?

Vergleiche die Brüche. Manchmal ist ein Nenner ein Vielfaches des anderen Nenners. Nutze <, > oder =.

$\frac{2}{3}$ ■ $\frac{5}{9}$ *Ein gemeinsamer Nenner ist 9.*

$\frac{2}{3}$ *mit 3 erweitern.* $\frac{2}{3} = \frac{2 \cdot 3}{3 \cdot 3} = \frac{6}{9} > \frac{5}{9}$

a) $\frac{2}{5}$ ■ $\frac{3}{5}$ b) $\frac{1}{4}$ ■ $\frac{1}{8}$ c) $\frac{3}{4}$ ■ $\frac{7}{9}$ d) $\frac{2}{5}$ ■ $\frac{4}{7}$ e) $\frac{3}{4}$ ■ $\frac{7}{8}$ f) $\frac{3}{14}$ ■ $\frac{1}{6}$

g) $\frac{9}{10}$ ■ $\frac{7}{8}$ h) $\frac{2}{5}$ ■ $\frac{14}{35}$ i) $\frac{2}{4}$ ■ $\frac{5}{8}$ j) $\frac{5}{9}$ ■ $\frac{4}{7}$ k) $\frac{2}{3}$ ■ $\frac{3}{4}$ l) $\frac{2}{3}$ ■ $\frac{4}{60}$

3 Übertrage in dein Heft und setze das passende Zeichen <, > oder = ein.

a) $\frac{1}{3}$ ■ $\frac{3}{6}$ b) $\frac{2}{4}$ ■ $\frac{4}{8}$ c) $\frac{3}{4}$ ■ $\frac{7}{8}$ d) $\frac{4}{5}$ ■ $\frac{6}{10}$ e) $\frac{2}{3}$ ■ $\frac{3}{5}$ f) $\frac{2}{3}$ ■ $\frac{5}{8}$

g) $\frac{3}{4}$ ■ $\frac{7}{10}$ h) $\frac{4}{5}$ ■ $\frac{7}{8}$ i) $\frac{5}{11}$ ■ $\frac{2}{5}$ j) $\frac{4}{5}$ ■ $\frac{6}{12}$ k) $\frac{1}{3}$ ■ $\frac{3}{7}$ l) $\frac{3}{5}$ ■ $\frac{30}{50}$

Prüfe dich!
Lösungen auf Seite 242

4 Pizzareste

Ordne die Pizzareste der Größe nach.

a)

b)

c)

d)

Brüche mit gleichen Zählern miteinander vergleichen

Sind die Zähler zweier Brüche gleich, so ist die Anzahl der Teile gleich. Nun vergleicht man die Größe der Teile. Der Nenner gibt die Größe der Teile an.

„Je größer der Nenner, desto kleiner die Teile"

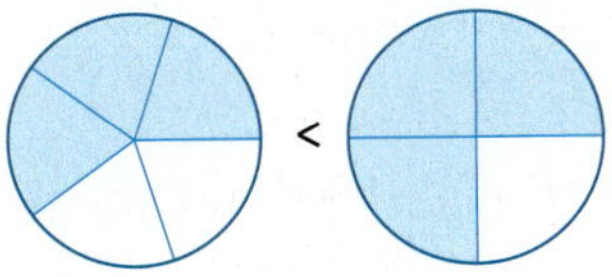

Gleiche Zähler

- Die Nenner der Brüche vergleichen.

Vergleiche $\frac{3}{5}$ und $\frac{3}{4}$.

Die Nenner sind 5 und 4:

$5 > 4$, also $\frac{3}{\mathbf{5}} < \frac{3}{\mathbf{4}}$

WES-109651-015

5 Welcher Bruch ist größer?

Vergleiche die Brüche. Wo helfen dir gleiche Zähler weiter?

a) $\frac{3}{7}$ und $\frac{3}{8}$ b) $\frac{3}{4}$ und $\frac{7}{8}$ c) $\frac{5}{9}$ und $\frac{10}{17}$ d) $\frac{7}{14}$ und $\frac{14}{28}$ e) $\frac{7}{12}$ und $\frac{13}{30}$ f) $\frac{6}{11}$ und $\frac{3}{5}$

6 Zeitungsartikel

„Bei einer Geschwindigkeitskontrolle am vergangenen Dienstag fuhr ein Viertel der Autos schneller als erlaubt. Am Mittwoch war sogar ein Fünftel der Autos zu schnell."

Was meinst du zu dieser Meldung?

7 Eilmeldung

Das Gesundheitsministerium befürchtet die Verbreitung einer neuen Krankheit und meldet: *„Inzwischen hat sich bereits jeder Dritte angesteckt. Wenn das so fortschreitet, ist demnächst jeder Fünfte infiziert."* Schreibe einen Leserbrief.

8 ≡ **Viele Brüche – groß und klein**

Sortiere die Brüche der Größe nach. Tipp: Vergleiche zuerst mit $\frac{1}{2}$ oder mit 1.

a) $\frac{5}{9}, \frac{1}{2}, \frac{4}{9}$ b) $\frac{5}{8}, \frac{2}{4}, \frac{2}{5}$ c) $\frac{2}{3}, \frac{6}{9}, \frac{12}{18}$ d) $\frac{5}{12}, \frac{1}{6}, \frac{2}{8}$ e) $\frac{35}{36}, \frac{11}{18}, \frac{123}{250}$ f) $\frac{3}{4}, \frac{21}{29}, \frac{7}{7}$

Prüfe dich!
Lösungen auf Seite 242

9 ≡ Sortiere die Brüche der Größe nach. Beginne mit dem kleinsten Bruch.

a) $\frac{2}{9}, \frac{1}{4}, \frac{1}{3}, \frac{8}{9}$ b) $\frac{1}{2}, \frac{3}{4}, \frac{7}{8}, \frac{3}{8}$ c) $\frac{5}{8}, \frac{6}{9}, \frac{7}{10}, \frac{5}{9}$ d) $\frac{3}{20}, \frac{6}{28}, \frac{7}{14}, \frac{11}{12}$

10 ≡ Aus der Zeitschrift „Schule aktuell“: *„Im Jahr 2010 hatte ein Zehntel der Kinder in der Klassenstufe 5 regelmäßig die Hausaufgaben vergessen. Zum Glück hat sich das inzwischen gebessert. Heute vergisst nur noch ein Achtel der Kinder die Hausaufgaben.“*
Nimm Stellung zu der Nachricht.

11 ≡ **Geschicktes Vergleichen**

Sortiere die Brüche der Größe nach. Gehe dabei möglichst geschickt vor.

a) $\frac{4}{7}, \frac{1}{2}, \frac{4}{5}$ b) $\frac{3}{7}, \frac{4}{8}, \frac{5}{9}$ c) $\frac{15}{32}, \frac{2}{8}, \frac{7}{16}$ d) $\frac{7}{13}, \frac{9}{18}, \frac{7}{15}$ e) $\frac{7}{8}, \frac{3}{4}, \frac{1}{2}$ f) $\frac{17}{24}, \frac{5}{11}, \frac{5}{8}$

12 ≡ **Dein Artikel für das Mathe-Forum**

Beim Vergleichen von zwei Brüchen kann man verschieden vorgehen. Beschreibe, wie man zeichnerisch und wie man rechnerisch vorgeht. Nutze die Begriffe: „Größe/Anzahl der Teile“, „Zähler/Nenner“, „Erweitern/Kürzen“, „Vergleich mit $\frac{1}{2}$“ …

13 ≡ **Vergleichen von Anteilen**

Gib den Anteil der roten Kugeln in jedem Gefäß als Bruch an. In welchem Gefäß ist der Anteil der roten Kugeln am größten? In welchem Gefäß ist der Anteil der blauen Kugeln am größten?

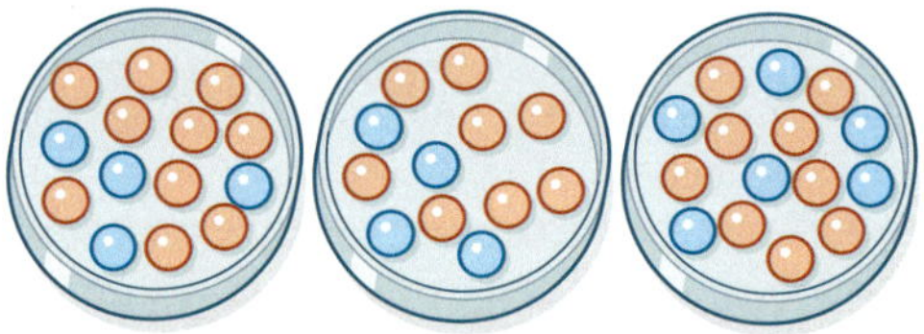

Prüfe dich!
Lösungen auf Seite 242

14 ≡ Tim erzählt seinem Freund Tobias: *„Wir waren 14 Tage im Urlaub und hatten 4 Regentage“.* *„Wir hatten aber nur 3 Regentage bei 10 Urlaubstagen“*, erwidert Tobias.
Wer hatte das bessere Wetter? Begründe.

15 ≡ Ordne der Größe nach, beginne mit dem kleinsten Bruch.

a) $\frac{1}{8}, \frac{5}{9}, \frac{1}{2}$ b) $\frac{15}{15}, \frac{11}{12}, \frac{3}{5}$ c) $\frac{7}{14}, \frac{9}{21}, \frac{13}{28}$ d) $\frac{7}{15}, \frac{11}{25}, \frac{13}{30}$

16 ≡ **Torwandschießen**

Den Anteil der Treffer an der Gesamtzahl der Schüsse nennt man auch Trefferquote.
Wer hat die beste, wer hat die schlechteste Trefferquote?

17 ≡ **Anteile vergleichen**

Gib zuerst an, welcher Anteil grün und welcher blau gefärbt ist. Die beiden Darstellungen werden übereinandergelegt. Was erkennst du nun? Erkläre mit Brüchen.

a) 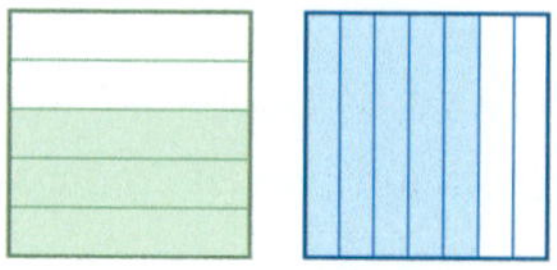

b) 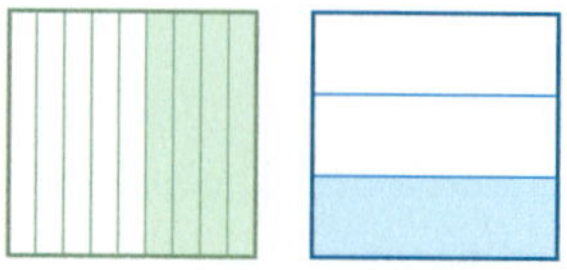

c) 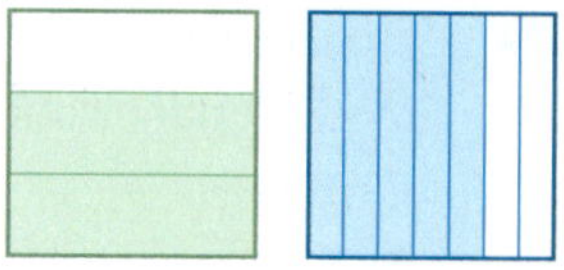

2.4 Gemischte Schreibweise

Vorbereiten
Seite 232

Jede Waffel wird beim Backen in Fünftel geteilt. Gib in Worten und als Bruch an, wie viele Waffeln Lena und Emil essen.

Lena:

Raul:

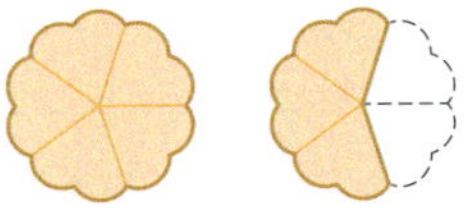

Lösung

Lena isst 3 ganze Waffeln.
Das sind 15 Fünftel Waffeln: $3 = \frac{15}{5}$

Raul isst 1 ganze und 3 Fünftel Waffeln.
Das sind 8 Fünftel Waffeln: $1 + \frac{3}{5} = \frac{8}{5}$

Unechte Brüche

Brüche, die **größer sind als ein Ganzes**, nennt man **unechte Brüche**.
Bei unechten Brüchen ist der Zähler größer als der Nenner.

$\frac{13}{5}$ ist größer als 1.

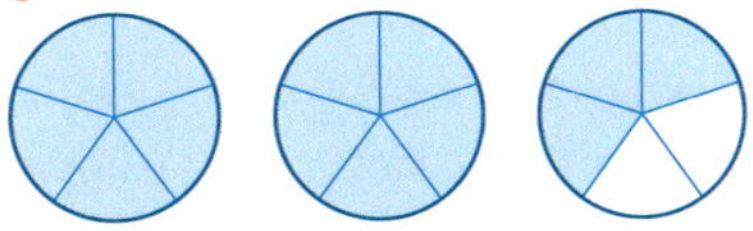

Gemischte Schreibweise

Man kann unechte Brüche auch in der **gemischten Schreibweise** angeben.

$\frac{13}{5}$ sind 2 Ganze und $\frac{3}{5}$
Schreibweise: $2\frac{3}{5}$
Sprechweise: *„zwei, drei Fünftel"*

Auch natürliche Zahlen kann man als unechten Bruch schreiben.

$3 = \frac{3}{1} = \frac{6}{2} = \frac{9}{3} = \frac{27}{9}$

WES-109651-016

Als unechten Bruch schreiben

Schreibe $3\frac{2}{9}$ als unechten Bruch.
3 Ganze als Neuntel sind $\frac{27}{9}$.
$\frac{27}{9}$ und $\frac{2}{9}$ ergibt zusammen $\frac{29}{9}$.
$3\frac{2}{9} = 3 + \frac{2}{9} = \frac{27}{9} + \frac{2}{9} = \frac{29}{9}$

In gemischter Schreibweise schreiben

Schreibe $\frac{17}{6}$ in gemischter Schreibweise.
Die 6 passt 2-mal in die 17, der Rest ist 5.
Das ergibt 2 Ganze und $\frac{5}{6}$.
$\frac{17}{6} = \frac{12}{6} + \frac{5}{6} = 2 + \frac{5}{6} = 2\frac{5}{6}$

1 **Als unechten Bruch schreiben**

a) $2\frac{1}{7}$ b) $4\frac{3}{4}$ c) $10\frac{1}{10}$ d) $5\frac{1}{2}$ e) 8 f) $33\frac{1}{3}$ g) $5\frac{5}{10}$ h) $7\frac{7}{7}$

2 **In gemischter Schreibweise schreiben**

a) $\frac{8}{3}$ b) $\frac{35}{8}$ c) $\frac{27}{6}$ d) $\frac{110}{100}$ e) $\frac{45}{4}$ f) $\frac{63}{6}$ g) $\frac{83}{4}$ h) $\frac{79}{8}$

3 Schreibe in gemischter Schreibweise, als unechten Bruch oder als natürliche Zahl.

a) $\frac{14}{8}$ b) $5\frac{3}{5}$ c) $\frac{25}{6}$ d) $7\frac{1}{7}$ e) $\frac{18}{3}$ f) $12\frac{4}{8}$ g) $\frac{13}{2}$ h) $\frac{41}{7}$

Prüfe dich!
Lösungen auf
Seite 242

4 **Brüche im Alltag**

Welcher Bruch ist dargestellt?

a) b) c) d)

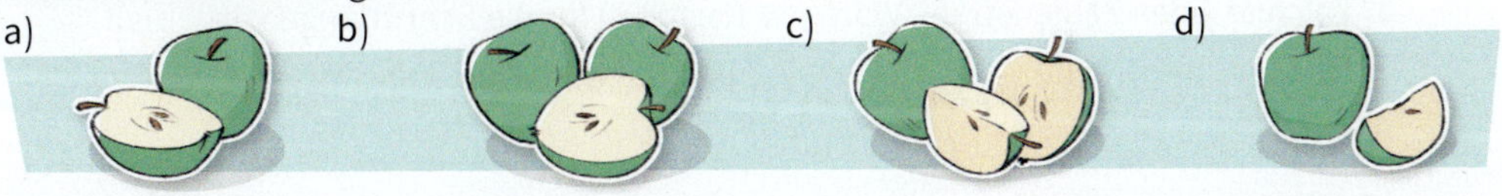

2.5 Brüche auf dem Zahlenstrahl

Vorbereiten
Seite 232

Auf dem Messbecher siehst du eine Skala von 0 bis 2.

- Wie muss man den Ausschnitt von 0 bis 1 einteilen, damit auch $\frac{3}{4}$ und $\frac{7}{8}$ eingetragen werden können?
- Zeichne einen Zahlenstrahl von 0 bis 2, der 16 Kästchen lang ist. Markiere darauf die Brüche $\frac{3}{8}$; $1\frac{1}{4}$; $1\frac{7}{8}$; $\frac{3}{4}$.

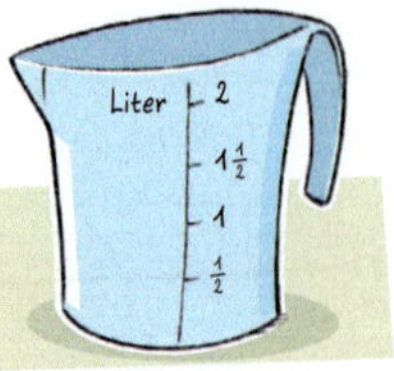

WES-109651-017

Brüche auf dem Zahlenstrahl

Brüche kann man, wie die natürlichen Zahlen, auf dem Zahlenstrahl eintragen.

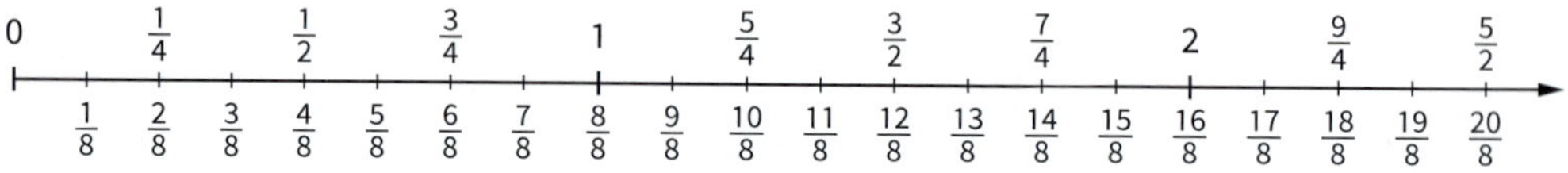

- Auch die natürlichen Zahlen gehören zu den Brüchen.
  Beispiel: $2 = \frac{2}{1} = \frac{4}{2} = \frac{6}{3} = \frac{8}{4} = \frac{16}{8} = \ldots$
- Gleichwertige Brüche stehen auf dem Zahlenstrahl an derselben Stelle.
  Beispiel: $\frac{3}{4} = \frac{6}{8} = \frac{9}{12} = \ldots$ sind verschiedene Schreibweisen für dieselbe Zahl.

Brüche auf dem Zahlenstrahl

Die Brüche $\frac{1}{3}$, $\frac{6}{3}$, $\frac{11}{6}$, $\frac{15}{6}$ und $1\frac{1}{6}$ auf einem Zahlenstrahl markieren.

Schreibe die unechten Brüche in gemischter Schreibweise. Der größte Bruch bestimmt die Länge des Zahlenstrahls. Der gemeinsame Nenner der Brüche gibt die Schrittlänge an.

Hier: 2 Kästchen für $\frac{1}{6}$ (das Ganze in 6 gleich große Teile unterteilen)

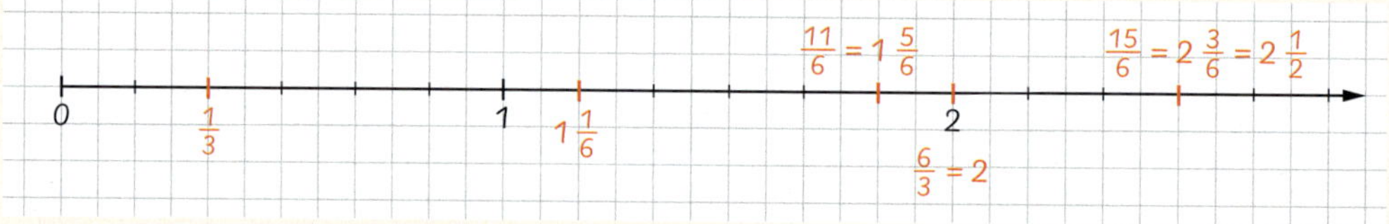

1 Zahlen ablesen

Welche Zahlen sind auf dem Zahlenstrahl markiert?

a)
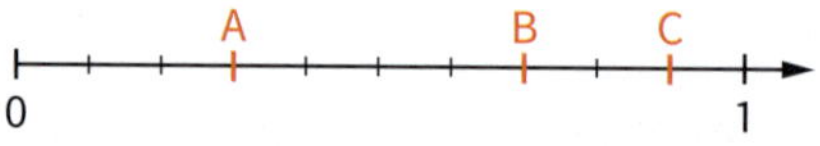

b)
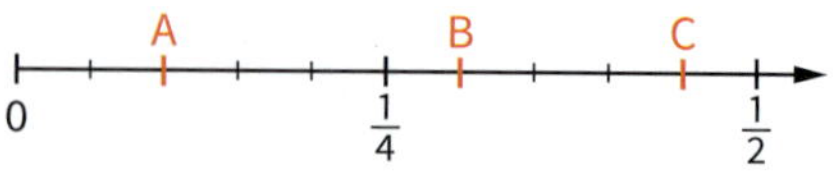

c)
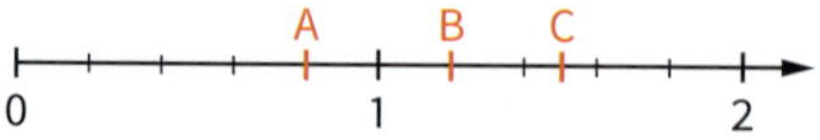

d)
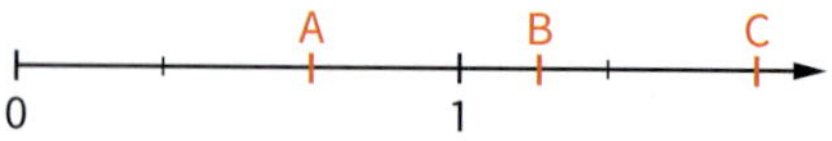

e)
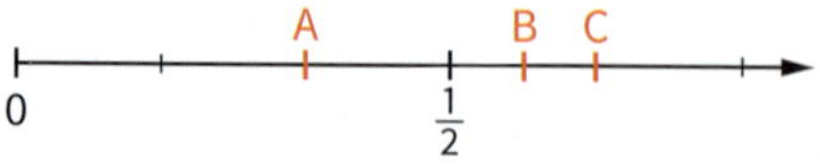

f)
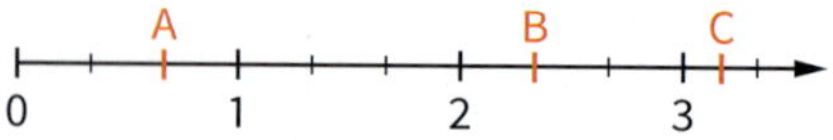

2 Zahlenstrahl zeichnen

a) Zeichne einen Zahlenstrahl. Wähle 20 Kästchen für die Schrittlänge von 0 bis 1.
Markiere die Brüche $\frac{1}{2}$, $\frac{1}{5}$, $\frac{3}{10}$ und $\frac{1}{4}$ auf dem Zahlenstrahl.

b) Zeichne einen Zahlenstrahl. Wähle 12 Kästchen für die Schrittlänge von 0 bis 1.
Markiere die Brüche $\frac{10}{6}$, $\frac{11}{6}$, $\frac{1}{12}$, $\frac{5}{4}$, $\frac{7}{12}$, $1\frac{1}{12}$ auf dem Zahlenstrahl.

3 ≡ **Brüche auf einem Zahlenstrahl eintragen**

a) Zeichne einen Zahlenstrahl. Markiere die Brüche $\frac{2}{3}$, $\frac{29}{12}$, $\frac{5}{6}$, $\frac{11}{4}$, $\frac{1}{12}$ und $\frac{11}{6}$ auf dem Zahlenstrahl. Nutze dazu eine Einteilung in 12 Teile zwischen zwei natürlichen Zahlen. Warum können mit der Einteilung die angegebenen Brüche einfach eingetragen werden?

b) Zeichne einen Zahlenstrahl. Finde eine sinnvolle Einteilung des Zahlenstrahls und markiere die Brüche $\frac{1}{4}$, $\frac{6}{5}$, $1\frac{1}{4}$, $\frac{7}{10}$, $\frac{27}{20}$ und $\frac{15}{20}$.

4 ≡ **Wohin gehöre ich - wer fliegt raus?**

Ordne die Brüche, wenn möglich, den Markierungen zu. Welche Brüche bleiben übrig?

$\frac{4}{6}$ $2\frac{1}{2}$ $\frac{3}{4}$ $\frac{6}{6}$ $1\frac{1}{3}$ $\frac{6}{9}$ $\frac{2}{3}$ $\frac{4}{3}$ $\frac{17}{17}$

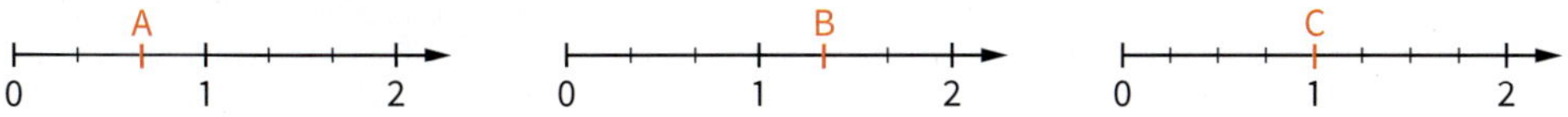

5 ≡ Gib die markierten Zahlen an.

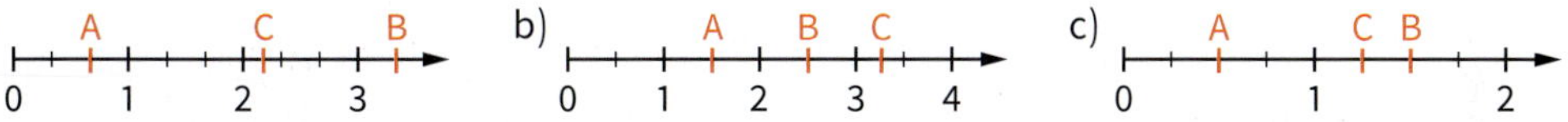

Prüfe dich! Lösungen auf Seite 242

6 ≡ Sortiere die Brüche $\frac{7}{8}$, $\frac{19}{4}$, $\frac{30}{8}$, $\frac{9}{2}$, $\frac{17}{8}$, $\frac{1}{4}$ und $\frac{15}{4}$ der Größe nach und markiere sie auf dem Zahlenstrahl.

7 ≡ **Viel los zwischen zwei Zahlen**

Welche Zahl liegt genau in der Mitte zwischen den beiden angegebenen Zahlen?
Gib drei weitere Zahlen an, die zwischen den beiden angegebenen Zahlen liegen.

a) 5 und 6 b) $\frac{1}{4}$ und $\frac{1}{3}$ c) $\frac{1}{6}$ und $\frac{1}{5}$ d) $\frac{1}{4}$ und $\frac{2}{3}$ e) $\frac{9}{10}$ und $\frac{11}{10}$ f) $\frac{99}{100}$ und 1

≡ **Zahl gesucht**

Von den drei markierten Zahlen liegt die zweite genau in der Mitte. Bestimme die fehlende Zahl.

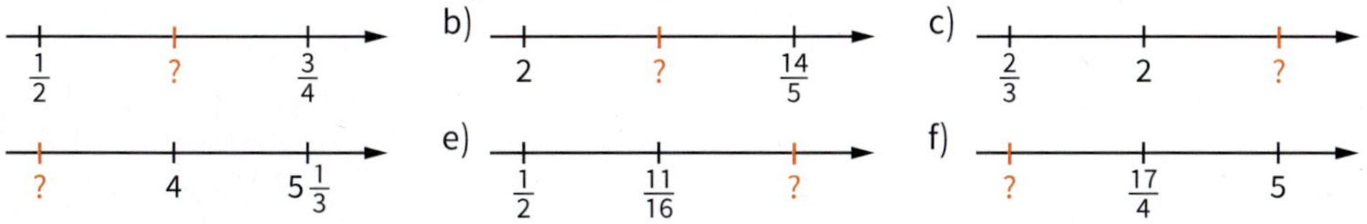

8 ≡ Gib die Zahl an, die genau in der Mitte liegt.

a) $\frac{1}{7}$ und $\frac{3}{7}$ b) $\frac{1}{7}$ und $\frac{2}{7}$ c) $\frac{1}{10}$ und $\frac{2}{10}$ d) $\frac{3}{4}$ und 1 e) $\frac{1}{3}$ und $\frac{1}{2}$ f) $\frac{1}{3}$ und $1\frac{2}{3}$

Prüfe dich! Lösungen auf Seite 242

9 ≡ **Brüche kleben aneinander**

a) Erweitere die Brüche $\frac{8}{10}$ und $\frac{9}{10}$ so, dass du zwischen diesen beiden Brüchen
(1) mindestens einen Bruch angeben kannst,
(2) mindestens neun verschiedene Brüche angeben kannst,
(3) mindestens hundert verschiedene Brüche angeben kannst.

b) Wie viele Brüche gibt es zwischen $\frac{8}{10}$ und $\frac{9}{10}$?

10 ≡ **Zwischen zwei Brüchen**

a) Begründe: *„Zwischen zwei verschiedenen Brüchen liegt stets ein weiterer Bruch."*

b) Begründe: *„Zwischen zwei Brüchen liegen unendlich viele Brüche."*

2.6 Brüche und natürliche Zahlen – multiplizieren und dividieren

Greta findet im Kühlschrank eine Schokoladentafel. Sie öffnet die Packung und stellt fest: „*Es sind ja nur noch $\frac{4}{15}$ übrig!*“

- Am Tag davor war es noch dreimal so viel. Welcher Anteil einer Schokotafel war das?
- Greta möchte diesen Rest mit Theo teilen. Welcher Anteil bleibt dann für jeden?
- Könnte man den Rest $\frac{4}{15}$ exakt auf drei Personen aufteilen? Welchen Anteil einer ganzen Tafel bekäme dann jeder?

Lösung

- Rechne dreimal vier Fünfzehntel.
  $3 \cdot \frac{4}{15} = \frac{3 \cdot 4}{15} = \frac{12}{15}$ Am Vortag waren es $\frac{12}{15}$.
- Rechne vier Fünfzehntel geteilt durch zwei.
  $\frac{4}{15} : 2 = \frac{4:2}{15} = \frac{2}{15}$ Jeder bekommt $\frac{2}{15}$.
- Rechne vier Fünfzehntel geteilt durch drei.
  Erweitern des Bruchs mit 3 hilft:
  $\frac{4}{15} : 3 = \frac{4 \cdot 3}{15 \cdot 3} : 3 = \frac{4 \cdot 3 : 3}{15 \cdot 3} = \frac{4}{15 \cdot 3} = \frac{4}{45}$

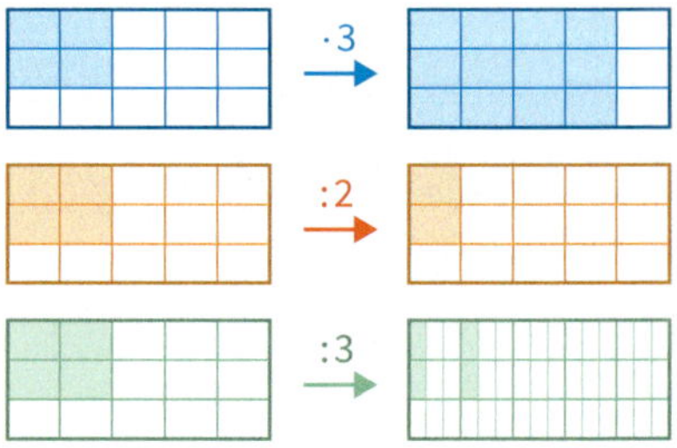

Dividieren durch eine Zahl bedeutet Multiplizieren im Nenner mit dieser Zahl.

WES-109651-018

Einen Bruch vervielfachen

Multiplizieren mit einer natürlichen Zahl

- Zähler mit der Zahl multiplizieren
- Nenner beibehalten

$3 \cdot \frac{2}{7} = \frac{3 \cdot 2}{7} = \frac{6}{7}$

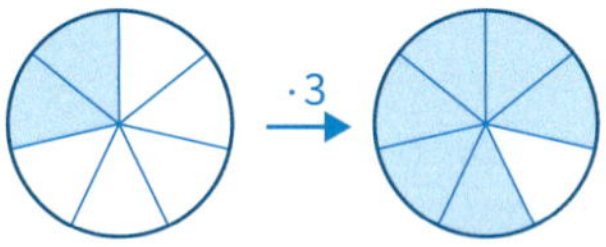

Einen Bruch teilen

Dividieren durch eine natürliche Zahl

- Zähler beibehalten
- Nenner mit der Zahl multiplizieren

$\frac{3}{4} : 2 = \frac{3}{4 \cdot 2} = \frac{3}{8}$

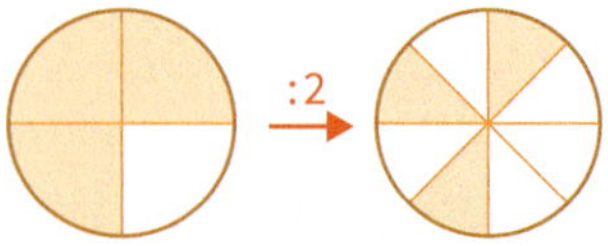

Einen Bruch vervielfachen

- $5 \cdot \frac{7}{12} = \frac{5 \cdot 7}{12} = \frac{35}{12}$
- $\frac{5}{12} \cdot 3 = \frac{5 \cdot 3}{12} = \frac{15}{12} = \frac{5}{4}$

Einen Bruch teilen

- $\frac{3}{4} : 5 = \frac{3}{4 \cdot 5} = \frac{3}{20}$
- $\frac{9}{10} : 3 = \frac{9}{10 \cdot 3} = \frac{9}{30} = \frac{3}{10}$

1 ≡ **Kopfrechnen**

a) $3 \cdot \frac{1}{2}$ b) $\frac{1}{2} : 2$ c) $5 \cdot \frac{1}{3}$ d) $\frac{1}{3} : 3$ e) $\frac{2}{3} : 4$ f) $4 \cdot \frac{3}{4}$ g) $7 \cdot \frac{1}{14}$ h) $\frac{5}{4} \cdot 3$
i) $5 \cdot \frac{3}{4}$ j) $\frac{3}{5} : 6$ k) $\frac{1}{5} \cdot 1$ l) $5 \cdot \frac{1}{5}$ m) $\frac{7}{50} \cdot 7$ n) $\frac{8}{3} : 4$ o) $\frac{81}{50} : 2$ p) $8 \cdot \frac{1}{2}$

2 Rechnen in Bildern

Was wurde hier gerechnet? Schreibe die Rechnung in dein Heft.

a) 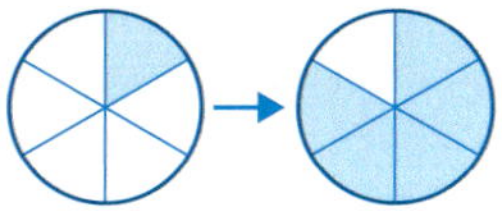

b) 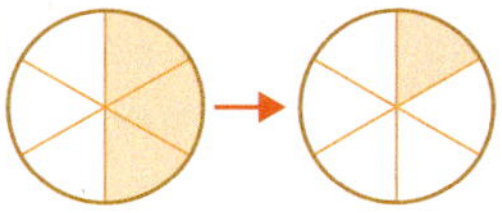

c) 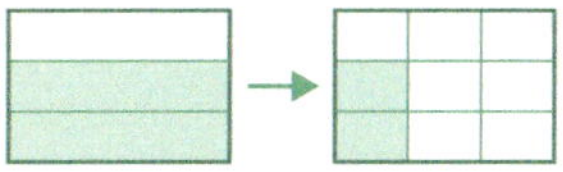

3 Lücken füllen

a) $4 \cdot \frac{3}{15} = \blacksquare$ b) $3 \cdot \blacksquare = \frac{9}{10}$ c) $\blacksquare \cdot \frac{2}{11} = \frac{10}{11}$ d) $\frac{4}{5} \cdot \blacksquare = \frac{24}{5}$ e) $\frac{2}{9} \cdot \blacksquare = 2$ f) $\blacksquare \cdot 5 = 6$

g) $\frac{3}{4} : \blacksquare = \frac{3}{16}$ h) $\frac{6}{11} : \blacksquare = \frac{2}{11}$ i) $\blacksquare : 2 = \frac{3}{20}$ j) $\blacksquare : 5 = \frac{3}{4}$ k) $\frac{7}{12} : \blacksquare = \frac{7}{120}$ l) $\frac{5}{8} : \blacksquare = \frac{1}{8}$

4 Einfache Fälle beim Dividieren

Erkläre, wie Paula gerechnet hat. Rechne, wenn möglich, so wie Paula. In welchen Fällen kann man Brüche so dividieren?

Paulas Division:

$\frac{9}{10} : 3 = \frac{9:3}{10} = \frac{3}{10}$

a) $\frac{18}{7} : 6$ b) $\frac{14}{5} : 7$ c) $\frac{14}{5} : 4$ d) $\frac{56}{42} : 7$ e) $\frac{42}{56} : 7$ f) $\frac{45}{30} : 15$

5 Berechne.

a) $5 \cdot \frac{3}{7}$ b) $\frac{2}{9} : 4$ c) $27 \cdot \frac{2}{9}$ d) $\frac{4}{5} : 2$ e) $\frac{5}{144} \cdot 12$ f) $\frac{28}{79} : 7$

Prüfe dich!
Lösungen auf Seite 243

6 Schreibe die Rechnung in dein Heft.

a) 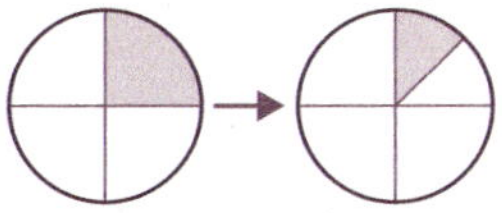

b) 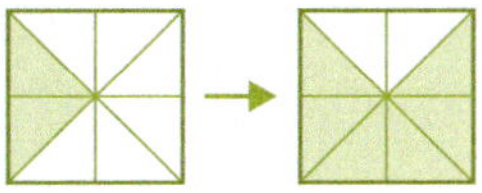

c) 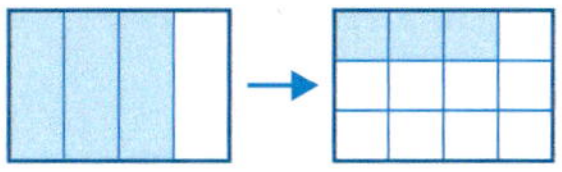

7 Kürzen beim Multiplizieren – das ist prima!

Rechne wie im Beispiel.

a) $\frac{7}{8} \cdot 12$ b) $\frac{7}{8} \cdot 4$ c) $\frac{18}{63} \cdot 7$ d) $9 \cdot \frac{8}{21}$

e) $\frac{8}{7} : 4$ f) $\frac{21}{8} : 9$ g) $\frac{56}{49} : 80$ h) $\frac{56}{81} : 7$

i) $\frac{6}{13} : 4$ j) $28 \cdot \frac{16}{21}$ k) $\frac{16}{21} : 28$ l) $\frac{12}{15} : 20$

m) $24 \cdot \frac{9}{12}$ n) $\frac{9}{12} : 24$ o) $\frac{144}{169} : 12$ p) $\frac{144}{169} \cdot 13$

Frühzeitig kürzen beim Multiplizieren

$\frac{5}{12} \cdot 8 = \frac{5 \cdot 8}{12} = \frac{5 \cdot \cancel{8}^{2}}{\cancel{12}_{3}} = \frac{5 \cdot 2}{3} = \frac{10}{3}$

$\frac{6}{7} : 3 = \frac{6}{7 \cdot 3} = \frac{\cancel{6}^{2}}{7 \cdot \cancel{3}_{1}} = \frac{2}{7 \cdot 1} = \frac{2}{7}$

8 Berechne. Denke an frühzeitiges Kürzen beim Multiplizieren.

a) $\frac{12}{20} : 8$ b) $4 \cdot \frac{3}{8}$ c) $\frac{9}{17} : 3$ d) $8 \cdot \frac{3}{6}$ e) $14 \cdot \frac{17}{49}$ f) $\frac{64}{33} : 16$

Prüfe dich!
Lösungen auf Seite 243

9 Größe der Anteile durch Multiplikation bestimmen

Wie viel sind es? Bestimme durch Multiplikation.

a) $\frac{5}{8}$ von 72 Handys sind schwarz.

b) Von 28 Kindern in der Klasse 5 c spielen $\frac{3}{4}$ ein Instrument.

c) $\frac{5}{7}$ von 56 kg Kartoffeln werden zu Pommes verarbeitet.

d) Von 120 l Milch werden $\frac{1}{3}$ zur Käseherstellung verwendet.

e) Von 156 Schrauben brechen $\frac{2}{13}$ ab.

Größe des Anteils

$\frac{2}{3}$ von 24 bestimmen:

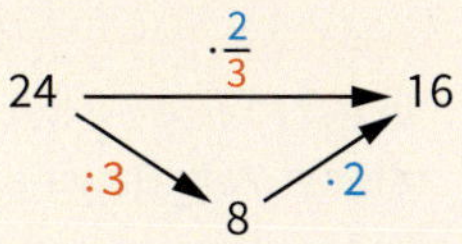

10 Natürliche Zahlen erzeugen

Kann das Ergebnis der Multiplikation eines Bruchs mit einer natürlichen Zahl wieder eine natürliche Zahl sein? Multipliziere dazu $\frac{3}{4}$ mit verschiedenen natürlichen Zahlen und formuliere eine Regel. Prüfe die Regel für die Multiplikation von $\frac{2}{5}$ mit natürlichen Zahlen.

2.7 Brüche und Prozente

Vorbereiten
Seite 232

Nina recherchiert im Internet für ihr Erdkundereferat. Sie möchte wissen, wie hoch der Anteil der Bio-Anbauflächen an der gesamten landwirtschaftlichen Nutzfläche in den einzelnen Ländern Europas ist. Nina notiert die Angaben, die sie im Internet gefunden hat.

- Sortiere die Länder nach Größe des Anteils.
- Wie lassen sich die Anteile am besten vergleichen?
- Wie kann man diesen Vergleich anschaulich darstellen?

Lösung

Wandle die Angaben in Brüche um. Wähle zum Vergleich den Nenner 100. So können die Anteile verglichen und der Größe nach sortiert werden. In einem Rechteck mit 100 Kästchen lassen sich die Anteile gut darstellen. Der Anteil der Bio-Anbaufläche ist grün gefärbt.

Österreich $\frac{1}{4} = \frac{25}{100}$

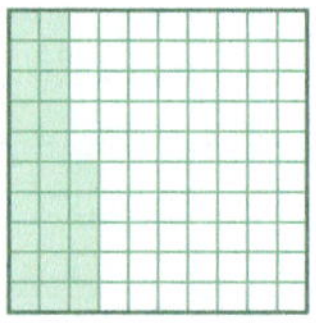

Schweden $\frac{1}{5} = \frac{20}{100}$

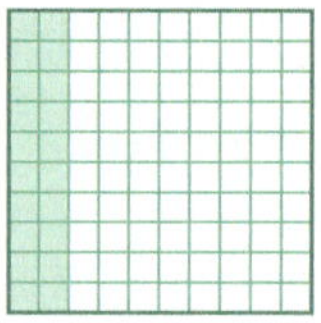

Griechenland $\frac{1}{10} = \frac{10}{100}$

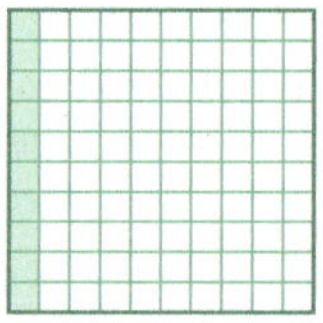

Deutschland $\frac{8}{100}$

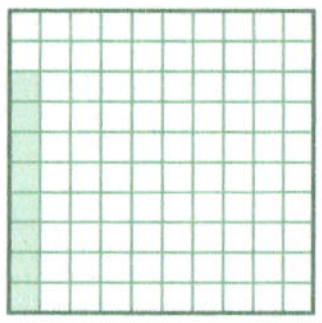

WES-109651-019

Anteile in Prozent angeben

Um die Größe von Anteilen zu vergleichen, nutzt man oft den gemeinsamen Nenner 100.

Anteile mit dem Nenner 100 nennt man **Prozent**. Schreibweise: $\frac{1}{100} = 1\,\% = 1$ Prozent

gekürzter Bruch	$\frac{1}{100}$	$\frac{1}{10}$	$\frac{1}{4}$	$\frac{1}{2}$	1
Hundertstel	$\frac{1}{100}$	$\frac{10}{100}$	$\frac{25}{100}$	$\frac{50}{100}$	$\frac{100}{100}$
Prozent	1 %	10 %	25 %	50 %	100 %
Sprache	ein Hundertstel	ein Zehntel	ein Viertel	die Hälfte	das Ganze
Grafik	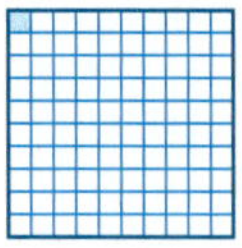	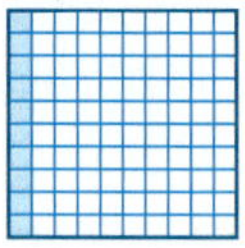	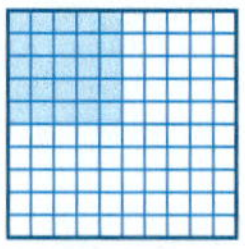	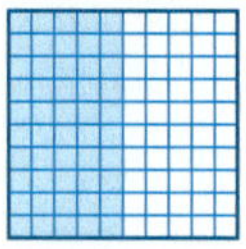	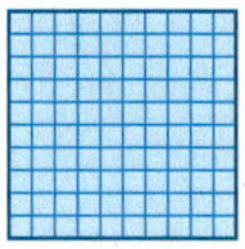

Anteile in Prozent angeben und vergleichen

In der Klasse 5 a haben 13 von 20 Kindern ein Haustier, in der Klasse 5 b haben 17 von 25 Kindern ein Haustier.

Klasse 5 a: $\frac{13}{20} = \frac{65}{100} = 65\,\%$

Klasse 5 b: $\frac{17}{25} = \frac{68}{100} = 68\,\%$

Der Anteil der Kinder mit einem Haustier ist in der Klasse 5 b etwas höher als in der Klasse 5 a.

Prozente als Bruch angeben

Eine Prozentangabe als Bruch schreiben und kürzen.

a) $60\,\% = \frac{60}{100} = \frac{6}{10} = \frac{3}{5}$

b) $4\,\% = \frac{4}{100} = \frac{1}{25}$

1 ≡ **Anteil in Prozent**

Gib den Anteil in Prozent an.

a) $\frac{1}{4}$ b) $\frac{1}{2}$ c) $\frac{3}{4}$ d) $\frac{1}{5}$ e) $\frac{3}{5}$ f) $\frac{17}{25}$ g) $\frac{600}{800}$ h) $\frac{27}{27}$

2 ≡ **Prozentangabe als Bruch**

Schreibe als Bruch und kürze, wenn möglich.

a) 20 % b) 75 % c) 40 % d) 15 % e) 30 % f) 99 % g) 100 % h) 8 %

3 ≡ Ergänze jeweils den Anteil als Bruch oder den Anteil in Prozent in deinem Heft.

Bruch	■	$\frac{3}{5}$	■	$\frac{17}{20}$	■	$\frac{3}{4}$	■	$\frac{15}{25}$	■	$\frac{150}{200}$
Prozent	10 %	■	80 %	■	20 %	■	3 %	■	100 %	■

Prüfe dich! Lösungen auf Seite 243

4 ≡ **Besondere Anteile, die du kennen musst**

Gib den Anteil in Prozent an.

a) die Hälfte b) drei Viertel c) ein Zehntel d) ein Viertel e) ein Fünftel f) alles

5 ≡ **Anteile im Alltag vergleichen**

Gib die Anteile in Prozent an und vergleiche.

a) Von 60 Erwachsenen haben 24 ein Tablet.
Von 25 Kindern haben 11 ein Tablet.

b) 5 a: 5 von 25 Kindern haben eine Katze.
5 b: 6 von 30 Kindern haben eine Katze.

6 ≡ **Diagramme zeigen Anteile**

Gib den gefärbten Anteil in Prozent an.

a) 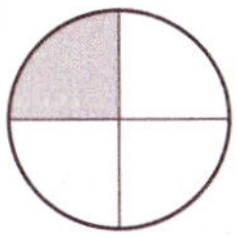
b) 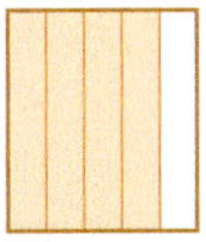
c) 
d) 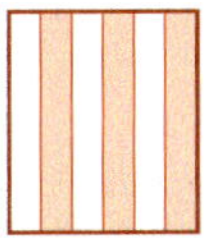
e) 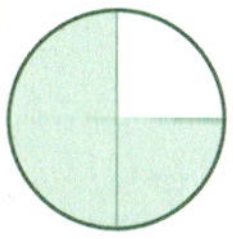
f) 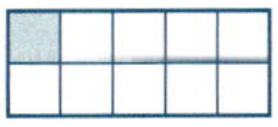

7 ≡ **Prozentangaben veranschaulichen**

Veranschauliche die Prozentangaben am Rechteck.

a) 25 % b) 75 % c) 10 % d) 90 % e) 30 % f) 100 % g) 20 % h) 40 %

8 ≡ Im SC Jagst schwimmen 120 von 500 Mädchen. Im SC Enz schwimmen 7 von 25 Mädchen. Vergleiche die Anteile, gib sie dazu in Prozent an. Stelle die Anteile am Rechteck dar.

Prüfe dich! Lösungen auf Seite 243

9 ≡ **Prozente rauf und runter**

Herr Maurer hat 6000 € in Aktien angelegt. Jetzt hat er 25 % verloren. Sein Freund Herr Sold meint: *„Die Zeiten werden wieder besser, dann wirst du zu deinem jetzigen Vermögen wieder 25 % gewinnen und alles ist wieder gut."* Was meinst du dazu?

10 ≡ **Prozente im Gespräch**

Was meinst du zu den beiden Gesprächen?

2.8 Dezimalschreibweise

Vorbereiten
Seite 232

Kannst du die Zahlen aus dem Sportkommentar als Kommazahl oder als Bruch schreiben?

„Nach dem Start liegt Tina 5 Hundertstelsekunden zurück. Bei der ersten Zwischenzeit ist sie 2 Zehntel zurück. Die Spitzkehre nimmt sie mit voller Geschwindigkeit und liegt 7 Tausendstel vorne. Bis zum Ziel baut sie ihren Vorsprung auf 15 Tausendstel aus. Mit 43,345 s fährt sie die neue Bestzeit."

WES-109651-020

Dezimalzahlen

Brüche mit Nenner 10, 100, 1000 … werden **Dezimalbrüche** genannt. Diese Brüche kann man einfach als Kommazahlen schreiben.

$\frac{3}{10} = 0{,}3$ $\frac{9}{100} = 0{,}09$ $\frac{57}{1000} = 0{,}057$ $12\frac{803}{1000} = 12{,}803$

Zahlen wie 0,3; 0,09; 0,057; 12,803 heißen **Dezimalzahlen**.
Die Stellen nach dem Komma nennt man Nachkommastellen.
Die Stellenwerttafel wird um die Stellenwerte 0,1; 0,01; 0,001 … nach rechts erweitert.

10 Zehner Z	1 Einer E	0,1 Zehntel z	0,01 Hundertstel h	0,001 Tausendstel t	Die Nachkommastellen liest man einzeln:
	0	3			*„null-Komma-drei"*
	0	0	9		*„null-Komma-null-neun"*
	0	0	5	7	*„null-Komma-null-fünf-sieben"*
1	2	8	0	3	*„zwölf-Komma-acht-null-drei"*

Vom Dezimalbruch zur Dezimalzahl

Die Anzahl der Nullen im Nenner gibt die Anzahl der Nachkommastellen an.

$\frac{45}{1000} = 0{,}045$ Nenner 1000 → 3 Nachkommastellen

Die 4 steht an der Hundertstelstelle,
die 5 steht an der Tausendstelstelle.

$\frac{23}{10}$ oder $2\frac{3}{10} = 2{,}3$ Nenner 10 → 1 Nachkommastelle

Die 2 steht an der Einerstelle,
die 3 steht an der Zehntelstelle.

Von der Dezimalzahl zum Dezimalbruch

Die Anzahl der Nachkommastellen gibt die Anzahl der Nullen im Nenner an.

E	z	h	t
0	8	5	

$0{,}85 = \frac{85}{100}$

2 Nachkommastellen → Nenner 100

E	z	h	t
2	6	0	5

$2{,}605 = 2\frac{605}{1000}$ oder $\frac{2605}{1000}$

3 Nachkommastellen → Nenner 1000

1 **Aus der Stellenwerttafel ablesen**

Gib die in der Stellenwerttafel angegebenen Zahlen als Dezimalzahl und als Dezimalbruch an.

a)

E	z	h	t
0	7		
0	0	3	

b)

E	z	h	t
0	0	3	2
1	2	3	

c)

E	z	h	t
0	8	0	5
4	0	3	

d)

E	z	h	t
3	0	4	5
0	1	1	

2 ≡ **Vom Dezimalbruch zur Dezimalzahl**

Schreibe als Dezimalzahl.

a) $\frac{5}{10}$ b) $\frac{3}{100}$ c) $\frac{36}{100}$ d) $\frac{893}{1000}$ e) $\frac{652}{10}$ f) $\frac{450}{100}$

3 ≡ **Von der Dezimalzahl zum Dezimalbruch**

Schreibe als Dezimalbruch.

a) 0,1 b) 0,011 c) 2,037 d) 1,111 e) 0,307 f) 5,032

4 ≡ **Wo stehe ich?**

Gib den Stellenwert der Ziffern 3 und 7 an.

a) 0,073 b) 7,003 c) 0,037 d) 0,307 e) 3,700 f) 30,07

5 ≡ **Komma setzen**

Setze das Komma so, dass die Ziffer 1 den angegebenen Stellenwert hat. Manchmal musst du Nullen ergänzen. Nutze die Stellenwerttafel.

a) 213 (z) b) 312 (h) c) 431 (h) d) 103 (z) e) 105 (E) f) 17 (h)

6 ≡ **Bekannte Anteile**

Schreibe zuerst als Dezimalbruch und kürze dann.

a) 0,5 b) 0,75 c) 0,25 d) 0,2 e) 0,8 f) 0,05

---

7 ≡ Gib den Stellenwert der Ziffer 7 an.

a) 0,07 b) 1,7 c) 0,72 d) 1,072 e) 0,327 f) 7,025

Prüfe dich!
Lösungen auf Seite 243

8 ≡ Schreibe die Dezimalzahlen als Dezimalbrüche und die Dezimalbrüche als Dezimalzahlen.

a) 0,009 b) $\frac{27}{1000}$ c) 4,07 d) $3\frac{19}{100}$ e) 0,071 f) $\frac{1056}{1000}$

---

9 ≡ **Endnullen, die man sich sparen kann**

Gib die Zahl als Dezimalzahl ohne unnötige Nullen an.

a) 30,170 b) 3,0500 c) 0,020000

d) $\frac{100}{1000}$ e) $\frac{9800}{1000}$ f) $2\frac{70}{100}$

Nullen am Ende

An jede Dezimalzahl kann man am Ende beliebig viele Endnullen anhängen.

Beispiel: $0{,}3 = 0{,}300$; denn $\frac{3}{10} = \frac{300}{1000}$

WES-109651-021

10 ≡ **Prozente nicht vergessen**

Gib in Prozent an.

a) 0,5 b) 0,05 c) 0,25 d) 1 e) 0,6 f) 0,31

g) 0,10 h) 1,6 i) 0,03 j) 0,99 k) 2,00 l) 1,06

11 ≡ **Durch Erweitern und Kürzen zur Dezimalzahl**

Erweitere oder kürze auf einen Dezimalbruch. Schreibe den Bruch dann als Dezimalzahl.

a) $\frac{1}{4}$ b) $\frac{1}{5}$ c) $\frac{3}{4}$ d) $\frac{3}{8}$ e) $\frac{627}{3000}$ f) $\frac{15}{250}$

12 ≡ **Umformen – nicht immer möglich**

Begründe, warum man $\frac{2}{3}$ nicht durch Erweitern oder Kürzen in eine Dezimalzahl umformen kann. Bei welchen Brüchen siehst du dieselben Schwierigkeiten?

13 ≡ **Behauptungen – nimm Stellung!**

a) *„Links von den Hundertern stehen die Tausender, also stehen links von den Hundertsteln die Tausendstel."*

b) *„Links vom Komma stehen die Einer, also stehen rechts vom Komma die Eintel."*

c) *„Ich habe 9 Zehntel. Nun kommt noch ein Zehntel dazu, dann habe ich ein Hundertstel."*

Geld – Euro und Cent

Hannah sammelt über das Jahr 1-, 2- und 5-Cent-Münzen.
Am Ende des Jahres sind 1783 Cent zusammengekommen.

- Gib den Geldbetrag in Euro an.
- Gib an, wie man den Geldbetrag mit möglichst wenig Geldscheinen und Münzen zusammenstellen kann. Wie viele Geldscheine und Münzen werden benötigt?

Geldbeträge als Dezimalzahlen

Geldbeträge werden in Euro (€) und Cent (ct) angegeben. 1 € = 100 ct und 1 ct = 0,01 €

Euro					
T	H	Z	E	z	h
		1	5	4	5
			2	3	0
			0	6	8
		1	0	0	7

in Euro	gemischt	in Cent
15,45 €	15 € 45 ct	1545 ct
2,30 €	2 € 30 ct	230 ct
0,68 €	0 € 68 ct	68 ct
10,07 €	10 € 7 ct	1007 ct

1 Verschiedene Schreibweisen

Gib den Geldbetrag in Euro, in gemischter Darstellung und in Cent an.

a) 2,57 € b) 30,05 € c) 5 € d) 8 € 45 ct e) 450 ct f) 8 € 8 ct
g) 12 000 ct h) 5 ct i) 10,03 € j) 1000 € k) 1000 ct l) 19 € 5 ct

2 Rückgeld beim Bezahlen

Ermittle das Rückgeld beim Bezahlen mit dem angegebenen Geldschein.

a) 1,80 € bezahlt mit 5 € b) 14,50 € bezahlt mit 20 € c) 37,05 € bezahlt mit 50 €

3 An der Kasse

Anna kauft für ihre Oma folgende Produkte ein:
2 Stück Butter zu je 1,89 €, 3 Tüten Milch zu je 0,79 € und 2 Becher Joghurt zu je 0,75 €.

a) Überschlage: Reichen 10 € für den Einkauf?
b) Wie viel bekommt Anna zurück, wenn sie mit einem 20-Euro-Schein bezahlt?

4 Leckeres auf dem Schulfest

Die Klasse 5 c möchte beim Schulfest Schokokuss-Brötchen anbieten. Beim Bäcker kostet ein Brötchen 25 ct. Eine Packung mit 9 Schokoküssen kostet 2,34 €. Die Klasse entscheidet sich, 45 Schokokuss-Brötchen zu einem Preis von 1,50 € pro Stück zu verkaufen.

a) Gib den Gewinn pro verkauftem Brötchen in Cent und in Prozent an.
b) Petra meint: „*1,50 € sind zu günstig, wir wollen doch mehr als 50 % Gewinn machen.*“ Was meinst du dazu?

5 Tausendstel Euro an der Tankstelle

Ein Liter Super kostet 2,149 € = 2 € 14,9 ct = 214,9 ct.
Gib alle Preise der Tankstelle in Euro, in gemischter Darstellung und in Cent an.
Was macht das Tausendstel aus? Herr Brahms tankt 70 Liter Diesel. Wie viel müsste er mehr bezahlen, wenn Diesel 2,05 € pro Liter kosten würde?
Informiere dich über Strompreise für das Laden von E-Autos.

Brüche in der Musik

Die Länge eines Tons

Noten geben die Höhe und die Länge eines Tons an. Länge eines Tones bedeutet, wie lange der Ton im Vergleich zu anderen klingt. Zwei halbe Noten dauern in der Musik genauso lange wie vier Viertelnoten oder wie eine ganze Note oder wie acht Achtelnoten usw. Zu den Brüchen sagt man auch Notenwert.

1 Welche Idee steckt hinter den Notenwerten?

Jeder hinzukommende Balken halbiert die Länge des Tons. Was bleibt hier gleich, was ändert sich? Erkläre mithilfe der Begriffe „Brüche“, „verfeinern“, „erweitern“ …

2 Takt und Taktarten

Ein Takt ist eine durch senkrechte Striche begrenzte Einheit im Notenbild. Die Taktart wird zu Beginn einer Notenzeile durch einen Bruch angegeben.

Der Zähler gibt an, wie viele Grundschläge in jedem Takt vorkommen, der Nenner steht für den Notenwert dieser Schläge. Jede Taktart erzeugt ein eigenes Klang- bzw. Rhythmusbild.

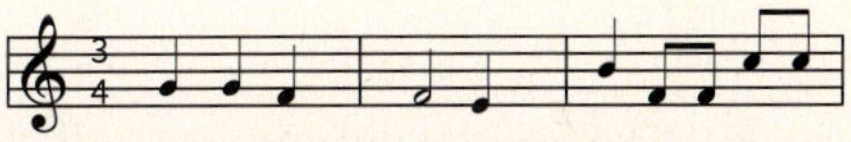

Ein Drei-Viertel-Takt hat die Länge $\frac{3}{4}$.

Ordne die Taktarten $\frac{9}{8}$; $\frac{3}{4}$; $\frac{4}{4}$ und $\frac{6}{8}$ den Notenbildern (I) bis (IV) zu.
Gibt es auch unklare Zuteilungen?

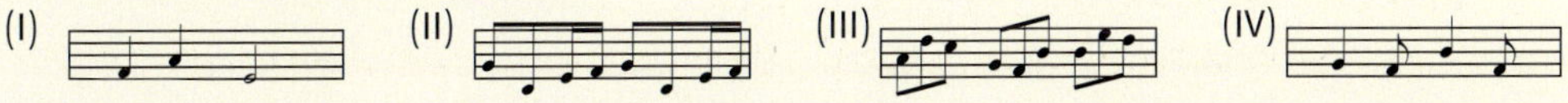

3 Triolen und der Bolero

Du hast gelernt, dass man die Notenlängen mit Halbe, Viertel, Achtel usw. angibt.
Was schreibt man aber, wenn man 3 Töne in der Länge von einem Viertel, Halben, Achtel … spielen möchte? Man schreibt eine 3 über den Strich, das sind dann Triolen.
Ein Stück voller Triolen ist die Mondscheinsonate von Ludwig van Beethoven.
Welchen Wert hat eine einzelne Note der Triole, wenn man diesen als Bruch angibt?

Diesen Rhythmus kannst du klopfen. Kommt er dir bekannt vor? Der Tanz heißt Bolero.

Mein Merkzettel

Seite 36

Anteile herstellen und Brüche angeben

Ein Ganzes wird in 10 Teile geteilt (Nenner) und man nimmt 3 davon (Zähler).

$\frac{3}{10}$ – Zähler – Bruchstrich – Nenner

Lies: „drei Zehntel"

ein Ganzes → ein Zehntel → drei Zehntel

$1 \xrightarrow{:10} \frac{1}{10} \xrightarrow{\cdot 3} \frac{3}{10}$

Seite 41

Kürzen

$\frac{12}{16} = \frac{3}{4}$ (:4)

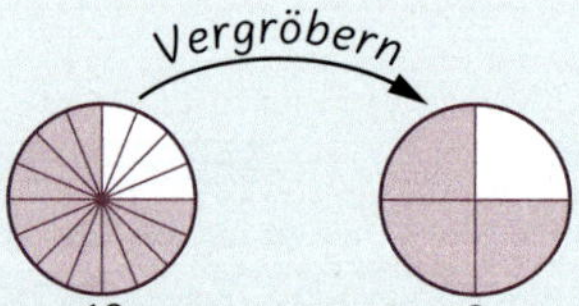

$\frac{12}{16}$ → Kürzen → $\frac{3}{4}$

Der Wert des Bruchs bleibt gleich.

Erweitern

$\frac{3}{4} = \frac{12}{16}$ (·4)

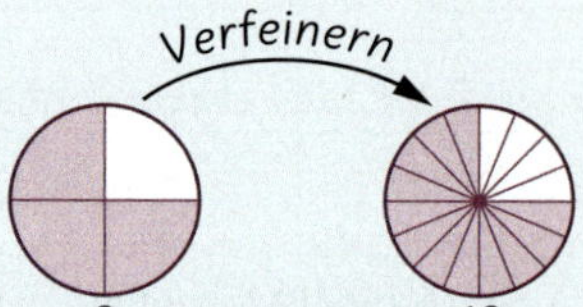

$\frac{3}{4}$ → Erweitern → $\frac{12}{16}$

Der Wert des Bruchs bleibt gleich.

Seite 47

In gemischter Schreibweise schreiben

$1 + 1 + \frac{2}{5} = 2\frac{2}{5}$ „zwei, zwei Fünftel"

$\frac{14}{3}$ in gemischter Schreibweise schreiben:
3 passt 4-mal in 14, übrig bleiben $\frac{2}{3}$,
also: $\frac{14}{3} = 4 + \frac{2}{3} = 4\frac{2}{3}$

Als unechten Bruch schreiben

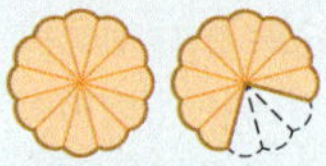

$1\frac{9}{12} = 1 + \frac{9}{12} = \frac{12}{12} + \frac{9}{12} = \frac{21}{12} = \frac{7}{4}$

$2\frac{3}{7}$ als unechten Bruch schreiben:
2 Ganze sind $\frac{14}{7}$, nun noch $\frac{3}{7}$ dazu,
also: $2\frac{3}{7} = \frac{14}{7} + \frac{3}{7} = \frac{17}{7}$

Brüche vergleichen

Seite 44
Seite 45

Gleiche Nenner – Zähler vergleichen

$\frac{3}{7} < \frac{5}{7}$

Je größer der Zähler, desto mehr Teile.

Gleiche Zähler – Nenner vergleichen

$\frac{5}{11} < \frac{5}{8}$

Je größer der Nenner, desto kleiner die Teile.

Nenner verschieden

$\frac{3}{4}$ und $\frac{2}{3}$ vergleichen

- gemeinsamen Nenner finden
- Erweitern auf einen gemeinsamen Nenner
  $\frac{3 \cdot 3}{4 \cdot 3} = \frac{9}{12}$ und $\frac{2 \cdot 4}{3 \cdot 4} = \frac{8}{12}$
- Nun die Zähler vergleichen
  $\frac{8}{12} < \frac{9}{12}$, also: $\frac{2}{3} < \frac{3}{4}$

Mit Zahlen wie $\frac{1}{2}$, 1, 2 … vergleichen

$\frac{5}{11}$, $\frac{8}{9}$, $\frac{7}{5}$, $2\frac{3}{4}$ vergleichen

- $\frac{5}{11}$ ist kleiner als $\frac{1}{2}$
- $\frac{8}{9}$ ist etwas kleiner als 1
- $\frac{7}{5}$ ist größer als 1, aber kleiner als 2
- $2\frac{3}{4}$ ist größer als 2

$\frac{5}{11} < \frac{8}{9} < \frac{7}{5} < 2\frac{3}{4}$

Brüche auf dem Zahlenstrahl – Brüche zwischen Brüchen finden

Seite 48

Die Mitte zwischen $\frac{3}{6}$ und $\frac{4}{6}$ finden. Dazu die Brüche erweitern, dann lassen sich Brüche dazwischen finden.

$\frac{3}{6} \overset{\cdot 2}{=} \frac{6}{12}$ $\frac{4}{6} \overset{\cdot 2}{=} \frac{8}{12}$

$\frac{7}{12}$ liegt in der Mitte.

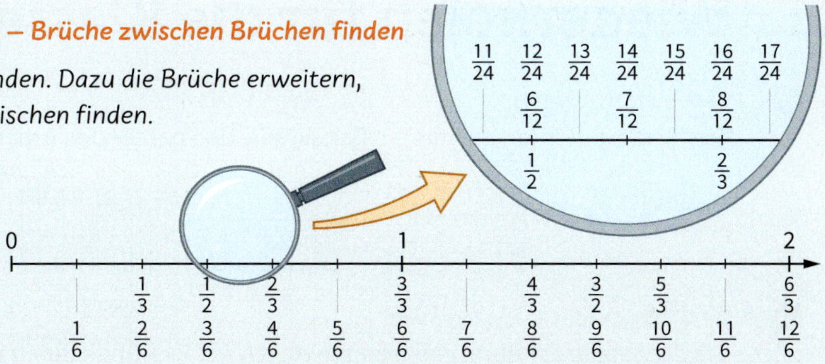

Brüche vervielfachen

Seite 50

Zähler mit der Zahl multiplizieren.

$7 \cdot \frac{5}{9} = \frac{7 \cdot 5}{9} = \frac{35}{9}$ $\frac{8}{15} \cdot 9 = \frac{8 \cdot \cancel{9}^{3}}{\cancel{15}_{5}} = \frac{8 \cdot 3}{5} = \frac{24}{5}$

Wenn möglich beim Multiplizieren kürzen!

Größe eines Anteils bestimmen

Seite 51

$\frac{3}{5}$ von 30 Gummibärchen sind rot.

Rechne: $\frac{3}{5} \cdot 30 = \frac{3 \cdot 30}{5} = 18$

$30 \xrightarrow{\cdot \frac{3}{5}} 18$: $30 \xrightarrow{:5} 6 \xrightarrow{\cdot 3} 18$

oder

$30 \xrightarrow{\cdot \frac{3}{5}} 18$: $30 \xrightarrow{\cdot 3} 90 \xrightarrow{:5} 18$

Brüche teilen

Nenner mit der Zahl multiplizieren.

$\frac{12}{7} : 9 = \frac{12}{7 \cdot 9} = \frac{\cancel{12}^{4}}{7 \cdot \cancel{9}_{3}} = \frac{4}{7 \cdot 3} = \frac{4}{21}$

Manchmal kann man den Zähler dividieren.

$\frac{8}{9} : 4 = \frac{8 : 4}{9} = \frac{2}{9}$

Vorsicht bei gemischter Schreibweise

Seite 50

Immer erst in den unechten Bruch umwandeln.

$2\frac{2}{3} : 4 = \frac{8}{3} : 4 = \frac{2}{3}$

$3 \cdot 1\frac{2}{5} = 3 \cdot \frac{7}{5} = \frac{21}{5} = 4\frac{1}{5}$

Prozente und Dezimalzahlen

Seite 52
Seite 54

Prozente sind Brüche mit dem Nenner 100:

$\frac{1}{100} = 1\,\%$ $\frac{100}{100} = 1 = 100\,\%$

Dezimalzahlen sind Zahlen mit Komma.

$\frac{7}{10} = 0{,}7$ Nenner 10 → 1 Nachkommastellen

$\frac{35}{100} = 0{,}35$ Nenner 100 → 2 Nachkommastellen

$\frac{5}{1000} = 0{,}005$ Nenner 1000 → 3 Nachkommastellen

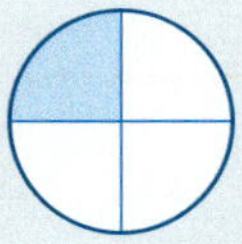

$\frac{1}{4} = \frac{25}{100}$ = 25 % = 0,25

$\frac{4}{5} = \frac{80}{100}$ = 80 % = 0,8

Anwenden und Vertiefen – Anteile in Prozent

Seite 53

Anzahl gegeben – **Anteil in Prozent gesucht**

6 von 15 Fischen sind Guppys.

Anteil als gekürzter Bruch: $\frac{6}{15} = \frac{2}{5}$

Anteil in Prozent: $\frac{2}{5} = \frac{40}{100} = 40\,\%$

Antwort: 40 % von 15 Fischen sind Guppys.

Anteil in Prozent gegeben – **Anzahl gesucht**

40 % von 60 Kindern spielen ein Instrument.

Anteil als Bruch: $40\,\% = \frac{40}{100} = \frac{4}{10} = \frac{2}{5}$

Anzahl bestimmen: $\frac{2}{5} \cdot 60 = \frac{2 \cdot 60}{5} = 24$

Antwort: 24 Kinder spielen ein Instrument.

Lösungen auf Seite 243

Wiederholen für die Klassenarbeit

1 Brüche bestimmen

Gib für die gefärbten und die weißen Anteile den passenden Bruch an.

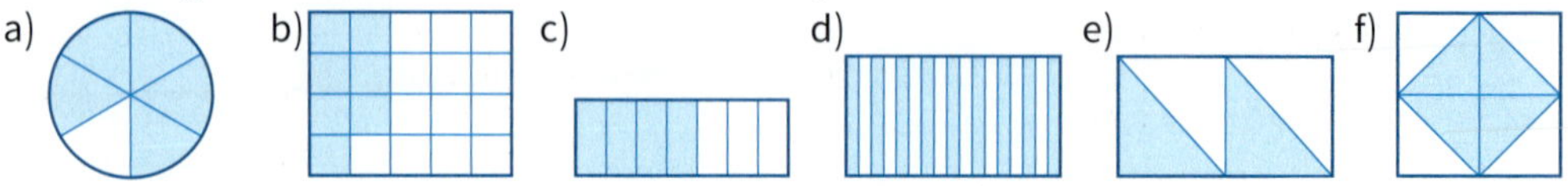

2 Den Teller nicht leer gegessen

Gib die Anteile der übrig gebliebenen Pizzen an. Begründe durch Vergleich der Brüche, wer am meisten, wer am wenigsten Pizza übriggelassen hat.

3 Rätselhafte Anteile

Zeichne die Figur ab. Welcher Anteil ist gefärbt? Begründe mithilfe weiterer Hilfslinien.

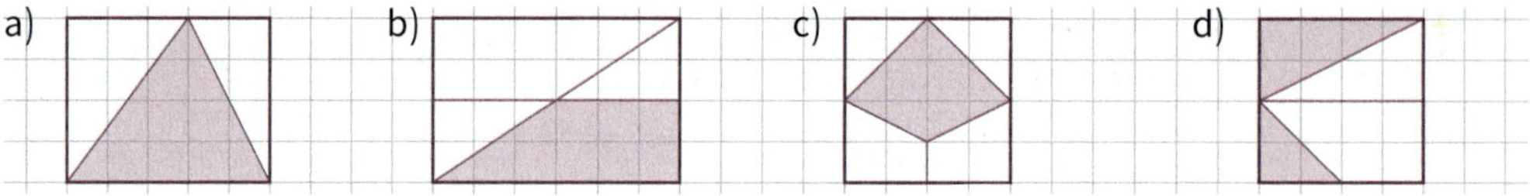

4 Brüche am Rechteck darstellen

Stelle den Bruch am Rechteck mit den Seitenlängen 3 cm und 4 cm dar.

a) $\frac{1}{2}$ b) $\frac{3}{4}$ c) $\frac{1}{3}$ d) $\frac{5}{6}$ e) $\frac{10}{12}$ f) $\frac{13}{24}$

5 Von Färbungen zu Brüchen

Gib den Anteil der gefärbten Fläche als Bruch an. Kürze den Bruch, wenn möglich.

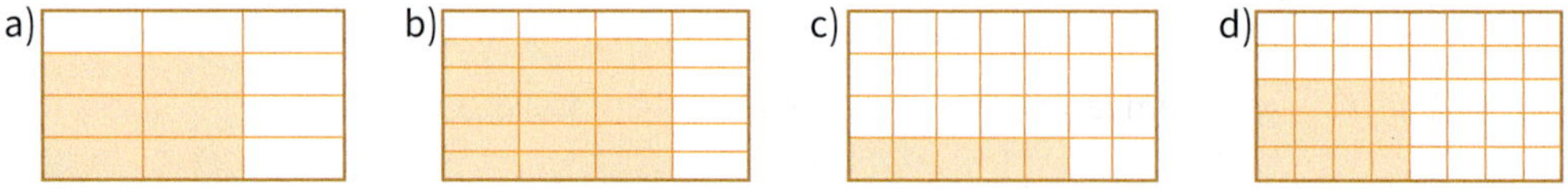

6 Gekürzt

Gib die Zahl an, mit der gekürzt wurde.

a) $\frac{6}{18}=\frac{1}{3}$ b) $\frac{14}{16}=\frac{7}{8}$ c) $\frac{16}{36}=\frac{4}{9}$ d) $\frac{9}{81}=\frac{1}{9}$ e) $\frac{25}{100}=\frac{1}{4}$ f) $\frac{12}{39}=\frac{4}{13}$

g) $\frac{34}{51}=\frac{2}{3}$ h) $\frac{18}{72}=\frac{1}{4}$ i) $\frac{3}{12}=\frac{1}{4}$ j) $\frac{12}{144}=\frac{1}{12}$ k) $\frac{19}{38}=\frac{1}{2}$ l) $\frac{375}{1000}=\frac{3}{8}$

7 Unechte Brüche im Bild

Gib den dargestellten Bruch als unechten Bruch und in der gemischten Schreibweise an.

8 Unechte Brüche

Schreibe die Zahl als unechten Bruch.

a) $5\frac{1}{2}$ b) $3\frac{2}{3}$ c) $14\frac{1}{2}$ d) $7\frac{5}{9}$ e) $15\frac{1}{10}$ f) $8\frac{3}{7}$

Lösungen auf Seite 244

9 ≡ Gemischte Schreibweise

Schreibe den unechten Bruch in der gemischten Schreibweise.

a) $\frac{12}{5}$ b) $\frac{13}{4}$ c) $\frac{55}{23}$ d) $\frac{1001}{10}$ e) $\frac{219}{56}$ f) $\frac{51}{17}$

10 ≡ Vollständig kürzen

Kürze so weit wie möglich.

a) $\frac{18}{30}$ b) $\frac{15}{75}$ c) $\frac{36}{90}$ d) $\frac{192}{48}$ e) $1\frac{28}{42}$ f) $\frac{39}{42}$

11 ≡ Geschickt vergleichen durch Argumente

Welche Zahl ist größer? Setze die Zeichen <, > und begründe ohne Rechnung.

a) $\frac{2}{3}$ ■ $\frac{2}{5}$ b) $\frac{5}{6}$ ■ $\frac{4}{6}$ c) $\frac{2}{3}$ ■ $\frac{6}{9}$ d) $\frac{4}{5}$ ■ $\frac{4}{6}$ e) $\frac{3}{5}$ ■ $\frac{2}{7}$ f) $\frac{8}{9}$ ■ $\frac{9}{8}$

12 ≡ Gemeinsamer Nenner oder geschickt begründen

Untersuche, welcher Bruch der größere Bruch ist. Erweitere dazu auf einen gemeinsamen Nenner oder begründe.

a) $\frac{5}{6}$ oder $\frac{2}{3}$ b) $\frac{2}{9}$ oder $\frac{1}{6}$ c) $\frac{1}{2}$ oder $\frac{5}{8}$ d) $\frac{5}{6}$ oder $\frac{5}{9}$
e) $1\frac{1}{3}$ oder $2\frac{1}{3}$ f) $\frac{7}{30}$ oder $\frac{11}{45}$ g) $\frac{6}{5}$ oder $\frac{17}{18}$ h) $\frac{6}{21}$ oder $\frac{4}{15}$

13 ≡ Brüche ordnen

Ordne die Brüche der Größe nach, beginne mit dem kleinsten.

a) $\frac{1}{2}$, $\frac{3}{4}$, $1\frac{1}{5}$, $\frac{3}{10}$ b) $\frac{4}{9}$, $\frac{1}{4}$, $\frac{7}{18}$, $\frac{5}{9}$ c) $\frac{5}{4}$, $\frac{8}{7}$, $\frac{7}{8}$, $\frac{3}{4}$ d) $\frac{15}{6}$, $\frac{19}{9}$, $2\frac{1}{9}$, $2\frac{1}{6}$

14 ≡ Anteil zum Ganzen ergänzen

Der Anteil ist dargestellt, ergänze zum Ganzen.

a) $\frac{3}{7}$ b) $\frac{4}{6}$ c) $\frac{4}{5}$ d) $\frac{2}{3}$

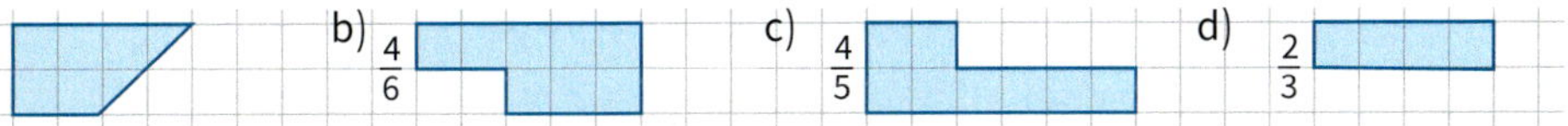

15 ≡ Brüche auf dem Zahlenstrahl

Gib die auf dem Zahlenstrahl markierten Zahlen an.

a)

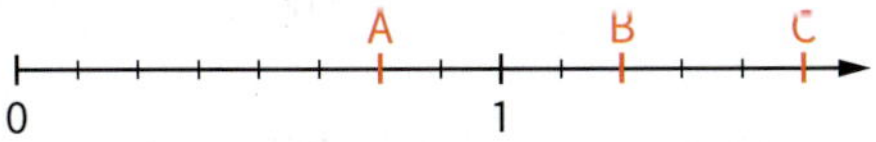

b)

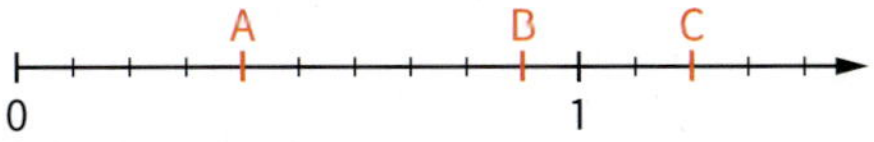

16 ≡ Platz auf dem Zahlenstrahl finden

Gib an, in welchem farbig markierten Bereich der Bruch liegt.

$\frac{2}{5}$ $\frac{14}{8}$ $\frac{13}{10}$ $\frac{25}{11}$ $\frac{17}{30}$ $\frac{16}{9}$ $\frac{29}{12}$ $\frac{29}{8}$

17 ≡ Zahlenstrahl zeichnen

Zeichne einen Zahlenstrahl. Teile den Zahlenstrahl sinnvoll ein und trage die Brüche ein.

$3\frac{1}{8}$ $\frac{1}{4}$ $\frac{3}{3}$ $\frac{13}{8}$ $\frac{3}{4}$ $\frac{9}{4}$ $\frac{15}{4}$ $\frac{7}{2}$

18 ≡ Platz zwischen zwei Brüchen finden

Gib zwei Brüche an, die zwischen den beiden Brüchen liegen.

a) $\frac{3}{7}$ und $\frac{5}{7}$ b) $\frac{8}{9}$ und 1 c) $\frac{199}{100}$ und 2 d) $\frac{1}{2}$ und $\frac{9}{16}$

19 ≡ Zahl gesucht

Von den drei markierten Zahlen liegt die zweite genau in der Mitte. Bestimme die fehlende Zahl.

a)

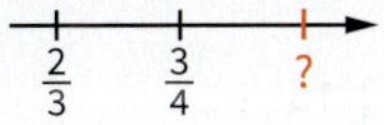

b)

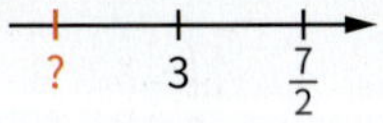

c)

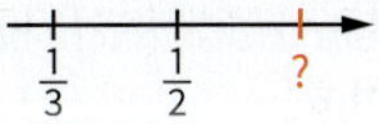

d)

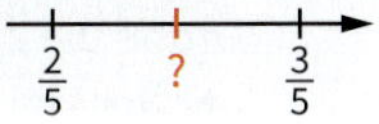

Lösungen auf Seite 245

20 ≡ Dichtheit

Nimm Stellung zu den Aussagen.

a) Zwischen $\frac{30}{80}$ und $\frac{31}{80}$ gibt es keinen Bruch mehr, der genau in der Mitte liegt.

b) Zwischen zwei Brüchen findet man immer wieder zwei Brüche.

21 ≡ Adam und Eva erben

Wer erbt mehr?
Begründe auf unterschiedliche Weise.

Testament
Adam soll $\frac{9}{20}$ des Vermögens erben.
Eva soll $\frac{7}{15}$ des Vermögens erben

22 ≡ Tage mit Sonnenschein

Michael, Ole und Jorin waren unterschiedlich lange im Urlaub. Michael hatte an 7 von 10 Tagen Sonnenschein, Ole an 3 von 5 Tagen und Jorin konnte an 8 von 14 Tagen in der Sonne spielen. Untersuche, wer das beste Wetter hatte.

23 ≡ Vervielfachen und Teilen

Berechne.

a) $3 \cdot \frac{5}{6}$ b) $\frac{3}{4} \cdot 12$ c) $\frac{6}{7} : 2$ d) $\frac{6}{7} : 7$ e) $\frac{7}{6} : 6$ f) $\frac{5}{7} \cdot 28$

g) $\frac{14}{3} : 7$ h) $\frac{14}{3} : 12$ i) $9 \cdot \frac{7}{3}$ j) $\frac{8}{9} : 4$ k) $4 \cdot 1\frac{1}{2}$ l) $3\frac{1}{4} \cdot 8$

24 ≡ Lücken füllen

Übertrage die Darstellungen in dein Heft und fülle die Lücken aus.

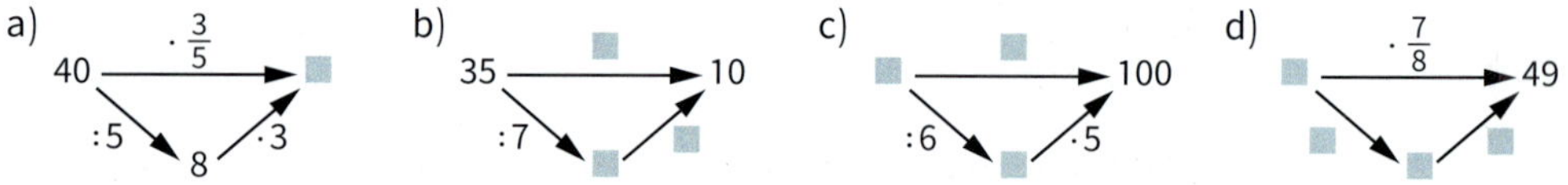

25 ≡ Größe der Anteile durch Multiplikation bestimmen

Wie viel sind es? Bestimme durch Multiplikation.

a) Von 48 Kindern sind $\frac{3}{4}$ im Sportverein.

b) $\frac{2}{7}$ von 63 € gibt Theo für Süßigkeiten aus.

c) Zu Fuß benötigt Paula 120 min für 10 km, mit dem Fahrrad schafft sie es in $\frac{2}{5}$ der Zeit.

26 ≡ Immer wenn

Setze die Sätze fort, sodass eine sinnvolle, wahre Aussage entsteht.

a) Wenn man den Nenner eines Bruches um 1 vergrößert, dann …

b) Wenn man den Zähler und den Nenner eines Bruchs verdoppelt, dann …

c) Wenn bei zwei Brüchen in gemischter Schreibweise die natürliche Zahl vor dem ersten Bruch größer ist als die natürliche Zahl vor dem zweiten Bruch, dann …

27 ≡ Brüche, Prozente und Dezimalzahlen

Übertrage die Tabelle in dein Heft und ergänze die Einträge.

Bruchteil	$\frac{1}{4}$	■	■	■	$\frac{3}{5}$	■	$\frac{7}{20}$	■
Prozentangabe	■	30 %	45 %	■	■	12,5 %	■	■
Dezimalzahl	0,25	■	■	0,75	■	■	■	0,8

28 ≡ Anteile in Prozent

Bestimme den Anteil und gib ihn in Prozent an.

a) 16 m von 25 m b) 13 € von 20 € c) 70 € von 200 € d) 16 von 40 Leuten

29 ≡ Mischmasch aufräumen

Ordne die Zahlen der Größe nach, beginne mit der kleinsten Zahl.

$\frac{2}{5}$ 30 % $\frac{1}{4}$ $\frac{3}{10}$ 60 % $\frac{3}{8}$ 5 % $\frac{2}{3}$

Lösungen auf Seite 246

30 ≡ **Wahr oder falsch?**
Überprüfe, ob die Aussage wahr ist. Gib eine Begründung an.

a) Wenn zwei Brüche denselben Nenner haben, ist der Bruch größer, der den größeren Zähler hat.

b) Es gibt unendlich viele verschiedene Möglichkeiten eine Zahl als Bruch darzustellen.

c) $1\frac{1}{2}$ sind 150 %.

d) 33 % sind ein Drittel.

31 ≡ **Als Bruch schreiben**

a) 0,3	b) 0,25	c) 0,01	d) 0,125	e) 37 %	f) 0,028
g) 1,03	h) 7%	i) 0,703	j) 6 %	k) 15 %	l) 0,123

32 ≡ **Als Dezimalzahl schreiben**

a) $\frac{7}{100}$ b) $\frac{103}{1000}$ c) $\frac{1}{4}$ d) $\frac{19}{50}$ e) $\frac{3}{4}$ f) $\frac{2031}{1000}$

33 ≡ **Haustiere, Internetanschlüsse und Fahrräder**

a) Zwei Drittel aller Schülerinnen und Schüler der Klasse 5 a haben ein Haustier, nämlich 22. Bestimme die Anzahl der Schülerinnen und Schüler der Klasse 5 a.

b) 14 Schülerinnen und Schüler der Klasse 5 b nehmen an der Theater-AG teil. Das sind $\frac{7}{12}$ der Klasse. Bestimme die Anzahl der Schülerinnen und Schüler der Klasse 5 b?

c) 32 Lehrerinnen und Lehrer kommen mit dem Fahrrad zur Schule. Das sind 40 % der Lehrkräfte. Bestimme die Anzahl der Lehrkräfte, die an der Schule unterrichten.

34 ≡ **Ein Anteil bereits bezahlt**
Familie Hartmann muss die kaputte Heizung erneuern. Nachdem der Auftrag für eine neue Heizungsanlage mit Solarthermie erteilt wurde, hat Familie Hartmann eine Anzahlung in Höhe von 8250 € geleistet. Das waren $\frac{2}{5}$ der Gesamtkosten.
Berechne wie teuer die neue Heizungsanlage ist.
Familie Hartmann bekommt von der Stadt einen Zuschuss von 20 %.
Berechne, wie viel Euro Familie Hartmann am Ende selbst bezahlen muss.

35 ≡ **Der alte Scheich und seine 17 Kamele**
Vor langer Zeit lebte im Orient ein alter Scheich, der hatte siebzehn Kamele, sie waren sein ganzes Vermögen. Der Scheich hatte drei Söhne und als er im Sterben lag schrieb er in sein Testament: Der älteste soll die Hälfte, der mittlere soll ein Drittel und der jüngste ein Neuntel meines Vermögens erhalten.

Als der Scheich verstorben war, merkten die Söhne schnell, dass die Aufteilung der 17 Kamele so nicht möglich war. Sie waren ratlos.
Da ritt ein weiser Derwisch auf seinem Kamel vorbei und hörte von dem Problem. Er gab den Söhnen sein Kamel dazu, damit war das Aufteilen leicht. Am Ende blieb das Kamel des weisen Derwischs übrig und er ritt fröhlich davon. Erkläre, warum das möglich war.

36 ≡ **Brüche in der Musik**
Musiklehrer Herr Wessel hat in einen Viervierteltakt diese Notenwerte eingetragen: einmal $\frac{1}{8}$, zweimal $\frac{1}{16}$, zweimal $\frac{1}{4}$ und noch einmal $\frac{1}{8}$. Untersuche, ob das möglich ist.

3 Geometrie

An der Fensterfront sind unterschiedliche Formen von Fenstern zu sehen.

Welche Vierecke erkennst du?

In diesem Kapitel

- Wie nutzt man ein Geodreieck?
- Wie kannst du dich im Koordinatensystem orientieren?
- Welche Vierecke sind symmetrisch?

3.1 Orthogonale und parallele Geraden

Falte ein Stück Papier wie abgebildet und beschreibe die entstandenen Faltlinien.

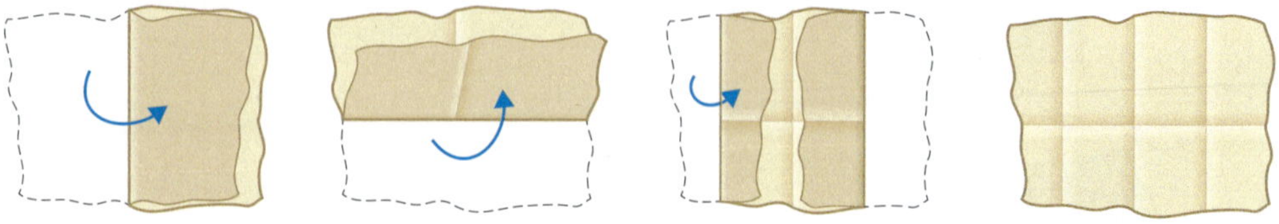

Suche auf dem Geodreieck gerade Linien, die senkrecht oder parallel zueinander sind. Mit ihnen kannst du die Lage der Faltlinien auf dem Papier überprüfen.

WES-109651-022

Strecke

Die **Strecke $\overline{AB}$** verbindet die Punkte A und B durch eine gerade Linie. Eine Strecke hat einen Anfangs- und einen Endpunkt.
Schreibweise: $\overline{AB}$ oder a
Man kann die Länge einer Strecke messen.
Schreibweise: $\overline{AB} = 4\,cm$ oder $a = 4\,cm$

Gerade

Eine **Gerade AB** ist eine zu beiden Seiten unbegrenzte gerade Linie durch A und B. Sie hat weder Anfangs- noch Endpunkt. Zeichnen kann man immer nur ein Stück der Geraden.
Schreibweise: AB oder g

Orthogonal (senkrecht)

Zwei Geraden g und h sind **orthogonal zueinander**, wenn sie einen rechten Winkel bilden.
Der rechte Winkel wird markiert:
Schreibweise: $g \perp h$

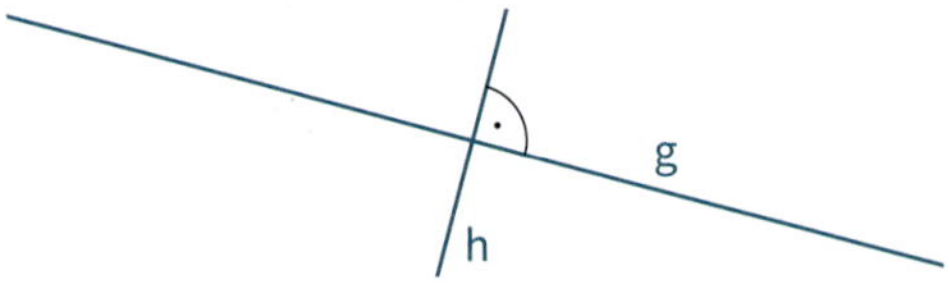

Parallel

Die Geraden g und h sind **parallel zueinander**, wenn sie keinen Schnittpunkt haben. Der Abstand paralleler Geraden ist immer gleich.
Schreibweise: $g \parallel h$

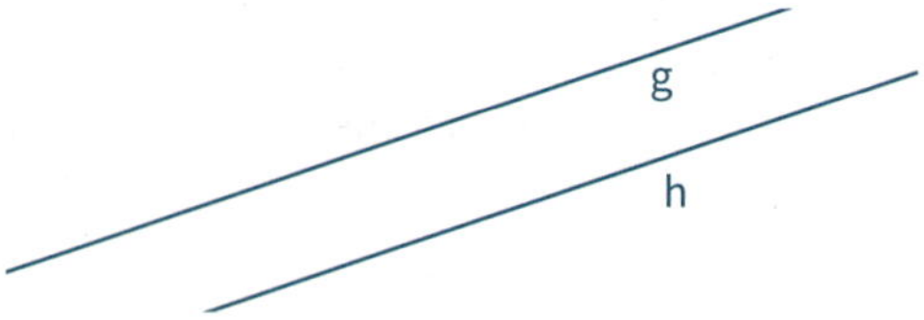

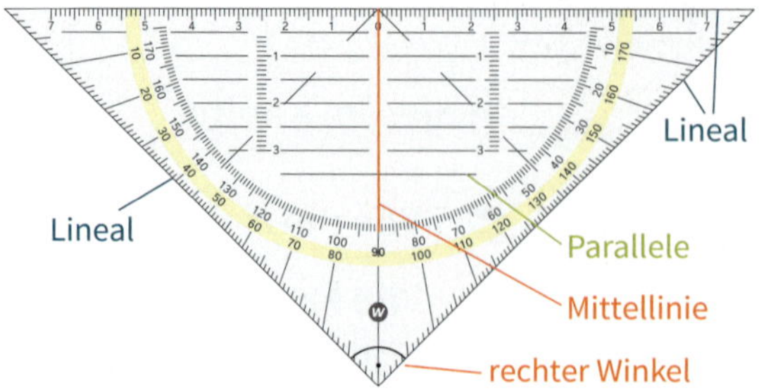

Mit dem Geodreieck kannst du …
- gerade Linien zeichnen
- Streckenlängen und Abstände messen
- parallele Linien zeichnen
- orthogonale Linien zeichnen
- prüfen, ob Linien parallel oder orthogonal zueinander sind
- Winkel messen

1 **Strecken und Geraden zeichnen**

a) Zeichne eine 3 cm lange Strecke $\overline{AB}$.
b) Zeichne eine Gerade AB.
c) Zeichne eine 4 cm lange Strecke $\overline{CD}$.
d) Zeichne eine Gerade PQ.

2 Strecken und Geraden

Gib die Bezeichnungen für die abgebildeten Strecken und Geraden mithilfe der Punkte an.

a)
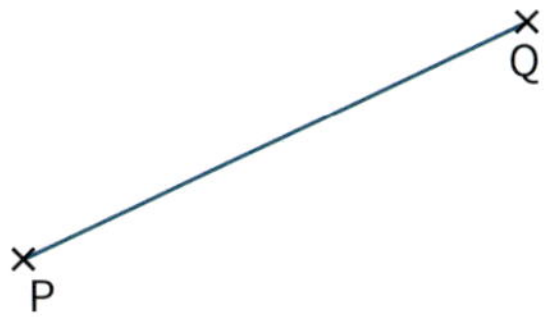

b)
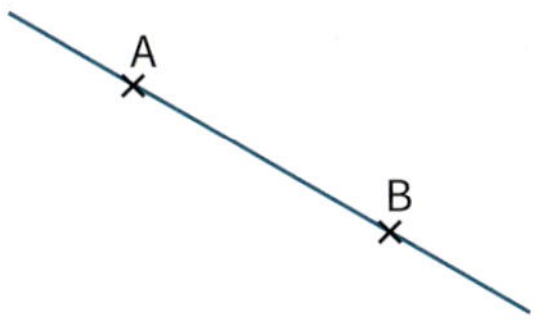

c)
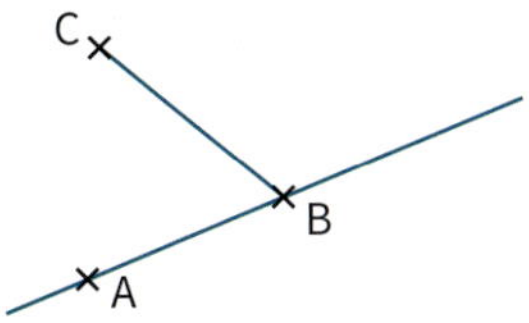

3 Strecken messen

Bestimme die Länge der kürzesten und der längsten Strecke im Viereck ABCD.

a)
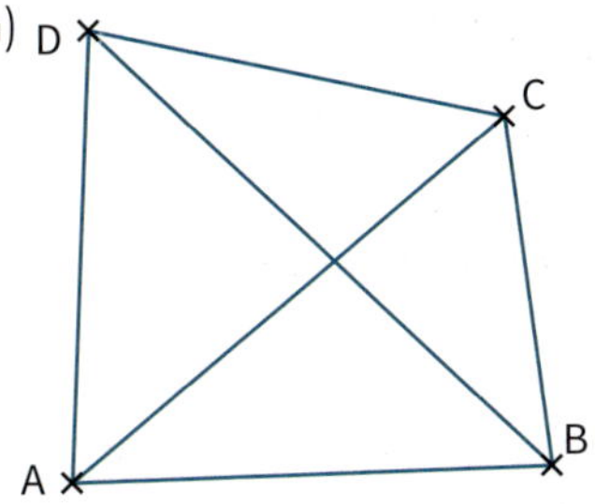

b)
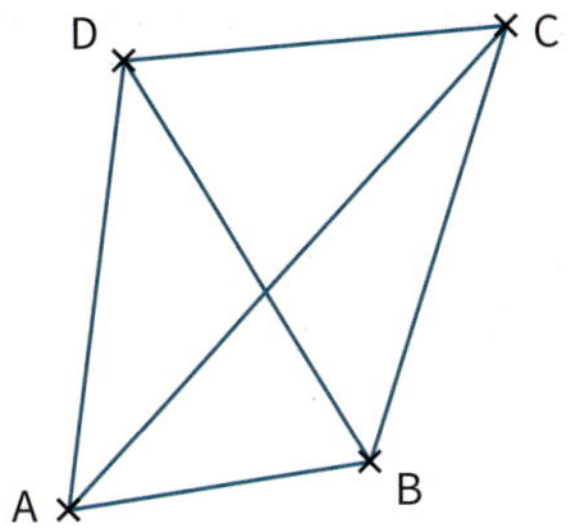

c)
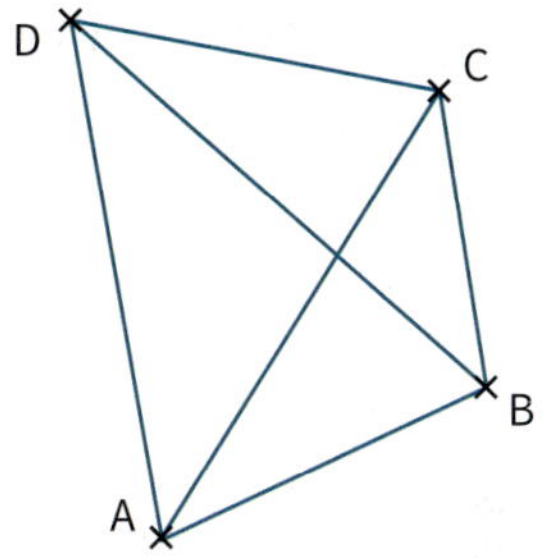

Orthogonale Gerade zeichnen – prüfen, ob Geraden orthogonal sind

Lege das Geodreieck mit der Mittellinie auf eine der beiden Geraden, hier auf g.

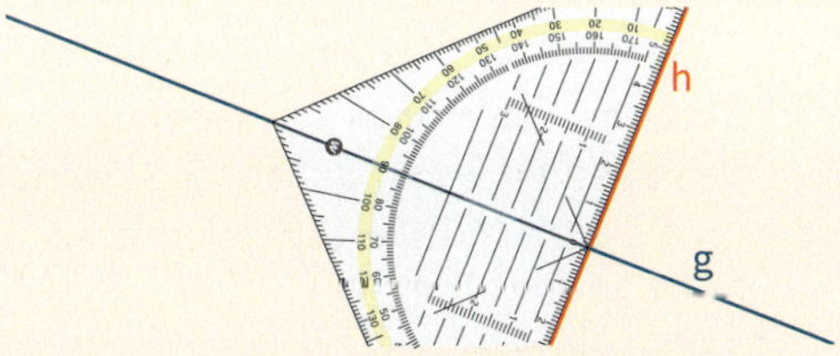

Zeichnen: Zeichne die orthogonale Gerade h.
Prüfen: Prüfe, ob die Geraden g und h einen rechten Winkel bilden.

Parallele Gerade zeichnen – prüfen, ob Geraden parallel sind

Lege das Geodreieck mit einer der Parallelen des Geodreiecks auf eine Gerade, hier auf g.

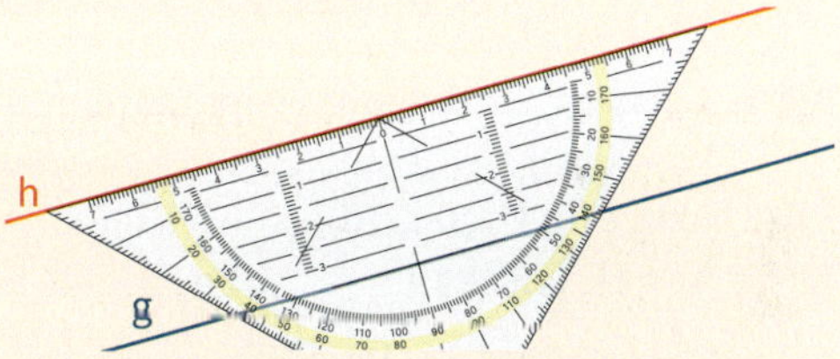

Zeichnen: Zeichne die parallele Gerade h.
Prüfen: Prüfe, ob die andere Gerade auf einer Parallelen im Geodreieck liegt.

WES-109651-023

4 Parallele und orthogonale Geraden und Strecken zeichnen

a) Zeichne drei Geraden g, h und k, die parallel zueinander sind.
b) Zeichne zwei Geraden g und h, die orthogonal zueinander sind.
c) Zeichne zu einer 4 cm langen Strecke a eine 6 cm lange parallele Strecke b.
d) Zeichne ein Rechteck mit den Seitenlängen 4 cm und 3 cm.

5 Geraden untersuchen

Untersuche, welche der Geraden parallel oder orthogonal zueinander sind.

a)
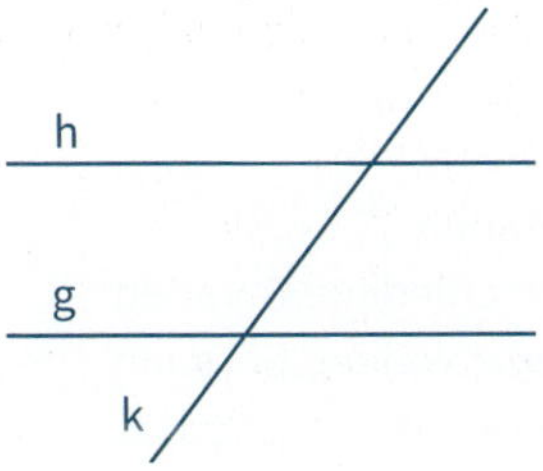

b)
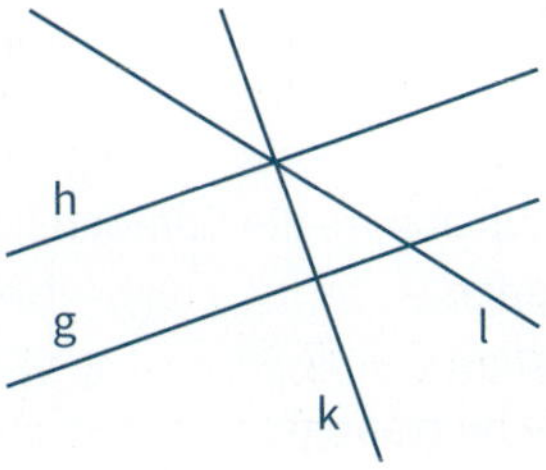

c)
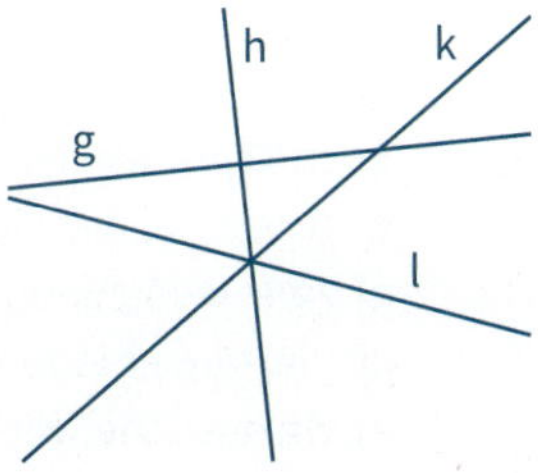

Prüfe dich!
Lösungen auf Seite 247

6 ≡ a) Zeichne eine Gerade g. Zeichne zur Geraden g eine 4 cm lange parallele Strecke.
b) Zeichne eine Gerade g. Zeichne zwei Geraden h und k, die orthogonal zu g sind. Beschreibe, wie die Geraden h und k zueinander liegen.

7 ≡ Untersuche, welche der Geraden parallel oder orthogonal zueinander sind.

a) b) c)

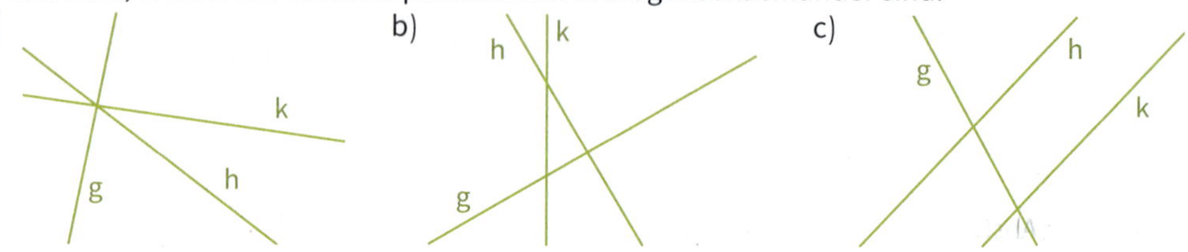

8 ≡ Zeichne eine Gerade g. Zeichne einen Punkt P, der nicht auf g liegt.
a) Zeichne eine Gerade h, die orthogonal zu g verläuft und durch den Punkt P geht.
b) Zeichne eine Gerade k, die parallel zu g verläuft und durch den Punkt P geht.

9 ≡ **Buchstaben**
Untersuche die Großbuchstaben A, B, C, D, E … auf parallele und orthogonale Strecken.

10 ≡ **Geometrische Begriffe**
Erstelle zu den Begriffen jeweils eine Skizze.

11 ≡ **Geraden – orthogonal oder parallel zueinander**
Wie liegen die Geraden g und h zueinander? Überlege zunächst im Kopf. Erstelle danach eine Skizze und beschreibe.

a) $g \parallel k$ und $k \parallel h$ b) $g \perp k$ und $k \parallel h$ c) $g \parallel k$ und $k \perp h$ d) $g \perp k$ und $k \perp h$

12 ≡ **Geraden ohne Schnittpunkt**
Zeichne zwei Geraden, die keinen Schnittpunkt haben.
Beschreibe dein Vorgehen.

Schnittpunkte
Einen gemeinsamen Punkt von zwei Geraden nennt man Schnittpunkt.

13 ≡ **Schnittpunkt**
Übertrage die Abbildung in dein Heft oder beantworte die Fragen im Kopf.
a) Welche der vier Strecken schneiden sich? Wie viele Schnittpunkte gibt es?
b) Verlängere die Strecken zu Geraden. Welche Geraden schneiden sich? Wie viele Schnittpunkte gibt es?

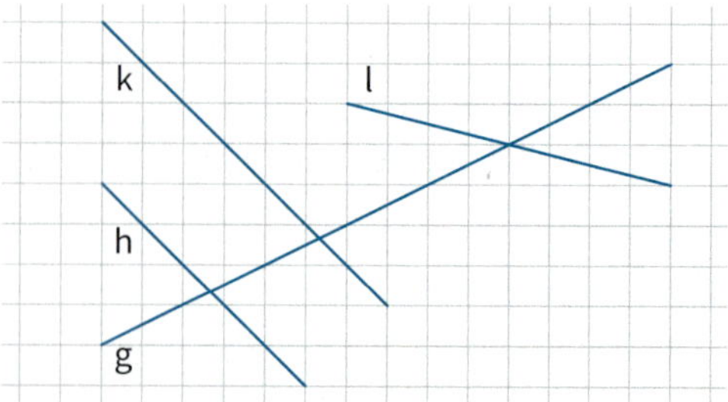

14 ≡ **Schnittpunkte von Geraden**
Untersuche, wie viele Schnittpunkte die Geraden haben können.
a) zwei verschiedene Geraden
b) drei verschiedene Geraden
c) vier verschiedene Geraden
d) fünf verschiedene Geraden
e) Untersuche, wie viele Schnittpunkte zehn verschiedene Geraden höchstens haben?

3.2 Abstände

Hannah möchte sich mit ihrer Freundin Annika treffen. Dazu muss Hannah die Straße überqueren. Hannah hat sich verschiedene Wege überlegt.
Welches ist der kürzeste Weg?

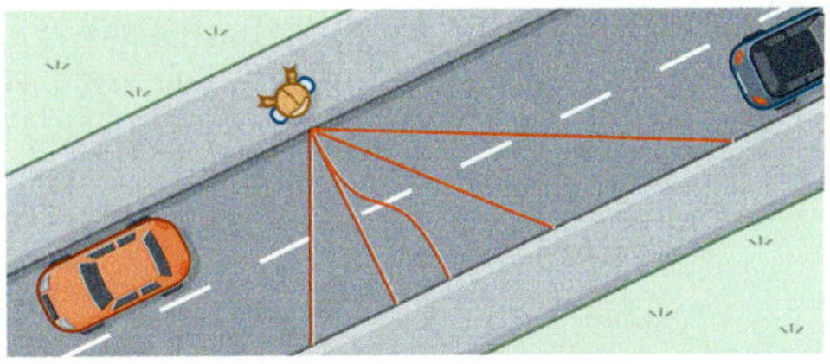

Abstand der Punkte A und B

Der Abstand der Punkte A und B ist die kürzeste Entfernung von A nach B.

Der Abstand ist die Länge der Strecke $\overline{AB}$.

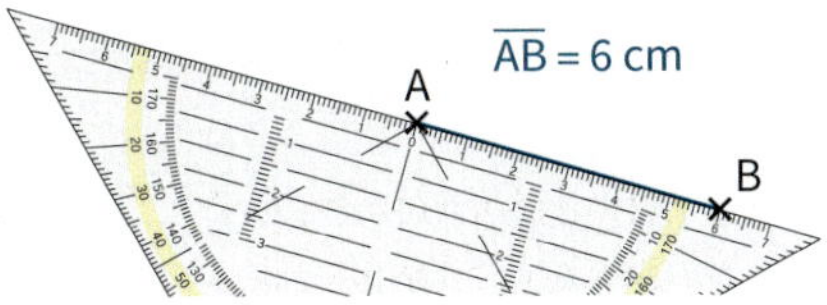

WES-109651-024

Abstand vom Punkt P zur Geraden g

Der Abstand eines Punktes P von der Geraden g ist die kürzeste Entfernung von P zu g.

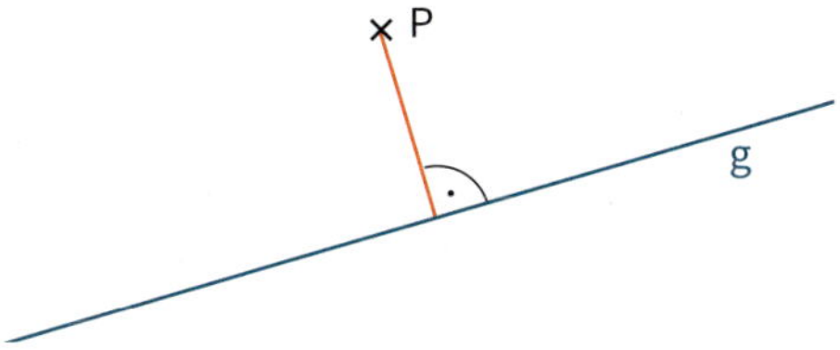

Abstand der Parallelen g und h

Der Abstand der Parallelen g und h ist die kürzeste Entfernung zwischen den beiden Geraden.

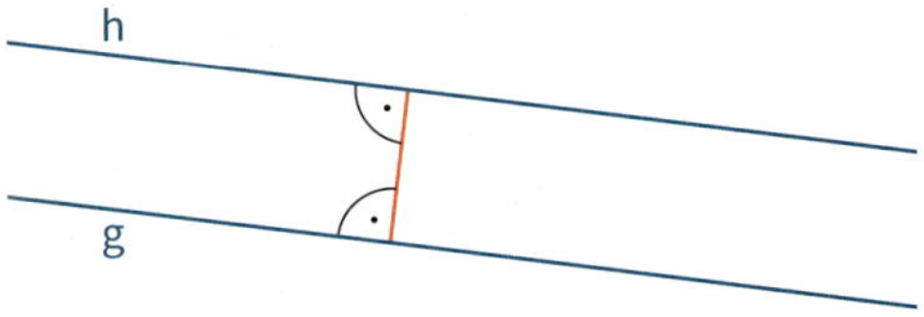

Abstand vom Punkt P zur Geraden g messen

Lege die Mittellinie mit der Null auf die Gerade g. Miss die Länge der Strecke von der Null zum Punkt P.

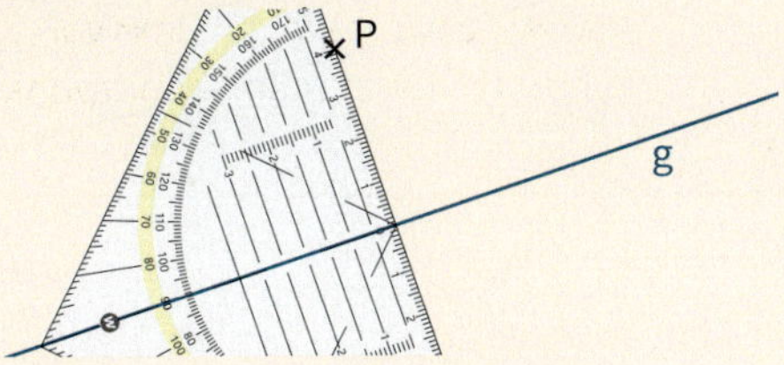

Der Abstand von P zu g beträgt 4 cm.

Abstand der Parallelen g und h messen

Lege die Mittellinie mit der Null auf die Gerade g. Miss die Länge der Strecke von der Null bis zur Geraden h.

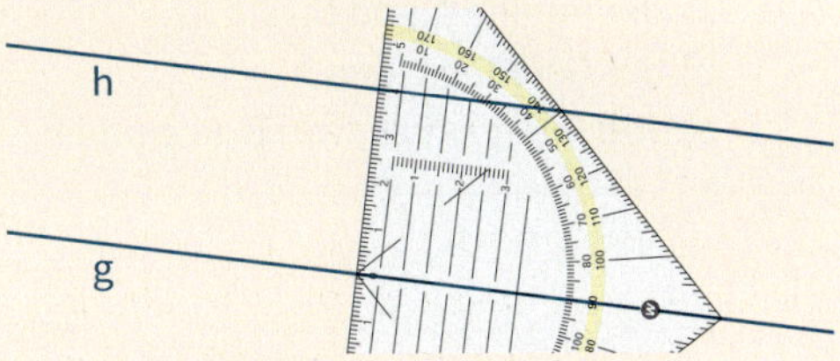

Der Abstand von g zu h beträgt 4 cm.

1 **Abstände messen**

Bestimme den Abstand.

a) Abstand von A und B

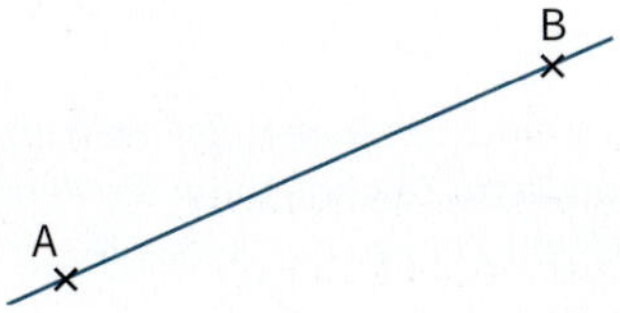

b) Abstand von P zu g

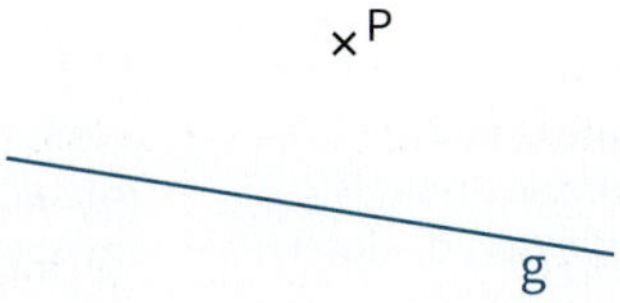

c) Abstand von g und h

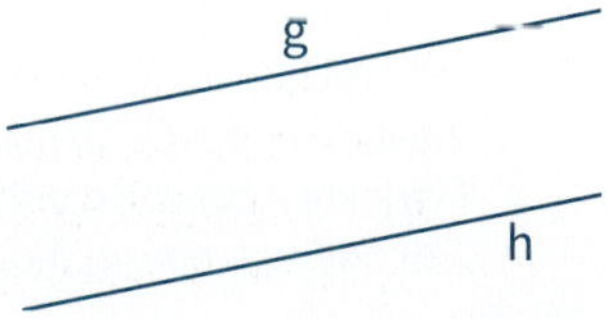

2 **Abstände von Punkten und Geraden**

Bestimme die Abstände des Punktes C zu den Punkten A und B und zu der Geraden AB.

a) b) c)

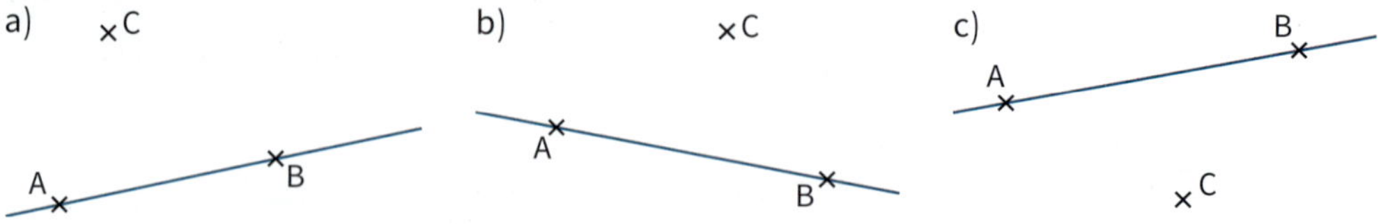

3 **Abstand eines Punktes von einer Geraden**

Antonia, Bela und Clara bestimmen den Abstand des Punktes P von der Geraden g unterschiedlich. Wer von ihnen hat den Abstand richtig gemessen? Begründe.

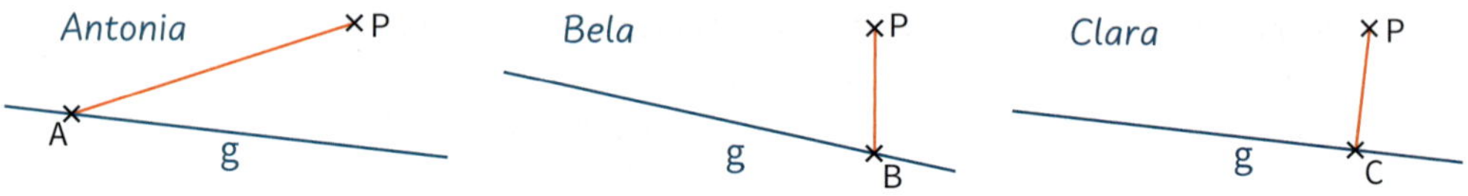

4 **Abstände vergleichen**

a) Bestimme den Abstand der Punkte A und B.
b) Bestimme den Abstand des Punktes A von der Geraden g und den Abstand von B zu g.
c) Vergleiche die Ergebnisse aus a) und b).

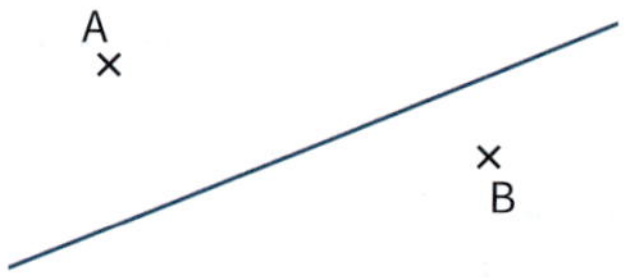

Prüfe dich!
Lösungen auf
Seite 247

5 Bestimme den Abstand der Punkte P, Q, R und S zu den Geraden g und h.

a)

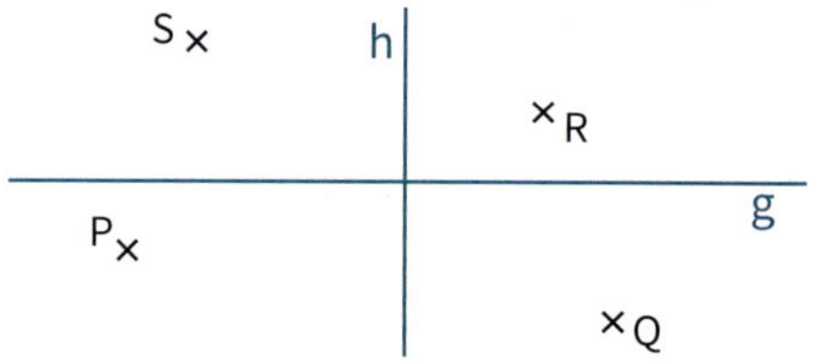

b)

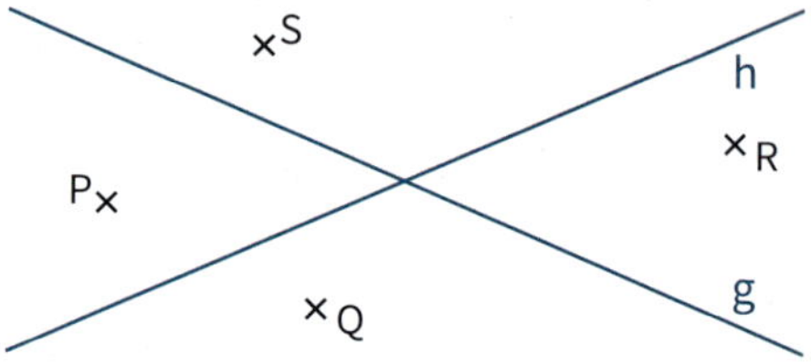

6 Bestimme die Abstände …

a) der Punkte A und B,
b) der Geraden g und h,
c) von A zu g und h, von B zu g und h.

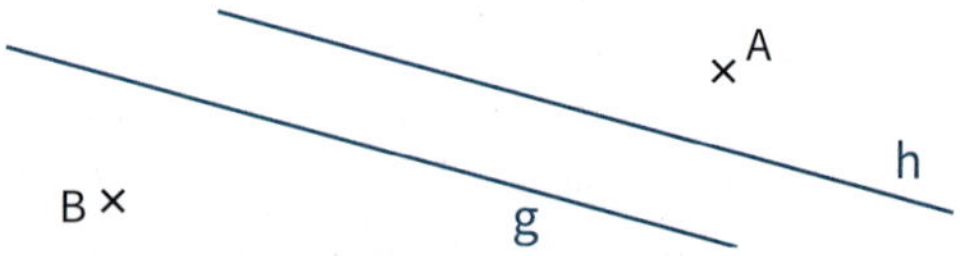

WES-109651-025

Parallele zu der Geraden g im Abstand von 4 cm zeichnen

(1) orthogonal-orthogonal

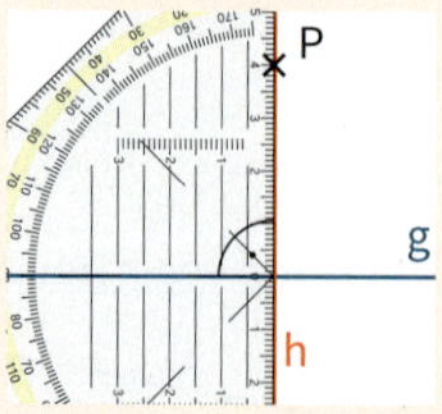

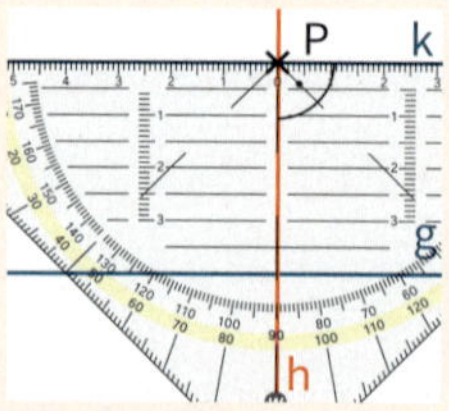

Zeichne zu g eine orthogonale Gerade h. Markiere 4 cm von g entfernt den Punkt P. Zeichne zu h eine orthogonale Gerade durch P.

(2) parallel-parallel

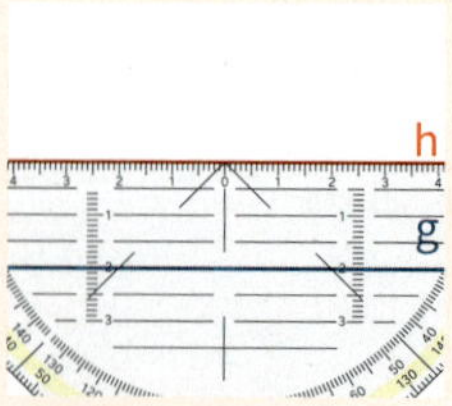

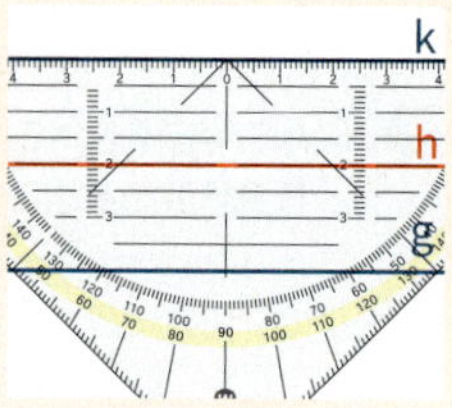

Zeichne zu g eine parallele Hilfslinie h im Abstand von 2 cm. Zeichne dann die Parallele im Abstand von 2 cm zu der Hilfslinie.

7 ☰ **Parallele Geraden zeichnen**

Zeichne eine Gerade g. Zeichne eine Parallele h im angegebenen Abstand zu g. Wie viele Möglichkeiten gibt es?

a) 6 cm b) 8 cm c) 3,5 cm d) 7,5 cm

8 ☰ **Geraden zeichnen**

a) Zeichne zwei parallele Geraden g und h, die den Abstand 5 cm haben. Zeichne eine Gerade k, die orthogonal zu g ist. Was fällt dir auf?

b) Zeichne zwei Geraden g und h, die orthogonal zueinander sind. Zeichne zu g eine Parallele k im Abstand von 3 cm. Was fällt dir auf?

9 ☰ **Abstände im Rechteck**

Zeichne ein Rechteck ABCD mit den Seitenlängen 8 cm und 6 cm.

a) Bestimme die Länge der Diagonalen $\overline{AC}$.

b) Bestimme den Abstand des Eckpunktes B von der Diagonalen $\overline{AC}$.

---

10 ☰ Zeichne eine Gerade g. Zeichne zu g eine parallele Gerade h, die den Abstand 4 cm zu g hat. Zeichne einen Punkt P, der den Abstand 3 cm zu g hat. Zeichne zu der Geraden g eine parallele Gerade k durch P.

Prüfe dich! Lösungen auf Seite 247

---

11 ☰ **Fähre**

Übertrage die Punkte A, B und C in dein Heft. Die Fähre fährt direkt von A nach B. Bestimme die Entfernung, die sie zurücklegt. Bestimme den Punkt des Kurses, an dem die Fähre dem Ort C am nächsten ist. 1 cm im Heft entspricht 1 km in der Wirklichkeit.

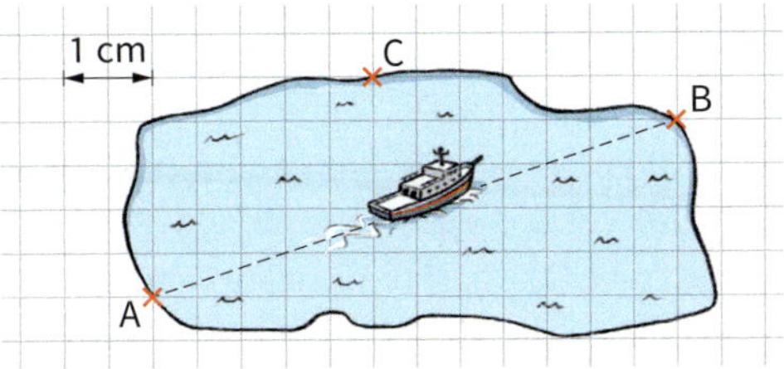

12 ☰ **Mannheim**

In Mannheim gibt es parallele, aber dazu auch orthogonal verlaufende Straßen. Wie kommt Hannes auf dem kürzesten Weg zu Arne? Wie viele solcher Wege gibt es? Erläutere die Begriffe „kürzeste Entfernung“, „Luftlinie“ und „Weglänge“ am Stadtplan.

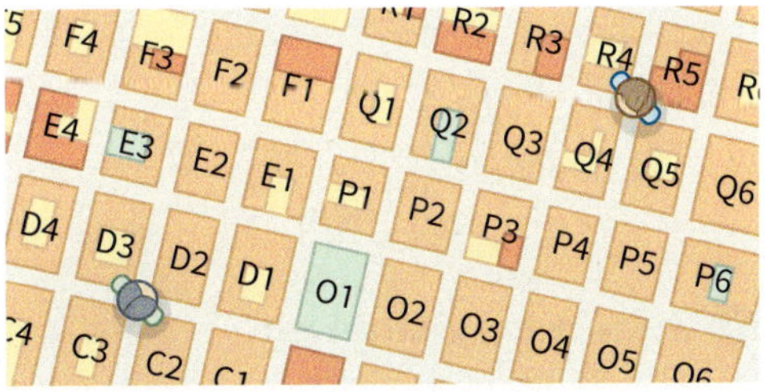

13 ☰ **Geraden mit Abstand zu einem Punkt**

a) Zeichne einen Punkt P und drei Geraden, die zu P einen Abstand von 3 cm haben.

b) Zeichne zum Punkt P weitere Geraden mit dem Abstand 3 cm. Welche Form entsteht?

14 ☰ **WANTED – Punkte gesucht**

Übertrage die Skizze in dein Heft. Finde die gesuchten Punkte.

a)

b)

c)

3.3 Figuren aus Strecken und Geraden

Zeichne mit dem Geodreieck die Figur auf Papier ohne Kästchen.

- Setze die Figur vier weitere Schritte fort.
- Betrachte und beschreibe die Figur.
- Welche Strecken sind parallel zueinander?
- Welche Strecken sind orthogonal zueinander?

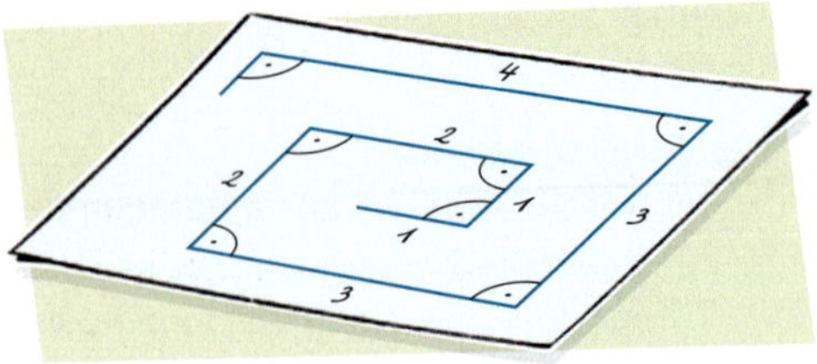

WES-109651-026

Figuren zeichnen

Zeichne mithilfe eines Geodreiecks die Figur auf Papier ohne Kästchen.

- Überlege, mit welcher Strecke du beginnst.
- Überlege, wo du auf dem Papier beginnst.
- Zeichne genau.
- Achte auf die Streckenlängen.
- Achte auf parallele und auf orthogonale Strecken.

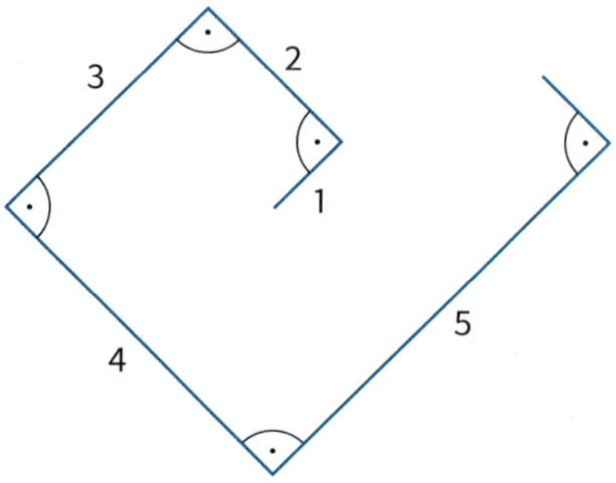

1 ≡ **Figuren mit Parallelen und Orthogonalen**

a) Setze die Dreiecke bis zum 8. Dreieck fort. Wie lang ist die längste Dreiecksseite?

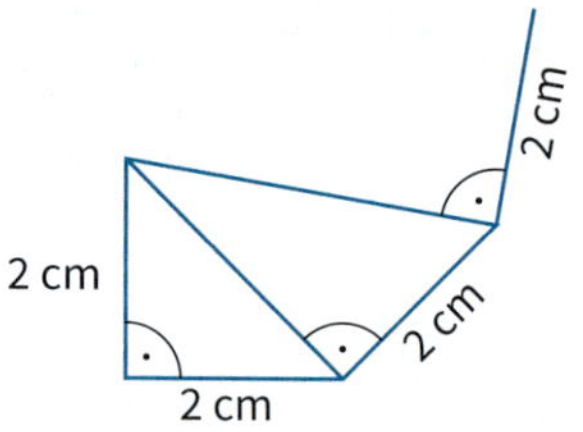

b) Setze die Quadrate bis zum 5. Quadrat fort. Wie lang ist die längste Seitenlänge?

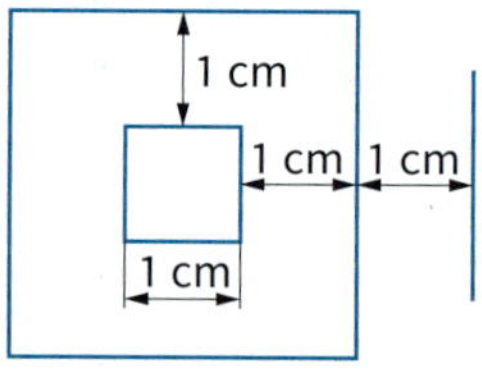

2 ≡ **Gleich lange Strecken?**

a) Prüfe, ob es gleich lange Strecken gibt. Was fällt dir auf?

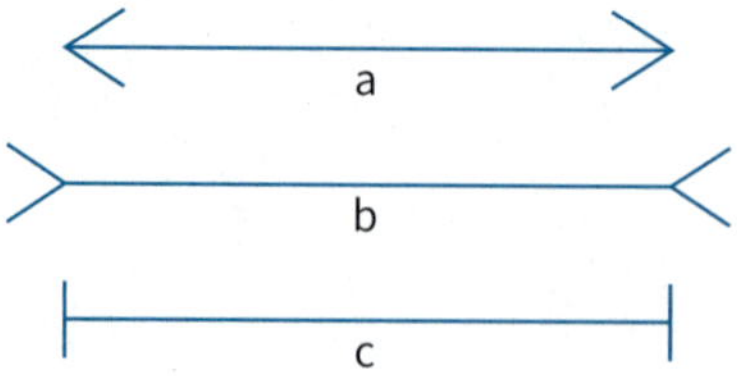

b) Prüfe, ob es gleich große Quadrate gibt. Was fällt dir auf?

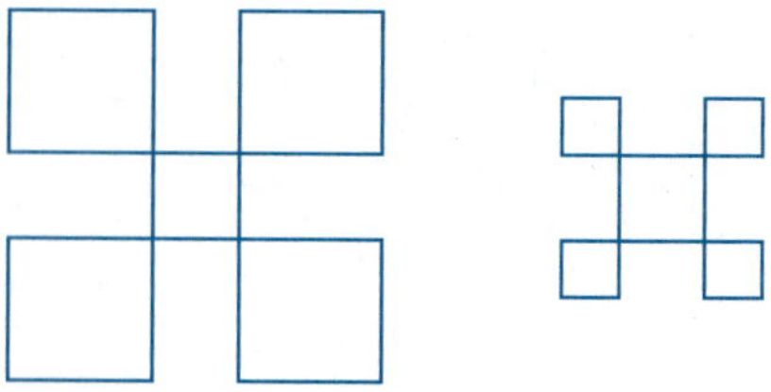

3 ≡ **Bretter**

Wie viele Bretter siehst du?
Übertrage die Abbildung mit den Brettern auf Papier ohne Kästchen. Wodurch wird der überraschende Eindruck erzielt?

4 ≡ **Geraden prüfen**

Wie verlaufen die roten Linien zueinander? Überprüfe mit dem Geodreieck.

a)

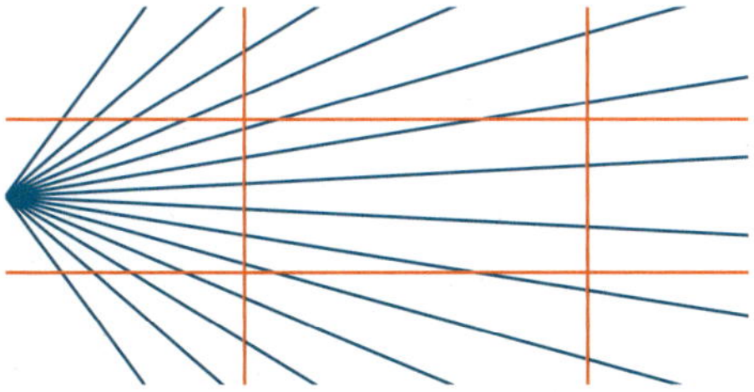

b)

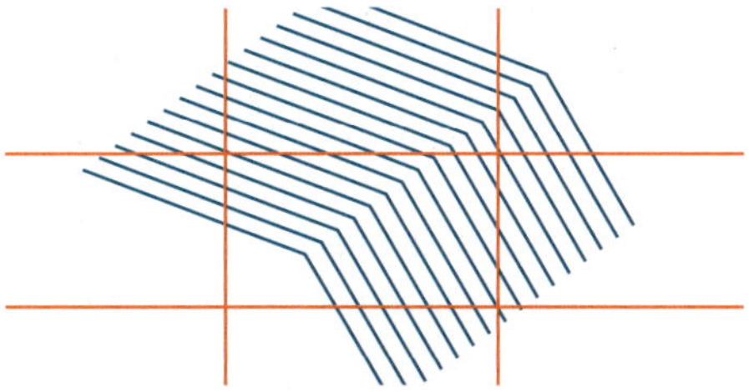

c)

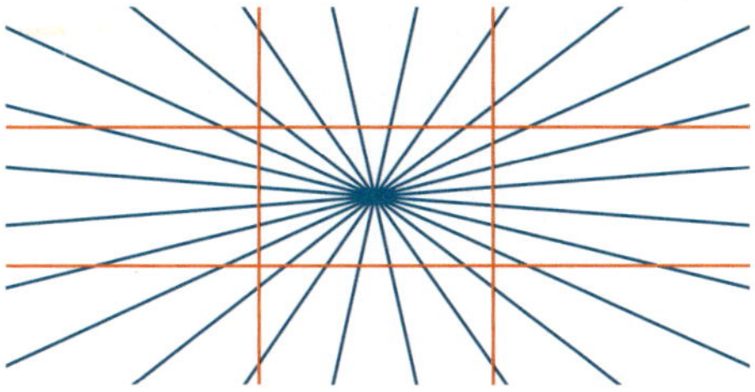

d)

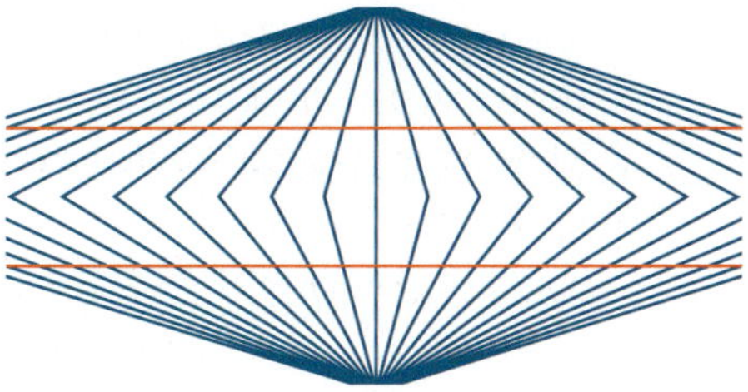

Übertrage eine Figur auf Papier ohne Kästchen. Beginne mit den roten Linien.

5 ≡ **Optische Täuschungen**

Beim Betrachten von Bildern spielt uns häufig das Gehirn einen Streich. Es gibt viele Tricks, um eine optische Täuschung zu erzielen. Was fällt dir auf? Wodurch entsteht die Täuschung?

6 ≡ **Weitere optische Täuschungen**

Recherchiere im Internet nach weiteren optischen Täuschungen. Wodurch entsteht die Täuschung? Erstelle nun eigene optische Täuschungen.

3.4 Koordinatensystem

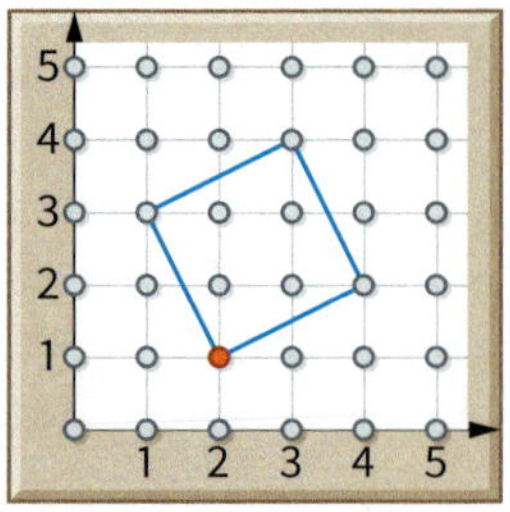

Beschreibe die Lage der Figur im Geobrett mithilfe der Eckpunkte.
Spanne weitere Figuren und gib die Koordinaten der Eckpunkte an.

Lösung

Eckpunkte des abgebildeten Vierecks: A (2 | 1), B (4 | 2), C (3 | 4), D (1 | 3)

WES-109651-027

Koordinatensystem

Eine waagerechte x-Achse und eine senkrechte y-Achse bilden ein **Koordinatensystem**.
Jeder Punkt im Koordinatensystem lässt sich mit zwei **Koordinaten** beschreiben.

Der Punkt A wird durch (3 | 2) beschrieben.
Schreibweise: A (3 | 2)
x-Koordinate (x-Wert) – y-Koordinate (y-Wert)

Den Punkt A (3 | 2) zeichnen:
Gehe vom Koordinatenursprung O (0 | 0) aus
3 Einheiten nach rechts und
2 Einheiten nach oben.

Die Eckpunkte einer Figur werden mit Großbuchstaben bezeichnet.
- Unten links mit A beginnen.
- Gegen den Uhrzeigersinn fortfahren.

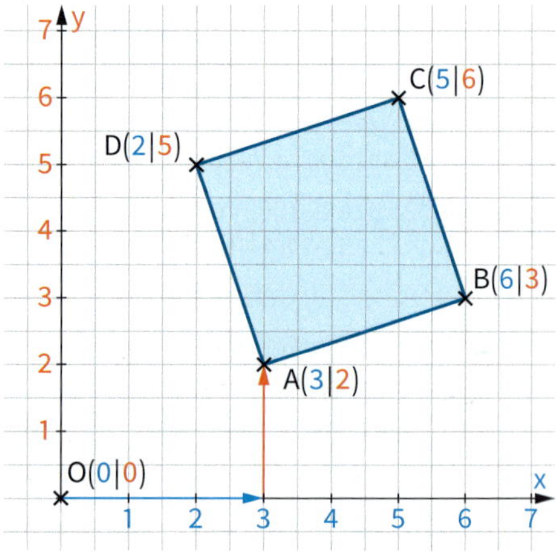

Figur aus gegebenen Punkten zeichnen

Zeichne die Punkte A (2 | 1), B (5 | 1), C (6 | 2) und D (3 | 2) in ein Koordinatensystem.
Verbinde die Punkte in alphabetischer Reihenfolge und den Punkt D wieder mit A.

Lösung

Beginne mit Punkt A (2 | 1): Gehe von der Null (Koordinatenursprung O (0 | 0)) aus 2 Einheiten nach rechts und 1 Einheit nach oben. Markiere den Punkt A. Trage die Punkte B, C und D in gleicher Weise ein.

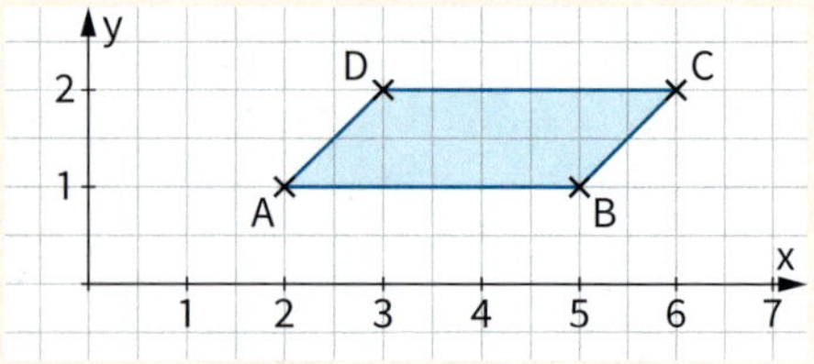

1 Eckpunkte einer Figur

Benenne die Eckpunkte der Figur mit Buchstaben. Gib die Koordinaten der Eckpunkte an.

a)

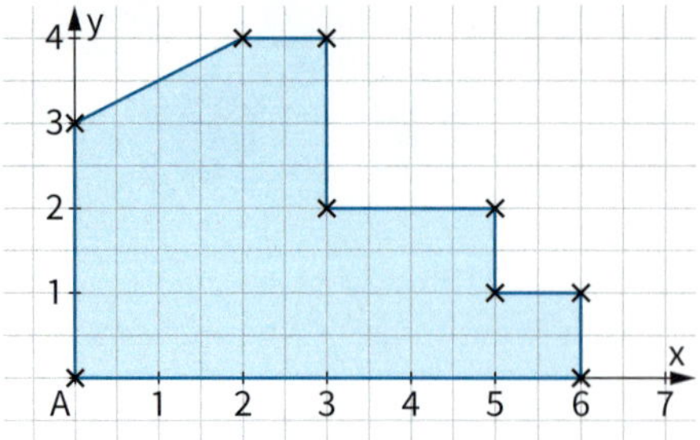

b)

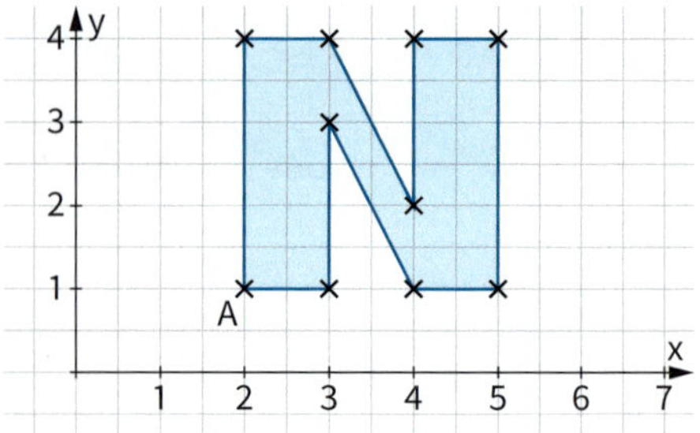

2 ≡ **Schnittpunkt**

Zeichne die Punkte A, B, C und D in ein Koordinatensystem. Ergänze die Strecken $\overline{AC}$ und $\overline{BD}$. Gib die Koordinaten des Schnittpunktes an.

a) A(2|5), B(6|5), C(6|7), D(2|7)

b) A(1|2), B(3|0), C(5|2), D(3|4)

c) A(0|0), B(1|1), C(4|8), D(3|7)

d) A(2|3), B(0|6), C(8|6), D(6|3)

3 ≡ a) Gib die Koordinaten der Eckpunkte an.

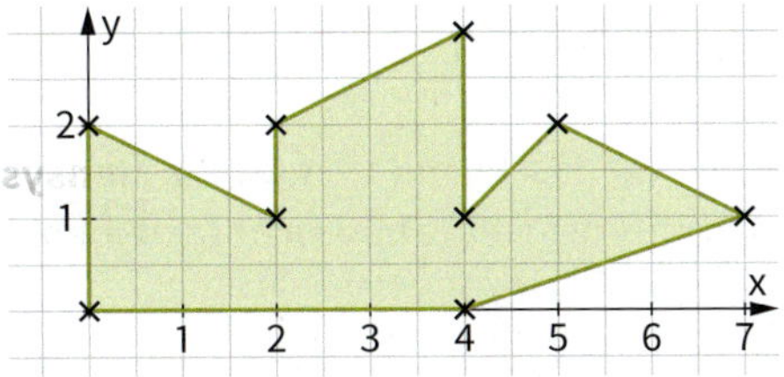

b) Ergänze die Figur zu einem Quadrat. Gib die Koordinaten der Eckpunkte an.

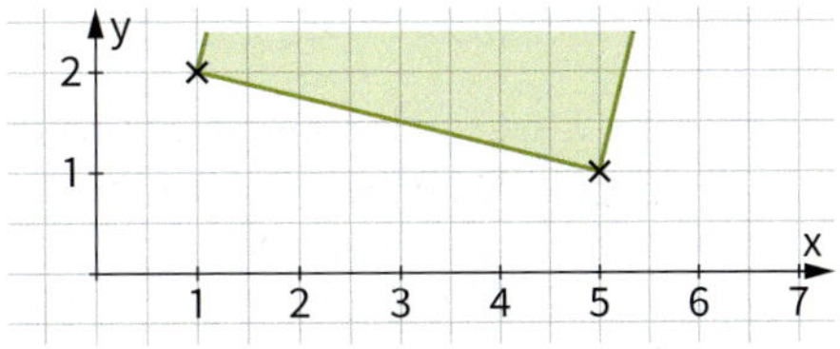

Prüfe dich!
Lösungen auf Seite 247

4 ≡ Zeichne ein Koordinatensystem in dein Heft und trage die Punkte ein. Verbinde sie in alphabetischer Reihenfolge und verbinde den letzten Punkt wieder mit A.

a) A(1|1), B(11|1), C(9|6), D(3|6)

b) A(1|2), B(5|2), C(5|6), D(3|8), E(1|6)

c) A(1|5), B(4|2), C(7|5), D(4|8)

d) A(2|1), B(7|1), C(7|3), D(4|3), E(3|9)

5 ≡ **Auf Orthogonalität prüfen**

Zeichne die Punkte A(2|2), B(7|0), C(8|3) und D(6|6) in ein Koordinatensystem.

a) Prüfe, ob die Strecken $\overline{AC}$ und $\overline{BD}$ orthogonal zueinander sind.

b) Prüfe, ob der Koordinatenursprung auf der Geraden AD liegt.

6 ≡ **Orthogonalen**

Zeichne eine Gerade g durch die Punkte (6|0) und (0|3).

a) Zeichne den Punkt P(2|2). Zeichne die Orthogonale zu g durch den Punkt P. Durch welche der Punkte A(3|4), B(4|5), C(5|7) verläuft diese Orthogonale?

b) Zeichne den Punkt Q(5|3). Zeichne eine Orthogonale zu g durch den Punkt Q. In welchem Punkt schneidet die Orthogonale die Gerade g? Gib die Koordinaten an.

7 ≡ **Besondere Punkte**

Trage in ein Koordinatensystem fünf Punkte ein, die die Bedingung erfüllen. Was fällt dir auf?

a) Der x-Wert und der y-Wert sind gleich groß.

b) Der x-Wert ist immer 3.

c) Der x-Wert ist um 2 größer als der y-Wert.

d) Die Summe aus x-Wert und y-Wert ergibt 7.

Hinweisschilder für die Feuerwehr – Hydrant

Bei einem Feuer nutzt die Feuerwehr Löschwasser aus einem Hydranten. Das Schild zeigt, wo das Wasser entnommen werden kann. Vom „Startpunkt“ direkt unter dem Schild geht man 7,80 m entlang der Straße nach links. Dann 2,10 m Richtung Straße. Auf dem Schild ist auch die Dicke des Schlauchanschlusses angegeben (Durchmesser 150 mm). Die Feuerwehrleute können so den richtigen Schlauch ausrollen.

Beschreibe, wie die Hinweisschilder zu lesen sind.

Recherchiere, wie die Hinweisschilder zu nutzen sind.

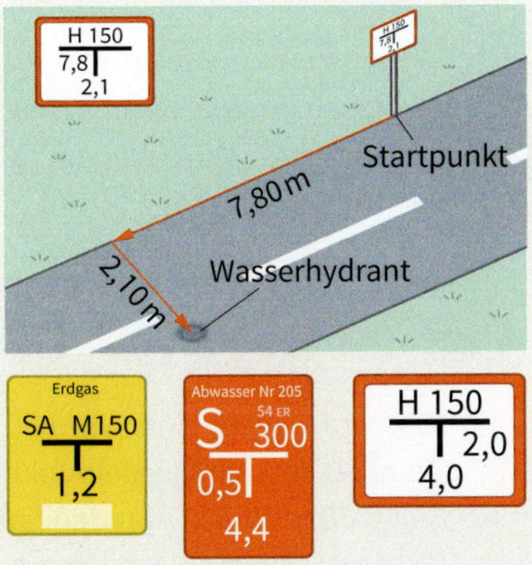

3.5 Achsensymmetrische Figuren

Ob eine Figur achsensymmetrisch ist, kannst du durch Falten oder mit einem Spiegel überprüfen. Zeige, dass die Figuren achsenymmetrisch sind. Findest du auch mehrere Symmetrieachsen?

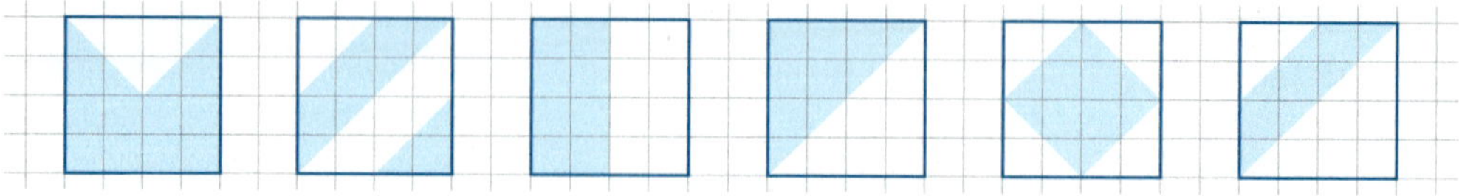

Falten: Eine Figur ist achsensymmetrisch, wenn du eine Faltlinie (Symmetrieachse) findest, sodass die beiden Hälften genau aufeinanderpassen.

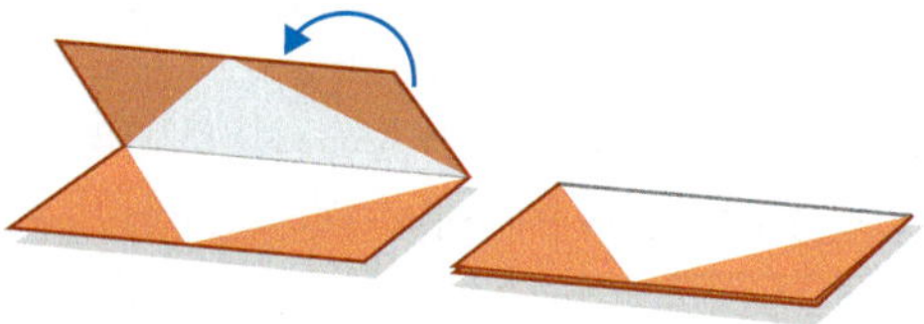

Spiegel: Stelle den Spiegel auf die Spiegelachse (Symmetrieachse).
Eine Figur ist achsensymmetrisch, wenn du die vollständige Figur sehen kannst.

WES-109651-028

Achsensymmetrische Figur

Eine Figur ist **achsensymmetrisch**, wenn man sie so falten kann, dass beide Hälften genau aufeinanderpassen. Die Faltlinie heißt **Symmetrieachse**.

Eigenschaften einer achsensymmetrischen Figur:

- Zu jedem Punkt A gibt es einen Spiegelpunkt A′.
- Die Strecke $\overline{AA'}$ ist orthogonal zur Symmetrieachse.
- Ein Punkt A und sein Spiegelpunkt A′ haben denselben Abstand zur Symmetrieachse.
- Ein Punkt P auf der Symmetrieachse hat sich selbst als Spiegelpunkt.

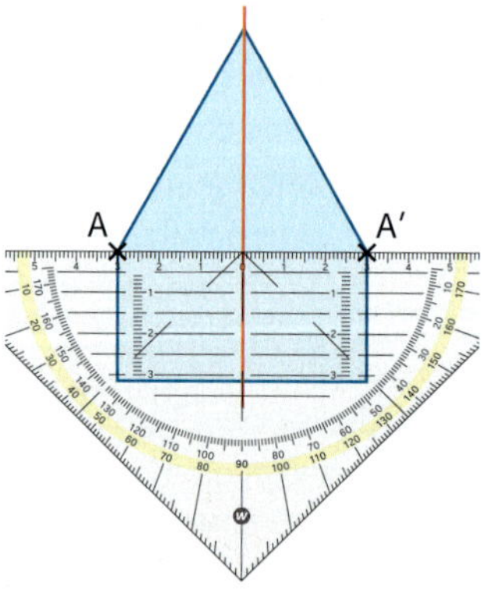

Symmetrieachsen prüfen

Prüfe, ob die eingezeichneten Linien Symmetrieachsen sind.

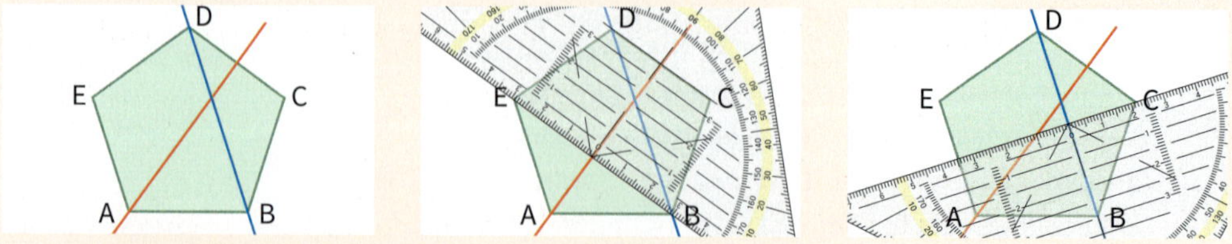

Die rote Linie ist eine Symmetrieachse: Jeder Punkt der Figur hat einen Spiegelpunkt. Der Punkt B hat den Spiegelpunkt E. Beide Punkte haben denselben Abstand zur Symmetrieachse. Der Punkt C hat den Spiegelpunkt D. Der Punkt A hat sich selbst als Spiegelpunkt.
Die blaue Linie ist keine Symmetrieachse: Der Punkt C hat keinen Spiegelpunkt auf der Figur.

1 ≡ **Auf Achsensymmetrie prüfen**

Untersuche, ob die eingezeichneten Linien Symmetrieachsen der Figur sind.

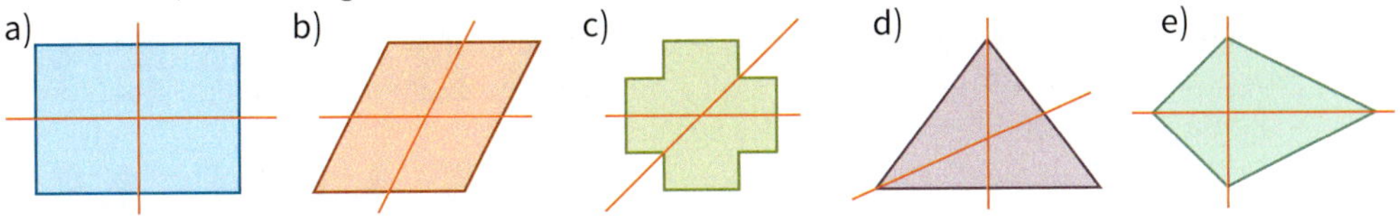

2 ≡ **Symmetrieachsen finden**

Untersuche, ob die Figur achsensymmetrisch ist. Gib für die achsensymmetrischen Figuren die Symmetrieachse durch Punkte an und gib zu jedem Eckpunkt seinen Spiegelpunkt an.

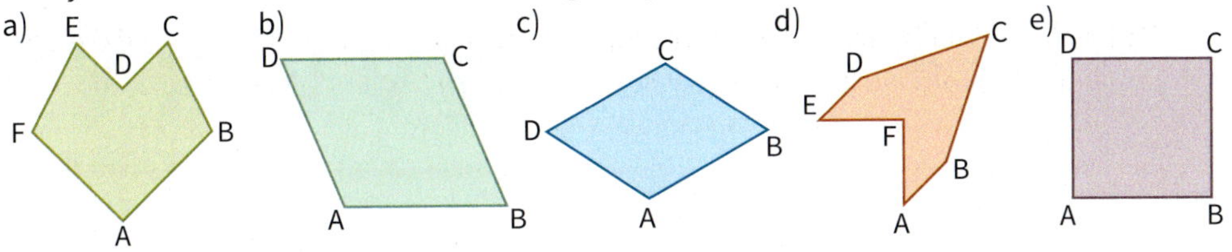

3 ≡ **Zu achsensymmetrischen Figuren ergänzen**

Es soll eine achsensymmetrische Figur entstehen. Die Symmetrieachse ist die Gerade AE. Ergänze notwendige Punkte.

a) A(5|1), B(9|4), C(7|7), D(6|8), E(5|9)

b) A(0|5), B(2|2), C(5|2), D(9|1), E(10|5)

c) A(2|2), B(4|1), C(5|4), D(7|3), E(8|8)

d) A(1|5), B(1|3), C(2|2), D(3|2), E(6|0)

---

4 ≡ Welche Figuren sind achsensymmetrisch? Übertrage die achsensymmetrischen Figuren in dein Heft und zeichne die Symmetrieachsen ein.

Prüfe dich!
Lösungen auf Seite 248

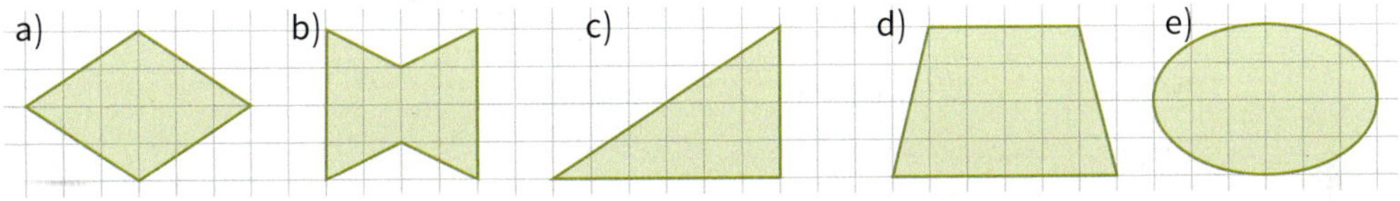

5 ≡ Gib an, welche der abgebildeten Verkehrsschilder achsensymmetrisch sind.

---

6 ≡ **Portaits**

Welches ist das Originalbild? Wie wurden die beiden anderen Bilder hergestellt?

3.6 Punktsymmetrische Figuren

Manche Buchstaben sehen gleich aus, auch wenn du das Buch umdrehst.

- Finde alle Buchstaben, bei denen es so ist. Prüfe, indem du das Buch umdrehst.
- Findest du Wörter aus diesen punktsymmetrischen Buchstaben? Schreibe sie in dein Heft. Was passiert, wenn du dein Heft umdrehst?
- Gibt es Wörter, die dasselbe Wort ergeben, wenn du dein Heft umdrehst?

WES-109651-029

Punktsymmetrische Figur

Eine Figur ist **punktsymmetrisch**, wenn die Figur nach einer Halbdrehung um einen Punkt Z genauso aussieht wie zuvor. Der Punkt Z heißt **Symmetriezentrum**.

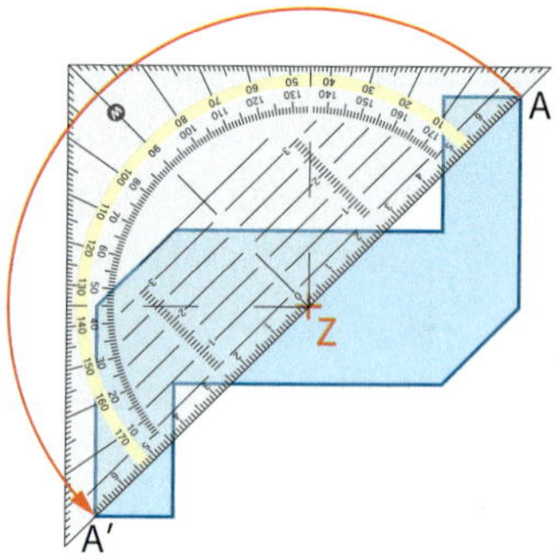

Eigenschaften einer punktsymmetrischen Figur:

- Zu jedem Punkt A gibt es einen Spiegelpunkt A′.
- Die Strecke $\overline{AA'}$ verläuft durch das Symmetriezentrum Z.
- Ein Punkt A und sein Spiegelpunkt A′ haben denselben Abstand zum Symmetriezentrum.
- Das Symmetriezentrum Z hat sich selbst als Spiegelpunkt.

Auf Punktsymmetrie prüfen

Ist der eingezeichnete Punkt das Symmetriezentrum der Figur?

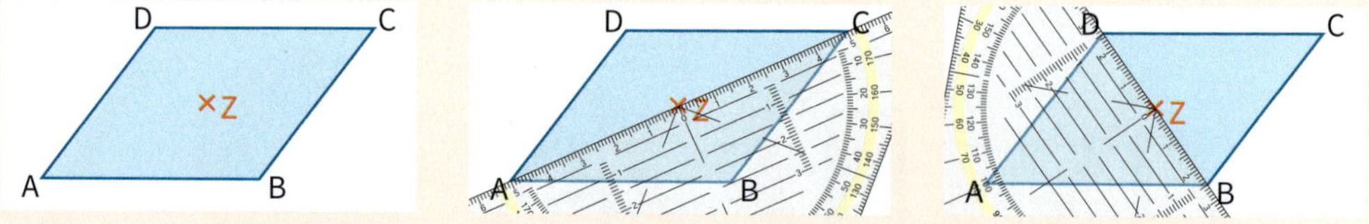

Zu jedem Punkt der Figur gibt es einen Spiegelpunkt. Beide Punkte haben denselben Abstand zum Punkt Z, zum Beispiel die Punkte A und C oder die Punkte B und D. Der Punkt Z ist das Symmetriezentrum.

1 **Auf Punktsymmetrie prüfen**

Zeichne die Figuren ab. Untersuche, ob die Figur punktsymmetrisch ist. Zeichne, falls möglich, das Symmetriezentrum ein.

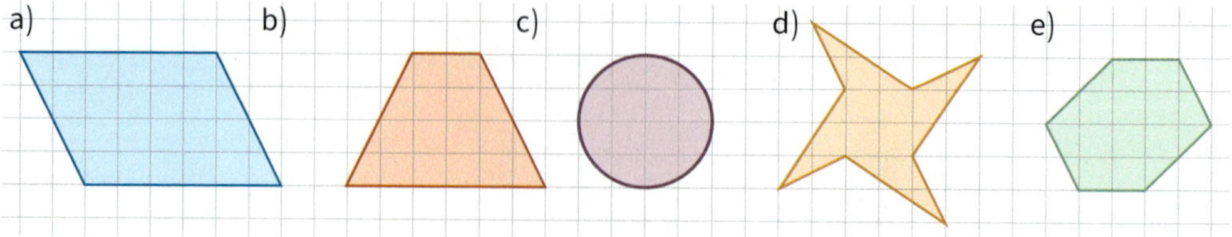

2 ☰ **Symmetriezentrum finden**

Übertrage die Figur in dein Heft und bestimme das Symmetriezentrum.

a)

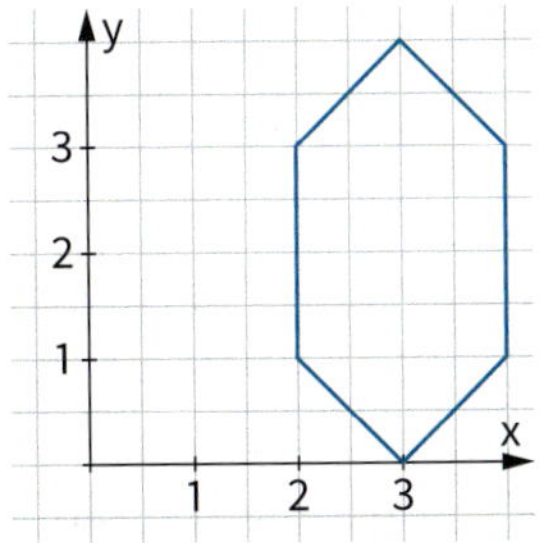

b)

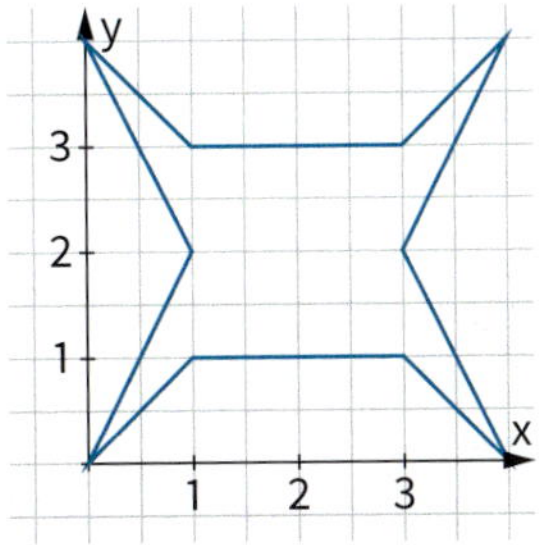

c)

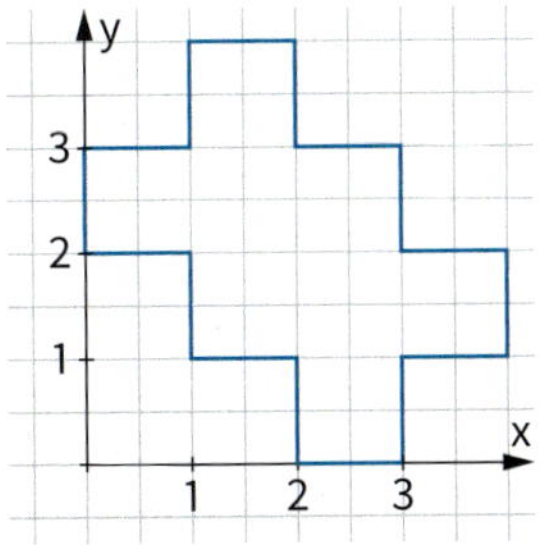

3 ☰ **Zu punktsymmetrischen Figuren ergänzen**

Ergänze im Heft notwendige Punkte, sodass eine punktsymmetrische Figur entsteht.

a) Symmetriezentrum: Z(2|1) Punkte: A(0|0), B(4|0), C(0|2)
b) Symmetriezentrum: Z(3|2) Punkte: A(2|1), B(4|1), C(6|2), D(4|3)
c) Symmetriezentrum: Z(4|2) Punkte: A(0|0), B(4|0), C(4|1), D(5|1), E(8|4)

4 ☰ a) Prüfe, ob Z das Symmetriezentrum ist.

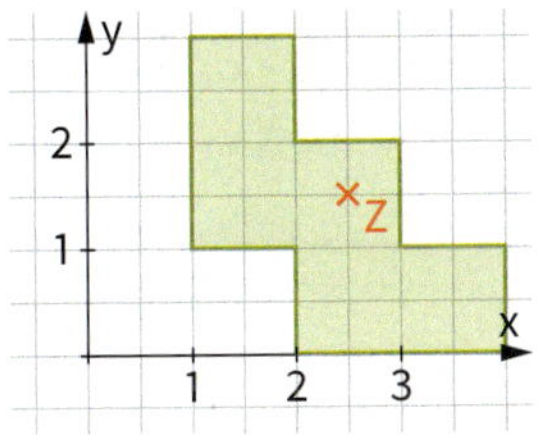

b) Bestimme das Symmetriezentrum der Figur.

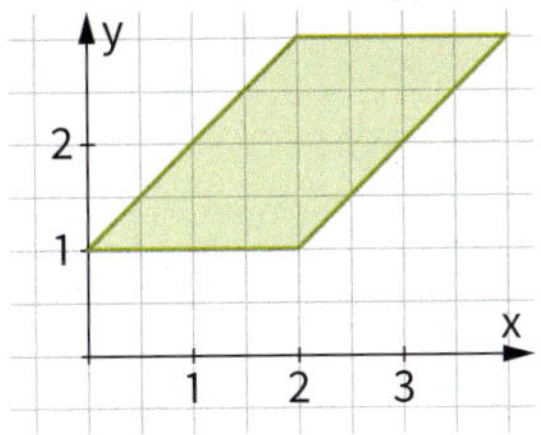

c) Ergänze zu einer punktsymmetrischen Figur.

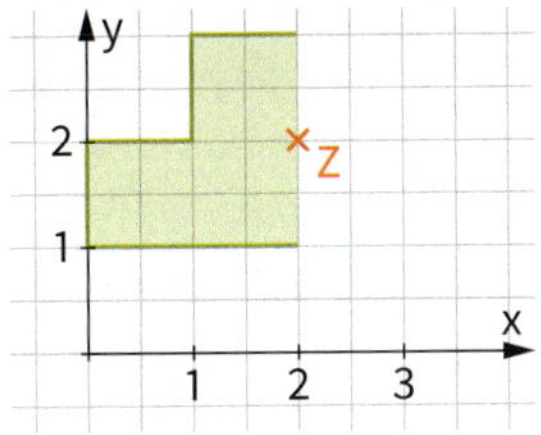

Prüfe dich!
Lösungen auf Seite 248

5 ☰ **Achsensymmetrische und punktsymmetrische Figuren**

Übertrage die Figuren in dein Heft. Untersuche die Figuren auf Symmetrie.
Zeichne alle Symmetrieachsen ein. Zeichne das Symmetriezentrum ein.

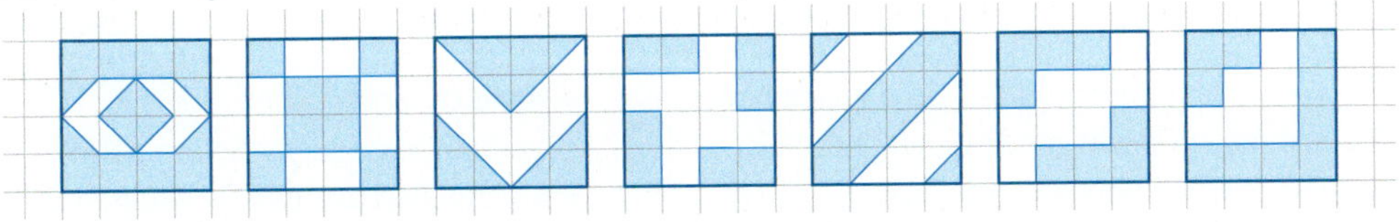

6 ☰ **Symmetrie in Spielkarten**

Untersuche, ob die Karten achsen- oder punktsymmetrisch sind.

(1) (2) (3) (4) (5) (6)

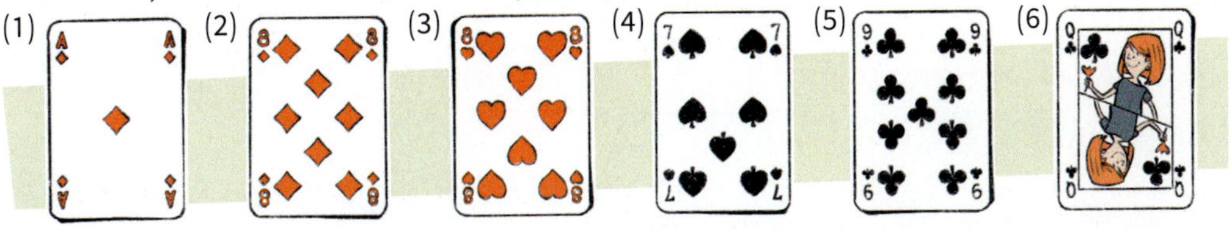

7 ☰ **Symmetrie bei Würfelzahlen**

Übertrage die Würfelansichten in dein Heft.
Welche Würfelzahl hat die meisten Symmetrieachsen?
Zeichne die Symmetrieachsen für jede Würfelzahl ein.
Welche Würfelzahlen sind punktsymmetrisch?

3.7 Besondere Vierecke

Auf dem Geobrett ist ein Quadrat gespannt. Durch Verlegen einer Ecke ist ein Drachen entstanden.

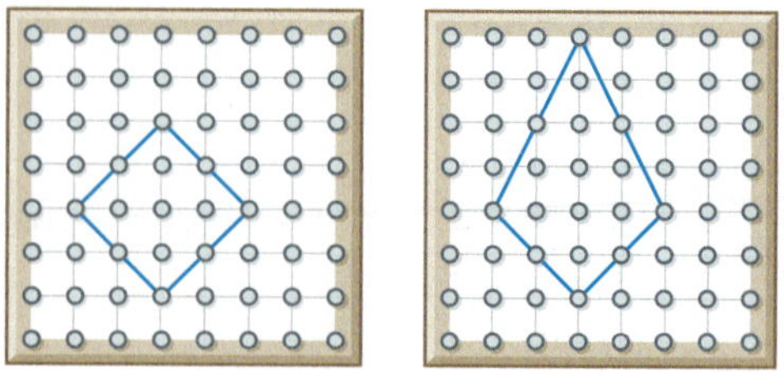

- Welche Eigenschaften hat das Quadrat? Welche Eigenschaften hat der Drachen? Nutze zum Beschreiben: „Seitenlängen“, „die Lage der Seiten zueinander“, „Diagonalen“ und „die Anzahl der Symmetrieachsen“.
- Verlege nun zwei Ecken des Quadrats so, dass weitere besondere Vierecke entstehen. Beschreibe diese Vierecke.

WES-109651-030

Quadrat

- 4 rechte Winkel
- 4 gleich lange Seiten
- gegenüberliegende Seiten parallel
- Diagonalen gleich lang und orthogonal
- Diagonalen halbieren sich
- 4 Symmetrieachsen
- Symmetriezentrum

Rechteck

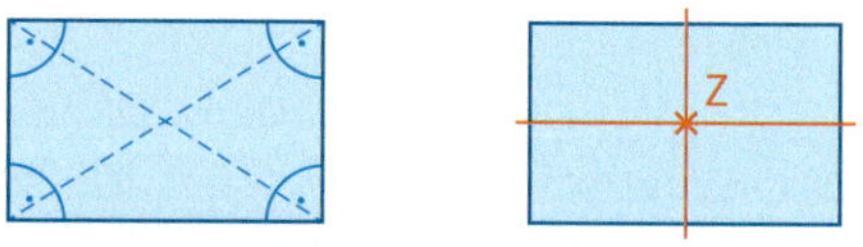

- 4 rechte Winkel
- gegenüberliegende Seiten gleich lang
- gegenüberliegende Seiten parallel
- Diagonalen gleich lang
- Diagonalen halbieren sich
- 2 Symmetrieachsen
- Symmetriezentrum

Parallelogramm

- gegenüberliegende Seiten gleich lang
- gegenüberliegende Seiten parallel
- Diagonalen halbieren sich
- keine Symmetrieachse
- Symmetriezentrum

Raute

- 4 gleich lange Seiten
- gegenüberliegende Seiten parallel
- Diagonalen orthogonal zueinander
- Diagonalen halbieren sich
- 2 Symmetrieachsen
- Symmetriezentrum

Allgemeines Trapez

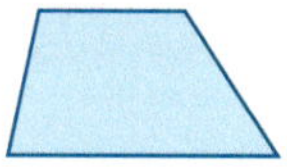

- 1 Paar paralleler Seiten

Symmetrisches Trapez

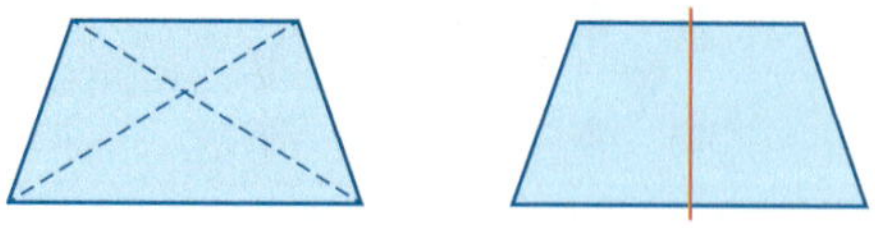

- 1 Paar paralleler Seiten
- 1 Paar gleich langer Seiten, die sich gegenüberliegen
- Diagonalen gleich lang
- eine Symmetrieachse

Drachen

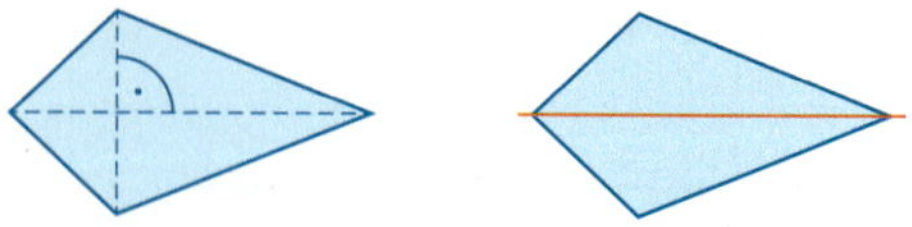

- 2 Paare gleich langer Seiten, die aneinanderstoßen
- Diagonalen orthogonal zueinander
- eine Diagonale wird halbiert
- eine Symmetrieachse

Viereck gesucht
Untersuche, welches Viereck abgebildet ist.

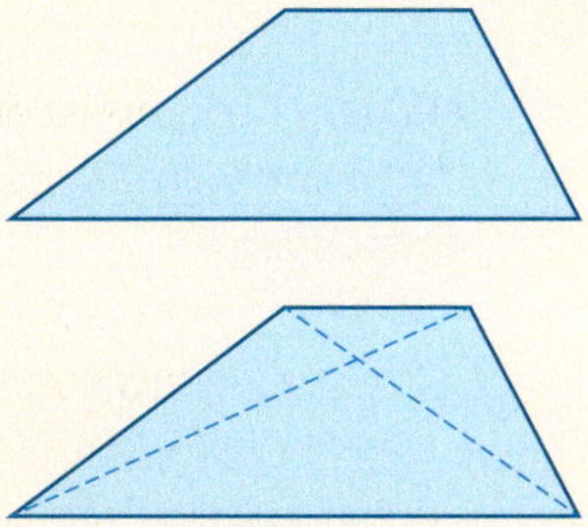

Lösung
Das Viereck ist ein Trapez, weil es ein Paar paralleler Seiten hat. Es ist aber kein symmetrisches Trapez, weil die Diagonalen nicht gleich lang sind.
Das Viereck ist ein allgemeines Trapez.

1 Vierecke gesucht
Untersuche, welche besonderen Vierecke abgebildet sind.

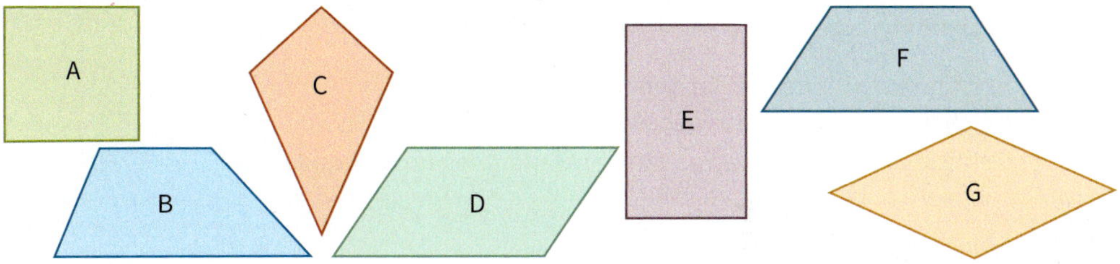

2 Vierecke ergänzen
Übertrage in dein Heft und ergänze zum angegebenen Viereck.

a) Rechteck

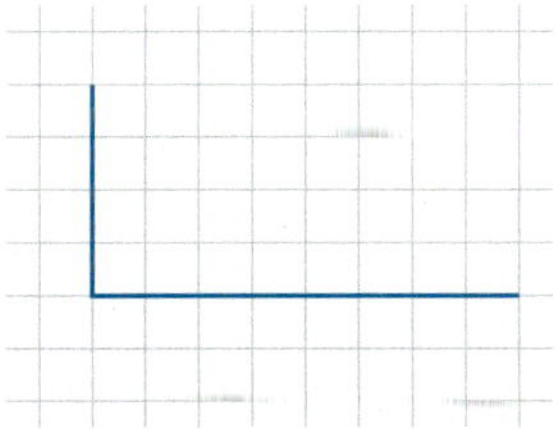

b) Raute

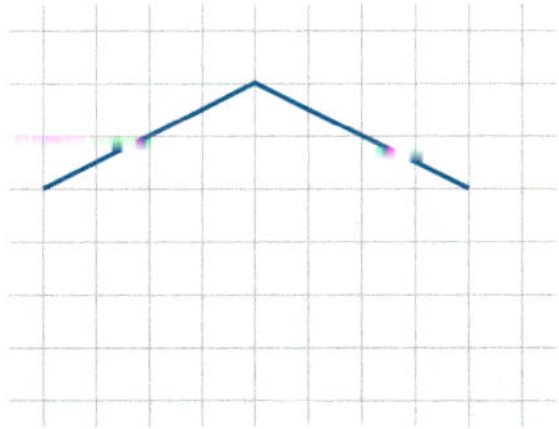

c) Symmetrisches Trapez

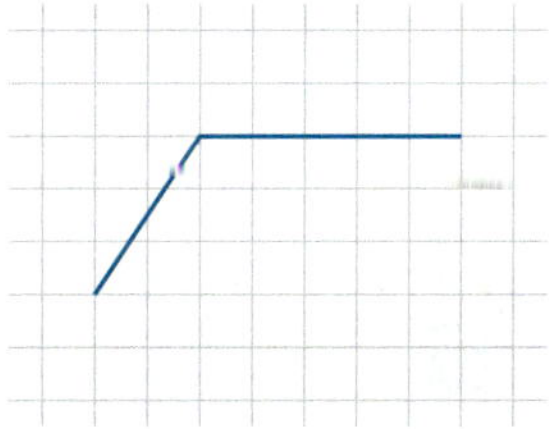

3 Vierecke zeichnen
Zeichne das Viereck mit dem Geodreieck.
Bei welchen Figuren gibt es mehrere Möglichkeiten?

a) Ein Rechteck mit den Seitenlängen 4 cm und 6 cm.
b) Ein Quadrat mit der Seitenlänge 5 cm.
c) Ein Parallelogramm mit den Seitenlängen 3 cm und 4 cm.
d) Ein symmetrisches Trapez, dessen parallele Seiten 2 cm und 4 cm lang sind.
e) Eine Raute mit der Seitenlänge 4 cm.
f) Einen Drachen, bei dem eine Diagonale 4 cm und die andere Diagonale 6 cm lang ist.

4 Vierecke und Seitenlängen
a) Gib Vierecke an, die mindestens zwei gleich lange Seiten haben.
b) Gib Vierecke an, bei denen die gegenüberliegenden Seiten gleich lang sind.
c) Gibt es auch Vierecke mit genau drei gleich langen Seiten?

5 Vierecke mit gleich langen Seiten
a) Zeichne ein Viereck aus vier gleich langen Seiten. Welche Vierecke können entstehen?
b) Zeichne ein Viereck, dessen Diagonalen gleich lang und orthogonal zueinander sind. Welche Vierecke können entstehen?

Prüfe dich!
Lösungen auf
Seite 248

6 ≡

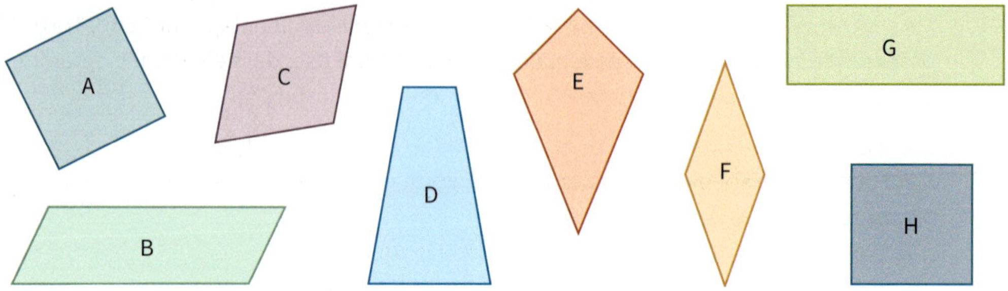

a) Gib zu den Vierecken die Namen an.
b) Gib alle Vierecke an, die rechte Winkel haben.
c) Gib alle Vierecke an, die vier gleich lange Seiten haben.
d) Gib alle Vierecke an, die kein Paar paralleler Seiten haben.

7 ≡ a) Zeichne eine Raute mit der Seitenlänge 3 cm.
b) Zeichne ein Rechteck mit den Seitenlängen 5 cm und 7 cm.
c) Zeichne ein Parallelogramm mit den Seitenlängen 5 cm und 3 cm.

8 ≡ **Versteckte Vierecke**
Die Vierecke haben sich hinter einer Mauer versteckt. Ein Teil ist noch sichtbar. Welche besonderen Vierecke können es sein? Begründe mit den Eigenschaften des Vierecks.

a) b) c) d) e) f)

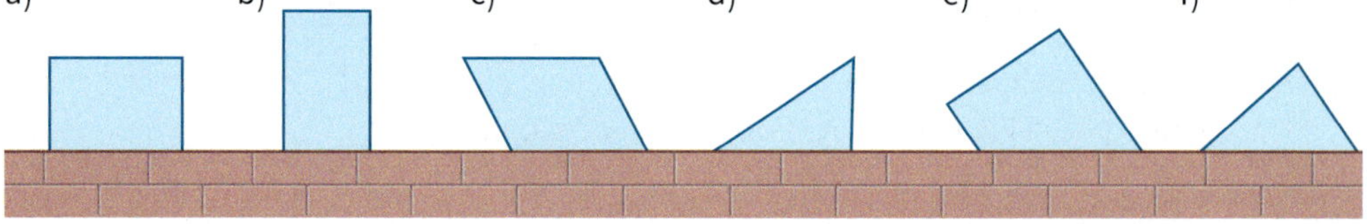

9 ≡ **Wer bin ich?**

„Vier gleich lange Seiten und gleich lange Diagonalen."

„Eine Diagonale ist Symmetrieachse, die andere nicht."

„Gegenüberliegende Seiten parallel und Diagonalen verschieden lang."

10 ≡ **Vierecke im Koordinatensystem**
Zeichne ein Koordinatensystem in dein Heft (1 Längeneinheit entspricht 1 cm) und trage die Punkte A(1|3), B(1|1), C(4|1), D(4|3), E(6|1), F(6|4) und G(4|6) ein.
a) Zeichne die Vierecke ABCD und DEFG. Welche besonderen Vierecke sind entstanden?
b) Welches besondere Viereck entsteht, wenn du die Punkte A, B, E und F verbindest?
c) Ergänze einen Punkt Q so, dass ADGQ ein Quadrat ist.

11 ≡ **Fehlender Punkt**
Bestimme die fehlenden Koordinaten. Die Eckpunkte sind gegen den Uhrzeigersinn benannt.

a) Quadrat	A(1|2), B(9|0), D(3|10)	b) Rechteck	B(6|1), C(4|9), D(0|8)
c) Raute	A(4|6), B(8|3), C(12|6)	d) Parallelogramm	A(1|1), B(8|7), D(1|4)

Prüfe dich!
Lösungen auf
Seite 248

12 ≡ Zeichne das Viereck mit den angegebenen Koordinaten in ein Koordinatensystem. Gib an, um welches besondere Viereck es sich handelt.
a) A(2|1), B(6|1), C(8|4), D(0|4)
b) A(8|13), B(11|13), C(11|16), D(8|16)
c) A(11|10), B(13|10), C(16|16), D(14|16)
d) A(3|5), B(8|5), C(8|8), D(3|8)

13 ≡ **Parallelogramm im Koordinatensystem**

Zeichne ein Koordinatensystem in dein Heft (1 Längeneinheit entspricht 1 cm). Trage die Punkte (3|3), (2|4) und (5|5) ein. Ergänze einen Punkt so, dass ein Parallelogramm entsteht und gib seine Koordinaten an. Finde mehrere Lösungen.

14 ≡ **Vierecke und Diagonalen**

Zeichne das Viereck auf Zeichenpapier. Bei welchen Teilaufgaben kannst du verschiedene Vierecke zeichnen?

a) Ein Rechteck, dessen Diagonalen 8 cm lang sind.
b) Eine Raute, deren Diagonalen 4 cm und 6 cm lang sind.
c) Ein symmetrisches Trapez, dessen Diagonalen 5 cm lang sind.
d) Ein Parallelogramm, bei dem eine Seite doppelt so lang ist wie eine andere.

15 ≡ **Wahr oder falsch?**

a) Jede Raute hat zwei Symmetrieachsen.
b) Jedes Rechteck hat genau eine Symmetrieachse.
c) In jedem symmetrischen Trapez ist jede Diagonale eine Symmetrieachse.

16 ≡ **Diagonalen in besonderen Vierecken**

a) Zeichne in die besonderen Vierecke (Quadrat, Rechteck …) die Diagonalen ein.
b) In welchen Vierecken sind die Diagonalen orthogonal zueinander?
c) Gibt es Vierecke, in denen die Diagonalen gleich lang sind?
d) Untersuche, ob die Diagonalen Symmetrieachsen sind. Welches Viereck hat die meisten Symmetrieachsen?

17 ≡ **Vierecke aus Stäben bauen**

Welches Viereck kann aus den Stäben gebaut werden?

a) 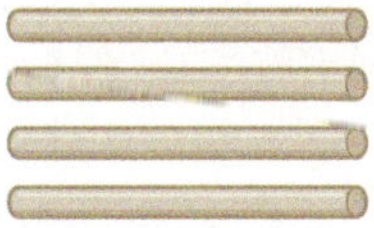
b) 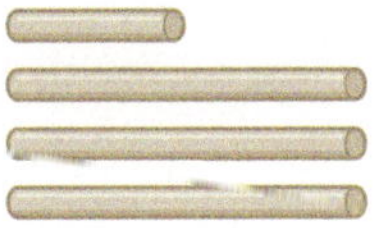
c) 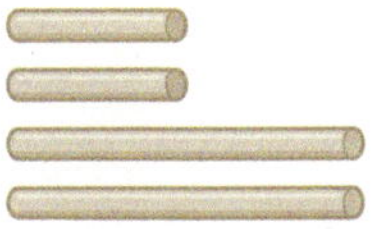
d) 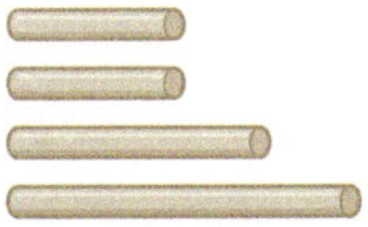

18 ≡ **Vierecke mit gleichem Umfang**

Zeichne Vierecke mit einem Umfang von 12 cm. In welchen Fällen gibt es mehrere Möglichkeiten?

a) Rechteck b) Quadrat c) Raute d) Parallelogramm

19 ≡ **Aufgeklappte Figuren**

Welche Figur siehst du, wenn du an den Faltlinien aufklappst? Überlege zuerst im Kopf und schreibe deine Vermutung auf. Überprüfe dann durch Falten.

WES-109651-031

20 ≡ **Gelenkviereck**

Baue ein Gelenkviereck. In welche anderen Figuren kannst du es verformen?

Bastelanleitung für Gelenkvierecke:

- 1 cm schmale Pappstreifen schneiden und an beiden Enden lochen.
- Die Pappstreifen mit Paketklammern verbinden.

WES-109651-032

Haus der Vierecke

Vierecke lassen sich im Haus der Vierecke mithilfe ihrer Eigenschaften übersichtlich darstellen. Die Vierecke in einem oberen Stockwerk besitzen auch die Eigenschaften der Vierecke in den darunterliegenden Stockwerken. Zudem haben sie noch zusätzliche Eigenschaften:
„Rauten, Rechtecke und Quadrate sind besondere Parallelogramme."
„Ein Quadrat ist ein besonderes Rechteck. Es ist ein Rechteck mit gleich langen Seiten."
Die Pfeile geben die Beziehungen wieder und lassen sich als Wenn-dann-Aussagen lesen.
„Wenn ein Viereck eine Raute ist, dann ist das Viereck auch ein Parallelogramm."
Aber: Nicht jedes Parallelogramm ist eine Raute.

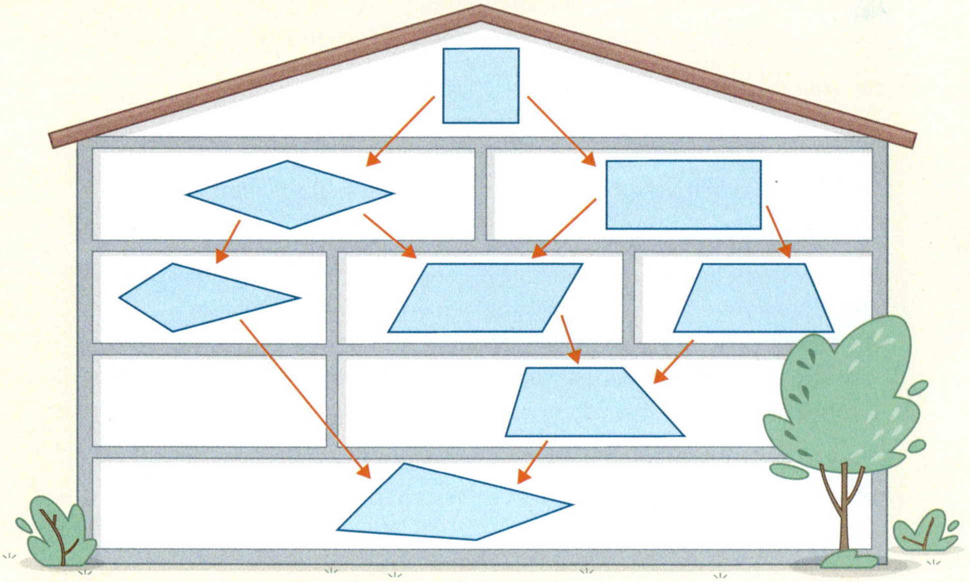

1 Eigenschaften im Haus der Vierecke

a) Zeichne das Haus der Vierecke ab. Gib zu jedem Viereck die Symmetrieeigenschaften an. Welche Vierecke sind punktsymmetrisch? Welche sind achsensymmetrisch? Welche sind sowohl punkt- als auch achsensymmetrisch?

b) Gib die Anzahl der parallelen Seitenpaare an. Welche Vierecke haben gleich lange Seiten?

2 Wenn-dann-Beziehungen

a) Stelle mithilfe der Pfeile Wenn-dann-Aussagen auf.

b) Sind die folgenden Wenn-dann-Aussagen wahr oder falsch?

(1) *„Wenn ein Viereck ein Rechteck ist, dann ist es auch ein allgemeines Trapez."*

(2) *„Wenn ein Viereck ein Parallelogramm ist, dann ist es auch ein symmetrisches Trapez."*

3 Kreuzungsflächen durch Folien

Nutze Folien mit zwei unterschiedlichen Farben.
Schneide zwei 4 cm breite Streifen aus.

a) Lege die Streifen so übereinander, dass im Kreuzungsbereich ein Quadrat entsteht. Beschreibe wie du die Streifen legen musst. Welche Vierecke können im Kreuzungsbereich entstehen?

b) Experimentiere mit unterschiedlich breiten Streifen. Welche Vierecke können nun im Kreuzungsbereich entstehen?

3.8 Besondere Dreiecke

Welche Dreiecke entstehen, wenn du ein Viereck längs einer Diagonalen durchschneidest?

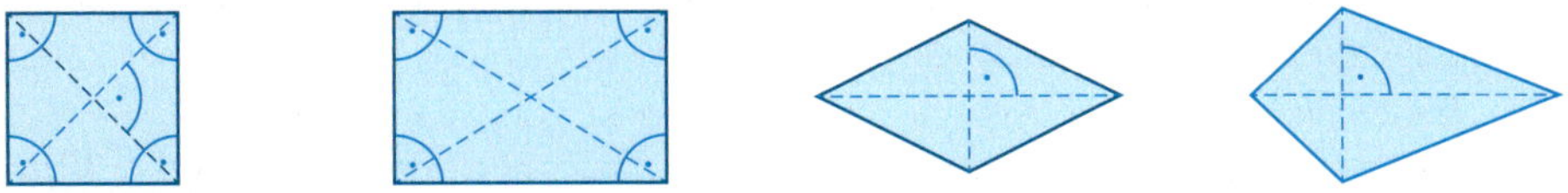

Lösung

Rechtwinklige Dreiecke Gleichschenklige Dreiecke Allgemeines Dreieck

Allgemeines Dreieck

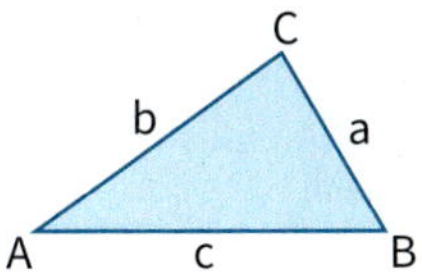

Alle Seiten unterschiedlich lang, kein rechter Winkel.

Rechtwinkliges Dreieck

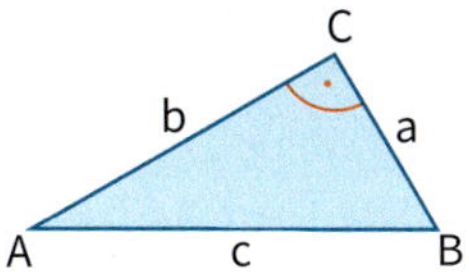

Zwei Seiten sind orthogonal zueinander.

Gleichschenkliges Dreieck

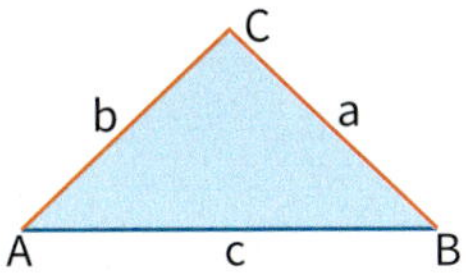

Zwei gleich lange Seiten. Diese nennt man auch Schenkel.

Gleichseitiges Dreieck

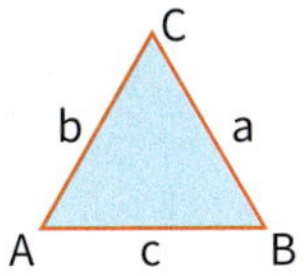

Alle drei Seiten sind gleich lang.

WES-109651-033

1 **Besondere Dreiecke untersuchen**

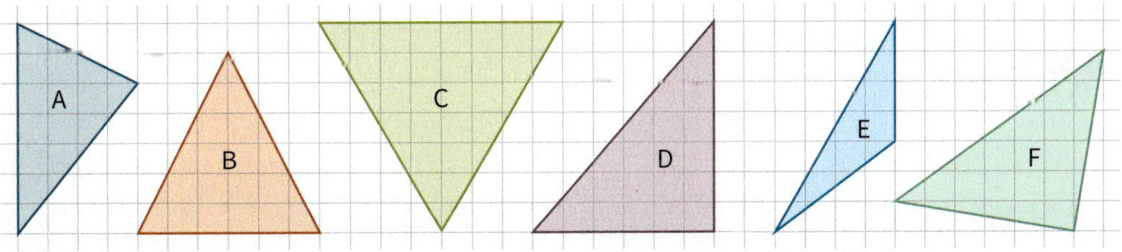

Übertrage die Tabelle in dein Heft und ergänze die Bezeichnungen und Eigenschaften.

Dreieck	Bezeichnung	Eigenschaften
A	(allgemeines) Dreieck	Keine besonderen Eigenschaften

2 **Symmetrische Dreiecke**

Zeichne die besonderen Dreiecke in dein Heft. Zeichne dann die Symmetrieachsen ein. Welches besondere Dreieck hat die meisten Symmetrieachsen?

3 Zeichne das Dreieck. Bestimme den Dreieckstyp und zeichne die Symmetrieachsen ein.

a) A(1|1), B(4|1), C(4|3) b) A(2|0), B(8|0), C(5|5) c) A(1|3), B(3|1), C(6|6)

Prüfe dich!
Lösungen auf Seite 249

4 **Rechtwinkliges Dreieck zeichnen**

Zeichne ein rechtwinkliges Dreieck, in dem die Seiten $a = 6\,\text{cm}$ und $b = 8\,\text{cm}$ orthogonal zueinander sind. Miss die Länge der dritten Seite.

Mein Merkzettel

Seite 66
Seite 67

Orthogonale Gerade zeichnen – prüfen

Die Mittellinie auf eine der beiden Geraden legen.

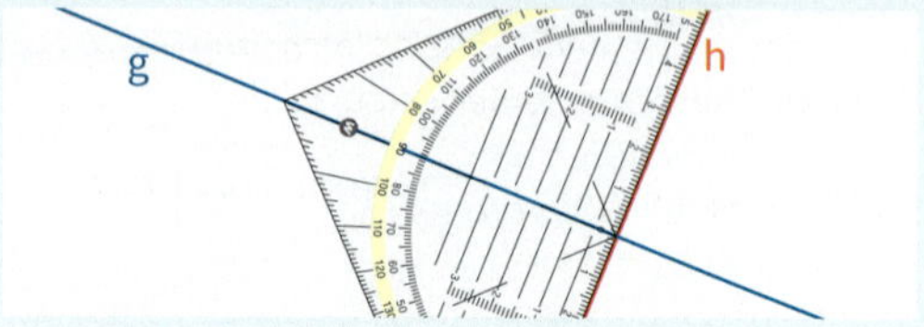

Parallele Gerade zeichnen – prüfen

Eine Parallele des Geodreiecks auf g oder h legen.

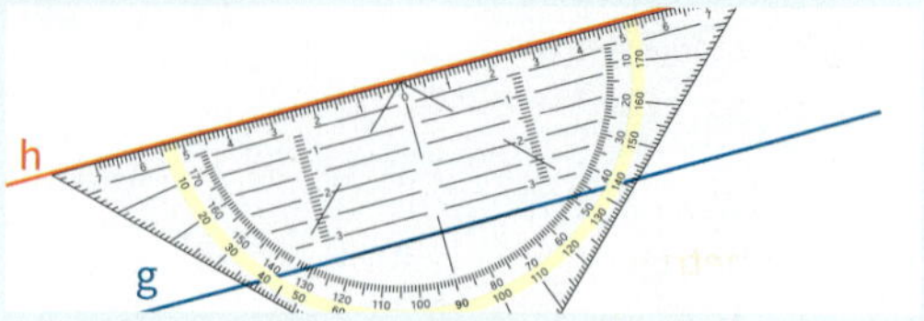

Seite 69

Abstand zwischen Punkten messen

Die Null an den Punkt A legen und die Länge der Strecke $\overline{AB}$ messen.

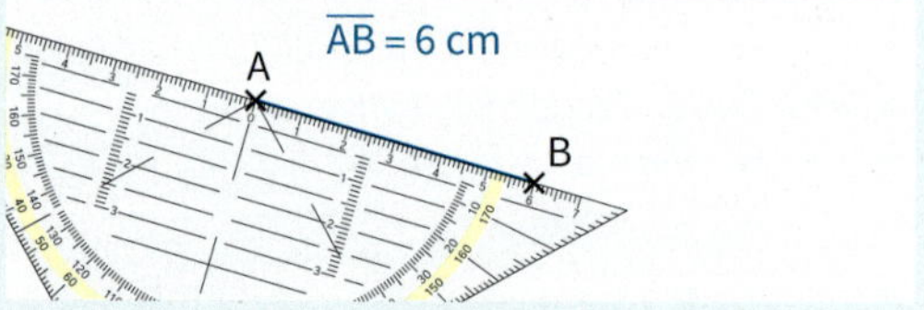

Abstand vom Punkt P zur Geraden g messen

Die Mittellinie mit der Null auf die Gerade legen und die Länge der Strecke zu P messen.

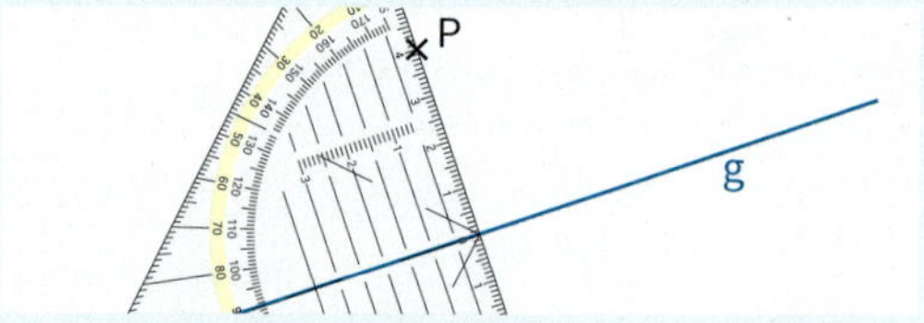

Seite 70

Abstand der Parallelen g und h messen

Die Mittellinie auf g legen und die Länge der Strecke von der Null bis zur Geraden h messen.

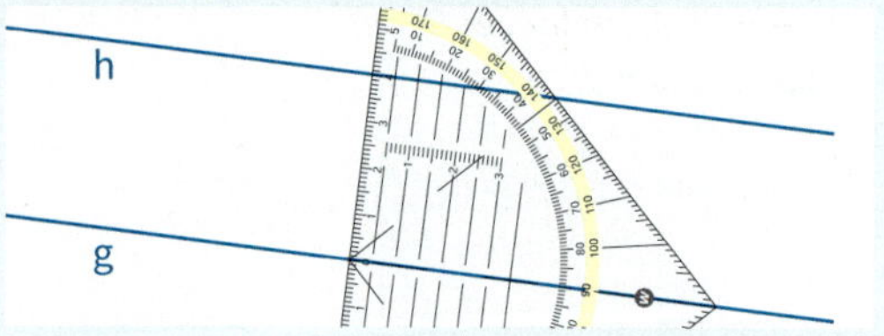

Parallele zu g im Abstand von 4 cm zeichnen

Die Orthogonale h zeichnen, bei 4 cm den Punkt P markieren. Die Orthogonale durch P zeichnen.

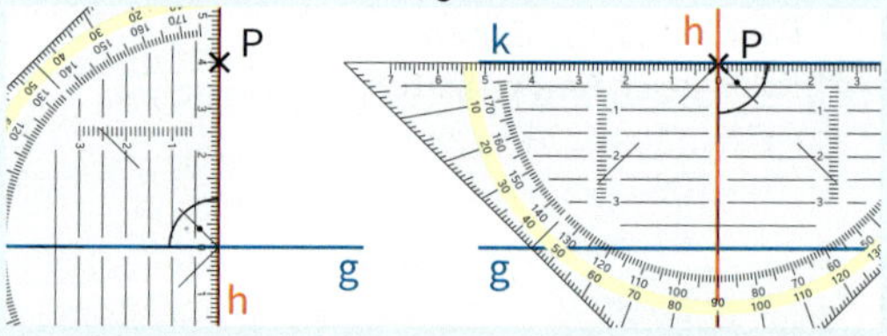

Seite 74

Punkte im Koordinatensystem

Erst x-Koordinate, dann y-Koordinate

x-Koordinate: Gehe 5 Einheiten nach rechts

y-Koordinate: Gehe 2 Einheiten nach oben

Punkt P mit P (5 | 2)

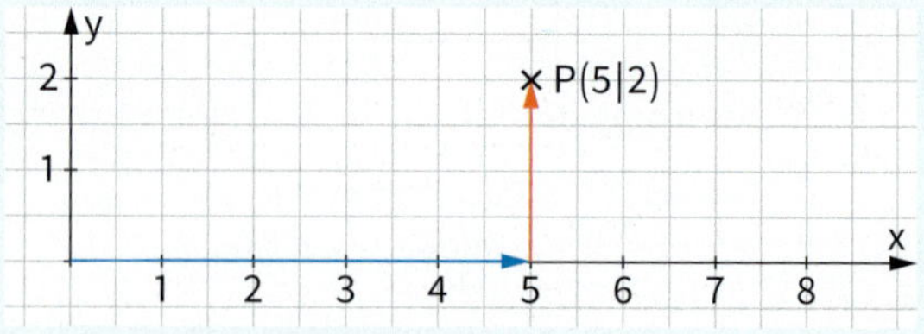

Seite 76
Seite 78

Auf Achsensymmetrie prüfen

Achse einzeichnen. Punkte und Spiegelpunkte auf gleichen Abstand zur Achse prüfen.

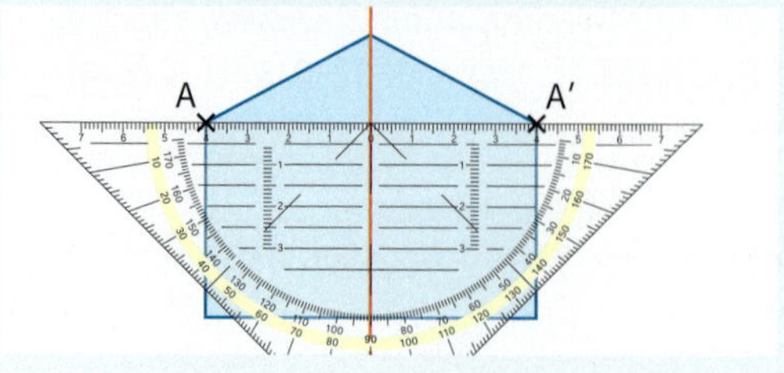

Auf Punktsymmetrie prüfen

Z einzeichnen. Punkte und Spiegelpunkte auf gleichen Abstand zu Z prüfen.

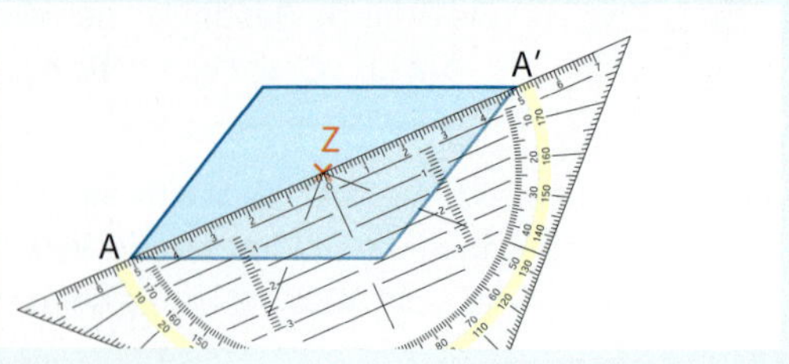

Besondere Vierecke – Eigenschaften

Seite 80

Quadrat

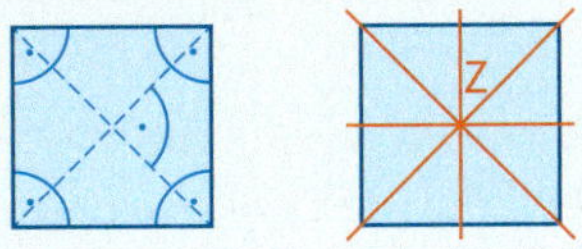

- 4 rechte Winkel
- 4 gleich lange Seiten
- gegenüberliegende Seiten parallel
- Diagonalen gleich lang und orthogonal
- Diagonalen halbieren sich
- 4 Symmetrieachsen
- Symmetriezentrum

Rechteck

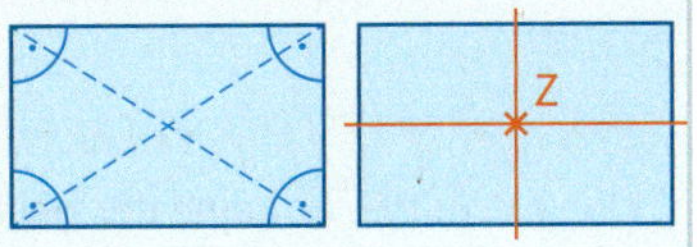

- 4 rechte Winkel
- gegenüberliegende Seiten gleich lang
- gegenüberliegende Seiten parallel
- Diagonalen gleich lang
- Diagonalen halbieren sich
- 2 Symmetrieachsen
- Symmetriezentrum

Parallelogramm

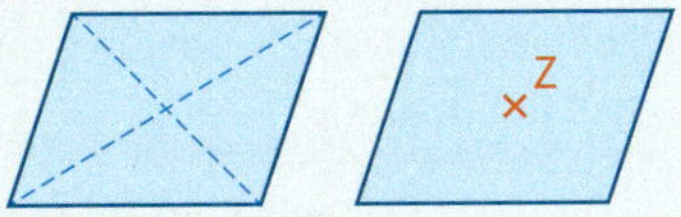

- gegenüberliegende Seiten gleich lang
- gegenüberliegende Seiten parallel
- Diagonalen halbieren sich
- keine Symmetrieachse
- Symmetriezentrum

Raute

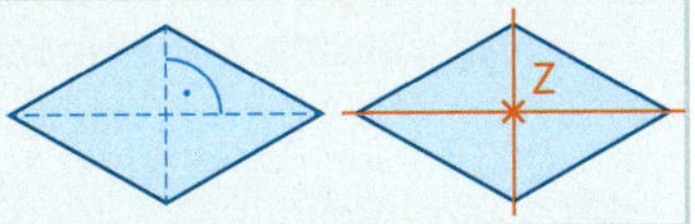

- 4 gleich lange Seiten
- gegenüberliegende Seiten parallel
- Diagonalen orthogonal zueinander
- Diagonalen halbieren sich
- 2 Symmetrieachsen
- Symmetriezentrum

Symmetrisches Trapez

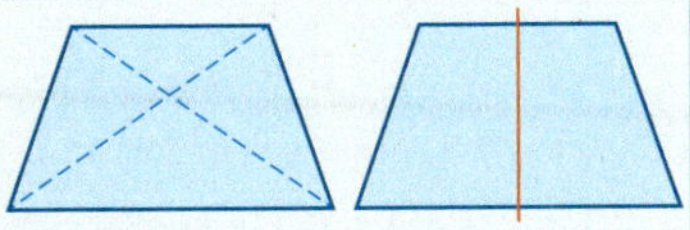

- 1 Paar paralleler Seiten
- 1 Paar gleich langer Seiten, die sich gegenüberliegen
- Diagonalen gleich lang
- 1 Symmetrieachse

Drachen

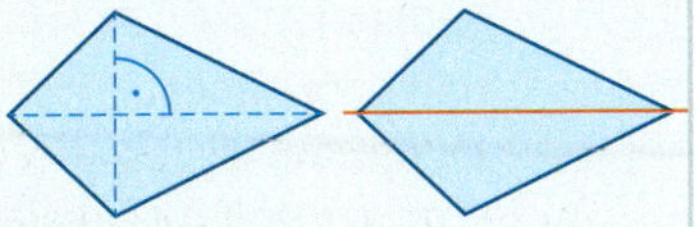

- 2 Paare gleich langer Seiten, die aneinanderstoßen
- Diagonalen orthogonal zueinander
- 1 Diagonale wird halbiert
- 1 Symmetrieachse

Allgemeines Trapez

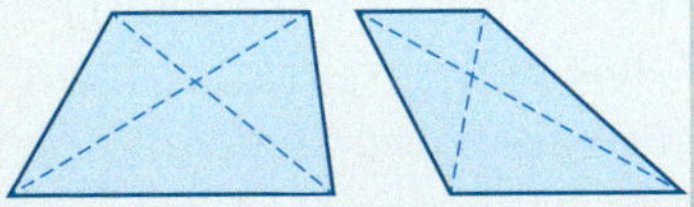

- 1 Paar paralleler Seiten
- keine weiteren besonderen Eigenschaften

Vierecke mit …
4 rechten Winkeln: Quadrat, Rechteck
4 gleich langen Seiten: Quadrat, Raute
mindestens 1 Paar paralleler Seiten:
Quadrat, Rechteck, Parallelogramm, Raute, Trapez (symmetrische und allgemeine)

Ein besonderes Viereck mit zusätzlichen Eigenschaften kann manchmal „aufsteigen".
- Eine Raute mit 4 rechten Winkeln ist ein Quadrat.
- Ein Parallelogramm mit 4 gleich langen Seiten ist eine Raute.

Ein besonderes Viereck hat auch alle Eigenschaften eines anderen Vierecks (Sonderfall).
- Ein Quadrat ist auch ein Rechteck, ein Parallelogramm, eine Raute, ein Trapez und ein Drachen.
- Eine Raute ist auch ein Parallelogramm, ein allgemeines Trapez und ein Drachen.

Seite 85

Allgemeines Dreieck

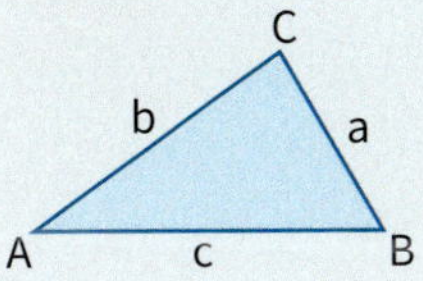

Rechtwinkliges Dreieck

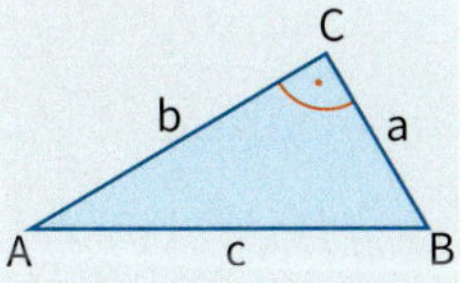

Gleichschenkliges Dreieck

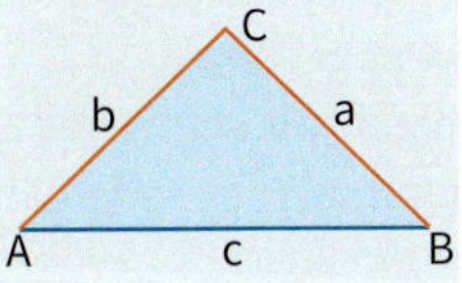

Gleichseitiges Dreieck

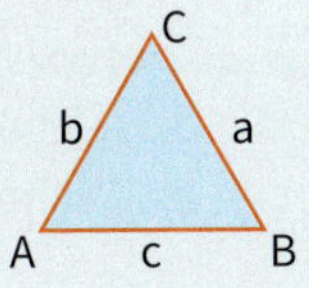

Lösungen auf Seite 249

Wiederholen für die Klassenarbeit

1 Orthogonale und parallele Geraden

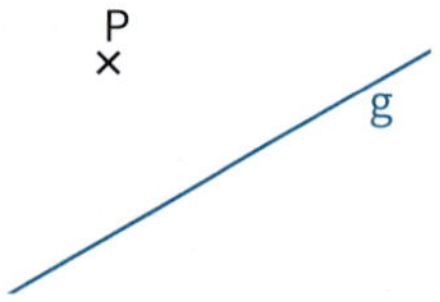

Zeichne eine Gerade g, die nicht parallel zu den Gitterlinien in deinem Heft verläuft, und einen Punkt P, der nicht auf g liegt.

a) Konstruiere mithilfe des Geodreiecks eine Gerade h, die orthogonal zu g verläuft und durch den Punkt P geht.

b) Konstruiere mithilfe des Geodreiecks eine Gerade k, die parallel zu g verläuft und durch den Punkt P geht.

2 Parallele Geraden konstruieren

a) Zeichne zwei parallele Geraden, die den Abstand 2 cm haben.

b) Zeichne eine Gerade g. Zeichne eine Gerade, die parallel zu g ist und von g einen Abstand von 5 cm hat. Begründe, dass es mehrere Möglichkeiten gibt.

3 Schnittpunkte

Zeichne die Punkte A(1|1), B(6|1), C(8|1) und D(4|4) in ein Koordinatensystem. Bestimme die Schnittpunkte der Geraden.

a) AC und BD
b) AB und CD
c) AD und BC
d) AB und BC

4 Fehler in Dreiecken

Janis und Alina haben ein Dreieck mit den Punkten A(2|1), B(3|3) und C(1|4) in ihr Heft gezeichnet und wundern sich.

a) Zeichne das Dreieck.

b) Beschreibe die Fehler, die Janis und Alina gemacht haben.

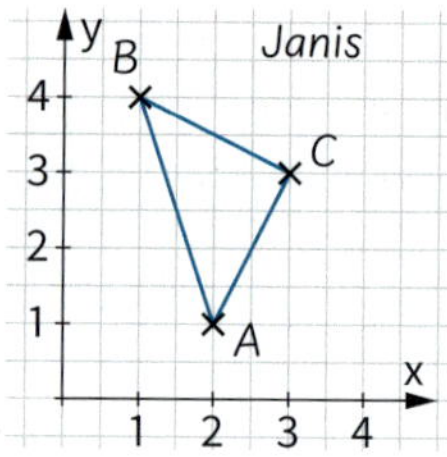

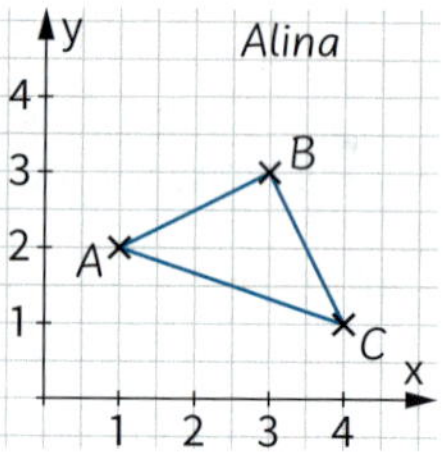

5 Punkte im Koordinatensystem einzeichnen

Ein Viereck ABCD hat die Eckpunkte A(2|1), B(4|5), C(2|7) und D(0|5).

a) Zeichne das Viereck ABCD in ein Koordinatensystem. Gib an, welches Viereck entsteht.

b) Erhöhe die x-Koordinaten der Punkte um 2 Einheiten und zeichne das Viereck. Beschreibe, wie sich die Lage des Vierecks im Koordinatensystem verändert.

c) Das Viereck ABCD soll um 3 Einheiten nach oben geschoben werden. Gib die Koordinaten des verschobenen Vierecks an.

d) Beschreibe, wie sich die Lage des Vierecks ABCD ändert, wenn die x-Koordinaten und y-Koordinaten vertauscht werden.

6 Symmetrie prüfen

Untersuche die Figuren auf Symmetrie.

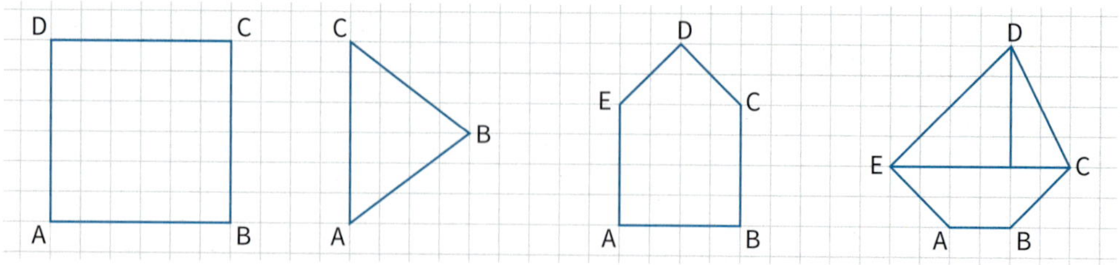

7 Rechteck und Quadrat zeichnen

a) Zeichne ein Rechteck mit den Seitenlängen 3 cm und 6 cm.

b) Zeichne ein Quadrat mit der Seitenlänge 5 cm.

Lösungen auf Seite 250

8 ≡ **Vierecke zeichnen**

a) Zeichne eine Raute mit 3 cm und 5 cm langen Diagonalen.
b) Zeichne ein symmetrisches Trapez so, dass die parallelen Seiten 3 cm und 7 cm lang sind.
c) Zeichne ein Parallelogramm mit den Seitenlängen 3 cm und 7 cm.
d) Zeichne einen Drachen mit den Diagonalenlängen 6 cm und 10 cm und einer Seitenlänge von 5 cm.

9 ≡ **Vierecke im Koordinatensystem**

Zeichne das Viereck in ein Koordinatensystem. Gib an, welches besondere Viereck vorliegt. Zeichne, wenn möglich, die Symmetrieachsen und das Symmetriezentrum ein.

a) A(2|1), B(4|3), C(2|5), D(0|3)
b) A(3|1), B(7|1), C(9|3), D(5|3)
c) A(5|3), B(8|4), C(8|6), D(5|7)
d) A(1|6), B(3|5), C(4|6), D(3|7)

10 ≡ **Vierecke unterscheiden**

Gib mögliche Unterschiede der Vierecke an.

a) Quadrat und Rechteck
b) Parallelogramm und Raute
c) Rechteck und Parallelogramm
d) Drachen und Raute

11 ≡ **Wahr oder falsch?**

Welche der Aussagen sind wahr? Gib für die falschen Aussagen ein Gegenbeispiel an.

a) Wenn ein Viereck ein Quadrat ist, dann ist es auch ein Rechteck.
b) Wenn ein Viereck eine Raute ist, dann ist es auch ein Quadrat.
c) Wenn ein Viereck ein symmetrisches Trapez ist, dann ist es auch ein Rechteck.
d) Wenn ein Viereck ein Parallelogramm ist, dann ist es auch ein Trapez.

12 ≡ **Diagonalen im Viereck**

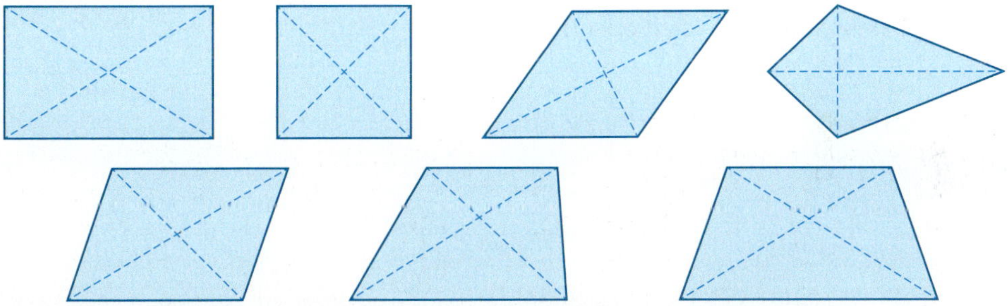

a) Untersuche, in welchen Vierecken die Diagonalen Symmetrieachsen sind.
b) Gib an, in welchen Vierecken die Diagonalen orthogonal zueinander sind.

13 ≡ **Dreiecke**

a) Zeichne ein rechtwinkliges Dreieck mit den orthogonalen Seiten $a = 3\,cm$ und $b = 4\,cm$. Bestimme die Länge der dritten Seite. Bestimme den Umfang des Dreiecks.
b) Zeichne das Dreieck ABC mit A(0|1), B(3|2) und C(0|3). Gib an, welches besondere Dreieck entsteht.

14 ≡ **Dreieck verändern – Was passiert, wenn …**

Dargestellt ist ein Dreieck ABC. Der Punkt M ist der Mittelpunkt der Strecke $\overline{AB}$.
Der Eckpunkt C bewegt sich auf der Senkrechten zur Strecke $\overline{AB}$ durch M.
Erkläre, welche besonderen Dreiecke dabei entstehen. Erstelle jeweils eine Skizze.

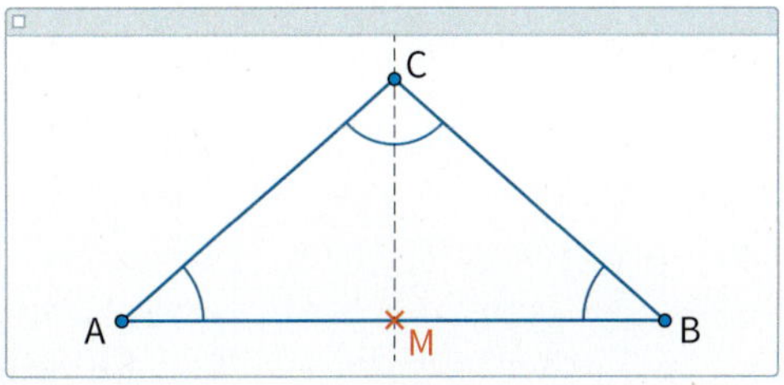

20 EURO

4 Rechnen mit natürlichen Zahlen

0, 1, 2, 3 … sind die natürlichen Zahlen.

Mit diesen Zahlen zählen wir.

Natürlich kann man mit diesen Zahlen auch rechnen!

Reicht dein Taschengeld für deinen Einkauf? Stimmt das Wechselgeld?

Im Alltag wird überall gerechnet.

In diesem Kapitel

- **Wie wird schriftlich mit großen Zahlen gerechnet?**
- **Welche Regeln und Gesetze gelten beim Rechnen?**
- **Wie berechnet man geschickt $1 + 2 + 3 + \ldots + 98 + 99 + 100$?**

4.1 Addieren und Subtrahieren

Vorbereiten
Seite 233

An der Skaternacht nahmen 95 Schülerinnen und 156 Schüler teil. Zusätzlich waren 27 Erwachsene beteiligt.

- Wie viele Personen nahmen insgesamt an der Skaternacht teil?
- Im letzten Jahr waren es 86 Personen weniger. Wie viele Personen nahmen im letzten Jahr teil?

WES-109651-034

Fachbegriffe beim Addieren und Subtrahieren

Addieren

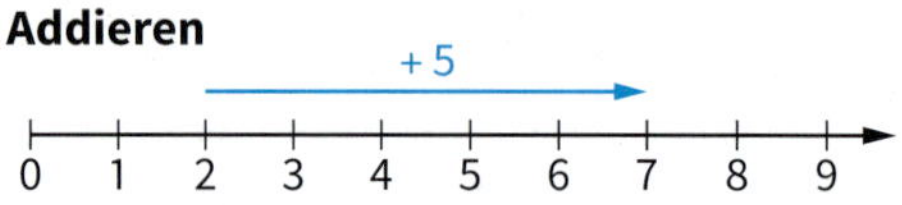

2 + 5
Summand + **Summand**

Summe
Die Summe der Zahlen 2 und 5 ist 7.

Subtrahieren

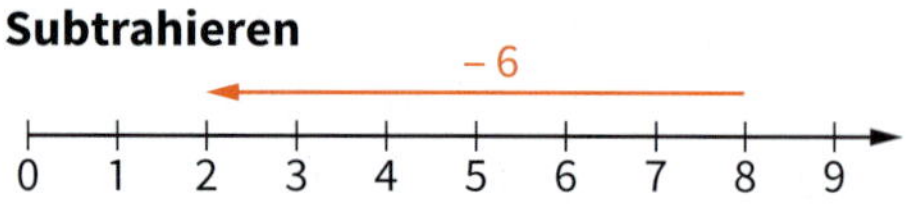

8 − 6
Minuend − **Subtrahend**

Differenz
Die Differenz der Zahlen 8 und 6 ist 2.

Summen und Differenzen als Rechenausdruck schreiben und berechnen

Berechne die Summe der Zahlen 23 und 15.
Lösung: 23 + 15 = 48

Berechne die Differenz der Zahlen 53 und 17.
Lösung: 53 − 17 = 36

Summen und Differenzen in Worten

Schreibe in Worten und berechne.

19 + 12
Lösung
Die Summe der Zahlen 19 und 12 ist 31.

51 − 17
Lösung
Die Differenz der Zahlen 51 und 17 ist 34.

1 Kopfrechnen

Berechne die Summen und Differenzen im Kopf. Notiere die Ergebnisse.

a) 42 + 37 b) 69 + 11 c) 42 + 58 d) 41 + 35 e) 38 − 26 f) 97 − 62
g) 150 − 70 h) 80 − 66 i) 67 + 55 j) 55 − 48 k) 101 − 25 l) 92 + 400

2 Fachbegriffe nutzen

Benenne zuerst den Teil, der in dem Rechenausdruck fehlt. Rechne ihn danach aus.

a) 84 + ☐ = 100 b) ☐ − 15 = 86 c) 333 + 65 = ☐ d) 345 − ☐ = 299
e) ☐ + 87 = 214 f) 177 − ☐ = 34 g) ☐ − 24 = 213 h) 317 − 88 = ☐

3 Vom Text zum Rechenausdruck

Schreibe den Rechenausdruck auf und berechne.

a) Differenz der Zahlen 705 und 46.
b) Summe der Zahlen 21 und 76.
c) Subtrahiere 98 von 147.
d) Addiere die Zahlen 306 und 99.
e) Summe mit den Summanden 7 und 87.
f) Bilde die Differenz von 101 und 89.
g) Berechne die Differenz mit dem Minuenden 57 und dem Subtrahenden 28.

4 ≡ Vom Rechenausdruck zum Text

Schreibe den Rechenausdruck in Worten und berechne. Nutze dabei die Fachbegriffe. Findest du verschiedene Möglichkeiten?

a) 17 + 89 b) 65 − 31 c) 12 + 27 d) 67 − 55 e) 43 + 29 f) 96 − 28

5 ≡ Fachbegriffe anwenden

Schreibe als Rechenausdruck und in Worten mit den Fachbegriffen.

a) Vergrößere 46 um 18.
b) Verkleinere 73 um 11.
c) Zu 63 kommen 28 hinzu.
d) 91 wird um 14 verringert.

6 ≡ Große Zahlen addieren

Paula und Leon haben große Zahlen im Kopf in zwei Schritten addiert.

a) Beschreibe, wie sie gerechnet haben. Wie rechnest du im Kopf? Notiere deinen Rechenweg als „Pfeilschema“.

b) 680 + 590 c) 470 + 850 d) 747 + 99
e) 432 + 97 f) 617 + 408 g) 307 + 884

7 ≡ Große Zahlen subtrahieren

a) Beschreibe und vergleiche die Rechenwege. Rechnest du anders? Notiere deinen Rechenweg als „Pfeilschema“.

b) 509 − 86 c) 4300 − 1610 d) 1600 − 95
e) 620 − 430 f) 1400 − 840 g) 638 − 99

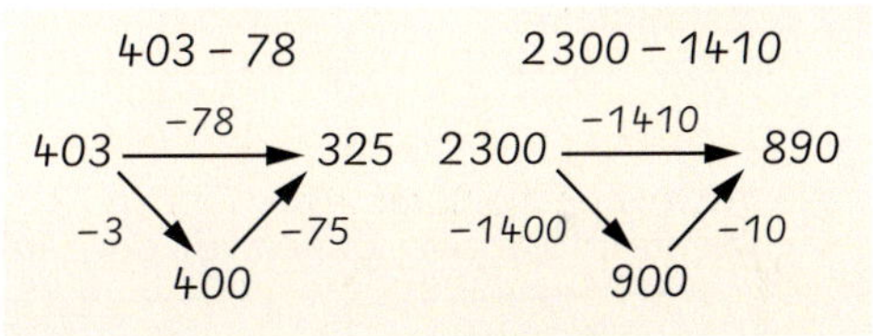

8 ≡ Tausender-Schafe

Immer zwei Schafe gehören zusammen. Schreibe alle möglichen Summen für 1000 auf.

Prüfe dich!
Lösungen auf Seite 252

9 ≡ Rechne im Kopf und notiere das Ergebnis.

a) 67 + 23 b) 71 − 39 c) 260 + 3400 d) 412 − 99 e) 99 + 98 f) 101 − 89

10 ≡ Schreibe den Rechenausdruck auf und berechne.

a) Die Summe aus 68 und 65.
b) Die Differenz der Zahlen 54 und 29.
c) Addiere 37 und 116.
d) Subtrahiere 18 von 51.

11 ≡ Nutze die Fachbegriffe und schreibe den Rechenausdruck in Worten. Berechne dann.

a) 71 − 25 b) 36 + 19 c) 17 + 33 d) 91 − 21 e) 75 + 12 f) 80 − 23

12 ≡ **Umfrage**
Im 5. Jahrgang der Gauss-Schule wurde die Umfrage „Mein Lieblingssong" durchgeführt. Teilgenommen haben 18 Personen aus der 5 a; 29 Personen aus der 5 b; 15 Personen aus der 5 c; 27 Personen aus der 5 d. Wie viele Schülerinnen und Schüler haben sich beteiligt?

13 ≡ **Handballspiel**
Der Endstand bei einem Handballspiel ist 34 : 28.
a) Wie viele Tore sind gefallen?
b) Wie groß ist die Tordifferenz?

14 ≡ **Lesewoche**
Emma muss in einer Woche ein Buch mit 268 Seiten lesen. Sie schafft: Montag 43 Seiten, Dienstag 25, Mittwoch 39, Donnerstag 16, Freitag 51 und Samstag 37.
Berechne die Anzahl der Seiten, die sie am Sonntag noch lesen muss.

15 ≡ **Minuenden, Subtrahenden und Summanden**
Notiere zu jeder Frage mindestens zwei passende Beispiele und beantworte sie dann.
a) Wie verändert sich eine Summe, wenn man einen Summanden um 17 erhöht?
b) Wie verändert sich eine Differenz, wenn man den Minuenden um 7 erhöht?
c) Wie verändert sich eine Differenz, wenn man den Subtrahenden um 10 erhöht?
d) Wie verändert sich eine Summe, wenn man einen Summanden um 3 erhöht und den anderen um 3 verkleinert?
e) Wie verändert sich eine Differenz, wenn man den Minuenden um 3 erhöht und den Subtrahenden um 3 verkleinert?

16 ≡ **Zahlenleine**

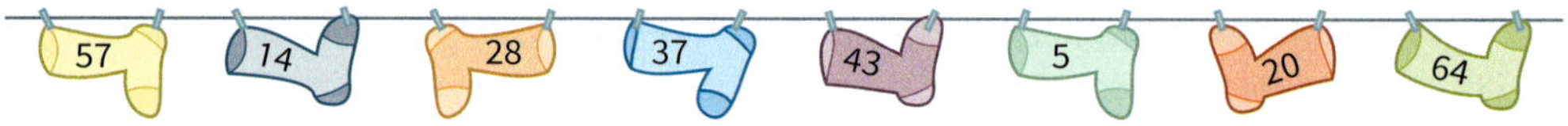

Wähle immer zwei Zahlen von der Zahlenleine. Welche kannst du wählen, damit …

- … die Summe möglichst groß wird?
- … die Differenz möglichst klein wird?
- … die letzte Ziffer der Summe eine 5 ist?
- … die Differenz zwischen 10 und 20 liegt?
- … die Summe dreistellig wird?
- … die letzte Ziffer der Differenz eine 0 ist?
- … das Ergebnis zwischen 20 und 30 liegt?
- … die Differenz der Zahlen genauso groß ist wie der Subtrahend?

Prüfe dich!
Lösungen auf Seite 252

17 ≡ a) Noah hat von 75 Sammelbildern schon 58. Bestimme, wie viele ihm noch fehlen.
b) Simon schenkt Noah 17 Sammelbilder. Bestimme, wie viele Sammelbilder Noah jetzt hat.

18 ≡ a) Beschreibe, wie sich eine Summe verändert, wenn sich ein Summand um 27 erhöht.
b) Beschreibe, wie sich eine Differenz verändert, wenn sich der Minuend um 10 vergrößert.

19 ≡ **Spiel: Hundert gewinnt**
Eva nennt eine natürliche Zahl zwischen 1 und 10. Dann addiert Leon eine Zahl zwischen 1 und 10 zu Evas Zahl. Nun ist Eva wieder an der Reihe. Wer zuerst genau die Zahl 100 erreicht, hat gewonnen.
Überlegt anschließend, wie man die Zahlen wählen muss, um zu gewinnen.

WES-109651-035

Umkehraufgabe

Addieren und Subtrahieren sind entgegengesetzte Rechenarten. Das Addieren einer Zahl kann durch das Subtrahieren dieser Zahl rückgängig gemacht werden. Ebenso kann das Subtrahieren einer Zahl durch das Addieren dieser Zahl rückgängig gemacht werden.

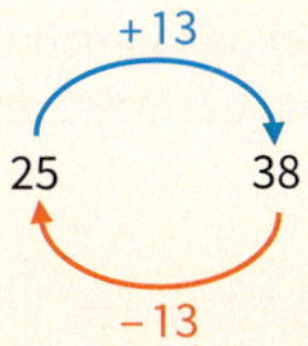

Zahlenrätsel

Bestimme die gesuchte Zahl mit der Umkehraufgabe.

Text:	Zu welcher Zahl muss man 16 addieren, um 41 zu erhalten?
Darstellung:	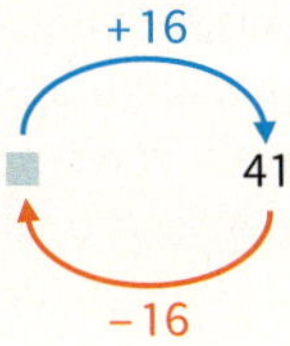
Aufgabe:	■ + 16 = 41
Umkehraufgabe:	■ = 41 − 16 = 25
Probe:	25 + 16 = 41
Antwort:	Die gesuchte Zahl ist 25.

Text:	Von welcher Zahl muss man 17 subtrahieren, um 36 zu erhalten?
Darstellung:	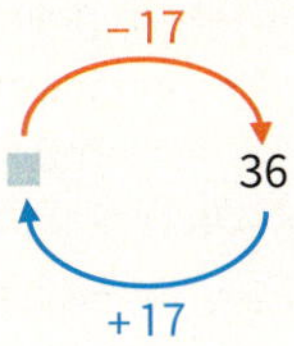
Aufgabe:	■ − 17 = 36
Umkehraufgabe:	■ = 36 + 17 = 53
Probe:	53 − 17 = 36
Antwort:	Die gesuchte Zahl ist 53.

20 Zahlenrätsel mit der Umkehraufgabe lösen

Bestimme die gesuchte Zahl mit der Umkehraufgabe.

a) Zu welcher Zahl muss man 76 addieren, um 97 zu erhalten?
b) Von welcher Zahl muss man 34 subtrahieren, um 51 zu erhalten?
c) Von welcher Zahl muss man 86 subtrahieren, um 120 zu erhalten?
d) Zu welcher Zahl muss man 85 addieren, um 143 zu erhalten?

21 Zahlen gesucht – mit der Umkehraufgabe lösen

Bestimme die fehlenden Zahlen. Wie hast du gerechnet? Schreibe deinen Rechenweg auf.

a) ■ + 37 = 63　b) ■ + 18 = 81　c) ■ − 49 = 14　d) ■ − 54 = 26
e) ■ − 123 = 256　f) ■ − 103 = 98　g) ■ + 138 = 159　h) ■ + 117 = 288

22 Zahlen gesucht – zweiter Summand oder Subtrahend fehlt

Bestimme die fehlende Zahl.

a) 15 + ■ = 58　b) 69 − ■ = 35
c) 26 + ■ = 101　d) 97 − ■ = 59
e) 125 + ■ = 210　f) 107 − ■ = 89
g) 159 + ■ = 220　h) 200 − ■ = 143

2. Summand fehlt
24 + ■ = 37
■ = 37 − 24 = 13

Subtrahend fehlt
48 − ■ = 19
19 + ■ = 48
■ = 48 − 19 = 29

23 Zahlenrätsel

Bestimme die gesuchte Zahl.

a) Welche Zahl muss man zu 33 addieren, um 79 zu erhalten?
b) Welche Zahl muss man von 37 subtrahieren, um 23 zu erhalten?
c) Welche Zahl muss man zu 86 addieren, um 189 zu erhalten?
d) Welche Zahl muss man von 117 subtrahieren, um 45 zu erhalten?

4.2 Schriftliches Addieren

Vorbereiten
Seite 233

Für ein Konzert wurden 22 000 Eintrittskarten gedruckt. Die meisten Karten wurden im Vorverkauf verkauft:
Am ersten Tag 4526 Karten, am zweiten Tag 3965 Karten, am dritten Tag 5278 Karten und am vierten Tag 6281 Karten. Die restlichen Karten kann man am Konzertabend kaufen.

- Wie viele Eintrittskarten wurden im Vorverkauf verkauft?

WES-109651-036

Schriftliches Addieren

	ZT	T	H	Z	E
		6	2	4	3
+				8	2
+	9	7	3	2	7
+			1	5	3
	1		2	1	
1	0	3	8	0	5

Addiere: 6243 + 82 + 97 327 + 153
Schreibe die Zahlen so untereinander, dass Einer unter Einer, Zehner unter Zehner … stehen.

Addiere stellenweise. Beginne mit den Einern.

Ist die Summe größer als 9, notiere den Übertrag in der nächsten Spalte.

Schriftliches Addieren Schritt für Schritt:

	ZT	T	H	Z	E
		6	2	4	3
+				8	2
+	9	7	3	2	7
+			1	5	3
				1	
					5

3 + 2 + 7 + 3 = 15
„5 schreib hin, 1 im Sinn"

	ZT	T	H	Z	E
		6	2	4	3
+				8	2
+	9	7	3	2	7
+			1	5	3
			2	1	
				0	5

4 + 8 + 2 + 5 + 1 = 20
„0 schreib hin, 2 im Sinn"

	ZT	T	H	Z	E
		6	2	4	3
+				8	2
+	9	7	3	2	7
+			1	5	3
			2	1	
			8	0	5

2 + 3 + 1 + 2 = 8
„8 schreib hin"

	ZT	T	H	Z	E
		6	2	4	3
+				8	2
+	9	7	3	2	7
+			1	5	3
	1		2	1	
		3	8	0	5

6 + 7 = 13
„3 schreib hin, 1 im Sinn"

	ZT	T	H	Z	E
		6	2	4	3
+				8	2
+	9	7	3	2	7
+			1	5	3
	1		2	1	
1	0	3	8	0	5

9 + 1 = 10
„10 schreib hin"

1 Schriftlich addieren

a) 256 + 467 + 494 b) 889 + 264 + 453 c) 6210 + 3427 + 4587 d) 2345 + 9234 + 678
e) 584 + 1302 + 1459 f) 12 795 + 3878 + 1371 g) 1357 + 29 + 568 h) 9 + 99 + 999 + 909

2 Museumsbesucher

Zu einer dreitägigen Sonderausstellung kamen am Freitag 1645 Besucherinnen und Besucher, am Samstag 2638 und am Sonntag 2497. Wie viele Personen kamen insgesamt?

3 Küchenkauf

In einem großen Küchengeschäft hat Frau Maschke an einem Tag drei Küchen verkauft. Eine Küche für 14 295 €, eine für 17 850 € und eine sogar für 34 795 €. Abends berichtet sie ihrem Chef von diesem tollen Tagesumsatz. Berechne den Tagesumsatz.

Prüfe dich!
Lösungen auf Seite 252

4 Berechne.

a) 367 + 285 + 609 b) 5069 + 2188 + 3661 c) 27 + 6784 + 383 + 12 637

5 Zu den letzten beiden Heimspielen des FC Holzbein kamen einmal 18 769 Personen und einmal 23 478 Personen. Bestimme, wie viele Personen insgesamt kamen.

Verschiedene Überschlagsrechnungen

Einstieg

Kira, Lina, Nils und Max sollen 1392 + 388 + 1317 schriftlich rechnen. Sie haben vor dem Rechnen überschlagen. Beschreibe und bewerte ihr Vorgehen.

Kira: Ich runde immer auf.	*1400 + 400 + 1400 = 3200*
Lina: Ich runde immer ab.	*1300 + 300 + 1300 = 2900*
Nils: Ich runde immer auf 1000er.	*1000 + 0 + 1000 = 2000*
Max: Ich runde manchmal auf und manchmal ab.	*1400 + 400 + 1300 = 3100*

Überschlag

Manchmal genügt es, ein Rechenergebnis nur abzuschätzen, manchmal soll das Ergebnis einer Rechnung schnell überprüft werden. In beiden Fällen ist ein Überschlag sinnvoll. Für einen Überschlag ändere die Zahlen der Aufgabe so ab, dass du im Kopf rechnen kannst.

Eine Summe abschätzen

124 + 367 + 95 + 812

Möglicher Überschlag:

100 + 400 + 100 + 800 = 1400

Das Ergebnis ist ungefähr 1400.

Eine Rechnung überprüfen

1457 + 698 + 34 780 + 18 241 = 135 728

Möglicher Überschlag:

1500 + 500 + 35 000 + 20 000 = 57 000

Das Ergebnis kann nicht stimmen.

WES-109651-037

6 **Ergebnisse abschätzen**

Überschlage zunächst das Ergebnis und berechne dann schriftlich.

a) 2513 + 713 + 488 b) 4803 + 912 + 1441 c) 123 521 + 397 + 12 053

7 **Ergebnisse überprüfen**

Welche Rechnungen können richtig sein? Entscheide mithilfe eines Überschlags.

a) 3427 + 689 + 2691 = 6047 b) 529 + 648 + 15 431 = 16 608 c) 982 + 461 + 5437 = 7280

Prüfe dich! Lösungen auf Seite 252

8 Mache zunächst einen Überschlag und berechne dann.

a) 6423 + 8007 + 351 b) 1234 + 9876 + 4321 c) 12 009 + 45 008 + 11 011

9 Welche Rechnungen können richtig sein? Entscheide mithilfe eines Überschlags.

a) 2397 + 67 + 307 = 3071 b) 12 468 + 2053 + 4879 = 19 400 c) 3678 + 297 + 5291 = 9966

10 **Fehlersuche**

Manche Ergebnisse sind falsch. Berichtige und erläutere die Fehler.

a)

```
    7 5 2 0 5
+     4 9 9 3
+   1 0 4 1 7
-------------
    9 0 6 1 1
```

b)

```
        3 5 5
+     3 9 0 7
+   1 1 0 9 8
-------------
    1 5 3 6 0
```

c)

```
    8 1 7 0 3
+     9 9 5 6
+ 3 0 4 5 8 9
-------------
  4 0 6 2 4 8
```

11 **Knobeln mit Summen**

Mario versucht, die verschlüsselten Rechnungen zu lösen. Kannst du ihm dabei helfen? Die Buchstaben müssen so durch Ziffern ersetzt werden, dass die Rechnungen stimmen. Gleiche Buchstaben bedeuten gleiche Ziffern.

```
    S E N D          G I B
+   M O R E     +    M I R
-----------     ----------
  M O N E Y        G E L D
```

4.3 Schriftliches Subtrahieren

Für ein Fußballspiel wurden 34 700 Eintrittskarten bereitgestellt. Im Vorverkauf wurden 22 947 Karten verkauft. Am Spieltag wurden weitere 2345 Karten verkauft.
- Wie viele Karten blieben nach dem Vorverkauf übrig?
- Wie viele Karten wurden nicht verkauft?

WES-109651-038

Schriftliches Subtrahieren

	ZT	T	H	Z	E
	1	6	2	4	3
−		9	1	8	2
	1		1		
		7	0	6	1

Subtrahiere: 16 243 – 9182
Schreibe die Zahlen so untereinander, dass Einer unter Einer, Zehner unter Zehner … stehen.
Ergänze stellenweise. Beginne mit den Einern.
Achte auf die Überträge.

Schriftliches Subtrahieren Schritt für Schritt:

	ZT	T	H	Z	E
	1	6	2	4	**3**
−		9	1	8	2
					1

„von 2 bis **3** ist 1"
Ergänze 1
3 – 2 = 1

	ZT	T	H	Z	E
	1	6	2	**4**	3
−		9	1	8	2
			1		
				6	1

„von 8 bis **14** ist 6"
Ergänze 6
Übertrage 1
14 – 8 = 6

	ZT	T	H	Z	E
	1	6	**2**	4	3
−		9	1	8	2
			1		
			0	6	1

„von 2 bis **2** ist 0"
Ergänze 0
2 – 1 – 1 = 0

	ZT	T	H	Z	E
	1	**6**	2	4	3
−		9	1	8	2
	1		1		
		7	0	6	1

„von 9 bis **16** ist 7"
Ergänze 7
Übertrage 1
16 – 9 = 7

	ZT	T	H	Z	E
	1	6	2	4	3
−		9	1	8	2
	1		1		
		7	0	6	1

„von 1 bis **1** ist 0"
Ergänze 0
1 – 1 = 0

1 Schriftlich subtrahieren

Subtrahiere schriftlich. Achte darauf, dass du die Stellen sorgfältig untereinander schreibst.

a) 3825 – 1184 b) 2380 – 2076 c) 8000 – 916 d) 5933 – 4876
e) 1436 – 845 f) 6789 – 4937 g) 78 501 – 3098 h) 100 000 – 79 562

2 Überschlag beim Subtrahieren

Finde vier richtige Aufgaben. Mache zunächst einen Überschlag, um herauszufinden, welche Zahlen zueinander passen könnten. Rechne dann genau.

Minuend: 54 321, 120 056, 98 628, 187 437, 100 374, 175 252
–
Subtrahend: 28 346, 96 314, 44 326, 17 171, 59 363, 70 362
=
Differenz: 78 938, 28 266, 60 693, 159 091, 72 028, 46 842

3 Autoherstellung

Ein Werk hat bis heute 82 917 Elektrofahrzeuge vom Typ *Speedy* hergestellt. Die Fertigstellung des einhunderttausendsten *Speedy* soll gefeiert werden. Wie viele Wagen müssen noch vom Band laufen, bis das einhunderttausendste Fahrzeug gefeiert werden kann?

Prüfe dich!
Lösungen auf Seite 252

4 Berechne schriftlich.
a) 963 – 751 b) 803 – 685 c) 2471 – 1694 d) 3202 – 2975 e) 300 427 – 274 319

5 Auf einer großen Strandparty wurden 5000 Brötchenhälften angeboten. Die Gäste haben 4686 davon gegessen. Bestimme die Anzahl der übrig gebliebenen Brötchenhälften.

Mehrere Subtrahenden

Einstieg

Frau Li hat im Lotto eine Million Euro gewonnen. Zuerst kauft sie sich ein kleines Segelboot für 43 766 €. Danach kauft sie ihrem Sohn ein Pony für 2430 €.

- Frau Li bezahlt zunächst das Segelboot. Von dem restlichen Geld bezahlt sie anschließend das Pony. Wie viel Geld bleibt nach jeder Zahlung übrig? Rechne schrittweise.
- Wie kann Frau Li die beiden Beträge in einer Rechnung von ihrem Gewinn subtrahieren?

Schriftliches Subtrahieren mit mehreren Subtrahenden

Man kann mehrere Subtrahenden gleichzeitig schriftlich subtrahieren, indem man ihre Summe subtrahiert. Achte auf die Überträge.

	ZT	T	H	Z	E
	4	1	9	0	**3**
−	1	8	1	4	2
−		7	3	8	5
	2		2	1	
					6

5 + 2 = 7
„von 7 bis 13 ist 6"
13 − 7 = 6

	ZT	T	H	Z	E
	4	1	9	**0**	3
−	1	8	1	4	2
−		7	3	8	5
	2		2	1	
				7	6

1 + 8 + 4 = 13
„von 13 bis 20 ist 7"
20 − 13 = 7

	ZT	T	H	Z	E
	4	1	**9**	0	3
−	1	8	1	4	2
−		7	3	8	5
	2		2	1	
			3	7	6

2 + 3 + 1 = 6
„von 6 bis 9 ist 3"
9 − 6 = 3

	ZT	T	H	Z	E
	4	**1**	9	0	3
−	1	8	1	4	2
−		7	3	8	5
	2		2	1	
		6	3	7	6

7 + 8 = 15
„von 15 bis 21 ist 6"
21 − 15 = 6

	ZT	T	H	Z	E
	4	1	9	0	3
−	1	8	1	4	2
−		7	3	8	5
	2		2	1	
	1	6	3	7	6

2 + 1 = 3
„von 3 bis 4 ist 1"
4 − 3 = 1

WES-109651-039

6 **Subtraktion mehrerer Subtrahenden**

Mache zunächst einen Überschlag und subtrahiere dann.

a) 814 − 237 − 427
b) 2207 − 1007 − 986
c) 1275 − 356 − 96
d) 2558 − 406 − 839
e) 8926 − 5915 − 2019
f) 70 859 − 10 278 − 1091
g) 77 812 − 19 321 − 4288
h) 96 800 − 2913 − 78 305
i) 83 004 − 25 − 671 − 5598

7 **Falsche Ergebnisse**

Lehrer Lustig ist enttäuscht: Viele seiner Schülerinnen und Schüler haben falsch gerechnet. Beschreibe die Fehler und rechne selbst schriftlich.

Tino

	4	7	6	8	5
−	2	3	6	2	1
−			4	4	7
		1	1	1	
	2	3	5	1	7

Lina

	4	7	6	8	5
−	2	3	6	2	1
−		4	4	7	
	1	1	1		
	1	9	5	9	4

Ben

	4	7	6	8	5
−	2	3	6	2	1
−			4	4	7
	1	1	1	1	
	7	1	7	5	3

8 Berechne schriftlich.

a) 945 − 251 − 576
b) 1803 − 685 − 524
c) 7471 − 1694 − 5639
d) 3302 − 2975 − 274

Prüfe dich!
Lösungen auf Seite 252

9 **Auffallende Ergebnisse**

Berechne schriftlich. Du erhältst auffallende Ergebnisse.

a) 8000 − 916 − 1422 − 662
b) 468 000 − 2913 − 78 305 − 126 522
c) 25 933 − 4876 − 11 345 − 703
d) 81 300 − 21 407 − 9 − 683 − 4880
e) 77 812 − 19 321 − 4288 − 3088
f) 1 000 000 − 6389 − 440 255 − 108 912

10 **Wahr oder falsch?**

Entscheide, ob die Aussage richtig ist. Begründe deine Entscheidung. *„Die Differenz aus einer vierstelligen Zahl und einer dreistelligen Zahl liegt immer zwischen 9 und 9000."*

4.4 Multiplizieren und Dividieren

Vorbereiten
Seite 233

Ein Chor wurde fotografiert.
- Wie viele Personen sind abgebildet? Findest du eine Rechnung, bei der du die Personen nicht einzeln abzählen musst?
- Für ein Poster sollen 15 Personen nebeneinander abgebildet sein. Wie viele Reihen sind es dann?

WES-109651-040

Fachbegriffe beim Multiplizieren und Dividieren

Eine Summe mit gleichen Summanden kann man als Produkt schreiben: 9 + 9 + 9 + 9 + 9 = 5 · 9

5 · 9	45 : 15
Faktor · Faktor	**Dividend : Divisor**
Produkt	**Quotient**
Das Produkt der Zahlen 5 und 9 ist 45.	Der Quotient der Zahlen 45 und 15 ist 3.

Summe als Produkt schreiben

Die Summe 14 + 14 + 14 + 14 + 14 als Produkt schreiben und berechnen.
Lösung: 14 + 14 + 14 + 14 + 14 = 5 · 14 = 70

Produkte und Quotienten als Rechenausdruck schreiben

Das Produkt der Zahlen 8 und 15 berechnen.
Lösung: 8 · 15 = 120

Den Quotienten von 55 und 11 berechnen.
Lösung: 55 : 11 = 5

Produkte und Quotienten in Worten

19 · 10 in Worten schreiben und berechnen.
Lösung
Das Produkt der Zahlen 19 und 10 ist 190.

64 : 4 in Worten schreiben und berechnen.
Lösung
Der Quotient der Zahlen 64 und 4 ist 16.

1 **Kopfrechnen**
Berechne die Produkte und Quotienten im Kopf. Notiere die Ergebnisse.
a) 7 · 8 b) 9 · 6 c) 12 · 4 d) 15 · 7 e) 8 · 25 f) 37 · 2
g) 81 : 9 h) 70 : 5 i) 86 : 2 j) 36 : 3 k) 800 : 10 l) 64 : 8

2 **Fachbegriffe nutzen**
Benenne zuerst den Teil, der in dem Rechenausdruck fehlt und berechne.
a) 8 · ■ = 80 b) 100 : 25 = ■ c) 7 · 12 = ■ d) 54 : ■ = 6 e) ■ · 20 = 80 f) ■ : 5 = 9

3 **Vom Text zum Rechenausdruck**
Schreibe den Rechenausdruck auf und berechne.
a) Das Produkt der Zahlen 6 und 4.
b) Der Quotient der Zahlen 42 und 7.
c) Multipliziere die Zahlen 5 und 13.
d) Dividiere 48 durch 3.
e) Der Quotient mit Dividend 63 und Divisor 9.
f) Das Produkt mit den Faktoren 17 und 6.

4 **Summen als Produkte schreiben**
Schreibe die Summe als Produkt und berechne.
a) 7 + 7 + 7 + 7 b) 10 + 10 + 10 + 10 + 10 c) 13 + 13 + 13 + 13 + 13 + 13 + 13 + 13

5 ≡ **Vom Rechenausdruck zum Text**

Multipliziere mit | Dividiere durch | Das Produkt | Der Quotient | Faktor | Dividend | Divisor

Schreibe den Rechenausdruck in Worten und berechne. Nutze die Fachbegriffe.

a) 85 : 5 b) 13 · 9 c) 12 · 3 d) 440 : 11 e) 15 · 6 f) 125 : 25

Prüfe dich!
Lösungen auf Seite 252

6 ≡ Rechne im Kopf und notiere dein Ergebnis. a) 4 · 9 b) 8 · 16 c) 80 : 5

d) Das Produkt mit den Faktoren 19 und 6 e) Der Quotient der Zahlen 35 und 7

7 ≡ Benenne zuerst den Teil, der in dem Rechenausdruck fehlt. Berechne ihn danach.

a) 7 · ■ = 77 b) ■ : 5 = 8 c) 15 · 8 = ■ d) 57 : 3 = ■ e) ■ · 16 = 48 f) 78 : ■ = 13

8 ≡ Schreibe die Summe 16 + 16 + 16 + 16 + 16 + 16 als Produkt und berechne.

9 ≡ Schreibe den Rechenausdruck in Worten und berechne. Nutze die Fachbegriffe.

a) 15 · 4 b) 15 : 3 c) 15 : 5 d) 12 · 6 e) 24 · 3 f) 56 : 8

Faktor und Divisor 10, 100, 1000 … Einstieg

Rechne im Kopf. Was fällt dir auf?

a)	b)	c)	d)
23 · 10	10 · 15	25 000 : 10	10 000 : 10
23 · 100	100 · 15	25 000 : 100	10 000 : 100
23 · 1000	1000 · 15	25 000 : 1000	10 000 : 1000

Multiplizieren mit 10, 100, 1000 …

Nullen anhängen.

43 · 10 = 430
43 · 100 = 4300
43 · 1000 = 43000

Dividieren durch 10, 100, 1000 …

Nullen streichen.

75 000 : 10 = 7500
75 000 : 100 = 750
75 000 : 1000 = 75

WES-109651-041

10 ≡ **Kopfrechnen**

Berechne die Produkte und Quotienten im Kopf. Notiere die Ergebnisse.

a) 42 · 10 b) 85 · 100 c) 73 · 1000 d) 92 · 10 000
e) 370 : 10 f) 4000 : 1000 g) 63 000 : 100 h) 280 000 : 2000

11 ≡ **Probe bei der Division**

Berechne den Quotienten. Überprüfe dein Ergebnis wie im Beispiel.

a) 93 : 3 b) 88 : 4 c) 84 : 7
d) 3400 : 100 e) 540 : 6 f) 48 : 12

Probe
56 : 8 = 7
Probe: 7 · 8 = 56

12 ≡ **Fehlersuche**

a) Berechne 15 · 18
15 · 18 = 15 · 10 + 8 = 150 + 8 = 158

b) Berechne 8 · 5 · 7
8 · 5 = 40 · 7 = 280

c) Berechne 60 : 15
60 : 15 = 60 : 10 + 60 : 5 = 6 + 12 = 18

d) 72 : ■ = 3
■ ist 216, denn 3 · 72 = 216

Einstieg

Produkte und Quotienten mit der Null

Was meinst du zu den Überlegungen? Welche dieser Überlegungen sind falsch?

Anna: *„Multiplizieren mit der Null ist total einfach – es kommt immer Null heraus."*

Bert: *„$0:5=0$. Wenn ich keine Fußballbilder habe und die Bilder an 5 Freunde verteile, bekommt jeder 0 Bilder."*

Ciara: *„$7:0=7$. Wenn 7 Eis an keinen verteilt werden, habe ich immer noch 7 Eis."*

Dennis: *„$7:0=0$. Wenn 7 Eis an keinen verteilt werden, dann hat auch keiner ein Eis."*

Emma: *„$7:0$ kann man gar nicht rechnen. Das sieht man an der Probe."*

WES-109651-042

Rechnen mit der Null

$5\cdot 0=0$; $0\cdot 12=0$	Ist ein Faktor 0, so ist auch das Produkt 0.
$0:6=0$; $0:39=0$	Wenn 0 durch eine Zahl (außer 0) dividiert wird, ist das Ergebnis 0.
~~8:0~~; ~~0:0~~	Durch 0 darf man nicht dividieren.

13 ≡ **Rechnen mit der Null**

Berechne die Rechenausdrücke, falls es möglich ist.

a) $0\cdot 17$ b) $0\cdot 0$ c) $17:0$ d) $0:8$ e) $0:0$ f) $12\cdot 0$ g) $0\cdot 745$ h) $30:0$

Prüfe dich! Lösungen auf Seite 252

14 ≡ Rechne im Kopf und notiere dein Ergebnis.

a) $4\cdot 1000$ b) $800:100$ c) $70\,000:1000$ d) $2000\cdot 100$
e) $2000:100$ f) $100:100$ g) $100:0$ h) $18\cdot 0$

15 ≡ Berechne den Quotienten und mache die Probe.

a) $65:5$ b) $48:8$ c) $52:13$ d) $320:10$
e) $72:12$ f) $85:5$ g) $68:17$ h) $92:23$

16 ≡ **Lücken füllen**

Fülle, wenn möglich, die Lücken im Heft aus.

a) $\square\cdot 12=120$ b) $80\cdot\square=0$ c) $\square\cdot 1=0$ d) $0\cdot\square=24$
e) $\square:10=19$ f) $25:\square=1$ g) $\square:8=0$ h) $15:\square=0$
i) $60\cdot\square=60$ j) $\square\cdot 0=0$ k) $\square:9=0$ l) $\square:0=7$

17 ≡ **Faktor, Dividend und Divisor**

Notiere zu der Frage mindestens zwei Beispiele und beantworte dann die Frage.

a) Wie verändert sich ein Produkt, wenn ein Faktor verdoppelt wird?
b) Wie verändert sich ein Quotient, wenn Dividend und Divisor verdreifacht werden?
c) Wie verändert sich ein Produkt, wenn ein Faktor verdreifacht und der andere Faktor verzehnfacht wird?
d) Wie verändert sich ein Quotient, wenn der Divisor halbiert wird?
e) Wie verändert sich ein Produkt, wenn ein Faktor halbiert und der andere verdoppelt wird?
f) Wie verändert sich ein Produkt, wenn ein Faktor zuerst mit 0 multiplizert wird?
g) Wie groß ist der Quotient, wenn der Dividend und der Divisor gleich groß sind?

Prüfe dich! Lösungen auf Seite 252

18 ≡ a) $\square\cdot 23=230$ b) $10\cdot\square=0$ c) $\square:100=25$ d) $\square:1=0$
e) $\square\cdot 48=96$ f) $72\cdot\square=72$ g) $\square:15=15$ h) $\square:30=10$

19 ≡ a) Beschreibe, wie sich ein Produkt verändert, wenn ein Faktor verfünffacht wird.
b) Beschreibe, wie sich ein Quotient verändert, wenn der Dividend halbiert wird.

4.5 Schriftliches Multiplizieren

Klara und Simon haben große Zahlen multipliziert. Erkläre ihre Rechnungen.

Klara: Simon:

Schriftliches Multiplizieren mit einem einstelligen Faktor

Multipliziere jede Stelle von 4738 mit 5. Beginne mit den Einern. Ist das Produkt an einer Stelle größer als 9, merke dir den Übertrag. Addiere den Übertrag zum Produkt der nächsten Stelle.

T	H	Z	E		E
4	7	3	8	·	5
					^{4}0

$8 \cdot 5 = 40$
„0 schreib hin, 4 im Sinn"

T	H	Z	E		E
4	7	3	8	·	5
				^{1}9	^{4}0

$3 \cdot 5 + 4 = 19$
„9 schreib hin, 1 im Sinn"

T	H	Z	E		E
4	7	3	8	·	5
			^{3}6	^{1}9	^{4}0

$7 \cdot 5 + 1 = 36$
„6 schreib hin, 3 im Sinn"

T	H	Z	E		E
4	7	3	8	·	5
	2	3	^{3}6	^{1}9	^{4}0

$4 \cdot 5 + 3 = 23$
„23 schreib hin"

Schriftliches Multiplizieren mit einem mehrstelligen Faktor

T	H	Z	E		Z	E
4	7	3	8	·	3	5
	1	4	^{2}2	^{1}1	^{2}4	0
		2	3	^{3}6	^{1}9	^{4}0
				1		
	1	6	5	8	3	0

$4738 \cdot 30$
$4738 \cdot 5$

Multipliziere den Zehner des zweiten Faktors mit dem ersten Faktor.
Multipliziere dann den Einer des zweiten Faktors mit dem ersten Faktor.
Schreibe die Teilprodukte ihrem Stellenwert entsprechend untereinander und addiere sie.

WES-109651-043

1 ≡ **Schriftlich multiplizieren mit einem einstelligen Faktor**

a) 58 · 7 b) 86 · 5 c) 329 · 3 d) 597 · 9 e) 806 · 6 f) 4536 · 8

2 ≡ **Schriftlich multiplizieren mit einem mehrstelligen Faktor**

Bei großen Zahlen ist es sinnvoll, vor dem Rechnen einen Überschlag zu machen. Ändere für den Überschlag die Zahlen so ab, dass du im Kopf rechnen kannst.
Mache zunächst einen Überschlag und berechne dann.

a) 54 · 64 b) 78 · 47 c) 761 · 52 d) 564 · 39
e) 608 · 28 f) 4356 · 47 g) 5017 · 23 h) 239 · 471
i) 326 · 78 j) 6107 · 113 k) 1603 · 817 l) 654 · 204
m) 589 · 1045 n) 2634 · 3287 o) 3602 · 587 p) 967 · 913

Überschlag
für 417 · 78:
400 · 80 = 32 000

3 ≡ **Überschlag prüfen**

Wähle aus, welches Überschlagsergebnis infrage kommt. Berechne dann.

a) 761 · 52 (1) 4000 (2) 40 000 (3) 400 000
b) 6048 · 104 (1) 60 000 (2) 600 000 (3) 6 000 000
c) 565 · 7453 (1) 4 200 000 (2) 42 000 000 (3) 420 000 000

4 ≡ **Schriftlich multiplizieren**

Mache zuerst einen Überschlag. Rechne dann genau.

a) 63 · 27 b) 265 · 56 c) 897 · 30 d) 507 · 38
e) 2361 · 800 f) 8012 · 324 g) 3154 · 607 h) 5206 · 305
i) 4354 · 2087 j) 12 356 · 897 k) 23 487 · 3514 l) 50 049 · 2306

5 ≡ **Textaufgaben**

a) An einer Schule mit 824 Kindern werden von jedem Kind für eine Veranstaltung 75 Cent eingesammelt. Berechne, wie viel Geld insgesamt eingesammelt wird.

b) Das Herz eines 10-Jährigen schlägt durchschnittlich 90-mal in der Minute. Schätze zunächst: Wie oft schlägt das Herz an einem Tag? Berechne dann genau.

c) Bei einem Konzert kostet eine Eintrittskarte 25 €. Es kamen 637 Besucher. Berechne, wie viel Geld beim Konzert eingenommen wurde.

d) Eine Toilettenspülung verbraucht pro Spülung 4 Liter Wasser. Bei Familie Schulz läuft sie 13-mal am Tag. Berechne den jährlichen Wasserverbrauch für die Toilettenspülung.

Prüfe dich! Lösungen auf Seite 253

6 ≡ Mache zunächst einen Überschlag und berechne dann.

a) 418 · 7 b) 327 · 9 c) 508 · 26 d) 4382 · 17

7 ≡ Bauer Lustig hat genau gezählt: In jede Kiste verpackt er 128 Äpfel. Er liefert 17 Kisten aus. Berechne, wie viele Äpfel er insgesamt geliefert hat.

8 ≡ **Fehlersuche**

Finde die Fehler in Martins Rechnungen.

a)	b)	c)	d)
215 · 35	580 · 67	23 · 408	74 · 320
645	3481	92	222
1075	4061	184	148
1720	38871	1104	2368

9 ≡ **Reihenfolge beim Multiplizieren**

Multipliziere jeweils in der angegebenen Reihenfolge. Welche Reihenfolge ist günstiger? Woran liegt das?

a) 33 · 572 oder 572 · 33 b) 374 · 12 oder 12 · 374 c) 128 · 3007 oder 3007 · 128

WES-109651-044

Rechenvorteile beim schriftlichen Multiplizieren

- Statt 55 · 367 rechne 367 · 55 — Vorteil: gleiche Ziffern im 2. Faktor
- Statt 56 · 1234 rechne 1234 · 56 — Vorteil: weniger Stellen im 2. Faktor
- Statt 2001 · 5823 rechne 5823 · 2001 — Vorteil: Nullen im 2. Faktor

10 ≡ **Produkte berechnen**

Wähle beim Multiplizieren eine günstige Reihenfolge. Mache zunächst einen Überschlag.

a)	b)	c)	d)	e)	f)
6909 · 7	80 · 595	38 · 277	89 · 170	777 · 538	9 · 3214
9 · 1483	479 · 60	58 · 788	300 · 533	8005 · 145	23 · 555
4 · 11473	90 · 1549	1017 · 23	60 · 480	4011 · 239	101 · 23

Prüfe dich! Lösungen auf Seite 253

11 ≡ Wähle eine günstige Reihenfolge und berechne.

a) 13 · 497 b) 5000 · 624 c) 44 · 87 d) 25 · 3006 e) 8 · 1234 f) 201 · 45

12 ≡ **Firmenjubiläum**

Eine Firma verschenkt 587 Stühle im Wert von jeweils 17 €. Stimmt die Angabe in der Zeitung?

Firmenjubiläum
Firma Maierseeger verschenkt Möbel im Wert von über 10 000 €!

4.6 Potenzen

Michel hat sich eine Belohnung verdient. Da er gerne nascht, schlägt er seiner Mutter vor: *„Du legst auf das erste Feld zwei Gummibärchen und verdoppelst die Anzahl von Feld zu Feld."* Reicht eine Packung mit 100 Gummibärchen?

Potenzen

Ein Produkt, das aus gleichen Faktoren besteht, kann man kurz als **Potenz** schreiben.

Schreibweise: $\underbrace{2\cdot 2\cdot 2\cdot 2\cdot 2\cdot 2\cdot 2}_{\text{7 Faktoren}} = \underbrace{2^7}_{\text{Potenz}}$

Sprechweise: *„zwei hoch sieben"*

2^7: Exponent (Hochzahl) = 7, Basis (Grundzahl) = 2

WES-109651-045

Als Potenz schreiben

a) $10\cdot 10\cdot 10\cdot 10 = 10^4$ b) $27 = 3\cdot 3\cdot 3 = 3^3$

Potenz berechnen

a) $5^3 = 5\cdot 5\cdot 5 = 125$ b) $7^1 = 7$

1 Als Potenz schreiben

a) $4\cdot 4\cdot 4$ b) $12\cdot 12$ c) $9\cdot 9\cdot 9$ d) $7\cdot 7\cdot 7\cdot 7$ e) $10\cdot 10\cdot 10\cdot 10\cdot 10\cdot 10$
f) 8 g) 100 000 h) 1 i) 64 j) 36 k) 81

2 Potenzen berechnen

a) 2^3 b) 3^2 c) 3^4 d) 4^3 e) 5^2 f) 2^5
g) 2^4 h) 5^4 i) 1^4 j) 2^{10} k) 6^3 l) 8^1

3 Stammbaum

Max hat einen Baum mit seinen Vorfahren aufgezeichnet. Mia behauptet: *„Jeder Mensch hat 64 Urururgroßelternteile."* Hat sie recht? Begründe.

4 Lücken füllen

Übertrage die Aufgabe in dein Heft und ergänze die Zahl in der Lücke.

a) $3^{\square} = 27$ b) $\square^3 = 8$ c) $10^{\square} = 1000$ d) $10^2 = \square$
e) $2^{\square} = 32$ f) $\square^4 = 81$ g) $10\,000 = 10^{\square}$ h) $\square^3 = 64$

5 Schreibe als Potenz. a) $9\cdot 9\cdot 9$ b) $7\cdot 7\cdot 7\cdot 7$ c) $6\cdot 6\cdot 6$ d) 25 e) 100 f) 32

6 Berechne die Potenz. a) 3^3 b) 4^2 c) 2^4 d) 10^3 e) 4^3 f) 10^6

Prüfe dich! Lösungen auf Seite 253

7 Größenvergleich

Vergleiche die Ergebnisse.

a) $6+6,\ 6\cdot 6,\ 6\cdot 2,\ 6^2$ b) $4+3,\ 4\cdot 3,\ 4^3$ c) $7+1,\ 7\cdot 1,\ 7^1$ d) $8^2,\ 8\cdot 2,\ 2^8,\ 2\cdot 8$

8 Zehnerpotenzen und Nullen

Erkläre den Zusammenhang zwischen dem Exponenten einer Zehnerpotenz und der Anzahl der Nullen des Ergebnisses.

4.7 Schriftliches Dividieren

Für einen wohltätigen Zweck organisieren zwei benachbarte Schulen einen Sponsorenlauf. Insgesamt werden 1104 Schülerinnen und Schüler laufen. Für jedes Kind soll eine 1-l-Flasche Apfelschorle bereitstehen.

- Wie viele Kästen Apfelschorle zu je sechs Flaschen müssen eingekauft werden?

WES-109651-046

Schriftlich dividieren durch einen einstelligen Divisor

Dividiere 3951 durch 9. Beginne beim Dividenden von links.
„9 passt nicht in die 3." Beginne mit 39.

	3	9	5	1	:	9	=	4	
−	3	6							
		3							

„9 passt 4-mal in die 39"
$9 \cdot 4 = 36$ und $39 - 36 = 3$

	3	9	5	1	:	9	=	4	3
−	3	6	↓						
		3	5						
	−	2	7						
			8						

„9 passt 3-mal in die 35"
$3 \cdot 9 = 27$ und $35 - 27 = 8$

	3	9	5	1	:	9	=	4	3	9
−	3	6								
		3	5							
	−	2	7	↓						
			8	1						
		−	8	1						
				0						

„9 passt genau 9-mal in die 81"
$9 \cdot 9 = 81$ und $81 - 81 = 0$

Überschlag und Probe beim schriftlichen Dividieren

	4	8	0	8	:	8	=	6	0	1
−	4	8							
		0	0						
	−		0						
			0	8					
		−		8					
				0					

Überschlag vor der Rechnung:
$4800 : 8 = 600$

Probe nach der Rechnung:

6	0	1	·	8
	4	8	0	8

1 ≡ **Schriftlich dividieren**
Mache einen Überschlag. Dividiere schriftlich und überprüfe dein Ergebnis durch eine Probe.
a) 815 : 5 b) 588 : 7 c) 774 : 9 d) 4938 : 6
e) 7716 : 4 f) 2008 : 8 g) 6801 : 3 h) 3164 : 7

2 ≡ **Überschläge**
Welche Rechnungen können richtig sein? Entscheide mithilfe eines Überschlags.
a) 5136 : 8 = 642 b) 2997 : 9 = 33 c) 68 964 : 7 = 982 d) 74 070 : 6 = 12 345

3 ≡ **Wie heißt die Zahl?**
a) Das Achtfache der Zahl ist 98 760.
b) Das Fünffache der Zahl ist 43 765.
c) Das Sechsfache der Zahl ist 30 534.
d) Das Siebenfache der Zahl ist 66 549.

Prüfe dich!
Lösungen auf Seite 253

4 ≡ Mache zunächst einen Überschlag. Dividiere dann schriftlich.
a) 936 : 3 b) 1128 : 6 c) 2904 : 8 d) 3015 : 15

5 ≡ Das Neunfache einer Zahl ist 5472. Gib die gesuchte Zahl an.

Schriftlich dividieren durch einen zweistelligen Divisor

	4	9	6	6	:	1	3	=	3	8	2
−	3	9									
	1	0	6								
−	1	0	4								
			2	6							
		−	2	6							
				0							

„13 passt 3-mal in 49"
$3 \cdot 13 = 39$ und $49 - 39 = 10$
„13 passt 8-mal in 106"
$8 \cdot 13 = 104$ und $106 - 104 = 2$
„13 passt genau 2-mal in 26"
$2 \cdot 13 = 26$ und $26 - 26 = 0$

WES-109651-047

6 ≡ **Schriftlich dividieren**

Mache zunächst einen Überschlag. Dividiere dann schriftlich.

a) 585 : 15 b) 828 : 12 c) 3861 : 11 d) 6578 : 13
e) 7364 : 14 f) 3276 : 18 g) 5200 : 16 h) 6594 : 21

7 ≡ **Schriftlich dividieren und Probe**

Arbeitet zu zweit zusammen. Ein Kind berechnet die Divisionsaufgaben A, das andere die Divisionsaufgaben B. Kontrolliert dann die Aufgaben gegenseitig mit Proben.

A	B	A	B
8856 : 72	20017 : 37	255 : 17	966 : 23
18249 : 77	19968 : 32	512 : 32	966 : 42
5712 : 68	11748 : 89	288 : 24	952 : 28
11760 : 48	49707 : 63	252 : 42	851 : 37

8 ≡ **Getränkekisten**

Ein Getränkehersteller produziert stündlich 18 300 Flaschen Mineralwasser. Diese werden in Kisten zu 12 Flaschen ausgeliefert. Bestimme die Anzahl der gefüllten Kisten.

9 ≡ **Theater**

a) In einem Theater mit 24 gleich großen Reihen können 1152 Zuschauer das Theaterstück ansehen. Wie viele Zuschauerplätze hat eine Reihe?
b) Bei einem Eintrittspreis von 18 € wurden 17 748 € eingenommen. Wie viele Zuschauer haben sich das Theaterstück angesehen?

10 ≡ **Handballspiel**

Ein Handballverein verkauft für seine 15 Heimspiele Dauerkarten zu einem Preis von 352,50 €. Berechne den Eintrittspreis für ein Spiel.

---

11 ≡ Mache zunächst einen Überschlag. Dividiere dann schriftlich.

a) 1368 : 19 b) 3012 : 12 c) 6908 : 11 d) 1541 : 23

Prüfe dich!
Lösungen auf Seite 253

12 ≡ Ein Preis von 8460 € soll unter vier Geschwistern gleichmäßig aufgeteilt werden. Berechne den Betrag, den jeder bekommt.

---

13 ≡ **Pro Tag oder pro Minute**

a) Ein Autowerk arbeitet an 260 Tagen im Jahr und stellt dabei 195 000 Autos her. Wie viele Autos produziert das Werk durchschnittlich am Tag?
b) Ein Bäckerei backt in 300 Tagen insgesamt 420 000 Brezeln. Wie viele Brezeln backt die Bäckerei an einem Tag?
c) In 2400 min fließen 1 464 000 l aus einem Schlauch. Wie viele Liter fließen in einer Minute?

WES-109651-048

14 Division mit Rest

In vielen Situationen, in denen dividiert werden muss, geht die Division nicht auf. Es bleibt ein Rest übrig.
Dividiere, gib den Rest an und mache die Probe.

a) 631 : 4 b) 829 : 5 c) 6328 : 9
d) 725 : 12 e) 313 : 13 f) 9072 : 15
g) 1000 : 3 h) 4008 : 9 i) 1234 : 25

```
5966 : 14 = 426 R 2
56
 36            Probe:
 28            426 · 14
  86               4260
  84               1704
   2               5964

  5964 + 2 = 5966 ✓
```

15 Reste vergleichen

Welche der Aufgaben haben den gleichen Rest?

A	B	C	D	E	F
1043 : 23	5657 : 10	1093 : 45	1357 : 18	5444 : 12	2362 : 87

Prüfe dich! Lösungen auf Seite 253

16

Dividiere, gib den Rest an und überprüfe dein Ergebnis durch eine Probe.

a) 827 : 5 b) 7431 : 8 c) 2007 : 12 d) 6314 : 22

17 Lottogewinne aufteilen

Eine Lottotippgemeinschaft hat an einem Wochenende 7567 € gewonnen.
Der Gewinn soll gleichmäßig verteilt werden, wobei nur volle Euro-Beträge ausgezahlt werden. Der Rest bleibt in der Kasse.

a) Wie viel Euro bekommt jeder, wenn die Tippgemeinschaft aus 23 Personen besteht?
b) Wie viel Euro bekommt jeder, wenn die Tippgemeinschaft aus 19 Personen besteht?
c) Wie viel Euro bleiben in der Kasse, wenn eine Tippgemeinschaft aus 27 Personen den Gewinn aufteilt?

18 Schnelles Dividieren

Lisa findet schriftliches Dividieren sehr zeitaufwendig. Sie hat sich eine schnellere Methode ausgedacht. Damit kann sie auch sehr große Zahlen dividieren, ohne eine ganze Seite im Heft vollzuschreiben. Lisa sagt, dass ihre Methode genauso funktioniert, wie die herkömmliche, nur dass man mehr im Kopf rechnet und weniger schreibt:

```
1 2 3 4 5 6 7 8 9 4 : 7 = 1 7 6 3 6 6 8 4 2
   5 4 2 4 4 5 2 1 0
```

Überprüfe, ob Lisa richtig gerechnet hat. Beschreibe, wie Lisa gerechnet und aufgeschrieben hat. Löse mit Lisas Methode: ① 3 257 865 : 3 ② 17 136 858 : 6 ③ 456 008 : 14

19 Zum Knobeln

Ergänze die Lücken im Heft.

a)
```
411075 : ■■■ = 2■4■
350
 610
 525
  857
  ■■■
  1575
  1575
     0
```

b)
```
■■■■■■ : ■■■ = ■■5■
■■■
312■
■920
 ■■80
 1■2■
  2■5■
  ■■■■
     0
```

4.8 Rechenregeln

Frau Bundschuh kauft ein.
Sie bezahlt mit einem 100-Euro-Schein.

Die Kasse ist defekt, deswegen rechnet der Verkäufer schnell auf einem Zettel aus, wie viel Geld Frau Bundschuh zurückbekommt.

Der Verkäufer wundert sich: *„Da kann doch etwas nicht stimmen!“*

Kannst du helfen?
Welche Fehler wurden gemacht?

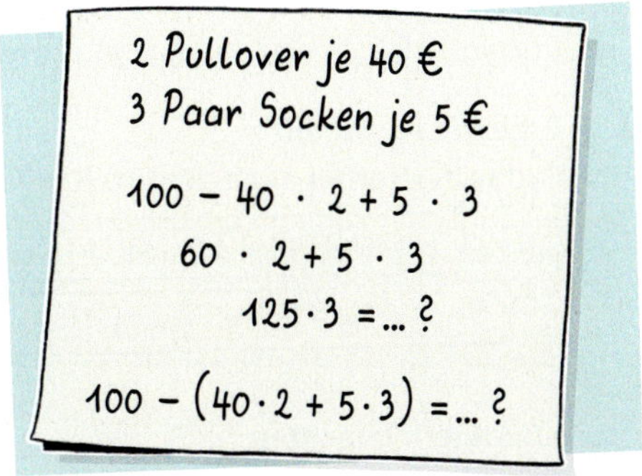

Rechenregeln für Rechenausdrücke

Ein Rechenausdruck, der aus Zahlen und Zeichen besteht, wird auch Zahlterm genannt.
Beim Berechnen müssen die Rechenregeln beachtet werden:

- Klammern zuerst berechnen $47 - (22 + 15) = 47 - 37$
- Potenzrechnung vor Punktrechnung $4 \cdot 7^2 = 4 \cdot 49$
- Punktrechnung vor Strichrechnung $72 - 8 \cdot 4 = 72 - 32$
- Ist alles beachtet, von links nach rechts $56 - 13 + 8 = 43 + 8$

Rechenregeln anwenden

Klammern zuerst	Potenz vor Punkt	Punkt vor Strich	von links nach rechts
$35 - (8 + 7)$	$3 \cdot 5^2$	$80 - 10 \cdot 3$	$48 : 12 : 2$
$= 35 - 15$	$= 3 \cdot 25$	$= 80 - 30$	$= 4 : 2$
$= 20$	$= 75$	$= 50$	$= 2$

WES-109651-049

Rechenausdruck berechnen und Rechenregeln angeben

a) $95 - 2 \cdot 4^2 + 3 \cdot 5$ — Potenz- vor Punktrechnung
$= 95 - 2 \cdot 16 + 3 \cdot 5$ — Punkt- vor Strichrechnung
$= 95 - 32 + 15$ — von links nach rechts
$= 63 + 15$
$= 78$

b) $17 + (27 + 60) : (21 - 18) + 4$ — Klammern zuerst
$= 17 + 87 : 3 + 4$ — Punkt- vor Strichrechnung
$= 17 + 29 + 4$ — von links nach rechts
$= 46 + 4$
$= 50$

1 Rechenausdrücke berechnen

Berechne und gib bei jedem Schritt an, welche Regel du benutzt.

a) $42 + 18 \cdot 2$ b) $69 - (11 + 4)$ c) $4^3 : 2$ d) $15 \cdot 3 + 7$
e) $15 \cdot (3 + 7)$ f) $8 + 2^3 \cdot 4$ g) $28 + 12 : 4$ h) $3 + 3 \cdot 2^3$

2 Rechenregeln beachten

Berechne den Rechenausdruck. Achte auf die Rechenregeln!

a) $8 + 72 : 8$ b) $36 + 24 : 6$ c) $84 : 7 - 7$ d) $12 + 78 : 6$
e) $105 - 45 : 15$ f) $45 : 3 + 12 : 2$ g) $84 : 12 + 91 : 7$ h) $12 \cdot 8 + 14 : 7$
i) $78 : 6 - 2 \cdot 5$ j) $135 : 45 - 48 : 16$ k) $117 - 17 \cdot 5 + 25$ l) $123 + 27 \cdot 3 - 2$
m) $5^3 \cdot 4 + 18 : 6$ n) $(37 - 3 \cdot 8) \cdot (18 - 12)$ o) $2 + 3 \cdot (14 + 3^2)$ p) $(150 : 3 - 47)^2 - 9$

3 ≡ **Klammern**

Rechne und vergleiche:

(1) $20 \cdot (7 - 2)$ (2) $20 \cdot 7 - 2$ (3) $20 - (7 \cdot 2)$ (4) $20 - 7 \cdot 2$
(5) $(20 - 7) \cdot 2$ (6) $(20 - 7 \cdot 2)$ (7) $(20 \cdot 7) - 2$ (8) $(20 - 2) \cdot 7$

4 ≡ **Ergebnisse ordnen**

Ordne die Karten nach der Größe des Ergebnisses.

I $(15 \cdot 8) + 3 \cdot (103 - 78) - (5 \cdot 13) \cdot 2$

L $200 - (87 + 14) - (6 \cdot 3) \cdot 5 + (14 + 6 \cdot 9)$

S $45 + (44 - 33) \cdot 5 + (14 \cdot 3) \cdot (101 - 98)$

E $(20 \cdot 5 \cdot 9 - 16 \cdot 50) \cdot (3 \cdot 6) \cdot 2 + 8 \cdot 13$

5 ≡ **Klammern beachten**

Beachte die Klammern bei der Berechnung des Rechenausdrucks.

a) $712 - (72 - 12)$
$712 - (72 + 12)$
$712 - 72 - 12$

b) $293 + (73 - 23)$
$293 + 73 - 23$
$293 - (73 - 23)$

c) $844 - (27 - 19) - (83 - 50)$
$844 - 27 - 19 - 83 - 50$
$844 - (27 + 19) + (83 - 50)$

Prüfe dich!
Lösungen auf Seite 253

6 ≡ Berechne den Rechenausdruck. Notiere bei jedem Schritt, welche Regel du nutzt.

a) $28 + 25 \cdot 3$ b) $(45 - 12) - (18 + 7)$ c) $3^2 \cdot 5^2$ d) $7 \cdot 4^3$
e) $(24 + 40) : 4 + 4$ f) $3^3 + 4 \cdot 2$ g) $(6 + 14) \cdot 10$ h) $3^4 : 9 + 3 \cdot 7$

7 ≡ **Rechenbäume nutzen**

Beim Berechnen von Rechenausdrücken können Rechenbäume helfen. Erstelle zu jedem Rechenausdruck wie im Beispiel einen Rechenbaum und berechne.

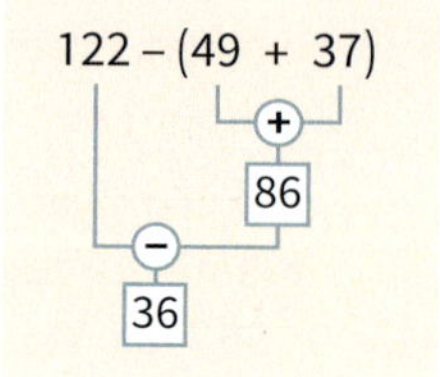

a) $145 - (29 - 17)$ b) $3 \cdot (37 + 29)$ c) $108 - 7 \cdot 8$
d) $(25 + 31) : 4$ e) $(13 + 9) \cdot (15 - 8)$ f) $13 \cdot 5 + 17 \cdot 4$
g) $18 \cdot 6 + (28 + 19)$ h) $(139 - 43) : (18 - 6)$ i) $34 + 16 \cdot 3 + 56$

8 ≡ **Rechenausdruck und Rechenbaum**

Schreibe zum Rechenbaum einen Rechenausdruck und berechne ihn.

a) 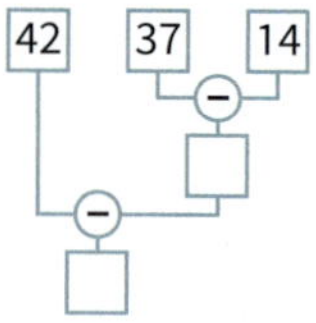

b) 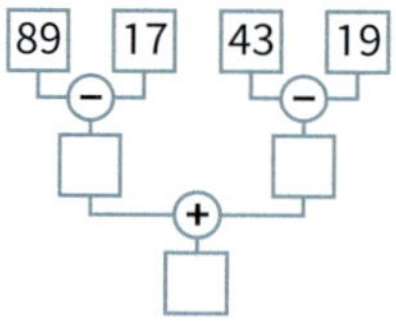

c) 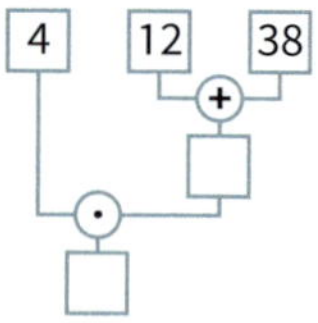

d) 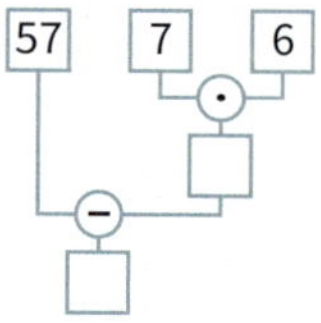

9 ≡ **Partnerarbeit**

Erstellt zu den Rechenbäumen jeweils einen Rechenausdruck. Tauscht die Rechenausdrücke untereinander aus, erstellt Rechenbäume und vergleicht eure Rechenbäume.

① 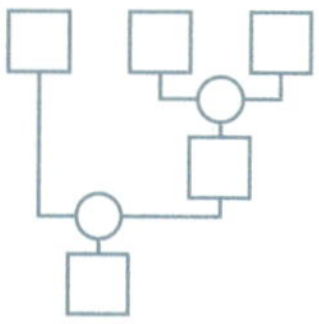

② 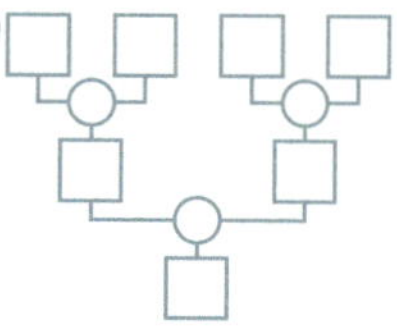

10 ≡ **Brötchen**

Paula geht von Montag bis Freitag jeden Tag morgens zur Bäckerei und kauft 4 Mohnbrötchen und 3 Rosinenbrötchen. Berechne die Anzahl der Brötchen, die Paula in jeder Woche kauft. Gib einen Rechenausdruck an.

11 ≡ **Geschenkband**

Auf einer Rolle sind 200 cm Geschenkband. Lorenz schneidet dreimal 30 cm ab, Mara zweimal 40 cm. Wie viel Zentimeter Geschenkband sind noch auf der Rolle?

12 ≡ **Hotelbetten**

Ein Hotel hat 4 Etagen. Auf jeder Etage gibt es drei Einbettzimmer, acht Doppelzimmer und eine Suite, in der vier Betten stehen. Stelle zunächst einen Rechenausdruck für die Gesamtzahl der Hotelbetten auf und berechne dann.

13 ≡ **Im Schwimmbad**

Frau Özel geht mit ihrer Klasse ins Freibad. Sie zahlt mit einem 100-Euro-Schein. Berechne den Betrag, den Frau Özel an der Kasse zurückbekommt. Gib einen Rechenausdruck an.

14 ≡ **Rechengeschichten**

a) *„Alexander hat in seiner Geldbörse 27 €. Seine Oma schenkt ihm 5 €. Nun kauft sich Alexander drei Taschenbücher zu je 6 €. Wie viel Geld hat Alexander noch übrig?“*
Notiere einen Rechenausdruck für den Geldbetrag, den Alexander jetzt noch hat.

b) Erfinde jeweils eine Rechengeschichte zu den angegebenen Rechenausdrücken.
(1) $13 + 4 \cdot 7$ (2) $(100 - 40) : 3$ (3) $(16 - 12) \cdot 8 + 56$ (4) $(38 - 14) : 3 - 5$

---

15 ≡ Paul hat zum Geburtstag 10 € geschenkt bekommen und möchte Fische für sein Aquarium kaufen. Ein Guppy kostet 2,70 € und ein roter Neonfisch 1,90 €. Paul möchte am liebsten 3 Guppys und 2 Neonfische haben. Reicht sein Geld dafür?
Stelle zunächst einen Rechenausdruck auf und berechne dann.

Prüfe dich!
Lösungen auf Seite 253

---

16 ≡ **Klammern in Klammern**

Berechne. Achte auf die Klammern.

a) $740 - [120 - (67 - 47)]$ b) $[400 - (300 - 100)] : 2$
c) $482 - [72 - (50 - 20)]$ d) $700 - [300 - (200 - 100)] \cdot 2$
e) $800 : [600 - (2 \cdot 350 - 300)]$ f) $[400 - (250 - 60)] : (110 - 40)$

Innere Klammer zuerst
$550 - [(200 - 25) + 55]$
$= 550 - [175 + 55]$
$= 550 - 230$
$= 320$

17 ≡ **Klammern gesucht**

Füge an den richtigen Stellen Klammern ein. Achte auf das Gleichheitszeichen.

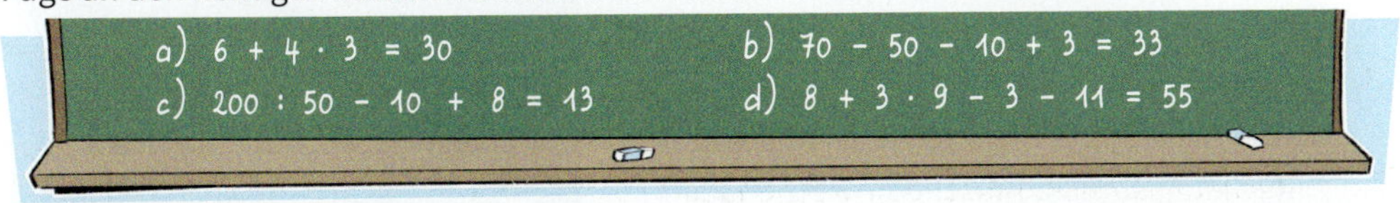

18 ≡ **Vom Text zum Rechenausdruck**

Stelle einen Rechenausdruck auf und berechne ihn.

a) Addiere zu 41 die Differenz der Zahlen 58 und 44.
b) Subtrahiere von 48 das Produkt der Zahlen 3 und 7.
c) Addiere zum Produkt der Zahlen 24 und 4 die Zahl 18.
d) Multipliziere die Summe der Zahlen 48 und 67 mit der Zahl 20.
e) Dividiere die Summe der Zahlen 54 und 18 durch die Differenz der Zahlen 26 und 14.
f) Subtrahiere von der Summe der Zahlen 38 und 72 das Produkt der Zahlen 17 und 6.
g) Multipliziere den Quotienten der Zahlen 108 und 12 mit der Differenz von 83 und 56.

„Subtrahiere von 97 die Summe der Zahlen 28 und 17.“
$97 - (28 + 17)$

19 ≡ Vom Rechenausdruck zum Text

Addiere … zu … | Subtrahiere … von … | Multipliziere … mit … | Dividiere … durch …
Quotient | Produkt | Differenz | Summe

Schreibe den Rechenausdruck in Worten und berechne ihn.

a) $37 + (48 - 12)$ b) $117 - 7 \cdot 13$ c) $(34 - 17) - 12$
d) $(51 - 15) : 12$ e) $216 : (51 - 15)$ f) $(19 - 7) \cdot (7 + 5)$
g) $(150 - 98) - (100 - 49)$ h) $(101 - 68) - 8 \cdot 3$ i) $(86 + 27) \cdot 2^3$

Prüfe dich!
Lösungen auf Seite 253

20 ≡ Berechne den Rechenausdruck.

a) $250 - [120 - (85 - 50)]$ b) $3 \cdot [12 + (37 + 23)]$ c) $[(28 - 19) : 3]^2$

21 ≡ Multipliziere die Differenz der Zahlen 67 und 58 mit dem Quotienten aus 60 und 5.

22 ≡ Schreibe in Worten. a) $(13 \cdot 6) + (64 + 19)$ b) $3 \cdot (7 + 43) - 50$

23 ≡ Karten legen

a) Bilde aus den Karten einen Rechenausdruck und berechne ihn. Achte darauf, dass die Subtraktion ausführbar ist.
b) Lege einen Rechenausdruck und sage deiner Partnerin oder deinem Partner nur das Ergebnis. Nun soll der Rechenausdruck mit den Karten gelegt werden. Tauscht auch die Rollen.

24 ≡ Verschwundene Zahlen

Felix hat in der Pause Zahlen an der Tafel weggewischt.

a) Welche waren es? Notiere sie im Heft.
b) Jeder erstellt unvollständige Aufgaben wie auf der Tafel. Ergänzt gegenseitig die fehlenden Zahlen.

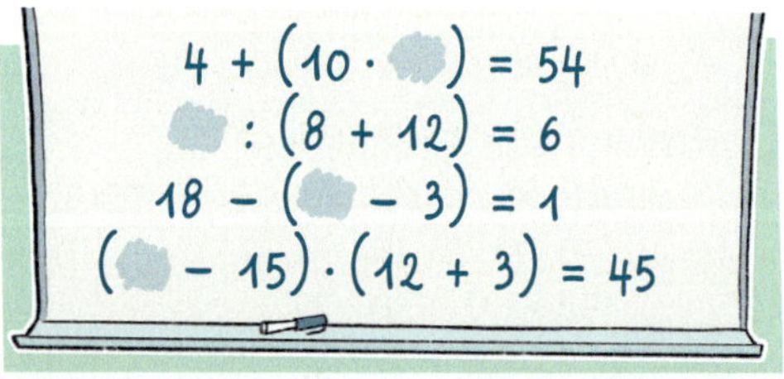

25 ≡ Temperaturen in den USA

In Europa misst man Temperaturen in Grad Celsius (°C). In den USA wird die Temperatur in Grad Fahrenheit (°F) gemessen. Tanjas Brieffreundin Carol hat geschrieben, dass es in diesem Sommer in New York 113 °F waren. Kann das sein?
Tanjas Mutter erklärt ihr, wie man die Temperatur in Grad Celsius umrechnen kann:

„Von der Temperatur in Grad Fahrenheit musst du 32 abziehen, das Ergebnis musst du durch 9 teilen. Dann musst du noch mit 5 malnehmen."

a) Schreibe einen Rechenausdruck und einen Rechenbaum zu der Umrechnungsregel auf. Rechne 113 °F um in °C. Ganz schön heiß in New York, oder?
b) Wie warm wird es, wenn der Wetterbericht 68 °F (41 °F; 32 °F) vorhersagt?

4.9 Geschicktes Rechnen – Rechengesetze

Paula und Finn können geschickt rechnen und rechnen die Aufgaben im Kopf.

- Beschreibe den Rechenweg von Finn und berechne den Rechenausdruck. Findest du noch eine andere Möglichkeit, mit der du den Rechenausdruck geschickt im Kopf ausrechnen kannst?
- Finde geschickte Rechenwege für Paulas Aufgabe und notiere dein Vorgehen.

Kommutativgesetz der Addition
Beim Addieren darf man die Summanden vertauschen.
$17 + 4 = 4 + 17$

Assoziativgesetz der Addition
Beim Addieren darf man die Reihenfolge, in der man rechnen möchte, frei wählen.
$5 + 15 + 85 = (5 + 15) + 85 = 5 + (15 + 85)$

Kommutativgesetz der Multiplikation
Beim Multiplizieren darf man die Faktoren vertauschen.
$14 \cdot 9 = 9 \cdot 14$

Assoziativgesetz der Multiplikation
Beim Multiplizieren darf man die Reihenfolge, in der man rechnen möchte, frei wählen.
$13 \cdot 4 \cdot 25 = (13 \cdot 4) \cdot 25 = 13 \cdot (4 \cdot 25)$

Achtung: Die Rechengesetze gelten nicht beim Subtrahieren und Dividieren!

QR-Code: WES-109651-050

Kommutativgesetze anwenden
„Vertauschen"

a) $73 + 59 + 27$
$= 73 + 27 + 59$
$= 100 + 59$
$= 159$

b) $50 \cdot 48 \cdot 2$
$= 50 \cdot 2 \cdot 48$
$= 100 \cdot 48$
$= 4800$

Assoziativgesetze anwenden
„Klammern setzen oder weglassen"

a) $384 + 620 + 380$
$= 384 + (620 + 380)$
$= 384 + 1000$
$= 1384$

b) $4 \cdot (25 \cdot 37)$
$= 4 \cdot 25 \cdot 37$
$= 100 \cdot 37$
$= 3700$

Verschiedene Rechenwege – gleiches Ergebnis

$769 + 169 + 31$ Summanden vertauschen
$= 769 + 31 + 169$
$= 800 + 169 = 969$

$769 + 169 + 31$ Klammern setzen
$= 769 + (169 + 31)$
$= 769 + 200 = 969$

1 Kopfrechnen – Addieren
Rechne geschickt im Kopf.
a) $25 + 38 + 62$ b) $21 + 54 + 79$ c) $42 + 58 + 87$ d) $47 + 153 + 38$
e) $134 + 29 + 71$ f) $168 + 46 + 44$ g) $253 + (47 + 65)$ h) $219 + (81 + 54)$

2 Kopfrechnen – Multiplizieren
Rechne geschickt im Kopf.
a) $5 \cdot 19 \cdot 2$ b) $2 \cdot 7 \cdot 50$ c) $5 \cdot 31 \cdot 20$ d) $11 \cdot 8 \cdot 5$
e) $25 \cdot 7 \cdot 4$ f) $8 \cdot 5 \cdot 7 \cdot 2$ g) $2 \cdot (50 \cdot 47)$ h) $8 \cdot (125 \cdot 17)$

3 Rechne geschickt im Kopf.
a) $47 + 86 + 14$ b) $37 \cdot 2 \cdot 50$ c) $85 + (15 + 349)$ d) $25 \cdot (4 \cdot 57)$ e) $37 + 89 + 63 + 11$

Prüfe dich!
Lösungen auf Seite 253

4 Rechenvorteile nutzen

Berechne den Rechenausdruck möglichst geschickt. Nutze die Rechengesetze.

a) $187 + 435 + 93 + 165 + 13 + 107$
b) $173 + 99 + 34 + 201 + 166 + 27$
c) $93 + 179 + 14 + 321 + 57 + 86$
d) $47 + 128 + 33 + 97 + 42 + 53$
e) $125 \cdot 18 \cdot 8$
f) $5 \cdot 17 \cdot 2000$
g) $(15 \cdot 8) \cdot 125 \cdot 60$
h) $25 \cdot 7 \cdot 90 \cdot 4$

5 Rechengesetze veranschaulichen

Begründe die Assoziativgesetze für die Addition und die Multiplikation mithilfe der beiden Skizzen:

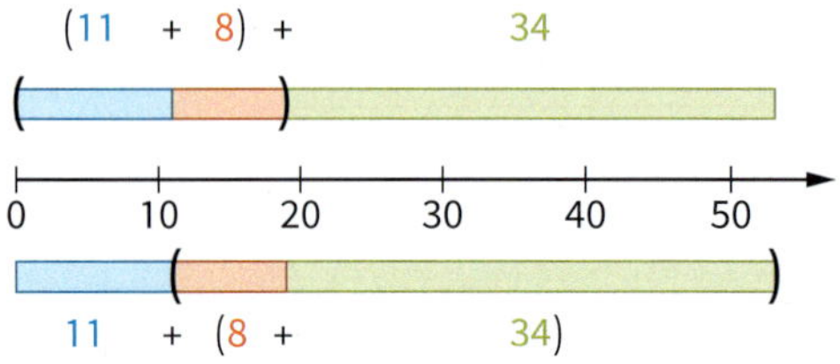

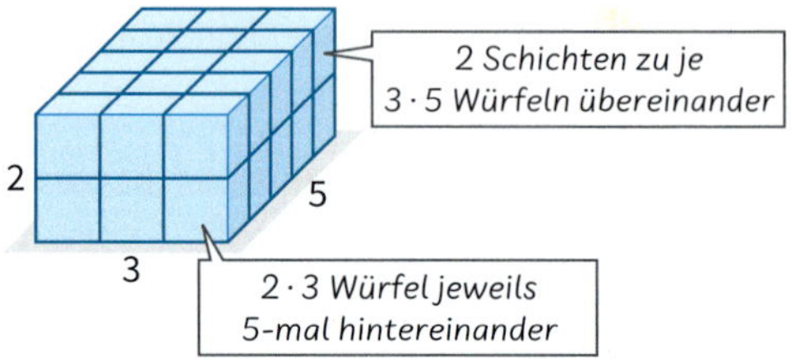

6 Der Rechentrick des kleinen Gauß

Vor mehr als 200 Jahren stellte ein Lehrer die Aufgabe, alle Zahlen von 1 bis 100 zu addieren:
$1 + 2 + 3 + 4 + 5 + 6 + 7 + 8 + 9 + 10 + 11 + \ldots + 95 + 96 + 97 + 98 + 99 + 100$
Er wollte seine Schüler für eine Weile beschäftigen, damit er in Ruhe eine andere Arbeit verrichten konnte. Der Lehrer kam aber nicht zu seiner Ruhe. Bereits nach einigen Minuten meldete sich der neunjährige Carl Friedrich Gauß mit dem richtigen Ergebnis.
Der Lehrer schaute ihn verblüfft an.
Wie kann man in so kurzer Zeit so viele Zahlen addieren?

a) Erkläre den Rechentrick, der auf der Tafel steht.
b) Berechne geschickt die Summe
   (1) der Zahlen von 1 bis 100;
   (2) der geraden Zahlen von 2 bis 100;
   (3) der ungeraden Zahlen von 1 bis 99.

Einstieg

Bürofenster zählen

Bei dem Bürohaus sollen die Fenster durch neue energiesparende Fenster ersetzt werden.
Berechne die Anzahl der Fenster auf zwei Wegen. Schreibe zu jedem Weg auch einen Rechenausdruck auf.

Lösung

1. Weg
In jeder der drei Etagen befinden sich $5 + 4 = 9$ Fenster.
Insgesamt sind es also $3 \cdot (5 + 4)$ Fenster, also $3 \cdot 9 = 27$ Fenster.

2. Weg
Links vom Eingang befinden sich $3 \cdot 5 = 15$ Fenster, rechts $3 \cdot 4 = 12$ Fenster.
Insgesamt sind es also $3 \cdot 5 + 3 \cdot 4$ Fenster, also $15 + 12 = 27$ Fenster.

Beide Rechenwege führen zum gleichen Ergebnis. Es ist: $\mathbf{3 \cdot (5 + 4) = 3 \cdot 5 + 3 \cdot 4}$

Distributivgesetz

Ausmultiplizieren
„Aus einem Produkt wird eine Summe"
- Jeden Summanden der Klammer mit dem Faktor multiplizieren
- Die entstandenen Produkte dann addieren

$6 \cdot (12 + 9) = 6 \cdot 12 + 6 \cdot 9$

$(7 + 10) \cdot 5 = 7 \cdot 5 + 10 \cdot 5$

WES-109651-051

Ausmultiplizieren

a) $12 \cdot (9 + 7) = 12 \cdot 9 + 12 \cdot 7$
b) $(38 + 26) \cdot 4 = 38 \cdot 4 + 26 \cdot 4$
c) $2 \cdot (25 - 13) = 2 \cdot 25 - 2 \cdot 13$
d) $(100 - 2) \cdot 6 = 100 \cdot 6 - 2 \cdot 6$

7 Ausmultiplizieren
Löse die Klammern mithilfe des Distributivgesetzes auf und berechne.
a) $5 \cdot (7 + 12)$ b) $8 \cdot (14 - 3)$ c) $(23 + 35) \cdot 2$ d) $(100 - 13) \cdot 4$
e) $3 \cdot (11 + 17)$ f) $(7 + 9) \cdot 8$ g) $(16 + 12) \cdot 5$ h) $(39 - 14) \cdot 6$

8 Vorteilhafte Rechenwege finden
Bei welchem Rechenausdruck ist die Rechnung einfacher? Begründe.
a) $4 \cdot 19 + 4 \cdot 6$ oder $4 \cdot (19 + 6)$
b) $9 \cdot 100 - 9 \cdot 12$ oder $9 \cdot (100 - 12)$
c) $4 \cdot 17 + 4 \cdot 23$ oder $4 \cdot (17 + 23)$
d) $8 \cdot 17 + 2 \cdot 17$ oder $(8 + 2) \cdot 17$
e) $23 \cdot 64 + 23 \cdot 36$ oder $23 \cdot (64 + 36)$
f) $10 \cdot 12 - 5 \cdot 12$ oder $(10 - 5) \cdot 12$
g) $100 \cdot 8 - 9 \cdot 8$ oder $(100 - 9) \cdot 8$
h) $76 \cdot 18 + 24 \cdot 18$ oder $(76 + 24) \cdot 18$
i) $59 \cdot 11 + 11 \cdot 11$ oder $(59 + 11) \cdot 11$
j) $15 \cdot 30 - 15 \cdot 9$ oder $15 \cdot (30 - 9)$

9 Rechne geschickt
a) $8 \cdot (17 + 3)$ b) $(23 + 27) \cdot 14$ c) $(10 + 17) \cdot 20$ d) $9 \cdot (20 - 4)$
e) $(40 - 3) \cdot 9$ f) $12 \cdot (20 + 3)$ g) $7 \cdot (30 - 12)$ h) $(100 + 9) \cdot 18$

10 Multipliziere aus.
a) $3 \cdot (17 + 19)$ b) $15 \cdot (7 + 6)$ c) $(24 - 8) \cdot 4$ d) $(35 + 16) \cdot 2$

Prüfe dich!
Lösungen auf Seite 253

11 Rechne vorteilhaft.
a) $15 \cdot (30 + 2)$ b) $(28 + 22) \cdot 14$ c) $2 \cdot (47 - 17)$ d) $(100 - 1) \cdot 8$

12 Klassenausflug
Clara sammelt für einen gemeinsamen Ausflug der Klassen 5 a und 5 b Geld ein. Die Kosten betragen pro Schüler 5 €. In Claras Klasse sind 23 Schülerinnen und Schüler, in der Parallelklasse sind es 27.
Wie viel muss Clara insgesamt einsammeln? Rechne auf zwei verschiedenen Wegen. Schreibe auch einen Rechenausdruck auf.

13 Getränkekauf
Maik möchte für seinen Geburtstag 7 Flaschen der Bio-Apfelschorle kaufen. Wie viel muss er bezahlen? Du kannst auf zwei verschiedenen Wegen rechnen. Welcher ist günstiger?

14 ≡ **Aus einer Summe wird ein Produkt – Ausklammern**

Damit eine Rechnung einfacher wird, ist es manchmal geschickt, das Distributivgesetz „rückwärts" anzuwenden. Man schreibt einen gemeinsamen Faktor vor die Klammer und sagt: „*Man klammert eine Zahl aus.*"

a) Erläutere die dargestellte Rechnung.

b) Berechne ebenso: (1) $8 \cdot 96 + 8 \cdot 4$ (2) $4 \cdot 16 + 4 \cdot 34$

Ausklammern

$14 \cdot 4 + 14 \cdot 6 = 14 \cdot (4 + 6)$

$= 14 \cdot 10$

$= 140$

15 ≡ **Distributivgesetz bei der Division**

Berechne und vergleiche.

a) $52 : 13 + 39 : 13$ und $(52 + 39) : 13$

b) $(56 + 35) : 7$ und $56 : 7 + 35 : 7$

c) $12 : (4 + 2)$ und $12 : 4 + 12 : 2$

d) $96 : 12 - 72 : 12$ und $(96 - 72) : 12$

Division und Klammern

$(80 - 16) : 8 = 80 : 8 - 16 : 8$

Jede Zahl in der Klammer dividieren.

16 ≡ **Geschicktes Rechnen**

Berechne die Rechenausdrücke. Überlege zunächst, ob es geschickt ist, das Distributivgesetz anzuwenden.

a) $(72 + 45) : 9$ b) $(168 - 28) : 14$ c) $720 : 8 - 32 : 8$ d) $(360 - 36) : 12$

e) $102 : 6 + 78 : 6$ f) $135 : 15 + 15 : 15$ g) $221 : 17 - 51 : 17$ h) $(378 + 42) : 21$

17 ≡ **Distributivgesetz anwenden**

Rechne vorteilhaft.

a) $17 \cdot 13 + 87 \cdot 17$ b) $24 \cdot 33 - 33 \cdot 14$ c) $162 : 6 + 78 : 6$ d) $54 \cdot 19 - 9 \cdot 54$

e) $47 \cdot 73 - 23 \cdot 47$ f) $135 : 15 + 15 : 15$ g) $12 \cdot 488 + 12 \cdot 12$ h) $95 \cdot 75 - 75 \cdot 95$

i) $16 \cdot 13 + 16 \cdot 29 + 16 \cdot 8$ j) $14 \cdot 38 - 3 \cdot 14 + 65 \cdot 14$

18 ≡ **Distributivgesetz beim Kopfrechnen**

Beim Kopfrechnen hast du schon immer das Distributivgesetz benutzt. Erläutere dies an den Beispielen.

$6 \cdot 27$	$7 \cdot 29$	$96 : 6$	$228 : 12$
$= 6 \cdot (20 + 7)$	$= 7 \cdot (30 - 1)$	$= (60 + 36) : 6$	$= (240 - 12) : 12$
$= 6 \cdot 20 + 6 \cdot 7$	$= 7 \cdot 30 - 7 \cdot 1$	$= 60 : 6 + 36 : 6$	$= 240 : 12 - 12 : 12$
$= 120 + 42$	$= 210 - 7$	$= 10 + 6$	$= 20 - 1$
$= 162$	$= 203$	$= 16$	$= 19$

19 ≡ **Das Distributivgesetz beim Kopfrechnen nutzen**

Berechne im Kopf.

a) $7 \cdot 36$ b) $84 \cdot 6$ c) $187 : 17$ d) $9 \cdot 98$

e) $8 \cdot 149$ f) $156 : 13$ g) $69 \cdot 4$ h) $152 \cdot 3$

i) $247 : 13$ j) $917 : 7$ k) $104 : 8$ l) $330 : 15$

Prüfe dich!
Lösungen auf Seite 254

20 ≡ Berechne geschickt.

a) $7 \cdot 40 + 7 \cdot 5$ b) $48 \cdot 6 + 52 \cdot 6$ c) $6 \cdot 13 + 6 \cdot 7$ d) $4 \cdot 26 - 4 \cdot 24$

e) $56 : 14 - 42 : 14$ f) $(88 - 55) : 11$ g) $46 \cdot 5 - 36 \cdot 5$ h) $143 : 13$

21 ≡ **Verschwundene Zahlen**

Ergänze die fehlenden Zahlen so, dass das Gleichheitszeichen stimmt.

a) $7 \cdot 26 + 9 \cdot ▒ = (▒ + 9) \cdot 26$ b) $(93 - ▒) : 3 = 93 : ▒ - 36 : 3$

4.10 Textaufgaben

Am Busbahnhof steigen 18 Personen in den leeren Bus. Während der Fahrt bis zur Endhaltestelle steigen 47 Personen zu und 38 wieder aus. Wie viele Personen kommen an der Endhaltestelle an?

WES-109651-052

Textaufgaben lösen

Auf einem Parkplatz mit 4 Einfahrten standen 97 Autos. In den nächsten 2 Stunden fuhren 36 Autos weg und 73 kamen neu hinzu. Wie viele Autos stehen nun auf dem Parkplatz?

Aufgabe sorgfältig durchlesen.

1. Was ist gesucht?	Anzahl der Autos jetzt auf dem Parkplatz
2. Wichtige Angaben notieren	„97 Autos parken“, „36 fahren weg“, „73 kommen dazu“
Nicht benötigte Angaben weglassen	4 Einfahrten, 2 Stunden
3. Angaben in Rechenarten übersetzen	„36 fahren weg“ bedeutet „– 36“ „73 kommen dazu“ bedeutet „+ 73“
4. Rechenausdruck aufstellen und berechnen	97 – 36 + 73 = 134
5. Lösung am Text kontrollieren	134 kann stimmen, denn es sind mehr hinzugekommen als weggefahren.
6. Antwortsatz formulieren.	Auf dem Parkplatz stehen jetzt 134 Autos.

1 ≡ **Textaufgaben lösen**

Löse die Textaufgabe und formuliere einen Antwortsatz.

a) In einem Theater gibt es 15 Sitzreihen. In jeder Reihe können 20 Personen sitzen. Bestimme die Anzahl der Sitzplätze.

b) Eine Eintrittskarte kostet 15 €. Es wurden 2400 € eingenommen. Bestimme die Anzahl der verkauften Eintrittskarten.

c) Ein Stuhl kostete bisher 40 €. Der Preis hat sich verdoppelt. Berechne den neuen Preis.

d) Paul ist 11 Jahre alt. Seine Oma ist 64 Jahre alt. Berechne den Altersunterschied.

e) Eine Badewanne ist mit 200 l Wasser gefüllt. Es werden 60 l herausgelassen, dann 40 l nachgefüllt. Anschließend fliest die Hälfte des Wassers ab. Berechne, wie viel Liter Wasser nun in der Badewanne sind.

f) Lina hat 800 €. Sie kauft sich einen Computer für 499 €, einen Monitor für 129 €, eine Festplatte für 59 € und eine kabellose Maus für 12 €. Berechne, wie viel Geld übrig bleibt.

g) Opa Werner gibt seinen 5 Enkeln insgesamt 75 €. Diese sollen gerecht aufgeteilt werden. Berechne, wie viel jedes Kind erhält.

h) Julia gibt Paula 5 Münzen. Nun hat Paula 20 Münzen und damit halb so viele wie Julia. Berechne, wie viele Münzen Julia zu Beginn hatte.

i) In einem Fitness-Studio, in dem man an 26 Geräten trainieren kann, kostet der Beitrag in jedem Monat 28 €. Berechne den Jahresbeitrag.

j) Bauer Lustig baut in 2 Wochen einen 200 m langen Zaun. Alle 5 m kommt ein Pfosten in den Boden. Berechne die Anzahl der benötigten Pfosten.

Einstieg

Vom Rechenausdruck zur Textaufgabe

Notiere eine Textaufgabe zu dem gegebenen Rechenausdruck.

a) 12 + 4 b) 12 – 4 c) 12 · 4 d) 12 : 4

Von der Textaufgabe zum Rechenausdruck

Eine Textaufgabe beschreibt eine Situation. Die Schlüsselwörter können dir helfen, den Text in einen Rechenausdruck zu übersetzen.

+ plus	– minus	· mal	: geteilt
„kommt hinzu“ „wird mehr“ „vermehrt sich“ „nimmt zu“ „ergibt zusammen“	„verringert sich“ „wird weniger“ „gibt ab“ „nimmt ab“ „bleibt übrig“	„wird vervielfacht“ „wird verdoppelt“ „von 1 Tag auf 7 Tage“	„wird verteilt“ „wird habiert“ „wird aufgeteilt“ „von 7 Tagen auf 1 Tag“ „durchschnittlich“

25 + 17

25 Kinder sind im Bus. Es kommen 17 Kinder hinzu. Wie viele Kinder sind nun im Bus?

Rechnung: 25 + 17 = 42

Nun sind 42 Kinder im Bus.

2 · 7

Sophia isst jeden Tag 2 Brötchen. Wie viele Brötchen isst sie in einer Woche?

Rechnung: 2 · 7 = 14

Sophia isst in einer Woche 14 Brötchen.

38 – 12

Leonie hat 38 €. Sie kauft einen neuen Füller für 12 €. Wie viel Geld bleibt übrig?

Rechnung: 38 – 12 = 26

Leonie bleiben noch 26 € übrig.

8 : 4

4 Personen essen 8 Brötchen. Wie viele Brötchen isst jede Person durchschnittlich?

Rechnung: 8 : 4 = 2

Jeder isst durchschnittlich 2 Brötchen.

2 ≡ **Weitere Schlüsselwörter für Textaufgaben**

Überlege dir weitere Schlüsselwörter für die verschiedenen Rechenarten. Ergänze die Tabelle aus dem roten Kasten mit deinen Schlüsselwörtern.

3 ≡ **Textaufgaben mit Schlüsselwörtern**

Lies die Textaufgabe genau. Überlege dir zunächst, welche Rechenart du nutzen kannst. Löse dann die Textaufgabe und schreibe einen Antwortsatz auf.

a) Max hat 20 €. Nun kauft er für 13,65 € ein. Berechne, wie viel Geld übrig bleibt.
b) Eine Kiste enthält 12 Flaschen. Berechne die Anzahl der Flaschen von 8 Kisten.
c) Ein Buch hat 294 Seiten. Emma möchte das Buch in einer Woche durchlesen. Berechne, wie viele Seiten Emma dazu durchschnittlich pro Tag lesen muss.
d) Ein Stück Kuchen kostet 2,70 €. Noah lädt Felix und Mika zum Kuchenessen ein. Die drei essen jeder ein Stück Kuchen. Berechne, wie viel Noah bezahlen muss.
e) Franzi ist in einer Woche insgesamt 154 km mit dem Fahrrad gefahren. Berechne, wie viele Kilometer sie durchschnittlich pro Tag gefahren ist.
f) 25 Kinder der 5 a und 28 Kinder der 5 b fahren mit 4 Begleitpersonen auf Klassenfahrt. Berechne die Anzahl der Personen, die auf der Klassenfahrt sind.
g) Mia hat 15 Muscheln gesammelt. Sie gibt 5 Muscheln an Ben ab. Ben sammelt weitere Muscheln und schenkt Mia 4 Muscheln. Berechne die Anzahl der Muscheln, die Mia nun hat.
h) Susi trainiert täglich an neun Geräten. An jedem Gerat macht sie 15 Übungen. Berechne die Anzahl der Übungen pro Tag. Berechne die Anzahl der Übungen, die Susi in einer Woche macht.

4 Zur Fußball-Weltmeisterschaft gibt es Sammelbilder in Tüten mit jeweils 5 Bildern.
a) Lara kauft gleich 6 Tüten mit Sammelbildern. Berechne die Anzahl der Bilder.
b) Lena hat schon 95 Bilder. Berechne die Anzahl der Tüten, die Lena gekauft hat.

Prüfe dich!
Lösungen auf Seite 254

5 **Bücherwurm**
Willi will ein Buch mit 395 Seiten lesen. Seinen fünf Kindern erzählt er immer, wie viele Seiten er geschafft hat: „*Am ersten Tag habe ich 46 Seiten geschafft, am zweiten Tag 108 Seiten und am dritten Tag 59 Seiten.*“ Berechne die Anzahl der Seiten, die Willi noch lesen muss.

6 **Apfelgeschichten**
a) Bauer Schupp hat 216 Apfelbäume. Sie stehen in 12 Reihen. Berechne die Anzahl der Bäume, die in jeder Reihe stehen.
b) Die drei Kinder des Bauern sammeln heruntergefallene Äpfel ein. Piet sammelt 15 Äpfel, Laura 13 und Leonie 22. Berechne die Anzahl der gesammelten Äpfel.
c) Um Äpfel auf dem Markt zu verkaufen, werden sie in Kisten verpackt. In jeder Kiste sind 15 Äpfel. Bauer Schupp hat 38 Kisten packen können. Berechne, wie viele Äpfel er verkaufen will.

7 **Skilift**
Ein Sessellift fährt an jedem Tag der Woche neun Stunden lang. Pro Stunde können 528 Personen befördert werden. In einem Sessel dürfen höchstens drei Personen sitzen.
a) Berechne die Anzahl der Personen, die pro Woche mit dem Sessellift befördert werden können.
b) Berechne, wie viele Sessel pro Stunde mindestens fahren müssen.

8 **Hotelzimmer**
Im Hotel „Sonnenblick“ gab es bisher 25 Einzelzimmer und 17 Doppelzimmer. Durch den neuen Anbau kommen 15 Einzelzimmer und 19 Doppelzimmer hinzu.
a) Berechne die Anzahl der Zimmer und die Anzahl der Betten, die das Hotel nun hat.
b) Hannes behauptet, dass sich die Anzahl der Betten durch den Anbau verdoppelt hat. Stimmt das?
c) Die vier Servicekräfte des Hotels sind für alle Zimmer zuständig. Berechne, für wie viele Zimmer eine Servicekraft zuständig ist, wenn die Zimmer gleichmäßig aufgeteilt werden.

9 **Fußballspiel**
In einem Fußballstadion gibt es 9000 Sitzplätze und 1600 Stehplätze. Eine Sitzplatzkarte kostet 15 €, eine Stehplatzkarte 8 €.
a) Berechne, wie viel der Verein durch den Verkauf aller Karten einnehmen kann.
b) Beim letzten Spiel betrugen die Einnahmen 139 120 €. Es wurden 8512 Sitzplatzkarten verkauft. Berechne die Anzahl der verkauften Stehplatzkarten.

10 **Beim Bäcker**
Lina will Brötchen kaufen. Ihre Mutter hat ihr einen 10-€-Schein mitgegeben. Sie kauft 6 Brötchen zu je 0,35 € und 5 Mohnbrötchen zu je 0,48 €.
a) Berechne, wie viel Geld übrig bleibt.
b) Berechne, wie viele Schokohörnchen zu 1,25 € pro Stück Lina vom Restgeld kaufen kann.

Mein Merkzettel

Seite 92
Seite 100

15 + 3 Addition
Summand + Summand = Summe
Die Summe der Zahlen 15 und 3.

12 · 9 Multiplikation
Faktor · Faktor = Produkt
Das Produkt der Zahlen 12 und 9.

18 – 5 Subtraktion
Minuend – Subtrahend = Differenz
Die Differenz der Zahlen 18 und 5.

20 : 4 Division
Dividend : Divisor = Quotient
Der Quotient der Zahlen 20 und 4.

Seite 96

		6	2	4	3
+				8	2
+	9	7	3	2	7
+			1	5	3
	1		2	1	
1	0	3	8	0	5

Schriftliches Addieren
- Einer unter Einer, Zehner unter Zehner … schreiben
- stellenweise addieren
- mit den Einern beginnen
- Übertrag beachten und notieren

Seite 98
Seite 99

	4	1	9	0	3
–	1	8	1	4	2
–		7	3	8	5
	2		2	1	
	1	6	3	7	6

Schriftliches Subtrahieren
- Einer unter Einer, Zehner unter Zehner … schreiben
- bei mehreren Subtrahenden die Summe der Subtrahenden bilden
- mit den Einern beginnen
- stellenweise ergänzen (2 + 5 + 6 = 13)
- Übertrag beachten und notieren

Seite 103

4	7	3	8	·	5
			3	1	4
	2	3	6	9	0

Schriftliches Multiplizieren
- jede Stelle mit 5 multiplizieren
- mit den Einern beginnen, dann Zehner …
- 8 · 5 ist 40: „0 schreib hin, 4 im Sinn"

Seite 103

4	7	3	8	·	3	5
			2	1	2	
	1	4	2	1	4	0
				3	1	4
		2	3	6	9	0
				1		
	1	6	5	8	3	0

Schriftliches Multiplizieren
- jede Stelle mit 3 multiplizieren, Null ergänzen
- jede Stelle mit 5 multiplizieren
- Teilprodukte addieren

Seite 106
Seite 107

	4	9	6	6	:	1	3	=	3	8	2
–	3	9									
	1	0	6								
–	1	0	4								
			2	6							
		–	2	6							
				0							

Schriftliches Dividieren
- links beginnen
- 4:13 geht nicht, nächste Stelle hinzunehmen
- 49 : 13 geht 3-mal,
  3 im Ergebnis notieren, 49 – 39 = 10
- Die 6 als nächste Ziffer von oben holen …

Seite 95
Seite 106

Umkehraufgabe

Das Subtrahieren einer Zahl wird durch das Addieren dieser Zahl rückgängig gemacht.
Aufgabe: 38 – 13 = 25
Umkehraufgabe: 25 + 13 = 38

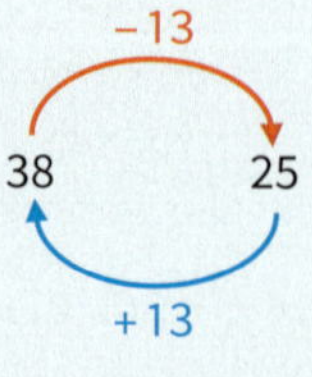

Das Dividieren durch eine Zahl wird durch das Multiplizieren mit dieser Zahl rückgängig gemacht.
Aufgabe: 48 : 16 = 3
Umkehraufgabe: 3 · 16 = 48

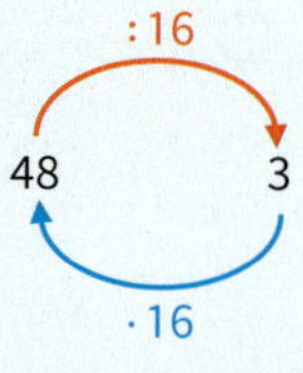

Rechnen mit der 0

Seite 102

Addition: $63 + 0 = 63$
Der Wert der Zahl ändert sich nicht.

Multiplikation: $142 \cdot 0 = 0$
Das Produkt einer Zahl mit 0 ist immer 0.

Subtraktion: $89 - 0 = 89$
Der Wert der Zahl ändert sich nicht.

Division: $0 : 37 = 0$
0 geteilt durch eine Zahl ist immer 0.
~~5 : 0~~ ist verboten!
Durch 0 darf man nicht dividieren.

Potenzen

Seite 105

Exponent (Hochzahl)

$$2^7 = \underbrace{2 \cdot 2 \cdot 2 \cdot 2 \cdot 2 \cdot 2 \cdot 2}_{\text{7 gleiche Faktoren}}$$

Basis (Grundzahl)

$2^3 = 8$
$2^4 = 16$
$2^5 = 32$
$3^3 = 27$
$3^4 = 81$

Quadratzahlen

$1^2 = 1$	$6^2 = 36$	$11^2 = 121$	$16^2 = 256$
$2^2 = 4$	$7^2 = 49$	$12^2 = 144$	$17^2 = 289$
$3^2 = 9$	$8^2 = 64$	$13^2 = 169$	$18^2 = 324$
$4^2 = 16$	$9^2 = 81$	$14^2 = 196$	$19^2 = 361$
$5^2 = 25$	$10^2 = 100$	$15^2 = 225$	$20^2 = 400$

Rechenregeln für Rechenausdrücke

Seite 109

Ein Rechenausdruck besteht aus Zahlen, Klammern und Rechenzeichen.
Bei der Berechnung eines Rechenausdrucks müssen die Rechenregeln beachtet werden:

- Klammern zuerst berechnen — $47 - (22 + 15) = 47 - 37$
- Potenzrechnung vor Punktrechnung — $4 \cdot 7^2 = 4 \cdot 49$
- Punktrechnung vor Strichrechnung — $72 - 8 \cdot 4 = 72 - 32$
- Von links nach rechts — $56 - 13 + 8 = 43 + 8$

Kommutativgesetz

Seite 113

$5 + 15 = 15 + 5$
- Summanden darf man vertauschen

$12 \cdot 6 = 6 \cdot 12$
- Faktoren darf man vertauschen

Assoziativgesetz

$18 + 75 + 25 = 18 + (75 + 25)$
- Man darf in beliebiger Reihenfolge addieren

$17 \cdot 5 \cdot 20 = 17 \cdot (5 \cdot 20)$
- Man darf in beliebiger Reihenfolge multiplizieren

Distributivgesetz

Seite 115
Seite 116

Ausmultiplizieren
„Aus einem Produkt wird eine Summe"
$6 \cdot (12 + 9) = 6 \cdot 12 + 6 \cdot 9$

- Jeden Summanden der Klammer mit dem Faktor 6 multiplizieren.
- Die Produkte berechen und anschließend addieren.

Ausklammern
„Aus einer Summe wird ein Produkt"
$5 \cdot 7 + 5 \cdot 8 = 5 \cdot (7 + 8)$

- Den Faktor 5, der in beiden Summanden vorkommt, ausklammern.
- Die Summe in der Klammer berechnen und anschließend multiplizieren.

Lösungen auf Seite 254

Wiederholen für die Klassenarbeit

1 ≡ **Kopfrechnen – addieren und subtrahieren**

Berechne die Summen und Differenzen im Kopf und notiere die Ergebnisse.

a) 25 + 34 b) 77 – 18 c) 37 + 36 d) 81 – 25 e) 45 + 56 f) 51 – 17

2 ≡ **Vom Text zum Rechenausdruck**

Schreibe den Rechenausdruck auf und berechne ihn.

a) die Summe von 18 und 32 b) die Differenz von 63 und 16 c) Minuend 48, Subtrahend 9

3 ≡ **Veränderungen bei Summen und Differenzen**

a) Beschreibe, wie sich eine Differenz ändert, wenn man den Minuenden um 5 erhöht.

b) Beschreibe, wie sich eine Summe ändert, wenn man beide Summanden um 8 verkleinert.

4 ≡ **Schriftlich addieren und subtrahieren**

Berechne schriftlich. Achte darauf sorgfältig untereinander zu schreiben.

a) 2723 + 6891 b) 3409 + 798 c) 92 576 + 3215

d) 4297 + 625 + 8749 e) 45 002 + 18 + 3729 + 391 f) 78 128 + 66 239 + 251 + 897

g) 4519 – 2768 h) 31 002 – 17 659 i) 38 910 – 37 125

j) 8172 – 984 – 365 – 794 k) 9014 – 3496 – 2713 – 452 l) 10 000 – 1245 – 379 – 4238

5 ≡ **Zuschauer**

a) Für ein Fußballspiel wurden 8427 Sitzplatzkarten und 925 Stehplatzkarten verkauft. Bestimme, wie viele Karten insgesamt verkauft wurden.

b) Von 9427 Zuschauern eines Handballspiel saßen 2839 auf der Haupttribüne. Bestimme die Anzahl der Zuschauer, die nicht auf der Haupttribüne saßen.

6 ≡ **Zahlenrätsel**

Bestimme die gesuchte Zahl mit der Umkehraufgabe.

a) Zu welcher Zahl muss man 38 addieren, um 411 zu erhalten?

b) Von welcher Zahl muss man 54 subtrahieren, um 312 zu erhalten?

c) Welche Zahl muss man von 107 subtrahieren, um 38 zu erhalten?

7 ≡ **Kopfrechnen – multiplizieren und dividieren**

Berechne die Produkte und Quotienten im Kopf und notiere die Ergebnisse.

a) $5 \cdot 9$ b) $77:11$ c) $13 \cdot 4$ d) $48:4$ e) $28 \cdot 2$ f) $51:3$

8 ≡ **Vom Text zum Rechenausdruck**

Schreibe den Rechenausdruck auf und berechne ihn.

a) Produkt aus 9 und 8 b) Quotienten aus 80 und 4 c) multipliziere 16 mit 3

d) dividiere 39 durch 13 e) Dividend 20, Divisor 10 f) ein Faktor 5, ein Faktor 8

9 ≡ **Schriftlich multiplizieren**

Mache zunächst einen Überschlag und berechne dann schriftlich.

a) $368 \cdot 7$ b) $508 \cdot 9$ c) $235 \cdot 36$ d) $409 \cdot 73$ e) $612 \cdot 428$ f) $907 \cdot 308$

10 ≡ **Vom Rechenausdruck zum Text**

Schreibe in Worten mit Fachbegriffen und berechne.

a) $5 + 7 \cdot 11$ b) $120:4 - 2$ c) $(12 - 7) \cdot (12 + 7)$

11 ≡ **Veränderungen bei Produkten und Quotienten**

a) Beschreibe, wie sich ein Produkt ändert, wenn beide Faktoren verdreifacht werden.

b) Beschreibe, wie sich ein Quotient ändert, wenn der Divisor halbiert wird.

Lösungen auf Seite 254

12 **Potenzen**

Schreibe als Potenz und berechne.

a) $4 \cdot 4 \cdot 4$ b) $12 \cdot 12$ c) $5 \cdot 5 \cdot 5 \cdot 5$ d) $10 \cdot 10 \cdot 10 \cdot 10$ e) Basis 3, Exponent 5

13 **Schriftlich dividieren**

Mache einen Überschlag und dividiere dann.

a) $3222 : 6$ b) $6356 : 7$ c) $4992 : 12$ d) $23\,240 : 40$ e) $4300 : 25$ f) $6606 : 18$

14 **Kleine Textaufgaben**

a) In einem Chor gibt es 12 Reihen, in denen jeweils 18 Chormitglieder stehen. Bestimme die Anzahl der Chormitglieder.

b) 6 Personen sollen 468 Personen befragen. Die 6 Personen teilen sich die Aufgabe gleichmäßig auf. Bestimme die Anzahl an Personen, die jede Person befragen muss.

15 **Rechenausdrücke berechnen**

Berechne den Rechenausdruck. Achte auf die Rechenregeln.

a) $13 + 7 \cdot 6$ b) $20 - 5 : 5$ c) $39 : 3 + 2 \cdot 3$ d) $50 - 2 \cdot (6 + 3)$

e) $25 - 5 \cdot 3$ f) $56 : 4 + 4$ g) $68 : 4 + 32 : 4$ h) $36 + 45 : (4 + 5)$

16 **Vom Text zum Rechenausdruck**

Stelle einen Rechenausdruck auf und berechne ihn.

a) Addiere zum Produkt der Zahlen 19 und 6 den Quotienten der Zahlen 85 und 5.

b) Subtrahiere von der Differenz der Zahlen 98 und 29 die Summe der Zahlen 16 und 4.

17 **Kopfrechnen**

Rechne geschickt im Kopf und notiere das Ergebnis.

a) $46 + 87 + 13$ b) $25 \cdot 36 \cdot 4$ c) $27 + 84 + 73$ d) $47 \cdot 7 + 47 \cdot 3$

e) $64 + 37 + 16$ f) $240 : 4 + 240 : 6$ g) $40 \cdot 57 \cdot 25$ h) $104 \cdot 2 + 104 \cdot 8$

18 **Klammer auflösen**

Löse die Klammer mithilfe des Distributivgesetzes auf und berechne.

a) $(18 + 53) \cdot 2$ b) $5 \cdot (16 + 10)$ c) $(66 - 39) : 3$ d) $(120 + 48) : 4$

e) $8 \cdot (6 + 10)$ f) $(55 + 60) : 5$ g) $3 \cdot (15 + 21)$ h) $(32 + 17) \cdot 2$

19 **Flughafen**

An einem Flughafen fliegen täglich viele Passagiere ab oder kommen an. Am Montag waren es 23 406, am Dienstag 16 974 und am Mittwoch 21 684. Bestimme die Anzahl der Passagiere über die drei Tage. Bestimme die durchschnittliche Anzahl an Passagieren pro Tag.

20 **Dosen stapeln**

Auf einem Lkw sind Kartons mit Ravioli-Dosen gestapelt. In jedem Karton sind 24 Dosen. Es gibt 15 Reihen mit jeweils 8 Kartons. Übereinander sind 12 Kartons gestapelt. Bestimme die Anzahl der Dosen, die der Lkw geladen hat.

21 **Lauftraining**

Ben hat ein Lauftraining gestartet. Am ersten Tag läuft er zehn Minuten. Er plant, jeden Tag zu laufen. Außerdem will Ben an jedem Tag zwei Minuten länger laufen als am Tag vorher.

a) Bestimme Bens Trainingszeit in der ersten Woche.

b) Als Ben seinem Freund Lukas von seinen Läufen erzählt, lacht Lukas: *„Das ist ja lustig. Ich bin genauso viel gelaufen wie du – aber jeden Tag gleich lange.“* Prüfe, ob das sein kann.

22 **Zahlenrätsel zum Knobeln**

„Wenn ich meine gedachte Zahl mit 7 multipliziere und dann 10 addiere, erhalte ich das 9-fache meiner gedachten Zahl.“ Bestimme die Zahl.

5 Größen

Elefanten streifen als soziale Tiere mit ihren Familien auf der Suche nach Wasser durch die Steppe.

Wie groß und wie schwer wird ein Elefant?

Wie alt wird ein Elefant?

In diesem Kapitel

- Warum messen wir in Meter?
- Wie weit ist es von Pforzheim nach Karlsruhe?
- Kann ich eine Million Euro in 5-Euro-Scheinen tragen?
- Wie viel Rot und Gelb ergeben Orange?

5.1 Längen messen

Anna und Finn haben verschiedene Längen gemessen und notiert. Bei den Längeneinheiten ist einiges durcheinandergeraten. Kann das sein? Korrigiere die Fehler.

- *Das Fahrrad ist 2 dm lang.*
- *Der Klassenraum ist 6 cm breit.*
- *Der Bleistift ist 20 km lang.*
- *Der Sportplatz ist 1 mm entfernt.*

WES-109651-053

Größen – Maßzahl und Maßeinheit

Größen im Alltag sind zum Beispiel Längen, Flächen, Massen (Gewichte) oder Zeitspannen. Sie können gemessen werden. Größen bestehen aus einer Maßzahl und einer Maßeinheit. Je nach Situation werden verschiedene Maßeinheiten verwendet.

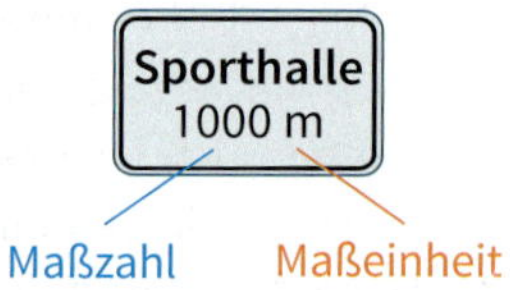

Längeneinheiten

1 Kilometer 1 km

kurzer Spaziergang

1 Meter 1 m

großer Schritt

1 Dezimeter 1 dm

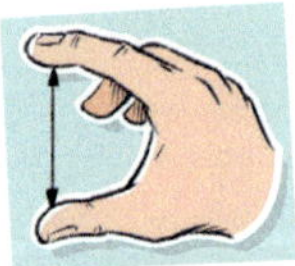

„U“ mit der Hand

1 Zentimeter 1 cm

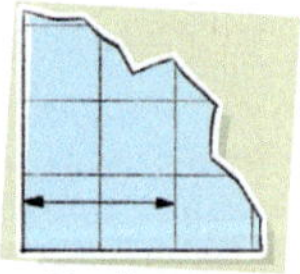

Breite von 2 Kästchen

1 Millimeter 1 mm

Breite eines i-Punkts

Vorsilben
Kilo – tausend
Dezi – Zehntel
Zenti – Hundertstel
Milli – Tausendstel

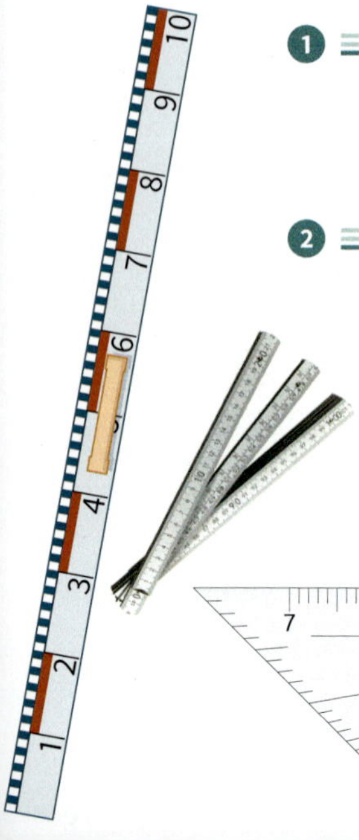

1 Einheiten zuordnen

In welcher Längeneinheit gibt man die Länge sinnvollerweise an?

a) Baumhöhe b) Türbreite c) Stiftlänge d) Schulweg
e) Blattlaus f) Flusstiefe g) Flusslänge h) Marienkäfer

2 Messgeräte

Das 1 m lange Tafellineal, der Zollstock und das Geodreieck haben unterschiedliche Einteilungen. Wo findest du auf den Messgeräten die dargestellten Längeneinheiten?

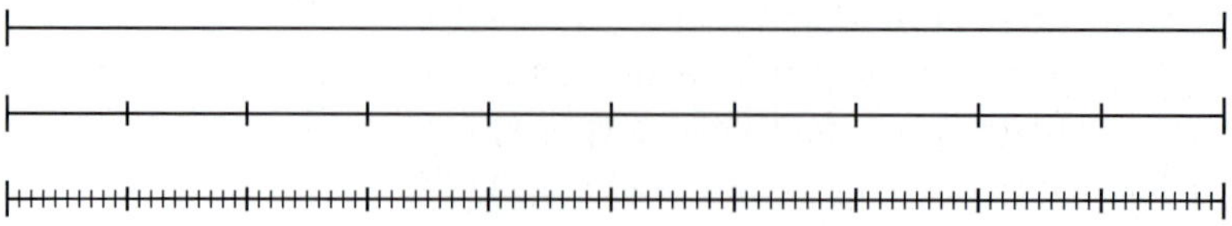

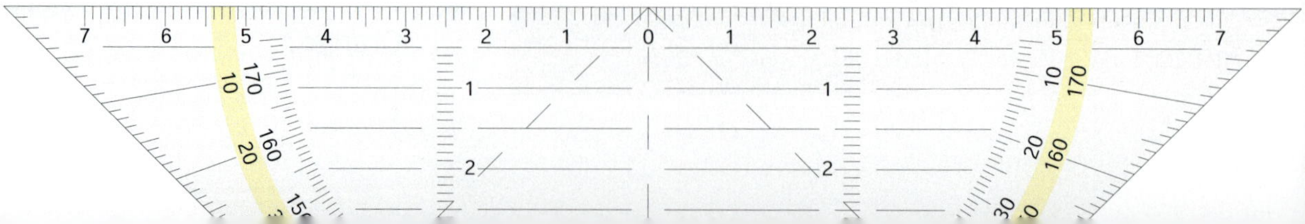

3 ≡ **Münzen messen**

Schätze den Durchmesser der Geldmünze. Schreibe ihn in einer Tabelle auf.
Miss dann den Durchmesser der Münze.
Vergleiche den Messwert mit dem Schätzwert. Wie groß waren deine Abweichungen?

Münze	2 Euro	1 Euro	50 Cent	...
Schätzwert	■	■	■	■
Messwert	■	■	■	■
Abweichung	■	■	■	■

4 ≡ **Längen schätzen und messen**

Schätze die Längen der abgebildeten Insekten ohne Fühler. Miss dann.

Honigbiene

Blattlaus

Ameise

Marienkäfer

5 ≡ **Schätzspiel – Gruppenspiel**

Eine Person markiert auf einem Blatt zwei Punkte.
Alle Mitspielerinnen und Mitspieler schätzen den Abstand, den die beiden Punkte voneinander haben und notieren ihren Schätzwert.
Jetzt wird gemessen.
Die Abweichung des Schätzwertes vom Messwert (in mm) wird für jeden als Minuspunkte notiert.
Danach markiert die nächste Person zwei neue Punkte usw.

6 ≡ **Fehlende Einheiten**

Ergänze in den folgenden Sätzen zu der Maßzahl die passende Einheit.

a) Mein Füller hat eine Länge von 136 ■.
b) Unser Schulflur ist 2,90 ■ breit.
c) Das Fenster ist 15 ■ hoch.
d) Bis zum Sportplatz sind es 1 ■.

---

7 ≡ Gib die Längeneinheit an, in der sinnvollerweise die Länge angegeben werden sollte.

a) Breite einer Straße
b) Breite einer Briefmarke
c) Dicke einer Münze

Prüfe dich!
Lösungen auf Seite 255

8 ≡ Gib die Längeneinheiten an, die auf einem Geodreieck dargestellt sind.

Woher stammt das Meter?

Im Jahr 1793, vor mehr als 200 Jahren, wurde das Meter als der vierzigmillionste Teil des Erdumfangs festgelegt. Denkst du dir ein Band um den Äquator gelegt, so hätte dies die unglaubliche Länge von 40 000 000 Meter. Im Jahr 1889 entschied man sich ein dauerhaftes Modell eines Meters herzustellen, das sogenannte Urmeter. Das Urmeter wird auch heute noch in Paris aufbewahrt. Alle Zollstöcke, Lineale oder Bandmaße sind durch direkten oder indirekten Vergleich entstanden.
Mit dem Fortschritt der Physik entschloss man sich 1983 zu einer neuen Festlegung. Dafür benutzten Wissenschaftler die genauesten Uhren der Welt, sogenannte Atomuhren und Laser. Das Meter ist die Länge der Strecke, die das Licht im luftleeren Raum im 299 792 458sten Teil einer Sekunde zurücklegt.
Die neue Festlegung ist sehr genau, aber für den alltäglichen Gebrauch viel zu umständlich.

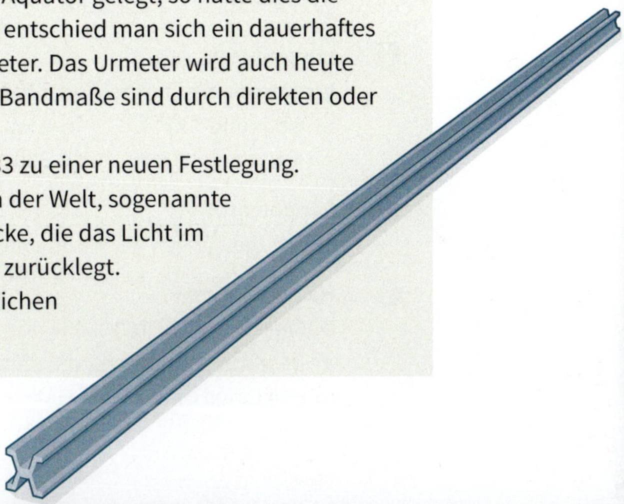

5.2 Längeneinheiten umrechnen

Vorbereiten
Seite 233

Nach Lörrach sind es nach dem Hinweisschild noch 30 km.
Wie viele Meter sind das?
Gib die Entfernung auf den Hinweisschildern in Meter und in Kilometer an.

WES-109651-054

Längen mit Umrechnungszahlen in verschiedene Einheiten umrechnen

Mit den Umrechnungszahlen kann man Längen in verschiedene Einheiten umrechnen.

$1\,\text{km} = 1000\,\text{m}$ ($\cdot 1000$ / $:1000$)

$1\,\text{m} = 10\,\text{dm}$ ($\cdot 10$ / $:10$)

$1\,\text{dm} = 10\,\text{cm}$ ($\cdot 10$ / $:10$)

$1\,\text{cm} = 10\,\text{mm}$ ($\cdot 10$ / $:10$)

Größere Einheit → kleinere Einheit
Die Maßzahl mit der Umrechnungszahl multiplizieren, die kleinere Einheit nutzen.

$8\,\text{dm} \xrightarrow{\cdot 10} 80\,\text{cm} \xrightarrow{\cdot 10} 800\,\text{mm}$, also $8\,\text{dm} = 80\,\text{cm} = 800\,\text{mm}$

Wenn die Einheit kleiner wird, so wird die Maßzahl größer.

Kleinere Einheit → größere Einheit
Die Maßzahl durch die Umrechnungszahl dividieren, die größere Einheit nutzen.

$300\,\text{mm} \xrightarrow{:10} 30\,\text{cm} \xrightarrow{:10} 3\,\text{dm}$, also $300\,\text{mm} = 30\,\text{cm} = 3\,\text{dm}$

Wenn die Einheit größer wird, so wird die Maßzahl kleiner.

1 Längen in nächstkleinere Einheit umrechnen
Gib die Länge in der nächstkleineren Einheit an.
a) 2 cm b) 3 m c) 10 km d) 42 dm e) 15 m f) 30 cm
g) 9 dm h) 25 km i) 12 m j) 50 cm k) 5 m l) 245 m

2 Längen in nächstgrößere Einheit umrechnen
Gib die Länge in der nächstgrößeren Einheit an.
a) 20 dm b) 400 cm c) 5000 m d) 50 dm e) 150 cm f) 70 mm
g) 900 mm h) 230 dm i) 20 cm j) 20 000 m k) 7500 cm l) 40 mm

3 Längenvergleich
Vergleiche die Längen und gib die größere an. Rechne dazu in eine gemeinsame Einheit um.
a) 8 dm und 7 m b) 2 km und 2250 m c) 750 m und 8000 cm d) 1 dm und 2000 mm
e) 4 m und 5000 cm f) 250 mm und 100 dm g) 2 km und 8000 dm h) 800 mm und 2 m

4 Längen ordnen
Ordne die Längen der Größe nach.

450 mm 3 dm $\frac{1}{4}$ m 40 cm 1 km

5 Haarig, haarig
Du hast ungefähr 100 000 Haare. Jedes Haar wächst pro Monat etwa 10 mm.
a) Bestimme die Länge, die deine Haare zusammen jeden Monat wachsen.
b) Wie lange braucht ein Haar, um 15 cm lang zu werden?

Umrechnen mit der Einheitentabelle

In der Einheitentabelle können gegebene Längen eingetragen werden.

·1000 ·10 ·10 ·10

gegebene Länge	km H	km Z	km E	m H	m Z	m E	dm	cm	mm	größere Einheit	kleinere Einheit
125 cm						1	2	5	0	1,25 m	1250 mm
1500 m			1	5	0	0	0	0	0	1,5 km	1 500 000 mm
1,05 m			0	0	0	1	0	5		0,001 05 km	105 cm
42 195 m		4	2	1	9	5	0	0		42,195 km	4 219 500 cm

Zum Ablesen in einer größeren oder kleineren Einheit gehe zum Einer der entsprechenden Einheit. Ergänze gegebenenfalls eine Null und ein Komma. Das Komma trennt die Einheiten.

WES-109651-055

6 Einheitentabelle – kleinere Einheit

Rechne mithilfe der Einheitentabelle in die nächstkleinere Einheit um.

a) 25 cm b) 8 m c) 20 dm d) 75 m e) 45 m f) 12 km
g) 0,45 dm h) 0,208 km i) 0,5 m j) 1,25 m k) 2,5 dm l) 25,8 m

7 Einheitentabelle – größere Einheit

Rechne mithilfe der Einheitentabelle in die nächstgrößere Einheit um.

a) 550 dm b) 25000 m c) 1609 m d) 15 mm e) 25 m f) 30 cm
g) 2,05 cm h) 25,5 mm i) 0,5 m j) 1,05 m k) 0,75 cm l) 12,5 dm

8 Längen ordnen

Ordne die Längen der Größe nach. Gib die Größen in derselben Einheit an.

a) 80 mm; 23 cm; 45 dm b) 0,5 m; 25 dm; 1,5 m c) 2505 m; 5,6 km; 0,4 km
d) 250 mm; 30 cm; 45 dm e) 0,75 m; 0,2 km; 50 dm f) 0,504 km; 105 m; 50 dm

9 Gib die Länge in der angegebenen Einheit an.

Prüfe dich! Lösungen auf Seite 255

a) 750 m in km b) 8 dm in cm c) 300 mm in cm
d) 250 dm in km e) 12 mm in dm f) 25 cm in mm
g) 2 m in cm h) 60 cm in m i) 45 dm in mm

10 Ordne die Längen der Größe nach. Beginne mit der kleinsten.

a) 4 m; 60 dm; 280 cm b) 0,25 m; 2,05 dm; 10,5 m c) 1500 m; 275 dm; 0,5 km

11 Gemischte Einheiten

Gib die Länge in der angegebenen Einheit an.

a) 2 km 500 m in m b) 700 m 500 dm in dm c) 10 m 50 cm in cm
d) 15 km 200 m in dm e) 30 cm 15 mm in mm f) 12 m 4 cm in dm

12 Anteile von Längen

Nachschlagen Seite 51

Gib den Anteil in einer kleineren Einheit an.
Skizziere wie im Beispiel.

a) $\frac{1}{4}$ m b) $\frac{2}{5}$ km c) $\frac{3}{10}$ dm
d) $\frac{1}{10}$ m e) $\frac{3}{4}$ km f) $\frac{3}{5}$ m
g) $\frac{9}{10}$ m h) $\frac{1}{4}$ km i) $\frac{3}{8}$ km

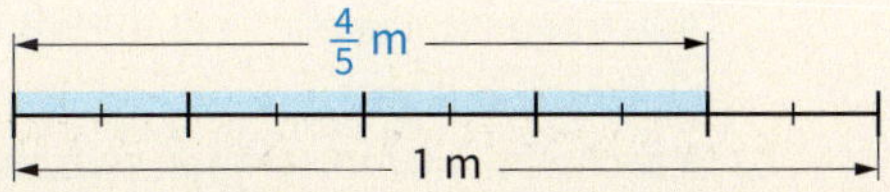

1 m $\xrightarrow{:5}$ $\frac{1}{5}$ m $\xrightarrow{\cdot 4}$ $\frac{4}{5}$ m

100 cm $\xrightarrow{:5}$ 20 cm $\xrightarrow{\cdot 4}$ 80 cm

Nachschlagen
Seite 22

13 Längen runden

Wandle in die angegebene Einheit um und runde.

a) Runde auf volle Zentimeter:	12 mm	467 mm	69 mm	25 mm	1214 mm
b) Runde auf volle Dezimeter:	125 cm	205 cm	2789 cm	535 mm	4025 mm
c) Runde auf volle Meter:	755 cm	1250 cm	857 dm	6540 mm	1992 cm
d) Runde auf volle Kilometer:	4900 m	3333 m	1609 m	89 560 cm	986 540 dm

14 Anteile bestimmen

a) Eine geplante Umgehungsstraße ist 20 km lang. Es sind $\frac{4}{5}$ der Straße fertig. Wie viele Kilometer sind das?

b) Die neue Velo-Route ist 12 km lang. $\frac{5}{6}$ der Route sind geteert. Wie viele Kilometer sind das?

15 Mit Längen rechnen

a) 85 cm + 310 cm b) 25 m + 400 cm c) 250 m – 500 dm
d) 10 m – 25 cm e) 0,5 m + 20 cm f) 7,03 km + 10 m
g) 4,05 m + 0,5 dm h) 0,4 dm + 10 mm i) 0,04 km + 60 m
j) 200 · 4 cm k) 1,5 km : 3 l) 3,05 m · 4

16 Fehlende Einheiten

In den Aufgaben sind die Einheiten verloren gegangen. Übertrage in dein Heft und ergänze so, dass die Rechnungen stimmen.

a) 5 km + 1200 ▢ = 6,2 km b) 200 ▢ + 50 m = 70 m c) 2 cm + 22 dm = 222 ▢
d) 600 ▢ + 40 ▢ = 1 m e) 0,25 ▢ – 150 ▢ = 100 m f) 980 ▢ + 2 ▢ = 1 m

Prüfe dich!
Lösungen auf
Seite 255

17 Gib den Anteil in einer kleineren Einheit an.

a) $\frac{1}{5}$ m b) $\frac{7}{10}$ m c) $\frac{3}{5}$ cm d) $\frac{1}{8}$ km e) $\frac{9}{10}$ km f) $\frac{3}{100}$ km

18 Prüfe, ob das Gleichheitszeichen richtig ist.

a) 4,3 km = 4 km 30 m b) 3 m 13 mm = 301,3 cm c) 12,5 dm = 1250 mm
d) 7 km 500 dm = 7,05 km e) 3 dm 1 mm = 3,1 cm f) 10 km 80 m = 10,80 km

19 Blitz und Donner

Der Schall legt in Luft in einer Sekunde ungefähr 340 m zurück. Wie weit ist ein Gewitter entfernt, wenn der Donner 6 Sekunden nach dem Blitz zu hören ist?

20 Bastelarbeiten

a) Zum Basteln soll ein 1,80 m langes Brett in neun gleich lange Stücke zerschnitten werden. Berechne, wie lang jedes Stück wird. Gib an, wie viele Schnitte dazu notwendig sind.

b) Eine 2,40 m lange Holzleiste soll in 16 cm lange Stücke zersägt werden. Berechne die Anzahl der Stücke. Gib an, wie viele Schnitte dazu notwendig sind.

21 Olympische Rekorde

In der Tabelle sind die Ergebnisse von vier Disziplinen der Männer aus über 100 Jahren der Olympischen Spiele eingetragen. Es fehlen Maßeinheiten und Kommas.

a) Übertrage die Tabelle in dein Heft und gib die Werte in Meter an.

b) Berechne die Unterschiede zwischen den Ergebnissen von 1896 und 2021.

c) Berechne die Unterschiede zwischen den Ergebnissen von Seoul und Tokio.

Disziplin	Athen 1896	Seoul 1988	Tokio 2021
Weitsprung	635	872	841
Hochsprung	181	238	237
Dreisprung	1371	1762	1789
Kugelstoßen	1122	2247	2330

5.3 Maßstäbe

Der Innenarchitekt hat einen Plan von Julias Zimmer gezeichnet. Er erklärt Julia: *„Das Zimmer ist im Maßstab 1 : 100 gezeichnet. Das bedeutet: 1 cm in der Zeichnung sind 100 cm in der Wirklichkeit.“*
„1 : 100“ lies: *„eins zu hundert“*

- Julia möchte die Maße ihres Zimmers wissen. Dafür legt sie eine Tabelle an. Ergänze die Tabelle um die Angaben für die Zimmerlänge, die Fensterbreite, die Türbreite, die Bettlänge, die Schranklänge und weitere.
- Julia möchte eine größere Zeichnung von ihrem Zimmer haben. Sie entscheidet sich für den Maßstab 1 : 50, das bedeutet: 1 cm in der Zeichnung sind 50 cm in der Wirklichkeit. Lege zunächst eine Tabelle an und zeichne dann Julias Zimmer.

	Plan	Wirklichkeit
Zimmerbreite	4 cm	4 cm · 100 = 400 cm = 4 m

Verkleinerung in einem Maßstab
Landkarten, Baupläne und viele Zeichnungen geben die Wirklichkeit verkleinert wieder.
Der Maßstab gibt an, wievielmal so groß eine Strecke der Zeichnung in der Wirklichkeit ist.

Der Maßstab 1 : 200 bedeutet: 1 cm in der Zeichnung entsprechen 200 cm in der Wirklichkeit.
Sprechweise: *„Maßstab 1 zu 200“* Die Maßstabszahl ist 200.

WES-109651-056

Von der Zeichnung in die Wirklichkeit

In einer Zeichnung im Maßstab 1 : 200 ist eine Strecke 8 cm lang. Bestimme die Streckenlänge in der Wirklichkeit.

Lösung
Multipliziere die Länge mit der Maßstabszahl und rechne in eine größere Einheit um:

8 cm · 200 = 1600 cm = 16 m

In der Wirklichkeit ist die Strecke 16 m lang.

Von der Wirklichkeit in die Zeichnung

In der Wirklichkeit ist eine Strecke 90 m lang. Bestimme die Streckenlänge in einer Zeichnung im Maßstab 1 : 1500.

Lösung
Rechne die Länge in eine kleinere Einheit um und dividiere durch die Maßstabszahl:

90 m = 9000 cm → 9000 cm : 1500 = 6 cm

In der Zeichnung ist die Strecke 6 cm lang.

1 **Streckenlängen in einer Zeichnung und in der Wirklichkeit**
Ein Stadtplan hat einen Maßstab von 1 : 5000.
a) Auf dem Stadtplan wurden die Streckenlängen 6 cm, 10 cm und $\frac{1}{2}$ cm gemessen. Bestimme die Streckenlängen in der Wirklichkeit.
b) In der Wirklichkeit wurden die Streckenlängen 300 m, 40 m und 1 km gemessen. Bestimme die Streckenlängen in der Zeichnung.

2 **Modellautos**
Berechne aus der Länge der Modellautos im Maßstab 1 : 72 die Länge in der Wirklichkeit.
a) Kleinwagen 5 cm b) Cabrio 6 cm c) Kleinbus 7 cm d) Linienbus 21 cm

3 Streckenlängen auf Karten und in der Wirklichkeit

Übertrage die Tabelle in dein Heft. Berechne die Lücken mit dem gegebenen Maßstab.

a) 1:25 000

Karte	Wirklichkeit
1 cm	250 m
5 cm	■
8 cm	■
■	750 m
■	4 km

b) 1:50 000

Karte	Wirklichkeit
1 cm	■
4 cm	■
6 cm	■
■	2500 m
■	5 km

c) 1:200 000

Karte	Wirklichkeit
1 cm	■
5 cm	■
7 cm	■
■	2000 m
■	80 km

d) 1:250 000

Karte	Wirklichkeit
1 cm	■
4 cm	■
12 cm	■
■	7500 m
■	100 km

4 Maßstäbe auf Karten

Bestimme die Länge der eingezeichneten Luftlinie auf der Karte und in der Wirklichkeit.

a)
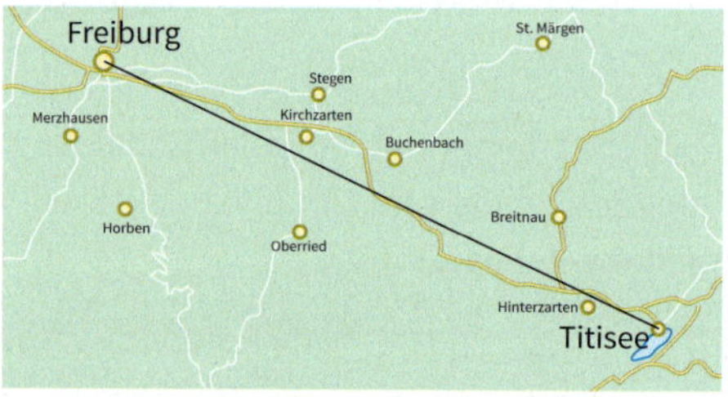

Maßstab: 1:500 000
Von Freiburg zum Titisee

b)
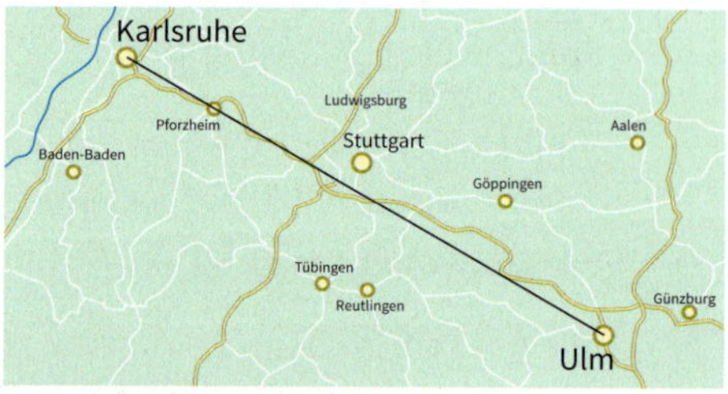

Maßstab: 1:3 000 000
Von Karlsruhe nach Ulm

5 Maßstabsleiste

Auf vielen Karten sind Maßstabsleisten abgebildet.

a) Erkläre, wozu eine Maßstabsleiste nützlich ist.

b) Übertrage die Maßstabsleisten in dein Heft und gib die passenden Maßstäbe an. Beschreibe, wie du vorgegangen bist.

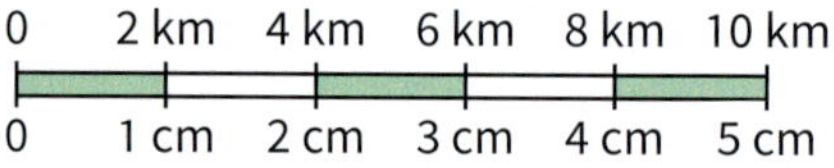

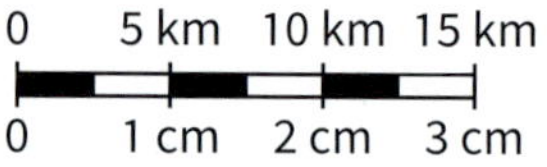

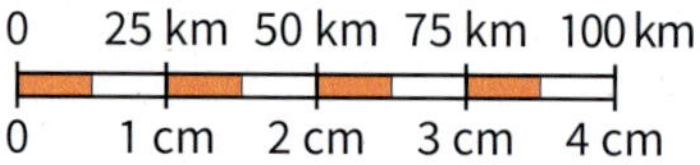

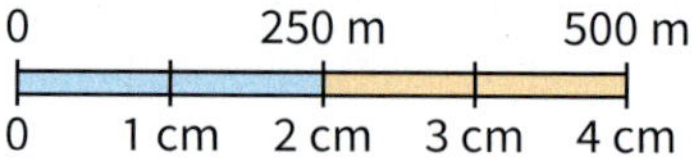

6 Maßstab bestimmen

Bestimme den Maßstab aus der Länge auf der Karte und der dazugehörigen Länge in der Wirklichkeit. Achte auf die Einheiten.

> Karte: 6 cm Wirklichkeit: 24 000 cm
>
> $\frac{\text{„Karte“}}{\text{„Wirklichkeit“}} = \frac{6}{24\,000} = \frac{1}{4000}$ Bruch kürzen
>
> Der Maßstab ist 1:4000.

a) Karte: 10 cm Wirklichkeit: 400 m

b) Karte: 3 cm Wirklichkeit: 6 km

c) Karte: 1,5 cm Wirklichkeit: 60 m

d) Karte: 9 cm Wirklichkeit: 5,4 km

Prüfe dich!
Lösungen auf Seite 255

7 Das Modell eines Pkw hat im Maßstab 1:8 eine Länge von 56 cm. Bestimme die Länge des Pkw in der Wirklichkeit.

8 Übertrage die Tabelle in dein Heft und vervollständige sie.

a)

Karte	5 m
Wirklichkeit	■
Maßstab	1:20

b)

Karte	■
Wirklichkeit	4 m
Maßstab	1:25

c)

Karte	1 cm
Wirklichkeit	1 m
Maßstab	■

9 ≡ **So machen es die Geographen**

„Wenn du an der Maßstabszahl 5 Nullen wegstreichst, kannst du die Entfernung, die 1 cm auf der Karte entspricht, direkt in Kilometer angeben!"

a) Wende es für die Maßstäbe an. Überprüfe auch an Landkarten aus deinem Schulatlas.

1 : 600 000   1 : 100 000   1 : 6 500 000   1 : 200 000   1 : 13 000 000

b) Begründe mit der Einheitentabelle für Längen, warum das Verfahren funktioniert.

Vergrößerung

Mit einem Mikroskop kann man kleine Objekte vergrößert betrachten, zum Beispiel ein Augentierchen.
Der Maßstab 40 : 1 bedeutet eine 40-fache Vergrößerung:
40 mm in der Vergrößerung entsprechen 1 mm in der Wirklichkeit.
Sprechweise: *„Maßstab 40 zu 1"*

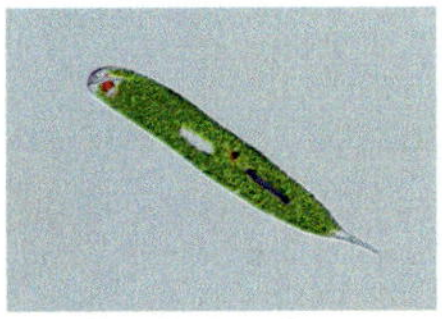

WES-109651-057

Von der Vergrößerung zur Wirklichkeit

In einer Vergrößerung im Maßstab 20 : 1 ist ein Tier 4 cm lang. Bestimme die Länge in der Wirklichkeit.

Lösung
Rechne die Länge in eine kleinere Einheit um und dividiere durch die Maßstabszahl:
4 cm = 40 mm → 40 mm : 20 = 2 mm
In der Wirklichkeit ist das Tier 2 mm lang.

Von der Wirklichkeit zur Vergrößerung

In der Wirklichkeit ist ein Tier 5 mm lang. Bestimme die Länge in einer Vergrößerung im Maßstab 12 : 1.

Lösung
Multipliziere die Länge mit der Maßstabszahl und rechne in eine größere Einheit um:
5 mm · 12 = 60 mm = 6 cm
In einer Vergrößerung ist das Tier 6 cm lang.

10 ≡ **Vergrößerte Zahnräder**

Die Zahnräder einer Armbanduhr sind im Maßstab 3 : 1 vergrößert abgebildet. In der Vergrößerung ist die Abmessung 36 mm lang. Bestimme die Abmessung in der Wirklichkeit.

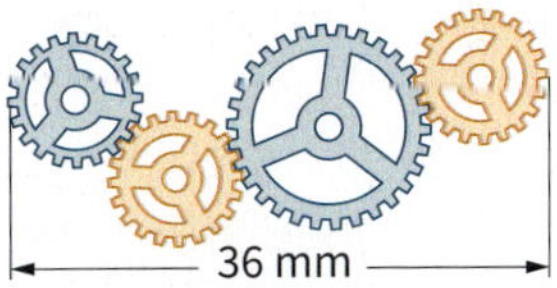

11 ≡ **Figuren verkleinern und vergrößern**

a) Ein Rechteck ist 4 cm lang und 1,5 cm breit. Zeichne das Rechteck im Maßstab 1 : 2 und 2 : 1.

b) Zeichne ein Dreieck mit orthogonalen Seiten a = 6 cm und b = 3 cm im Maßstab 1 : 3 und 3 : 1.

12 ≡ In einer Vergrößerung im Maßstab 4 : 1 ist eine Strecke 12 cm lang. Bestimme die Länge in der Wirklichkeit.

Prüfe dich!
Lösungen auf Seite 255

13 ≡ **Vergrößerung**

In einer Vergrößerung ist ein Bärtierchen 3 cm lang.
Der Maßstab der Vergrößerung beträgt 30 : 1.
Wie groß ist das Bärtierchen in der Wirklichkeit?

14 ≡ **Wahr oder falsch für Vergrößerungen?**

Anna: *„Verdoppelt man die Maßstabszahl, so verdoppelt sich die Höhe des Modells."*
Ben: *„Verdoppelt man die Maßstabszahl, so halbiert sich die Höhe des Modells."*

5.4 Massen (Gewichte)

Vorbereiten
Seite 233

Wie schwer wird die Einkaufstasche von Familie Heinze beim heutigen Einkauf?

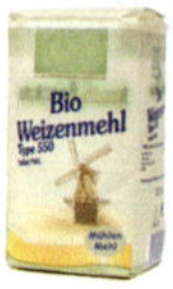

1 kg Mehl

0,5 kg Paprika

1500 g Brot

2,5 kg Kartoffeln

800 g Kohlrabi

2000 g Waschmittel

WES-109651-058

Vorsilben
Kilo – tausend
Milli – Tausendstel

Maßeinheiten für Massen (Gewichte)

1 Tonne (1 t)

Kleinwagen

1 Kilogramm (1 kg)

1-l-Getränke-Pack

1 Gramm (1 g)

Feder

1 Milligramm (1 mg)

Floh

Massen (Gewichte) mit Umrechnungszahlen umrechnen

1 t = 1000 kg (von links nach rechts $\cdot 1000$, von rechts nach links $: 1000$)

1 kg = 1000 g (von links nach rechts $\cdot 1000$, von rechts nach links $: 1000$)

1 g = 1000 mg (von links nach rechts $\cdot 1000$, von rechts nach links $: 1000$)

Größere Einheit → kleinere Einheit

Die Maßzahl mit der Umrechnungszahl multiplizieren, die kleinere Einheit nutzen.

3 kg = 3000 g = 3 000 000 mg (jeweils $\cdot 1000$)

Wenn die Einheit kleiner wird, so wird die Maßzahl größer.

Kleinere Einheit → größere Einheit

Die Maßzahl durch die Umrechnungszahl dividieren, die größere Einheit nutzen.

16 000 000 mg = 16 000 g = 16 kg (jeweils $: 1000$)

Wenn die Einheit größer wird, so wird die Maßzahl kleiner.

1 **Massen umrechnen**

Gib die Masse in der angegebenen Einheit an. Achte auf größere oder kleinere Einheiten.

a) 2 kg in g
b) 10 t in kg
c) 40 000 mg in g
d) 500 g in kg
e) 1500 kg in t
f) 2050 g in kg
g) 405 g in mg
h) 30 000 000 mg in kg

2 **Passende Einheit**

Gib die passende Einheit zur Maßzahl an.

a) Ein Erwachsener wiegt 75 ▪.
b) Ein Elefant wiegt 5 ▪.
c) Ein Brötchen wiegt 50 ▪.
d) Eine Stubenfliege wiegt 80 ▪.
e) Ein Pkw wiegt 1 ▪.
f) Ein Pferd wiegt 500 ▪.
g) Eine 2-Cent-Münze wiegt 3 ▪.
h) Ein voller 10-l-Wassereimer wiegt 10 ▪.

Masse oder Gewicht

Die Masse eines Körpers ist überall gleich, das Gewicht aber nicht. Eine Personenwaage zeigt für einen Astronauten auf der Erde ein Gewicht von 70 kg an. Auf dem Mars würde dieselbe Waage für den Astronauten nur etwa 26 kg anzeigen, da die Anziehungskraft des Planeten Mars geringer ist als die Anziehungskraft der Erde. Die Masse des Astronauten ist auf der Erde und auf dem Mars dieselbe.

Umrechnen mit der Einheitentabelle

In der Einheitentabelle können gegebene Massen eingetragen werden.

·1000 (mg → g), ·1000 (g → kg), ·1000 (kg → t)

gegebene Masse	t		kg			g			mg			größere Einheit	kleinere Einheit
	Z	E	H	Z	E	H	Z	E	H	Z	E		
1500 g					1	5	0	0	0	0	0	1,5 kg	1 500 000 mg
0,7 g					0	0	0	0	7	0	0	0,0007 kg	700 mg
3,05 kg		0	0	0	3	0	5	0				0,00305 t	3050 g

Zum Ablesen in einer größeren oder kleineren Einheit gehe zum Einer der entsprechenden Einheit. Ergänze gegebenenfalls Nullen und ein Komma. Das Komma trennt die Einheiten.

WES-109651-059

3 **Vergleichen**

Gib die größere der Massen an. Rechne dazu in eine gemeinsame Einheit um.

a) 4000 mg und 5 g b) 15 t und 2250 kg c) 10 kg und 9 000 000 mg
d) 2 t und 12 300 kg e) 1950 mg und 1 kg f) 2700 g und 3,3 kg

4 **Brüche als Maßzahl**

Gib die Masse in einer kleineren Einheit oder als Bruch in einer größeren Einheit an.

a) $\frac{1}{4}$ kg b) $\frac{2}{5}$ t c) $\frac{1}{2}$ g d) 400 kg e) 25 g f) 125 mg

5 Gib die Masse in der angegebenen Einheit an.

a) 2,5 kg in g b) 7000 kg in t c) 350 000 mg in g d) 5 kg in mg

Prüfe dich!
Lösungen auf Seite 256

6 Ordne die Massen der Größe nach. Beginne mit der kleinsten.

a) 500 g, $\frac{1}{4}$ kg, 0,7 kg b) $\frac{3}{4}$ t, 40 kg, 200 000 g c) $\frac{1}{2}$ g, 250 mg, 0,5 kg d) $1\frac{1}{2}$ kg, 200 g, 1 t

7 **Training – ohne Komma schreiben**

a) 4,75 kg b) 0,5 g c) 2,05 t d) 0,005 kg e) 2,705 kg f) 3,02 g

8 **Sachaufgaben**

a) Eine Konservendose wiegt 530 g. Wie viel wiegt eine Palette mit 12 Dosen?
b) Ein 5-Euro-Schein wiegt 0,71 g. Wie schwer sind 5 Millionen Euro in 5-Euro-Scheinen?
c) Auf jeden der 2500 Einwohner entfallen 1150 g Haushaltsabfall pro Tag. Wie viel Abfall entsteht täglich? Wie viel in einer Woche?

9 **Erdbeergeschichte**

Tausche die Größenangaben passend und schreibe die Geschichte auf.

„Eva war Erdbeeren pflücken. Das Erdbeerfeld war 20 Minuten lang. Nach 1 kg hatte sie über 100 m gepflückt. Als sie nach fast 500 g ging, hatte Eva 2 Stunden Erdbeeren im Korb und 10 € gegessen. Bezahlen musste Eva 5 kg."

5.5 Verhältnisse

Der Kuchen soll mit Schokoguss und Zitronenguss im Verhältnis 3 zu 2 bestrichen werden.

Lösung

Teile den ganzen Kuchen in $3 + 2 = 5$ gleich große Stücke ein.
Teile nun im Verhältnis 3 zu 2 auf.
Bestreiche 3 Teile mit Schoko- und 2 Teile mit Zitronenguss.

WES-109651-060

Brüche und Verhältnisse

Lebensmittel bestehen häufig aus verschiedenen Bestandteilen. Wichtig ist dabei oft das Verhältnis der Bestandteile zueinander.
Beispiel: Marzipan besteht aus gemahlenen Mandeln und Zucker.

Verhältnis	Diagramm	Anteile	
Mandeln und Zucker stehen im Verhältnis **7 zu 3**.		**7 von 10** Teilen sind Mandeln. **3 von 10** Teilen sind Zucker.	Mandeln $\frac{7}{10}$ Zucker $\frac{3}{10}$

Längenverhältnis

Teile eine 35 mm lange Strecke im Verhältnis 2 zu 5 auf.

Lösung

Teile die Strecke in $2 + 5 = 7$ gleich lange Abschnitte.
Jeder Abschnitt ist also $35\,\text{mm} : 7 = 5\,\text{mm}$ lang.
Die Abschnitte von $2 \cdot 5\,\text{mm} = 10\,\text{mm}$ und $5 \cdot 5\,\text{mm} = 25\,\text{mm}$ stehen im Verhältnis 2 zu 5 zueinander.

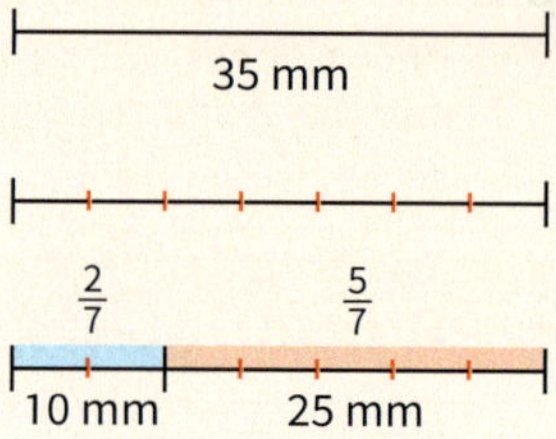

1 **Längenverhältnis**

Zeichne eine Strecke von 12 cm und teile sie im angegebenen Verhältnis. Gib die Anteile an.

a) 1 zu 3 b) 5 zu 1 c) 4 zu 4 d) 1 zu 11 e) 8 zu 4 f) 3 zu 5

2 **Massenverhältnis**

Teile im angegebenen Verhältnis. Rechne dazu in eine kleinere Einheit um.

a) 2 kg im Verhältnis 1 zu 3 b) 5 kg im Verhältnis 4 zu 1 c) 200 g im Verhältnis 2 zu 3
d) 2,4 kg im Verhältnis 1 zu 11 e) 3,6 t im Verhältnis 2 zu 7 f) 75 g im Verhältnis 11 zu 4

3 **In einer Tischlerei**

In einer Tischlerei wurden Bretter nach vorgegebenen Verhältnissen zugeschnitten.

a) Ordne den Zuschnitten im Bild das passende Verhältnis zu.

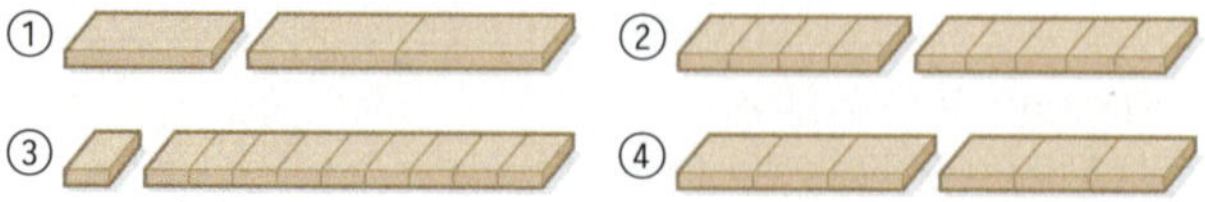

Ⓐ 4 zu 5 Ⓑ 1 zu 2
Ⓒ 3 zu 3 Ⓓ 1 zu 9

b) Kai: *„Ist 3 zu 3 nicht dasselbe wie 1 zu 1?“* Was meinst du?
Gib das Verhältnis 1 zu 2 auch mit anderen Zahlen an.

c) Zeichne Bretter in dein Heft, die in folgenden Verhältnissen zugeschnitten wurden:
Ⓐ 3 zu 4 Ⓑ 5 zu 5 Ⓒ 2 zu 7 Ⓓ 1 zu 9

4 **Farbmuster**

In welchem Verhältnis stehen die Farben in den einzelnen Mustern? Gib die Anteile an.

a) 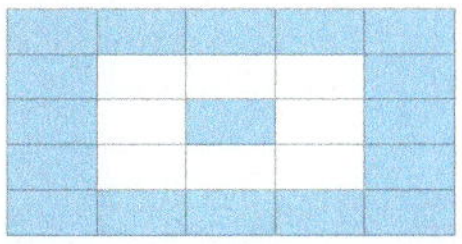

b) 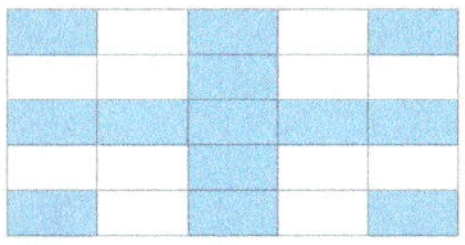

c) 

d) 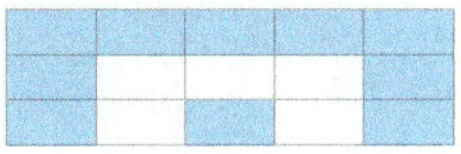

e) 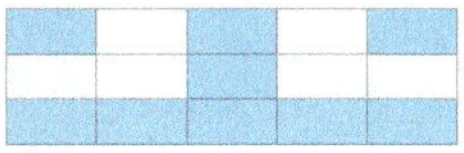

f) 

5 **Verhältnis aus Anteilen**

Gib das Verhältnis zu den angegebenen Anteilen an.

a) $\frac{2}{5}$ und $\frac{3}{5}$ b) $\frac{1}{4}$ und $\frac{3}{4}$ c) $\frac{25}{100}$ und $\frac{75}{100}$ d) $\frac{4}{8}$ und $\frac{4}{8}$ e) $\frac{2}{5}$ und $\frac{6}{10}$ f) $\frac{3}{12}$ und $\frac{3}{4}$

6 **Orangetöne**

Aus gelber und roter Farbe sollen verschiedene Orangetöne gemischt werden.

a) Zeichne zu den Mischungsverhältnissen die Anzahl der jeweils benötigten Farbdosen in dein Heft. Welcher der Orangetöne wird eher rötlich, welcher eher gelblich sein?

b) Gib an, welcher Anteil der Mischungen gelbe Farbe und welcher Anteil rote Farbe ist.

Mischung	Rot zu Gelb
A	3 zu 1
B	1 zu 1
C	4 zu 5
D	2 zu 5
E	3 zu 7

7 **Betonmischung**

Beton ist eine Mischung aus 4 Teilen Kies und einem Teil Zement. Berechne, wie viel Kies und wie viel Zement für eine Tonne Beton verwendet werden.

8 Teile eine 8 cm lange Strecke im angegebenen Verhältnis und gib die Anteile an.

a) 6 zu 2 b) 3 zu 5 c) 3 zu 1 d) 1 zu 7 e) 9 zu 3 f) 5 zu 7

Prüfe dich!
Lösungen auf Seite 256

9 Aus blauer und gelber Farbe sollen verschiedene Grüntöne gemischt werden.
Gib zuerst das Mischungsverhältnis an.
Gib anschließend den Anteil der gelben Farbe am Grünton als Bruch an.

a) 

b) 

c) 

10 Teile im angegebenen Verhältnis. Rechne dazu in eine kleinere Einheit um.

a) 2,5 kg im Verhältnis 4 zu 1 b) 4,2 kg im Verhältnis 2 zu 5 c) 7,5 t im Verhältnis 2 zu 1

11 **Erdbeermarmelade**

Zur Herstellung von Marmelade werden Erdbeeren und Gelierzucker im Verhältnis 1 zu 1 eingekocht. Um weniger Zucker zu verwenden, gibt es Gelierzucker im Verhältnis 2 zu 1 und 3 zu 1. Es sollen 6 kg Erdbeermarmelade hergestellt werden. Bestimme die Menge der Erdbeeren für die verschiedenen Gelierzucker. Gib jeweils den Zuckeranteil an.

12 **Salzgehalt der Nordsee**

In der Nordsee sind 35 g Salz in 1000 g Salzwasser enthalten. Gib das Verhältnis von Salz zu reinem Wasser an. Recherchiere nach dem Salzgehalt in der Ostsee und im Toten Meer und bestimme das Verhältnis von Salz zu reinem Wasser.

5.6 Zeiten und Zeitspannen

Vorbereiten
Seite 233

Ein ICE verlässt den Bahnhof Frankfurt Flughafen um 12:50 Uhr und erreicht Offenburg um 14:27 Uhr.
- Wie lange dauert die Fahrt?

Um 14:59 Uhr fährt ein Anschlusszug nach Konstanz. Er benötigt für die Strecke 2 Stunden und 17 min.
- Wann erreicht der Zug Konstanz?

WES-109651-061

Zeitpunkt und Zeitspanne

Zeitangaben können Zeitpunkte (wann?) oder Zeitspannen (wie lange?) beschreiben.

Zeitpunkt
Unterrichtsbeginn
Frage: **wann?**
8:15 Uhr

Zeitspanne
erste Stunde
Frage: **wie lange?**
45 min

Maßeinheiten für Zeitspannen

1 Tag (1 d)

Sonnenaufgang bis Sonnenaufgang

1 Stunde (1 h)

Handballspiel

1 Minute (1 min)

100 m gehen

1 Sekunde (1 s)

Niesen

d für „**d**ies" lateinisch Tag
h für „**h**ora" lat. Stunde
Im Englischen: „**d**ay" und „**h**our"

Zeiteinheiten mit Umrechnungszahlen umrechnen

$1\,d = 24\,h$ (von links nach rechts $\cdot 24$, von rechts nach links $:24$)
1 Tag sind 24 Stunden

$1\,h = 60\,min$ (von links nach rechts $\cdot 60$, von rechts nach links $:60$)
1 Stunde sind 60 Minuten

$1\,min = 60\,s$ (von links nach rechts $\cdot 60$, von rechts nach links $:60$)
1 Minute sind 60 Sekunden

Größere Einheit → kleinere Einheit
Die Maßzahl mit der Umrechnungszahl multiplizieren, die kleinere Einheit nutzen.

$1\,d \xrightarrow{\cdot 24} 24\,h \xrightarrow{\cdot 60} 1440\,min$, also $1\,d = 24\,h = 1440\,min$

Wenn die Einheit kleiner wird, so wird die Maßzahl größer.

Kleinere Einheit → größere Einheit
Die Maßzahl durch die Umrechnungszahl dividieren, die größere Einheit nutzen.

$3600\,s \xrightarrow{:60} 60\,min \xrightarrow{:60} 1\,h$, also $3600\,s = 60\,min = 1\,h$

Wenn die Einheit größer wird, so wird die Maßzahl kleiner.

1 **Zeitspannen umrechnen**

Gib die Zeitspanne in der nächstkleineren Einheit an.

a) 4 min b) 3 d c) 12 h d) 10 min e) 10 d f) 40 min

Gib die Zeitspannen in der nächstgrößeren Einheit an.

g) 240 s h) 300 min i) 48 h j) 3600 s k) 90 min l) 720 min

2 ≡ **Zeitdifferenz**

Gib an, wie viel bis zu einem Ganzen der nächstgrößeren Einheit fehlt.

a) 47 min b) 21 h c) 11 s d) 5 h e) 6 min f) 1,5 h

3 ≡ **Zeitspannen**

Übertrage die Tabelle in dein Heft und fülle die Lücken.

Abfahrt	7:45 Uhr	10:17 Uhr	■	12:45 Uhr	■
Fahrzeit	45 min	■	1,5 h	■	8 h 45 min
Ankunft	■	10: 58 Uhr	12:10 Uhr	14:14 Uhr	17:43 Uhr

Anteil einer Stunde

Wie lang sind $\frac{2}{5}$ von einer Stunde?

Lösung

Eine ganze Stunde sind 60 Minuten.

$\frac{1}{5}$ von einer Stunde sind 12 Minuten.

$\frac{2}{5}$ von einer Stunde sind 24 Minuten.

1 h $\xrightarrow{:5}$ $\frac{1}{5}$ h $\xrightarrow{\cdot 2}$ $\frac{2}{5}$ h

60 min $\xrightarrow{:5}$ 12 min $\xrightarrow{\cdot 2}$ 24 min

Nachschlagen Seite 51

4 ≡ **Brüche als Maßzahl**

Gib die Zeitspanne in einer kleineren Einheit oder als Bruch in einer größeren Einheit an.

a) $\frac{1}{4}$ h b) $\frac{1}{6}$ min c) $\frac{2}{5}$ h d) $\frac{2}{3}$ d e) 12 s f) 45 min

g) $\frac{3}{4}$ d h) 50 s i) 8 h j) $\frac{1}{12}$ h k) $\frac{3}{8}$ d l) 25 min

5 ≡ Gib die Zeitspanne in der angegebenen Einheit an.

a) 10 min in s b) 480 s in min c) 360 min in h d) 1 d in min e) 3 d in h f) 2 h in s

Prüfe dich! Lösungen auf Seite 256

6 ≡ Gib die Zeitspanne zwischen den Uhrzeiten an.

a) von 10:30 Uhr bis 12:05 Uhr b) von 11:47 Uhr bis 15:16 Uhr c) von 8:24 Uhr bis 22:57 Uhr

7 ≡ Gib die Zeitspanne in einer kleineren Einheit oder als Bruch in einer größeren Einheit an.

a) $\frac{1}{5}$ h b) 20 min c) $\frac{1}{10}$ h d) 16 h e) 15 s f) $\frac{3}{10}$ min

8 ≡ **Uhren**

Welcher Anteil einer Stunde ist auf der Uhr markiert? Welcher Anteil fehlt noch zu einer vollen Stunde? Gib die Lösung in Minuten und als Anteil einer Stunde an.

a) 

b) 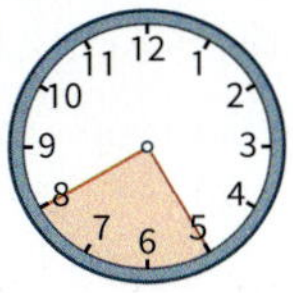

c) 

d) 

e) 

9 ≡ **Rund um die Uhr**

Formuliere eine passende Frage und beantworte sie.

a) Der Zug benötigt $1\frac{1}{4}$ h nach Freiburg. Wir fahren um 15:36 Uhr los.

b) Es ist jetzt fünf Minuten vor zwölf. Die Schulstunde begann um 11:20 Uhr.

c) Es ist 16:15 Uhr. In $2\frac{1}{2}$ h kommt Emma.

d) Um 9:10 Uhr begann die Sportveranstaltung. Nun ist es 13:05 Uhr.

Mein Merkzettel

Seite 128

Längeneinheiten

Kilometer	1000 m =	1 km	
Meter	10 dm =	1 m	= 0,001 km
Dezimeter	10 cm =	1 dm	= 0,1 m
Zentimeter	10 mm =	1 cm	= 0,1 dm
Millimeter		1 mm	= 0,1 cm

Größere Einheit → kleinere Einheit

Einheit wird kleiner → Maßzahl wird größer

·10 ·10

50 m = 500 dm = 5000 cm

Kleinere Einheit → größere Einheit

Einheit wird größer → Maßzahl wird kleiner

:10 :10

8000 cm = 800 dm = 80 m

Seite 129

Einheitentabelle zum Umrechnen

gegebene Länge	km H	km Z	km E	m H	m Z	m E	dm	cm	mm	größere Einheit	kleinere Einheit
504 dm					5	0	4	0		50,4 m	5040 cm
8 m			0	0	0	8	0	0	0	0,008 km	8000 mm
30 m			0	0	3	0	0			0,03 km	300 dm

Das Komma trennt die Einheiten (dicke Linie). Nullen ergänzen bis zur gesuchten Einheit.

Seite 129

Anteile von Größen bestimmen

- Einheit in kleinere Einheit umrechnen
- In gleich große Abschnitte teilen
- So viele davon nehmen, wie der Zähler angibt

$\frac{3}{5}$ m in cm umrechnen:

1 m = 100 cm

$\frac{3}{5} \cdot 100 = \frac{3 \cdot 100}{5} = 60$

$\frac{3}{5}$ m sind 60 cm.

100 cm —$\cdot \frac{3}{5}$→ 60 cm

100 cm —:5→ 20 cm —·3→ 60 cm

Seite 134

Masseneinheiten

Tonne	1000 kg =	1 t	
Kilogramm	1000 g =	1 kg	= 0,001 t
Gramm	1000 mg =	1 g	= 0,001 kg
Milligramm		1 mg	= 0,001 g

Größere Einheit → kleinere Einheit

Einheit wird kleiner → Maßzahl wird größer

·1000 ·1000

2,3 t = 2300 kg = 2 300 000 g

Kleinere Einheit → größere Einheit

Einheit wird größer → Maßzahl wird kleiner

:1000 :1000

52 000 mg = 52 g = 0,052 kg $\left(= \frac{52}{1000} \text{kg}\right)$

Seite 135

Einheitentabelle zum Umrechnen

gegebene Masse	t Z	t E	kg H	kg Z	kg E	g H	g Z	g E	mg H	mg Z	mg E	größere Einheit	kleinere Einheit
2 500 kg		2	5	0	0	0	0	0				2,5 t	2 500 000 g
75 kg		0	0	7	5	0	0	0				0,075 t	75 000 g
4,05 g					0	0	0	4	0	5	0	0,004 05 kg	4 050 mg

Das Komma trennt die Einheiten (dicke Linie). Nullen ergänzen bis zur gesuchten Einheit.

Zeiteinheiten

Tag	24 h =	1 d	
Stunde	60 min =	1 h	$= \frac{1}{24}$ d
Minute	60 s =	1 min	$= \frac{1}{60}$ h
Sekunde		1 s	$= \frac{1}{60}$ min

Größere Einheit → kleinere Einheit

Seite 138

Einheit wird kleiner → Maßzahl wird größer

$1\,h \xrightarrow{\cdot 60} 60\,min \xrightarrow{\cdot 60} 3600\,s$

1 h = 60 min = 3600 s

Kleinere Einheit → größere Einheit

Einheit wird größer → Maßzahl wird kleiner

$2880\,min \xrightarrow{:60} 48\,h \xrightarrow{:24} 2\,d$

2880 min = 48 h = 2 d

Zeitpunkte und Zeitspannen

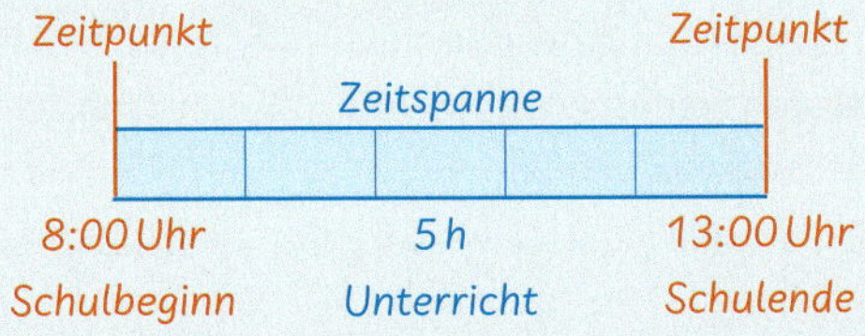

Wann? Frage nach dem Zeitpunkt.
Wann beginnt die Schule?
Antwort: Um 8:00 Uhr

Wie lange? Frage nach der Zeitspanne.
Wie lange dauert der Unterricht heute?
Antwort: 5 Stunden

Verkleinerung im Maßstab 1 : 5000

1 cm in der Zeichnung entsprechen 5000 cm in der Wirklichkeit. Die Maßstabszahl ist 5000.

Seite 131

Von der Zeichnung zur Wirklichkeit

- mit der Maßstabszahl multiplizieren
- in die größere Einheit umrechnen

Zeichnung	Wirklichkeit
6 cm	6 cm · 5000 = 30 000 cm = 300 m

6 cm in der Zeichnung sind
300 m in der Wirklichkeit.

Von der Wirklichkeit zur Zeichnung

- in die kleinere Einheit umrechnen
- durch die Maßstabszahl dividieren

Wirklichkeit	Zeichnung
750 m	75 000 cm : 5000 = 15 cm

750 m in der Wirklichkeit sind
15 cm in der Zeichnung.

Vergrößerung im Maßstab 5 : 1

5 cm in der Vergrößerung entsprechen 1 cm in der Wirklichkeit. Die Maßstabszahl ist 5.

Seite 133

Von der Vergrößerung zur Wirklichkeit

- in die kleinere Einheit umrechnen
- durch die Maßstabszahl dividieren

Vergrößerung	Wirklichkeit
6 cm	60 mm : 5 = 12 mm = 1,2 cm

6 cm in der Vergrößerung sind
12 mm in der Wirklichkeit.

Von der Wirklichkeit zur Vergrößerung

- mit der Maßstabszahl multiplizieren
- in die größere Einheit umrechnen

Wirklichkeit	Vergrößerung
3 mm	3 mm · 5 = 15 mm = 1,5 cm

3 mm in der Wirklichkeit sind
15 mm in der Vergrößerung.

Verhältnis

3 zu 5

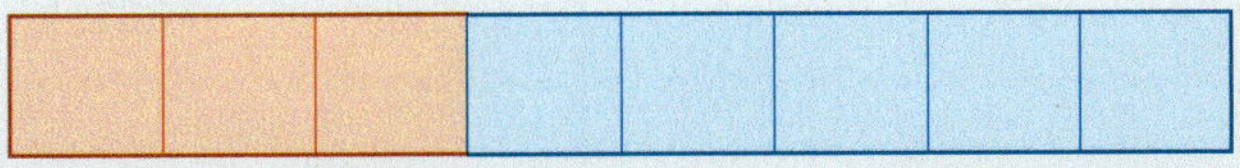

Das Ganze besteht aus 8 Teilen – 3 rote Teile und 5 blaue Teile

Anteile

$\frac{3}{8}$ und $\frac{5}{8}$

Seite 136

Lösungen auf Seite 256

Wiederholen für die Klassenarbeit

1 Längeneinheiten umrechnen

Gib die Länge in der angegebenen Einheit an.

a) 12 m in cm b) 15 km in m c) 20 cm in mm d) 5 dm in cm
e) 50 dm in m f) 2500 cm in m g) 520 mm in cm h) 5000 mm in dm
i) 0,75 m in cm j) 12,5 m in km k) 5 cm in m l) 0,05 cm in mm

2 Weitsprung

Die Kinder notieren verrückte Weiten. Gib an, wer am weitesten springt.

Anna springt 3,55 m. Ben springt 34 dm. Carl springt 3240 mm. Doro springt 330 cm.

3 Absperrband

Um eine Baugrube (9 m lang; 8,50 m breit) soll ein Absperrband gespannt werden. Aus Sicherheitsgründen soll es vom Grubenrand mindestens einen Abstand von 1,20 m haben. Erstelle eine Skizze. Bestimme die Mindestlänge des Absperrbands.

4 Verschiedene Maßstäbe

Gib die Längen in den angegebenen Maßstäben an.

Wirklichkeit	1:200	1:5000	1:10 000
100 m	■	■	■
500 m	■	■	■

5 Maßstab – Karte und Wirklichkeit

Der Maßstab einer Karte beträgt 1 : 200 000.

a) Auf der Karte werden die Längen 3 cm, 5 cm und 9,6 cm gemessen. Berechne die Längen in der Wirklichkeit.

b) In der Wirklichkeit gibt es die Entfernungen 8 km, 15 km und 20,5 km. Berechne die Längen dieser Entfernungen auf der Karte.

6 Unter dem Mikroskop

In einer Vergrößerung im Maßstab 5:1 ist ein Tier 4 cm lang. Bestimme die Länge des Tiers in der Wirklichkeit.

7 Modellauto

a) Im Maßstab 1 : 87 ist ein Modellauto 4 cm lang. Bestimme die Länge des Autos in der Wirklichkeit.

b) Ein anderes Modellauto ist 25 cm lang. In der Wirklichkeit ist es 4,50 m lang. Bestimme den Maßstab.

8 Kann das sein?

Gib an, ob die Aussage richtig sein kann. Begründe.

a) Simons Waage zeigt heute 45 000 g.
b) Emmas Schulranzen wiegt $\frac{1}{4}$ t.
c) Timo hat bei Geburt 3600 mg gewogen.
d) Der Kran hebt Lasten bis zu 1 kg.

9 Massen mit und ohne Komma

a) Schreibe ohne Komma: 2,5 kg 4,05 kg 1,075 kg 0,1 kg
b) Schreibe mit Komma: 2800 g in kg 400 kg in t 2550 mg in g 20 g in kg

10 Abfall

In einer Stadt mit 4500 Einwohnern fallen pro Tag und Einwohner 1300 g Haushaltsabfall an. Bestimme den Abfall, der täglich entsteht. Gib das Ergebnis in einer sinnvollen Einheit an.

Lösungen auf Seite 257

11 ≡ Konservendose
Eine Konservendose wiegt 450 g. Laut Beschriftung beträgt die Füllmenge 420 g. Berechne den Anteil der Füllmenge an der Gesamtmasse.

12 ≡ Zu einem Ganzen ergänzen
Bestimme, wie viel bis zu einem Ganzen der nächstgrößeren Einheit fehlt.

a) 870 mg b) 4 dm c) 5 mm d) 2 g e) 105 kg f) 75 m
g) 725 m h) 7,5 mm i) 301 g j) 560 kg k) 2 cm l) 545 m

13 ≡ Kosten vor Gericht
Die Gerichtskosten in Höhe von 4438 € sollen zwischen Frau Hahn und Herrn Henne im Verhältnis 3 zu 4 aufgeteilt werden. Bestimme den Betrag, den jede Person bezahlen muss.

14 ≡ Strecken teilen
Zeichne eine 12 cm lange Strecke. Teile die Strecke im angegebenen Verhältnis.

a) 3 zu 1 b) 1 zu 5 c) 7 zu 5 d) 3 zu 3 e) 1 zu 2 f) 4 zu 2

15 ≡ Mischungen
Gib die Anteile und das Mischungsverhältnis an.

a) b) c)

16 ≡ Lötzinn
Mit Lötzinn werden Metalle durch Löten verbunden. Lötzinn ist eine Mischung aus Zinn und Blei, die aus 3 Teilen Zinn und 7 Teilen Blei bestehen kann. Bestimme die Anteile als Bruch und die Mengen von Zinn und Blei in 60 g Lötzinn.

17 ≡ Mürbeteig
Jule benötigt 1,8 kg Mürbeteig. Dieser besteht aus Zucker, Butter und Mehl im Verhältnis 1 zu 2 zu 3. Bestimme die Anteile als Bruch und die Mengen der Zutaten.

18 ≡ Mitternacht
Bestimme die Zeit, die bis Mitternacht noch vergeht.

a) 10:45 Uhr b) 11:55 Uhr c) 20:15 Uhr d) 0:35 Uhr e) 6:30 Uhr f) 22:22 Uhr

19 ≡ Fahrplan
Ergänze die fehlenden Zeitpunkte und Zeitspannen.

Abfahrt	8:15 Uhr	6:51 Uhr	■	14:27 Uhr	■
Fahrzeit	4 h 36 min	■	3 h 47 min	■	4 h 52 min
Ankunft	■	11:17 Uhr	16:25 Uhr	18:45 Uhr	12:23 Uhr

20 ≡ Training
Maximilian hat in einer Woche 15 h 10 min trainiert. Gib die durchschnittliche Trainingsdauer pro Tag an.

21 ≡ Umrechnen von Einheiten
Gib die Größe in der angegebenen Einheit an.

a) 520 m in dm b) 12 km in m c) 3 kg in g d) 5 g in mg
e) 240 s in min f) 3 h in min g) 1,25 m in cm h) 75 mm in cm
i) 2,5 t in kg j) 2550 g in kg k) 4 d in h l) 1200 h in d

6 Körper

Geometrische Körper und Figuren findest du in Bauwerken wieder.

Welche geometrischen Körper und Figuren erkennst du?

In diesem Kapitel

- Wie viele Flächen, Ecken und Kanten hat ein Quader?
- Welche Netze ergeben einen Würfel?
- Wie zeichne ich einen Würfel?

6.1 Geometrische Körper

Vorbereiten
Seite 234

Welche geometrischen Formen kannst du an den abgebildeten Gegenständen erkennen? Beschreibe die Körper. Nutze Begriffe wie: Fläche, kreisförmig, eckig, rund … Sortiere die Gegenstände beispielsweise nach der Anzahl der Flächen oder nach der Anzahl der Ecken.

WES-109651-062

Geometrische Körper

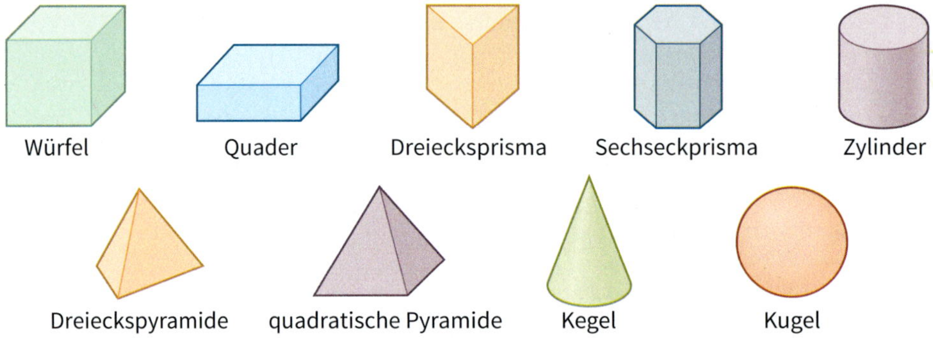

Flächen, Kanten, Ecken

Körper werden von **Flächen** begrenzt.
Aufeinandertreffende Flächen bilden eine **Kante**.
Aufeinandertreffende Kanten bilden eine **Ecke**.

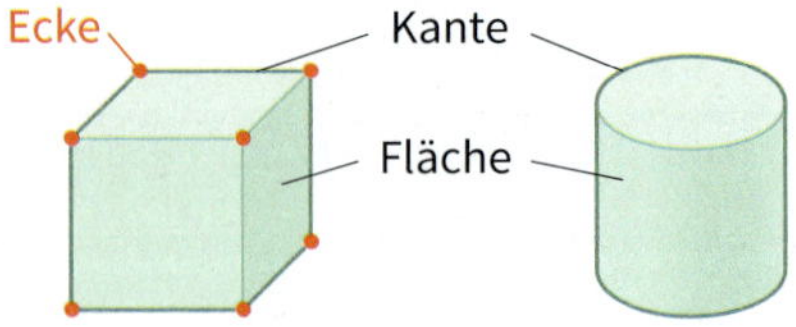

Körper beschreiben

a) Beschreibe einen Quader.

Lösung

Ein Quader hat 6 Flächen, die alle Rechtecke sind.
Die aneinanderstoßenden Flächen stehen senkrecht zueinander. Gegenüberliegende Flächen sind gleich große Rechtecke.
Ein Quader hat 12 Kanten und 8 Ecken.

b) Beschreibe einen Kegel.

Lösung

Ein Kegel hat 2 Flächen.
Ein Kegel hat eine Kante.
Ein Kegel hat keine Ecke, da es keine aufeinandertreffenden Kanten gibt.
Ein Kegel hat eine Spitze.

1 ≡ **Körper beschreiben**
Beschreibe den Körper durch die Flächen, die Kanten und die Ecken.
a) Würfel b) Dreiecksprisma c) quadratische Pyramide

2 ≡ **Körper und Flächen**
Welche Flächen kannst du bei den Körpern erkennen? Übertrage die Tabelle in dein Heft und fülle sie aus. Ergänze weitere Körper.

Körper	Anzahl der Flächen	Form der Flächen	Gleiche Flächen
Quader	6	Rechtecke	gegenüberliegende Rechtecke
Würfel	■	■	■

3 ≡ **Körper unterscheiden**
Nenne Unterschiede zwischen den Körpern.
a) Würfel und Prisma b) Pyramide und Quader c) Würfel und Quader
d) Quader und Zylinder e) Zylinder und Kegel f) Quader und Prisma

4 ≡ **Quader und Würfel**
Was meinst du zu den Bemerkungen von Anna und Leon?

Anna: „Ein Würfel und ein Quader sehen zwar unterschiedlich aus, aber ich finde, dass ein Würfel auch ein Quader ist."
Leon: „Eigentlich ist ein Quader doch auch ein Würfel."

5 ≡ a) Gib für einen Würfel und einen Quader die Anzahl der Ecken, Kanten und Flächen an.
b) Gib für eine quadratische Pyramide die Anzahl der Ecken, Kanten und Flächen an. Nenne auch die Form der Flächen.

Prüfe dich!
Lösungen auf Seite 258

6 ≡ **Körperdetektiv**
Welcher Körper ist gesucht?
a) *„Ich bin ein Körper und habe als Flächen nur Rechtecke."*
b) *„Ich bin ein Körper, der 12 gleich lange Kanten hat."*
c) *„Ich bin ein Körper und habe keine Kanten und keine Ecken."*
d) *„Ich bin ein Körper und habe nur sechs Kanten."*
e) *„Ich bin ein Körper, der neun Kanten hat."*

7 ≡ **Spitz und rund**
Beschreibe den Körper durch Ecken, Kanten und Flächen. Nutze auch die Begriffe „Spitze", „kreisförmig", „eckig", „rund" und „stehen senkrecht".
a) Zylinder b) Kegel c) Dreieckspyramide d) Kugel

8 ≡ **Körper aus der Kiste**
Eine Kiste ist mit geometrischen Körpern gefüllt. Entscheide dich für einen Körper, den du mit geschlossenen Augen in der Kiste finden möchtest. Beschreibe, wie du den Körper von den anderen Körpern unterscheidest, damit du den richtigen Körper erkennst.

Beispiel: „Ich möchte einen Zylinder finden. Ich suche einen Körper mit zwei kreisförmigen Flächen. Alle Körper mit Ecken können kein Zylinder sein."

Prüfe dich!
Lösungen auf
Seite 258

9 Die Abbildung zeigt eine Verpackung.
Um welchen Körper handelt es sich?
Beschreibe den Körper mithilfe der Flächen, der Kanten und der Ecken.

10 Kantenmodelle

Kantenmodelle stellen Körper nur mit Ecken und Kanten dar. Beschreibe das Kantenmodell.

a) 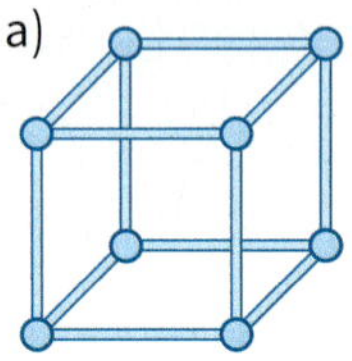
b) 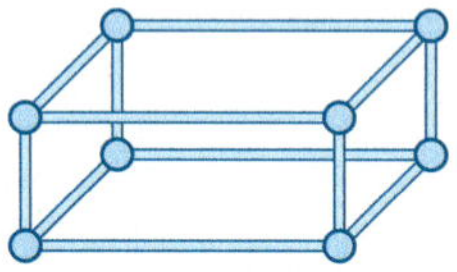
c) 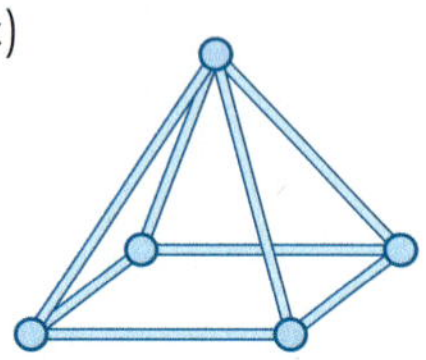
d) 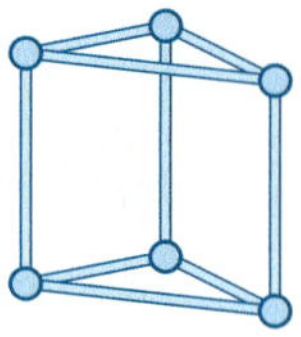

Beispiel: „*Eine Dreieckspyramide hat 4 Ecken und 6 Kanten. Jeweils 3 Kanten sind gleich lang.*"

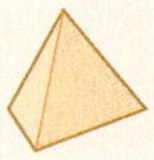

11 Kantensatz

Ordne die Kantensätze ① – ③ den Kantenmodellen Ⓐ – Ⓒ zu.

① 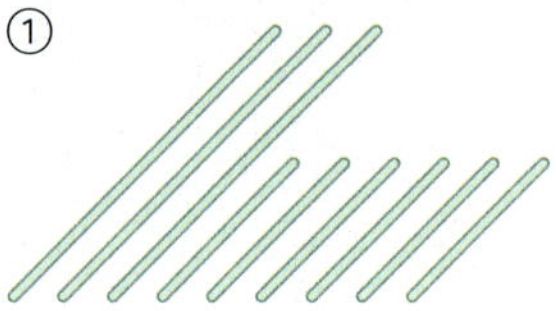
② 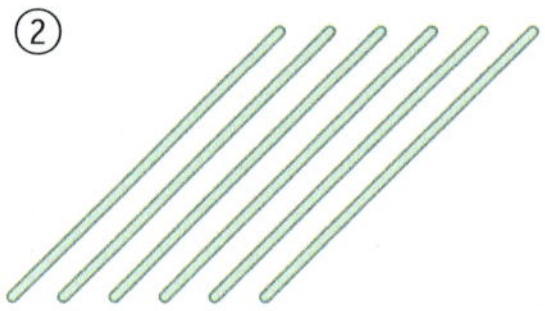
③ 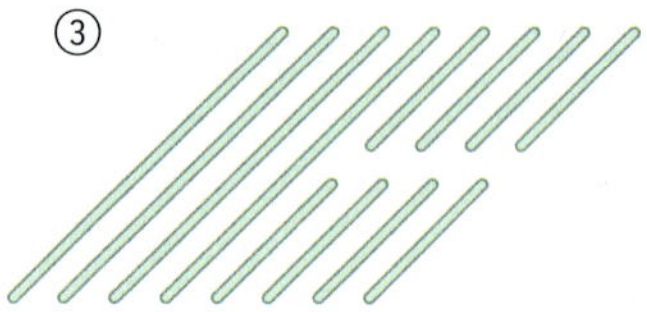

Ⓐ 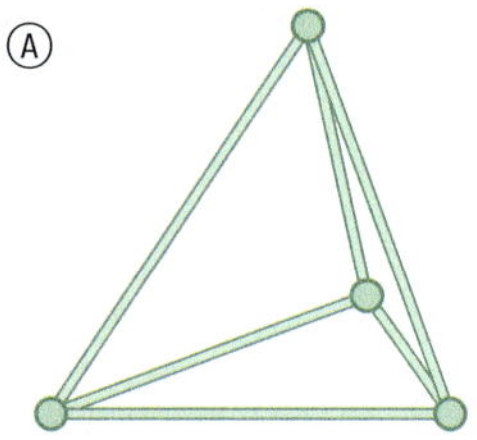
Ⓑ 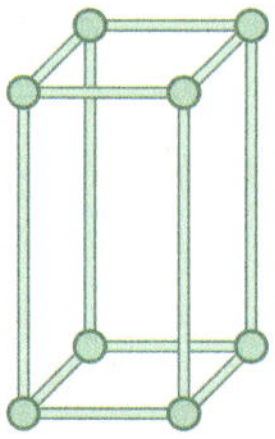
Ⓒ 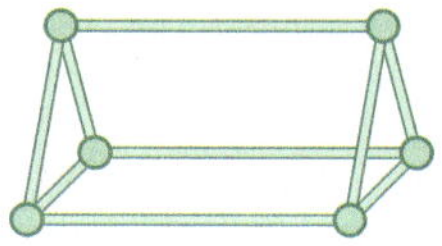

Prüfe dich!
Lösungen auf
Seite 258

12 Gib den gesuchten Körper an. Ein Kantenmodell besteht aus Kanten und Ecken.
a) 12 gleich lange Kanten und 8 Ecken
b) 8 gleich lange Kanten und 5 Ecken
c) 9 gleich lange Kanten und 6 Ecken
d) 6 gleich lange Kanten und 4 Ecken

13 Drahtmodelle

Diese Körper sind aus Draht hergestellt. Wie lang muss der Draht mindestens sein?

a) 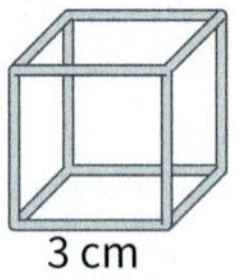

b) 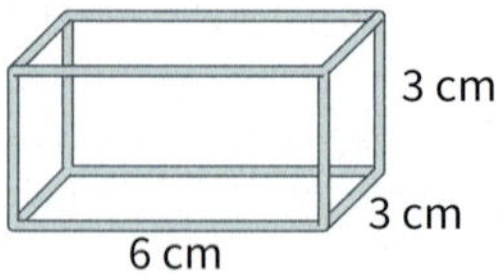

c) 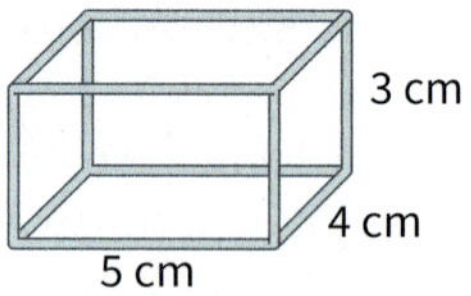

14 Drahtmodell eines Würfels

Lauras Vater will ein anschauliches Kantenmodell eines Würfels aus Draht herstellen.
a) Der Würfel soll eine Kantenlänge von 24 cm haben. Wie viel Draht benötigt er dafür?
b) Wie viel Zentimeter mehr Draht braucht er, wenn die Kantenlänge 6 cm länger sein soll?
c) Wie groß kann die Kantenlänge werden, wenn der Draht 1,20 m lang ist?

6.2 Zusammengesetzte Körper

Zerlege die Gegenstände in möglichst einfache Grundformen. Finde selbst Körper, die aus mehreren Grundformen zusammengesetzt sind, und beschreibe diese Körper.

Zusammengesetzte Körper

Der Turm ist aus zwei Körpern zusammengesetzt.
Der untere Teil hat die Form eines Quaders.
Das Dach des Turms hat die Form einer quadratischen Pyramide.

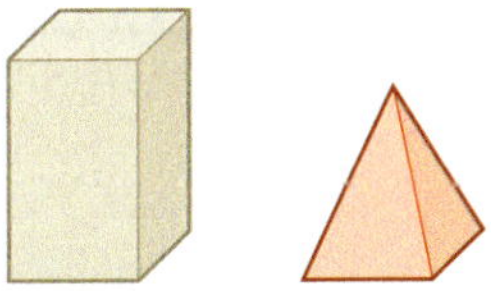

WES-109651-063

1 **Zusammengesetzte Türme**

Diese drei Türme stehen in Baden-Württemberg. Sie sind aus mehreren gleichen oder verschiedenen Körpern zusammengesetzt. Beschreibe die Teilkörper.

a) 

Hiersau im Schwarzwald

b) 

Wasserturm in Mannheim

c) 

Turm in Bad Wimpfen

2 **Zusammengesetzte Körper**

Gib an, aus welchen geometrischen Körpern der abgebildete Körper zusammengesetzt ist.

a) 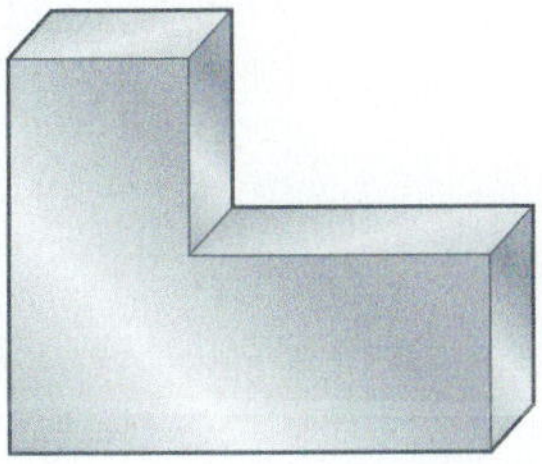

b) 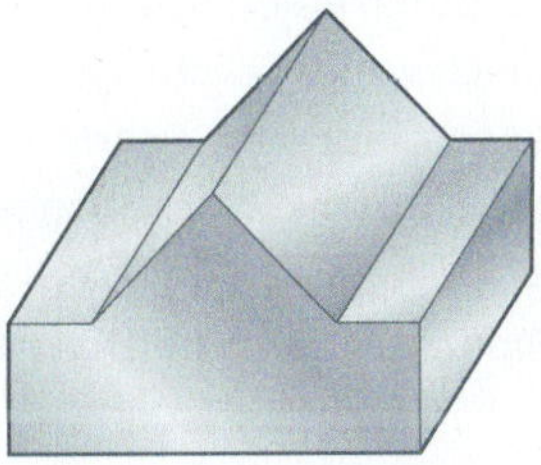

c) 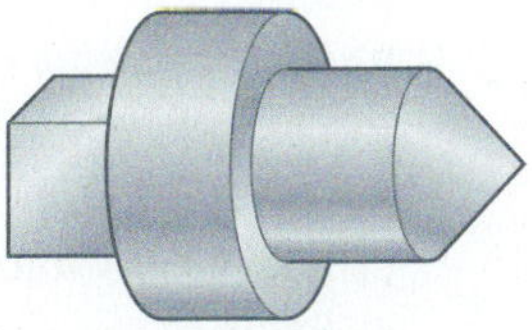

Prüfe dich!
Lösungen auf
Seite 258

3 ≡ Gib an, aus welchen geometrischen Körpern der Körper zusammengesetzt ist.

a) b) c) d)

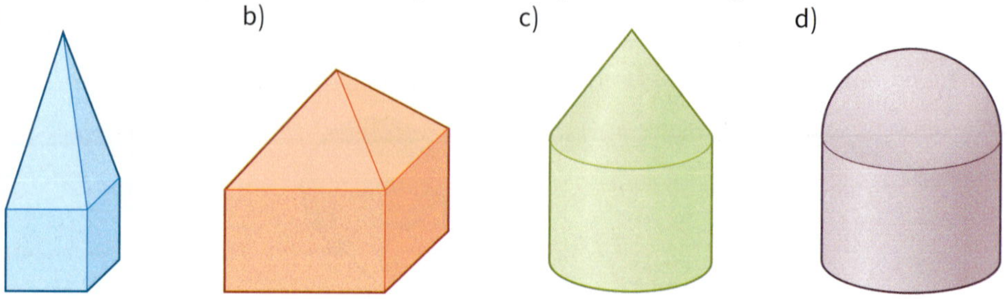

4 ≡ **Wahr oder falsch?**

Nimm Stellung zu den Aussagen.

a) Wenn zwei Dreiecksprismen zusammengesetzt werden, entsteht immer ein Quader.

b) Wenn zwei Würfel an einer Fläche zusammengesetzt werden, entsteht immer ein Quader.

5 ≡ **Würfelschnitte**

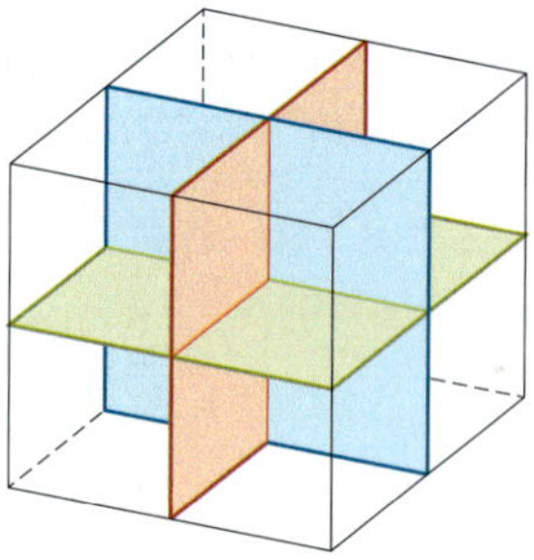

a) Ein Knetewürfel wird durch drei „Mittenschnitte" in kleine Würfel zerlegt. Wie viele Würfel entstehen?

b) Der Würfel kann auch ohne Rest in 27 kleine Würfel zerlegt werden. Wie viele Schnitte braucht man dafür mindestens? Wie muss man die Schnitte ausführen?

c) In wie viele gleich große kleine Würfel kann der große Würfel ohne Rest auch zerlegt werden?
Wie viele Schnitte sind dafür mindestens nötig?

6 ≡ **Angestrichener Würfel**

Ein Holzwürfel ist außen mit Farbe angestrichen.
Durch Zersägen entstehen viele kleine Würfel.

a) Gib die Anzahl der kleinen Würfel an.

b) Die kleinen Würfel sind nicht von allen Seiten angestrichen. Wie viele kleine Würfel haben gar keine angestrichene Fläche? Wie viele haben eine, zwei, drei, vier … angestrichene Flächen?

7 ≡ **Weitere Schnitte**

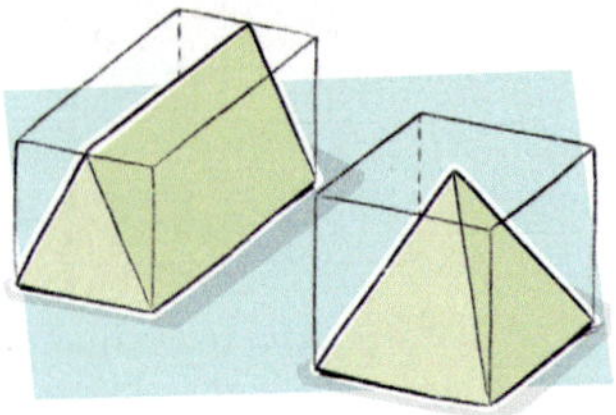

a) Schneide aus einem Quader durch zwei Schnitte das Modell eines Dreiecksprismas.

b) Wie viele Schnitte benötigst du, um aus einem Würfel eine quadratische Pyramide zu schneiden? Wie musst du schneiden?

8 ≡ **Würfelhalbierung**

Der dargestellte Würfel wird durch einen Schnitt halbiert.
Dadurch entstehen zwei gleich große Teilstücke.

a) Beschreibe die Form der entstehenden Schnittfläche.

b) Wie musst du schneiden, damit die Schnittfläche ein Quadrat ist?

c) Wie musst du schneiden, damit die Schnittfläche eine Raute ist?

Würfelhäuser

1 Wie groß ist das Würfelhaus?

Aus gleich großen Würfeln lassen sich viele verschiedenartige Würfelhäuser aufbauen.

Paul: „*Das Würfelhaus besteht aus 12 kleinen Würfeln.*“
Ricarda: „*Das muss nicht stimmen. Es könnten auch 13 sein.*“
Hat Ricarda recht?

2 Grundriss eines Würfelhauses

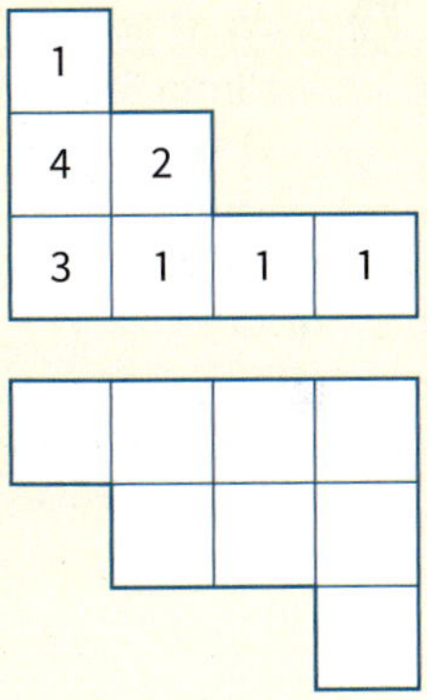

Das Schrägbild eines Würfelhauses verrät nicht alles. Deshalb erstellt man zusätzlich den Grundriss. Dazu wird die Bodenfläche des Würfelhauses aus Quadraten gezeichnet. In jedes Quadrat wird die Anzahl der Würfel eingetragen, die über diesem Quadrat stehen.

a) Zeichne den Grundriss zu dem Würfelhaus in dein Heft und trage die Anzahl der Würfel über den Quadraten ein. Wie viele zusätzliche kleine Würfel brauchst du, um das Würfelhaus zu einem großen Würfel zu ergänzen?

b) Welcher Grundriss passt zu welchem Schrägbild?

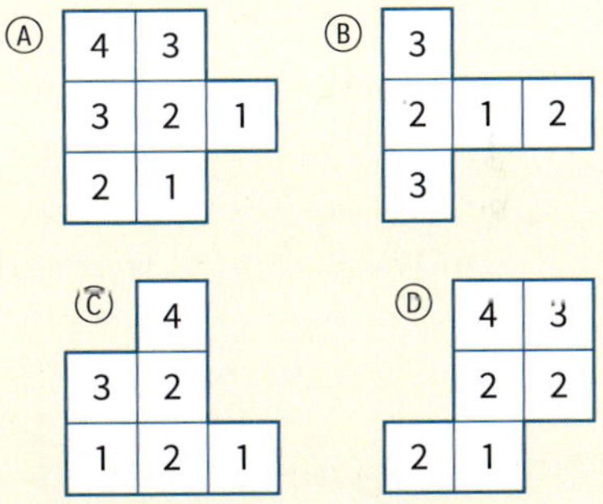

c) Entwirf eigene Grundrisse und zeichne die zugehörigen Würfelhäuser.

3 Quaderhäuser aus Streichholzschachteln

a) Welcher Grundriss gehört zu welchem Quaderhaus? Ergänze die fehlenden Zahlen.

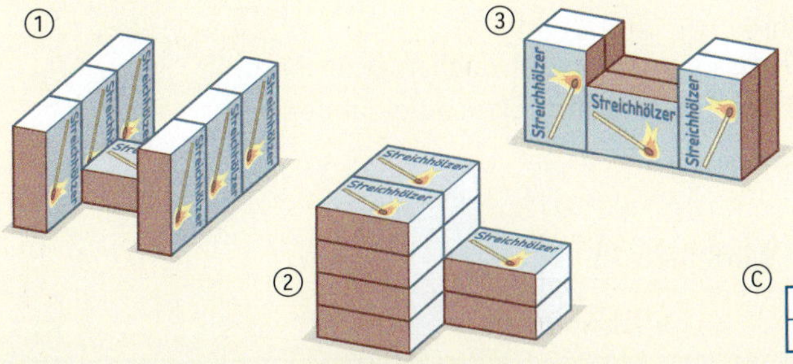

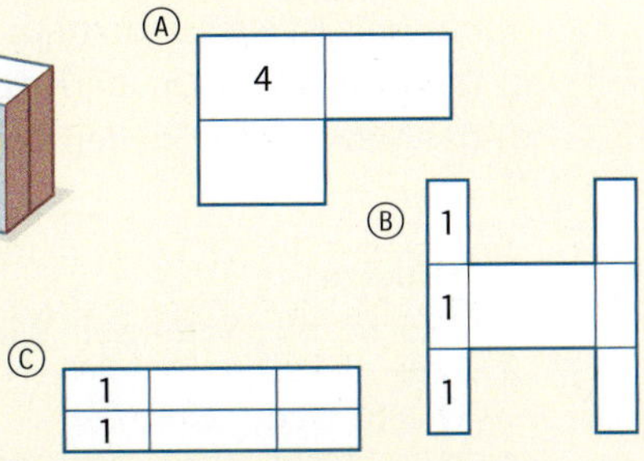

b) Baut nun zu zweit Häuser nach Plan.
Zeichnet einen Grundriss und baut ein Quaderhaus mit diesem Grundriss.

6.3 Netze

Vorbereiten
Seite 234

Falte eine würfelförmige Verpackung vorsichtig an den Kanten auseinander. So erhältst du ein Würfelnetz. Findest du verschiedene Netze für diese Verpackung?

WES-109651-064

Netz eines Würfels

Das Netz eines Würfels besteht aus sechs gleich großen Quadraten.

Netz eines Quaders

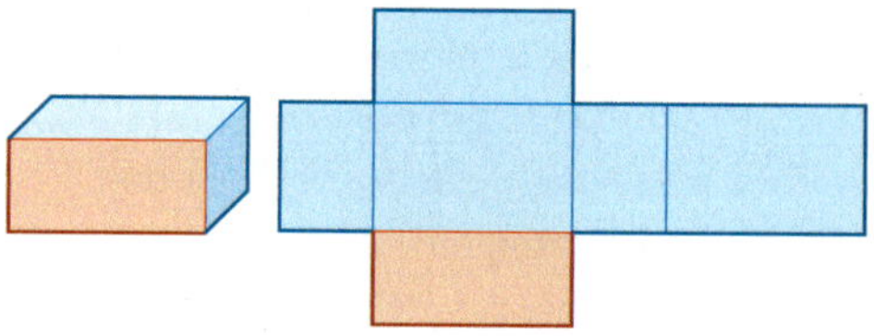

Das Netz eines Quaders besteht aus sechs Rechtecken. Gegenüberliegende Rechtecke eines Quaders sind gleich groß.

Quadernetze

Untersuche, ob das Netz ein Quadernetz ist.

a)
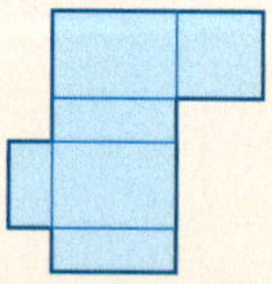

b)
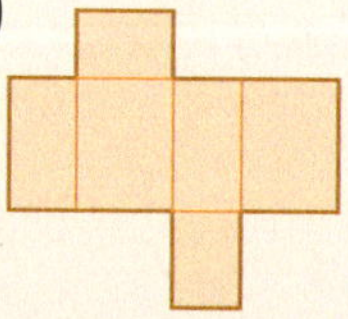

c)
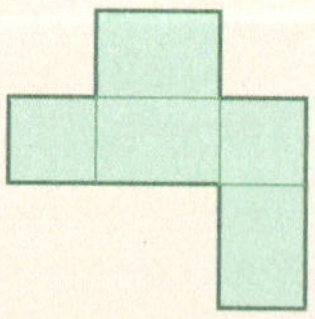

d)
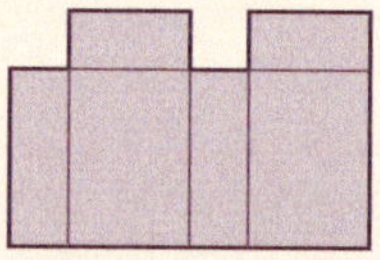

Lösung

a) Es ist kein Quadernetz: Es gibt zwei gegenüberliegende Flächen, die nicht gleich groß sind.
b) Das Netz ist ein Quadernetz.
c) Das Netz ist kein Quadernetz: Es sind nur fünf Flächen gezeichnet.
d) Das Netz ist kein Quadernetz: Zwei Flächen fallen aufeinander.

1 ≡ **Würfelnetze**

Untersuche, ob das Netz ein Würfelnetz ist.

a)
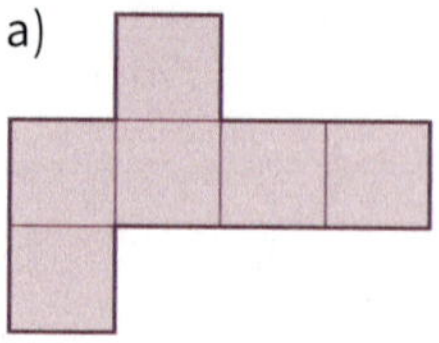

b)
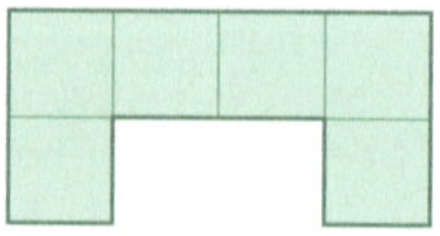

c)
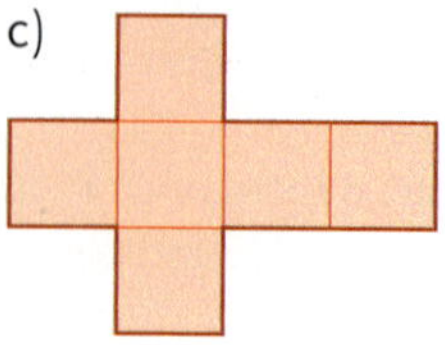

d)
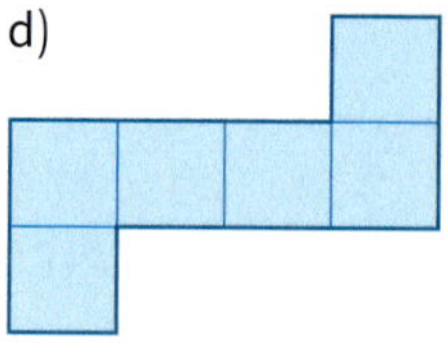

2 ☰ **Unvollständige Netze**

Übertrage die Figur in dein Heft und ergänze sie zu einem vollständigen Würfelnetz. Gibt es verschiedene Möglichkeiten?

a) 

b) 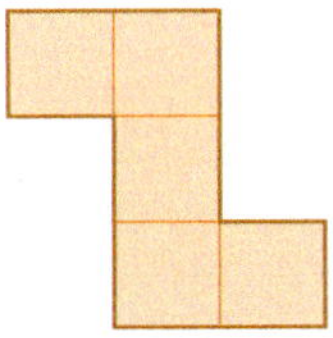

c) 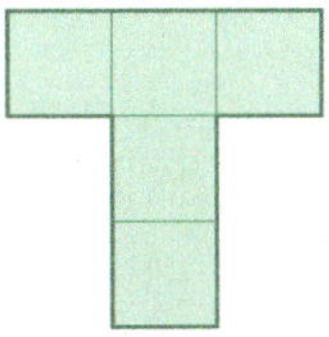

d) 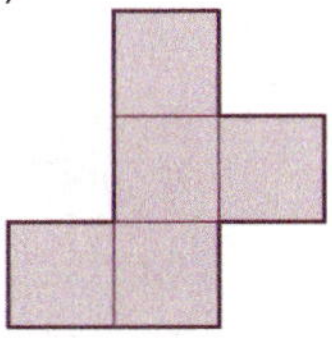

3 ☰ **Ist das ein Quadernetz?**

Aus welchen Netzen lassen sich Quader basteln, bei welchen klappt das nicht? Begründe wie im Beispiel „Quadernetze“.

① 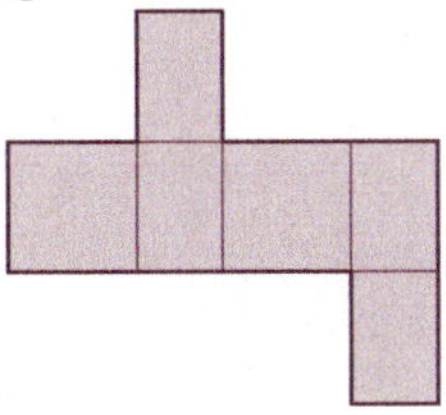

② 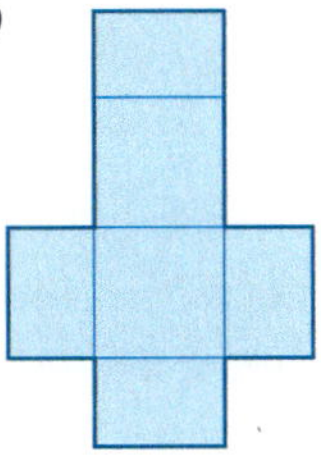

③ 

④ 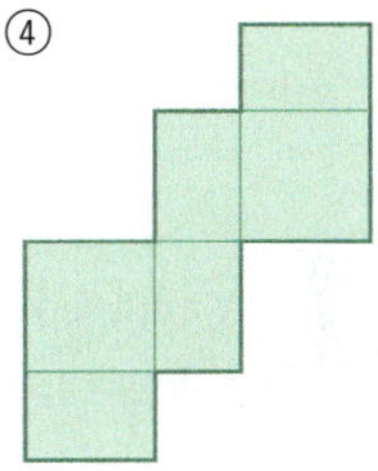

4 ☰ **Welches Netz passt?**

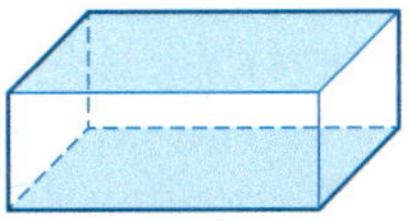

Ⓐ 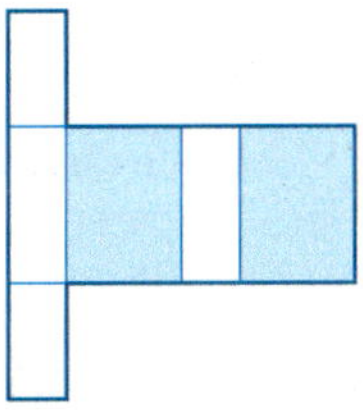

Ⓑ 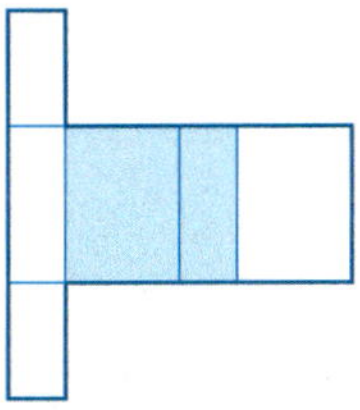

Ⓒ 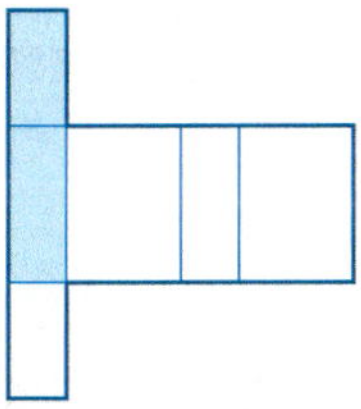

5 ☰ Übertrage das Netz in dein Heft. Markiere gegenüberliegende Flächen in derselben Farbe.

a) 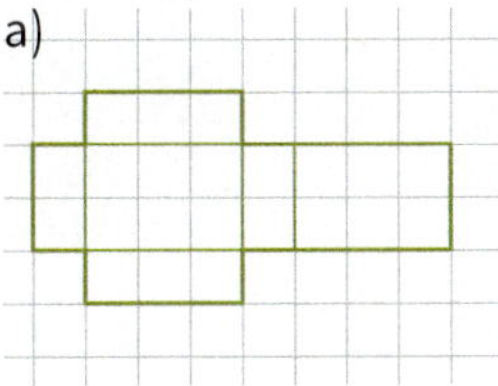

b) 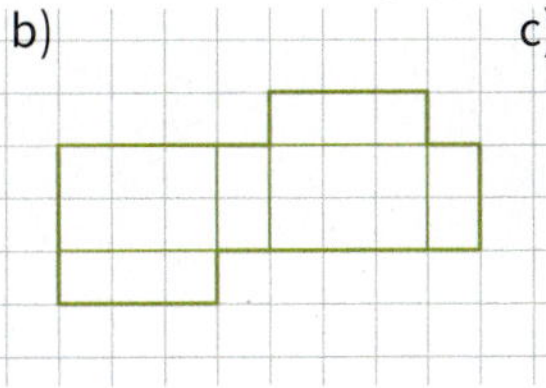

c) 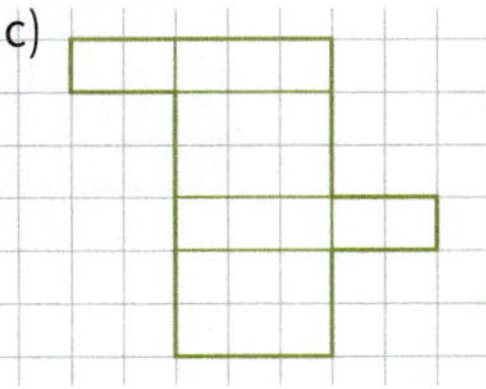

d) 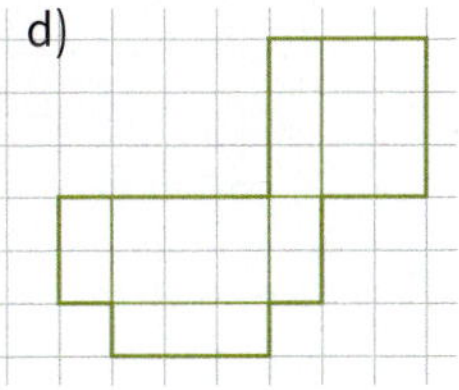

Prüfe dich!
Lösungen auf Seite 258

6 ☰ **Netze zeichnen**

a) Zeichne ein Netz eines Würfels mit der Kantenlänge 2 cm. Zeichne zwei weitere Netze.

b) Es gibt 11 verschiedene Würfelnetze. Zeichne möglichst viele verschiedene Würfelnetze.

c) Zeichne ein Netz eines Quaders, der 4 cm lang, 2 cm breit und 1 cm hoch ist. Zeichne zwei weitere Netze.

7 ☰ **Flächen und Kanten färben**

a) Übertrage das Quadernetz in dein Heft. Färbe die im Quader gegenüberliegenden Flächen mit derselben Farbe.

b) Markiere alle Kanten, die nach dem Zusammenfalten die rote Kante berühren.

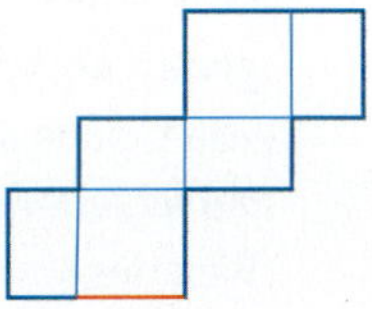

8 ≡ **Gefärbte Würfelecke**

Eine Ecke eines Würfels ist blau gefärbt.
Übertrage das abgebildete Netz in dein Heft. Markiere dann alle Quadratecken, die beim Zusammenfalten die blaue Ecke des Würfels ergeben.

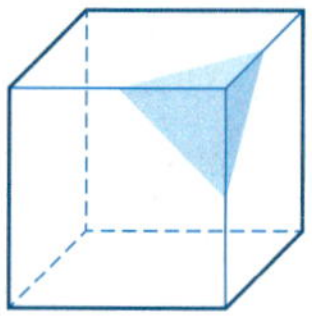

a)
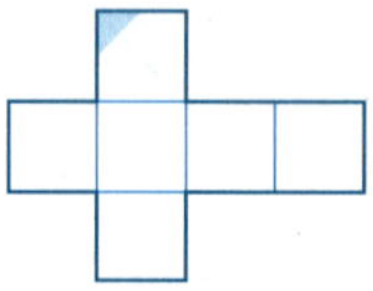
b)
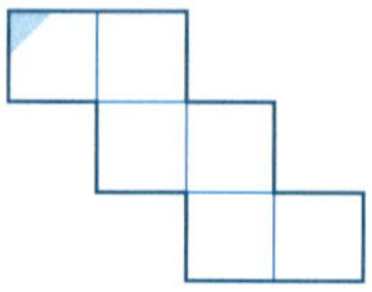
c)
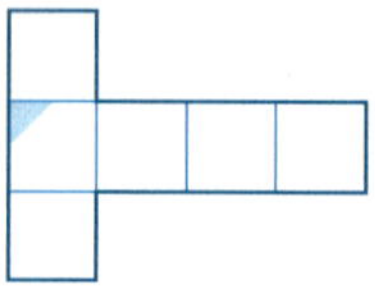
d)
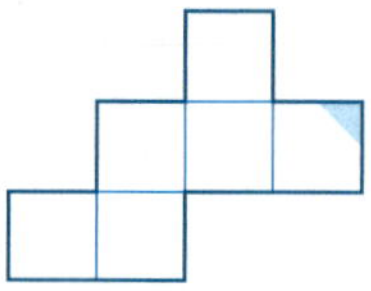

Prüfe dich!
Lösungen auf Seite 259

9 ≡ Zeichne die Würfelnetze in dein Heft.

①
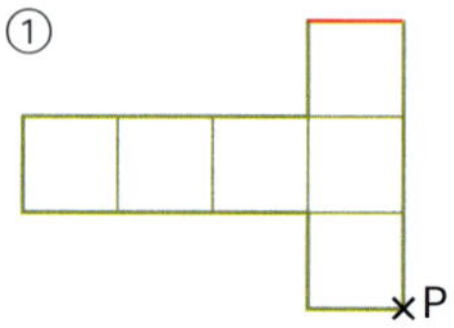

②
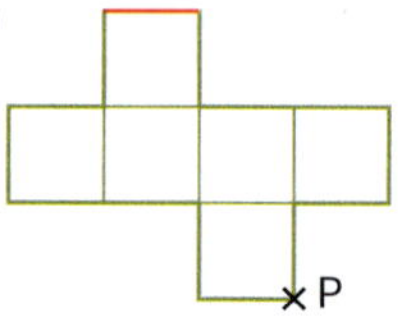

③
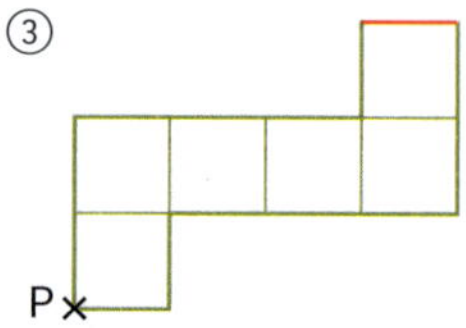

④
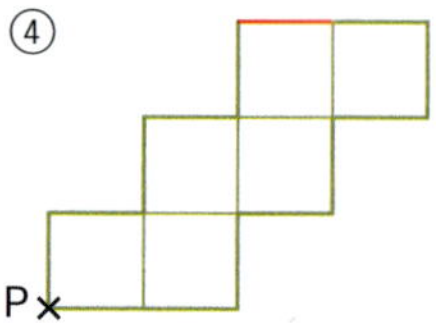

a) Markiere alle Kanten, die nach dem Zusammenfalten die rote Kante berühren.
b) Markiere in den Netzen alle Punkte, die mit dem markierten Punkt P aufeinandertreffen.

10 ≡ **Würfelnetz mit Muster**

Zeichne das Würfelnetz mit dem Muster auf ein Blatt Papier ab und schneide es aus. Ergänze das Muster auf der freien Fläche so, dass auf dem zusammengebauten Würfel ein möglichst geschlossenes Muster entsteht. Prüfe dein Muster durch Falten.

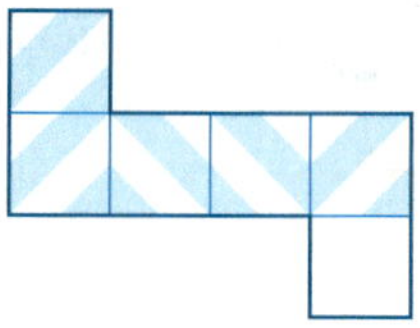

11 ≡ **Netz eines gefärbten Würfels**

Die Würfel werden durch Eintauchen in Farbe wie angegeben eingefärbt.
Zeichne jeweils ein Netz des gefärbten Würfels.

a)
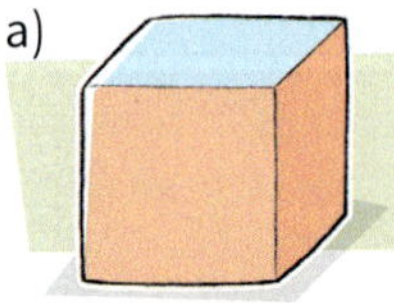
b)
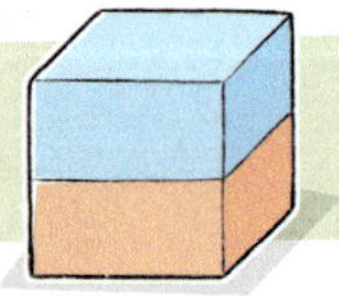
c)
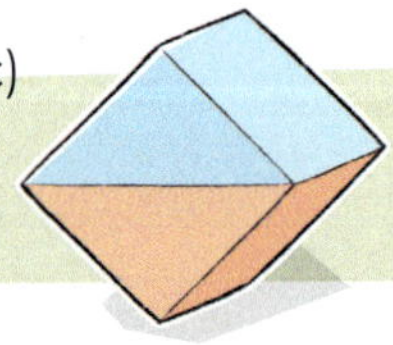
d)
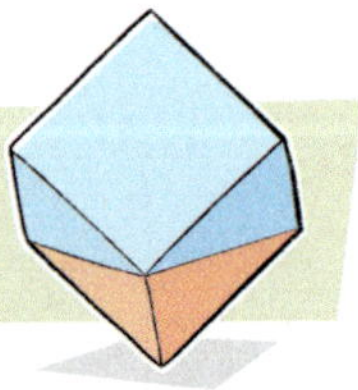

12 ≡ **Weitere Netze**

Welcher Körper entsteht aus dem Netz?

a)
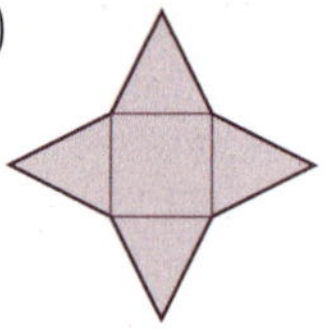
b)
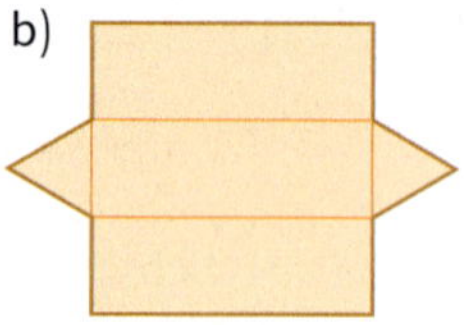
c)
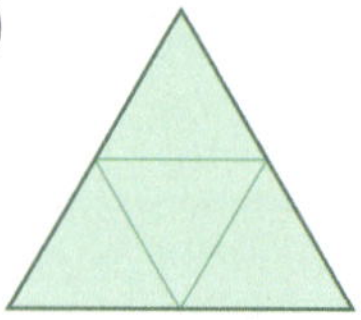
d)

13 ≡ **Marienkäfer auf dem Quader**

Auf dem Quader krabbelt ein Marienkäfer geradlinig von A nach B, dann von B nach C, von C nach D und von D nach E. Zeichne drei verschiedene Netze des Quaders. Trage den Weg des Marienkäfers jeweils in das Netz ein.

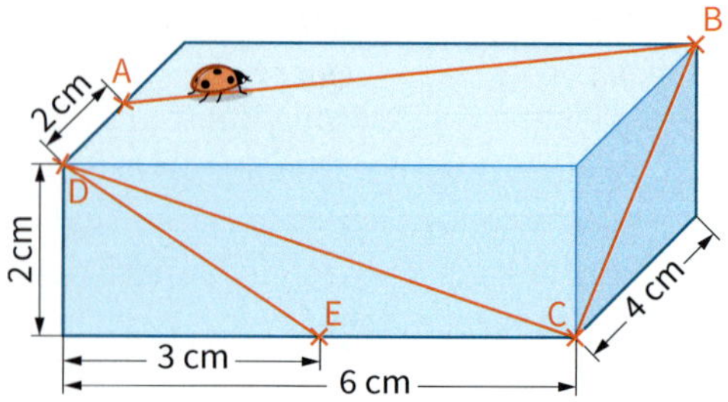

6.4 Schrägbilder

Auf Karopapier kannst du Schrägbilder von Körpern einfach zeichnen, wenn du die Eckpunkte auf dem Gitter genau auszählst und passend verbindest.

- Welche Körper erkennst du in den beiden Zeichnungen?
- Zeichne die beiden Schrägbilder ab. Färbe in deinen Schrägbildern die parallelen Kanten jeweils in derselben Farbe.
- Welche Bedeutung haben die gestrichelten Linien?

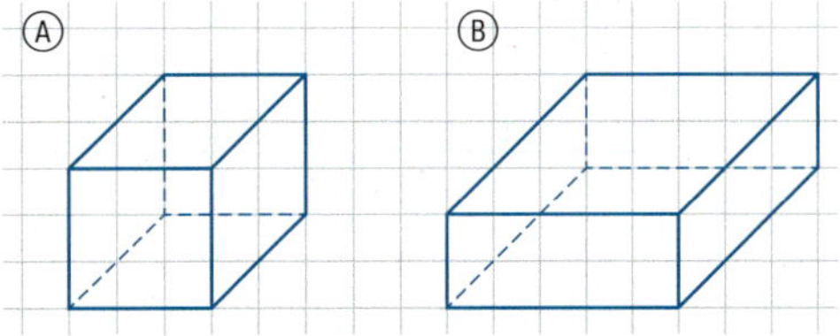

Vorbereiten
Seite 234

WES-109651-065

Das Schrägbild eines Würfels zeichnen

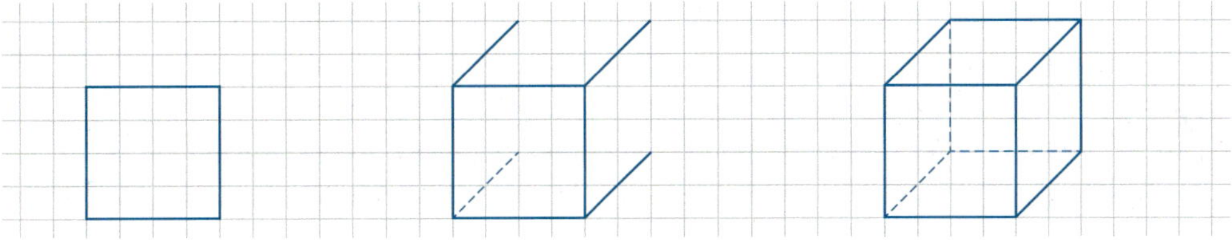

Vorderfläche des Würfels zeichnen.

Nach hinten laufende Kanten verkürzt zeichnen, die verdeckte gestrichelt. Für 1 cm jeweils 1 Kästchendiagonale.

Fehlende Kanten des Würfels ergänzen, die verdeckten gestrichelt.

Schrägbild eines Quaders

Zeichne das Schrägbild eines Quaders, der 2 cm lang, 3 cm breit und 1 cm hoch ist.

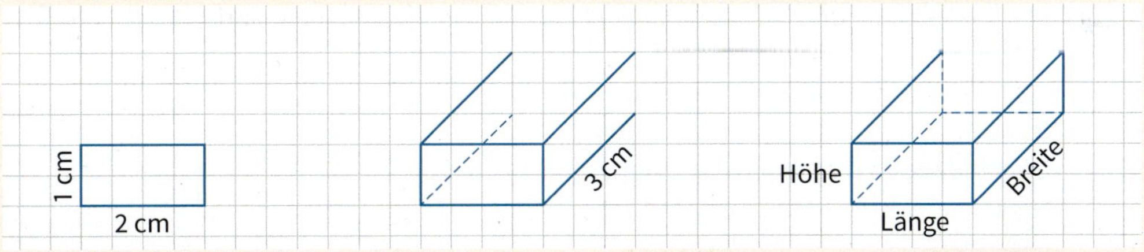

1 ≡ **Schrägbilder zeichnen**

Zeichne das Schrägbild des Körpers. Kennzeichne in deinem Schrägbild alle parallelen Kanten in derselben Farbe.

a) Würfel: Kantenlänge 3 cm
b) Quader: 5 cm lang, 6 cm breit, 4 cm hoch
c) Quader: 4 cm lang, 8 cm breit, 15 mm hoch
d) Quader: 4 cm lang, 4 cm breit, 2 cm hoch

2 ≡ **Unvollendetes Schrägbild**

Übertrage das angefangene Schrägbild eines Quaders in dein Heft und zeichne es fertig. Gib die Maße des Quaders an.

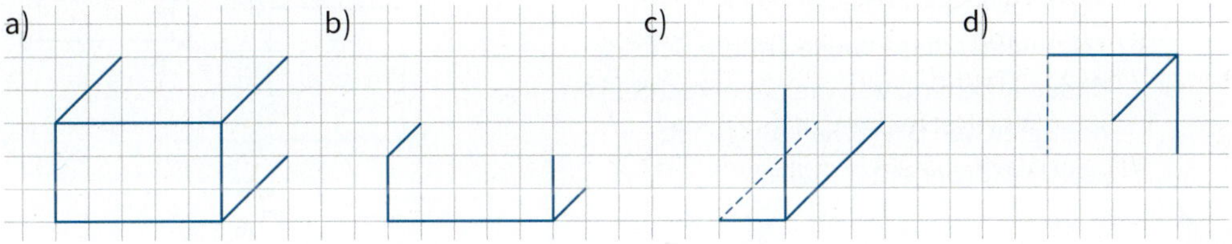

3 ≡ **Fehler in Schrägbildern**

Beim Zeichnen der Schrägbilder sind dem Zeichner leider einige Fehler unterlaufen. Benenne jeweils die Fehler und zeichne die Schrägbilder fehlerfrei.

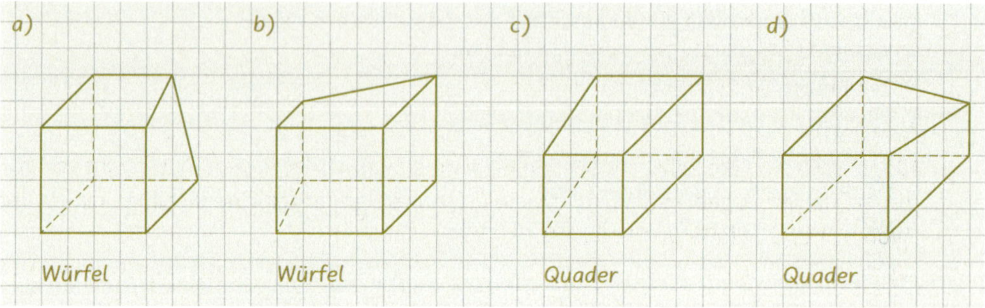

4 ≡ **Verschiedene Darstellungen eines Würfels**

Warum müssen beim Schrägbild eines Würfels die nach hinten verlaufenden Kanten verkürzt werden?
Überzeuge dich, indem du ein Schrägbild eines Würfels zeichnest, bei dem alle gezeichneten Kanten vier Zentimeter lang sind.
Experimentiere dann mit verschiedenen Längen für die nach hinten verlaufenden Kanten (3 cm, 2 cm, 1 cm).

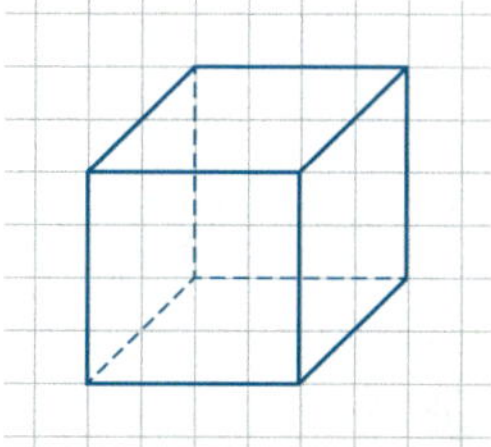

Prüfe dich!
Lösungen auf Seite 259

5 ≡ Zeichne das Schrägbild eines Würfels mit der Kantenlänge 6 cm.

6 ≡ Für einen Quader mit den Maßen 1 cm, 4 cm und 8 cm kannst du verschiedene Schrägbilder zeichnen.

a) Zeichne ein Schrägbild so, dass die Höhe des Quaders 4 cm ist.
b) Zeichne ein Schrägbild so, dass die Höhe des Quaders 1 cm ist.
c) Zeichne ein Schrägbild so, dass der Quader 8 cm hoch ist.

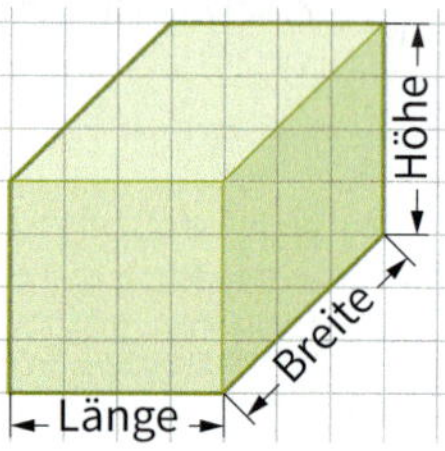

7 ≡ **„Stehende“ und „liegende“ Buchstaben**

Aus einer 2 cm dicken Holzplatte wurden verschiedene Buchstaben ausgesägt. Dargestellt ist ein „stehendes“ und ein „liegendes“ L.

a) Zeichne die beiden L in dein Heft.
b) Zeichne ein „stehendes“ und ein „liegendes“ T, E, H. Die Buchstaben sind alle 4 cm lang, 2 cm breit und 5 cm hoch.

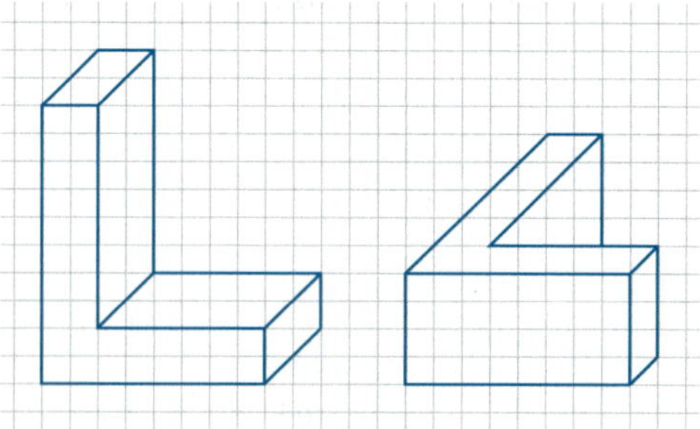

8 ≡ **Durch Verbinden von Figuren andere Schrägbilder zeichnen**

a) Zeichne wie in der Abbildung zwei gleich große Quadrate in dein Heft. Welche Ecken musst du verbinden? Welche Verbindungen musst du stricheln?
b) Zeichne auf diese Weise andere Schrägbilder, indem du von gleichen Rechtecken oder gleichen Dreiecken ausgehst. Welche Körper entstehen?

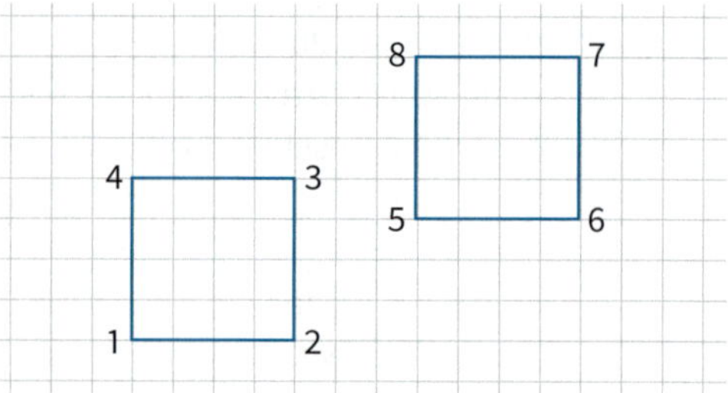

9 ≡ **Siegertreppchen**

Ein Platz auf dem Siegertreppchen ist für viele Sportler das Schönste. Hier ist ein Siegertreppchen aus vier Würfeln zusammengesetzt. Zeichne die Schrägbilder eines Siegertreppchens in dein Heft.

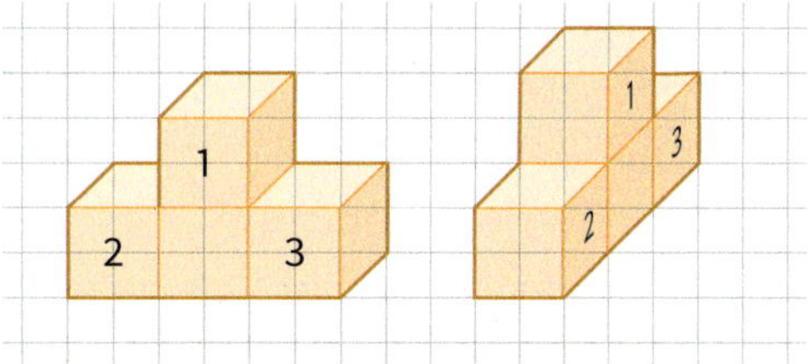

10 ≡ **Würfeltürme**

Dargestellt sind die Schrägbilder von verschiedenen Würfeltürmen. Dabei wird von vorne auf die Würfeltürme geblickt. Zeichne die Würfeltürme aus unterschiedlichen Blickrichtungen (von rechts, von links und von hinten) in dein Heft.

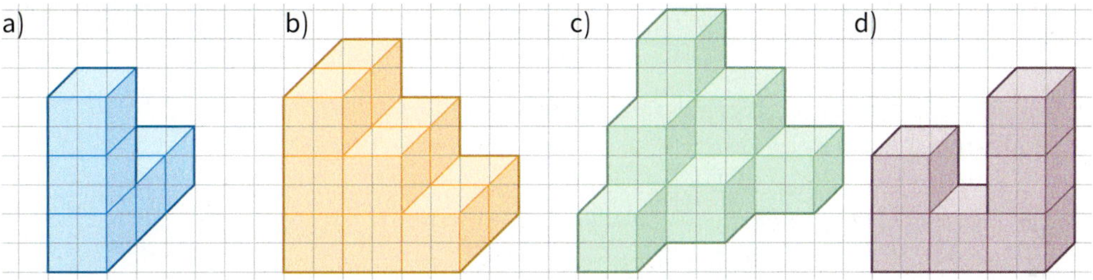

11 ≡ **Netz und Schrägbild**

Dargestellt ist das Schrägbild oder das Netz eines Quaders. Der Quader ist teilweise gefärbt. Zeichne die andere Darstellungform und färbe sie.

a)

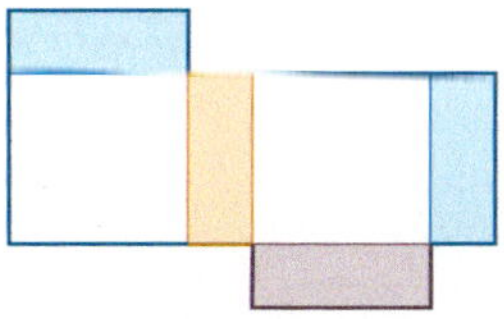

b)

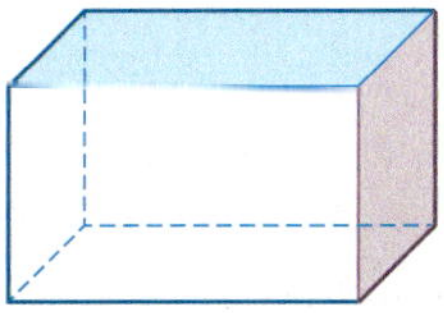

c)

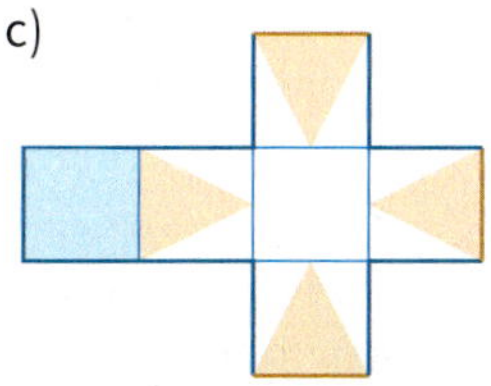

d)

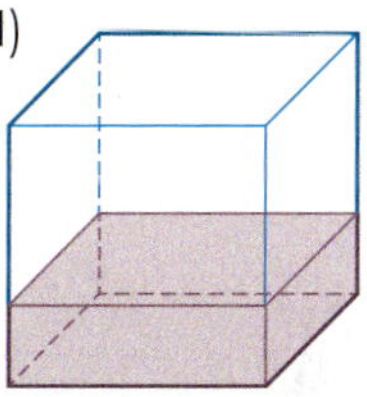

12 ≡ **Vom Netz zum Schrägbild**

Zeichne das Schrägbild zum Quadernetz in dein Heft. Übernimm die Färbung des Netzes für das Schrägbild.

a)

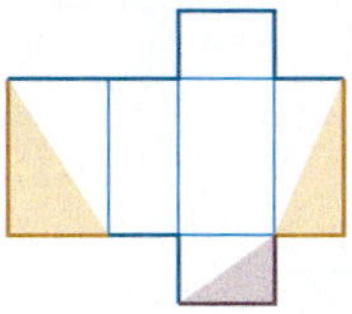

b)

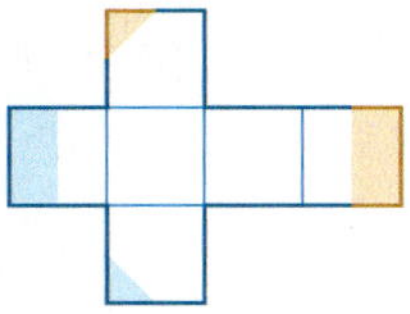

c)

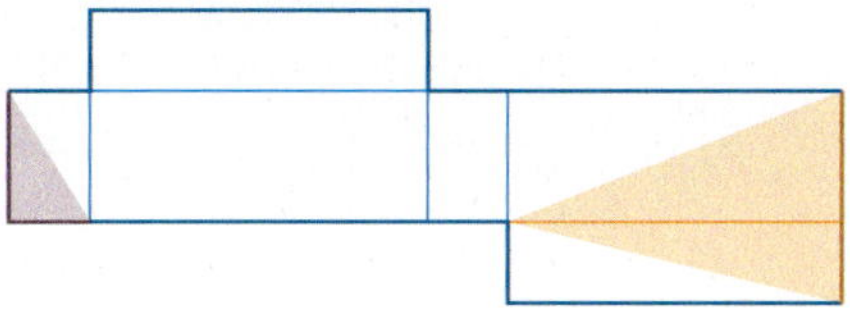

13 ≡ **Geburtstagsgeschenk**

Anna packt für ihre Freundin Emma ein Geburtstagsgeschenk ein. Sie benutzt einen quaderförmigen Karton mit den Maßen 60 cm, 40 cm und 20 cm.

a) Zeichne den Karton im Maßstab 1 : 10.

b) Zeichne ein Geschenkband so ein, dass man es auf jeder Fläche des Kartons sehen kann.

c) Wie lang muss das Geschenkband mindestens sein, wenn du für eine Schleife 25 cm Band brauchst?

Verrückte Schrägbilder

1 Überraschungen

Drehe das Bild auf den Kopf. Was fällt dir auf? Beschreibe.

a)

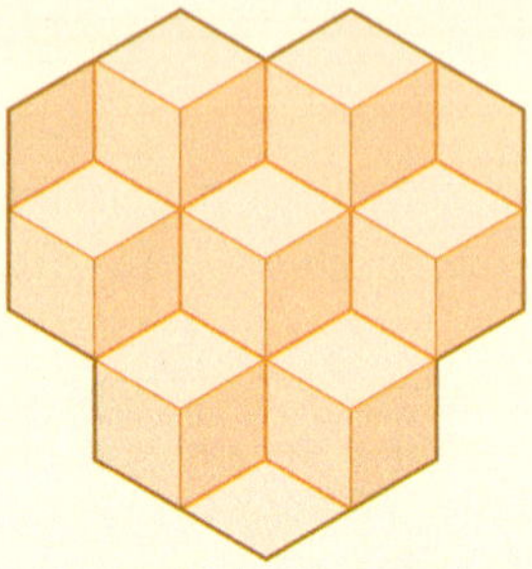

b)

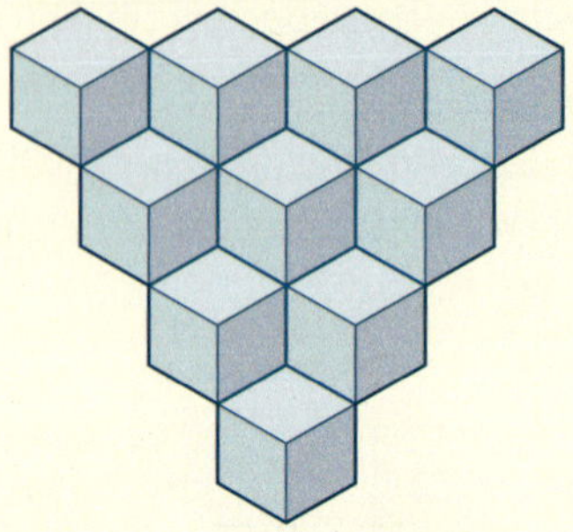

c)

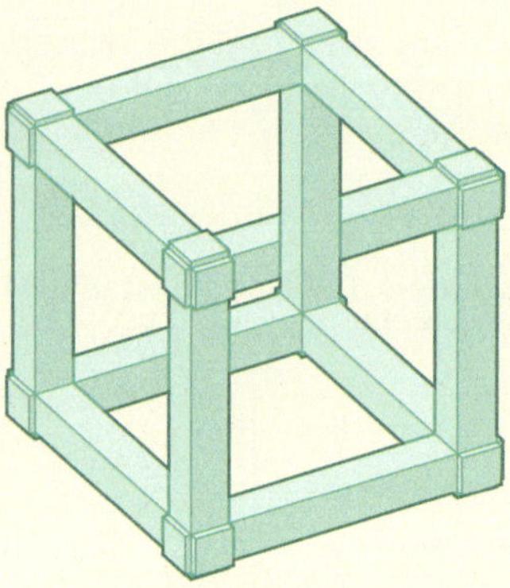

d)

e)

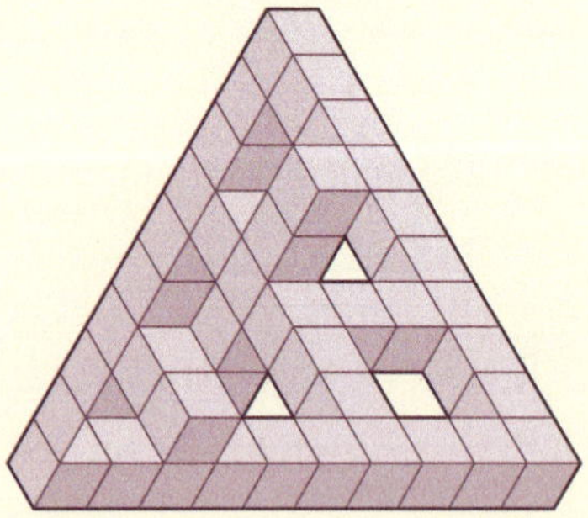

f)

2 Zum Nachzeichnen auf Isometriepapier

Übertrage die Zeichnung auf Isometriepapier. Erstelle eigene Bilder.

WES-109651-066

a)

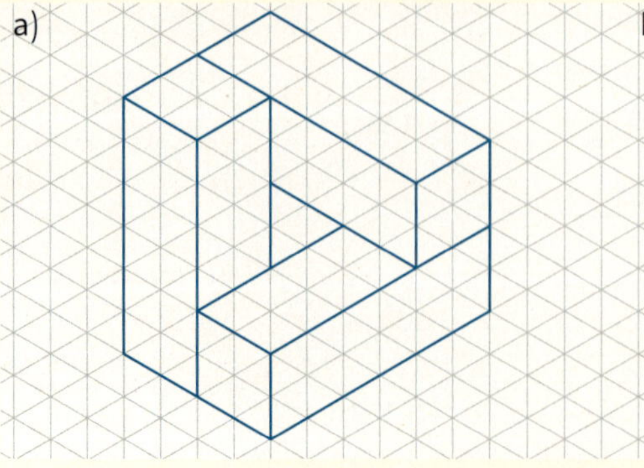

b)

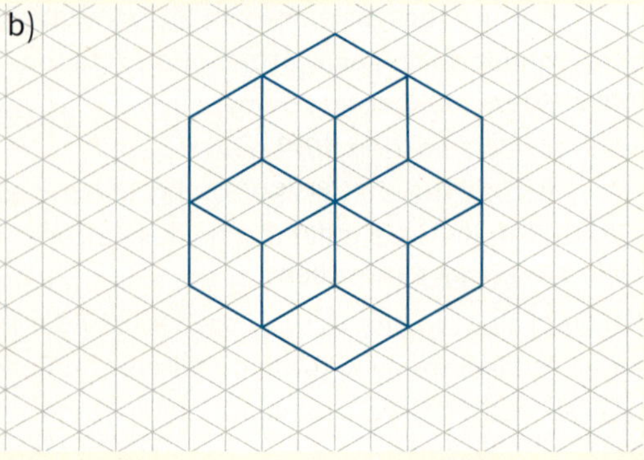

Mein Merkzettel

Geometrische Körper – Ecken, Kanten, Flächen und Netze

Seite 146
Seite 152

Name	Körper	Beschreibung	Netz
Würfel	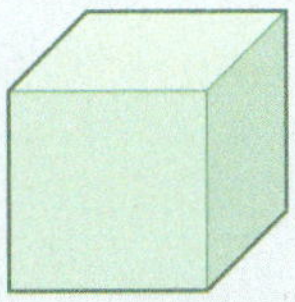	8 Ecken 12 Kanten 6 Flächen: gleich große Quadrate Es gibt 11 verschiedene Netze.	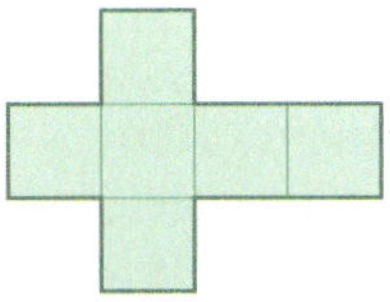
Quader	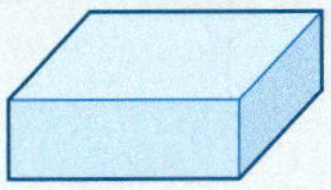	8 Ecken 12 Kanten 6 Flächen: gegenüberliegende gleich große Rechtecke	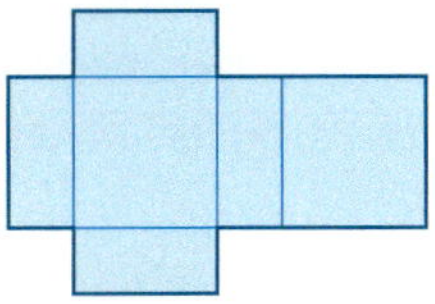
Dreiecksprisma		6 Ecken 9 Kanten 5 Flächen: 2 Dreiecke, 3 Rechtecke	
quadratische Pyramide	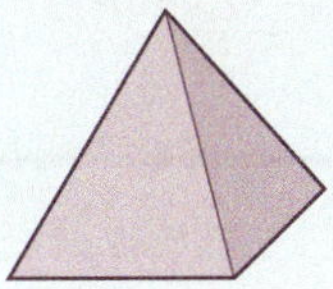	5 Ecken (die obere Ecke wird auch Spitze genannt) 8 Kanten 5 Flächen: 1 Quadrat, 4 Dreiecke	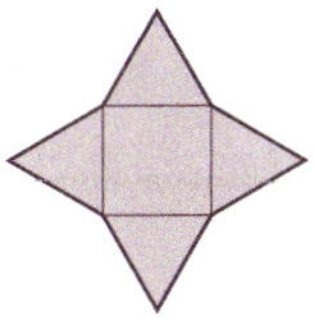

Körper ohne Ecken

Seite 146

Zylinder	Kegel	Kugel
 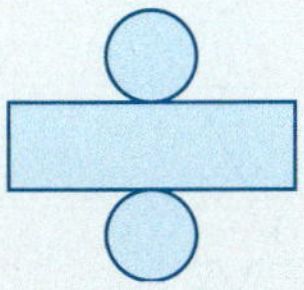	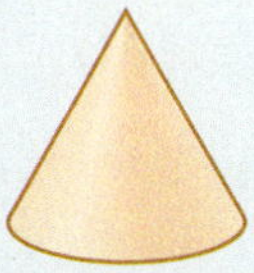 	
Keine Ecken 2 Kanten 3 Flächen: 2 Kreise, 1 Rechteck	Keine Ecken, aber eine Spitze 1 Kante 2 Flächen: 1 Kreis, 1 Kreisausschnitt	Keine Ecken Keine Kanten 1 Fläche Die Kugel hat kein Netz.

Schrägbild zeichnen

Seite 155

1. Vorderfläche zeichnen.
2. Nach hinten laufende Kanten verkürzt zeichnen, die verdeckte Kante gestrichelt zeichnen. Für 1 cm jeweils 1 Kästchendiagonale.
3. Weitere Kanten ergänzen, verdeckte gestrichelt.

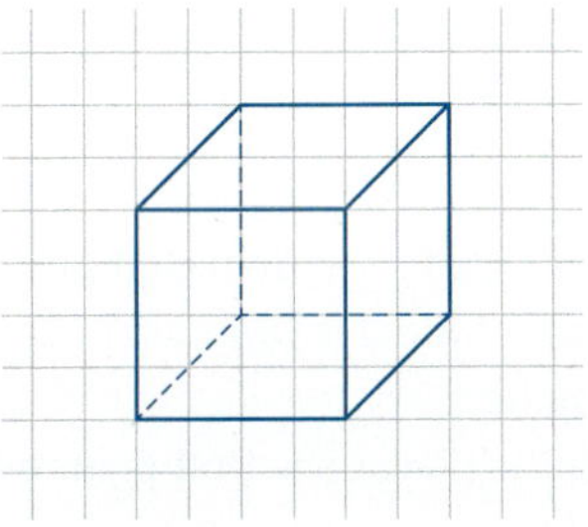

Tipps für zusammengesetzte Körper:
- Vorderfläche zeichnen
- Schrittweise die einzelnen Körper zeichnen.
- Mehrere Würfel zusammenfassen und dann aufteilen.
- Verdeckte Kanten gestrichelt ergänzen.

Lösungen auf
Seite 259

Wiederholen für die Klassenarbeit

1 ≡ **Würfel und Quader**

a) Beschreibe einen Würfel durch seine Ecken, Kanten und Flächen.
b) Beschreibe einen Quader durch seine Ecken, Kanten und Flächen.
c) Gib die Unterschiede an.

2 ≡ **Körperdetektiv**

Bestimme den Körper, der beschrieben wird.
a) Ich bin ein Körper und habe als Flächen nur Rechtecke.
b) Ich bin ein Körper und habe nur sechs Ecken.
c) Mein Netz besteht aus einem Quadrat und vier Dreiecken.
d) Ich bin ein Körper mit 12 gleich langen Kanten.

3 ≡ **Quaderschnitte**

Ein Quader aus Knete ist 6 cm lang, 4 cm breit und 5 cm hoch. Aus diesem Quader soll mit einem Messer vorsichtig ein möglichst großer Würfel geschnitten werden.
a) Gib die Kantenlänge des Würfels an. Begründe.
b) Gib die Anzahl der benötigten Schnitte an.

4 ≡ **Netze**

Gib das passende Netz an.

a)

b)
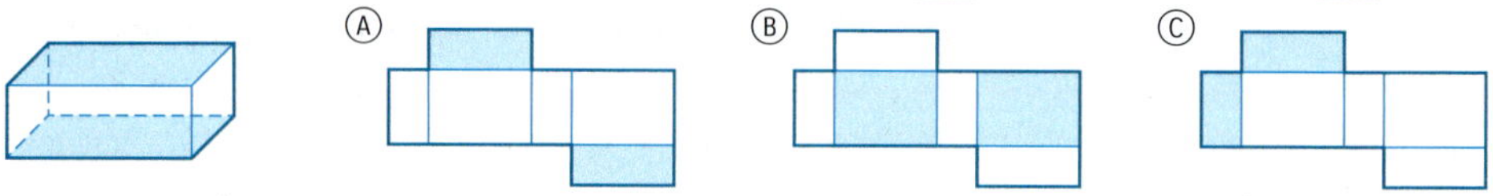

c)
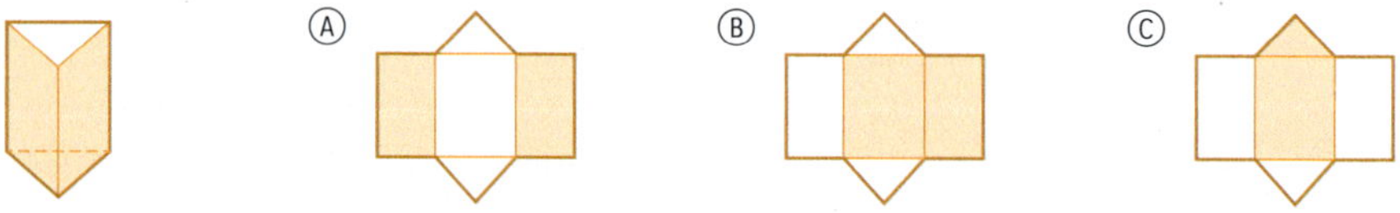

5 ≡ **Quader zeichnen**

Zeichne das Schrägbild eines Quaders.
a) Länge 6 cm, Breite 4 cm, Höhe 3 cm
b) Länge 5 cm, Breite 6 cm, Höhe 2 cm
c) Länge 7 cm, Breite 4 cm, Höhe 4 cm
d) Länge 5 cm, Breite 3 cm, Höhe 1 cm

6 ≡ **Geöffnete Schachtel**

Zeichne das Schrägbild der geöffneten Schachtel in dein Heft. Gib den Anteil an, um den die Schachtel geöffnet ist. Begründe.

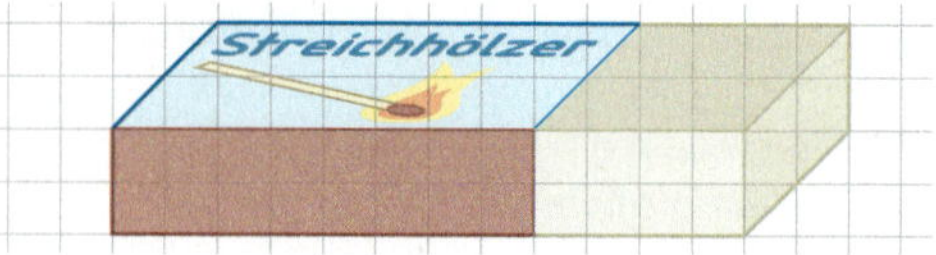

7 ≡ **Schrägbild eines Quaders**

a) Übertrage das Schrägbild des Quaders in dein Heft und ergänze die verdeckten Kanten. Gib die Maße des Quaders in Zentimeter an. 1 cm entspricht zwei Kästchen.
b) Bestimme für diesen Quader die Länge des Drahts für ein Kantenmodell aus Draht.

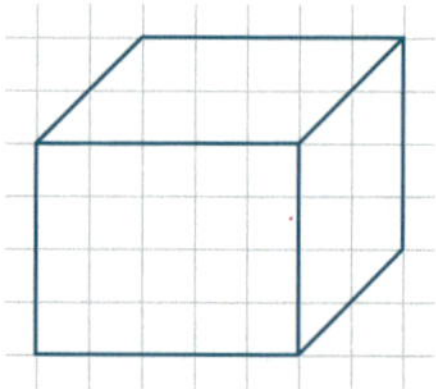

8 ≡ Netze eines Körpers

Lösungen auf Seite 260

Zeichne ein Netz des Körpers und beschrifte die Flächen mit den angegebenen Buchstaben.

a)

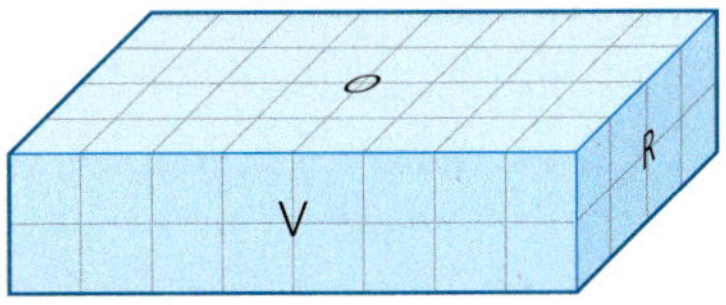

b)

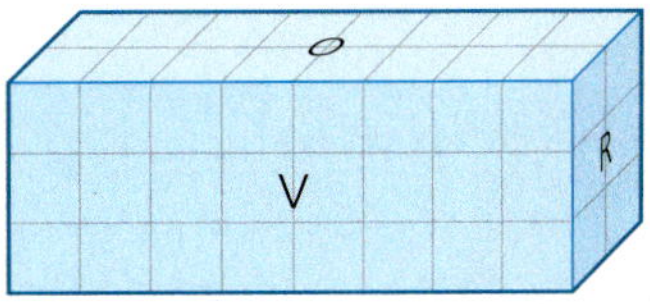

9 ≡ Merkwürdiger Würfel?

„Ein Würfel hat sechs Flächen. Jede dieser Flächen ist ein Quadrat. Jedes Quadrat hat vier Seiten. Also hat ein Würfel $6 \cdot 4 = 24$ *Kanten. Ich zähle aber immer nur 12 Kanten."*
Wie kann das sein? Löse das Rätsel auf.

10 ≡ Spielwürfel

Abgebildet ist derselbe Würfel in drei verschiedenen Lagen. Beachte, dass die Summe der Augenzahlen auf den gegenüberliegenden Flächen 7 ergibt.
Zeichne die Schrägbilder in dein Heft und trage in die freie Fläche die passende Augenzahl ein.
Ergänze dazu das Netz des Würfels.

11 ≡ Spuren im Netz

Der Würfel wird in der Mitte durchgeschnitten.
Übertrage die beiden Netze in dein Heft (Kantenlänge des Würfels: 4 Kästchen).
Trage dann in die Netze die Schnittlinien ein.

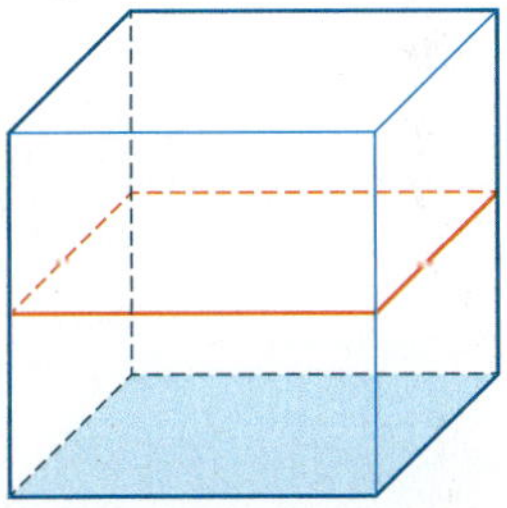

①

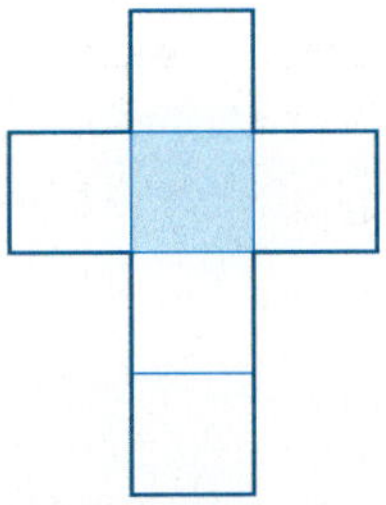

②

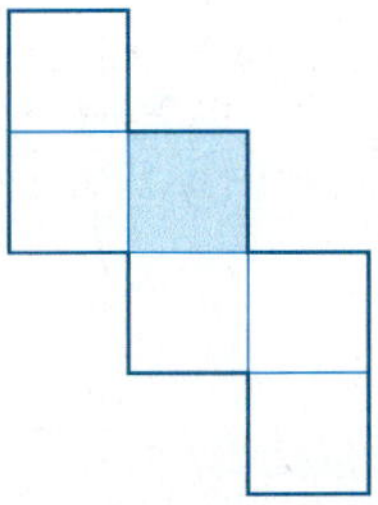

12 ≡ Vorstellungsvermögen

Gib an, welcher Körper aus dem Netz entsteht.

a)

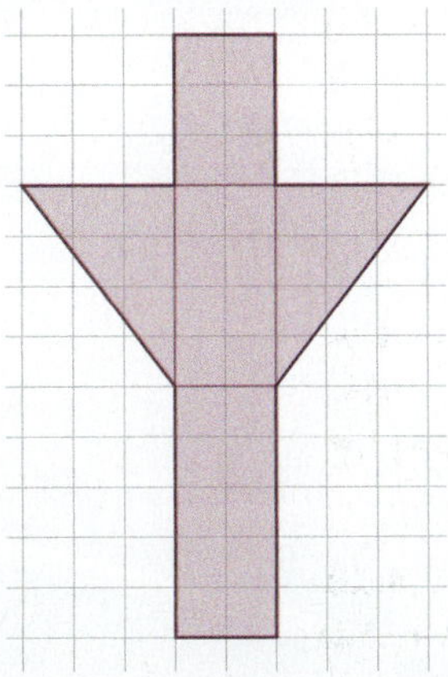

b)

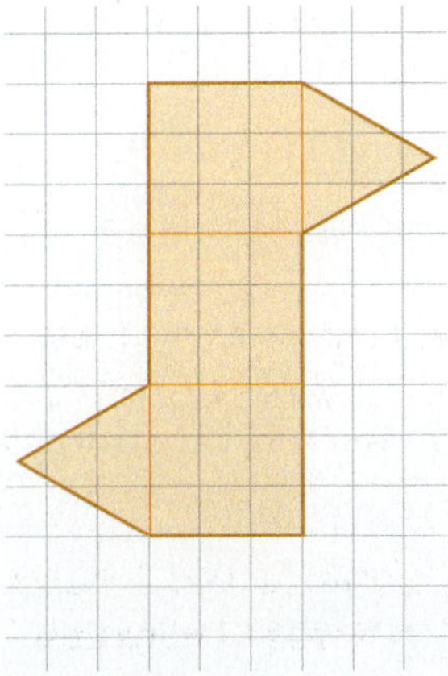

c)

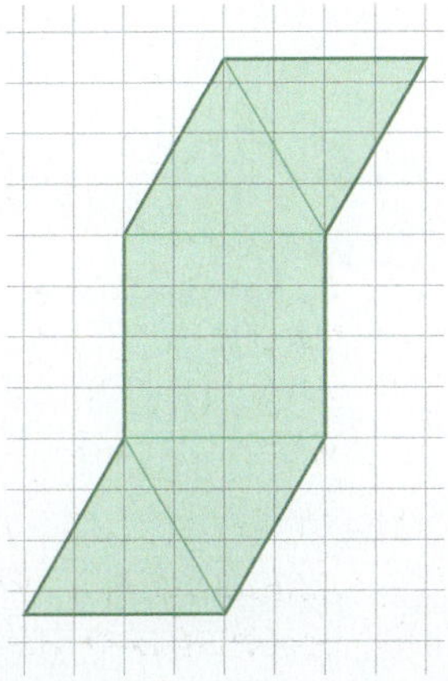

7 Flächeninhalt

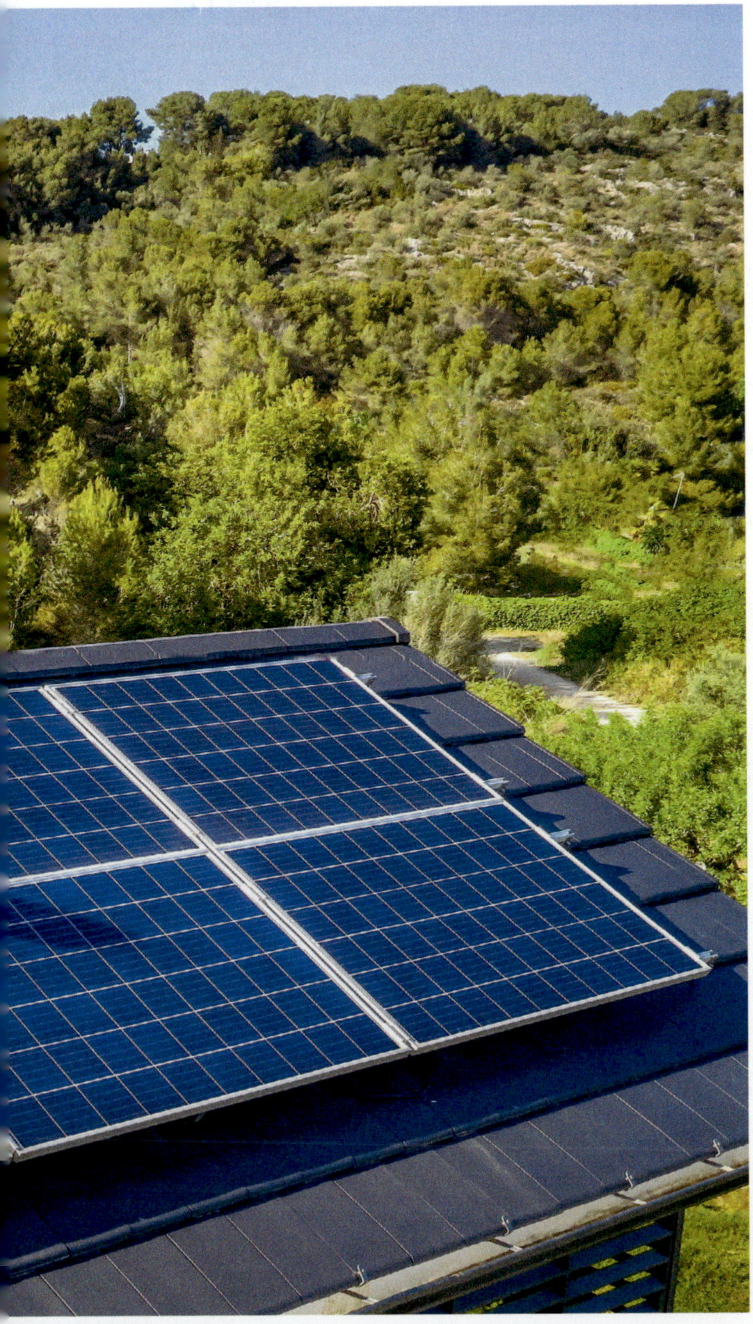

Wie groß ist die Dachfläche?
Mit der Photovoltaik-Anlage kann das Sonnenlicht mithilfe der Solarzellen in elektrische Energie umgewandelt werden.

In diesem Kapitel

- **Wie groß ist ein DIN-A4-Blatt?**
- **Wie groß ist der Auslauf für ein Huhn?**
- **Wie vergleicht man Flächen?**
- **Wie kann man Flächeninhalte berechnen?**
- **Die Fläche einer Insel kann man nicht messen – aber schätzen! Wie geht das?**

7.1 Flächeninhalt und Umfang messen

Lisa und Tom haben von ihrer Lehrerin je eine Schnur bekommen. Sie haben damit die Anfangsbuchstaben ihrer Namen gelegt. Tom behauptet: *„Deine Schnur war viel länger als meine, denn deine Figur ist viel größer geworden!“* Hat Tom recht?

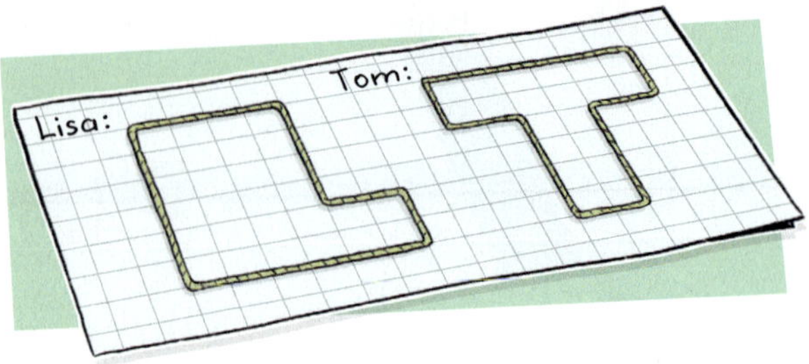

WES-109651-067

Flächeninhalt und Umfang

Eine Figur besitzt einen Flächeninhalt A und einen Umfang u.

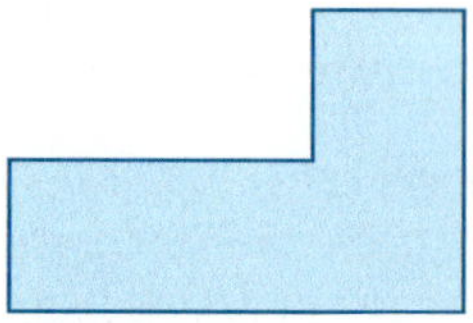

Flächeninhalt A

Der Flächeninhalt wird durch Auslegen mit Einheitsflächen bestimmt. Als Einheitsfläche kann man ein Quadrat mit der Seitenlänge 1 cm verwenden. Dieses Einheitsquadrat hat einen Flächeninhalt von einem Quadratzentimeter.
Schreibweise: $1\,cm^2$

Die abgebildete Figur lässt sich mit vier Einheitsquadraten auslegen. Der Flächeninhalt der Figur ist $4 \cdot 1\,cm^2$.

Flächeninhalt: $A = 4\,cm^2$

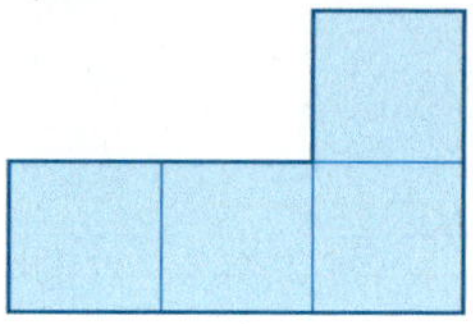

Umfang u

Legt man eine Schnur um eine Figur, dann ist die Länge der Schnur der Umfang der Figur.

Umfang: $u = 10\,cm$

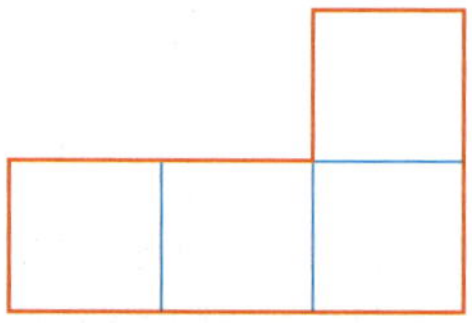

Flächeninhalt A und Umfang u bestimmen

Bestimme den Flächeninhalt A und den Umfang u der Figuren. Vergleiche.

①

②

Lösung

① Flächeninhalt: $A = 12 \cdot 1\,cm^2 = 12\,cm^2$
Umfang: $u = 12\,cm + 1\,cm + 12\,cm + 1\,cm = 26\,cm$

② Flächeninhalt: $A = 12 \cdot 1\,cm^2 = 12\,cm^2$
Umfang:
$u = 4\,cm + 2\,cm + 2\,cm + 2\,cm + 2\,cm + 4\,cm = 16\,cm$

Der Flächeninhalt ist bei beiden Figuren gleich groß. Der Umfang von Figur ① ist größer als der Umfang von Figur ②.

1 ≡ **Flächeninhalt und Umfang bestimmen**

Bestimme den Flächeninhalt A und den Umfang u der Figur.

a) 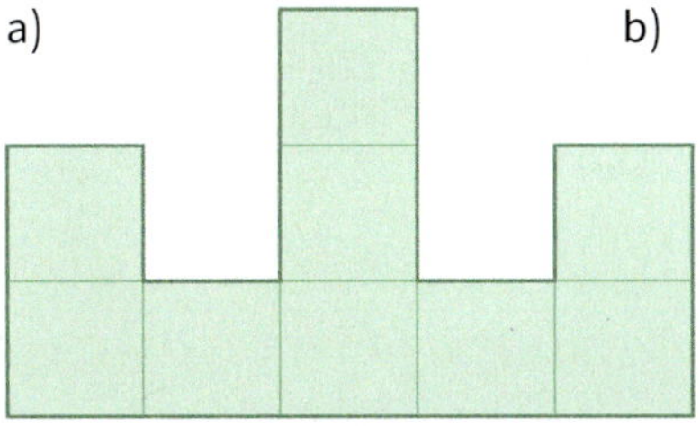 b) 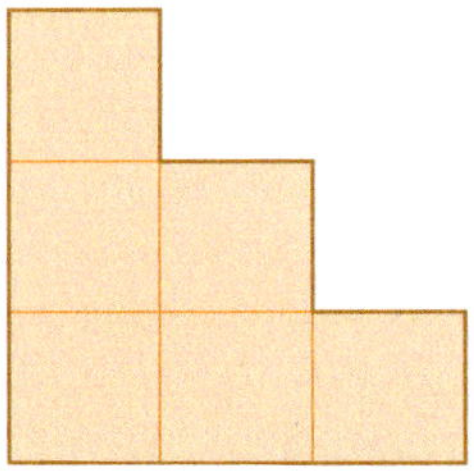 c) 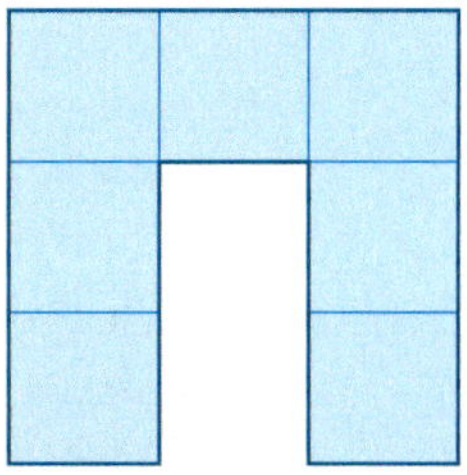

2 ≡ **Ein Flächeninhalt – verschiedene Figuren**

Zeichne neun Quadrate mit einem Flächeninhalt von $1\,cm^2$. Schneide sie aus. Lege verschiedene Figuren mit einem Flächeninhalt von $9\,cm^2$. Bestimme jeweils den Umfang. Welche Figur hat den kleinsten Umfang?

3 ≡ **Figuren zeichnen**

Zeichne mindestens zwei verschiedene Figuren mit dem angegebenen Flächeninhalt A. Bestimme jeweils den Umfang u der Figuren.
Vergleiche deine Ergebnisse mit denen deiner Mitschülerinnen und Mitschüler.

a) $A = 18\,cm^2$ b) $A = 25\,cm^2$ c) $A = 12\,cm^2$ d) $A = 16\,cm^2$ e) $A = 24\,cm^2$ f) $A = 6\,cm^2$

4 ≡ **Flächeninhalt und Umfang gegeben**

Zeichne eine Figur mit dem Flächeninhalt A und dem Umfang u.

a) $A = 6\,cm^2$ $u = 10\,cm$ b) $A = 5\,cm^2$ $u = 12\,cm$ c) $A = 8\,cm^2$ $u = 12\,cm$
d) $A = 10\,cm^2$ $u = 14\,cm$ e) $A = 7\,cm^2$ $u = 16\,cm$ f) $A = 36\,cm^2$ $u = 24\,cm$

5 ≡ Zeichne eine Figur mit dem Flächeninhalt A und dem Umfang u.

a) $A = 16\,cm^2$ $u = 16\,cm$ b) $A = 16\,cm^2$ $u = 20\,cm$ c) $A = 9\,cm^2$ $u = 12\,cm$

Prüfe dich!
Lösungen auf Seite 261

6 ≡ **Verschwindende Fläche – gleicher Umfang**

Zeichne die Figur in dein Heft.
Bestimme den Flächeninhalt und den Umfang der Figur.

- Markiere alle Einheitsquadrate, die du weglassen kannst, sodass der Umfang der Figur gleich bleibt.
- Finde eine Figur mit gleichem Umfang, deren Flächeninhalt möglichst klein ist.

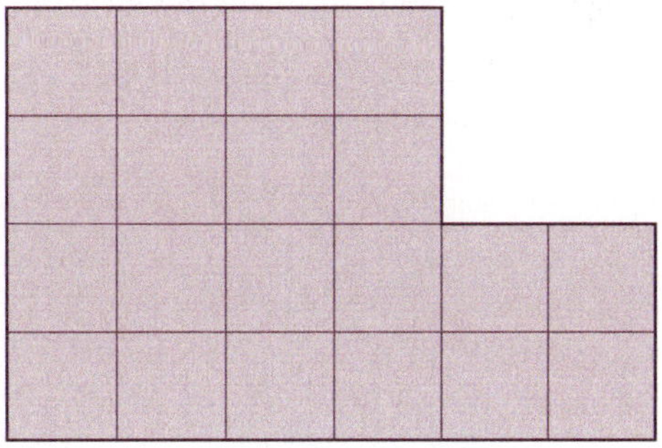

7 ≡ **Quadrate des Pythagoras**

Betrachte die Figur. Begründe, warum die beiden kleinen Quadrate zusammen denselben Flächeninhalt haben wie das große Quadrat.

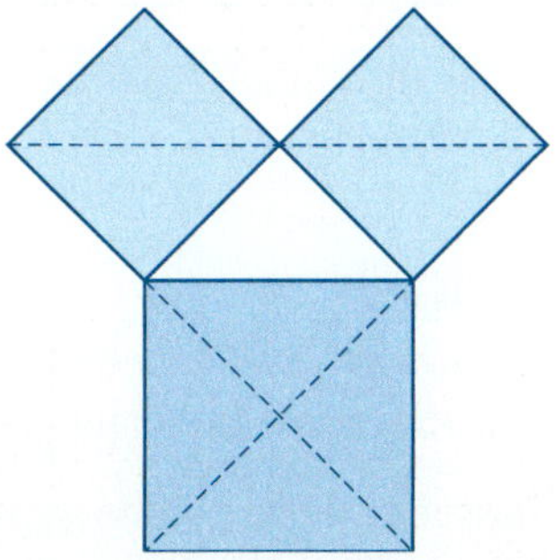

8 ≡ **Ein Quadrat verdoppeln**

Zeichne ein Quadrat. Zeichne nun ein weiteres Quadrat, dessen Flächeninhalt doppelt so groß ist.
Tipp: Zerlege das kleine Quadrat geeignet.

7.2 Flächeneinheiten

Vorbereiten
Seite 234

WES-109651-068

Zeichne ein Quadrat mit der Seitenlänge 1 dm in dein Heft. Dieses Quadrat hat einen Flächeninhalt von einem Quadratdezimeter 1 dm^2.

- Wie viele Quadrate mit dem Flächeninhalt 1 cm^2 passen in das Quadrat?
- Stelle mehrere Quadrate aus Papier mit dem Flächeninhalt von 1 dm^2 her. Ermittle den Flächeninhalt einer Heftseite durch Auslegen mit diesen Quadraten.

Einheiten von Flächeninhalten

Für Flächen gibt es verschiedene Flächeneinheiten.

1 Quadratkilometer 1 km^2	1 Hektar 1 ha	1 Ar 1 a	1 Quadratmeter 1 m^2	1 Quadratdezimeter 1 dm^2	1 Quadratzentimeter 1 cm^2	1 Quadratmillimeter 1 mm^2
	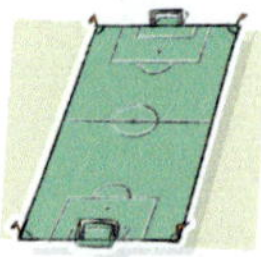				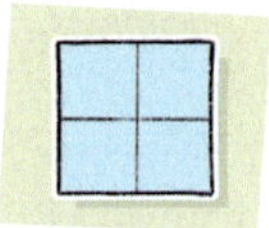	
Dorf	Fußballfeld	Wohnung	Tisch	Notizblock	4 Kästchen	i-Punkt

Flächeneinheiten mit der Umrechnungszahl umrechnen

Bei Flächeneinheiten ist die Umrechnungszahl 100.

$1\,km^2 = 100\,ha$ (· 100 / : 100) $1\,ha = 100\,a$ (· 100 / : 100) $1\,a = 100\,m^2$ (· 100 / : 100) $1\,m^2 = 100\,dm^2$ (· 100 / : 100) $1\,dm^2 = 100\,cm^2$ (· 100 / : 100) $1\,cm^2 = 100\,mm^2$ (· 100 / : 100)

In ein Quadrat der nächstgrößeren Flächeneinheit passen 10 Reihen mit je 10 Quadraten der kleineren Flächeneinheit, also 100 Quadrate.

Größere Einheit → kleinere Einheit

Die Maßzahl mit der Umrechnungszahl 100 multiplizieren, die kleinere Einheit nutzen.

$8\,dm^2 = 800\,cm^2 = 80\,000\,mm^2$ (· 100, · 100)

Wenn die Einheit kleiner wird, wird die Maßzahl größer.

Kleinere Einheit → größere Einheit

Die Maßzahl durch die Umrechnungszahl 100 dividieren, die größere Einheit nutzen.

$4000\,cm^2 = 40\,dm^2$ (: 100)

Wenn die Einheit größer wird, wird die Maßzahl kleiner.

1 **Schätzen**

Schätze den Flächeninhalt. In welcher Einheit gibst du ihn an?

a) Sporthalle b) Schulhof c) Bett d) Briefmarke e) DIN-A4-Blatt f) Tür

2 **Passende Gegenstände gesucht**

Gib passende Flächen aus deiner Umgebung als Beispiel an.

a) $2\,m^2$ b) $6\,dm^2$ c) $12\,m^2$ d) $90\,cm^2$ e) $\frac{1}{4}\,cm^2$ f) $85\,m^2$

3 **Flächeneinheiten zuordnen**
Welcher Flächeninhalt gehört zu welcher Fläche?

4 **Umrechnen in die nächstkleinere Einheit**
Rechne in die nächstkleinere Einheit um.
a) 17 m² b) 7 km² c) 23 ha d) 41 m² e) 4 a f) 12 cm²
g) 4 dm² h) 45 a i) 270 cm² j) 34 km² k) 90 ha l) 1200 dm²

5 **Umrechnen in die nächstgrößere Einheit**
Rechne in die nächstgrößere Einheit um.
a) 2500 m² b) 700 mm² c) 3000 dm² d) 400 ha e) 4500 cm² f) 3000 a
g) 900 ha h) 30 000 cm² i) 800 000 m² j) 45 000 mm² k) 680 000 dm² l) 2 000 000 a

Umrechnen mit der Einheitentabelle

In der Einheitentabelle können die Ziffern eines Flächeninhalts eingetragen werden.
Zum Ablesen in einer größeren oder kleineren Einheit gehe zum Einer der entsprechenden Einheit. Ergänze gegebenenfalls eine Null und ein Komma. Das Komma trennt die Einheiten.

WES-109651-069

·100 ·100 ·100 ·100 ·100 ·100

gegebener Flächeninhalt	km²		ha		a		m²		dm²		cm²		mm²		größere Einheit	kleinere Einheit
	Z	E	Z	E	Z	E	Z	E	Z	E	Z	E	Z	E		
50 dm²								0	5	0	0	0			0,5 m²	5 000 cm²
1 000 000 m²		1	0	0	0	0	0	0	0	0					1 km²	100 000 000 dm²
12,05 m²						0	1	2	0	5	0	0			0,1205 a	120 500 cm²
8,5 ha		0	0	8	5	0									0,085 km²	850 a

6 **Umrechnen mit der Einheitentabelle**
Gib den Flächeninhalt in der nächstkleineren Einheit an.
a) 3000 m² b) 6,5 a c) 0,5 m² d) 400 dm² e) 3,8 km² f) 4,55 cm²
Gib den Flächeninhalt in der nächstgrößeren Einheit an.
g) 10 000 m² h) 1203 ha i) 450 000 cm² j) 8,3 dm² k) 30,5 ha l) 105 a

7 **Training zum Rechnen mit der Einheitentabelle**
Rechne mithilfe der Einheitentabelle in die angegebene Einheit um.
a) 53 dm² in cm² b) 12,5 a in m² c) 5,9 m² in cm² d) 600 dm² in m²
e) 5,8 km² in m² f) 40 000 m² in ha g) 190 cm² in dm² h) 440 mm² in cm²

8 ≡ **Flächeninhalte ordnen**

Ordne der Größe nach. Rechne jeweils in eine geeignete Einheit um.

a) $600\,cm^2$; $2\,m^2$; $40\,dm^2$; $8000\,cm^2$
b) $4\,a$; $6000\,dm^2$; $30\,m^2$; $0{,}5\,ha$
c) $4000\,m^2$; $200\,a$; $30\,000\,dm^2$; $1\,ha$
d) $45\,000\,cm^2$; $3\,m^2$; $2\,000\,000\,mm^2$
e) $1{,}7\,dm^2$; $3450\,cm^2$; $40\,000\,mm^2$
f) $9\,a$; $1500\,m^2$; $5\,820\,100\,cm^2$

9 ≡ **Monsterzahlen**

a) Maximilian liebt Monsterzahlen. Diesmal hat er ausgerechnet, dass der Klassenraum $48\,000\,000\,mm^2$ groß ist. Kann das sein?
b) Lina behauptet, dass $10\,000\,cm^2$ in einen Quadratmeter ($1\,m^2$) passen. Hat sie recht?

Prüfe dich!
Lösungen auf Seite 261

10 ≡ Rechne den Flächeninhalt in die angegebene Einheit um.

a) $6984\,m^2$ in a
b) $6{,}3\,a$ in m^2
c) $0{,}5\,km^2$ in m^2
d) $450\,m^2$ in ha
e) $4{,}5\,m^2$ in dm^2
f) $40\,mm^2$ in cm^2
g) $7\,dm^2$ in mm^2
h) $20{,}202\,a$ in dm^2

11 ≡ Bestimme das Grundstück mit dem größten Flächeninhalt.

A: $4500\,m^2$
B: $0{,}6\,ha$
C: $40\,a$
D: $41\,000\,000\,cm^2$

12 ≡ **Gemischte Einheiten**

Schreibe in der angegebenen Einheit.

a) $7\,m^2\,12\,dm^2$ in dm^2
b) $5\,ha\,43\,a$ in a
c) $4\,dm^2\,6\,cm^2$ in dm^2
d) $53\,m^2\,72\,dm^2$ in dm^2
e) $5\,dm^2\,16\,cm^2$ in mm^2
f) $3\,cm^2\,54\,mm^2$ in cm^2
g) $8\,km^2\,7\,ha$ in a
h) $27\,dm^2\,32\,cm^2$ in dm^2
i) $12\,a\,16\,m^2$ in a
j) $27\,ha\,32\,a$ in m^2
k) $14\,a\,9\,m^2$ in m^2
l) $2\,a\,9\,m^2$ in a
m) $84\,ha\,13\,a$ in m^2
n) $2\,km^2\,97\,ha$ in km^2
o) $7\,m^2\,2\,dm^2$ in dm^2

13 ≡ **Runden**

Auch Flächeninhalte rundet man oft, um sie sich besser vorstellen zu können.

a) Runde auf volle m^2:	$3761\,dm^2$	$1748\,dm^2$	$725\,335\,cm^2$	$12\,465\,cm^2$
b) Runde auf volle ha:	$547\,a$	$2467\,a$	$653\,786\,m^2$	$176\,819\,m^2$
c) Runde auf volle km^2:	$923\,ha$	$6451\,ha$	$472\,ha$	$98\,ha$

14 ≡ **Worauf wurde gerundet?**

a) Maries Zimmer ist $12\,m^2$ groß. Diese Angabe ist auf volle Quadratmeter gerundet. Wie groß kann das Zimmer tatsächlich sein?
b) Daniels Onkel besitzt ein 7 ha großes Waldstück. Die Angabe ist auf volle Hektar gerundet. Wie groß kann das Waldstück tatsächlich sein?

15 ≡ **Flächeninhalte addieren und subtrahieren**

a) $7\,dm^2 + 15\,cm^2$
b) $12\,km^2 + 35\,ha$
c) $27\,mm^2 + 27\,cm^2$
d) $4\,m^2 - 28\,cm^2$
e) $5{,}5\,a + 3{,}8\,m^2$
f) $0{,}08\,dm^2 + 14{,}2\,cm^2$
g) $4{,}35\,a - 230\,00\,cm^2$
h) $8{,}9\,m^2 + 10\,000\,cm^2$
i) $1{,}55\,m^2 - 145\,cm^2$

16 ≡ **Straßenneubau**

Für den Neubau einer Straße muss vom Grundstück ein Teil der Fläche abgegeben werden. Bestimme die Größe der Restfläche.

a) Grundstück: $817\,m^2$ Straße: $43\,m^2$
b) Grundstück: $1653\,m^2$ Straße: 1 a
c) Grundstück: 71 a Straße: $390\,m^2$
d) Grundstück: 10,57 a Straße: $68\,m^2$

17 ≡ **Flächengröße gesucht**

Teile die Fläche in gleich große Teilflächen.

a) $4\,dm^2 : 5$ b) $21\,cm^2 : 10$ c) $12\,m^2 : 8$
d) $1\,m^2 : 4$ e) $27\,km^2 : 2$ f) $17\,dm^2 : 4$
g) $1\,a : 4$ h) $1\,ha : 5$ i) $25\,m^2 : 4$

Die Größe der Teilflächen bestimmen

$3\,m^2 : 5 =$ ▢ Flächeneinheit umrechnen
$300\,dm^2 : 5 = 60\,dm^2$
Jede Teilfläche ist $60\,dm^2$ groß.

WES-109651-070

18 ≡ **Anzahl gesucht**

Gegeben ist eine Gesamtfläche, die in gleich große Teilflächen aufgeteilt ist.
Bestimme die Anzahl der Teilflächen.

a) $32\,dm^2 : 8\,dm^2$ b) $24\,cm^2 : 60\,mm^2$
c) $5\,dm^2 : 125\,cm^2$ d) $7\,ha : 20\,m^2$
e) $1\,a : 4\,m^2$ f) $1\,ha : 5\,a$
g) $2\,ha : 500\,m^2$ h) $8\,m^2 : 50\,dm^2$

Die Anzahl der Teilflächen bestimmen

Gegeben ist eine Gesamtfläche von 1 ha, die in $250\,m^2$ große Teilflächen aufgeteilt ist. Bestimme die Anzahl der Teilflächen.
$1\,ha : 250\,m^2 =$ ▢ Flächeneinheit umrechnen
$10\,000\,m^2 : 250\,m^2 = 40$
Es sind 40 Teilflächen.

19 ≡ Berechne.

a) $7\,dm^2 + 15\,cm^2$ b) $25\,m^2 + 17\,cm^2$ c) $4\,a - 75\,dm^2$ d) $15\,m^2 - 1500\,cm^2$
e) $5\,m^2 : 2$ f) $36\,km^2 : 5$ g) $14\,ha : 8$ h) $9\,m^2 : 40\,cm^2$

Prüfe dich!
Lösungen auf Seite 261

20 ≡ a) Eine Landwirtin baut auf einer 7 ha großen Fläche Roggen an. Für je $100\,m^2$ Fläche rechnet man 2 kg Saatgut. Bestimme, wie viel Roggensaatgut sie kaufen muss.
b) Frau Mertgens möchte in ihrem Garten auf einer Fläche von $7\,m^2$ vier verschiedene Kräuter auf gleich großen Teilflächen aussäen. Berechne die Größe der Teilflächen.

21 ≡ Kontrolliere Tims Hausaufgaben. Wo stecken Fehler? Berichtige.

a) $8\,m^2 = 800\,cm^2$ *b) $900\,mm^2 = 90\,cm^2$* *c) $300\,m^2 = 3\,a$*
d) $4\,a\ 7\,m^2 = 47\,m^2$ *e) $500\,m = 500\,000\,mm$* *f) $24\,ha = 2\,ha\ 4\,a$*
g) $4\,m = 40\,000\,cm$ *h) $70\,000\,m^2 = 700\,ha$* *i) $2\,km^2 = 2\,000\,m^2$*

22 ≡ **Stellplätze für Fahrräder**

a) Eine Radstation soll Platz für 660 Fahrräder bieten. Für jeweils 3 Fahrräder werden $2\,m^2$ Abstellfläche benötigt. Bestimme den Platzbedarf für die Fahrräder.
b) Eine $126\,m^2$ große Abstellfläche steht für 42 Lastenfahrräder zur Verfügung. Berechne die Größe der Abstellfläche pro Lastenfahrrad.
c) Für E-Bikes mit Ladestation wird mit einer Abstellfläche von $2\,m^2$ pro E-Bike geplant. Bestimme die Anzahl der E-Bikes, die auf einer Abstellfläche von $144\,m^2$ untergebracht werden können.

23 ≡ **Rechengeschichten**

Erfinde eine Rechengeschichte.

a) $4\,dm^2 + 260\,cm^2$ b) $100\,a - 350\,m^2$
c) $6 \cdot 18\,m^2$ d) $60\,m^2 : 8$
e) $720\,m^2 : 12\,m^2$ f) $135\,m^2 : 15$
g) $6\,dm^2 : 8$ h) $12\,dm^2 : 40\,cm^2$

Rechengeschichte für $1420\,m^2 - 350\,m^2$:
„Frau Blum besitzt eine $1420\,m^2$ große Wiese. Sie verkauft davon $350\,m^2$. Wie groß ist ihre Wiese noch?"

24 ≡ **Neubaugebiet**

Für ein Neubaugebiet stehen 4 ha zur Verfügung. 88 a sind für Wege und Straßen geplant.
a) Berechne die Anzahl der Grundstücke, wenn jedes Grundstück $600\,m^2$ groß ist.
b) Berechne den Verkaufserlös für die Grundstücke, wenn ein Quadratmeter 280 € kostet.

7.3 Rechtecke

Anna und Leon haben beide ein neues Smartphone.
Anna sagt: „*Mein Display ist größer.*“
Leon ist anderer Meinung.
Wer hat recht?

Für Annas Display gilt:
In jeder Zeile sind $7 \cdot 1\,\text{cm}^2 = 7\,\text{cm}^2$.
Es gibt 14 Zeilen mit je $7\,\text{cm}^2$:
$14 \cdot 7\,\text{cm}^2 = 98\,\text{cm}^2$
Als Rechnung schreibt man:
$14\,\text{cm} \cdot 7\,\text{cm} = 98\,\text{cm}^2$

Berechne die Größe von Leons Display.

WES-109651-071

Flächeninhalt eines Rechtecks

Für den Flächeninhalt A eines Rechtecks mit den Seitenlängen a und b gilt:
„Flächeninhalt = Länge mal Breite“
$A = a \cdot b$
$A = 3\,\text{cm} \cdot 2\,\text{cm} = 6\,\text{cm}^2$

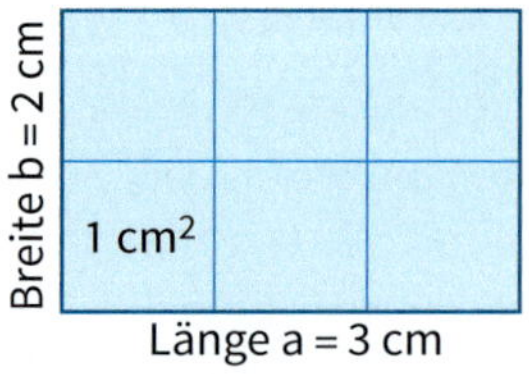

Umfang eines Rechtecks

Der Umfang u eines Rechtecks entspricht der Summe aller Seitenlängen. Es gilt:
„Umfang = 2-mal Länge plus 2-mal Breite“
$u = 2 \cdot a + 2 \cdot b$
$u = 2 \cdot 3\,\text{cm} + 2 \cdot 2\,\text{cm} = 10\,\text{cm}$

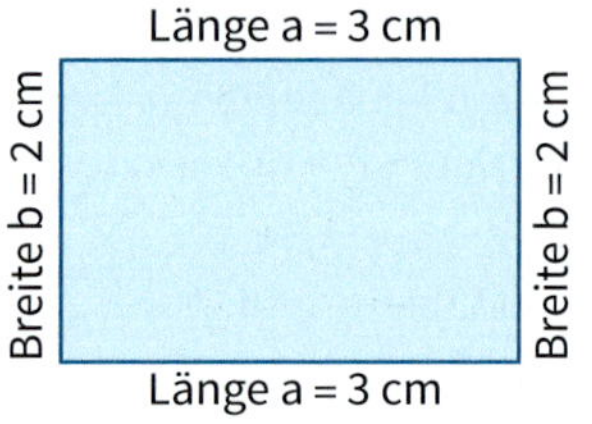

Seitenlängen in unterschiedlichen Einheiten

Berechne den Flächeninhalt A und den Umfang u eines Rechtecks mit den Seitenlängen $a = 2\,\text{cm}$ und $b = 15\,\text{mm}$.

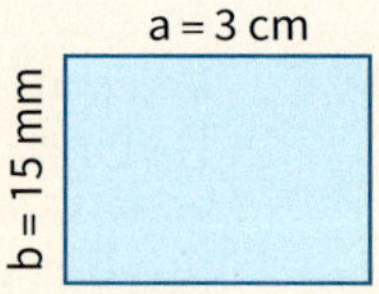

Lösung

Beide Seitenlängen in dieselbe Einheit umwandeln: $a = 2\,\text{cm} = 20\,\text{mm}$ und $b = 15\,\text{mm}$
Flächeninhalt: $A = 20\,\text{mm} \cdot 15\,\text{mm} = 300\,\text{mm}^2$
Umfang: $u = 2 \cdot 20\,\text{mm} + 2 \cdot 15\,\text{mm} = 40\,\text{mm} + 30\,\text{mm} = 70\,\text{mm}$

1 **Flächeninhalt und Umfang im Kopf berechnen**

Berechne den Flächeninhalt A und den Umfang u des Rechtecks im Kopf.

a) $a = 4\,\text{cm}$, $b = 3\,\text{cm}$ b) $a = 10\,\text{m}$, $b = 8\,\text{m}$ c) $a = 2\,\text{dm}$, $b = 13\,\text{dm}$ d) $a = 4\,\text{m}$, $b = 8\,\text{dm}$

2 **Flächeninhalt und Umfang berechnen**

Berechne den Flächeninhalt A und den Umfang u des Rechtecks.

a) $a = 4\,\text{cm}$, $b = 6\,\text{cm}$ b) $a = 7\,\text{m}$, $b = 9\,\text{m}$ c) $a = 3\,\text{mm}$, $b = 9\,\text{mm}$ d) $a = 14\,\text{dm}$, $b = 3\,\text{dm}$
e) $a = 12\,\text{km}$, $b = 8\,\text{km}$ f) $a = 4\,\text{cm}$, $b = 70\,\text{mm}$ g) $a = 4{,}3\,\text{dm}$, $b = 2\,\text{cm}$ h) $a = 1{,}45\,\text{m}$, $b = 3\,\text{cm}$

3 ≡ **Verschiedene Einheiten**
Raul und Michel diskutieren über die Größe einer Schranktür. Sie ist 40 cm breit und 2 m hoch. Wer hat recht?

4 ≡ **Formeln für ein Quadrat**
Quadrate sind besondere Rechtecke.
a) Berechne den Flächeninhalt und den Umfang eines Quadrats mit der Seitenlänge $a = 7\,cm$.
b) Begründe die Formeln für den Flächeninhalt und den Umfang eines Quadrats.

Flächeninhalt eines Quadrats
$A = a \cdot a = a^2$

Umfang eines Quadrats
$u = a + a + a + a = 4 \cdot a$

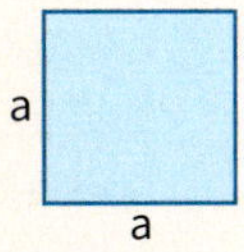

5 ≡ **Flächeninhalt und Umfang eines Quadrats berechnen**
Berechne den Flächeninhalt und den Umfang des Quadrats mit der Seitenlänge a.
a) $a = 12\,cm$ b) $a = 24\,cm$ c) $a = 14{,}3\,m$ d) $a = 2{,}09\,m$

6 ≡ **Fehler finden**
Leon hat den Flächeninhalt von Rechtecken berechnet. Wo steckt der Fehler? Rechne richtig.

a) $a = 7\,cm,\ b = 11\,cm,\ A = ?$
$A = 7\,cm + 11\,cm = 18\,cm$

b) $a = 2\,dm,\ b = 5\,cm,\ A = ?$
$A = 2\,dm + 5\,cm = 10\,dm^2$

---

7 ≡ Bestimme den Flächeninhalt A und den Umfang u des Rechtecks.
a) $a = 14\,dm,\ b = 3\,dm$ b) $a = 3\,cm,\ b = 75\,cm$ c) $a = 1{,}45\,m,\ b = 12\,cm$ d) $a = b = 15\,cm$

Prüfe dich!
Lösungen auf Seite 261

---

8 ≡ **Fehlende Seitenlänge berechnen – rückwärts gedacht**
Von einem Rechteck sind der Flächeninhalt A und eine Seitenlänge bekannt. Berechne die fehlende Seitenlänge.
a) $A = 72\,dm^2$ $a = 8\,dm$
b) $A = 210\,cm^2$ $b = 15\,cm$
c) $A = 50\,dm^2$ $a = 50\,cm$
d) $A = 169\,cm^2$ $b = 130\,cm$

Vom Flächeninhalt zur Seitenlänge
Gegeben: $A = 600\,cm^2$ und $a = 75\,cm$
Gesucht: Seitenlänge b
$75\,cm \cdot b = 600\,cm^2$
$b = 600\,cm^2 : 75\,cm = 8\,cm$

WES-109651-072

9 ≡ **Umfang gegeben**
Lisa und Samuel sollen die fehlende Seitenlänge eines Rechtecks mit den Seitenlängen a und b bestimmen. Der Umfang $u = 24\,cm$ und eine Seitenlänge $a = 7\,cm$ sind gegeben.
a) Beschreibe und vergleiche beide Rechenwege.

Lisa: $7\,cm + 7\,cm = 14\,cm$
$24\,cm - 14\,cm = 10\,cm$
$10\,cm : 2\,cm = 5\,cm$ Also: $b = 5\,cm$

Samuel:
$24\,cm : 2 = 12\,cm$
$12\,cm - 7\,cm = 5\,cm$ Also: $b = 5\,cm$

b) Bestimme die fehlende Seitenlänge des Rechtecks.
(1) $b = 9\,m$ $u = 36\,m$ (2) $u = 28\,m$ $a = 10\,m$ (3) $a = 13\,cm$ $u = 4{,}26\,m$
c) Bestimme die Seitenlängen des Rechtecks.
(1) $u = 100\,cm$ $A = 6\,dm^2$ (2) $A = 360\,mm^2$ $u = 84\,mm$ (3) $u = 200\,m$ $A = 25\,a$

10 ≡ **Umfang und Flächeninhalt**
a) Der Flächeninhalt eines Rechtecks beträgt $40\,cm^2$, die Breite 8 cm. Bestimme den Umfang.
b) Der Umfang eines Rechtecks beträgt 24 cm, die Breite 4 cm. Bestimme den Flächeninhalt.

11 ≡ Fehlende Größen beim Quadrat

Ein Quadrat hat die Seitenlänge a, den Flächeninhalt A und den Umfang u.
Ergänze die Tabelle im Heft.

a	6 cm	■	13 m	■	24 mm	■	■	■	■
A	■	■	■	9 cm^2	■	64 mm^2	144 m^2	■	■
u	■	36 mm	■	■	■	■	■	10 m	0,6 m

12 ≡ Rechtecke mit gleichem Flächeninhalt

Der Starnberger See in Bayern ist 56 km^2 groß. Gib Maße von Rechtecken an, die denselben Flächeninhalt haben.

13 ≡ Länge und Breite eines Rechtecks gesucht

Gegeben ist der Umfang oder der Flächeninhalt. Bestimme mögliche Längen und Breiten.
a) $A = 40\ m^2$ b) $A = 600\ cm^2$ c) $u = 80\ mm$ d) $u = 30\ km$ e) $A = 1\ ha$ f) $A = 4\ a$

Prüfe dich!
Lösungen auf Seite 261

14 ≡ Bestimme die fehlende Seitenlänge des Rechtecks.
a) $a = 11\ dm$ $A = 88\ dm^2$ b) $b = 18\ cm$ $A = 306\ cm^2$ c) $b = 9\ mm$ $u = 36\ mm$
d) $a = 10\ m$ $u = 28\ m$ e) $A = 144\ cm^2$ $u = 48\ cm$ f) $A = 10\ m^2$ $u = 220\ dm$

15 ≡ Gegeben ist der Flächeninhalt eines Rechtecks. Bestimme mögliche Seitenlängen mit ganzzahligen Werten in Zentimeter. a) $A = 24\ cm^2$ b) $A = 70\ cm^2$ c) $A = 27\ cm^2$

16 ≡ Speisesaal renovieren

Im Speisesaal des Hotels Bundschuh werden neue große Fliesen verlegt. Jede Fliese ist 90 cm breit und 1,20 m lang. Der Speisesaal ist 650 cm lang und 5 m breit und hat zwei Türen mit der Durchgangsbreite 90 cm.
a) Bestimme die Größe der Fläche, die eine Fliese bedeckt.
b) Wie viele Fliesen sollte die Hotelbesitzerin Frau Bundschuh bestellen? Begründe.
c) Bestimme, wie viel Meter Fußleiste Frau Bundschuh mindestens einkaufen muss.

17 ≡ Garten mit Mauer

Ein rechteckiger Garten ist 11 m breit und 87 m lang. Er wird an einer schmalen Seite durch eine Mauer mit einer Pforte begrenzt. An den übrigen Seiten des Gartens steht ein Zaun.
a) Berechne die Länge des Zauns.
b) Die Hälfte des Gartens ist Rasen. Berechne die Größe der Rasenfläche.

18 ≡ Veränderung am Quadrat

Wie verändern sich der Flächeninhalt und der Umfang?
a) Bei einem Quadrat mit der Seitenlänge 4 cm wird jede Seite um 1 cm verlängert.
b) Bei einem Quadrat mit der Seitenlänge 4 cm wird eine Seite um 1 cm verlängert und die andere um 1 cm gekürzt.

a)

b)
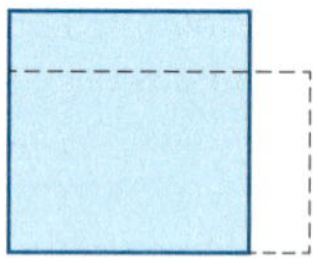

19 ≡ Veränderung am Rechteck

Wie verändern sich der Flächeninhalt und der Umfang, wenn die Länge und die Breite eines Rechtecks verdoppelt (verdreifacht) werden?

20 ≡ Entscheiden ohne Rechnung

Finn und Paula vergleichen ihre Poster. Finn misst die Seitenlängen 50 cm und 75 cm, Paula misst 70 cm und 55 cm. Welches Poster ist das größere? Begründe ohne zu rechnen.

7.4 Rechtwinklige Dreiecke

Familie Oswald möchte ein Grundstück kaufen, das die Form eines rechtwinkligen Dreiecks hat. Sie möchte wissen, wie groß das Grundstück ist.

Bestimme den Flächeninhalt des Grundstücks.

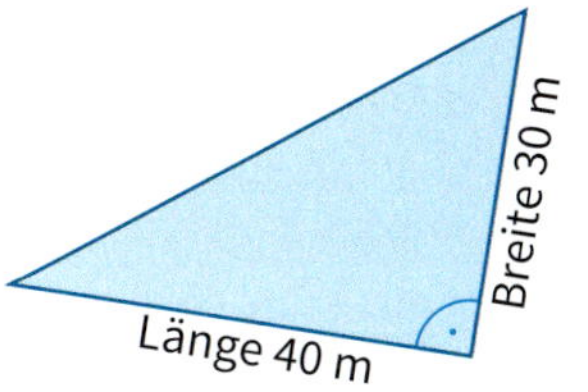

Das rechtwinklige Dreieck – ein „halbes Rechteck"

Jedes rechtwinklige Dreieck lässt sich zu einem Rechteck ergänzen.

Für den Flächeninhalt A eines rechtwinkligen Dreiecks mit den Seitenlängen a und b gilt:

$A = \frac{a \cdot b}{2}$

$A = \frac{3\,cm \cdot 4\,cm}{2} = \frac{12\,cm^2}{2} = 6\,cm^2$

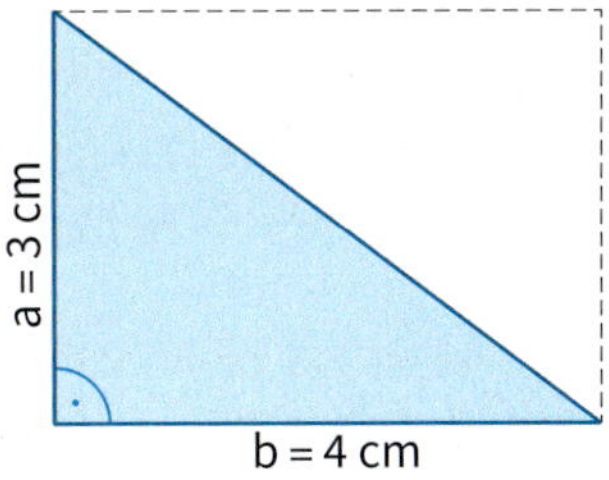

WES-109651-073

1 **Flächeninhalt berechnen**

Berechne den Flächeninhalt des rechtwinkligen Dreiecks.

a)
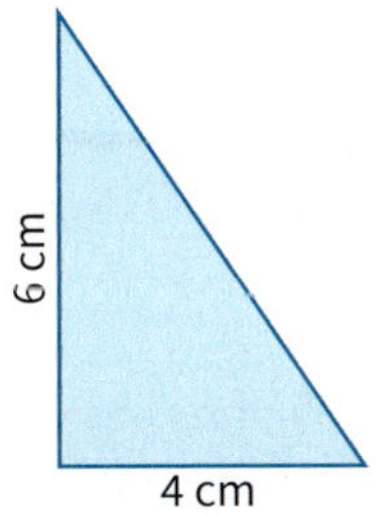

b)
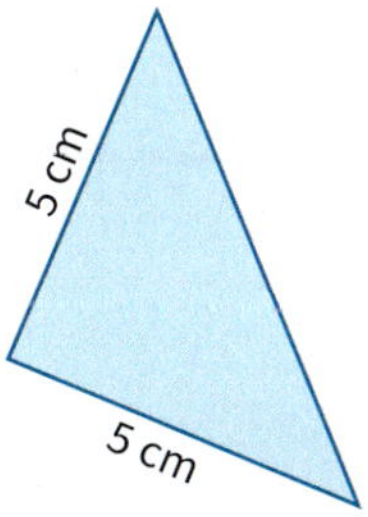

c)
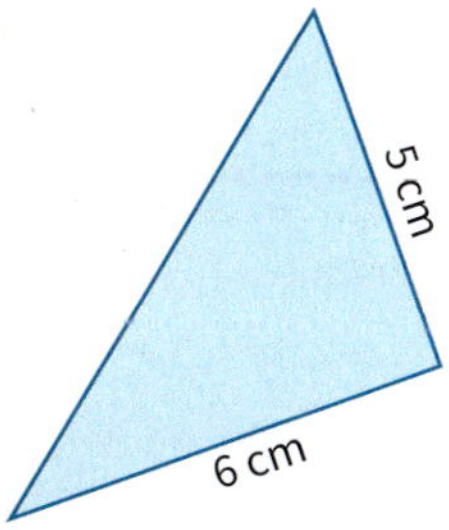

d)
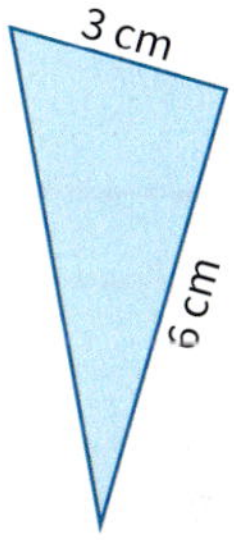

2 **Dreiecke zeichnen**

Zeichne ein rechtwinkliges Dreieck und berechne den Flächeninhalt.

a) a = 5 cm, b = 8 cm b) a = 4 cm, b = 4 cm c) a = 3 cm, b = 12 cm d) a = 7 cm, b = 2 cm

3 Bestimme den Flächeninhalt des rechtwinkligen Dreiecks.

a) a = 3 cm, b = 4 cm b) a = 4 dm, b = 4 dm c) a = 7 cm, b = 12 mm d) a = 3 m, b = 24 dm

Prüfe dich! Lösungen auf Seite 261

4 Ein Blumenbeet hat die Form eines rechtwinkligen Dreiecks. Die Seitenlängen a und b, die den rechten Winkel einschließen, haben die Längen a = 17 dm und b = 2 m. Bestimme den Flächeninhalt des Blumenbeets.

5 **Seitenlänge gesucht**

Damit sein Hund nicht auf die Straße laufen kann, möchte Herr Tietz um seinen 2400 m^2 großen Garten einen Zaun ziehen. Er hat 250 m Zaun gekauft. Reicht der Zaun?

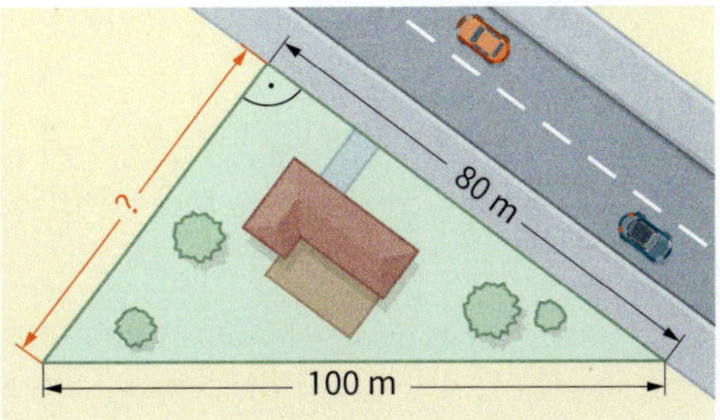

6 **Verschiedene gleich große Dreiecke**

Zeichne zwei verschiedene rechtwinklige Dreiecke, die beide 24 cm^2 groß sind.

7.5 Zerlegen und Ergänzen

Ein Architekt plant ein neues Haus mit der abgebildeten Grundfläche.
Berechne den Flächeninhalt der Grundfläche.
Findest du verschiedene Strategien?

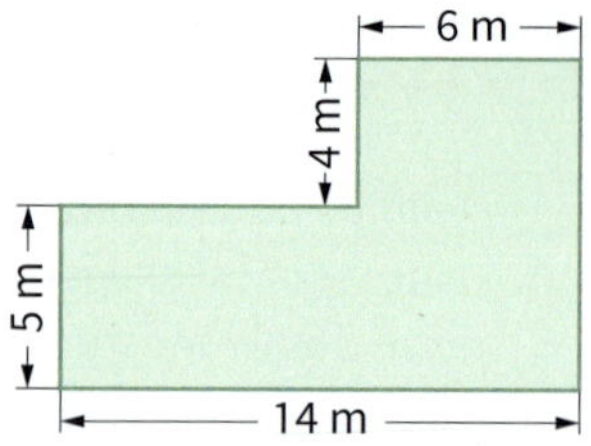

WES-109651-074

Zusammengesetzte Figuren

Zum Berechnen des Flächeninhalts von zusammengesetzten Figuren kann man zwei verschiedene Strategien verwenden.

1. Strategie: Zerlegen

- Die Figur in Teilfiguren zerlegen
- Den Flächeninhalt jeder Teilfigur berechnen
- Die Flächeninhalte addieren

$\mathbf{A = A_1 + A_2}$

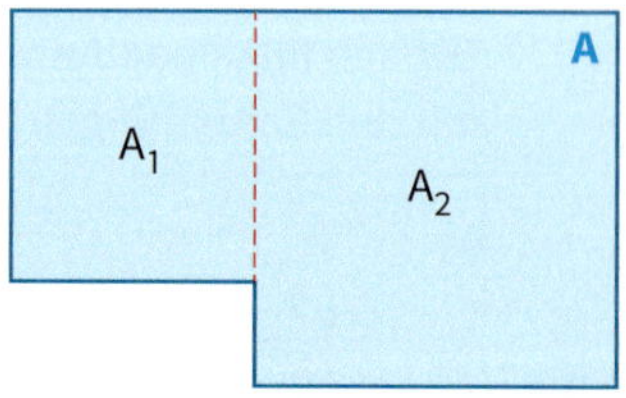

2. Strategie: Ergänzen

- Die Figur zu einem großen Rechteck ergänzen
- Den Flächeninhalt des großen Rechtecks $A_{groß}$ und des kleinen Rechtecks A_{klein} berechnen
- Die Flächeninhalte subtrahieren

$\mathbf{A = A_{groß} - A_{klein}}$

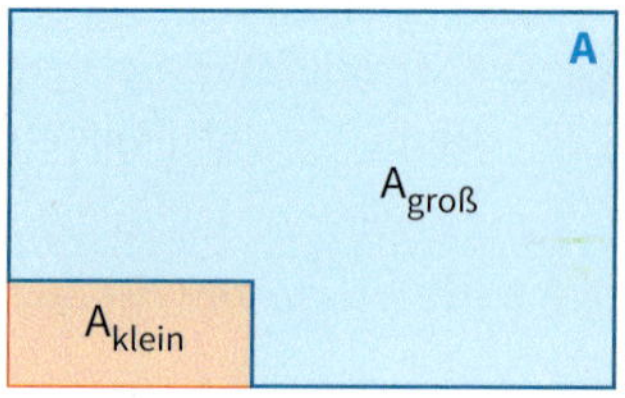

1 **Flächeninhalt zusammengesetzter Figuren**

Berechne den Flächeninhalt der Figur.

a)

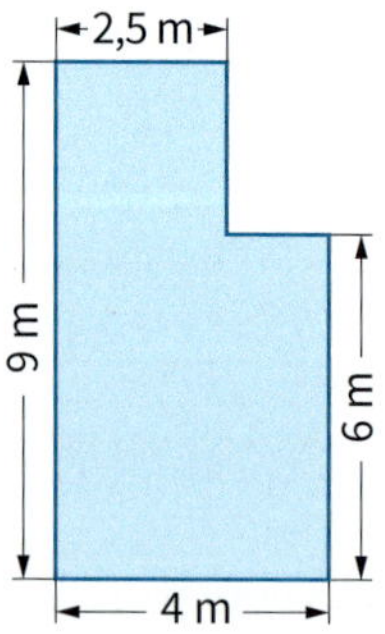

b)

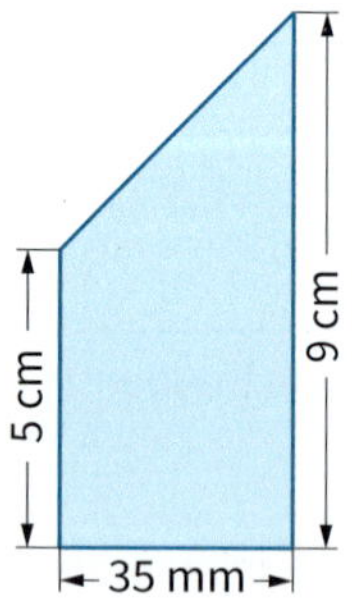

c)

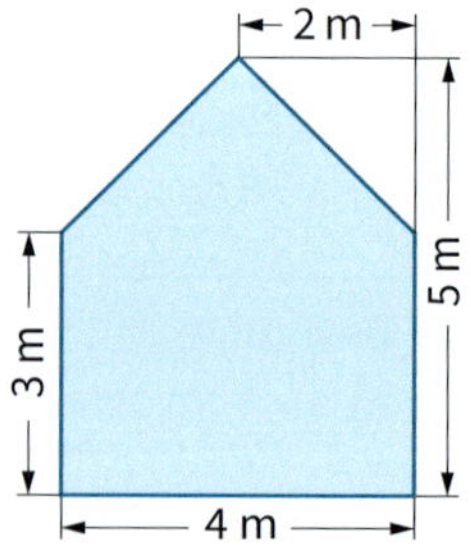

2 **Flächeninhalt und Umfang zusammengesetzter Figuren**

Berechne den Flächeninhalt und den Umfang der Figur.

a)

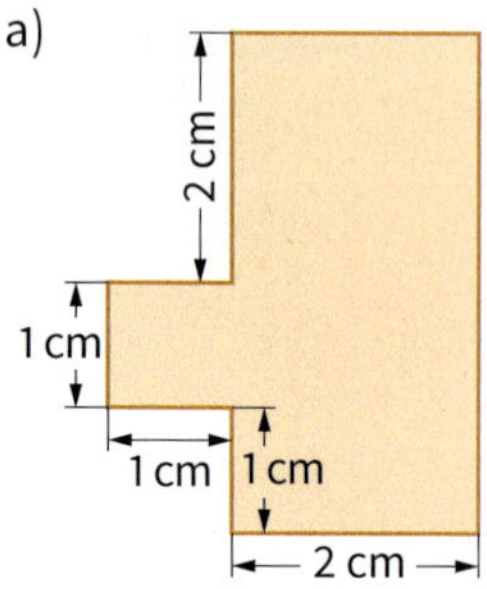

b)

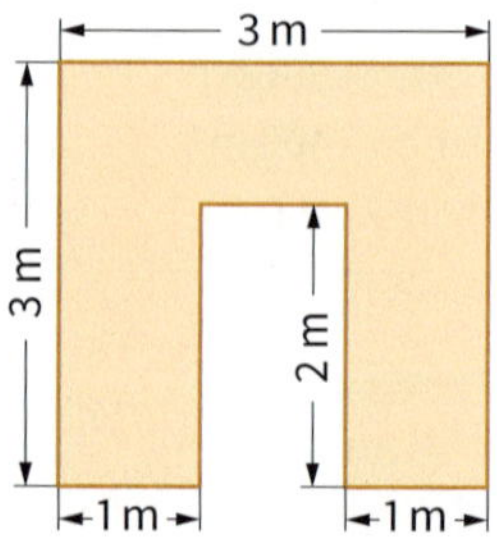

c)

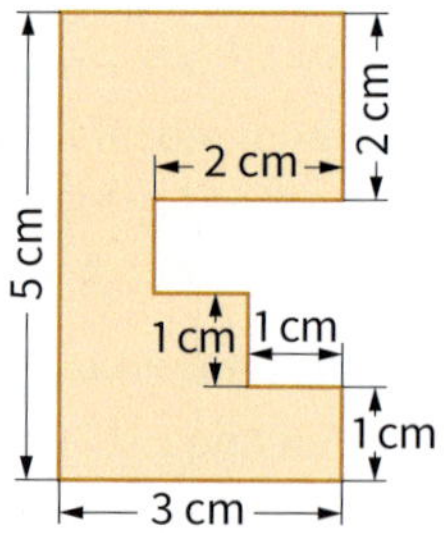

3 ≡ Rechtecke und Dreiecke

Berechne den Flächeninhalt der zusammengesetzten Figur.

a)
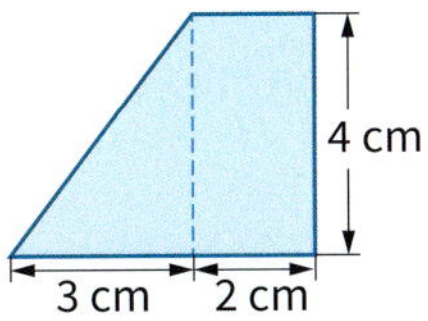

b)
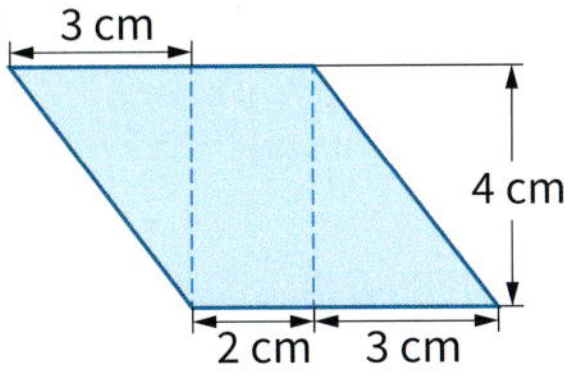

c)
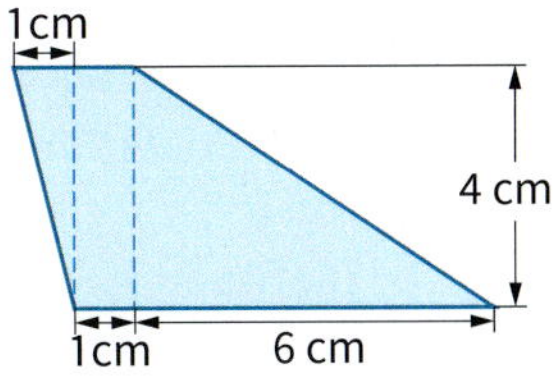

4 ≡ Abgebrochene Ecken

Von der rechteckigen Fläche sind Ecken abgebrochen. Berechne den Flächeninhalt.

a)
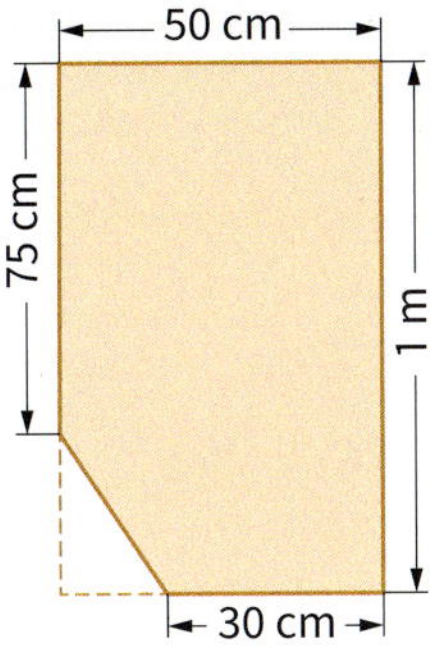

b)
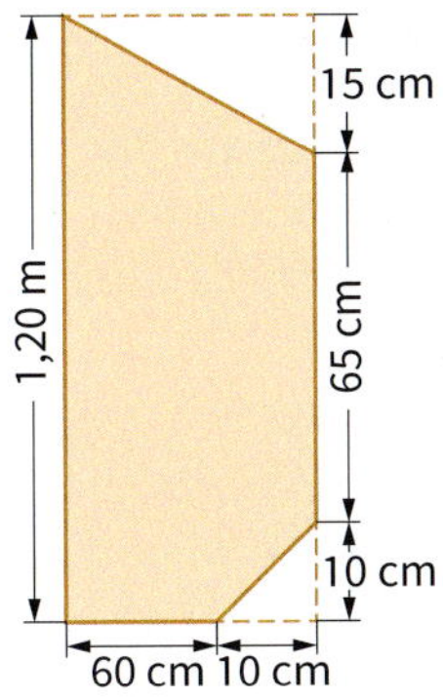

c)
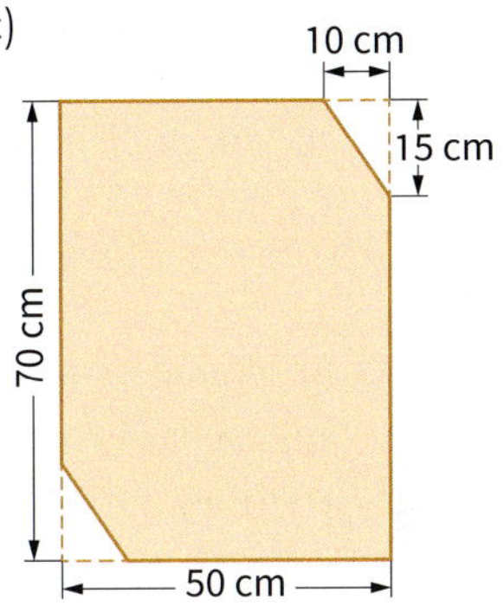

5 ≡ Berechne den Flächeninhalt und den Umfang der Figur.

Prüfe dich!
Lösungen auf Seite 261

a)
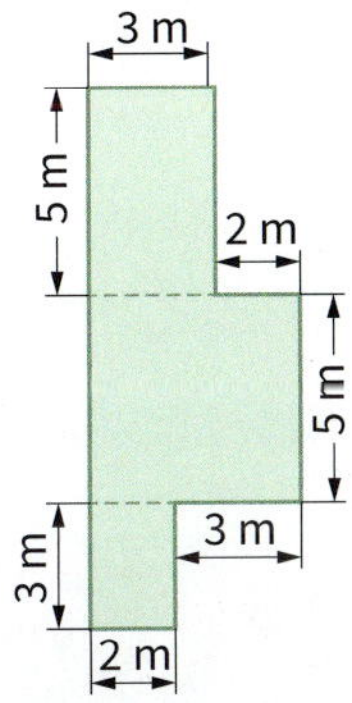

b)
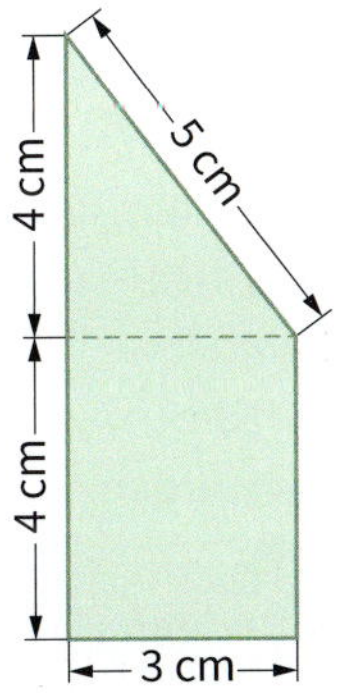

c)
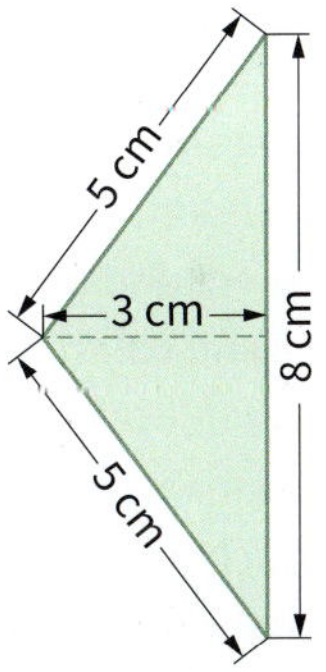

6 ≡ Edelstahlplatten nach Wunsch

Die Firma „Mein-Stahl-24" fertigt Edelstahlplatten an. Die Kunden können genaue Maße angeben und Platten mit Ausschnitten bestellen. 1 dm^2 dieser Edelstahlplatten wiegt 2 kg. Der Lastwagen, der die Platten ausliefert, darf heute Morgen nur noch maximal eine Tonne zuladen. Welche der Platten könnte er noch mitnehmen?

a)
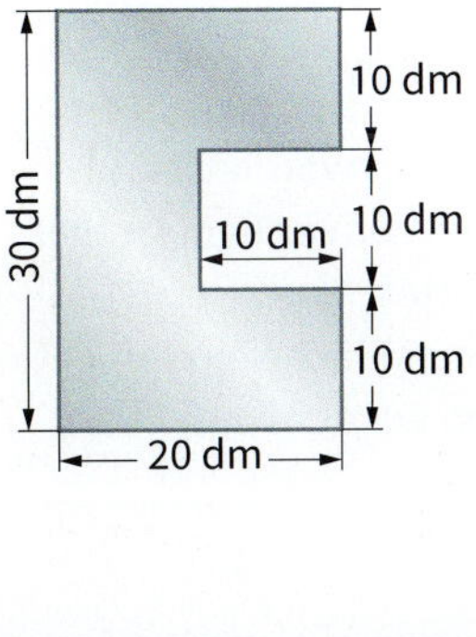

b)
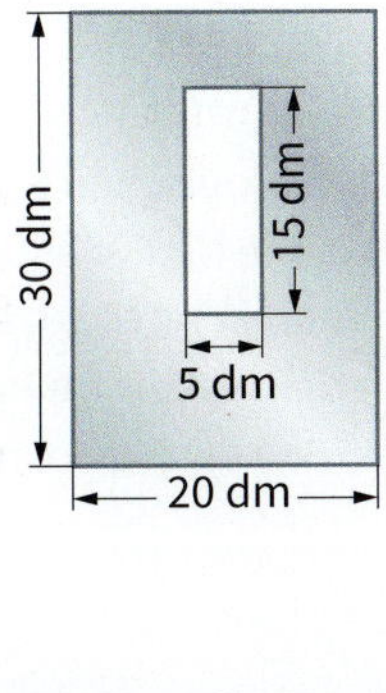

c)
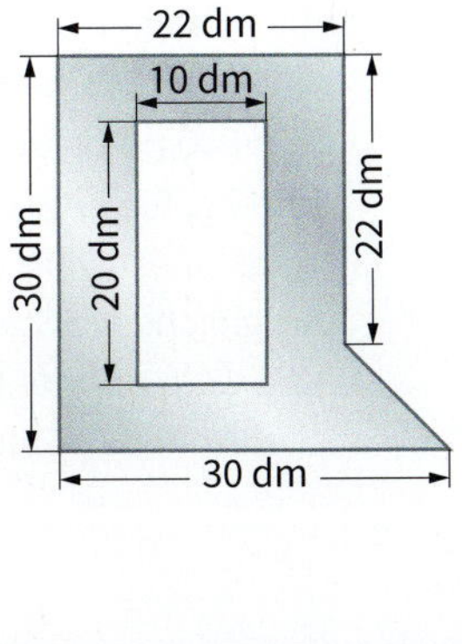

7.6 Flächenberechnung im Alltag

1 ≡ **Grundstücksverkauf**

Die Stadt Unterhausen will 1,6 ha Bauland verkaufen. Für Straßen und Zufahrten werden 7,5 a benötigt.

a) Die Stadt will 25 in etwa gleich große Grundstücke verkaufen. Bestimme die Größe eines Grundstücks.

b) Ein Quadratmeter kostet 120 €. Bestimme den Preis für ein Grundstück.

2 ≡ **Zimmer tapezieren**

Frank möchte in seinem Zimmer Wände und Decke mit Raufaser tapezieren und streichen. Das Zimmer hat eine quadratische Grundfläche von 16 m^2 und eine Höhe von 3,20 m. Es gibt zwei Fenster und eine Tür, die zusammen 4 m^2 groß sind.

a) Bestimme die Anzahl der benötigten Tapetenrollen.

b) Welchen Farbeimer sollte er kaufen?

3 ≡ **Wertvolles Geschenk**

Anne möchte ein wertvolles Geschenk in einem Schuhkarton verpacken und dazu den Karton von innen mit grüner Samtfolie ausschlagen. Reicht das Reststück?

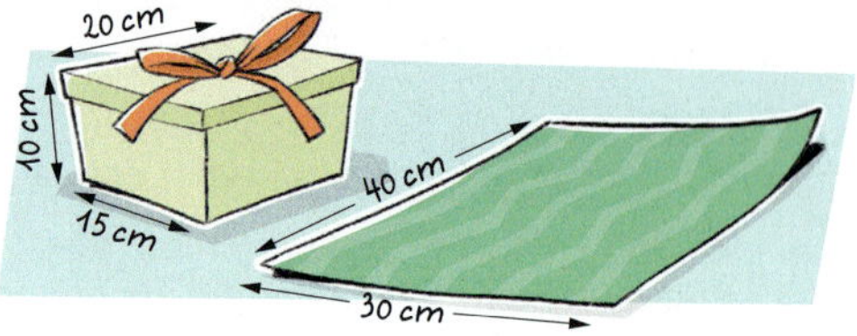

4 ≡ **Hühnereier**

Je nachdem wie Hühner gehalten werden, werden die gelegten Eier in Klassen eingeteilt und entsprechend mit einer Ziffer beschriftet.

- In Deutschland leben Hühner überwiegend in Bodenhaltung. Hier leben die Hühner zwar nicht in Käfigen, sie werden jedoch nur im Stall auf dem Boden gehalten. Ein Freilauf ist bei der Bodenhaltung nicht vorgeschrieben.
- Um die Bezeichnung „aus Freilandhaltung" zu erhalten, müssen die Legehennen neben ihrem Stall einen Mindestfreilauf von vier Quadratmeter Freiland pro Huhn haben. Die Vorschriften für den Stall sind dieselben wie bei der Bodenhaltung.
- Für Hühner in ökologischer Haltung müssen weitere Auflagen beachtet werden. Zum Beispiel müssen die Tiere mit Futtermittel gefüttert werden, das im ökologischen Landbau erzeugt worden ist.

Ziffer	Bezeichnung	Hühner pro m^2 Stall	Auslauffläche pro Huhn
0	Ökologische Haltung	6	4 m^2
1	Freilandhaltung	9	4 m^2
2	Bodenhaltung	9	nicht vorgesehen

a) Berechne jeweils die Stallfläche, die für ein einzelnes Huhn zur Verfügung steht. Vergleiche die Stallfläche mit der Fläche eines DIN-A4-Blattes.

b) Wie viele Hühner können nach den Bestimmungen auf einer Fläche eines rechteckigen Stalls mit den Seitenlängen $a = 3$ m und $b = 4$ m gehalten werden?

5 ☰ **Fabrikfassade**

Die 52 m lange, vordere Fassade der Fabrik soll gestrichen werden. Ein Farbeimer mit 15 kg Farbe kostet 25 €. 1 kg Farbe reicht für 4 m². Berechne die Kosten für die Farbe.

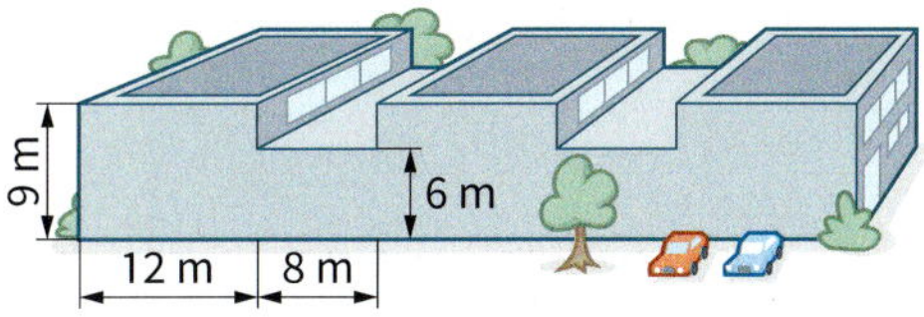

6 ☰ **Kinderzimmer**

Berechne die Fläche der beiden Kinderzimmer. Welches Zimmer würdest du dir aussuchen?
Vergleiche die Wohnfläche der Kinderzimmer mit der Fläche von Wohnzimmer, Schlafzimmer und Bad. Wie groß ist die gesamte Wohnfläche?

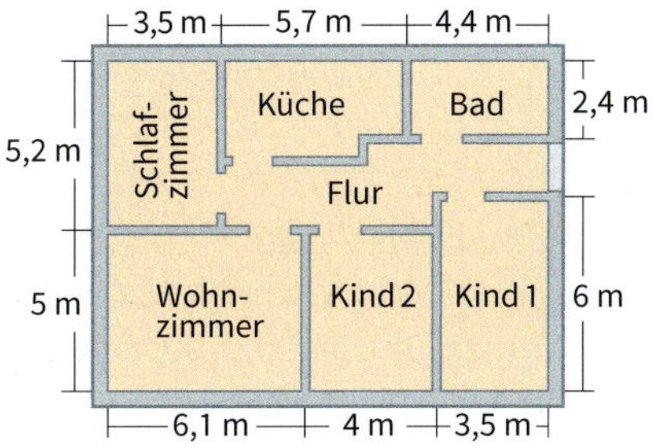

7 ☰ **Neue Wohnung vermessen**

Nora und Ruben besichtigen die neue Wohnung, in die sie umziehen wollen. Ruben misst die beiden Kinderzimmer aus: Das erste ist 5 m lang und 4 m breit, das zweite 6 m lang und 3 m breit. Nora sagt: „*Beide Zimmer sind gleich groß, denn 5 + 4 ist 9 und 6 + 3 ist auch 9.*“
Was meinst du?

8 ☰ **Cheopspyramide**

Die Cheopspyramide in Ägypten hat eine quadratische Grundfläche mit der Seitenlänge 230 m. Ein Fußballfeld ist 105 m lang und 80 m breit.
Wie viele Fußballfelder passen ungefähr in die Grundfläche der Pyramide?

9 ☰ **Zeitungen**

Eine Tageszeitung erscheint täglich mit einer Auflage von 200 000 Exemplaren. Oma Petersen bekommt jeden Tag eine Zeitung. Für ihre Zeitungen werden in einer Woche 100 Blatt Papier bedruckt. Mit diesen sieben Zeitungen kann eine Fläche von ungefähr 28 m² bedeckt werden.

a) Stell dir vor, du würdest alle erschienenen Exemplare der Tageszeitung ausbreiten. Welche Fläche wäre an einem Tag bedeckt?
Gib die bedeckte Fläche auch für eine Woche, für ein Jahr und für 10 Jahre an.

b) Die Bundesrepublik Deutschland ist ungefähr 360 000 km² groß. Vergleiche.

10 ☰ **Ausstellungsfläche**

Lies den Artikel zur Frankfurter Buchmesse.

> **Frankfurter Buchmesse**
> Die Frankfurter Buchmesse ist die weltweit größte Messe im Buch- und Medienbereich.
> Vom 16. bis zum 20. Oktober 2019 zeigten 7450 Aussteller aus 104 Ländern in Präsens auf einer Ausstellungsfläche von 171 791 Quadratmetern rund 400 000 Publikationen. Die Besucheranzahl betrug 302 267. Im Rahmen der Buchmesse wird in der Frankfurter Paulskirche der Friedenspreis des Deutschen Buchhandels verliehen.

Die Größe der Ausstellungsfläche kann man sich kaum vorstellen. Gib die Seitenlängen eines Rechtecks an, das ungefähr denselben Flächeninhalt hat.

Schätzmethoden

Wie groß ist die nordfriesische Insel Föhr?
Mit den bisherigen Methoden kannst du den Flächeninhalt nicht so einfach bestimmen. Wie wäre es mit Schätzen?

1 cm auf der Karte entspricht
250 000 cm = 2,5 km in der Wirklichkeit

Rechteckmethode

Lege ein Rechteck möglichst eng um die Insel.
In diesem Beispiel wurden auf der Karte die Länge 5,1 cm und die Breite 3,3 cm gemessen. Nach dem Maßstab sind dies gerundet 13 km und 8 km. Die Fläche des Rechtecks ist also ungefähr 104 km² groß.
Die Fläche der Insel füllt nicht das ganze Rechteck aus, sie ist etwas kleiner.
Ein guter Schätzwert ist 80 km².

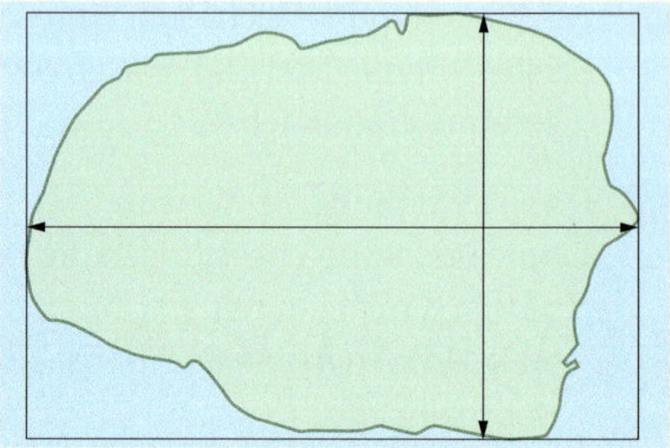

Gittermethode

Lege eine Gitterfolie mit kleinen Quadraten über die Insel.
Im Beispiel ist die Seite eines Quadrates 0,4 cm lang, dies entspricht 1 km in der Wirklichkeit.
Ein Quadrat hat somit eine Fläche von 1 km².
Durch Zählen der Quadrate kommt man auf ungefähr 82 Quadrate, die die Insel überdecken.
Ein guter Schätzwert ist 82 km².

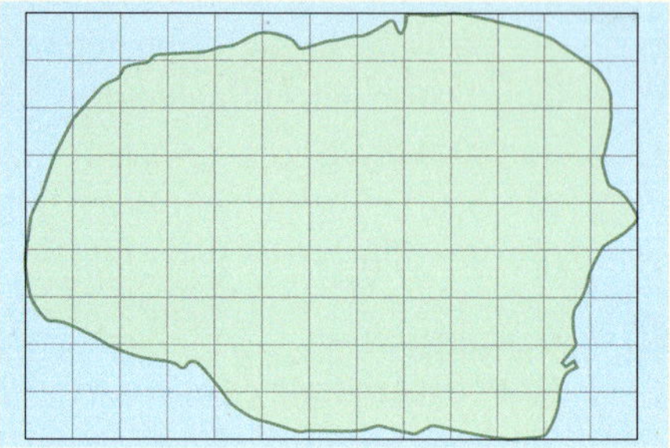

1 **Länder, Inseln und Seen schätzen**

a) Schätze mithilfe der beiden Methoden die folgenden Flächen. Nutze dafür jeweils eine geeignete Landkarte und beachte den Maßstab.
- Baden-Württemberg
- Nordseeinsel Sylt
- Bodensee
- Bundesrepublik Deutschland

b) Schätze, wie viele Kilometer du fahren müsstest, um den Bodensee zu umrunden.

2 **Laubblätter**

a) Bestimme durch Messen und Schätzen den ungefähren Flächeninhalt des abgebildeten Blattes einer Birke.

b) Sammle und trockne Laubblätter verschiedener Bäume und vergleiche ihre Flächeninhalte.
Wer findet das größte Blatt?

Mein Merkzettel

Flächeneinheiten

Seite 166

km^2	100 ha	= 1 km^2	
ha („Hektar")	100 a	= 1 ha	= 0,01 km^2
a („Ar")	100 m^2	= 1 a	= 0,01 ha
m^2	100 dm^2	= 1 m^2	= 0,01 a
dm^2	100 cm^2	= 1 dm^2	= 0,01 m^2
cm^2	100 mm^2	= 1 cm^2	= 0,01 dm^2
mm^2		1 mm^2	= 0,01 cm^2

Größere Einheit → kleinere Einheit

Einheit wird kleiner → Maßzahl wird größer

$5\,m^2 \xrightarrow{\cdot 100} 500\,dm^2 \xrightarrow{\cdot 100} 50\,000\,cm^2$

$5\,m^2 = 500\,dm^2 = 50\,000\,cm^2$

Kleinere Einheit → größere Einheit

Einheit wird größer → Maßzahl wird kleiner

$8\,000\,000\,m^2 \xrightarrow{:100} 80\,000\,a \xrightarrow{:100} 800\,ha \xrightarrow{:100} 8\,km^2$

$8\,000\,000\,m^2 = 80\,000\,a = 800\,ha = 8\,km^2$

Einheitentabelle zum Umrechnen

Seite 167

gegebene Einheit	km^2		ha		a		m^2		dm^2		cm^2		mm^2		größere Einheit	kleinere Einheit
	Z	E	Z	E	Z	E	Z	E	Z	E	Z	E	Z	E		
50 cm^2								0	0	0	5	0	0	0	0,005 m^2	5000 mm^2
200 000 m^2			2	0	0	0	0	0	0	0					20 ha	20 000 000 dm^2
5,01 dm^2								0	0	5	0	1			0,0501 m^2	501 cm^2
8,5 ha		0	0	8	5	0	0	0							0,085 km^2	85 000 m^2

Das Komma trennt die Einheiten (dicke Linie). Nullen ergänzen bis zur gesuchten Einheit.

Rechteck

Seite 170

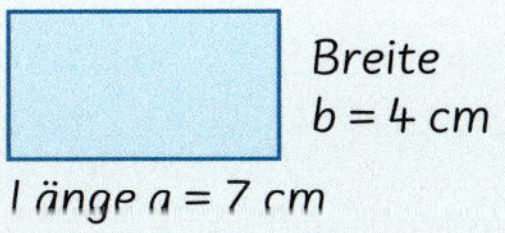

Flächeninhalt: $A = a \cdot b$

$A = 7\,cm \cdot 4\,cm = 28\,cm^2$

Umfang: $u = 2 \cdot a + 2 \cdot b$

$u = 2 \cdot 4\,cm + 2 \cdot 7\,cm = 22\,cm$

Quadrat

Seite 171

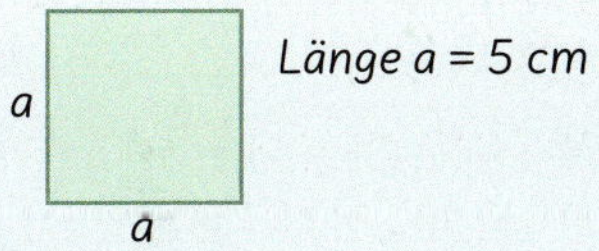

Flächeninhalt: $A = a \cdot a$

$A = 5\,cm \cdot 5\,cm = 25\,cm^2$

Umfang: $u = 4 \cdot a$

$u = 4 \cdot 5\,cm = 20\,cm$

Rechtwinkliges Dreieck

Seite 173

Ein rechtwinkliges Dreieck ist ein halbes Rechteck.

$A = \frac{a \cdot b}{2}$

$A = \frac{3\,cm \cdot 4\,cm}{2} = \frac{12\,cm^2}{2} = 6\,cm^2$

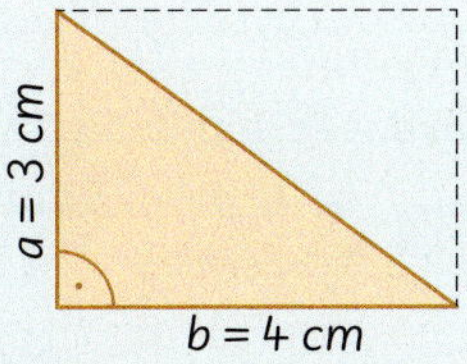

Zusammengesetzte Figuren

Seite 174

Zerlegen

$A = A_1 + A_2$

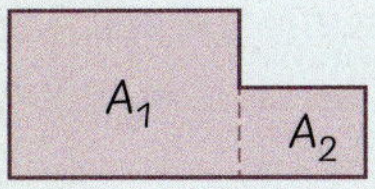

Ergänzen

$A = A_{groß} - A_{klein}$

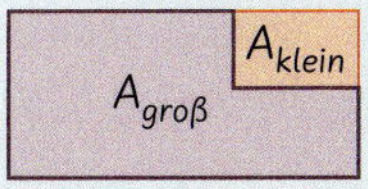

Lösungen auf Seite 262

Wiederholen für die Klassenarbeit

1 Flächeninhalt von Figuren

Bestimme den Flächeninhalt der Figur. Die Quadrate sind Einheitsquadrate (1 cm^2).

a) b) c) d)

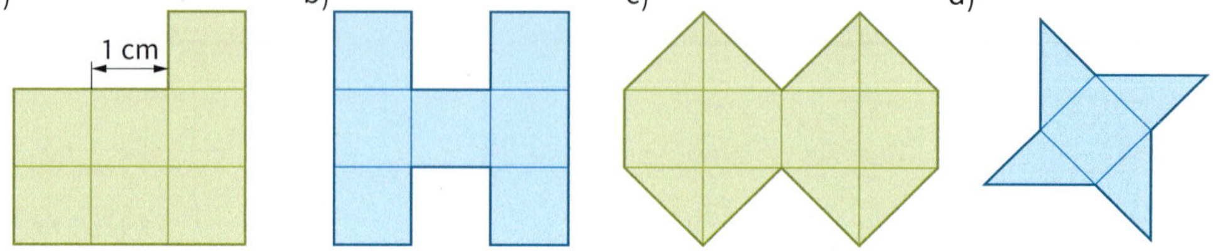

2 Figuren zeichnen

Zeichne eine Figur mit dem gegebenen Flächeninhalt.

a) 18 cm^2 b) 5 cm^2 c) 20 cm^2 d) 4,5 cm^2

3 Flächeneinheiten umrechnen

Gib den Flächeninhalt in der angegebenen Einheit an.

a) 2400 m^2 in a b) 400 ha in a c) 900 cm^2 in dm^2 d) 29 km^2 in a
e) 3600 ha in km^2 f) 700 a in ha g) 4500 m^2 in dm^2 h) 30 000 m^2 in ha
i) 900 a in m^2 j) 10,7 ha in km^2 k) 30 cm^2 in m^2 l) 3,5 m^2 in a

4 Gemischte Einheiten

Gib den Flächeninhalt in der kleineren Einheit an.

a) 3 m^2 5 dm^2 b) 30 cm^2 15 mm^2 c) 8 h 20 a d) 0,5 m^2 3 cm^2

5 Flächeninhalte vergleichen

Bestimme das Grundstück mit dem größten Flächeninhalt.

A: 3750 m^2 B: 45 a C: 0,52 ha D: 60 000 dm^2

6 Figuren zeichnen

a) Zeichne zwei Figuren mit gleichem Umfang, aber unterschiedlichem Flächeninhalt.
b) Zeichne zwei Figuren mit gleichem Flächeninhalt, aber unterschiedlichem Umfang.

7 Grundstücke

a) Familie Egil kauft zwei nebeneinanderliegende Grundstücke, die 220 m^2 und 3,4 a groß sind. Bestimme die Größe des gesamten Grundstücks.
b) Vier Schwestern erben ein 24,4 a großes Grundstück, das gerecht aufgeteilt werden soll. Bestimme die Größe der Teilflächen.

8 Größe oder Anzahl

Berechne. Gib an, ob das Ergebnis die Größe einer Fläche oder eine Anzahl ist.

a) 6 cm^2 + 9 mm^2 b) 11 m^2 – 28 dm^2 c) 17 ha – 800 a d) 13 dm^2 + 5 mm^2
e) 7 $m^2 \cdot 2$ f) 2 cm^2 : 5 g) 10 dm^2 : 125 cm^2 h) 9 ha : 20 m^2

9 Flächeninhalt und Umfang eines Rechtecks

Ein Rechteck hat die Seitenlängen a und b. Bestimme den Flächeninhalt und den Umfang.

a) a = 9 cm; b = 7 cm b) a = 14 m; b = 17 m c) a = 12 dm; b = 9 m d) a = 70 cm; b = 7 m

10 Farbanstrich

Die Wand einer Fabrikhalle ist 69 m lang und 6 m hoch. Sie soll gestrichen werden.
Ein Eimer Farbe reicht für 60 m^2. Damit die Farbe gut deckt, muss der Anstrich zweimal erfolgen. Bestimme die Anzahl der benötigten Eimer Farbe.

Lösungen auf Seite 262

11 Fehlende Größen berechnen

Berechne die in der Tabelle fehlenden Größen eines Rechtecks.

	Länge a	Breite b	Umfang u	Flächeninhalt A
a)	4 m	2 m	■	■
b)	6 m	■	■	30 m^2
c)	■	8 m	50 m	■

12 Rechtwinkliges Dreieck

Berechne den Flächeninhalt des rechtwinkligen Dreiecks.

a)
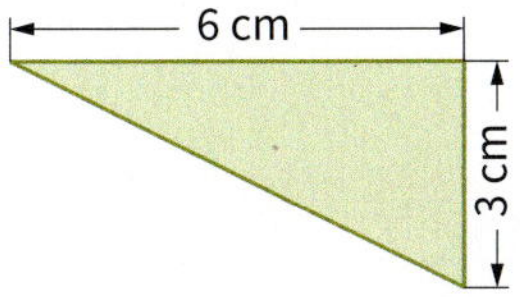

b)
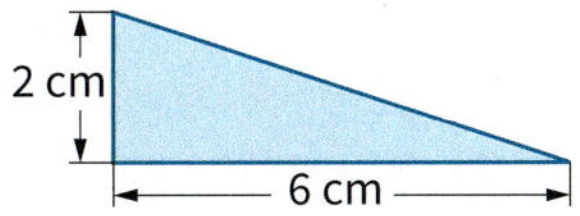

c)
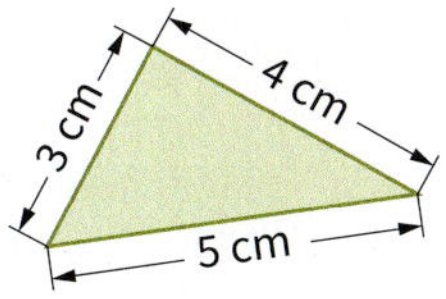

13 Zusammengesetzte Figuren

Berechne den Flächeninhalt der zusammengesetzten Figur.

a)
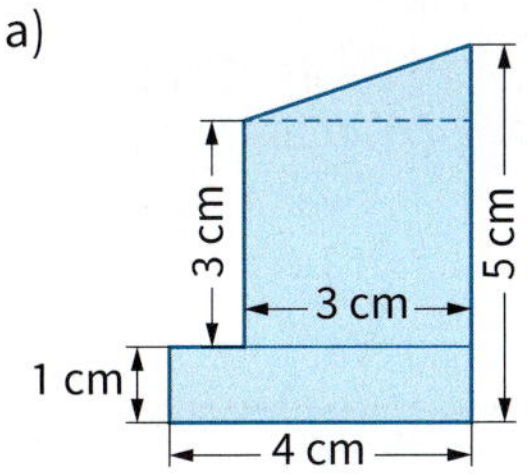

b)
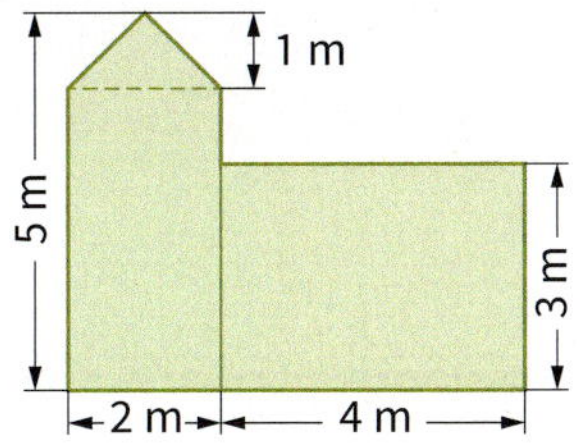

c)
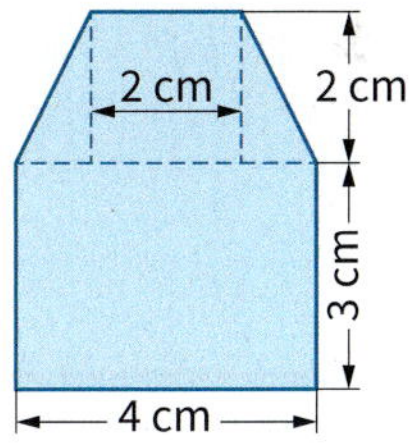

14 Quadrate mit besonderen Maßzahlen

a) Zeichne ein Quadrat, bei dem die Maßzahl des Flächeninhalts mit der Maßzahl des Umfangs übereinstimmt.

b) Zeichne ein Quadrat, bei dem die Maßzahl des Flächeninhalts mit der Maßzahl der Seitenlänge übereinstimmt.

15 Seitenlängen beim Rechteck ändern

a) Die Seite a eines Rechtecks wird um 10 cm verlängert. Der Umfang des Rechtecks soll sich nicht ändern. Bestimme dazu die Seitenlänge b.

b) Die Seite a eines Rechtecks wird verdreifacht. Der Flächeninhalt des Rechtecks soll sich nicht ändern. Bestimme dazu die Seitenlänge b.

16 Rechteck verkleinern

Ein Rechteck hat die Seitenlängen $a = 30\,cm$ und $b = 12\,cm$. Die Seitenlänge a soll so verändert werden, dass der Flächeninhalt um 60 cm^2 kleiner wird. Bestimme die neue Seitenlänge a.

17 Hallenhandballfeld

In der Abbildung ist ein Hallenhandballfeld mit den empfohlenen Maßen dargestellt. In vielen Sporthallen gibt es auch kleinere Felder. Sie sind bis zu 2 m schmaler und bis zu 3 m kürzer. Bestimme, um wie viel Quadratmeter sich das kleinste Feld von dem empfohlenen Feld unterscheidet.

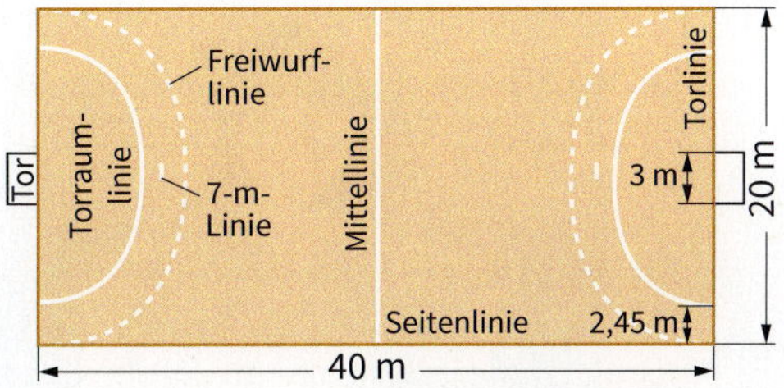

8 Argumentieren und Begründen

Wie viele 5er-Gruppen kann man aus diesen Personen bilden? Kann man auch 4er-Gruppen bilden, ohne dass jemand übrig bleibt?

Wie lassen sich solche Fragen bei großen Zahlen beantworten?

Für diese Probleme kann man Regeln finden und mathematisch begründen.

In diesem Kapitel

- **Wie kann man alle Teiler einer Zahl herausfinden?**
- **Wie sieht man auf einen Blick, ob eine Zahl durch 3 teilbar ist?**
- **Wie viele Primzahlen gibt es?**
- **Wie lässt sich all das begründen?**

8.1 Teiler und Vielfache

Vorbereiten
Seite 234

Zenturio Anglus Rectus legt Wert auf eine saubere Marschordnung. Wenn seine Legionäre marschieren oder zum Appell antreten, sollen sie ein ordentliches Rechteck bilden, also „in Reih und Glied“ stehen, ohne dass Plätze frei oder Soldaten übrig bleiben.
Der Trupp besteht aus 28 Soldaten.
Dominik hat eine Marschordnung in sein Heft gezeichnet.

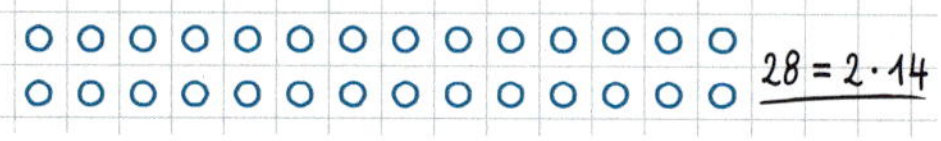

Bestimme alle möglichen Marschordnungen.

WES-109651-075

Teiler und Teilermenge

Natürliche Zahlen heißen **Teiler** einer Zahl, wenn man damit Produkte bilden kann, die die Zahl als Ergebnis haben.

$28 = 1 \cdot 28$
$28 = 2 \cdot 14$
$28 = 4 \cdot 7$

Alle Teiler einer Zahl fasst man in der **Teilermenge** zusammen.

Teilermenge von 28:
$T_{28} = \{1, 2, 4, 7, 14, 28\}$

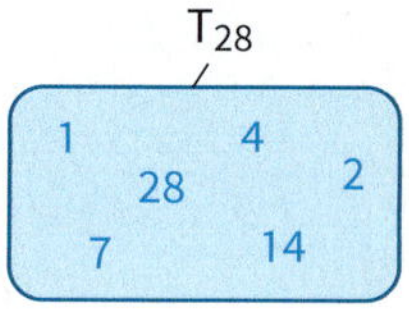

Teilermenge von 24 bestimmen

Schreibe alle Produkte auf, die 24 ergeben.

$24 = 1 \cdot 24$	$24 = 24 \cdot 1$
$24 = 2 \cdot 12$	$24 = 12 \cdot 2$
$24 = 3 \cdot 8$	$24 = 8 \cdot 3$
$24 = 4 \cdot 6$	$24 = 6 \cdot 4$

Die Faktoren der Produkte sind Teiler von 24.
An dem Produkt $24 = 3 \cdot 8$ kann man zwei Teiler ablesen:
3 ist ein Teiler von 24, denn $24 : 3 = 8$
8 ist ein Teiler von 24, denn $24 : 8 = 3$

Es genügen vier Produkte, um alle Teiler von 24 zu bestimmen.

$24 = 1 \cdot 24$	1 und 24 sind Teiler von 24.	$T_{24} = \{1, 24\}$
$= 2 \cdot 12$	2 und 12 sind Teiler von 24.	$T_{24} = \{1, 2, 12, 24\}$
$= 3 \cdot 8$	3 und 8 sind Teiler von 24.	$T_{24} = \{1, 2, 3, 8, 12, 24\}$
$= 4 \cdot 6$	4 und 6 sind Teiler von 24.	$T_{24} = \{1, 2, 3, 4, 6, 8, 12, 24\}$

1 ≡ **Zahlen mit unterschiedlich vielen Teilern**
Bestimme die Teilermenge der Zahl.
a) 8 b) 12 c) 16 d) 21 e) 17 f) 25 g) 30 h) 49

2 ≡ **Wer gewinnt?**
Welche der drei Zahlen hat die meisten Teiler?
a) 4, 8, 11 b) 16, 17, 18 c) 20, 28, 36 d) 32, 64, 100

3 ≡ **Teilermengen vervollständigen**
a) $T_{□} = \{1, 2, □, □, 16\}$ b) $T_{□} = \{□, 3, □, 15\}$ c) $T_{□} = \{1, 2, □, 6, 9, □\}$ d) $T_{□} = \{1, 2, 7, □\}$

4 ☰ **Partnerteiler entdeckt**

Timo hat eine Entdeckung gemacht:
„Wenn ich einen Teiler einer Zahl gefunden habe, kenne ich sofort einen weiteren Teiler dieser Zahl, den Partnerteiler. Zum Beispiel sind 3 und 9 Partnerteiler von 27."

27	
1	27
3	9

Nutze Timos Entdeckung und bestimme mithilfe der Partnerteiler alle Teiler der Zahl.
a) 35 b) 22 c) 34 d) 32 e) 84 f) 51

5 ☰ Bestimme die Teilermenge. a) 18 b) 34 c) 40 d) 64

6 ☰ Vervollständige. a) $T_■ = \{1, ■, 4, ■, 16\}$ b) $T_■ = \{1, 3, 5, ■\}$

Prüfe dich!
Lösungen auf Seite 263

Vielfache

18 ist ein Vielfaches von 6, denn 6 ist ein Teiler von 18.
Auch 12, 24, 30 … sind Vielfache von 6, denn alle Zahlen in der 6er-Reihe sind Vielfache von 6.
Es gibt also von jeder Zahl unendlich viele Vielfache.

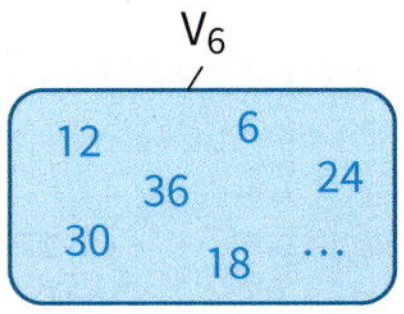

WES-109651-076

7 ☰ **Teiler oder Vielfaches**

Welche Zahlen sind Teiler oder Vielfaches? Ordne die Zahlen richtig zu.

a) 30, 1, 10, 15, 60, 45, 3
■ ist Teiler von 15.
■ ist Vielfaches von 15.

b) 30, 1, 4, 10, 12, 60, 48
■ ist Teiler von 12.
■ ist Vielfaches von 12.

c) 50, 150, 12, 75, 100, 25
■ ist Teiler von 50.
■ ist Vielfaches von 50.

8 ☰ **Gerade oder ungerade Anzahl von Teilern**

a) Paula behauptet: *„Die Anzahl der Teiler einer Zahl ist immer gerade."*
Begründe, warum Klara nicht recht hat.
b) Welche besonderen Zahlen haben eine ungerade Anzahl von Teilern? Gib drei Beispiele an.

9 ☰ **Teilermengen vervollständigen**

a) $T_■ = \{1, 2, ■, ■, 10, ■\}$ b) $T_■ = \{■, ■, 4, 19, ■, ■\}$ c) $T_■ = \{■, 3, ■, ■, 15, ■\}$

10 ☰ **Teilermengen prüfen**

Welche Zahl kann hier nicht stimmen? Korrigiere und vervollständige die Teilermenge.
a) $T_■ = \{■, 2, 3, ■, 6, 9, 12, ■\}$ b) $T_■ = \{■, 2, 3, 4, 5, ■, ■, 16, ■, ■\}$

11 ☰ *„Wenn eine Zahl den Teiler 12 hat, dann hat sie auch die Teiler 3 und 4."*
Prüfe dies an Beispielen und begründe.

12 ☰ Vervollständige. a) $T_■ = \{■, 2, 4, ■, 16, ■\}$ b) $T_■ = \{1, 2, ■, ■, 6, ■\}$ c) $T_■ = \{1, ■\}$

13 ☰ a) Gib zwei Zahlen an, deren Teilermenge aus drei Teilern besteht.
b) Welche Zahlen haben eine ungerade Anzahl von Teilern? Begründe.

Prüfe dich!
Lösungen auf Seite 263

14 ☰ **Wahr oder falsch?**

Untersuche, ob die Aussage wahr oder falsch ist. Finde Beispiele und begründe.
a) Wenn eine Zahl ein Teiler von zwei Zahlen ist, dann ist sie auch ein Teiler des Produkts.
b) Wenn eine Zahl ein Teiler von zwei Zahlen ist, dann ist sie auch ein Teiler der Summe.
c) Wenn eine Zahl ein Teiler von zwei Zahlen ist, dann ist sie auch ein Teiler der Differenz.
d) Wenn eine Zahl eine andere Zahl teilt, dann teilt sie auch jedes Vielfache dieser Zahl.

8.2 Teilbarkeitsregeln

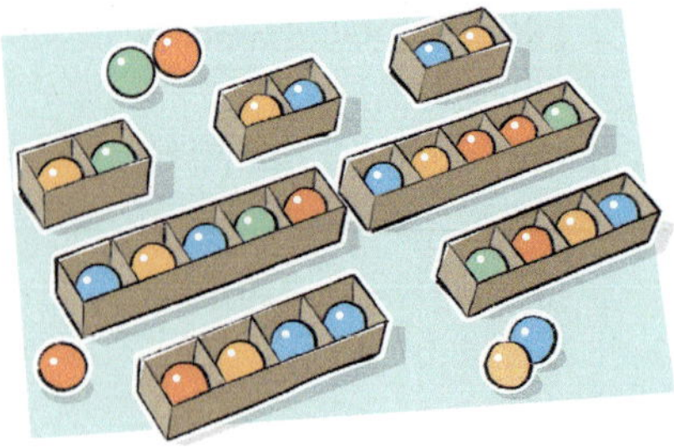

1428 Murmeln sollen in Päckchen verpackt werden.

- Wie kann man an der letzten Ziffer der Zahl 1428 erkennen, ob sich die Murmeln in Päckchen zu je 2, 5 oder 10 Murmeln verpacken lassen, ohne dass eine Murmel übrig bleibt?
- Lassen sich 1428 Murmeln auch in Päckchen zu je 4 Murmeln verpacken, ohne dass eine Murmel übrig bleibt?

Lösung – Teilbarkeit durch 2, durch 5, durch 10

- Alle Vielfachen von 2 enden auf 0, 2, 4, 6 oder 8. Das sind die geraden Zahlen.
- Vielfache von 5 enden auf 0 oder 5. Vielfache von 10 enden immer auf 0.

Die letzte Ziffer der Zahl 1428 ist eine 8. Die 1428 Murmeln kann man also ohne Rest in 2er-Päckchen aufteilen, nicht aber in 5er-Päckchen oder 10er-Päckchen.

Lösung – Teilbarkeit durch 4

Für die Teilbarkeit durch 4 reicht es nicht aus, nur die letzte Ziffer zu betrachten.

- Man zerlegt die Zahl 1428 in eine Summe: $1428 = 14 \cdot 100 + 28$
  Da 100 durch 4 teilbar ist, ist auch jedes Vielfache von 100 durch 4 teilbar.
  Man muss also nur die Zahl aus den letzten beiden Ziffern betrachten.

Da 28 durch 4 teilbar ist, ist auch 1428 durch 4 teilbar.
Die Murmeln lassen sich ohne Rest in 4er-Päckchen aufteilen.

WES-109651-077

Endstellenregeln

Eine natürliche Zahl ist

- durch 2 teilbar, wenn die letzte Ziffer 0, 2, 4, 6 oder 8 ist. — 12 456
- durch 5 teilbar, wenn die letzte Ziffer 0 oder 5 ist. — 95 465
- durch 10 teilbar, wenn die letzte Ziffer 0 ist. — 21 050
- durch 4 teilbar, wenn die letzten beiden Ziffern eine durch 4 teilbare Zahl bilden. — 65 436

Teilbarkeit durch 2, durch 5 oder durch 10

12 130 auf Teilbarkeit durch 2, 5 oder 10 prüfen:

Die letzte Ziffer der Zahl 12 130 ist 0.
Somit ist 12 130 nach den Endstellenregeln durch 2, 5 und 10 teilbar.

Teilbarkeit durch 4

12 130 auf Teilbarkeit durch 4 prüfen:

Die Zahl aus den letzten beiden Ziffern ist 30.
30 ist nicht durch 4 teilbar. Somit ist die Zahl 12 130 nicht durch 4 teilbar.

1 Endstellenregeln anwenden

Prüfe, ob die Zahl durch 2, durch 4, durch 5 oder durch 10 teilbar ist.

a) 226 b) 225 c) 520 d) 4329 e) 57 825 f) 87 000

2 Ziffern tauschen

Tausche die Ziffern so, dass die Zahl durch 5 teilbar ist. a) 523 b) 206 c) 4051

3 Ziffern ergänzen

Ersetze □ so durch eine Ziffer, dass die Zahl durch 4 teilbar ist. Schreibe alle Möglichkeiten auf.

a) 523□ b) 61□4 c) 42□12 d) 22□2 e) 31□□ f) 44□3

4 ≡ **An der Kasse**
Welche der Rechnungen können nicht stimmen?

Buntstifte	Rosen	Eis
5 · ■ € = 3,35 €	5 · ■ € = 8,75 €	4 · ■ € = 8,86 €

5 ≡ Untersuche die Zahl auf Teilbarkeit durch 5, durch 2 und durch 4.
a) 1234 b) 2345 c) 5678 d) 22 225 e) 137 950 f) 147 868 g) 8 887 888

Prüfe dich!
Lösungen auf Seite 263

6 ≡ Aus einem Internetforum: „*Hilfe, ich soll die Teilbarkeit durch 4 begründen!*“
Schreibe eine hilfreiche Antwort.

7 ≡ **Neue Teilbarkeitsregeln finden**

a) Untersuche, ob die Zahlen 350, 780, 892 475 durch 25 teilbar sind.
Formuliere und begründe eine Teilbarkeitsregel für die Teilbarkeit durch 25.
b) 1000 ist ein Vielfaches von 8. Kannst du damit eine Teilbarkeitsregel für die Teilbarkeit durch 8 formulieren?

Murmeln in 3er-Päckchen – Teilbarkeit durch 3

Einstieg

1428 Murmeln sollen nun in 3er-Päckchen verpackt werden. Ist das ohne Rest möglich?

Marie rechnet: 1428 : 3 = 476
−12
 22
−21
 18
−18
 0
1428 lässt sich ohne Rest durch 3 teilen

Hans kennt einen Trick:
Die Summe der Ziffern ist
1 + 4 + 2 + 8 = 15
15 ist durch 3 teilbar,
also ist auch 1428 durch 3 teilbar.

Quersummenregeln

Die Summe der Ziffern einer Zahl nennt man **Quersumme**.

Quersumme von 1428:
1 + 4 + 2 + 8 = 15

Eine natürliche Zahl ist
- durch 3 teilbar, wenn ihre Quersumme durch 3 teilbar ist, sonst nicht.
- durch 9 teilbar, wenn ihre Quersumme durch 9 teilbar ist, sonst nicht.

WES-109651-078

Teilbarkeit durch 3 oder durch 9
40 701 auf Teilbarkeit durch 3 oder 9 prüfen:
Quersumme von 40 701: 4 + 0 + 7 + 0 + 1 = 12
12 ist durch 3 teilbar, aber nicht durch 9.
4701 ist durch 3 teilbar, aber nicht durch 9.

Teilbarkeit durch 3 oder durch 9
9053 auf Teilbarkeit durch 3 oder 9 prüfen:
Quersumme von 9053: 9 + 0 + 5 + 3 = 17
17 ist weder durch 3 noch durch 9 teilbar.
9053 ist weder durch 3 noch durch 9 teilbar.

8 ≡ **Quersummenregeln anwenden**
Prüfe, ob die Zahl durch 3 oder durch 9 teilbar ist.
a) 213 b) 312 c) 231 d) 621 e) 92 199 f) 25 087
g) 222 222 h) 33 333 i) 333 333 j) 444 444 k) 187 002 l) 191 919

9 ≡ **Ziffern ergänzen**
23■45 6920■ 157■2 15■72 ■2810 3■5■
a) Ersetze ■ so durch eine Ziffer, dass die Zahl nur durch 3 teilbar ist, aber nicht durch 9.
b) Ersetze ■ so durch eine Ziffer, dass die Zahl durch 3 und durch 9 teilbar ist.

Begründung der Quersummenregeln

Man möchte prüfen, ob 1728 durch 3 oder 9 teilbar ist. Dazu zerlegt man die Zahl.
1000 ist weder durch 3 noch durch 9 teilbar, 999 aber schon, der Rest ist 1.
700 ist weder durch 3 noch durch 9 teilbar, $7 \cdot 99$ aber schon, der Rest ist 7.
20 ist weder durch 3 noch durch 9 teilbar, $2 \cdot 9$ aber schon, der Rest ist 2.

Man zerlegt die Zahl 1728:
$$1728 = 1 \cdot 1000 + 7 \cdot 100 + 2 \cdot 10 + 8$$
$$= 1 \cdot (999 + 1) + 7 \cdot (99 + 1) + 2 \cdot (9 + 1) + 8$$
$$= 1 \cdot 999 + 7 \cdot 99 + 2 \cdot 9 + \boxed{1 + 7 + 2 + 8}\ \text{Rest}$$

999 und 99 und 9 sind durch 3 bzw. durch 9 teilbar, also auch alle Vielfachen.
Man kann deswegen statt 1728 nur den Rest betrachten: $1 + 7 + 2 + 8 = 18$.

10 ≡ **Fragen zur Begründung der Quersummenregeln**

a) Aus welchen Ziffern wird die Summe des Restes gebildet? Erkläre.
b) Zeige wie in der „Begründung“, dass 543 durch 3, aber nicht durch 9 teilbar ist.

11 ≡ **Teilbarkeiten kombinieren**

Notiere alle Zahlen von 100 bis 150, die durch die beiden Zahlen teilbar sind.
a) 2 und 3 b) 3 und 5 c) 3 und 4 d) 2 und 9 e) 2 und 4 f) 9 und 18

12 ≡ **Teilbar und nicht teilbar**

Gib 2 dreistellige Zahlen mit der geforderten Bedingung an.
a) durch 2 teilbar, aber nicht durch 5 teilbar
b) durch 3 teilbar, aber nicht durch 4 teilbar
c) durch 4 teilbar, aber nicht durch 3 teilbar
d) durch 3 teilbar, aber nicht durch 9 teilbar

Prüfe dich!
Lösungen auf Seite 264

13 ≡ 7620■ 154■5 15■70 ■281■ 54■6 11■0
a) Ersetze ■ so durch eine Ziffer, dass die Zahl durch 3, aber nicht durch 9 teilbar ist.
b) Ersetze ■ so durch eine Ziffer, dass die Zahl durch 3 und durch 9 teilbar ist.
c) Ersetze ■ so durch eine Ziffer, dass die Zahl durch 2 und durch 3 teilbar ist.

14 ≡ a) Gib eine vierstellige Zahl an, die durch 3, aber nicht durch 2 teilbar ist.
b) Gib eine vierstellige Zahl an, die durch 9 und durch 4 teilbar ist.

15 ≡ **Teilbarkeitsregel durch 6 begründen**

Begründe die Regel für die Teilbarkeit durch 6: „*Eine Zahl ist durch 6 teilbar, wenn sie gerade ist und ihre Quersumme durch 3 teilbar ist.*“ Beginne deine Begründung mit Beispielen.

16 ≡ **Mathematisch Argumentieren – Begründen**

a) Eine Zahl, die durch 3 und durch 5 teilbar ist, ist auch durch 15 teilbar.
b) Eine Zahl, die durch 9 teilbar ist, ist auch durch 3 teilbar.
c) Um zu prüfen, ob eine Zahl durch 3 teilbar ist, kann man bei der Quersummenbildung die Ziffern 3, 6 und 9 weglassen.
d) Wenn eine Zahl durch 9 teilbar ist und die Ziffer 6 angehängt wird, dann ist die neue Zahl durch 3, aber nicht mehr durch 9 teilbar.
e) Eine Zahl, die durch 3 und durch 6 teilbar ist, muss nicht durch 18 teilbar sein.

17 ≡ **Knobelei mit der 7**

Nimm eine zweistellige Zahl, hänge eine 0 an die Zahl und wiederhole die zweistellige Zahl.
Beispiel: 23 ergibt 23 023. Jede so zusammengesetzte Zahl ist durch 7 teilbar.
Warum ist das so? Warum bleibt das so, wenn man die 0 in der Mitte durch eine 7 ersetzt?

8.3 Primzahlen

Paula spielt gerne „Zahlenzerlegen“.
Paula denkt sich eine Zahl aus: „990“
Leon muss diese Zahl in ein Produkt mit zwei Faktoren zerlegen, die 1 ist dabei verboten.
Jetzt ist Paula wieder dran und muss hieraus ein Produkt mit drei Faktoren bilden. Dann versucht es Leon mit vier Faktoren usw. Wer keine weitere Zerlegung mehr findet, hat verloren.

- Spielt mit den Zahlen 60, 105, 25, 17, 78, 49, 37.
- Denkt euch weitere Zahlen aus.

Beispiele für „Zahlenzerlegen“

Zerlegt man die Zahlen so weit wie möglich, so ergibt sich beispielsweise diese Abfolge:

$60 = 2 \cdot 30 = 2 \cdot 2 \cdot 15 = 2 \cdot 2 \cdot 3 \cdot 5$ — 60 lässt sich in vier Faktoren zerlegen.
$105 = 3 \cdot 35 = 3 \cdot 5 \cdot 7$ — 105 lässt sich in drei Faktoren zerlegen.
$25 = 5 \cdot 5$ — 25 lässt sich in zwei Faktoren zerlegen.
17 lässt sich nicht zerlegen, es klappt nur $1 \cdot 17$, doch die 1 ist in dem Spiel nicht erlaubt.

Primzahlen

Natürliche Zahlen, die genau zwei Teiler haben, heißen **Primzahlen**. Die Zahl 1 ist keine Primzahl. — 2, 3, 5, 7, 11, 13, 17, 19, 23, 29, 31, 37, 41, 43, 47, 53 …

Alle Primzahlen haben nur 1 und sich selbst als Teiler. — $T_{19} = \{1, 19\}$

Primfaktorzerlegung

Die **Primfaktorzerlegung** einer Zahl ist die Zerlegung der Zahl in ein Produkt aus Primzahlen. — $60 = 2 \cdot 30 = 2 \cdot 5 \cdot 6 = 2 \cdot 5 \cdot 2 \cdot 3$; $60 = 6 \cdot 10 = 2 \cdot 3 \cdot 2 \cdot 5$

Jede Zahl besitzt genau eine Primfaktorzerlegung. — Sortiert: $60 = 2 \cdot 2 \cdot 3 \cdot 5$

WES-109651-079

In Primfaktoren zerlegen

Zerlege die Zahl 90 in Primfaktoren.

- Beginne mit einer beliebigen Zerlegung in zwei Faktoren.
- Zerlege diese Faktoren immer weiter.
- Sortiere die Faktoren.

Erster Weg:
$90 = 10 \cdot 9$
$= 2 \cdot 5 \cdot 3 \cdot 3$

Zweiter Weg:
$90 = 3 \cdot 30$
$= 3 \cdot 3 \cdot 10$
$= 3 \cdot 3 \cdot 5 \cdot 2$

Sortiert: $90 = 2 \cdot 3 \cdot 3 \cdot 5$

1 In Primfaktoren zerlegen

Zerlege immer weiter wie im Beispiel.

a) $30 = 2 \cdot 15 = \ldots$ $\quad 30 = 3 \cdot 10 = \ldots$
b) $450 = 10 \cdot 45 = \ldots$ $\quad 450 = 5 \cdot 90 = \ldots$
c) $72 = 8 \cdot 9 = \ldots$ $\quad 72 = 6 \cdot 12 = \ldots$
d) $700 = 10 \cdot 70 = \ldots$ $\quad 700 = 7 \cdot 100 = \ldots$

2 Lücken füllen

Fülle in deinem Heft die Lücken mit Primfaktoren aus.

a) $30 = 2 \cdot ■ \cdot 5$
b) $490 = ■ \cdot ■ \cdot 7 \cdot 7$
c) $189 = ■ \cdot ■ \cdot 3 \cdot 7$
d) $34 = ■ \cdot ■$
e) $57 = ■ \cdot ■$
f) $980 = ■ \cdot 2 \cdot ■ \cdot 7 \cdot ■$
g) $48 = ■ \cdot ■ \cdot ■ \cdot 2 \cdot ■$
h) $1078 = ■ \cdot ■ \cdot 7 \cdot ■$

3 **Primfaktorzerlegung**

Zerlege die Zahl in Primfaktoren.

a) 6 b) 12 c) 70 d) 55 e) 63 f) 64
g) 100 h) 88 i) 36 j) 91 k) 169 l) 144

4 **Primzahlen gesucht**

Suche alle Primzahlen heraus. Es sind fünf Primzahlen auf jedem Zettel.

a)

153	143	136	134	135	151
131	159	137	129	139	149

b)

211	242	265	233	251	213
269	243	279	277	214	291

Prüfe dich! Lösungen auf Seite 264

5 Nenne die ersten zehn Primzahlen.

6 Zerlege die Zahl in Primfaktoren.

a) 24 b) 240 c) 975 d) 189 e) 121 f) 135

---

7 **Wahr oder falsch?**

Prüfe und begründe mit Beispielen.

a) Es gibt keine geraden Primzahlen.

b) Es gibt nur zwei Primzahlen, deren Differenz 1 ist.

c) Es gibt keine Primzahlen, deren Differenz 3 ist.

d) Eine Primzahl kann Teiler einer anderen Primzahl sein.

8 **Training mit großen Zahlen**

Zerlege die Zahl in Primfaktoren, nutze die Teilbarkeitsregeln. Eine Primzahl ist dabei.

a) 180 b) 606 c) 108 d) 328 e) 400 f) 1053
g) 4098 h) 1009 i) 1024 j) 6688 k) 1125 l) 1001

9 **Teiler einer Zahl mithilfe der Primfaktorzerlegung bestimmen**

Die Primfaktorzerlegung von 120 ist: $120 = 2 \cdot 2 \cdot 2 \cdot 3 \cdot 5$.
Alle Primfaktoren und die 1 werden in einem „Topf" gesammelt.
Die Produkte der Zahlen aus dem Topf ergeben die Teiler von 120,
zum Beispiel $2 \cdot 3 \cdot 5 = 30$

a) Bestimme alle Teiler von 120. Berechne dazu alle möglichen Produkte mit Zahlen aus dem Topf.
b) Bestimme auf die gleiche Weise alle Teiler von 90, 630 und 480.

Prüfe dich! Lösungen auf Seite 264

10 Zerlege in Primfaktoren und bestimme die Teilermenge.

a) 28 b) 168 c) 225 d) 126

---

11 **Zahl gesucht**

a) Gesucht ist eine Zahl, die genau drei Teiler hat und die Zahl 7 als Primfaktor besitzt.
b) Gesucht sind dreistellige Quadratzahlen, die nur die Primfaktoren 2 und 3 haben.

12 **Immer neue Primzahlen**

- Welchen Rest erhält man, wenn man $2 \cdot 3 \cdot 5 \cdot 7 + 1$ durch 2, durch 3, durch 5 oder 7 teilt?
- Begründe: „*Wenn man das Produkt aus den ersten hundert Primzahlen bildet und 1 addiert, so ergibt sich eine Zahl, die durch keine dieser Primzahlen teilbar ist.*"
- Überlege: „*Kann es eine größte Primzahl geben oder gibt es unendlich viele Primzahlen?*"

Primzahlen finden und erforschen

Das Sieb des Eratosthenes

Wie kannst du die Primzahlen von 1 bis 100 bestimmen? Dies ist kein Problem, wenn du nach folgendem Verfahren die Primzahlen „heraussiebst“:

- Schreibe die Zahlen von 1 bis 100 in einer Tabelle auf.
- Streiche die Zahl 1.
- Streiche die Vielfachen von 2 außer der 2 selbst.
- Die 3 ist noch nicht gestrichen. Streiche die Vielfachen der 3 außer der 3 selbst.
- Die nächste noch nicht gestrichene Zahl ist die 5. Streiche alle Vielfachen von 5 außer der 5 selbst.
- …
- Alle Zahlen, die zum Schluss nicht gestrichen sind, sind Primzahlen.

In der Liste findest du alle Primzahlen bis 1000.

2	3	5	7	11	13	17	19	23	29	31	37	41	43	47	53
59	61	67	71	73	79	83	89	97	101	103	107	109	113	127	131
137	139	149	151	157	163	167	173	179	181	191	193	197	199	211	223
227	229	233	239	241	251	257	263	269	271	277	281	283	293	307	311
313	317	331	337	347	349	353	359	367	373	379	383	389	397	401	409
419	421	431	433	439	443	449	457	461	463	467	479	487	491	499	503
509	521	523	541	547	557	563	569	571	577	587	593	599	601	607	613
617	619	631	641	643	647	653	659	661	673	677	683	691	701	709	719
727	733	739	743	751	757	761	769	773	787	797	809	811	821	823	827
829	839	853	857	859	863	877	881	883	887	907	911	919	929	937	941
947	953	967	971	977	983	991	997								

Mit den folgenden Forschungsaufträgen kannst du interessante Entdeckungen machen.

Aufeinanderfolgende Primzahlen mit der Differenz 2 nennt man Primzahlzwillinge.
Erstelle eine Liste der Primzahlzwillinge bis 1000.

Primzahldrillinge sind Primzahlzwillinge und eine weitere Primzahl mit der Differenz 4 zum Primzahlzwilling.
Welche gibt es bis 1000?

Primzahlvierlinge liegen innerhalb eines Zehners und haben die Endstellen 1, 3, 7 und 9.
Schreibe alle Primzahlvierlinge bis 1000 auf.

Welches ist die größte Lücke zwischen zwei Primzahlen unter 1000?

Wie viele Primzahlen liegen zwischen 0 und 100, zwischen 100 und 200 …?

Gibt es Primzahlen, bei denen alle Ziffern gleich sind?

8.4 Der größte gemeinsame Teiler

Eine Weide soll mit gleich langen Zaunteilen eingezäunt werden.
Die Weide ist 150 m lang und 60 m breit.

- Im Baumarkt gibt es fertige Zaunteile der Längen 2 m, 4 m, 6 m und 8 m. Welche Längen sind geeignet?
- Welche Länge kann ein Zaunteil maximal haben, um die Weide einzuzäunen?

Lösung

Betrachte zu den Seiten 150 m und 60 m die Teilermengen der Zahlen 150 und 60.

$T_{150} = \{1, 2, 3, 5, 6, 25, 30, 50, 75, 150\}$ $T_{60} = \{1, 2, 3, 4, 5, 6, 10, 12, 15, 20, 30, 60\}$

Prüfe, ob 2, 4, 6 oder 8 in beiden Teilermengen liegen. 2 und 6 liegen in beiden Teilermengen.
Beide Seitenlängen sind also ohne Rest in 2 m und 6 m aufteilbar, aber nicht in 4 m oder 8 m.
Das längste Zaunteil könnte 30 m lang sein, denn 30 ist der größte Teiler, der in beiden Teilermengen enthalten ist.

WES-109651-080

Gemeinsame Teiler

Alle gemeinsamen Teiler zweier Zahlen lassen sich mithilfe der Teilermengen bestimmen. Der größte gemeinsame Teiler wird mit ggT bezeichnet.

$T_{150} = \{1, 2, 3, 5, 6, 10, 15, 25, 30, 50, 75, 150\}$
$T_{60} = \{1, 2, 3, 4, 5, 6, 10, 12, 15, 20, 30, 60\}$
gemeinsame Teiler: 1, 2, 3, 5, 6, 10, 15, 30
ggT (60, 150) = 30

Den größten gemeinsamen Teiler berechnen

Mithilfe der Primfaktorzerlegung kann man den größten gemeinsamen Teiler bestimmen.
Der ggT ist das Produkt der gemeinsamen Primfaktoren.

$150 = 2 \cdot 3 \cdot 5 \cdot 5$
$60 = 2 \cdot 2 \cdot 3 \cdot 5$
$\text{ggT}(60, 150) = 2 \cdot 3 \cdot 5 = 30$

Den größten gemeinsamen Teiler berechnen

a) ggT (315, 270)

Lösung

$315 = 3 \cdot 3 \cdot 5 \cdot 7$
$270 = 2 \cdot 3 \cdot 3 \cdot 3 \cdot 5$
$\text{ggT}(315, 270) = 3 \cdot 3 \cdot 5 = 45$

b) ggT (34, 35)

Lösung

$34 = 2 \cdot 17$
$35 = 5 \cdot 7$
$\text{ggT}(34, 35) = 1$

34 und 35 haben keine gemeinsamen Primfaktoren. Der größte gemeinsame Teiler ist 1.

1 Training zum ggT

Bestimme den größten gemeinsamen Teiler mithilfe der Primfaktorzerlegung.

a) ggT (15, 27) b) ggT (28, 42) c) ggT (81, 90) d) ggT (308, 539)
e) ggT (135, 56) f) ggT (80, 240) g) ggT (504, 720) h) ggT (100, 243)

2 Holzlatten zersägen

Zwei Holzlatten mit den Längen 270 cm und 630 cm werden vollständig in gleich lange Stücke zersägt. Wie lang können die Stücke höchstens werden?

3 ≡ **Brüche vollständig kürzen**

Bestimme den größten gemeinsamen Teiler von Zähler und Nenner. Kürze den Bruch damit. Warum ist der Bruch dann vollständig gekürzt?

a) $\frac{40}{56}$ b) $\frac{42}{70}$ c) $\frac{54}{126}$ d) $\frac{72}{120}$ e) $\frac{105}{140}$ f) $\frac{198}{231}$

4 ≡ **Brüche konstruieren – hin und her**

Stelle einen Bruch auf, indem du für den Zähler und den Nenner drei Primzahlen aus 2, 3, 5, 7, 11, 13 miteinander multiplizierst. Mindestens eine der Primzahlen soll in Zähler und Nenner gleich sein. Nun tauscht untereinander die Brüche aus und jeder kürzt vollständig.

---

5 ≡ Bestimme den größten gemeinsamen Teiler.

a) ggT (18, 30) b) ggT (15, 21) c) ggT (40, 100) d) ggT (24, 30)

Prüfe dich!
Lösungen auf Seite 264

6 ≡ Finde den größten gemeinsamen Teiler von Zähler und Nenner und kürze den Bruch vollständig.

a) $\frac{70}{150}$ b) $\frac{15}{18}$ c) $\frac{42}{90}$ d) $\frac{56}{84}$ e) $\frac{75}{243}$ f) $\frac{220}{420}$

---

7 ≡ **Weg pflastern**

Der dargestellte Weg soll mit quadratischen Platten ohne Verschnitt ausgelegt werden. Wie groß dürfen die Platten höchstens sein? Wie viele dieser Platten werden benötigt?

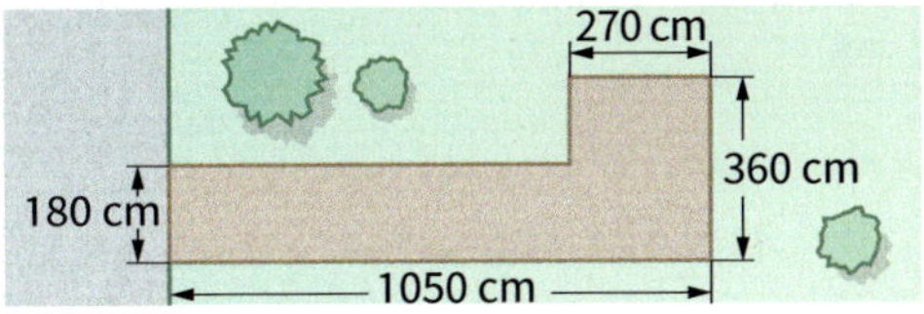

8 ≡ **Teilerfremde Zahlen**

Zwei Zahlen heißen teilerfremd, wenn sie nur den gemeinsamen Teiler 1 haben.

a) Sind 95 und 133 teilerfremd? b) Sind 21 und 241 teilerfremd?

c) Bestimme die größte dreistellige Zahl, die mit 6 teilerfremd ist.

Euklidischer Algorithmus

Gesucht ist der größte gemeinsame Teiler von 1155 und 450.

Schreibe die größere Zahl als Vielfaches der kleineren Zahl plus Rest.

Schreibe nun die kleinere Zahl als Vielfaches des Rests plus neuer Rest.

Gehe so immer weiter vor, bis der Rest 0 ist.

Der letzte Rest ist der ggT.

$1155 = 2 \cdot 450 + 255$
$450 = 1 \cdot 255 + 195$
$255 = 1 \cdot 195 + 60$
$195 = 3 \cdot 60 + 15$
$60 = 4 \cdot 15 + 0$

ggT (1155, 450) = 15

9 ≡ **Euklidischer Algorithmus**

Bestimme den ggT mit dem Euklidischen Algorithmus.

a) ggT (360, 945) b) ggT (2079, 1100) c) ggT (3465, 1820)

10 ≡ **Der ggT im Rechteck**

Im Rechteck wurde der ggT (8, 12) zeichnerisch bestimmt. Auf der Diagonalen sind die Punkte markiert, die exakt Eckpunkte von Karos sind. Dadurch wird die Diagonale in 4 Teile geteilt, also ggT (8, 12) = 4. Erkläre die Methode. Bestimme ebenso den ggT (18, 24).

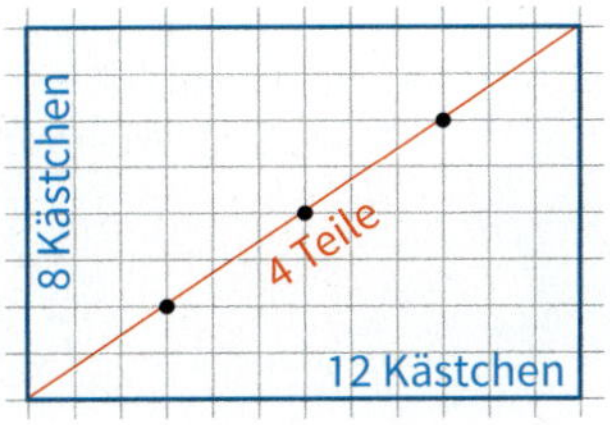

Wir werden Zahlenfreunde!

Wenn du dich mit den Zahlen anfreunden möchtest, muss du sie besser kennenlernen. Unter den Zahlen gibt es viele besondere Zahlen: Gerade und ungerade Zahlen, Quadratzahlen, Dreieckszahlen und viele weitere.
Manche Zahlen sind sehr reich, manche sind sehr arm, manche Zahlen sind dick befreundet, andere wiederum wollen nichts miteinander zu tun haben.
Um mehr über eine Zahl zu erfahren, betrachten wir zuerst deren Primfaktorzerlegung und Teilermenge.

Von armen, reichen und vollkommenen Zahlen

Echte Teiler sind alle Teiler einer Zahl, außer der Zahl selbst.

Die **Summe der echten Teiler** einer Zahl zeigt, ob die Zahl arm, reich oder vollkommen ist.

Eine Zahl ist **reich**, wenn die Summe der echten Teiler größer ist als die Zahl selbst.

Eine Zahl ist **arm**, wenn die Summe der echten Teiler kleiner ist als die Zahl selbst.

Eine Zahl ist **vollkommen**, wenn die Summe der echten Teiler gleich der Zahl selbst ist.

Zahl 12:	$T_{12} = \{1, 2, 3, 4, 6, 12\}$	
echte Teiler:	1, 2, 3, 4, 6	
Summe:	$1 + 2 + 3 + 4 + 6 = 16$	
	$16 > 12$	***12 ist reich.***
Zahl 10:	$T_{10} = \{1, 2, 5, 10\}$	
echte Teiler:	1, 2, 5	
Summe:	$1 + 2 + 5 = 8$	
	$8 < 10$	***10 ist arm.***
Zahl 28:	$T_{28} = \{1, 2, 4, 7, 14, 28\}$	
echte Teiler:	1, 2, 4, 7, 14	
Summe:	$1 + 2 + 4 + 7 + 14 = 28$	
	$28 = 28$	
		28 ist vollkommen.

Manche Zahlenforscher bezeichnen Zahlen, deren echte Teilersumme kleiner ist als die Hälfte der Zahl selbst, als „bettelarm“. Zahlen, bei denen die echte Teilersumme größer ist als das eineinhalb-Fache der Zahl selbst, bezeichnen sie als „steinreich“.

Fragen aus der Zahlenforschung - kannst du helfen?

Welches ist die kleinste reiche Zahl, welches ist die größte arme Zahl im Reich der Zahlen von 1 bis 100?

Sind alle Primzahlen so arm, dass man sie als bettelarm bezeichnen könnte?

36 ist eine Quadratzahl, denn $6 \cdot 6 = 36$. Untersuche, ob 36 arm oder reich ist. Sind alle Quadratzahlen ungefähr gleich reich?

Es gibt arme Zahlen, zu denen man nur 1 addieren muss und schon ist die Zahl reich. Finde eine solche Zahl.

Gibt es eine Zahl, die bei der Addition von 1 von bettelarm auf steinreich springt?

Gibt es eine bettelarme Zahl, deren Nachfolger steinreich ist?

Dickste Freundschaften

Die meisten Zahlen verstehen sich sehr gut untereinander. Oft haben sie gemeinsame Teiler oder gemeinsame Vielfache, manchmal sind sie gemeinsame Clubmitglieder, wie im Club der Quadratzahlen.
Die dickste Freundschaft besteht dann zwischen zwei Zahlen, wenn die Summe der echten Teiler einer Zahl, gleich der anderen Zahl ist.

- Begründe, dass die Zahlen 220 und 284 eine dickste Freundschaft miteinander haben.

Dreieckszahlen

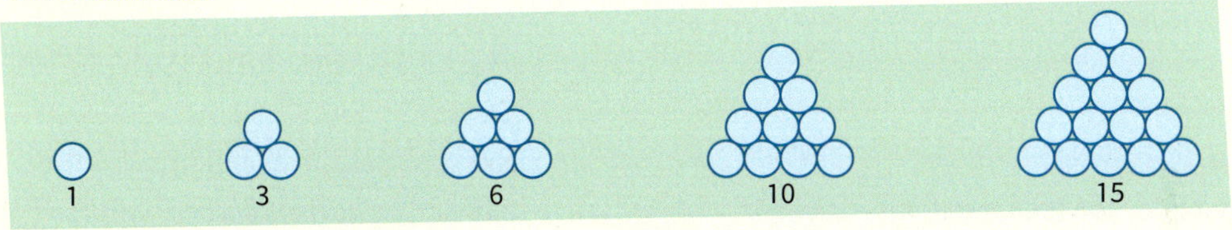

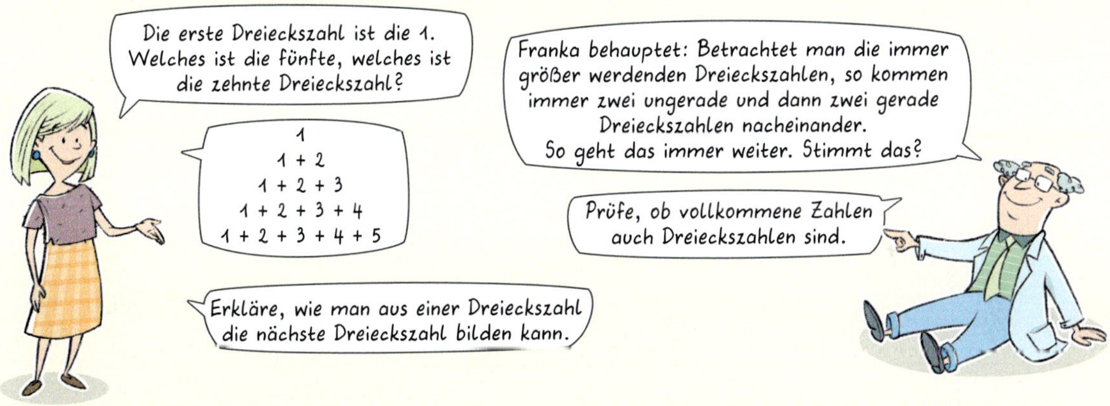

Projekt: Zahlen erforschen

Zahl 36
$36 = 2 \cdot 2 \cdot 3 \cdot 3$
$T_{36} = \{1, 2, 3, 4, 6, 9, 12, 18, 36\}$
Summe der echten Teiler ist 55.
36 ist steinreich.
36 ist eine Quadratzahl: $6 \cdot 6$
36 ist eine Dreieckszahl:
$1+2+3+4+5+6+7+8$

Erstellt Plakate für das Klassenzimmer.
Jede Zahl bekommt einen Zettel. Auf dem Zettel steht die Primfaktorzerlegung, die Teilermenge und die Summe der echten Teiler dieser Zahl.
Außerdem weitere Merkmale wie arm, reich, steinreich oder bettelarm.
Und Besonderheiten: Dreieckszahl oder Quadratzahl oder fällt euch eine andere Besonderheit auf?

Mein Merkzettel

Seite 184

Teiler und Teilermenge

Teilermenge von 12 bestimmen:

$12 = 1 \cdot 12$
$12 = 2 \cdot 6$
$12 = 3 \cdot 4$ $T_{12} = \{1, 2, 3, 4, 6, 12\}$

Teilermenge von 16: $T_{16} = \{1, 2, 4, 8, 16\}$

Quadratzahlen haben eine ungerade Anzahl von Teilern, denn $16 = 4 \cdot 4$.

Teiler von Summen, Differenzen, Produkten

7 ist Teiler von 21 und von 84, deshalb ist 7 auch Teiler …

… von $21 + 84 = 105$ (Summe)

… von $84 - 21 = 63$ (Differenz)

… von $21 \cdot 84 = 1764$ (Produkt)

Seite 185

Vielfache

Von jeder Zahl gibt es unendlich viele Vielfache.

Vielfache von 7 sind:

$1 \cdot 7,\ 2 \cdot 7,\ 3 \cdot 7,\ 4 \cdot 7,\ 5 \cdot 7,\ 6 \cdot 7,\ 7 \cdot 7$ …
7, 14, 21, 28, 35, 42, 49 …

Seite 186
Seite 187

Teilbarkeit

748 356 auf Teilbarkeit untersuchen:

Teiler		Begründung
2	✓	748 356 ist gerade.
5	×	Die letzte Ziffer ist weder 0 noch 5.
10	×	Die letzte Ziffer ist nicht 0.
4	✓	56 ist die Zahl aus den beiden letzten Ziffern. 56 ist durch 4 teilbar.
3	✓	Die Quersumme 33 ist durch 3 teilbar.
9	×	Die Quersumme 33 ist nicht durch 9 teilbar.

Quersumme: $7 + 4 + 8 + 3 + 5 + 6 = 33$

Teilbarkeitsregeln kombinieren

258 auf Teilbarkeit durch 6 untersuchen:

Eine Zahl ist durch 6 teilbar, wenn sie durch 2 und durch 3 teilbar ist.

- 258 ist gerade, also durch 2 teilbar.
- $2 + 5 + 8 = 15$, die Quersumme ist durch 3 teilbar.

258 ist deshalb durch 6 teilbar.

Seite 189

Primzahlen und Primfaktorzerlegung

- Die ersten Primzahlen sind 2, 3, 5, 7, 11, 13, 17, 19, 23, 29, 31, 37 … (1 ist keine Primzahl)
- Eine Primzahl hat genau zwei Teiler, sie kann nur in ein Produkt aus 1 und sich selbst zerlegt werden.
- Jede andere Zahl kann man in Produkte aus Primzahlen zerlegen.

Primfaktorzerlegung von 84 bestimmen:

$84 = 4 \cdot 21 = 2 \cdot 2 \cdot 7 \cdot 3$
$84 = 6 \cdot 14 = 2 \cdot 3 \cdot 7 \cdot 2$

Egal wie man beginnt, am Ende erhält man immer dieselbe Primfaktorzerlegung:
$84 = 2 \cdot 2 \cdot 3 \cdot 7$

Von den Primfaktoren zu den Teilern von 84:
1 und die Primfaktoren **2**, **3**, **7** sind Teiler.
Weitere Teiler aus Produkten der Primfaktorzerlegung bestimmen: $2 \cdot 2 = \mathbf{4}$ $2 \cdot 3 = \mathbf{6}$
$2 \cdot 2 \cdot 3 = \mathbf{12}$ $2 \cdot 7 = \mathbf{14}$ $3 \cdot 7 = \mathbf{21}$
$2 \cdot 2 \cdot 7 = \mathbf{28}$ $2 \cdot 3 \cdot 7 = \mathbf{42}$ $2 \cdot 2 \cdot 3 \cdot 7 = \mathbf{84}$
$T_{84} = \{1, 2, 3, 4, 6, 7, 12, 14, 21, 28, 42, 84\}$

Seite 192

Der größte gemeinsame Teiler (ggT)

1. Die Zahlen in Primfaktoren zerlegen.
2. Der ggT ist das Produkt der gemeinsamen Primfaktoren.

Den ggT von 84 und 126 bestimmen:

$84 = 2 \cdot 2 \cdot 3 \cdot 7$
$126 = 2 \cdot 3 \cdot 3 \cdot 7$
$\text{ggT}(84, 126) = 2 \cdot 3 \cdot 7 = 42$

Wiederholen für die Klassenarbeit

Lösungen auf Seite 264

1 Welches Wort füllt die Lücke
Fülle die Lücken mit den Wörtern: „Teiler", „Vielfaches", „teilt" oder „teilt nicht".

a) 4 ■ 62 b) 6 ist ein ■ von 84. c) 7 ■ 105 d) 84 ist ein ■ von 14.

2 Teilbarkeit prüfen
Untersuche, ob die Zahl durch 2, durch 3, durch 4, durch 5, durch 6 oder durch 9 teilbar ist.

a) 60 b) 444 c) 405 d) 2048 e) 1080 f) 9375

3 Lücken füllen
Fülle die Lücken aus.

a) $T_{12} = \{1, 2, 3, ■, ■, ■\}$ b) $T_{■} = \{1, 3, ■, 15\}$ c) $T_{■} = \{1, 2, ■, ■, 16\}$

d) $T_{■} = \{1, 2, 11, ■\}$ e) $T_{■} = \{1, 3, ■, 27, ■\}$ f) $T_{■} = \{1, 2, ■, ■, 16, ■\}$

4 Größte fünfstellige Zahlen
Bilde aus den Ziffern 1, 2, 3, 4 und 5 die größte fünfstellige Zahl, die …

a) … durch 2 teilbar ist. b) … durch 3 teilbar ist. c) … durch 4 teilbar ist.

d) … durch 5 teilbar ist. e) … durch 6 teilbar ist. f) … durch 25 teilbar ist.

5 Teilermengen besonderer Zahlen
a) Schreibe die Teilermenge zu 12 und zu 144 auf.

b) Gib an, welche Zahlen eine Teilermenge mit einer ungeraden Anzahl von Teilern haben. Gib drei Beispiele an.

6 Größter gemeinsamer Teiler
Bestimme den ggT.

a) ggT (12, 60) b) ggT (56, 42) c) ggT (48, 60)

d) ggT (144, 160) e) ggT (63, 90) f) ggT (330, 385)

7 Primfaktorzerlegung
Zerlege die Zahl in Primfaktoren. Vorsicht, es sind drei Primzahlen dabei.

a) 20 b) 23 c) 36 d) 56 e) 59 f) 80

g) 149 h) 150 i) 300 j) 200 k) 600 l) 2310

8 Mit Primfaktoren begründen
Begründe mit der Primfaktorzerlegung, dass 75 kein Teiler von 360 ist.

9 Argumentieren
Prüfe die Aussagen. Begründe oder widerlege mit einem Beispiel.

a) Wenn eine Zahl durch 12 teilbar ist, dann ist sie auch durch 6 und durch 4 teilbar.

b) Wenn zwei Zahlen nur 1 als gemeinsamen Teiler haben, dann haben ihre Primfaktorzerlegungen keine gemeinsamen Primfaktoren.

c) Wenn eine Zahl durch 2 und durch 4 teilbar ist, dann ist sie auch durch 8 teilbar.

d) Wenn die Primfaktorzerlegungen zweier Zahlen zwei gemeinsame Primfaktoren haben, dann sind beide Zahlen durch 2 teilbar.

10 Quadratische Fliesen
Die rechteckige Terrassenfläche soll mit quadratischen Fliesen ohne Lücken und ohne Verschnitt ausgelegt werden. Bestimme die größtmögliche Seitenlänge einer passenden Fliese.

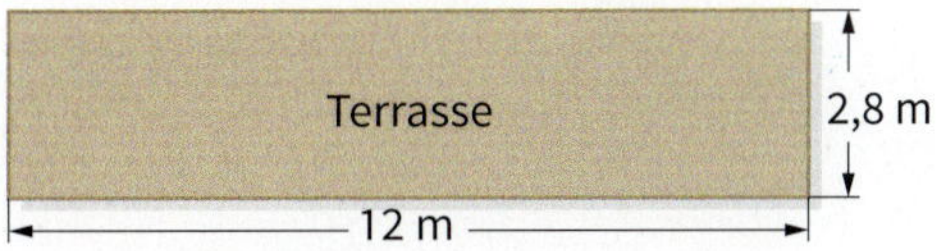

9 Rechnen mit Brüchen

Welcher Teil eines Apfels ist übrig geblieben?

Welchen Anteil aller Äpfel bekommt jeder beim Verteilen?

Solche Fragen kannst du mit Brüchen beantworten.

Und noch viel mehr:
Man kann mit den Brüchen auch rechnen, wie mit anderen Zahlen.

In diesem Kapitel

- **Welche Bedeutungen kann der Bruch $\frac{3}{4}$ haben?**
- **Plus, minus, mal und geteilt: Wie rechnet man mit Brüchen?**
- **Gelten die Rechengesetze auch beim Rechnen mit Brüchen?**

9.1 Grundvorstellungen von Brüchen

Vorbereiten
Seite 234

„Heute hat Maja $\frac{1}{4}$ einer Torte gegessen. Es bleiben noch $\frac{3}{4}$ für ihre Geschwister übrig."

- Zu welchem Bild gehört diese Geschichte?
- Erzähle zu jedem Bild ebenso eine Bruchgeschichte.
- Welches Bild passt nicht zu den anderen Bildern?

WES-109651-081

Bruch als Anteil eines Ganzen

$\frac{3}{4}$ eines Ganzen.

Teile den Kreis in 4 gleich große Teile und nimm 3 davon.

ein Ganzes — ein Viertel — drei Viertel

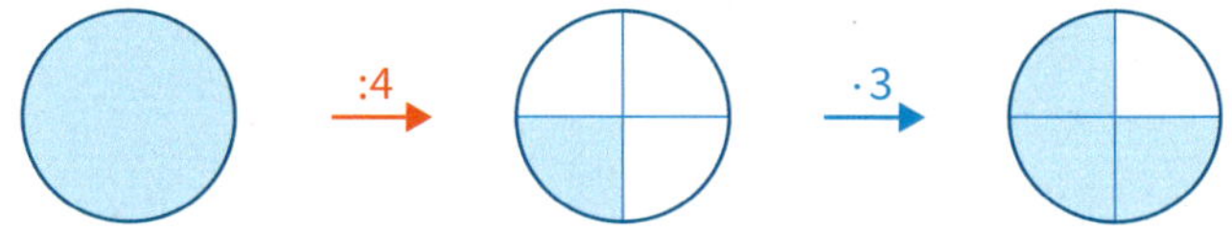

1 — $\frac{1}{4}$ — $\frac{3}{4}$

1 ≡ **Anteile als Brüche angeben**

Gib den blau gefärbten Anteil als Bruch an.

a) 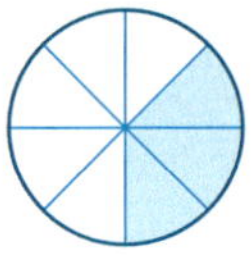 b) 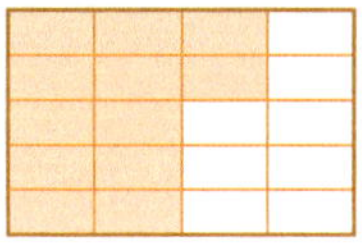 c) 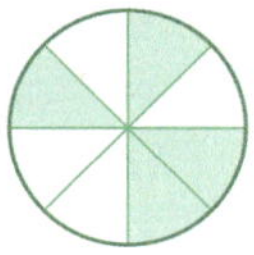 d) 

2 ≡ **Anteile darstellen**

Stelle den Anteil am Rechteck dar.

a) $\frac{3}{10}$ b) $\frac{5}{12}$ c) $\frac{3}{15}$ d) $\frac{11}{20}$ e) $\frac{14}{15}$ f) $\frac{2}{9}$ g) $\frac{5}{10}$ h) $\frac{7}{25}$

3 ≡ **Verfeinern und Vergröbern**

Das Rechteck stellt $\frac{6}{8}$ dar.

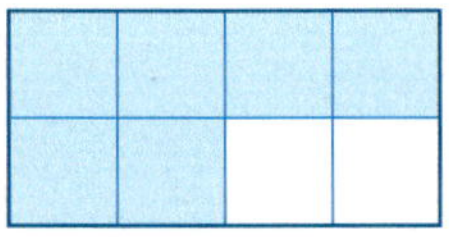

a) Übertrage das Rechteck zweimal in dein Heft und stelle daran $\frac{3}{4}$ und $\frac{12}{16}$ dar. Beschreibe, wie deine Darstellung aus dieser Darstellung für $\frac{6}{8}$ entsteht. Nutze dafür: „verfeinern der Aufteilung", „vergröbern der Aufteilung", „Kürzen", „Erweitern"

b) Erkläre an deinen Bildern, was „gleichwertige Brüche" sind.

4 ≡ **Lücken füllen**

a) $\frac{3}{7} = \frac{18}{\square}$ b) $\frac{\square}{4} = \frac{9}{12}$ c) $\frac{72}{\square} = \frac{9}{10}$ d) $\frac{8}{11} = \frac{32}{\square}$ e) $\frac{\square}{27} = \frac{66}{81}$ f) $\frac{45}{72} = \frac{5}{\square}$ g) $\frac{\square}{28} = \frac{39}{84}$ h) $\frac{52}{65} = \frac{\square}{5}$

Prüfe dich!
Lösungen auf Seite 265

5 ≡ Stelle den Bruch als Anteil an einem Rechteck dar.

a) $\frac{1}{4}$ b) $\frac{4}{9}$ c) $\frac{4}{10}$ d) $\frac{4}{15}$ e) $\frac{5}{6}$ f) $\frac{6}{12}$ g) $\frac{10}{49}$ h) $\frac{24}{64}$

6 ≡ Kürze den Bruch. Beschreibe in Worten, wie man an der Primfaktorzerlegung von Zähler und Nenner erkennen kann, ob man einen Bruch mehrmals/einmal/keinmal kürzen kann.

a) $\frac{4}{10}$ b) $\frac{6}{15}$ c) $\frac{12}{30}$ d) $\frac{26}{39}$ e) $\frac{40}{56}$ f) $\frac{52}{117}$ g) $\frac{210}{525}$ h) $\frac{150}{1050}$

Brüche ordnen

Einstieg

Sortiere die Brüche der Größe nach, beginne mit dem kleinsten.
Welche Ideen nutzt du beim Größenvergleich? Notiere verschiedene Kriterien, die man zum Größenvergleich von Brüchen nutzen kann.

Brüche auf dem Zahlenstrahl

Brüche sind Zahlen auf dem Zahlenstrahl. Mit den Brüchen kann man die Lücken zwischen den natürlichen Zahlen füllen.

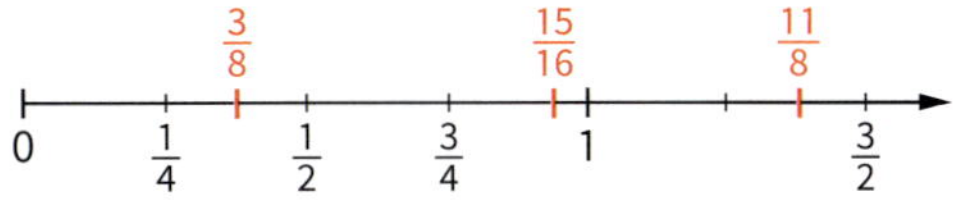

Natürliche Zahlen kann man auch als Bruch schreiben.

$1 = \frac{2}{2} = \frac{3}{3} = \ldots$ $\qquad 2 = \frac{4}{2} = \frac{6}{3} = \ldots$

Brüche, die größer sind als 1, nennt man unechte Brüche. Unechte Brüche schreibt man auch in der gemischten Schreibweise.

$\frac{17}{5} = 3\frac{2}{5}$ *„Drei Ganze und zwei Fünftel"* oder *„Drei zwei fünftel"*

WES-109651-082

7 ≡ **Brüche größer als 1**

Schreibe als unechten Bruch oder in der gemischten Schreibweise.

a) $\frac{13}{5}$ b) $3\frac{1}{2}$ c) $\frac{17}{4}$ d) $5\frac{1}{3}$ e) $\frac{53}{7}$ f) $2\frac{4}{9}$ g) $\frac{90}{45}$ h) $3\frac{10}{11}$

8 ≡ **Zahlen am Zahlenstrahl ablesen**

Welche Zahlen sind markiert?

a) 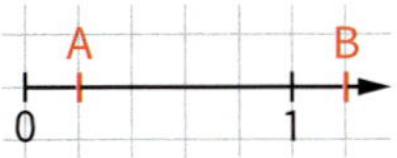

b) 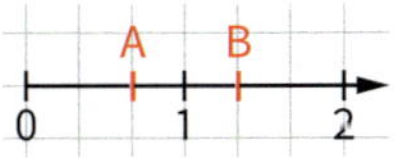

c) 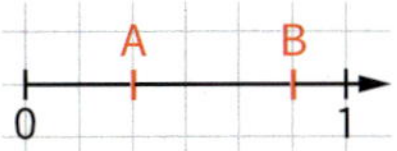

d) 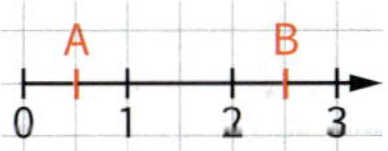

9 ≡ **Brüche auf dem Zahlenstrahl markieren**

Übertrage den Zahlenstrahl in dein Heft (auf Abstände achten!) und markiere die Brüche.

$\frac{10}{5}$, $\frac{1}{2}$, $\frac{3}{4}$, $\frac{1}{3}$, $1\frac{1}{4}$, $2\frac{1}{6}$, $\frac{11}{12}$, $\frac{1}{6}$, $\frac{3}{2}$, $\frac{10}{6}$

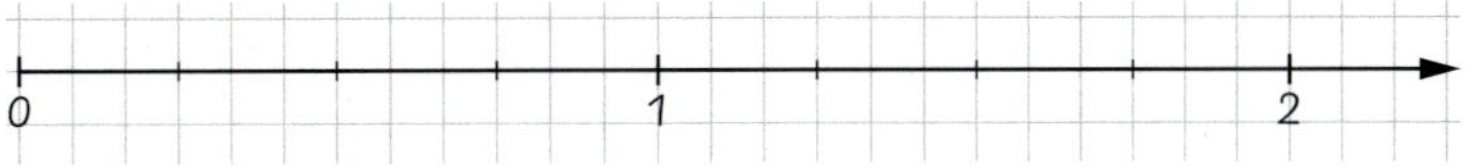

10 ≡ **Brüche dazwischen gesucht**

Gib drei Brüche an, die zwischen den beiden Zahlen liegen.
Welche Zahl liegt genau in der Mitte der beiden Zahlen?

a) 1 und 2 b) $\frac{5}{10}$ und $\frac{9}{10}$ c) $\frac{1}{2}$ und $\frac{7}{6}$ d) 2 und $\frac{5}{2}$

11 ≡ Zeichne einen Zahlenstrahl. Wähle 8 Kästchen für die Schrittlänge von 0 bis 1. Markiere die Brüche $\frac{4}{8}$, $\frac{9}{6}$, $3\frac{3}{8}$, $2\frac{1}{4}$, $\frac{1}{8}$, $\frac{11}{4}$, $\frac{5}{5}$, $\frac{3}{2}$ auf dem Zahlenstrahl.

Prüfe dich!
Lösungen auf Seite 265

12 ≡ Die Zahl B liegt genau in der Mitte von A und C. Gib die fehlende Zahl an.

a) 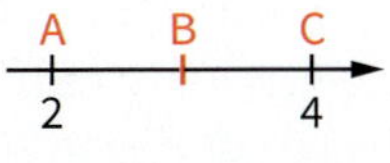

b) 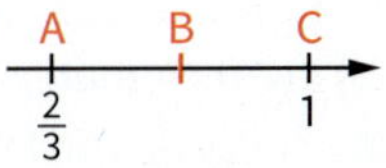

c) 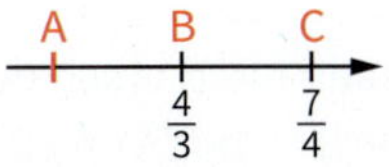

d) 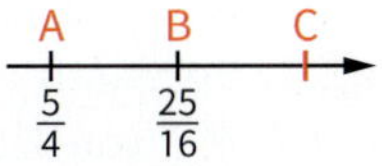

Einstieg

WES-109651-083

Anteile beim Sporttag

Das Zeppelingymnasium hat insgesamt 960 Schülerinnen und Schüler. Heute ist Sporttag.

- $\frac{4}{5}$ mögen den Sporttag. $\frac{3}{16}$ spielen gerne Basketball. Bestimme jeweils die Anzahl.
- 240 Schülerinnen und Schüler haben sich für das Fußballturnier angemeldet, 384 möchten keine Ballsportart machen. Gib die Anteile jeweils als Bruch an.

Bruch als Anteil mehrerer Ganzer

$\frac{3}{4}$ von 8 sind 6 Ganze.

Teile die 8 Ganzen in 4 gleich große Teile und nimm 3 davon.

Berechne durch Multiplizieren:

$\frac{3}{4} \cdot 8 = \frac{3 \cdot 8}{4} = \frac{3 \cdot \overset{2}{\cancel{8}}}{\underset{1}{\cancel{4}}} = 6$

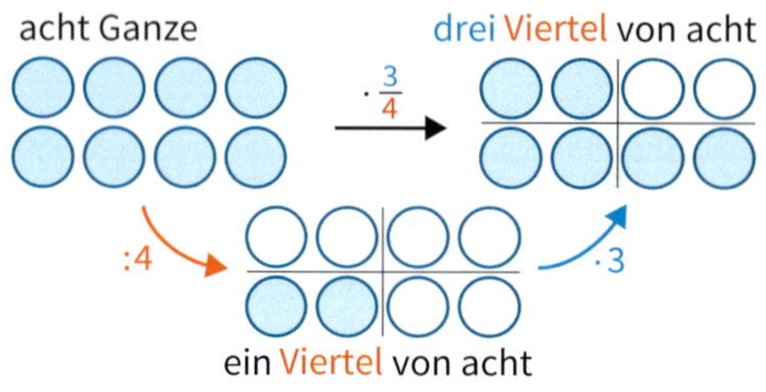

13 Anteile bestimmen – Anteil in Prozent

Bestimme den roten Anteil. Gib den Anteil als Bruch und in Prozent an.

a)  b) 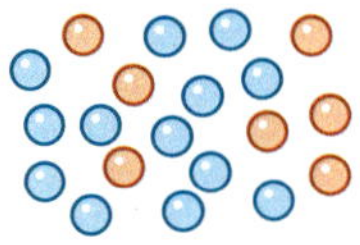 c) 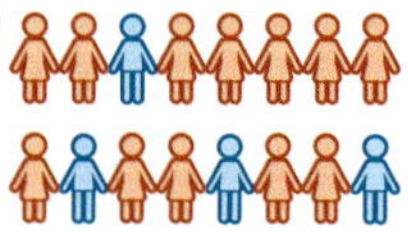 d) 

14 Mehr, weniger oder gleich?

Vergleiche – Kannst du sofort erkennen, welcher Anteil größer ist? Begründe.

a) $\frac{1}{4}$ von 20 oder $\frac{1}{5}$ von 20 b) $\frac{5}{6}$ von 120 oder $\frac{5}{6}$ von 150 c) $\frac{1}{2}$ von 210 oder $\frac{3}{6}$ von 210

15 Wie viel ist es?

a) $\frac{2}{5}$ von 20 b) $\frac{3}{8}$ von 32 c) $\frac{5}{7}$ von 56 d) $\frac{8}{9}$ von 189 e) $\frac{4}{5}$ von 380 f) $\frac{3}{16}$ von 96

16 Anteile berechnen

Bei mehreren Ganzen kann ein Anteil auch ein Bruch sein.

a) $\frac{3}{4}$ von 30 b) $\frac{5}{6}$ von 10 c) $\frac{3}{8}$ von 100 d) $\frac{5}{6}$ von 15

e) $\frac{5}{8}$ von 12 f) $\frac{2}{3}$ von 120 g) $\frac{1}{3}$ von 10 h) $\frac{3}{8}$ von 50

$\frac{3}{4}$ von 10 bestimmen

Rechne:

$\frac{3}{4} \cdot 10 = \frac{3 \cdot 10}{4} = \frac{15}{2} = 7\frac{1}{2}$

17 Lücken füllen

a) 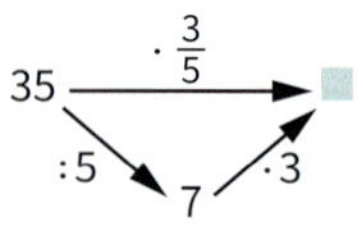

b) 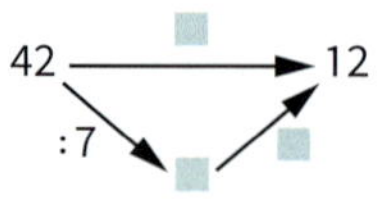

c) 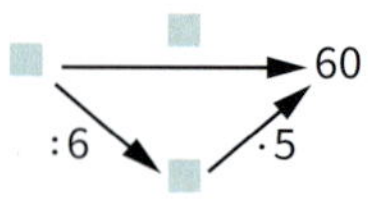

d) 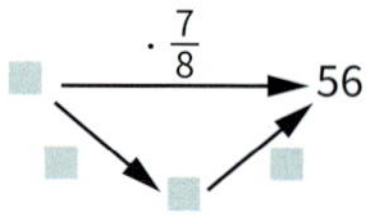

18 Wie viel war es?

a) $\frac{3}{4}$ von ▢ ergibt 60 b) $\frac{2}{5}$ von ▢ ergibt 280 c) $\frac{2}{7}$ von ▢ ergibt 40 d) $\frac{5}{9}$ von ▢ ergibt 135

19 Vervielfachen

Berechne und kürze das Ergebnis, falls möglich.

a) $\frac{3}{5} \cdot 6$ b) $6 \cdot \frac{2}{9}$ c) $15 \cdot \frac{5}{9}$ d) $\frac{5}{9} \cdot 2$ e) $6 \cdot \frac{3}{16}$ f) $\frac{7}{12} \cdot 8$ g) $\frac{10}{121} \cdot 22$ h) $12 \cdot \frac{7}{8}$

Prüfe dich!
Lösungen auf Seite 265

20 Bestimme die Anzahl. Gib danach den Anteil in Prozent an.

a) $\frac{3}{4}$ von 520 Kindern b) $\frac{3}{5}$ von 150 Hasen c) $\frac{7}{20}$ von 560 Fischen d) $\frac{9}{15}$ von 30 Katzen

21 Berechne. a) $\frac{5}{7} \cdot 77$ b) $45 \cdot \frac{3}{5}$ c) $12 \cdot \frac{3}{5}$ d) $\frac{3}{20} \cdot 10$ e) $6 \cdot \frac{5}{22}$ f) $24 \cdot \frac{5}{64}$ g) $\frac{5}{33} \cdot 22$

Einstieg

Pizza verteilen

Heute ist Pizzatag. Vier Geschwister bestellen 5 Pizzen.

- Wie viel Pizza bekommt jedes Kind?

Brüche beim Verteilen – Bruch als Quotient

8 Pizzen werden an 4 Kinder verteilt.
Rechne: $8:4=\frac{8}{4}=2$
Jedes Kind erhält zwei Pizzen.

6 Pizzen werden an 12 Kinder verteilt.
Rechne: $6:12=\frac{6}{12}=\frac{1}{2}$
Jedes Kind erhält eine halbe Pizza.

WES-109651-084

22 Gerecht verteilen

Bestimme wie viel jedes Kind bekommt, wenn gerecht aufgeteilt wird.

a) 16 Äpfel werden an 12 Kinder verteilt.
b) 4 Kinder teilen 3 Pizzen unter sich auf.
c) 2 Torten stehen für 18 Gäste bereit.
d) 3 Kinder essen 7 Pfannkuchen.

23 Manchmal ist Verteilen schwierig

Drei Geschwister teilen stets alles gerecht untereinander auf.

a) Wie viel bekommt jeder von fünf Pfannkuchen?
b) Für das Rasenmähen bekommen die drei Geschwister zusammen 10 €.
Warum fällt es den Dreien schwer, die 10 € untereinander aufzuteilen?

24 „Besondere Brüche" beim Verteilen

Wie viel Pizza bekommt jedes Kind? Gib zunächst als Bruch an.

a) Verteile vier Pizzen an ein Kind.
b) Verteile fünf Pizzen an fünf Kinder.
c) Verteile null Pizzen an vier Kinder.
d) Verteile eine Pizza an ein Kind.

25 4 l Saft werden gerecht an 2 [3; 4; 5; 6] Personen verteilt. Bestimme, wie viel jede Person erhält.

Prüfe dich! Lösungen auf Seite 265

26 Hildas große Geburtstagsparty

Bei Hildas Filmabend werden 5 Packungen Erdnüsse auf 4 Kinder verteilt. An Hildas großer Geburtstagsparty nehmen 36 Kinder teil. Wie viele Packungen Erdnüsse sind nötig, damit jedes Kind gleich viel bekommt wie damals am Filmabend?

27 Schokoladentafeln verteilen

8 Kinder teilen 6 Schokoladentafeln gleichmäßig untereinander auf.
In einer anderen Gruppe erhält jedes Kind ebenso viel Schokolade, dort werden allerdings 9 Tafeln verteilt. Wie viele Kinder sind in der anderen Gruppe?

28 Verschiedene Pizzateilungen

3 Pizzen sollen an 4 Kinder verteilt werden.

Greta: „*3 Kinder bekommen je eine ganze Pizza, dann gibt jedes Kind ein Viertel seiner Pizza dem vierten Kind ab.*"
Leo: „*Ich teile jede Pizza in 3 Teile und jedes Kind nimmt sich einen Teil.*"
Havin: „*Ich teile jede Pizza in 4 Teile. Jedes Kind darf sich von jeder Pizza einen Teil nehmen.*"
Hannes: „*Ich mag kleine Stücke. Also teile ich jede Pizza in 12 Teile. Dann stelle ich alles auf den Esstisch und jedes Kind darf sich insgesamt 8 Teile nehmen.*"
Felix: „*Ich mag nur Salamipizza, die beiden Pizzen mit den Pilzen dürfen die anderen essen.*"
Prüfe, welche Verteilungen gerecht sind.

9.2 Brüche addieren und subtrahieren

Vorbereiten
Seite 234

Der Kuchenverkauf am Hölderlin-Gymnasium ist beendet. Maria hatte ihren Kuchen in 8 Teile geteilt, Paul in 10 Teile, hier siehst du die Reste. *„Das ist ja zusammen fast ein halber Kuchen"*, sagt Maria.

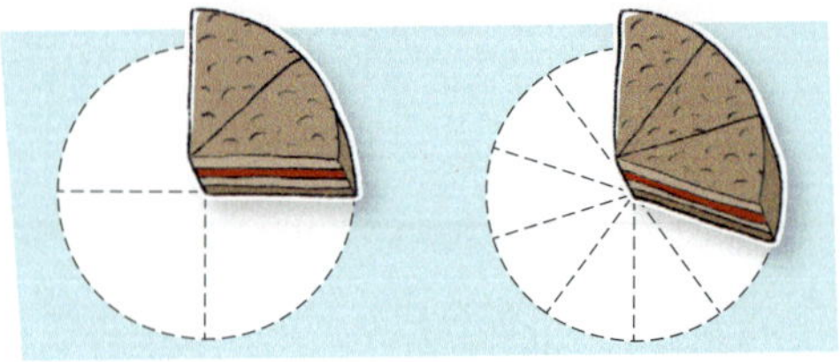

Stimmt das?

Lösung

Kuchenreste: bei Maria $\frac{2}{8} = \frac{1}{4}$; bei Paul $\frac{3}{10}$

Da die Kuchenstücke unterschiedlich groß sind, kann man sie nicht zusammenzählen. Man muss die Aufteilung verfeinern, um gleich große Kuchenstücke zu erhalten.

Um die Brüche zu addieren, erweitert man sie so, dass sie den gleichen Nenner haben.

Hier 20: $\frac{1}{4} = \frac{1 \cdot 5}{4 \cdot 5} = \frac{5}{20}$ $\quad \frac{3}{10} = \frac{3 \cdot 2}{10 \cdot 2} = \frac{6}{20}$

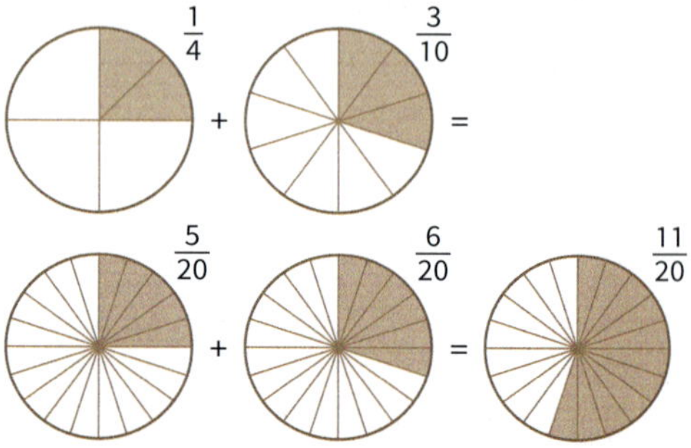

$$\frac{5}{20} + \frac{6}{20} = \frac{11}{20}$$

Antwort: Insgesamt sind $\frac{11}{20}$ übriggeblieben, das ist etwas mehr als ein halber Kuchen.

WES-109651-085

Brüche addieren und subtrahieren

Gleiche Nenner
- Zähler addieren
- Nenner beibehalten

$$\frac{2}{9} + \frac{5}{9} = \frac{2+5}{9} = \frac{7}{9}$$

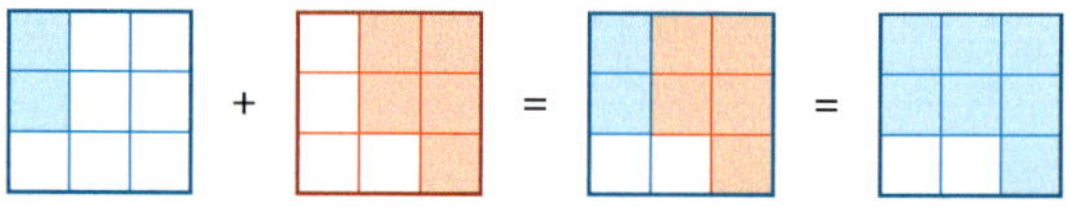

2 Neuntel + 5 Neuntel = 7 Neuntel

Unterschiedliche Nenner
- Brüche gleichnamig machen: gemeinsamen Nenner finden
- Zähler addieren
- Nenner beibehalten

$$\frac{1}{3} + \frac{1}{4} = \frac{4}{12} + \frac{3}{12} = \frac{4+3}{12} = \frac{7}{12}$$

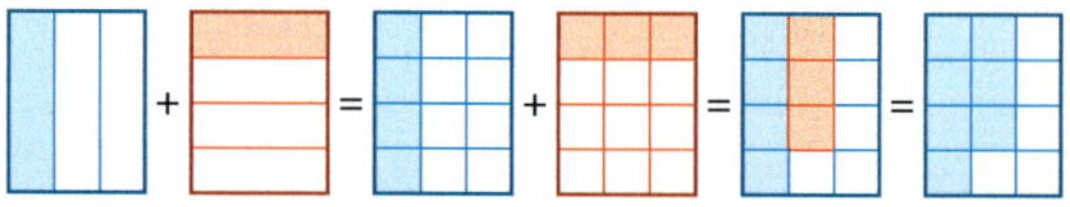

4 Zwölftel + 3 Zwölftel = 7 Zwölftel

Beim Subtrahieren geht man ebenso vor: Die Zähler werden dann subtrahiert.

$$\frac{4}{5} - \frac{7}{10} = \frac{8}{10} - \frac{7}{10} = \frac{8-7}{10} = \frac{1}{10}$$

8 Zehntel – 7 Zehntel = 1 Zehntel

Brüche addieren

$$\frac{1}{9} + \frac{5}{6} = \frac{1 \cdot 2}{9 \cdot 2} + \frac{5 \cdot 3}{6 \cdot 3} = \frac{2}{18} + \frac{15}{18} = \frac{2+15}{18} = \frac{17}{18}$$

- Ein gemeinsamer Nenner ist 18.
- Beide Brüche erweitern
- Zähler addieren

Brüche subtrahieren

$$\frac{2}{3} - \frac{7}{15} = \frac{2 \cdot 5}{3 \cdot 5} - \frac{7}{15} = \frac{10}{15} - \frac{7}{15} = \frac{10-7}{15} = \frac{3}{15} = \frac{1}{5}$$

- Ein gemeinsamer Nenner ist 15.
- Nur den ersten Bruch erweitern
- Zähler subtrahieren
- Ergebnis kürzen

1 ≡ **Rechnung in einem Bild**

Schreibe eine Rechnung zu „blauer Anteil plus roter Anteil". Gib auch an, welcher Anteil übrig ist (weiß).

a) 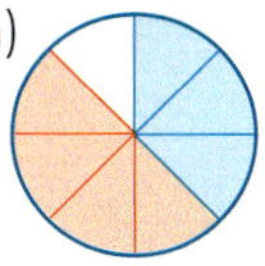
b) 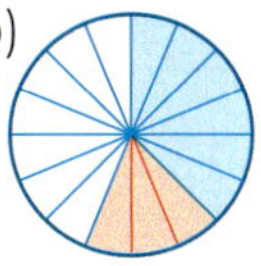
c) 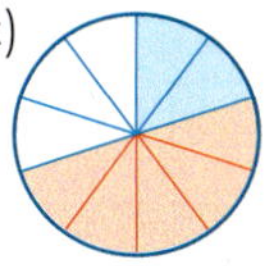
d) 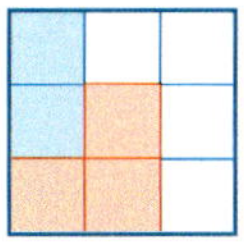
e) 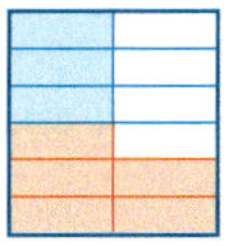
f) 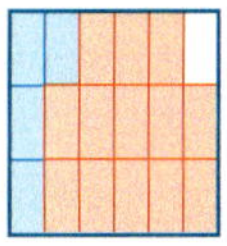

2 ≡ **Rechnung mit Bildern**

Notiere die passende Rechnung und stelle die Lösung als Bild in deinem Heft dar.

a) 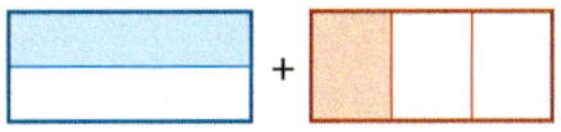
b) 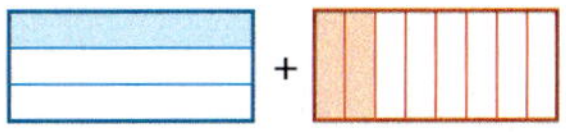
c) 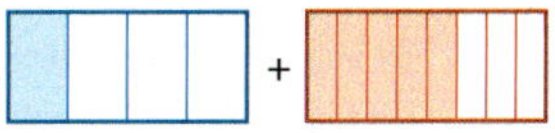

3 ≡ **Mit gleichnamigen Brüchen rechnen**

Berechne und kürze das Ergebnis, wenn möglich.

a) $\frac{4}{9}+\frac{2}{9}$ b) $\frac{9}{17}-\frac{7}{17}$ c) $\frac{13}{8}-\frac{5}{8}$ d) $\frac{3}{20}+\frac{7}{20}$ e) $\frac{8}{9}-\frac{4}{9}+\frac{13}{9}+\frac{1}{9}-\frac{8}{9}$

4 ≡ **Ein Nenner muss sich anpassen**

Erweitere nur einen Bruch und berechne. Kürze das Ergebnis, wenn möglich.

a) $\frac{1}{5}+\frac{3}{10}$ b) $\frac{7}{8}-\frac{3}{4}$ c) $\frac{8}{15}+\frac{2}{3}$ d) $\frac{11}{12}-\frac{3}{4}$ e) $\frac{48}{56}+\frac{1}{7}$ f) $\frac{14}{65}-\frac{1}{5}$

5 ≡ **Kopfrechnen**

Berechne im Kopf und notiere das Ergebnis.

a) $\frac{1}{4}+\frac{2}{4}$ b) $\frac{4}{5}-\frac{2}{5}$ c) $\frac{3}{4}+\frac{1}{8}$ d) $\frac{5}{6}-\frac{2}{3}$ e) $\frac{3}{8}+\frac{3}{16}$ f) $\frac{4}{10}-\frac{1}{5}$

6 ≡ **Gemeinsamen Nenner finden**

Erweitere auf einen gemeinsamen Nenner und berechne.

a) $\frac{3}{5}+\frac{1}{2}$ b) $\frac{4}{5}-\frac{1}{3}$ c) $\frac{6}{7}+\frac{3}{10}$ d) $\frac{6}{11}-\frac{1}{3}$ e) $\frac{5}{6}-\frac{2}{9}$ f) $\frac{3}{8}+\frac{1}{6}$

g) $\frac{13}{49}+\frac{3}{7}$ h) $\frac{3}{2}-\frac{1}{6}$ i) $\frac{2}{7}+\frac{1}{5}$ j) $\frac{1}{4}-\frac{1}{6}$ k) $\frac{5}{7}-\frac{5}{8}$ l) $\frac{5}{15}+\frac{5}{12}$

Kleinster gemeinsamer Nenner von $\frac{4}{15}$ und $\frac{7}{20}$

Bilde die Vielfachen des größeren Nenners, bis du auf ein Vielfaches des kleineren Nenners triffst.

Den kleinsten gemeinsamen Nenner nennt man auch **Hauptnenner**.

Vielfache von 20: 20, 40, **60**, 80 …
Vielfache von 15: 15, 30, 45, **60**, 75 …
60 ist der kleinste gemeinsame Nenner.

$$\frac{4}{15}+\frac{7}{20}=\frac{4\cdot 4}{15\cdot 4}+\frac{7\cdot 3}{20\cdot 3}=\frac{16+21}{60}=\frac{37}{60}$$

WES-109651-086

7 ≡ **Der kleinste gemeinsame Nenner – Hauptnenner**

Bestimme den kleinsten gemeinsamen Nenner wie im Beispiel. Berechne.

a) $\frac{4}{30}+\frac{3}{5}$ b) $\frac{6}{14}-\frac{2}{21}$ c) $\frac{11}{20}-\frac{3}{8}$ d) $\frac{11}{12}-\frac{4}{9}$ e) $\frac{3}{42}+\frac{11}{70}$ f) $\frac{3}{18}+\frac{7}{12}$

g) $\frac{7}{18}+\frac{9}{45}$ h) $\frac{2}{5}+\frac{1}{35}$ i) $\frac{3}{14}-\frac{9}{98}$ j) $\frac{7}{56}-\frac{1}{20}$ k) $\frac{11}{21}-\frac{7}{15}$ l) $\frac{150}{150}+\frac{3}{187}$

8 ≡ Berechne.

a) $\frac{1}{2}-\frac{1}{8}$ b) $\frac{3}{4}-\frac{1}{2}$ c) $\frac{5}{6}+\frac{1}{3}$ d) $3-\frac{2}{3}$ e) $\frac{1}{6}+\frac{3}{4}$ f) $\frac{7}{9}-\frac{2}{3}$

Prüfe dich!
Lösungen auf Seite 266

9 ≡ Berechne und gib das Ergebnis als vollständig gekürzten Bruch an.

a) $\frac{10}{12}-\frac{1}{6}$ b) $\frac{4}{9}+\frac{2}{3}$ c) $\frac{9}{10}-\frac{7}{15}$ d) $\frac{9}{100}-\frac{3}{70}$ e) $\frac{18}{50}-\frac{12}{175}$ f) $\frac{22}{42}-\frac{7}{15}$

10 ≡ **Hausaufgabenkontrolle**

Beschreibe die Fehler, die David gemacht hat.

a) $\frac{2}{5}+\frac{1}{2}=\frac{3}{7}$ b) $\frac{5}{6}-\frac{3}{5}=\frac{2}{30}$ c) $\frac{3}{8}-\frac{1}{3}=\frac{2}{5}$ d) $\frac{3}{8}+\frac{1}{2}=\frac{14}{16}$

11 ≡ **Größer, kleiner oder gleich**

Setze im Heft das passende Zeichen <, > bzw. = ein.

a) $\frac{4}{5}+\frac{30}{20}$ ▢ 1 b) $\frac{17}{8}-\frac{3}{2}$ ▢ $\frac{10}{16}$ c) $\frac{1}{5}+\frac{1}{9}$ ▢ $\frac{1}{3}$ d) $\frac{1}{4}-\frac{1}{5}$ ▢ $\frac{1}{40}-\frac{1}{50}$

e) $\frac{3}{8}+\frac{1}{6}$ ▢ $\frac{13}{24}$ f) $\frac{3}{8}-\frac{1}{6}$ ▢ $\frac{1}{6}$ g) $\frac{17}{19}-\frac{5}{21}$ ▢ 0 h) $\frac{1}{6}-\frac{1}{8}$ ▢ $\frac{3}{8}+\frac{1}{3}$

12 ≡ **Brüche und Einheiten**

Berechne und kürze, wenn möglich.

a) $\frac{1}{5}$ kg + $\frac{3}{5}$ kg b) $\frac{1}{4}$ m² − $\frac{1}{8}$ m² c) $\frac{1}{2}$ km − $\frac{1}{5}$ km d) $\frac{3}{4}$ cm + $\frac{3}{8}$ cm

e) $\frac{4}{7}$ ha − $\frac{1}{14}$ ha f) $\frac{4}{3}$ m − $\frac{5}{6}$ m g) $\frac{3}{4}$ kg + $\frac{1}{8}$ kg h) $\frac{4}{5}$ km − $\frac{3}{10}$ km

i) $\frac{1}{4}$ cm − $\frac{7}{8}$ mm j) $\frac{1}{8}$ kg + 200 g k) $\frac{1}{6}$ m − $\frac{4}{3}$ dm l) $\frac{5}{2}$ cm + $\frac{2}{8}$ dm

13 ≡ **Wettrennen**

Julia kommt beim Schulfest-Wettlauf $\frac{3}{10}$ Sekunden später ins Ziel als die Siegerin. Sarah kommt $\frac{1}{2}$ Sekunde später ins Ziel als ihre Freundin Julia. Um welchen Bruchteil einer Sekunde ist Sarah langsamer als die Siegerin?

14 ≡ **Bundesjugendspiele der Bruchrechen-AG**

Elena springt $\frac{3}{20}$ m weiter als Carla. Carla schafft $\frac{7}{4}$ m. Sienna springt $\frac{2}{5}$ m weniger als Elena. Wie weit springen Elena und Sienna? Gib das Ergebnis auch in Zentimeter an.

Prüfe dich!
Lösungen auf Seite 266

15 ≡ Berechne.

a) $\frac{1}{5}$ kg + $\frac{1}{8}$ kg b) $\frac{3}{4}$ km − $\frac{3}{8}$ km c) $\frac{1}{5}$ dm − $\frac{3}{4}$ cm d) $\frac{2}{10}$ a + $\frac{9}{2}$ m²

16 ≡ Omi kauft Kartoffeln ein. Ihr Einkaufskorb wiegt leer $\frac{1}{9}$ kg. Nach dem Einkauf wiegt der mit Kartoffeln gefüllte Einkaufskorb $\frac{5}{6}$ kg. Berechne das Gewicht der Kartoffeln.

17 ≡ **Addieren und Subtrahieren in gemischter Schreibweise**

Peter:

$2\frac{3}{4} + 4\frac{7}{10} = \frac{11}{4} + \frac{47}{10} = \frac{55}{20} + \frac{94}{20}$
$= \frac{55+94}{20}$
$= \frac{149}{20} = 7\frac{9}{20}$

Carolin:

$2\frac{3}{4} + 4\frac{7}{10} = 2\frac{15}{20} + 4\frac{14}{20}$
$= 2 + 4 + \frac{15+14}{20}$
$= 6\frac{29}{20} = 7\frac{9}{20}$

a) Erkläre, wie Peter und Carolin gerechnet haben.

b) Berechne einmal wie Peter und einmal wie Carolin: (1) $3\frac{2}{3}+1\frac{1}{6}$ (2) $4\frac{5}{9}-2\frac{1}{6}$

18 ≡ **Amelie rechnet in gemischter Schreibweise**

Amelie mag die gemischte Schreibweise, selbst wenn diese zu Stolperstellen führt. Erkläre, wie sie hier vorgegangen ist. Rechne genauso.

Amelie:

$3\frac{1}{4} - 2\frac{3}{8} = 3\frac{2}{8} - 2\frac{3}{8} = 2\frac{10}{8} - 2\frac{3}{8} = \frac{7}{8}$

a) $3\frac{1}{8}-2\frac{7}{8}$ b) $5\frac{3}{10}-2\frac{4}{5}$ c) $3\frac{1}{6}-1\frac{8}{9}$ d) $2\frac{3}{5}-1\frac{7}{5}$ e) $3\frac{5}{2}-4\frac{3}{4}$

19 Rechenkönig

Berechne.

a) $1\frac{2}{7}+\frac{3}{7}$ b) $3\frac{4}{5}-\frac{3}{5}$ c) $2\frac{7}{10}+1\frac{3}{10}$ d) $8\frac{7}{9}-8\frac{4}{9}$ e) $1\frac{4}{9}+\frac{5}{9}$ f) $3\frac{9}{10}-1\frac{9}{10}$

g) $2-\frac{1}{8}$ h) $7-\frac{9}{14}$ i) $6+\frac{11}{7}$ j) $3+\frac{21}{3}$ k) $11-\frac{14}{8}$ l) $9\frac{4}{7}-4$

20 Berechne und kürze das Ergebnis, wenn möglich.

a) $5\frac{1}{5}+\frac{4}{5}$ b) $1\frac{3}{4}+\frac{5}{8}$ c) $2\frac{1}{2}+\frac{1}{4}$ d) $8\frac{2}{3}-\frac{4}{9}$ e) $2+\frac{7}{4}$ f) $6\frac{1}{2}-\frac{3}{4}$

g) $6\frac{2}{5}-3\frac{4}{5}$ h) $5\frac{9}{10}-3\frac{1}{2}$ i) $10\frac{4}{9}-9$ j) $2\frac{1}{4}-1\frac{5}{8}$ k) $3-2\frac{3}{4}$ l) $2\frac{1}{9}-1\frac{2}{3}$

Prüfe dich!
Lösungen auf Seite 266

21 Umkehrrechnungen

Bestimme die gesuchte Zahl.

a) $\square+\frac{3}{8}=\frac{3}{4}$ b) $\square-\frac{3}{8}=\frac{3}{4}$ c) $\frac{7}{4}+\square=\frac{9}{4}$ d) $\frac{14}{9}-\square=\frac{1}{3}$

e) $\square-3\frac{2}{5}=4$ f) $\square+2\frac{1}{4}=5\frac{1}{2}$ g) $4\frac{5}{6}-\square=1\frac{1}{4}$ h) $3\frac{1}{5}-\square=\frac{3}{5}$

i) $\square+4\frac{1}{5}=7$ j) $\square-4\frac{1}{5}=7$ k) $2\frac{1}{2}+\square=7\frac{1}{4}$ l) $\square-\frac{5}{6}=2\frac{1}{2}$

22 Hilfe im Forum

In einem Schülerforum im Internet findet sich folgende Frage: *„Hilfe! Ich weiß immer noch nicht, wie man Brüche addiert und subtrahiert! Erklärt mir bitte, wie das funktioniert!“*
Schreibe eine Antwort.

23 Mischungsverhältnisse

$\frac{3}{8}$ l Saft sollen mit Wasser verdünnt werden.

a) Wie viel Wasser muss zugegossen werden, damit man insgesamt $1\frac{1}{2}$ l erhält?
b) In welchem Verhältnis sind dann Saft und Wasser gemischt?
c) Wie viel Wasser muss man dazu gießen, um eine Mischung von Saft zu Wasser im Verhältnis 1 zu 2 zu erhalten? Passt dies dann in einen 1 l-Krug?

24 Brüche auf dem Marktplatz

Auf dem Markt kauft Herr Per an einem Stand $2\frac{1}{2}$ kg Kartoffeln, $\frac{3}{4}$ kg Äpfel und $1\frac{1}{4}$ kg Birnen. Herr Mai kauft an demselben Stand $3\frac{1}{4}$ kg Kartoffeln, $1\frac{1}{2}$ kg Äpfel und $2\frac{1}{8}$ kg Birnen. Stellt euch geeignete Aufgaben und löst sie.

25 In der Goldschmiede

Einen neuen Werkstoff aus verschmolzenen Metallen nennt man Legierung. Für Schmuck verwendet man oft die Legierung Weißgold, die einfach zu verarbeiten ist.
Weißgold besteht zu $\frac{3}{4}$ aus reinem Gold, zu $\frac{3}{20}$ aus reinem Silber und zum restlichen Teil aus Kupfer. Gold und Silber sind Edelmetalle, Kupfer ist kein Edelmetall.

a) Wie groß ist der Anteil der Edelmetalle in Weißgold?
b) Wie groß ist der Kupferanteil in Weißgold?
c) Eine Kette aus Weißgold wiegt 60 g, ein Ring 12 g. Wie viel Gramm Edelmetalle bzw. Kupfer enthalten die Kette und der Ring?

26 Auffällige Rechnungen

Berechne die Differenz der gegebenen Brüche.

(1) $\frac{1}{2}$ und $\frac{1}{3}$ (2) $\frac{1}{3}$ und $\frac{1}{4}$ (3) $\frac{1}{4}$ und $\frac{1}{5}$ (4) $\frac{1}{5}$ und $\frac{1}{6}$

Was stellst du fest? Überprüfe an weiteren Beispielen. Formuliere eine Erklärung.

9.3 Brüche multiplizieren

Vorbereiten
Seite 235

Magda und Erwin haben ein Gemüsebeet. Magda beschließt, dass $\frac{3}{4}$ davon für Salat genutzt wird.
Ihr Mann Erwin teilt die Salatfläche wiederum auf. Er möchte, dass $\frac{2}{5}$ von der Salatfläche für Feldsalat genutzt werden.

- Welcher Anteil des gesamten Beets wird für Feldsalat genutzt?
- Mit welcher Rechnung kann man diesen Anteil bestimmen?

WES-109651-087

Anteile von Anteilen

$\frac{2}{3}$ von $\frac{4}{5}$ bedeutet: Der Anteil $\frac{4}{5}$ ist gegeben, davon soll der Anteil $\frac{2}{3}$ bestimmt werden.

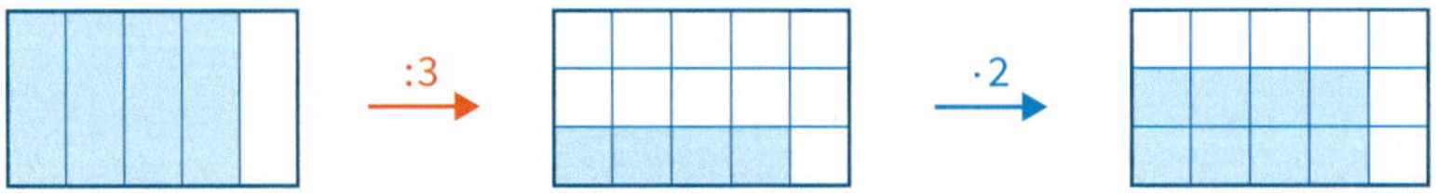

$\frac{4}{5}$ — durch 3 teilen — $\frac{4}{5} : 3 = \frac{4}{15}$ — 2 nehmen — $\frac{4}{15} \cdot 2 = \frac{8}{15}$

Brüche multiplizieren

- Zähler mal Zähler
- Nenner mal Nenner

$$\frac{2}{3} \cdot \frac{4}{5} = \frac{2 \cdot 4}{3 \cdot 5} = \frac{8}{15}$$

Der **Anteil von einem Anteil** wird durch das **Multiplizieren** von Brüchen berechnet.
$\frac{2}{3}$ von $\frac{4}{5}$ durch das Multiplizieren der beiden Brüche $\frac{2}{3}$ und $\frac{4}{5}$ berechnen: $\frac{2}{3} \cdot \frac{4}{5}$

Beim Rechnen an frühzeitiges Kürzen denken

a) Berechne $\frac{15}{6} \cdot \frac{3}{10}$

Lösung

$$\frac{15}{6} \cdot \frac{3}{10} = \frac{\overset{3}{\cancel{15}} \cdot \overset{1}{\cancel{3}}}{\underset{2}{\cancel{6}} \cdot \underset{2}{\cancel{10}}} = \frac{3 \cdot 1}{2 \cdot 2} = \frac{3}{4}$$ frühzeitig kürzen!

b) Bestimme $\frac{2}{3}$ von $\frac{9}{8}$

Lösung – „von“ bedeutet „mal“

$$\frac{2}{3} \cdot \frac{9}{8} = \frac{\overset{1}{\cancel{2}} \cdot \overset{3}{\cancel{9}}}{\underset{1}{\cancel{3}} \cdot \underset{4}{\cancel{8}}} = \frac{1 \cdot 3}{1 \cdot 4} = \frac{3}{4}$$ frühzeitig kürzen!

1 **Kopfrechnen**
Berechne das Produkt im Kopf und notiere das Ergebnis.

a) $\frac{3}{7} \cdot \frac{3}{5}$ b) $\frac{5}{7} \cdot \frac{4}{3}$ c) $\frac{7}{8} \cdot \frac{3}{7}$ d) $\frac{1}{2} \cdot \frac{1}{2}$ e) $\frac{3}{2} \cdot \frac{2}{3}$ f) $\frac{2}{3} \cdot 4$
g) $\frac{5}{7} \cdot \frac{7}{9}$ h) $\frac{8}{3} \cdot \frac{3}{8}$ i) $\frac{3}{2} \cdot \frac{4}{3}$ j) $\frac{1}{3} \cdot \frac{1}{9}$ k) $\frac{3}{5} \cdot \frac{1}{5}$ l) $\frac{2}{9} \cdot \frac{9}{5}$

2 **Multiplizieren**
Berechne und gib das Ergebnis als gekürzten Bruch an.

a) $\frac{3}{8} \cdot \frac{2}{5}$ b) $\frac{5}{15} \cdot \frac{3}{2}$ c) $\frac{2}{7} \cdot \frac{14}{3}$ d) $\frac{3}{8} \cdot \frac{4}{9}$ e) $\frac{4}{5} \cdot \frac{3}{12}$ f) $\frac{5}{7} \cdot \frac{21}{10}$
g) $\frac{5}{9} \cdot 3$ h) $\frac{4}{7} \cdot \frac{14}{8}$ i) $8 \cdot \frac{3}{4}$ j) $\frac{2}{9} \cdot \frac{9}{2}$ k) $\frac{1}{2} \cdot \frac{4}{7}$ l) $\frac{2}{5} \cdot \frac{15}{8}$

3 ≡ **Anteile von Anteilen bestimmen**

a) $\frac{2}{5}$ von $\frac{3}{4}$ b) $\frac{2}{3}$ von $\frac{7}{8}$ c) $\frac{1}{4}$ von $\frac{2}{3}$ d) $\frac{2}{4}$ von $\frac{2}{3}$ e) $\frac{3}{5}$ von $\frac{3}{4}$ f) $\frac{2}{3}$ von $\frac{5}{7}$

4 ≡ **Mit natürlichen Zahlen rechnen**

a) $\frac{4}{3}\cdot 12$ b) $\frac{5}{7}$ von 56 c) $48\cdot\frac{9}{20}$ d) $20\cdot\frac{1}{90}$ e) $\frac{5}{12}$ von 60 f) $\frac{11}{210}\cdot 70$

5 ≡ **Anteile von Anteilen – in einer Klasse**

In einer Klasse sind 24 Kinder. $\frac{3}{4}$ der Kinder spielen ein Instrument. $\frac{2}{3}$ dieser Kinder sind Mädchen. Wie groß ist der Anteil der Mädchen, die ein Instrument spielen, in der Klasse? Wie viele Mädchen und viele Jungen in der Klasse spielen ein Instrument?

6 ≡ **Anteile von Anteilen – in einer Fläche**

Ein Fahnentuch ist $\frac{4}{5}\,m^2$ groß. $\frac{2}{3}$ des Tuches sind gefärbt.
Wie viel Quadratmeter sind das?
Du kannst das Ergebnis anschaulich an der Zeichnung finden. Erkläre die Zeichnung.
Du kannst das Ergebnis auch durch Rechnung finden.
Vergleiche die Ergebnisse.

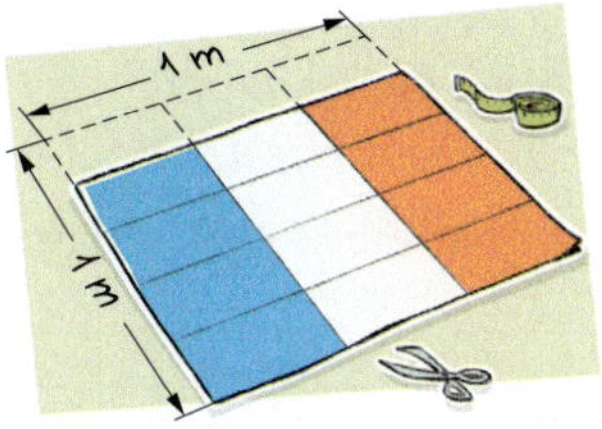

7 ≡ Schreibe zu den Bildern eine Rechnung. Das Ergebnis ist $\frac{10}{21}$.

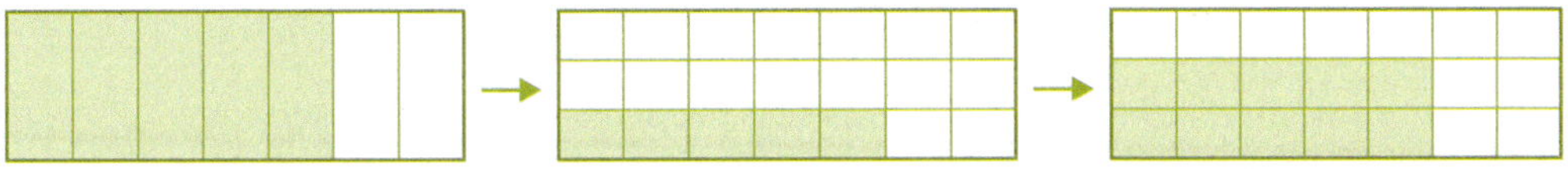

Prüfe dich!
Lösungen auf
Seite 266

8 ≡ In der Klasse 5 a sind 30 Kinder, $\frac{2}{3}$ davon sind Mädchen. Von den Mädchen benutzen $\frac{3}{5}$ den Bus, um zur Schule zu kommen.

a) Berechne die Anzahl der Mädchen in der Klasse 5 a, die mit dem Bus zur Schule kommen.
b) Bestimme den Anteil der Mädchen in der Klasse 5 a, die mit dem Bus zur Schule kommen.

9 ≡ **Rechentraining**

a) $\frac{1}{3}\cdot\frac{2}{5}$ b) $\frac{1}{2}\cdot\frac{3}{7}$ c) $\frac{3}{10}\cdot\frac{7}{8}$ d) $\frac{2}{9}\cdot\frac{2}{5}$ e) $\frac{2}{3}\cdot\frac{5}{6}$ f) $\frac{6}{7}\cdot\frac{6}{7}$

g) $\frac{8}{9}\cdot\frac{3}{4}$ h) $\frac{3}{5}\cdot\frac{7}{10}$ i) $\frac{7}{8}\cdot\frac{1}{4}$ j) $\frac{13}{4}\cdot\frac{2}{52}$ k) $\frac{8}{35}\cdot\frac{7}{36}$ l) $\frac{6}{7}\cdot\frac{7}{6}$

10 ≡ **Frühzeitiges Kürzen hilft beim Multiplizieren**

Berechne, kürze dabei möglichst frühzeitig.

a) $\frac{5}{8}\cdot\frac{4}{3}$ b) $\frac{6}{7}\cdot\frac{4}{9}$ c) $\frac{7}{8}\cdot\frac{8}{9}$ d) $\frac{8}{9}\cdot\frac{3}{4}$

e) $\frac{10}{9}\cdot\frac{6}{15}$ f) $\frac{6}{7}\cdot\frac{7}{12}$ g) $\frac{49}{32}\cdot\frac{24}{35}$ h) $\frac{63}{25}\cdot\frac{45}{49}$

i) $\frac{64}{25}\cdot\frac{35}{56}$ j) $\frac{26}{56}\cdot\frac{42}{39}$ k) $\frac{63}{11}\cdot\frac{8}{49}$ l) $\frac{36}{33}\cdot\frac{11}{54}$

Erst kürzen, dann rechnen.

$\frac{12}{35}\cdot\frac{14}{15} = \frac{\overset{4}{\cancel{12}}}{\underset{5}{\cancel{35}}}\cdot\frac{\overset{2}{\cancel{14}}}{\underset{5}{\cancel{15}}} = \frac{4\cdot 2}{5\cdot 5} = \frac{8}{25}$

11 ≡ Berechne. Denke an frühzeitiges Kürzen.

a) $\frac{6}{15}\cdot\frac{5}{18}$ b) $\frac{12}{25}\cdot\frac{20}{8}$ c) $\frac{17}{16}\cdot\frac{16}{17}$ d) $\frac{8}{35}\cdot\frac{70}{16}$ e) $\frac{44}{42}\cdot\frac{35}{33}$ f) $\frac{120}{36}\cdot\frac{72}{360}$

g) $\frac{12}{16}\cdot\frac{8}{24}$ h) $\frac{6}{7}\cdot\frac{14}{20}$ i) $\frac{10}{18}\cdot\frac{16}{25}$ j) $\frac{250}{75}\cdot\frac{45}{30}$ k) $\frac{222}{66}\cdot\frac{121}{11}$ l) $\frac{210}{260}\cdot\frac{130}{70}$

Prüfe dich!
Lösungen auf
Seite 266

12 ≡ **Besondere Ergebnisse**

Bei diesen Aufgaben kann man das Ergebnis schnell erkennen. Begründe.

a) $\frac{2}{3}\cdot\frac{3}{2}$ b) $\frac{12}{9}\cdot\frac{9}{12}\cdot\frac{3}{3}$ c) $\frac{3}{2}\cdot\frac{5}{7}\cdot\frac{7}{5}\cdot\frac{2}{3}$ d) $\frac{4}{5}\cdot\frac{5}{6}\cdot\frac{6}{7}\cdot 0$ e) $\frac{22}{7}\cdot\frac{7}{11}$ f) $\frac{3}{4}\cdot\frac{4}{5}\cdot\frac{5}{6}\cdot 2$

13 ≡ Brüche in gemischter Schreibweise

Berechne wie im Beispiel.

a) $1\frac{1}{2}\cdot\frac{1}{8}$ b) $2\frac{1}{4}\cdot\frac{2}{5}$ c) $2\frac{1}{3}\cdot2\frac{1}{4}$

d) $3\frac{2}{3}\cdot2\frac{3}{5}$ e) $5\frac{3}{2}\cdot\frac{1}{2}$ f) $1\frac{2}{3}\cdot1\frac{4}{5}$

Vorsicht bei gemischter Schreibweise

Erst in unechte Brüche umwandeln:

$2\frac{1}{2}\cdot1\frac{1}{3}=\frac{5}{2}\cdot\frac{4}{3}=\frac{20}{6}=\frac{10}{3}=3\frac{1}{3}$

14 ≡ Vorsicht bei der gemischten Schreibweise

Erkläre, warum Tim sich wundert.
Führe Tims Begründung zu Ende.
Was hätte Anna vor der Multiplikation machen müssen?

15 ≡ Flächeninhalte

Berechne den Flächeninhalt des Rechtecks.

a) $a=\frac{3}{2}$cm; $b=4$cm b) $a=\frac{2}{3}$dm; $b=\frac{9}{4}$dm

c) $a=4\frac{1}{2}$cm; $b=\frac{2}{3}$cm d) $a=\frac{3}{2}$cm; $b=2\frac{2}{3}$cm

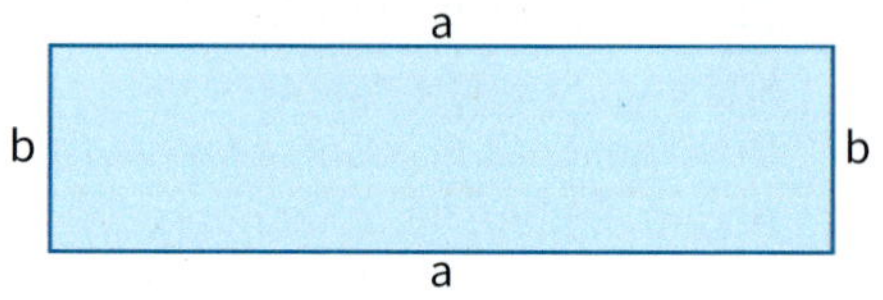

Prüfe dich!
Lösungen auf Seite 266

16 ≡ Berechne.

a) $\frac{3}{4}\cdot3\frac{1}{2}$ b) $\frac{2}{3}\cdot2\frac{1}{4}$ c) $\frac{3}{4}\cdot1\frac{7}{9}$ d) $\frac{4}{5}\cdot1\frac{7}{8}$ e) $2\frac{1}{2}\cdot1\frac{1}{4}$ f) $\frac{7}{8}\cdot16$

g) $\frac{7}{4}\cdot3\frac{5}{7}$ h) $\frac{11}{28}\cdot36$ i) $1\frac{2}{3}\cdot3\frac{3}{5}$ j) $1\frac{1}{4}\cdot2\frac{2}{5}$ k) $3\frac{4}{9}\cdot0$ l) $\frac{3}{4}\cdot2\frac{2}{3}$

17 ≡ Berechne den Flächeninhalt des Rechtecks mit den Seitenlängen a und b.

a) $a=\frac{1}{2}$m; $b=8$m b) $a=\frac{5}{3}$cm; $b=\frac{9}{10}$cm c) $a=\frac{5}{6}$cm; $b=2\frac{2}{5}$cm d) $a=\frac{5}{7}$m; $b=2\frac{1}{3}$m

18 ≡ Zahl gesucht

Bestimme die gesuchte Zahl durch geschicktes Probieren.

a) $\frac{2}{3}\cdot\blacksquare=\frac{8}{27}$ b) $\blacksquare\cdot3=\frac{6}{7}$ c) $\frac{3}{8}\cdot\blacksquare=\frac{15}{24}$ d) $\frac{1}{9}\cdot\blacksquare=\frac{9}{9}$ e) $\frac{4}{9}\cdot\blacksquare=1$ f) $\blacksquare\cdot\frac{7}{4}=7$

19 ≡ Wachsen oder schrumpfen

Berechne die Potenzen. Vergleiche die Ergebnisse. Bei welchen Brüchen wächst das Ergebnis? Begründe.

a) $\frac{3}{2}$, $\left(\frac{3}{2}\right)^2$, $\left(\frac{3}{2}\right)^3$, $\left(\frac{3}{2}\right)^4$ b) $\frac{2}{3}$, $\left(\frac{2}{3}\right)^2$, $\left(\frac{2}{3}\right)^3$, $\left(\frac{2}{3}\right)^4$

c) $\frac{2}{3}$, $\frac{2^2}{3}$, $\frac{2^3}{3}$, $\frac{2^4}{3}$ d) $\frac{9}{10}$, $\left(\frac{9}{10}\right)^2$, $\left(\frac{9}{10}\right)^3$, $\left(\frac{9}{10}\right)^4$

e) $\frac{5}{4}$, $\left(\frac{5}{4}\right)^2$, $\left(\frac{5}{4}\right)^3$, $\left(\frac{5}{4}\right)^4$ f) $\frac{9}{2}$, $\frac{9^2}{2}$, $\frac{9^3}{2}$, $\frac{9^4}{2}$

Potenzen bei Brüchen

$\left(\frac{3}{4}\right)^5=\frac{3}{4}\cdot\frac{3}{4}\cdot\frac{3}{4}\cdot\frac{3}{4}\cdot\frac{3}{4}=\frac{3^5}{4^5}$

Zähler: $\frac{3^5}{4}=\frac{3\cdot3\cdot3\cdot3\cdot3}{4}$

Nenner: $\frac{3}{4^5}=\frac{3}{4\cdot4\cdot4\cdot4\cdot4}$

20 ≡ Produkt mit mehreren Faktoren

Berechne das Produkt. Kürze möglichst frühzeitig.

a) $\frac{1}{2}\cdot\frac{2}{3}\cdot\frac{3}{4}$ b) $\frac{3}{10}\cdot\frac{2}{3}\cdot\frac{5}{4}$ c) $\frac{2}{5}\cdot\frac{3}{2}\cdot\frac{5}{3}$ d) $\frac{11}{13}\cdot\frac{13}{17}\cdot\frac{17}{11}$ e) $\frac{3}{4}\cdot\frac{8}{15}\cdot\frac{7}{12}$ f) $\frac{2}{3}\cdot\frac{6}{7}\cdot\frac{5}{8}$

g) $\frac{3}{4}\cdot\frac{5}{6}\cdot\frac{8}{15}$ h) $\frac{2}{3}\cdot2\frac{1}{2}\cdot1\frac{4}{5}$ i) $\frac{2}{5}\cdot\frac{7}{10}\cdot\frac{15}{8}\cdot\frac{3}{7}$ j) $\frac{5}{12}\cdot\frac{4}{5}\cdot\frac{3}{12}\cdot\frac{6}{5}$ k) $\frac{4}{7}\cdot\frac{5}{9}\cdot\frac{36}{23}\cdot\frac{21}{32}$ l) $\frac{14}{15}\cdot\frac{55}{2}\cdot\frac{15}{22}$

21 ≡ Erweitern und Multiplizieren

Was meinst du dazu?

9.4 Brüche dividieren

Nova und Sven spielen Zahlenraten.
Sven denkt sich eine Zahl aus.
Er multipliziert sie mit $\frac{2}{5}$ und erhält $\frac{3}{10}$.
Nova versucht die Zahl durch Rückwärtsrechnen herauszufinden. Sie überlegt:
„Für $\cdot\frac{2}{5}$ rechne ich $\cdot 2$ und $:5$.
Für $:\frac{2}{5}$ mache ich die einzelnen Schritte rückgängig und rechne $\cdot 5$ und $:2$.
Zähler und Nenner werden also vertauscht."

Spielt auch Zahlenraten.

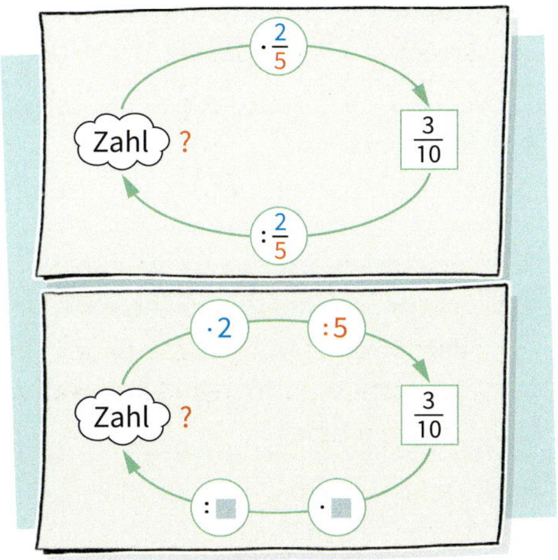

Vorbereiten
Seite 235

WES-109651-088

Durch einen Bruch dividieren

- Multipliziere mit dem Kehrbruch

Der **Kehrbruch** entsteht, wenn man Zähler und Nenner des Bruchs vertauscht.

Ersetze : durch ·

$$\frac{5}{7} : \frac{2}{3} = \frac{5}{7} \cdot \frac{3}{2} = \frac{15}{14}$$

Tausche Zähler und Nenner

Brüche dividieren

a) $\frac{7}{5} : \frac{4}{3} = \frac{7}{5} \cdot \frac{3}{4} = \frac{7 \cdot 3}{5 \cdot 4} = \frac{21}{20}$

Kehrbruch bilden: Zähler und Nenner tauschen

b) $\frac{8}{9} : \frac{5}{18} = \frac{8}{9} \cdot \frac{18}{5} = \frac{8 \cdot \overset{2}{\cancel{18}}}{\underset{1}{\cancel{9}} \cdot 5} = \frac{8 \cdot 2}{1 \cdot 5} = \frac{16}{5}$

Erst Kehrbruch bilden, dann beim Multiplizieren frühzeitig kürzen

c) $8 : \frac{4}{9} = 8 \cdot \frac{9}{4} = \frac{\overset{2}{\cancel{8}} \cdot 9}{\underset{1}{\cancel{4}}} = 2 \cdot 9 = 18$

Erst Kehrbruch bilden, dann beim Multiplizieren frühzeitig kürzen

1 ≡ **Brüche dividieren**

a) $\frac{3}{2} : \frac{5}{2}$ b) $\frac{2}{7} : \frac{2}{9}$ c) $\frac{2}{3} : \frac{1}{3}$ d) $12 : \frac{6}{5}$ e) $\frac{14}{25} : \frac{7}{5}$ f) $\frac{7}{3} : \frac{3}{7}$

2 ≡ **Kopfrechnen**

a) $\frac{2}{3} : \frac{1}{2}$ b) $\frac{4}{5} : \frac{1}{10}$ c) $\frac{7}{10} : \frac{7}{10}$ d) $\frac{3}{7} : \frac{2}{7}$ e) $\frac{1}{2} : \frac{9}{10}$ f) $8 : \frac{1}{2}$
g) $\frac{5}{9} : \frac{3}{9}$ h) $6 : \frac{1}{4}$ i) $\frac{8}{5} : \frac{4}{5}$ j) $\frac{10}{9} : \frac{10}{3}$ k) $\frac{8}{3} : \frac{4}{5}$ l) $\frac{5}{3} : \frac{3}{5}$

3 ≡ **Überprüfen durch Probe**

Berechne und überprüfe dein Ergebnis durch eine Probe.

a) $\frac{1}{9} : \frac{7}{6}$ b) $\frac{14}{22} : \frac{21}{11}$ c) $\frac{7}{5} : \frac{3}{10}$ d) $\frac{4}{9} : \frac{16}{3}$
e) $\frac{12}{35} : \frac{4}{7}$ f) $\frac{5}{12} : \frac{16}{3}$ g) $\frac{14}{9} : \frac{7}{9}$ h) $\frac{25}{15} : \frac{50}{27}$

$\frac{10}{3} : \frac{8}{9} = \frac{\overset{5}{\cancel{10}}}{\underset{1}{\cancel{3}}} \cdot \frac{\overset{3}{\cancel{9}}}{\underset{4}{\cancel{8}}} = \frac{5 \cdot 3}{1 \cdot 4} = \frac{15}{4}$

Probe: $\frac{\overset{5}{\cancel{15}}}{\underset{1}{\cancel{4}}} \cdot \frac{\overset{2}{\cancel{8}}}{\underset{3}{\cancel{9}}} = \frac{5 \cdot 2}{1 \cdot 3} = \frac{10}{3}$ ✓

4 ≡ **Durch eine natürliche Zahl dividieren**

Sven und Nova nutzen unterschiedliche Methoden, um einen Bruch durch eine natürliche Zahl zu dividieren.
Berechne, wenn möglich, mit beiden Methoden.

a) $\frac{9}{5} : 3$ b) $\frac{16}{7} : 8$ c) $\frac{21}{14} : 7$ d) $\frac{9}{7} : 6$
e) $\frac{11}{10} : 5$ f) $\frac{14}{9} : 7$ g) $\frac{4}{9} : 8$ h) $\frac{56}{49} : 7$

Sven:
$\frac{8}{5} : 4 = \frac{8}{5} : \frac{4}{1} = \frac{\overset{2}{\cancel{8}}}{5} \cdot \frac{1}{\underset{1}{\cancel{4}}} = \frac{2}{5}$

Nova:
$\frac{8}{5} : 4 = \frac{8 : 4}{5} = \frac{2}{5}$

5 Training

a) $\frac{1}{2}:\frac{1}{4}$ b) $\frac{15}{12}:\frac{10}{9}$ c) $\frac{28}{22}:\frac{7}{11}$ d) $\frac{4}{10}:2$ e) $\frac{3}{7}:\frac{9}{21}$ f) $\frac{56}{80}:8$

Prüfe dich!
Lösungen auf Seite 266

6 Berechne.

a) $\frac{9}{4}:\frac{3}{4}$ b) $6:\frac{1}{2}$ c) $\frac{12}{7}:\frac{3}{2}$ d) $\frac{8}{9}:\frac{4}{3}$ e) $\frac{2}{5}:4$ f) $9:\frac{3}{5}$

7 Brüche in gemischter Schreibweise

Berechne.

a) $1\frac{1}{2}:1\frac{1}{4}$ b) $1\frac{2}{3}:1\frac{1}{2}$ c) $2\frac{1}{3}:1\frac{1}{4}$
d) $2\frac{1}{2}:1\frac{3}{4}$ e) $1\frac{4}{5}:2\frac{7}{10}$ f) $1\frac{1}{8}:6\frac{3}{4}$
g) $6\frac{2}{3}:5\frac{5}{7}$ h) $6\frac{2}{9}:5\frac{5}{6}$ i) $2\frac{1}{4}:1\frac{3}{5}$

Vorsicht bei gemischter Schreibweise-
Erst in unechte Brüche umwandeln:

$1\frac{9}{15}:2\frac{2}{5}=\frac{24}{15}:\frac{12}{5}=\frac{\cancel{24}^{2}}{\cancel{15}_{3}}\cdot\frac{\cancel{5}^{1}}{\cancel{12}_{1}}=\frac{2}{3}$

8 Fehlende Seitenlänge

Berechne die fehlende Seitenlänge. Gib das Ergebnis als Bruch in Zentimeter an.
Mache danach die Probe, indem du den Flächeninhalt durch Multiplikation bestimmst.

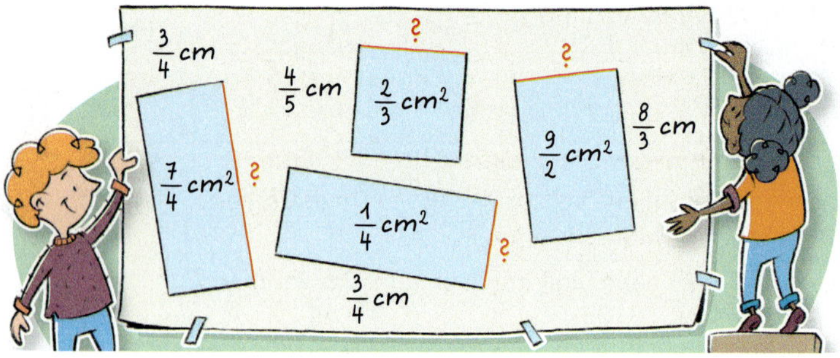

$\frac{3}{4}$ cm | $\frac{12}{5}$ cm²

$A = a \cdot b$

$\frac{12}{5}\text{cm}^2 = \frac{3}{4}\text{cm} \cdot \frac{\square}{\square}\text{cm}$

$\frac{12}{5}:\frac{3}{4}=\frac{12}{5}\cdot\frac{4}{3}=\frac{\cancel{12}^{4}}{5}\cdot\frac{4}{\cancel{3}_{1}}=\frac{16}{5}=3\frac{1}{5}$

Die fehlende Seite ist $3\frac{1}{5}$ cm lang.

9 Lücken füllen

a) $\frac{3}{5}:\frac{\square}{7}=\frac{21}{10}$ b) $\frac{3}{\square}:\frac{1}{5}=\frac{15}{10}$ c) $\frac{5}{7}:\frac{\square}{14}=\frac{10}{3}$ d) $\square:\frac{3}{4}=1$ e) $\frac{4}{7}:\square=\frac{4}{5}$ f) $8:\square=16$

Prüfe dich!
Lösungen auf Seite 266

10 Berechne die fehlende Seitenlänge des Rechtecks mit dem Flächeninhalt A.

a) $A = 3\,\text{cm}^2$, $a = \frac{7}{3}\,\text{cm}$
b) $A = 6\,\text{cm}^2$, $a = 3\frac{3}{4}\,\text{cm}$
c) $A = 2\frac{1}{4}\,\text{cm}^2$, $b = 1\frac{1}{2}\,\text{cm}$
d) $A = \frac{5}{2}\,\text{cm}^2$, $b = \frac{10}{3}\,\text{cm}$

11 Fülle die Lücken aus.

a) $\square:\frac{8}{21}=\frac{3}{4}$ b) $\frac{5}{6}:\frac{\square}{3}=\frac{1}{4}$ c) $\frac{3}{14}:\frac{12}{\square}=\frac{1}{4}$ d) $3:\square=15$

12 Fehlersuche

Erkläre den Fehler und rechne richtig.

a) $\frac{6}{5}:\frac{3}{5}=\frac{6:3}{5}=\frac{2}{5}$ b) $\frac{8}{5}:\frac{4}{7}=\frac{8\cdot4}{5\cdot7}=\frac{32}{35}$

c) $\frac{3}{4}:\frac{2}{5}=\frac{4}{3}\cdot\frac{2}{5}=\frac{8}{15}$ d) $2:\frac{3}{4}=\frac{1}{2}\cdot\frac{3}{4}=\frac{2}{1}\cdot\frac{3}{4}=\frac{3}{2}$

e) $\frac{5}{6}:3=\frac{5\cdot3}{6\cdot3}=\frac{15}{18}$ f) $8:\frac{2}{3}=\frac{8:2}{3}=\frac{4}{3}$

g) $\frac{5}{6}:\frac{6}{7}=\frac{5}{7}$ h) $\frac{3}{7}:\frac{7}{2}=\frac{3\cdot7}{7\cdot2}=\frac{3}{2}$

13 ≡ **Mit der Null muss man rechnen**

Berechne, wenn möglich.

a) $0 \cdot 7$ b) $\frac{2}{3} : 0$ c) $\frac{2}{3} \cdot 0$

d) $0 : \frac{9}{7}$ e) $\frac{0}{12} : 12$ f) $9 \cdot \frac{7}{9}$

g) $\frac{13}{12} \cdot \frac{7}{0}$ h) $\frac{5}{7} \cdot \frac{0}{7}$ i) $\frac{0}{7} \cdot \frac{7}{9}$

Durch 0 zu dividieren ist verboten!

$9 \cdot 0 = 0$ ✓ $0 \cdot \frac{3}{5} = 0$ ✓ $0 : 7 = 0$ ✓ $\frac{0}{3} = 0$ ✓

Aber: $5 : 0$ ✗ oder $0 : 0$ ✗ oder $\frac{7}{0}$ ✗

sind **nicht möglich**, denn durch Null darf man nicht dividieren!

14 ≡ **Ein sonderbares Ergebnis**

Nora hat $3 : \frac{1}{4}$ berechnet und als Ergebnis 12 erhalten. Sie wundert sich: *„Das Ergebnis ist viel zu groß, ich muss mich verrechnet haben."* Was sagst du Nora?

15 ≡ **Rechnung erklären**

Rechne und erkläre wie im Beispiel.

$\frac{3}{2} : \frac{1}{4} = 6$, denn $\frac{1}{4}$ passt 6-mal in $\frac{3}{2}$

a) $\frac{3}{5} : \frac{1}{10}$ b) $\frac{5}{3} : \frac{5}{9}$ c) $6 : \frac{1}{2}$ d) $\frac{1}{3} : \frac{1}{3}$ e) $\frac{5}{2} : \frac{1}{4}$ f) $\frac{1}{4} : \frac{1}{2}$

16 ≡ **Größenvergleiche**

Eine Zahl wird dividiert. Ist der Quotient größer oder kleiner als der Dividend?
Betrachte den Divisor und entscheide, ohne zu rechnen. Rechne dann.

a) $5 : \frac{7}{8}$ b) $\frac{2}{3} : \frac{3}{2}$ c) $2\frac{3}{4} : \frac{3}{4}$ d) $\frac{1}{100} : \frac{1}{10}$ e) $\frac{7}{2} : 3\frac{1}{2}$ f) $\frac{2}{3} : \frac{2}{5}$

17 ≡ **In Gläser verteilen**

Denisa deckt den Frühstückstisch. Im Kühlschrank sind 6 l Frühstückssaft.

a) In die schönen großen Saftgläser passen jeweils $\frac{2}{5}$ l. Wie viele Gläser kann Denisa füllen?

b) In die Krüge passen jeweils $1\frac{1}{2}$ l. Wie viele Krüge kann Denisa füllen?

c) In die kleinen Kristallgläser passen jeweils $\frac{1}{6}$ l. Wie viele Kristallgläser kann Denisa füllen?

18 ≡ **Grillfest bei Lena**

Beim Grillfest in Lenas Garten gibt es Grillkäse, Würstchen, Baguette und Kartoffelsalat. Zwölf Kinder kommen zum Tisch und es liegen $3\frac{1}{2}$ Baguette und 8 Würstchen bereit.
Lena meint: *„Das ist zu wenig für jeden, wenn man exakt aufteilt."*
Berechne, welchen Anteil jedes Kind vom Baguette und von den Würstchen bekommt.

Prüfe dich!
Lösungen auf Seite 266

19 ≡ Berechne, wenn möglich.

a) $0 \cdot 7$ b) $\frac{2}{3} : \frac{5}{7}$ c) $\frac{2}{3} \cdot 0$ d) $0 : \frac{9}{7}$ e) $\frac{7}{12} : 0$ f) $9 \cdot \frac{7}{9}$

20 ≡ Entscheide, ob der Quotient größer oder kleiner als der Dividend ist.

a) $5 : \frac{7}{8}$ b) $\frac{2}{3} : \frac{3}{2}$ c) $2\frac{3}{4} : \frac{3}{4}$ d) $\frac{1}{100} : \frac{1}{10}$ e) $\frac{17}{2} : 3\frac{1}{2}$ f) $\frac{2}{3} : \frac{2}{5}$

21 ≡ Auf der Gartenparty ist der leckere Sunny-Cocktail sehr beliebt. Für ein Glas Sunny-Cocktail benötigt man Wasser und $\frac{3}{20}$ l Himbeersirup. Es sind noch $\frac{12}{5}$ l Sirup vorhanden.
Berechne die Anzahl der Sunny-Cocktails, die man damit mixen kann.

---

22 ≡ **Veränderungen**

Was passiert mit dem Ergebnis der Divisionsaufgabe $\frac{a}{b} : \frac{c}{d}$?
Probiere zunächst mit $\frac{2}{3} : \frac{4}{5}$ aus.
Formuliere zu jeder Teilaufgabe einen Ergebnissatz.

a) a wird verdoppelt b) b wird verdoppelt

c) c wird verdoppelt d) d wird verdoppelt

e) a und b werden verdoppelt f) c und d werden verdoppelt

Beispiel

$\frac{2}{3} : \frac{4}{5} = \frac{5}{6}$ $\frac{2 \cdot 2}{3} : \frac{4}{5} = \dots$

„Wenn a verdoppelt wird, dann … sich das Ergebnis."

9.5 Vermischtes zur Bruchrechnung

1 ≡ Training mit allen Rechenarten

a) $\frac{3}{4}+\frac{2}{5}$ b) $\frac{3}{4}-\frac{2}{5}$ c) $\frac{3}{4}\cdot\frac{2}{5}$ d) $\frac{3}{4}:\frac{2}{5}$ e) $\frac{5}{6}+4$ f) $4-\frac{5}{6}$

g) $4\cdot\frac{5}{6}$ h) $4:\frac{5}{6}$ i) $4\frac{1}{2}+\frac{7}{4}$ j) $4\frac{1}{3}-\frac{7}{5}$ k) $4\frac{1}{3}\cdot\frac{7}{5}$ l) $4\frac{1}{3}:\frac{7}{5}$

2 ≡ Natürliche Zahl minus Bruch

Berechne die Differenz.

a) $3-\frac{1}{4}$ b) $4-\frac{1}{3}$ c) $7-\frac{5}{4}$ d) $11-3\frac{1}{4}$ e) $14-5\frac{5}{9}$ f) $1-\frac{123}{200}$

3 ≡ Subtraktion mit gemischten Zahlen

Valentin möchte ganze Zahlen und die Brüche getrennt voneinander subtrahieren. Doch bei $\frac{1}{2}-\frac{3}{4}$ klappt es nicht.
Valentin nutzt einen Trick: „*Was im Subtrahenden zu viel ist, schneide ich weg und ziehe es später von der ganzen Zahl ab.*“
Rechne genauso.

a) $3\frac{1}{2}-1\frac{3}{4}$ b) $4\frac{1}{3}-2\frac{5}{6}$ c) $8\frac{3}{5}-6\frac{9}{10}$

d) $5-2\frac{3}{7}$ e) $1\frac{4}{5}-\frac{7}{8}$ f) $7\frac{3}{10}-5\frac{1}{3}$

$3\frac{1}{2}-1\frac{3}{4}$

$=(3-1)+\left(\frac{1}{2}-\frac{3}{4}\right)$

$=2+\left(\frac{1}{2}-\frac{1}{2}-\frac{1}{4}\right)$

$=2-\frac{1}{4}$

$=1\frac{3}{4}$

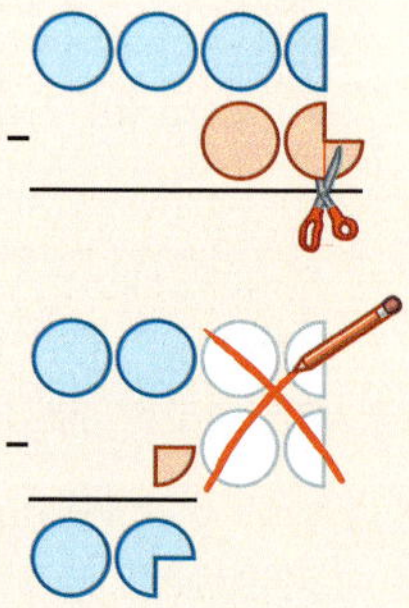

4 ≡ Überprüfe Marens Hausaufgaben

Finde die Fehler und korrigiere sie.

a) $0:5=0$ b) $\frac{2}{3}\cdot 0=0$ c) $0:\frac{2}{3}=\frac{3}{2}$ d) $5:0=\frac{5}{0}=0$

e) $\frac{0}{7}:\frac{1}{8}$ geht nicht f) $\frac{3}{2}\cdot\frac{2}{3}=0$ g) $0\cdot 0=0$ h) $\frac{0}{0}=1$

5 ≡ Dividieren

Berechne. Nicht immer ist dies möglich.

a) $3\frac{1}{2}:1\frac{1}{2}$ b) $0:\frac{27}{4}$ c) $1\frac{8}{27}:7\frac{7}{9}$ d) $7\frac{7}{9}:0$ e) $\frac{0}{4}:3\frac{1}{5}$ f) $\frac{0}{2}:\frac{17}{2}$

6 ≡ Aufgaben bauen

Baue aus den gegebenen Zahlen Rechenaufgaben mit Brüchen $\frac{\square}{\square}:\frac{\square}{\square}$.
Löse sie. Wie viele unterschiedliche Ergebnisse erhältst du?

a) 2, 3, 4, 5 b) 4, 6, 8, 12 c) 0, 3, 6, 8

7 ≡ Aus Fehlern wird man klug

Wo stecken Fehler? Erkläre, was falsch gemacht wurde.

a) $\frac{8}{9}+\frac{2}{9}=\frac{10}{18}$ b) $\frac{8}{9}:\frac{2}{9}=\frac{8:2}{9}$ c) $\frac{9}{11}:3=\frac{9}{11\cdot 3}$ d) $\frac{8}{9}\cdot 3=\frac{8\cdot 3}{9\cdot 3}$

e) $\frac{2}{3}\cdot\frac{1}{2}=\frac{4}{6}\cdot\frac{3}{6}=\frac{12}{36}$ f) $3:\frac{3}{4}=\frac{3:3}{4}$ g) $2:\frac{1}{2}=2\cdot 2$ h) $\frac{5}{7}:\frac{5}{3}=\frac{7}{5}\cdot\frac{5}{3}=\frac{7}{3}$

8 ≡ Zahl gesucht

Finde die fehlende Zahl.

a) $\square\cdot 8=1$ b) $\square-2=\frac{1}{3}$ c) $\frac{1}{2}:\square=2$ d) $\square\cdot 12=4$

e) $\square+3\frac{2}{5}=4\frac{7}{10}$ f) $39\cdot\square=13$ g) $7:\square=3$ h) $5\frac{1}{2}:\square=2\frac{1}{4}$

9 ≡ **Wenn-dann-Aussagen**

Beurteile die Aussagen. Finde Beispiele oder Gegenbeispiele.

a) Wenn man einen Bruch mit einer natürlichen Zahl multipliziert, dann wird das Ergebnis größer als die natürliche Zahl.

b) Wenn man einen Bruch und eine natürliche Zahl addiert, dann ist die Summe größer als jeder Summand.

c) Wenn man zwei echte Brüche addiert, dann entsteht wieder ein echter Bruch.

d) Wenn man das Produkt aus einer beliebigen Zahl als ersten Faktor und dem Faktor $\frac{4}{5}$ bildet, dann ist das Ergebnis immer kleiner als der erste Faktor.

e) Wenn man Brüche dividiert, dann ist das Ergebnis kleiner als der Dividend.

f) Wenn man Zähler und Nenner eines Bruchs mit derselben Zahl multipliziert, dann entsteht ein gleichwertiger Bruch.

g) Wenn man zu Zähler und Nenner eines Bruchs dieselbe Zahl addiert, dann ändert sich der Wert des Bruchs nicht.

10 ≡ **Bärchenverteilung**

Fünf Packungen Gummibärchen werden an vier Mädchen verteilt. Neun Packungen Gummibärchen werden an sieben Jungen verteilt. In jeder Packung sind gleich viele Bärchen. Bekommt ein Junge oder ein Mädchen mehr Gummibärchen?

11 ≡ **Wie groß ist die Schule?**

a) Das Goethe-Gymnasium besuchen 336 Mädchen. Das sind $\frac{4}{7}$ der gesamten Schüleranzahl. Wie viele Schülerinnen und Schüler hat die Schule?

b) Am Friedhelm-Eugen-Gymnasium sind $\frac{9}{20}$ der Schülerinnen und Schüler in einem Sportverein. $\frac{1}{4}$ davon spielen Fußball. Das sind 135 Schülerinnen und Schüler.
Wie viele Schülerinnen und Schüler gehen auf das Friedhelm-Eugen-Gymnasium?

12 ≡ **Wassergehalt der Butter**

Butter hat einen Fettgehalt von 84 %. Wie viel Fett ist in $\frac{1}{4}$ kg Butter enthalten? Gib die Antwort in Gramm und Kilogramm an.

13 ≡ **Konzert**

Zum Schulkonzert kommen 36 Lehrerinnen und Lehrer. Das sind $\frac{3}{8}$ aller Besucherinnen und Besucher. Wie viele Besucherinnen und Besucher sind beim Konzert?

14 ≡ **Traubensaft verteilen**

Christians Eltern haben einen Weinbaubetrieb. Bei der Weinlese im Herbst wird aus Trauben Wein gewonnen. Doch bevor die Trauben für die Weinherstellung abgeliefert werden, presst Christian gesammelte Trauben zu Traubensaft. Er füllt den Traubensaft in $\frac{3}{4}$-Liter-Flaschen ab. Wie viele Flaschen benötigt Christian für die angegebene Traubensaftmenge?

a) $11\frac{1}{2}$ Liter Traubensaft
b) 20 Liter Traubensaft
c) 30 Liter Traubensaft

15 ≡ **Vom Text zum Rechenausdruck**

a) Berechne die Summe aus $\frac{3}{4}$ und $\frac{4}{9}$.
b) Berechne die Differenz aus $\frac{3}{4}$ und $\frac{4}{9}$.
c) Berechne das Produkt aus $\frac{3}{4}$ und $\frac{4}{9}$.
d) Berechne den Quotienten aus $\frac{3}{4}$ und $\frac{4}{9}$.

16 ≡ **Emre dividiert heute mal anders**

Überprüfe Emres Rechnung.
Kann man immer so rechnen wie Emre?
Formuliere hierzu eine passende Rechenregel.

Emres Rechnung:

$$\frac{2}{3} : \frac{4}{5} = \frac{20}{30} : \frac{4}{5} = \frac{20:4}{30:5} = \frac{5}{6}$$

9.6 Rechenausdrücke

Alle Rechenregeln und Rechengesetze, die du kennengelernt hast, gelten auch für die Brüche.

- Ordne die Begriffe Zusammenfassen und Vertauschen den beiden Gesetzen zu.
- Welche Rechenregeln und Rechengesetze wurden hier genutzt?

$\frac{1}{4}+\frac{5}{7}+\frac{3}{4}=\frac{1}{4}+\frac{3}{4}+\frac{5}{7}=1\frac{5}{7}$

$\left(\frac{1}{2}+\frac{2}{3}\right)\cdot 3+\frac{1}{2}=\frac{1}{2}+\frac{7}{6}\cdot 3=\frac{3}{6}+\frac{21}{6}=4$

$6\cdot\left(\frac{2}{3}+\frac{1}{4}\right)=\frac{12}{3}+\frac{6}{4}=5\frac{1}{2}$

Gesetze:
Kommutativgesetz, Assoziativgesetz, Distributivgesetz

WES-109651-089

Kommutativgesetz der Addition
Beim Addieren darf man die Summanden vertauschen.

$\frac{5}{8}+\frac{1}{3}+\frac{3}{8}=\frac{1}{3}+\frac{5}{8}+\frac{3}{8}$

Assoziativgesetz der Addition
Beim Addieren darf man die Reihenfolge, in der man rechnen möchte, frei wählen.

$\frac{1}{3}+\frac{5}{8}+\frac{3}{8}=\frac{1}{3}+\left(\frac{5}{8}+\frac{3}{8}\right)$

Kommutativgesetz der Multiplikation
Beim Multiplizieren darf man die Faktoren vertauschen.

$\frac{5}{8}\cdot\frac{6}{7}\cdot\frac{4}{5}=\frac{6}{7}\cdot\frac{5}{8}\cdot\frac{4}{5}$

Assoziativgesetz der Multiplikation
Beim Multiplizieren darf man die Reihenfolge, in der man rechnen möchte, frei wählen.

$\frac{6}{7}\cdot\frac{5}{8}\cdot\frac{4}{5}=\frac{6}{7}\cdot\left(\frac{5}{8}\cdot\frac{4}{5}\right)$

Distributivgesetz

Ausmultiplizieren
Ein Faktor vor oder nach einer Klammer wird mit jedem Summanden in der Klammer multipliziert.

$\frac{2}{3}\cdot\left(\frac{3}{8}+\frac{9}{4}\right)=\frac{2}{3}\cdot\frac{3}{8}+\frac{2}{3}\cdot\frac{9}{4}$

Ausklammern
Umgekehrt kann man eine Klammer setzen und einen Faktor vorziehen, der in jedem Summanden enthalten ist.

$\frac{2}{9}\cdot\frac{5}{12}+\frac{2}{9}\cdot\frac{7}{12}=\frac{2}{9}\cdot\left(\frac{5}{12}+\frac{7}{12}\right)$

Rechengesetze nutzen

Geschickt kürzen bei mehreren Faktoren

$\frac{3}{5}\cdot\frac{8}{7}\cdot\frac{5}{6}=\frac{3\cdot 8\cdot 5}{5\cdot 7\cdot 6}=\frac{\overset{1}{\cancel{3}}\cdot 8\cdot \overset{1}{\cancel{5}}}{\underset{1}{\cancel{5}}\cdot 7\cdot \underset{2}{\cancel{6}}}=\frac{8}{7\cdot 2}=\frac{4}{7}$

Reihenfolge geschickt wählen

$\frac{2}{5}+\frac{11}{2}+\frac{1}{2}=\frac{2}{5}+\frac{12}{2}=6\frac{2}{5}$

Ausmultiplizieren

$\frac{2}{3}\cdot\left(\frac{9}{4}-\frac{3}{8}\right)=\frac{2}{3}\cdot\frac{9}{4}-\frac{2}{3}\cdot\frac{3}{8}=\frac{3}{2}-\frac{1}{4}=\frac{5}{4}$

Ausklammern

$\frac{3}{4}\cdot\frac{5}{7}+\frac{3}{4}\cdot\frac{2}{7}=\frac{3}{4}\cdot\left(\frac{5}{7}+\frac{2}{7}\right)=\frac{3}{4}\cdot 1=\frac{3}{4}$

1 ≡ **Terme berechnen**
Berechne geschickt.

a) $\frac{4}{5}\cdot\frac{1}{3}\cdot\frac{5}{4}\cdot\frac{3}{4}$
b) $\frac{3}{7}+\frac{9}{20}+\frac{1}{20}$
c) $2\frac{1}{2}+\frac{1}{3}+1\frac{1}{2}+\frac{5}{3}$
d) $\frac{4}{5}+1\frac{1}{4}+\frac{1}{4}+\frac{1}{5}-\frac{1}{2}$
e) $\frac{5}{9}+3-\frac{2}{9}+\frac{2}{3}$
f) $\frac{2}{5}\cdot\frac{1}{3}\cdot\frac{3}{8}\cdot\frac{5}{4}$
g) $5\frac{4}{7}+5\frac{2}{3}+5\frac{3}{7}-5\frac{1}{3}$
h) $\frac{3}{4}\cdot\frac{5}{7}\cdot\frac{2}{9}\cdot\frac{14}{15}$
i) $\frac{1}{2}-\frac{3}{4}+\frac{1}{2}$
j) $\frac{2}{3}+\frac{1}{2}-\frac{1}{3}+\frac{1}{6}$
k) $\frac{1}{2}\cdot\frac{4}{7}+\frac{1}{2}\cdot\frac{2}{7}+\frac{1}{2}\cdot\frac{1}{7}$
l) $3\frac{3}{4}\cdot 1\frac{3}{7}\cdot\frac{4}{15}$
m) $\frac{1}{8}+\frac{5}{9}-\frac{3}{8}+\frac{4}{9}+\frac{1}{2}$
n) $\left(\frac{1}{2}+\frac{1}{4}\right):\frac{1}{8}$
o) $\frac{1}{4}\cdot\left(\frac{4}{3}+8\right)+\frac{5}{3}$
p) $\frac{7}{5}\cdot\frac{6}{7}:(12:2)$

2 ≡ **Rechenregeln beachten**

Die Rechenregeln gelten weiterhin. Berechne.

a) $1\frac{3}{7} \cdot \frac{3}{11} : \frac{5}{7}$ b) $\frac{4}{5} - \frac{1}{6} \cdot \frac{3}{5} + \frac{1}{5}$ c) $\frac{3}{5} : \frac{6}{15} \cdot \frac{5}{3}$

d) $\frac{2}{3} \cdot \frac{4}{5} + \frac{1}{5}$ e) $\left(\frac{3}{4} + \frac{9}{2}\right) \cdot \frac{2}{9}$ f) $2 + \frac{1}{6} : \frac{5}{6} - 1\frac{1}{5}$

g) $\frac{5}{9} + \frac{1}{9} \cdot (6 - 2)$ h) $\frac{1}{10} : \frac{2}{5} - \frac{1}{5} + \frac{1}{2}$ i) $\frac{3}{4} - \frac{1}{4} \cdot \left(\frac{7}{3} - 1\right)$

„Vorfahrtsregeln"
- von links nach rechts
- Punkt-vor-Strich
- Klammer zuerst oder ausmultiplizieren

3 ≡ **Punkt vor Strich – auch wenn bedauerlich**

Welcher Fehler könnte passieren? Berechne korrekt.

a) $2 + 8 \cdot \frac{1}{3}$ b) $\frac{19}{15} - \frac{4}{15} : 2$ c) $\frac{9}{7} - \frac{2}{7} : 5$ d) $7 \cdot \frac{2}{3} + \frac{1}{3}$ e) $\frac{2}{7} + \frac{5}{7} \cdot 9$

4 ≡ **Distributivgesetz nutzen**

Rechne geschickt, nutze das Distributivgesetz.

a) $\frac{1}{3} \cdot \left(\frac{6}{5} + \frac{3}{2}\right)$ b) $\left(\frac{5}{12} + \frac{3}{4}\right) \cdot \frac{4}{15}$ c) $\left(\frac{7}{6} + \frac{1}{8}\right) : \frac{7}{12}$

d) $\frac{4}{3} \cdot \left(\frac{3}{12} + \frac{3}{8}\right)$ e) $15 \cdot \left(\frac{9}{5} + \frac{14}{15}\right)$ f) $\left(\frac{13}{20} - \frac{3}{5}\right) \cdot 10$

g) $\frac{4}{9} \cdot \left(\frac{3}{8} + \frac{27}{32}\right)$ h) $\left(\frac{5}{11} + \frac{1}{2}\right) : \frac{7}{22}$ i) $\left(\frac{22}{27} + \frac{3}{18}\right) : \frac{12}{9}$

Dividieren

Dividiere durch einen Bruch, indem du mit dem Kehrbruch multiplizierst.

$\left(\frac{7}{6} + \frac{1}{8}\right) : \frac{7}{12} = \left(\frac{7}{6} + \frac{1}{8}\right) \cdot \frac{12}{7}$

5 ≡ **Entscheidung**

Berechne. Entscheide vorher, ob du die Klammer zuerst ausrechnen oder das Distributivgesetz anwenden möchtest.

a) $\frac{2}{9} \cdot \left(\frac{4}{5} - \frac{4}{10}\right)$ b) $\frac{3}{7} \cdot \left(\frac{7}{3} + 4\right)$ c) $\frac{3}{2} \cdot \left(\frac{7}{4} - \frac{5}{4}\right)$ d) $\frac{5}{8} \cdot \left(\frac{4}{3} - \frac{2}{5}\right)$ e) $12 \cdot \left(\frac{1}{4} + \frac{5}{6}\right)$

6 ≡ **Distributivgesetz rückwärts**

Rechne geschickt durch Ausklammern.

a) $\frac{2}{3} \cdot \frac{17}{31} + \frac{2}{3} \cdot \frac{14}{31}$ b) $\frac{4}{9} \cdot \frac{6}{7} + \frac{4}{9} \cdot \frac{8}{7}$ c) $\frac{11}{25} \cdot \frac{3}{7} + \frac{3}{25} \cdot \frac{3}{7}$ d) $\frac{3}{7} \cdot \frac{5}{9} - \frac{3}{7} \cdot \frac{2}{9}$ e) $\frac{4}{5} \cdot \frac{7}{9} - \frac{4}{5} \cdot \frac{2}{9}$

7 ≡ **Ausklammern oder Punkt-vor-Strich**

Berechne. Nutze das Distributivgesetz, wenn es vorteilhaft ist.

a) $\frac{4}{7} \cdot \frac{7}{12} + \frac{4}{7} \cdot \frac{7}{6}$ b) $\frac{7}{11} \cdot \frac{5}{9} - \frac{7}{11} \cdot \frac{2}{9}$ c) $\frac{8}{15} \cdot \frac{5}{12} + \frac{8}{15} \cdot \frac{7}{6}$ d) $\frac{3}{11} \cdot \frac{7}{9} - \frac{3}{11} \cdot \frac{2}{9}$ e) $\frac{4}{5} \cdot \frac{15}{16} - \frac{4}{5} \cdot \frac{5}{8}$

f) $2\frac{1}{5} \cdot \frac{5}{22} + 2\frac{1}{5} \cdot \frac{5}{11}$ g) $\frac{4}{5} \cdot 17 + 33 \cdot \frac{4}{5}$ h) $7 \cdot \frac{7}{12} - \frac{1}{12} \cdot 7$ i) $\frac{3}{8} \cdot \frac{4}{7} + \frac{3}{8} \cdot \frac{5}{7} - \frac{3}{8} \cdot \frac{1}{7}$ j) $1\frac{1}{3} \cdot \left(\frac{9}{12} + 1\frac{4}{5}\right)$

---

8 ≡ Berechne geschickt.

a) $\frac{1}{10} + \frac{1}{15} + \frac{7}{10}$ b) $\frac{1}{16} + \frac{7}{24} + \frac{11}{24}$ c) $5\frac{1}{2} + \frac{1}{7} + 1\frac{1}{4} + \frac{6}{7}$ d) $\frac{8}{9} \cdot \frac{7}{12} \cdot \frac{27}{32} \cdot \frac{6}{7}$ e) $2\frac{3}{4} \cdot \frac{12}{15} \cdot \frac{5}{4} \cdot \frac{8}{11}$

Prüfe dich!
Lösungen auf Seite 266

9 ≡ Nutze das Distributivgesetz, wenn es vorteilhaft ist, und berechne.

a) $\frac{3}{4} \cdot \frac{5}{7} + \frac{3}{4} \cdot \frac{2}{7}$ b) $5 \cdot \frac{2}{3} + \frac{2}{15} \cdot 5$ c) $\left(\frac{5}{2} + \frac{5}{4}\right) \cdot \frac{4}{15}$ d) $\frac{4}{9} \cdot \left(\frac{3}{8} + \frac{9}{24}\right)$ e) $\left(\frac{3}{4} - \frac{3}{8}\right) : \frac{9}{8}$

---

10 ≡ **Salatsoße für ein Gartenfest**

Costa und sein Vater bereiten für ein Gartenfest zwei große Schüsseln mit Salaten zu: einen griechischen Bauernsalat und einen klassischen Blattsalat.
Es gibt eine Salatsoße für beide Salate, diese enthält $\frac{3}{8}$ l Olivenöl und $\frac{1}{4}$ l Essig.
$\frac{2}{5}$ der fertigen Salatsoße kommt an den Bauernsalat, der Rest an den Blattsalat.
Wie viel Liter Salatsoße kommt an den Blattsalat?

11 ≡ **Ratenkauf**

Frau Wolf kauft einen Schlafzimmerschrank für 1800 €. Sie zahlt $\frac{1}{3}$ des Kaufpreises direkt, den Rest bezahlt Frau Wolf in 12 Monatsraten. Berechne die Höhe einer Monatsrate.
Du kannst in mehreren Schritten rechnen, aber kannst du das auch in einem einzigen Rechenausdruck aufschreiben?

Prüfe dich!
Lösungen auf Seite 266

12 ≡ Ein Kasten Orangenlimonade enthält zwölf Flaschen mit je $1\frac{1}{2}$ l Limonade. $1\frac{1}{2}$ l Limonade wiegen $1\frac{1}{2}$ kg. Eine leere Flasche wiegt $\frac{1}{6}$ kg. Der leere Kasten wiegt $1\frac{1}{4}$ kg.
Berechne das Gewicht eines Kastens mit vollen Flaschen.
Schreibe für die Rechnung einen einzigen Rechenausdruck auf.

13 ≡ **Renovierungsgeschichten**

„Das Agnes-Gymnasium wird sieben Tage lang renoviert. Ein Maler kann pro Tag $\frac{2}{3}$ eines Klassenzimmers streichen. Am Montag kommen 6 Maler, ab Mittwoch ist einer von ihnen krank."

a) Was wird durch den Rechenausdruck $2 \cdot 6 \cdot \frac{2}{3} + 3 \cdot 5 \cdot \frac{2}{3}$ ausgerechnet?
b) Erfinde eine passende Renovierungsgeschichte zu den folgenden Rechenausdrücken und berechne. Was bedeutet das Ergebnis?
(1) $4 \cdot 6 \cdot \frac{3}{4} + 8 \cdot \frac{3}{4}$ (2) $8 \cdot 5 \cdot \frac{1}{4} + 6 \cdot 5 \cdot \frac{1}{3}$ (3) $6 \cdot \left(\frac{2}{3} + \frac{3}{4}\right) + 6 \cdot \frac{3}{4}$

14 ≡ **Vom Text zum Rechenausdruck**

Schreibe den Rechenausdruck auf und berechne.
a) Multipliziere die Summe von $\frac{9}{5}$ und $\frac{14}{15}$ mit 15.
b) Dividiere die Differenz der Zahlen $\frac{1}{2}$ und $\frac{1}{3}$ durch $\frac{1}{4}$.
c) Addiere zum Produkt der Zahlen $\frac{2}{5}$ und $\frac{3}{4}$ die Differenz aus $\frac{4}{5}$ und $\frac{1}{4}$.
d) Subtrahiere vom Quotienten der Zahlen 12 und $\frac{3}{4}$ das Produkt dieser Zahlen.

15 ≡ **Vom Rechenausdruck zum Text**

Schreibe den Rechenausdruck in Worten. Nutze Fachbegriffe wie Summe, Differenz, Produkt, Quotient.
a) $5 - \frac{3}{4} \cdot \frac{4}{6}$ b) $\frac{1}{2} \cdot 5 + \frac{1}{4}$ c) $\left(1 - \frac{3}{4}\right) \cdot \left(\frac{8}{9} + \frac{4}{5}\right)$ d) $\left(\frac{3}{4} - \frac{5}{12}\right) \cdot \frac{4}{3} + \frac{1}{2}$

16 ≡ **Klammern richtig setzen**

Welche Rechnung ist falsch? Setze dann Klammern so, dass die Rechnung richtig ist.
a) $7 - 6 \cdot \frac{2}{3} + \frac{1}{2} = 0$ b) $1 + \frac{2}{3} \cdot \frac{9}{2} - 2 = 2$ c) $\frac{1}{2} + \frac{1}{3} \cdot \frac{1}{2} = \frac{5}{12}$ d) $\frac{1}{8} + \frac{2}{5} \cdot \frac{3}{4} + \frac{1}{2} = \frac{5}{8}$
e) $\frac{1}{4} + \frac{2}{5} \cdot \frac{3}{8} - \frac{1}{8} = \frac{7}{20}$ f) $\frac{3}{5} - \frac{1}{5} \cdot \frac{2}{3} = \frac{4}{15}$ g) $\frac{1}{4} + \frac{1}{2} - \frac{1}{8} = \frac{5}{8}$ h) $3\frac{1}{2} - \frac{2}{5} + \frac{1}{2} = \frac{13}{5}$

17 ≡ **Goldsuchergeschichten**

„Jim und John sind Goldsucher. Alle zwei Tage teilen sie das gefundene Gold. Gestern waren es 30 g, heute waren es nur 10 g."

a) Der Rechenausdruck $\frac{1}{2} \cdot (30 + 10)$ passt zu der Geschichte. Was berechnet man damit?
b) Der Rechenausdruck $\frac{1}{2} \cdot 30 + \frac{1}{2} \cdot 10$ ergibt das gleiche Ergebnis wie in a). Schreibe die Geschichte so um, dass der Rechenausdruck passt.
c) Erfinde eine Geschichte zu dem Rechenausdruck $\frac{1}{4} \cdot (36 + 44) + \frac{1}{4} \cdot (28 + 52)$.
d) Wie könnte die Geschichte zu dem Ausdruck $\frac{1}{4} \cdot (16 + 24) + \frac{1}{3} \cdot (12 + 18)$ lauten?

Prüfe dich!
Lösungen auf Seite 267

18 ≡ Schreibe den Rechenausdruck auf und berechne.
a) Multipliziere die Summe von $\frac{2}{3}$ und $\frac{3}{4}$ mit 24.
b) Subtrahiere von dem Produkt der Zahlen $\frac{8}{9}$ und $\frac{3}{4}$ die Differenz aus $\frac{2}{3}$ und $\frac{1}{2}$.

19 ≡ Setze Klammern so, dass die Rechnung richtig ist.
a) $\frac{1}{2}+\frac{1}{4}\cdot 4=3$ b) $\frac{5}{2}\cdot\frac{2}{3}\cdot\frac{3}{10}=\frac{1}{2}$ c) $5-2\cdot\frac{1}{6}+1\frac{1}{2}=2$ d) $\frac{3}{4}+\frac{2}{7}-\frac{3}{14}:\frac{2}{7}=1$

20 ≡ Rechenbaum erstellen

Die Reihenfolge der Berechnung kann man mit einem Rechenbaum darstellen. Stelle den Rechenausdruck in einem Rechenbaum dar und berechne ihn.

a) $2-\left(\frac{3}{8}+\frac{1}{4}\right)$ b) $\left(\frac{3}{5}-\frac{1}{10}\right):\frac{1}{2}$ c) $\left(\frac{1}{2}+\frac{2}{3}\right)\cdot\left(\frac{3}{4}-\frac{2}{5}\right)$

d) $3\cdot\frac{5}{7}+\frac{2}{7}\cdot 9$ e) $1\frac{1}{3}-\frac{3}{8}\cdot\left(\frac{4}{9}+\frac{5}{9}\right)$ f) $\left(\frac{5}{12}+1\frac{1}{4}\right):\frac{5}{6}-\frac{3}{8}$

Rechenbaum

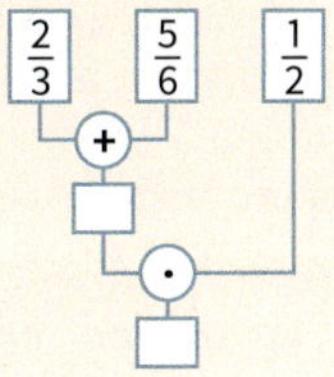

21 ≡ Vom Rechenbaum zum Rechenausdruck

Stelle einen Rechenausdruck zum Rechenbaum auf und berechne.

a)
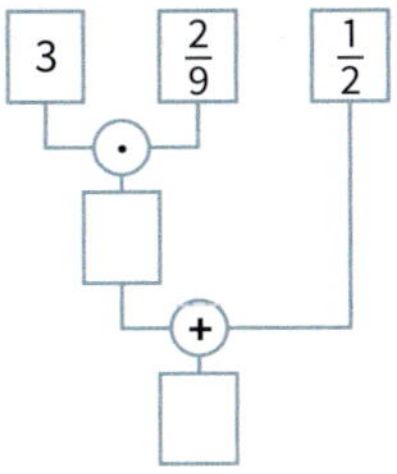

b)
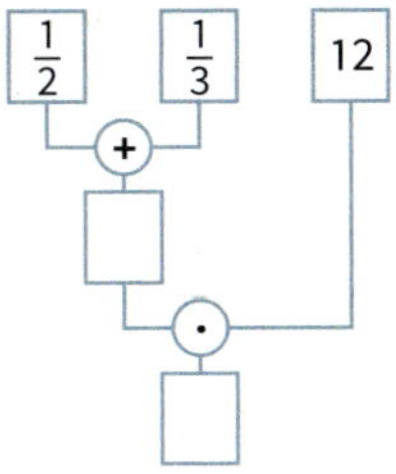

c)
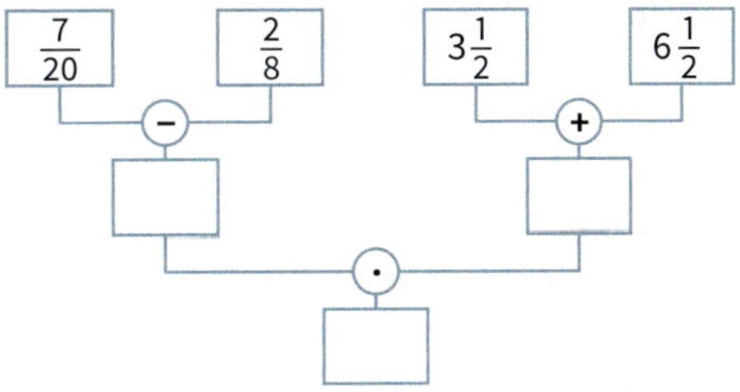

22 ≡ Vorsicht, gemischte Schreibweise

Berechne geschickt.

a) $\left(3\frac{4}{7}+6\frac{1}{4}\right)\cdot\frac{7}{25}$ b) $\frac{8}{9}\cdot\left(2\frac{1}{4}-1\frac{4}{5}\right)$ c) $\left(\frac{7}{6}+\frac{7}{4}\right):3\frac{1}{2}$ d) $\left(1\frac{1}{10}-\frac{1}{5}\right):4\frac{1}{2}$

e) $\frac{11}{16}\cdot 2\frac{1}{3}+\frac{11}{16}\cdot 5\frac{2}{3}$ f) $3\frac{1}{5}\cdot\frac{7}{8}-3\frac{1}{5}\cdot\frac{1}{4}$ g) $\frac{5}{9}:2\frac{1}{3}+\frac{2}{9}:2\frac{1}{3}$ h) $\frac{8}{9}:2\frac{1}{3}-\frac{1}{9}:2\frac{1}{3}$

23 ≡ Zum Weiterüben

Berechne.

a) $\left(\frac{8}{9}-\frac{2}{3}\right)\cdot 12$ b) $\left(\frac{2}{7}+\frac{12}{21}\right):\frac{21}{5}$ c) $\left(3\frac{8}{9}-2\frac{2}{3}\right)\cdot 18$ d) $8:\frac{4}{3}:\frac{1}{4}$

e) $\left(\frac{1}{3}-\frac{1}{6}\right)-\frac{1}{9}$ f) $\frac{1}{3}-\left(\frac{1}{6}-\frac{1}{9}\right)$ g) $\left(3-2\frac{2}{5}\right)\cdot 10$ h) $\left(\frac{1}{2}-\frac{1}{3}\right)\cdot\left(\frac{1}{2}+\frac{1}{3}\right)$

i) $7-\left(\frac{1}{5}+\frac{3}{5}\right)$ j) $\frac{7}{9}-\left(\frac{5}{18}+\frac{1}{9}\right)$ k) $\left(\frac{8}{9}-\frac{2}{9}\right):4$ l) $\frac{8}{25}:\left(\frac{1}{3}-\frac{1}{5}\right)$

24 ≡ Wer erhält das kleinste Ergebnis?

Finde einen Rechenausdruck, bei dem das Ergebnis möglichst klein ist.
Beachte dabei diese Spielregeln:
- Du musst jede der drei Zahlen genau einmal verwenden.
- Du darfst Klammern verwenden.
- Du darfst addieren, subtrahieren, multiplizieren und dividieren.

Gegeben: $\frac{1}{3}, \frac{1}{4}, \frac{1}{5}$

$\left(\frac{1}{3}-\frac{1}{4}\right)\cdot\frac{1}{5}=\frac{1}{60}$ oder $\frac{1}{3}\cdot\frac{1}{4}\cdot\frac{1}{5}=\frac{1}{60}$

Tipp: Differenzen und Produkte vergleichen. Der Kehrbruch einer großen Zahl ist klein.

a) $\frac{3}{8}, \frac{1}{4}, \frac{1}{2}$ b) $\frac{1}{3}, \frac{1}{6}, \frac{1}{9}$ c) $\frac{1}{2}, 2, \frac{4}{3}$ d) $\frac{4}{5}, \frac{9}{2}, 5$

Mein Merkzettel

Seite 202

Die Größe des Anteils bestimmen

Anteile „von" oder „davon" → multiplizieren

$\frac{3}{7}$ von 63 Kindern:

$\frac{3}{7} \cdot 63 = \frac{3 \cdot \cancel{63}^{9}}{\cancel{7}_{1}} = 3 \cdot 9 = 27$

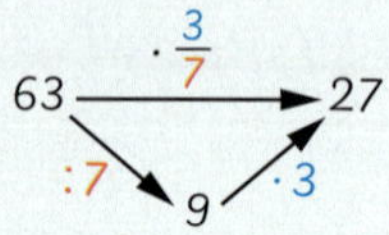

$\frac{3}{7}$ von 63 Kindern sind 27 Kinder.

Die Gesamtzahl bestimmen

Wie viele waren es, wenn $\frac{2}{5}$ davon 30 sind?

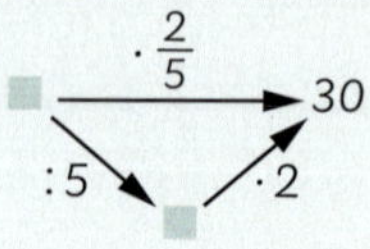

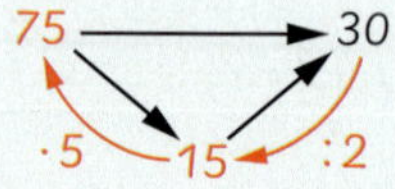

Rückwärtsrechnen

Es waren insgesamt 75.

Seite 203
Seite 201

Mehrere Ganze verteilen

3 Pizzen an 8 Kinder aufteilen:

- Jedes Kind bekommt $\frac{3}{8}$ einer Pizza.

12 Kuchen an 5 Käufer verteilen:

- Jeder Käufer bekommt $\frac{12}{5} = 2\frac{2}{5}$ Kuchen.

Die Mitte zwischen zwei Brüchen bestimmen

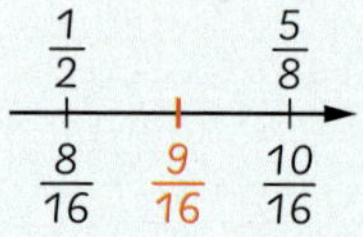

- Erweitern auf einen geeigneten Nenner, hier 16
- Die Mitte der Zähler bestimmen

Seite 204
Seite 205

Brüche addieren und subtrahieren

- **Brüche gleichnamig machen**
- **Zähler addieren oder subtrahieren**
- **Nenner beibehalten**

$\frac{1}{3} + \frac{2}{5} = \frac{1 \cdot 5}{3 \cdot 5} + \frac{2 \cdot 3}{5 \cdot 3} = \frac{5+6}{15} = \frac{11}{15}$

$\frac{7}{10} - \frac{1}{4} = \frac{7 \cdot 2}{10 \cdot 2} - \frac{1 \cdot 5}{4 \cdot 5} = \frac{14-5}{20} = \frac{9}{20}$

Hauptnenner (kleinster gemeinsamer Nenner)

Für $\frac{5}{42} + \frac{11}{70}$ den Hauptnenner bestimmen:

Vielfache von 42: 42 84 126 168 210 252 …

Vielfache von 70: 70 140 210 …

Der Hauptnenner ist 210.

$\frac{5}{42} + \frac{11}{70} = \frac{5 \cdot 5}{42 \cdot 5} + \frac{11 \cdot 3}{70 \cdot 3} = \frac{25+33}{210} = \frac{58}{210}$

Seite 208

Brüche multiplizieren

- **Zähler mal Zähler**
- **Nenner mal Nenner**

$\frac{3}{7} \cdot \frac{5}{8} = \frac{3 \cdot 5}{7 \cdot 8} = \frac{15}{56}$

Anteile von Anteilen bestimmen

$\frac{4}{5}$  $\frac{2}{3}$ von $\frac{4}{5}$ 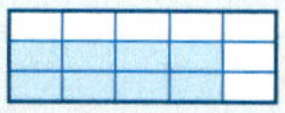

Anteile von Anteilen: $\frac{2}{3}$ von $\frac{4}{5}$

Brüche multiplizieren: $\frac{2}{3} \cdot \frac{4}{5} = \frac{8}{15}$

Seite 211

Durch einen Bruch dividieren

- **Multiplizieren mit dem Kehrbruch**

$\frac{3}{4} : \frac{2}{5} = \frac{3}{4} \cdot \frac{5}{2} = \frac{15}{8}$

Wie oft passt $\frac{3}{4}$ in $\frac{9}{2}$?

$\frac{9}{2} : \frac{3}{4} = \frac{9}{2} \cdot \frac{4}{3} = \frac{9 \cdot 4}{2 \cdot 3} = 6$ $\frac{3}{4}$ passt 6-mal in $\frac{9}{2}$

Seite 50

Einen Bruch vervielfachen

$\frac{5}{7} \cdot 3 = \frac{5 \cdot 3}{7} = \frac{15}{7}$ oder $\frac{5}{7} \cdot \frac{3}{1} = \frac{5 \cdot 3}{7 \cdot 1} = \frac{15}{7}$

Einen Bruch teilen

$\frac{3}{4} : 5 = \frac{3}{4 \cdot 5} = \frac{3}{20}$ oder $\frac{3}{4} : \frac{5}{1} = \frac{3}{4} \cdot \frac{1}{5} = \frac{3}{20}$

Seite 213

Rechnen mit der 0

$3 \cdot 0 = 0$ $\frac{3}{4} \cdot 0 = 0$ $0 : \frac{2}{5} = 0$ $\frac{0}{7} = 0 : 7 = 0$

Dividieren durch 0 ist verboten!

$\frac{3}{4} : 0$ verboten $\frac{7}{0}$ verboten $\frac{0}{0}$ verboten

Frühzeitiges Kürzen

$\frac{4\cdot 5\cdot 7}{3\cdot 7\cdot 8} = \frac{\overset{1}{\cancel{4}}\cdot 5\cdot \overset{1}{\cancel{7}}}{3\cdot \underset{1}{\cancel{7}}\cdot \underset{2}{\cancel{8}}} = \frac{5}{3\cdot 2} = \frac{5}{6}$

Achtung: Kürzen nur beim Multiplizieren! Seite 208

$\frac{4}{9}\cdot\frac{8}{3} = \frac{\overset{1}{\cancel{4}}}{\underset{3}{\cancel{9}}}\cdot\frac{\overset{1}{\cancel{3}}}{\underset{2}{\cancel{8}}} = \frac{1}{3}\cdot\frac{1}{2} = \frac{1}{6}$

Vorsicht bei gemischter Schreibweise: Brüche erst in unechte Brüche umwandeln Seite 210

$2\frac{1}{5} + 1\frac{3}{4} = \frac{11}{5} + \frac{7}{4} = \frac{44}{20} + \frac{35}{20} = \frac{79}{20} = 3\frac{19}{20}$

$1\frac{9}{12}\cdot 2\frac{2}{5} = \frac{21}{12}\cdot\frac{12}{5} = \frac{21}{5} = 4\frac{1}{5}$

Kommutativgesetz

$\frac{5}{2} + \frac{1}{5} = \frac{1}{5} + \frac{5}{2}$

$\frac{1}{2}\cdot\frac{4}{5} = \frac{4}{5}\cdot\frac{1}{2}$

Assoziativgesetz

$\frac{1}{8} + \frac{5}{7} + \frac{2}{5} = \frac{1}{8} + \left(\frac{5}{7} + \frac{2}{5}\right)$

$\frac{1}{7}\cdot\frac{2}{5}\cdot\frac{3}{4} = \frac{1}{7}\cdot\left(\frac{2}{5}\cdot\frac{3}{4}\right)$

Rechenregeln für Rechenausdrücke Seite 216

- Klammer zuerst oder ausmultiplizieren
- Punkt-vor-Strich
- von links nach rechts

Ausmultiplizieren

$\frac{2}{3}\cdot\left(\frac{9}{4} - \frac{3}{8}\right) = \frac{2}{3}\cdot\frac{9}{4} - \frac{2}{3}\cdot\frac{3}{8} = \frac{3}{2} - \frac{1}{4} = \frac{5}{4}$

Ausklammern Seite 216

$\frac{3}{4}\cdot\frac{5}{7} + \frac{3}{4}\cdot\frac{2}{7} = \frac{3}{4}\cdot\left(\frac{5}{7} + \frac{2}{7}\right) = \frac{3}{4}\cdot 1 = \frac{3}{4}$

Multiplizieren und Dividieren im Sachzusammenhang

Anteile von Anteilen Seite 208

Die Flasche Apfelsaft enthält $\frac{3}{4}$ Liter. Mateo trinkt $\frac{5}{6}$ davon. Wie viel Liter hat er getrunken?

$\frac{5}{6}$ von $\frac{3}{4}$ bestimmen: $\frac{5}{6}\cdot\frac{3}{4} = \frac{5\cdot 3}{6\cdot 4} = \frac{5}{8}$

Antwort: Er hat $\frac{5}{8}$ Liter getrunken.

Verteilen Seite 203

Mia hat $2\frac{1}{4}$ Pizza und möchte sie an 3 Kinder verteilen. Wie viel bekommt jedes Kind?

$2\frac{1}{4} = \frac{9}{4}$ an 3 verteilen: $\frac{9}{4} : 3 = \frac{3}{4}$

Antwort: Jedes Kind bekommt eine $\frac{3}{4}$-Pizza.

Aufteilen Seite 211

Sabrinas Mutter benötigt $2\frac{1}{2}$ kg Butter. Wie viele $\frac{1}{4}$-kg-Packungen sind das?

Wie oft passt $\frac{1}{4}$ in $2\frac{1}{2} = \frac{5}{2}$? $\frac{5}{2} : \frac{1}{4} = \frac{5}{2}\cdot\frac{4}{1} = 10$

Antwort: Sie benötigt 10 Packungen.

Rechteckfläche berechnen

$a = \frac{4}{5}$ cm, $b = 2\frac{1}{2}$ cm, $A = ?$

a | A = a · b | b

$A = a\cdot b = \frac{4}{5}\cdot\frac{5}{2} = 2$ A ist 2 cm^2 groß.

Fehlende Rechteckseite berechnen Seite 212

$a = \frac{3}{7}$ m, $A = 2\frac{1}{4}$ m^2, $b = ?$

$b = A : a = \frac{9}{4} : \frac{3}{7} = \frac{9}{4}\cdot\frac{7}{3} = \frac{21}{4}$ b ist $5\frac{1}{4}$ m lang.

Beurteilen und Begründen Seite 215

Untersuche die Aussage:

„Beim Multiplizieren zweier Brüche ist das Ergebnis immer kleiner als jeder der Faktoren."

1. Beispiel finden und beobachten

$\frac{1}{3}\cdot\frac{2}{5} = \frac{2}{15}$ $\frac{2}{15} < \frac{1}{3}$ und $\frac{2}{15} < \frac{2}{5}$

Die Aussage stimmt für dieses Beispiel.

2. Nach Gegenbeispielen suchen

$\frac{2}{3}\cdot\frac{7}{2} = \frac{14}{6} = \frac{7}{3}$ $\frac{7}{3} > \frac{2}{3}$

Die Aussage stimmt nicht immer.

3. Ergebnis der Untersuchung formulieren

Die Aussage stimmt immer dann, wenn beide Brüche kleiner als 1 sind. Ist ein Faktor größer als 1, dann stimmt die Aussage nicht.

Lösungen auf Seite 267

Wiederholen für die Klassenarbeit

1 Zahlenstrahl

Gib die markierten Zahlen an.

a) b) c) d)

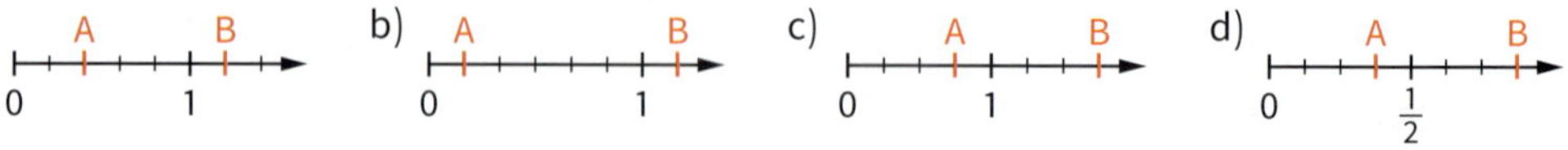

2 Drei Zahlen im gleichen Abstand

Die drei Zahlen liegen im gleichen Abstand auf dem Zahlenstrahl. Gib die fehlende Zahl an.

a) b) c) d)

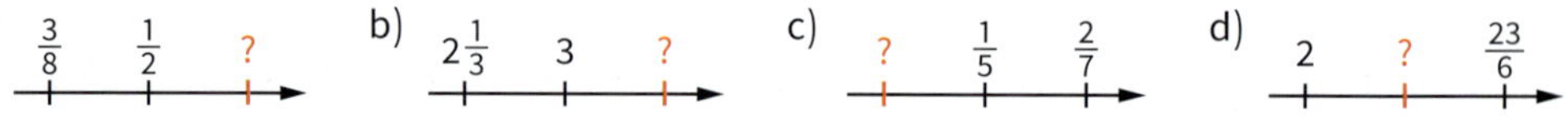

3 Wie viel sind es?

Bestimme rechnerisch, wie viele es sind.

a) $\frac{3}{5}$ von 400 Kindern lieben Schokoladeneis.
b) In einer Schulmensa werden pro Woche 4280 Essen ausgegeben. $\frac{2}{5}$ davon sind vegetarisch.
c) Familie Konz hatte im letzten Jahr 2520 € Energiekosten, $\frac{2}{7}$ davon waren für Warmwasser.

4 Wie viel waren es?

a) Die Hausgemeinschaft der Gaußstraße bekommt 13 560 € Zuschuss von Stadt und Land für die neue Heizungsanlage. Das sind $\frac{5}{12}$ der Gesamtkosten. Bestimme die Gesamtkosten.
b) Chemisch betrachtet besteht ein Mensch zu $\frac{4}{5}$ aus Wasser. Bestimme die Masse des Wassers, die in einem 80 kg schweren Menschen steckt.

5 Lücken füllen

Übertrage die Darstellungen in dein Heft und fülle die Lücken aus.

a) b) c) d)

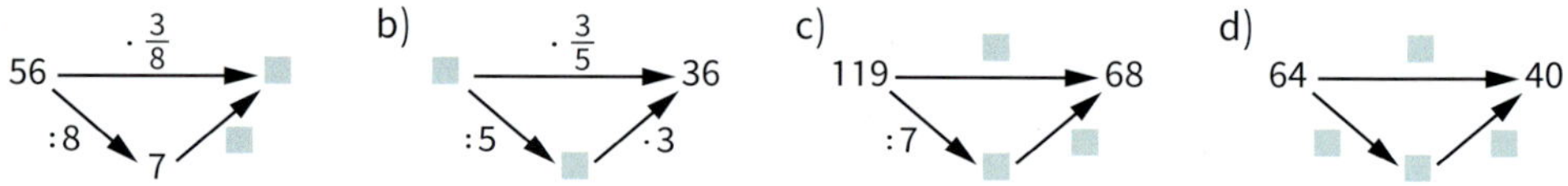

6 Brüche vervielfachen

Berechne und kürze das Ergebnis, falls möglich.

a) $\frac{2}{7}\cdot 3$ b) $5\cdot\frac{1}{8}$ c) $3\cdot\frac{10}{27}$ d) $\frac{5}{12}\cdot 4$ e) $12\cdot\frac{5}{6}$ f) $1\frac{3}{4}\cdot 8$

7 Anteile berechnen

Berechne das Ergebnis.

a) $\frac{3}{4}$ von 5 kg b) $\frac{2}{7}$ von 28 Kindern c) $\frac{3}{8}$ von 10 l d) $\frac{3}{5}$ von 4 t
e) $\frac{7}{10}$ von 2 km f) $\frac{1}{5}$ von 12 kg g) $\frac{3}{20}$ von 50 m h) $\frac{24}{100}$ von 200 l

8 Gerechte Verteilung

Gib an, wie viel jeder bekommt, wenn alle gleich viel bekommen.

a) 16 Bananen werden an 12 Kinder verteilt.
b) 5 Kinder teilen 3 Pizzen unter sich auf.
c) 2 Torten stehen für 16 Gäste bereit.
d) 4 Kinder essen 10 Pfannkuchen.

9 Summe und Differenz

Berechne die Summen und die Differenzen.

a) $\frac{3}{4}-\frac{1}{6}$ b) $\frac{1}{6}+\frac{3}{8}$ c) $\frac{2}{5}+\frac{3}{10}$ d) $\frac{3}{5}-\frac{1}{8}$ e) $\frac{7}{20}+\frac{3}{25}$ f) $\frac{13}{18}-\frac{5}{12}$
g) $\frac{2}{3}-\frac{2}{9}$ h) $\frac{1}{7}+\frac{1}{5}$ i) $\frac{3}{10}+\frac{1}{4}$ j) $\frac{5}{18}-\frac{1}{12}$ k) $\frac{33}{77}-\frac{5}{14}$ l) $\frac{4}{27}+\frac{5}{18}$

Lösungen auf Seite 267

10 Addieren und Subtrahieren mit gemischten Zahlen

Berechne. Verwende ein Verfahren, das dir am günstigsten erscheint.

a) $2\frac{1}{4}+5\frac{1}{4}$ b) $5\frac{5}{8}-2\frac{1}{2}$ c) $4\frac{2}{3}+2\frac{3}{5}$ d) $5\frac{7}{10}-2\frac{1}{4}$ e) $3\frac{1}{6}+2\frac{3}{4}$ f) $12\frac{3}{5}+8\frac{7}{8}$

g) $7\frac{7}{10}-6\frac{3}{5}$ h) $9\frac{7}{9}+6\frac{1}{2}$ i) $3\frac{3}{4}+7\frac{3}{4}$ j) $5\frac{1}{8}-2\frac{1}{3}$ k) $3\frac{3}{5}+6\frac{9}{10}$ l) $5\frac{21}{25}+2\frac{3}{4}$

11 Der König vererbt

König Karl hat Kinder, Enkel und Urenkel. In seinem Testament sieht er vor, dass die Hälfte seines Vermögens unter seinen Kindern aufgeteilt wird, ein Viertel unter seinen Enkeln und ein Achtel unter seinen Urenkeln. Überprüfe, ob noch etwas für seine Diener übrig bleibt.

12 Onkel Theodor gewinnt im Lotto

Onkel Theodor verteilt seinen ganzen Lottogewinn an seine Neffen Kai und Dirk und an seine Nichte Claudia. Kai erhält $\frac{2}{5}$ des Gewinns, Dirk $\frac{1}{3}$ des Gewinns und Claudia den Rest.

a) Bestimme den Anteil des Gewinns, den die Neffen insgesamt erhalten.

b) Gib an, welchen Anteil die Nichte erhält.

c) Claudias Anteil am Gewinn ist 80 000 €. Berechne, wie hoch der gesamte Lottogewinn war.

13 Multiplizieren mit natürlichen Zahlen

Fülle die Lücken aus.

a) $4\cdot\frac{3}{15}=\square$ b) $3\cdot\square=\frac{9}{10}$ c) $\square\cdot\frac{2}{11}=\frac{10}{11}$ d) $\frac{4}{5}\cdot\square=\frac{24}{5}$ e) $\frac{2}{9}\cdot\square=2$ f) $\square\cdot 5=6$

g) $\square\cdot\frac{1}{20}=3$ h) $\square\cdot 100=1$ i) $\frac{2}{9}\cdot\square=4$ j) $\frac{3}{7}=\frac{1}{14}\cdot\square$ k) $\square\cdot 1\frac{1}{2}=4\frac{1}{2}$ l) $\square\cdot\frac{2}{9}=1\frac{1}{3}$

14 Dividieren und Probe machen

Berechne und mache danach die Probe.

a) $\frac{3}{2}:\frac{1}{4}$ b) $8:\frac{1}{2}$ c) $\frac{1}{3}:2$ d) $\frac{8}{9}:\frac{2}{3}$ e) $\frac{2}{7}:\frac{8}{21}$ f) $\frac{8}{10}:4$

g) $2:\frac{1}{4}$ h) $2\frac{3}{4}:\frac{1}{4}$ i) $\frac{1}{3}:\frac{1}{9}$ j) $1\frac{1}{3}:\frac{6}{9}$ k) $1\frac{7}{8}:\frac{4}{5}$ l) $\frac{30}{55}:1\frac{4}{11}$

15 Frühzeitiges Kürzen hilft

Berechne. Denke an frühzeitiges Kürzen.

a) $\frac{3}{4}:\frac{1}{4}$ b) $\frac{5}{9}:\frac{2}{3}$ c) $\frac{7}{20}:\frac{14}{30}$ d) $\frac{4}{9}:\frac{2}{3}$ e) $\frac{11}{15}:\frac{22}{30}$ f) $\frac{25}{16}:\frac{5}{8}$

g) $\frac{10}{9}:\frac{15}{6}$ h) $1\frac{1}{9}:3\frac{1}{3}$ i) $\frac{26}{56}:\frac{39}{42}$ j) $4\frac{3}{4}:2\frac{1}{4}$ k) $2\frac{5}{9}:1\frac{1}{3}$ l) $3\frac{1}{7}:5\frac{1}{7}$

16 Multiplizieren und Dividieren

Berechne die Produkte und die Quotienten.

a) $\frac{9}{20}:\frac{3}{5}$ b) $\frac{1}{2}:\frac{1}{4}$ c) $\frac{2}{3}\cdot 9$ d) $8:\frac{1}{2}$ e) $27\cdot\frac{1}{3}$ f) $\frac{5}{9}\cdot\frac{2}{3}$

g) $\frac{5}{9}:\frac{1}{3}$ h) $\frac{5}{7}\cdot\frac{14}{8}$ i) $\frac{3}{4}:\frac{1}{4}$ j) $\frac{2}{9}:\frac{1}{3}$ k) $\frac{1}{2}\cdot\frac{2}{5}$ l) $\frac{2}{5}:\frac{1}{2}$

m) $\frac{7}{8}\cdot\frac{4}{21}$ n) $\frac{8}{7}:\frac{4}{21}$ o) $\frac{3}{8}\cdot 6$ p) $6:\frac{1}{3}$ q) $6\cdot\frac{1}{3}$ r) $\frac{1}{3}:6$

17 Anteile

a) In der Klasse 6 d der Gauß-Schule kommen $\frac{2}{3}$ der Schülerinnen und Schüler aus Pulheim, das sind 18 Kinder. Bestimme die Gesamtzahl der Kinder in der Klasse 6 d.

b) Marlene mischt sich einen Hafermilchshake. Der Hafermilchanteil ist $\frac{4}{5}$. Berechne, wie viel Liter Hafermilch sie für 2 Liter Milchshake benötigt.

c) Die Klasse 6 a macht auf ihrer Wanderung im Schwarzwald nach $5\frac{1}{2}$ km zum ersten Mal Rast. Die Lehrerin Frau Schmitz sagt: *„Jetzt haben wir $\frac{5}{12}$ der gesamten Strecke geschafft."* Bestimme die Länge der gesamten Wanderstrecke.

d) Enno hat in 20 min bereits 6,2 kg Äpfel gepflückt. Das sind $\frac{4}{7}$ aller Äpfel. Berechne, wie lange er für den ganzen Baum benötigt und wie viel Kilogramm Äpfel er insgesamt erntet.

Lösungen auf Seite 268

18 ≡ Anteile von Anteilen im Garten

Familie Grün hat 300 m^2 des Gartens mit Feldgemüse bepflanzt. $\frac{2}{3}$ der Fläche ist mit Salat bepflanzt, und $\frac{2}{5}$ davon ist mit Kopfsalat bepflanzt. Bestimme die Fläche für den Kopfsalat.

19 ≡ Anteile von Anteilen im Chor

Am Friedrich-Eugens-Gymnasium hat der Musiklehrer Herr Flöthe einen Kursstufenchor zusammengestellt. $\frac{3}{8}$ der Schülerinnen und Schüler machen mit, $\frac{2}{5}$ davon sind männlich, das sind insgesamt 12 Jungen. Berechne die Anzahl der Schülerinnen und Schüler in der Kursstufe.

20 ≡ Altersrätsel

Mia ist $16\frac{1}{6}$ Jahre alt. Ben ist $2\frac{5}{12}$ Jahre älter, ihre Schwester Emma $3\frac{1}{4}$ Jahre jünger.

a) Bestimme das Alter von Ben und Emma.

b) Berechne den Altersunterschied der beiden.

21 ≡ Verteilungsrätsel

Tina behauptet, dass sie 7 l Holundergelee in Gläser zu $\frac{1}{2}$ l, $\frac{1}{4}$ l und $\frac{1}{8}$ l so abfüllen kann, dass sie von jeder Glasgröße gleich viele volle Gläser erhält.
Hat Tina recht? Begründe und gib die Anzahl der Gläser an, die sie benötigt.

22 ≡ Alle Rechenarten

Berechne.

a) $\frac{3}{4}\cdot\frac{1}{4}$ b) $\frac{3}{4}-\frac{1}{4}$ c) $\frac{3}{4}:\frac{1}{4}$ d) $\frac{3}{4}+\frac{1}{4}$ e) $\frac{5}{6}:\frac{2}{3}$ f) $\frac{5}{6}\cdot\frac{2}{3}$

g) $\frac{5}{6}+\frac{2}{3}$ h) $\frac{5}{6}-\frac{2}{3}$ i) $\frac{3}{4}-\frac{2}{3}$ j) $\frac{3}{4}\cdot\frac{2}{3}$ k) $\frac{3}{4}:\frac{2}{3}$ l) $\frac{3}{4}+\frac{2}{3}$

m) $\frac{4}{5}-\frac{2}{3}$ n) $\frac{4}{5}\cdot\frac{2}{3}$ o) $\frac{4}{5}:\frac{2}{3}$ p) $\frac{4}{5}+\frac{2}{3}$ q) $\frac{5}{6}-\frac{3}{8}$ r) $\frac{5}{6}\cdot\frac{3}{8}$

s) $\frac{5}{6}+\frac{3}{8}$ t) $\frac{5}{6}:\frac{3}{8}$ u) $\frac{7}{12}\cdot\frac{2}{15}$ v) $\frac{7}{12}-\frac{2}{15}$ w) $\frac{7}{12}+\frac{2}{15}$ x) $\frac{7}{12}:\frac{2}{15}$

23 ≡ Brüche in gemischter Schreibweise

Berechne. Wandle, wenn nötig, in einen unechten Bruch um.

a) $8\cdot3\frac{1}{4}$ b) $12\frac{2}{3}\cdot3$ c) $2\frac{3}{4}+1\frac{1}{2}$ d) $8\frac{1}{4}-4\frac{1}{2}$ e) $4\frac{2}{3}:\frac{7}{5}$ f) $3\frac{1}{2}:1\frac{2}{5}$

24 ≡ Lücken füllen

Bestimme die fehlende Zahl.

a) $2\frac{3}{7}-\square=1$ b) $\frac{8}{9}-\square=\frac{2}{9}$ c) $\frac{1}{2}=\square+\frac{1}{16}$ d) $\square-\frac{3}{10}=2\frac{1}{5}$ e) $3\frac{1}{7}-\square=3$ f) $\frac{5}{8}+\square=\frac{8}{5}$

g) $\square\cdot\frac{2}{3}=\frac{1}{2}$ h) $\frac{4}{5}\cdot\square=\frac{14}{15}$ i) $\frac{2}{3}:\square=\frac{9}{8}$ j) $\square:\frac{2}{5}=\frac{9}{4}$ k) $\square\cdot\frac{3}{2}=2\frac{1}{4}$ l) $\square:\frac{1}{2}=\frac{3}{7}$

m) $\frac{5}{8}+\frac{1}{2}\cdot\square=1$ n) $\frac{1}{2}\cdot\left(\square+\frac{1}{4}\right)=\frac{3}{8}$ o) $\left(\square+\frac{1}{10}\right):\frac{3}{5}=\frac{1}{2}$

25 ≡ Vorsicht mit der Null

Berechne, wenn möglich.

a) $\frac{0}{8}$ b) $\frac{8}{0}$ c) $\frac{1}{2}:0$ d) $5\cdot\frac{1}{0}$ e) $0:\frac{6}{1}$ f) $\frac{6}{1}:0$

26 ≡ Holzplatten

Berechne die fehlende Seitenlänge.

a)
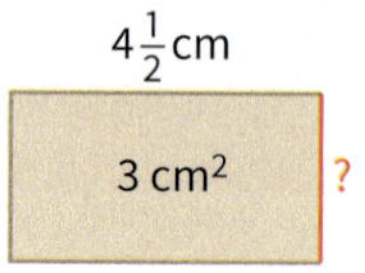

b)
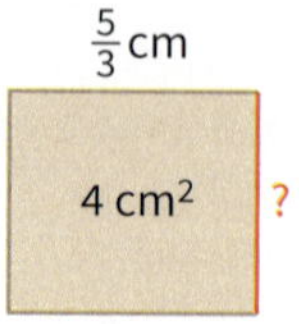

c)
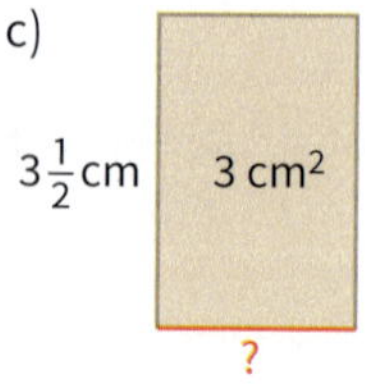

d)
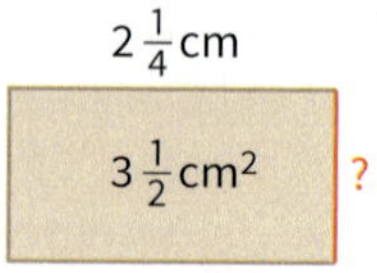

Lösungen auf Seite 269

27 Wasserspender

Ein Wasserspender ist mit 5 l Wasser gefüllt. Aus dem Wasserspender werden 7 Gläser zu $\frac{1}{4}$ l und 3 Gläser zu $\frac{1}{8}$ l abgefüllt. Bestimme die Wassermenge, die noch im Wasserspender ist. Stelle für die Rechnung zunächst einen einzigen Rechenausdruck auf.

28 Aussagen beurteilen

Finde Beispiele. Beurteile, ob die Aussage immer wahr ist.

a) Beim Multiplizieren ist das Ergebnis immer größer als jeder der beiden Faktoren.
b) Bei der Division ist das Ergebnis immer kleiner als der Dividend.
c) Addiert man zwei unechte Brüche, so ist die Summe immer größer als 1.
d) Bildet man den kleinsten gemeinsamen Nenner zweier Brüche und addiert diese, so entsteht immer ein Ergebnis, das man nicht mehr kürzen kann.
e) Addiert man zwei echte Brüche, so ist das Ergebnis niemals eine natürliche Zahl.

29 Versunkenes Dorf

Aus dem Reschensee ragt von einem Kirchturm noch $\frac{2}{3}$ der Gesamtlänge aus dem Wasser heraus. $\frac{5}{24}$ steht im Wasser und der Rest von 4,5 m ist im Seeboden versunken.

a) Bestimme die Höhe des Kirchturms.
b) Berechne, wie tief das Wasser an dieser Stelle ist.

30 Geschickt rechnen

Berechne geschickt und erkläre, was „geschickt“ für dich bedeutet.

a) $\frac{4}{7}+\frac{1}{2}+\frac{3}{7}$ b) $\frac{2}{5}\cdot\frac{2}{3}\cdot\frac{5}{6}\cdot\frac{3}{2}$ c) $\frac{3}{8}+\frac{3}{4}-\frac{1}{8}-1$ d) $5-\frac{5}{6}+\frac{1}{6}\cdot\frac{1}{2}-4$

31 Vom Text zum Rechenausdruck

Stelle zunächst den Rechenausdruck auf. Berechne ihn dann.

a) Multipliziere die Summe der Zahlen 5 und $\frac{3}{4}$ mit $\frac{1}{8}$ und subtrahiere dann $\frac{1}{2}$.
b) Subtrahiere von dem Quotienten der Zahlen $\frac{1}{2}$ und $\frac{2}{5}$ das Produkt dieser beiden Zahlen.
c) Dividiere die Summe von $2\frac{1}{8}$ und $3\frac{1}{2}$ durch $\frac{1}{8}$.

32 Vom Rechenausdruck zum Text

Schreibe den Rechenausdruck in Worten.

a) $\left(\frac{3}{4}+\frac{1}{8}\right)\cdot\frac{5}{7}+7$ b) $\frac{2}{3}\cdot\frac{9}{14}-\frac{1}{7}$ c) $5:\frac{1}{2}-\frac{2}{3}$ d) $\left(1\frac{3}{4}-\frac{3}{8}\right)+\frac{2}{5}\cdot\frac{5}{8}$

33 Distributivgesetz nutzen

Nutze das Distributivgesetz und berechne dann.

a) $4\cdot\left(\frac{3}{2}+\frac{1}{4}\right)$ b) $\frac{3}{2}\cdot\left(\frac{5}{6}-\frac{1}{3}\right)$ c) $\frac{2}{3}\cdot\left(\frac{9}{4}-\frac{3}{8}\right)$ d) $\frac{4}{5}\cdot\left(\frac{10}{4}+\frac{15}{4}\right)$
e) $\left(\frac{5}{7}-\frac{5}{21}\right)\cdot 42$ f) $\frac{6}{10}\cdot\left(\frac{5}{3}-\frac{20}{33}\right)$ g) $\frac{9}{21}\cdot\left(\frac{7}{12}-\frac{1}{6}\right)$ h) $\left(\frac{9}{20}-\frac{3}{15}\right):\frac{3}{5}$

34 Distributivgesetz umgekehrt

Klammere aus und berechne dann.

a) $18\cdot\frac{5}{8}-18\cdot\frac{1}{8}$ b) $\frac{5}{9}\cdot\frac{5}{11}+\frac{5}{9}\cdot\frac{6}{11}$ c) $\frac{17}{3}\cdot\frac{2}{9}-\frac{2}{9}\cdot\frac{7}{6}$ d) $\frac{12}{25}\cdot\frac{3}{8}+\frac{3}{8}\cdot\frac{4}{25}$

35 Terme – Allerlei

Achte auf die Rechenregeln. Nutze Rechenvorteile und berechne.

a) $20+\frac{5}{3}-\frac{5}{4}\cdot 8$ b) $\frac{7}{3}+\frac{2}{3}\cdot 8-3\frac{1}{9}$ c) $\frac{3}{5}+\frac{2}{5}:\frac{4}{5}-\frac{4}{5}$ d) $\frac{2}{3}-\frac{1}{3}\cdot\left(\frac{5}{6}+\frac{1}{6}\right)$
e) $\frac{2}{5}\cdot\left(\frac{2}{3}+\frac{1}{3}\right)-\frac{1}{3}$ f) $\frac{3}{11}+\frac{8}{11}\cdot\frac{3}{7}:6$ g) $\frac{5}{9}\cdot\frac{11}{20}+\frac{5}{9}\cdot\frac{3}{20}+\frac{3}{10}\cdot\frac{5}{9}$ h) $\frac{1}{4}\cdot\left(\frac{2}{9}+\frac{1}{3}\right)\cdot 8$

Vorbereiten und Wiederholen

Du hast schon vieles Neue gelernt.

Mit den 3-Minuten-Runden hältst du dein Wissen im Unterricht wach.

Die Aufgaben zum Vorbereiten erleichtern dir den Einstieg in neue Themen.

Die Lösungen kannst du selbständig zur Kontrolle deiner Rechnungen nutzen.

In diesem Kapitel

- **3-Minuten-Runden zum Wachhalten für den Unterricht**
- **Vorbereiten auf ein neues Thema**
- **Symbole und Sprechweisen**
- **Lösungen zur Selbstkontrolle**

3-Minuten-Runden

1

$7 \cdot 5$ $7 + 5$
$24 : 3$ $24 \cdot 3$
$3 \cdot 4 + 5$ $3 + 4 \cdot 5$

2

Zahl gesucht
Das Dreifache der Zahl ist 72.
Die um 3 vergrößerte Zahl ist 15.

3

Setze fort
3, 6, 9, 12, …
4, 8, 12, 16 …
49, 42, 35, …

4

$27 : 9$ $54 : 6$
$63 : 9$ $56 : 8$
$39 : 3$ $72 : 9$

5

Setze fort
8, 16, 24, …
11, 22, 33, …
81, 72, 63, …

6

Erkläre
Säulendiagramm
Balkendiagramm
Bilddiagramm

7

$54 : 9$ $12 - 3 \cdot 4$
$16 - 13$ $6 + 27$
$51 - 38$ $106 + 17$

8

Vielfache von 7 oder 8?
63, 48, 17, 57, 56, 84, 100, 112, 106, 119, 187

9

Zahlen vorlesen
3 000 000
90 000 000 000
12 034 056

10

$175 - 81 + 70$
$180 - 81 + 75$
$185 - 81 + 80$
…
Wie geht es weiter?

11

Stellenwert von 3 und 7
3 000 700
15 031 007
70 402 000 030

12

$3 \cdot 21$ $13 \cdot 7$
$11 \cdot 12$ $14 \cdot 70$
$19 \cdot 4$ $21 \cdot 12$

13

Runde auf Zehner
273, 728, 308, 996
Runde auf Hunderter
1234, 9876, 399, 71

14

Kürze
$\frac{3}{6}$ $\frac{12}{3}$ $\frac{18}{12}$ $\frac{6}{9}$
$\frac{4}{2}$ $\frac{8}{6}$ $\frac{4}{16}$ $\frac{8}{24}$

15

$\frac{1}{10}$ von 50
$\frac{1}{2}$ von 72
$\frac{1}{4}$ von 80
$\frac{2}{3}$ von 30

16

$73 - ■ = 28$
$3 \cdot ■ = 45$
$■ : 5 = 12$
$48 : ■ = 6$

17

Zahl in der Mitte

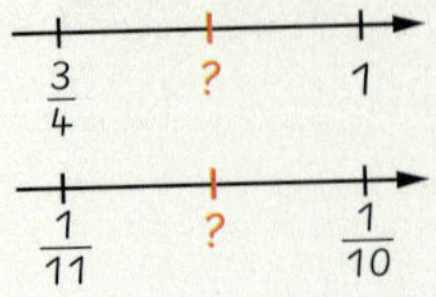

18

10 % von 500
20 % von 50
10 % von 360
15 % von 300

19
Erkläre
Zähler
Nenner
unechter Bruch
Anteil

20
Zeichne die Rechtecke
$a = 2\,cm;\ b = 5\,cm$
$a = 4\,cm;\ b = 3\,cm$

21
Erkläre
Warum ist $\frac{4}{5}$ größer als $\frac{3}{4}$?
Finde verschiedene Erklärungen.

22
Zeichne die Geraden
g, h und k mit
$g \parallel k$ und $k \perp h$.

23
Zahl in der Mitte
$\frac{1}{2}$? 1
$\frac{2}{5}$? $\frac{3}{5}$

24
$2 \cdot \frac{1}{3}$ $8 \cdot \frac{2}{5}$
$\frac{1}{4} \cdot 6$ $\frac{3}{7} \cdot 3$
$\frac{3}{7} \cdot 7$

25
Vom 2er- ins 10er-System
$(101)_2$ $(1100)_2$
$(100111)_2$

26
$18 + 34 + 12 + 6$
$7 + 7 + 7 + 7 + 7 + 7$
$60 - 10 - 7 - 17$
$6 \cdot 7 + 7 \cdot 4$

27
Wahr oder falsch?
„Jede punktsymmetrische Figur ist achsensymmetrisch."

28
Schreibe **als Bruch**
0,2   0,03   0,37
1,05   3,58
0,001

29
$8 \cdot 11$ $60 : 15$
$28 + 13$ $9 \cdot 8$
$121 - 35$ $72 : 4$

30
Unterschiede und Gemeinsamkeiten?
Rechteck
Parallelogramm

31
$183 - ■ = 26$
$■ : 4 = 24$
$70 \cdot ■ = 5600$
$■ + 27 = 84$

32
Kürze
$\frac{4}{2}$ $\frac{6}{8}$ $\frac{70}{25}$
$\frac{14}{49}$ $\frac{42}{12}$ $\frac{56}{72}$

33
Runde auf Zehner
812, 135, 417, 95
Runde auf Hunderter
2647, 2550, 555, 25

34
Ordne der Größe nach
25 % $\frac{1}{5}$ 2 %
$\frac{1}{3}$ $\frac{3}{20}$

35
Wahr oder falsch?
„Jedes Viereck ist ein Rechteck."

36
Erkläre
Summand,
Minuend, Subtrahend,
Summe, Differenz

Wahr oder falsch? 37
„Beim Kürzen wird ein Bruch kleiner, beim Erweitern wird er größer."

38
2^3 3^3
2^4 3^4
2^5 3^5
2^{10} 10^2

39
$\frac{1}{2} \cdot 12$ $12 \cdot \frac{2}{3}$
$\frac{2}{3} \cdot 4$ $3 \cdot \frac{5}{12}$
$\frac{3}{5} \cdot 15$ $20 \cdot \frac{3}{4}$

Berechne schriftlich 40
1963 + 4692
421 · 7
32005 − 8687
9472 : 16

41
5 km in m
13 m in mm
70 000 000 cm in km
1450 mm in m

42
Wahr oder falsch?
„Jede Raute ist ein Parallelogramm."

Berechne geschickt 43
$34 \cdot (10 + 3)$
$(12 + 5) \cdot 12$
$13 \cdot (50 + 12 + 8)$

Zahl in der Mitte 44
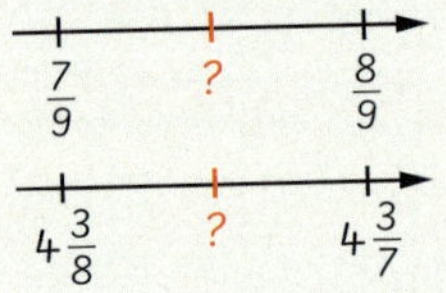

Vergleiche 45
$\frac{4}{5}$ und $\frac{3}{5}$ $\frac{2}{3}$ und $\frac{3}{4}$
$\frac{6}{7}$ und $\frac{7}{8}$ $\frac{5}{13}$ und $\frac{5}{11}$

Erkläre 46
Strecke, Gerade, parallel, orthogonal

47
Vom 10er- ins 2er-System:
4 10
31 54
128

Schreibe **in gemischter Schreibweise** 48
$\frac{7}{2}$ $\frac{5}{3}$ $\frac{29}{6}$
$\frac{101}{5}$ $\frac{89}{9}$

Symmetrie gesucht 49
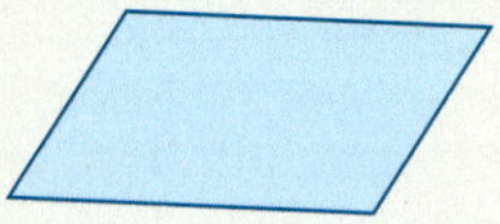

50
Zeichne ein Dreieck ABC mit A(1|3), B(3|4) und C(4|2).

51
Subtrahiere von der Summe der Zahlen 36 und 14 die Differenz der Zahlen 42 und 27.

52
Zeichne das Schrägbild eines Würfels mit der Seitenlänge $a = 4$ cm.

53
Teile eine 12 cm lange Strecke im **Verhältnis**
5 zu 7,
11 zu 1.

Anteile darstellen 54
$\frac{5}{12}$ $\frac{6}{8}$
$\frac{4}{10}$ $\frac{2}{9}$ $\frac{3}{4}$

55
Rechenausdruck
Subtrahiere vom Produkt aus 12 und 5 die Zahl 27.

56
720 dm in cm
12 kg in g
72 h in d
90 min in h

57
Markiere die Zahlen auf einem **Zahlenstrahl**.
2 $\frac{5}{2}$ 3,75 $4\frac{1}{4}$ $\frac{9}{3}$

58
$\frac{2}{3} : 2$ $2 \cdot \frac{2}{3}$
$\frac{6}{5} : 3$ $3 \cdot \frac{6}{5}$
$\frac{7}{9} : 2$ $4 \cdot \frac{7}{9}$

59
Wer bin ich?
„Ich habe 5 Flächen, 9 Kanten und 6 Ecken."

60
8731 + 12 943 + 7489
41 802 – 3971 – 948

61
Fehlende Seite im Rechteck
$u = 32\,m$, $a = 7\,m$
$A = 56\,m^2$, $a = 7\,m$

62
Idenische Würfel?
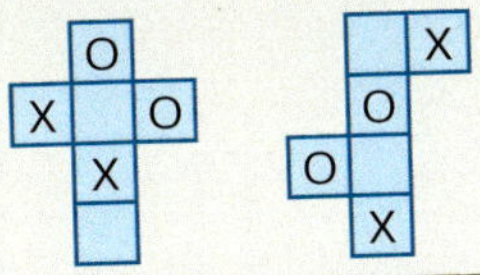

63
14 105 : 35
34 391 : 17
333 333 : 33

64
3 a in m^2
500 000 cm^2 in dm^2
8 km^2 in ha

65
Nenne die **Quadratzahlen** von 1 bis 20.

66
Maßstab 1 : 5000

Karte	Wirklichkeit
4 cm	■
■	12 km

67
Schreibe **als Dezimalzahl**
$\frac{7}{10}$ $\frac{9}{100}$ $\frac{327}{10}$
$\frac{20}{10}$ $\frac{3}{1000}$ $\frac{107}{100}$

68
Zeichne g ∥ h im Abstand von 3 cm. k soll von g doppelt so weit entfernt sein wie von h. Zeichne k.

69
Flächeninhalt gesucht
Quadrat: $a = 4\,cm$
Rechteck: $a = 4\,cm$, $b = 2,5\,cm$

70
Erkläre die Formel für den Flächeninhalt eines rechtwinkligen Dreiecks.

71
$8\,m^2 - 260\,cm^2$
$6\,a - 95\,m^2$
$5\,km^2 - 100\,ha$

72
Zerlege in Primfaktoren.
24 36 56
64 140

Vorbereiten

Vorbereiten für Kapitel 2.2 — Seite 41

- Kleines Einmaleins

1 a) 7·5 8·6 9·7 b) 6·5 4·8 3·9
c) 4·7 9·6 7·8 d) 9·3 8·9 6·4

2 Einmaleins-Reihen aufsagen.
a) 3er Reihe b) 6er Reihe
c) 7er Reihe d) 8er Reihe

3 Das Ergebnis ist bekannt. Gib Einmaleins-Aufgaben an. Es gibt oft mehrere Lösungen.
a) 12 32 45 b) 18 49 54
c) 16 36 63 d) 25 72 56

Vorbereiten für Kapitel 2.4 — Seite 47

- Division und Division mit Rest

1 a) 72:8 45:5 42:6 b) 54:6 27:3 28:7
c) 36:4 64:8 18:2 d) 49:7 32:4 18:3

2 Gib den Rest an.
a) 55:6 22:5 28:3 b) 35:6 18:4 25:7
c) 19:3 24:5 43:8 d) 70:9 80:9 56:8

3 Prüfe, ob der Rest 0 ist.
a) 46: 9 24:8 b) 32:6 54:7
c) 28:7 34:7 d) 74:8 64:8

Vorbereiten für 2.5 — Seite 48

- Zahlen ordnen, markieren und ablesen
- Ausschnitte des Zahlenstrahls zeichnen

4 Gib Vorgänger und Nachfolger der Zahl an.
a) 45 628 b) 10 000 c) 95 999
d) 12 345 e) 9999 f) 76 543 210

5 a) Gibt es eine Zahl, die keinen Nachfolger hat?
b) Gibt es eine Zahl, die keinen Vorgänger hat?

6 Welche Zahl ist markiert?

a)
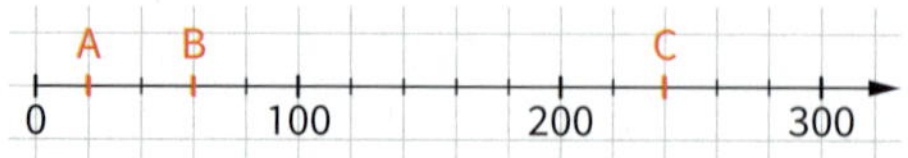

b)
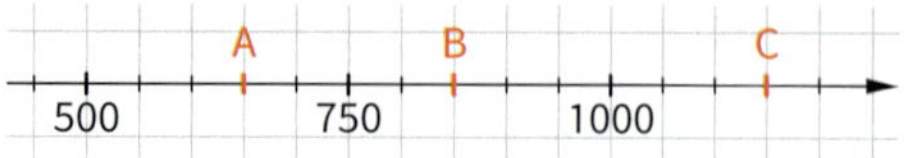

7 Zeichne einen Ausschnitt eines Zahlenstrahls auf dem die drei Zahlen markiert sind.
a) 17, 21, 34 b) 2500, 2600, 2950
c) 0, 5, 100 d) 1010, 1015, 1021

8 Ordne die Zahlen der Größe nach und nutze die Zeichen < oder >.
a) 123, 312, 213 b) 540, 5400, 450

9 Welche Zahl liegt in der Mitte zwischen …
a) 17 und 47 b) 6 und 100
c) 250 und 280 d) 1 und 2

Vorbereiten für Kapitel 2.7 — Seite 52

- Stufenzahlen 10, 100 oder 1000 erreichen

1 Das Produkt ist 100. a) 20·□ b) 10·□
c) 4·□ d) 25·□ e) 5·□ f) 2·□

2 Das Produkt ist 1000. a) 500·□ b) 100·□
c) 200·□ d) 8·□ e) 25·□ f) 4·□

3 Gib alle Produkte an, die 10 ergeben.

4 Welches Produkt kann 100 oder 1000 ergeben? Ergänze den Faktor entsprechend.
a) 50·□ b) 30·□ c) 15·□ d) 20·□
e) 100·□ f) 125·□ g) 150·□ h) 200·□
i) 250·□ j) 300·□ k) 400·□ l) 500·□

Vorbereiten für Kapitel 2.8 — Seite 54

- Das Zehnersystem als Stellenwertsystem

5 Gib den Stellenwert der Ziffern 3 und 4 an.
a) 230 041 b) 3 001 234 c) 40 132 571

6 Entscheide vor dem Rechnen: An welcher Stelle steht die 7 im Ergebnis?
a) 10·372 b) 701·100 c) 1000·70
d) 371·100 e) 7000·100 f) 10 000·73

7 [3 1 7] [6] [2 5] [9] [7 4]
Lege mit den Kärtchen die
a) kleinste Zahl, die möglich ist.
b) größte gerade Zahl, die möglich ist.
c) die zweitkleinste Zahl, die möglich ist.

8 Schreibe die Zahl in Ziffern.
a) dreihundertzehntausendsiebenundzwanzig
b) sechszehntausendachtundzwanzig

Vorbereiten für Kapitel 4.1 Seite 92

- Addieren und Subtrahieren

1 a) 7 + 8 4 + 7 3 + 9 b) 9 + 6 6 + 7 5 + 8
c) 4 + 6 2 + 9 8 + 9 d) 2 + 8 6 + 5 8 + 4
e) 12 − 7 16 − 9 f) 14 − 6 18 − 9
g) 14 − 9 17 − 8 h) 13 − 8 13 − 4
i) 16 − 7 11 − 7 j) 15 − 6 12 − 5

2 Ergänze zum nächsten Zehner. a) 17 42 36
b) 11 23 74 c) 29 35 48 d) 5 99 77

3 Ergänze zum nächsten Hunderter.
a) 87 56 43 b) 111 172 167
c) 214 222 263 d) 391 547 888

4 a) 23 + 45 67 + 13 b) 12 + 89 63 + 36
c) 56 + 28 72 + 19 d) 45 + 62 38 + 37

5 a) 80 − 45 100 − 53 b) 62 − 23 75 − 49
c) 91 − 19 85 − 57 d) 87 − 24 48 − 46

Vorbereiten für 4.2/4.3 Seite 96

- Zehnersystem als Stellenwertsystem
- Runden

6 Gib den Stellenwert der Ziffern 5 und 7 an.
a) 507 b) 370 000 051 c) 200 075 000

7 Runde.
a) 2031 auf Zehner b) 5254 auf Zehner
c) 5254 auf Hunderter d) 5254 auf Tausender

8 Welches ist die kleinste, welches ist die größte Zahl, die …
a) gerundet auf Zehner 450 ergibt.
b) gerundet auf Hunderter 17 900 ergibt.
c) gerundet auf Zehner 15 000 ergibt.

Vorbereiten für Kapitel 4.4 Seite 100

- Multiplizieren und Dividieren
- Stellenwertwechsel im Zehnersystem

9 a) 6·5 3·8 8·7 b) 4·5 4·9 6·9
c) 3·7 9·9 6·8 d) 7·6 9·5 8·9

10 a) 63 : 9 42 : 7 35 : 5 b) 56 : 7 28 : 4 25 : 5
c) 36 : 9 54 : 9 16 : 2 d) 27 : 3 81 : 9 24 : 3

11 Multipliziere mit 10: a) 2 4 20
b) 23 31 45 c) 47 98 100

12 Multipliziere mit 100: a) 2 5 15
b) 18 20 25 c) 101 110 111

13 Dividiere durch 10: a) 200 400 2000
b) 2400 30 100 c) 160 1600 1060

14 Dividiere durch 100: a) 500 1000 5000
b) 12 000 10 200 1200 c) 75 000 70 500

Vorbereiten für Kapitel 5.2/5.4 Seite 128

- Stellenwertwechsel im Zehnersystem

15 Multipliziere mit 10: a) 5 10 50
b) 14 18 25 c) 33 36 100

16 Multipliziere mit 10: a) 1,5 2,1 2,01
b) 0,2 0,5 0,05 c) 1,8 1,08 10,8

17 Multipliziere mit 1000: a) 2 5 10
b) 15 20 25 c) 75 705 750

18 Multipliziere mit 1000: a) 2,5 2,05 20,51
b) 0,5 0,05 0,005 c) 4,5 4,05 40,5

19 Dividiere durch 10: a) 150 200 2000
b) 2400 70 100 c) 250 2500 2060

20 Dividiere durch 10: a) 1 1,1 1,01
b) 0,2 0,02 0,002 c) 1,5 1,05 10,5

21 Dividiere durch 1000: a) 25000 20 000 2000
b) 24 000 7000 10 000 c) 750 000 705 000

22 Dividiere durch 1000: a) 25 250 2500
b) 3 0,3 0,003 c) 15 1,5 100,5

Vorbereiten für Kapitel 5.6 Seite 138

- Multiplizieren mit 7, 12, 24 und 60

23 Hilfreiche Produkte für das Umrechnen von Zeiten.
a) 2·60 5·60 10·60 15·60
30·60 45·60 60·60
b) 2·24 5·24 10·24 15·24
20·24 30·24 365·24
c) 2·12 5·12 10·12 15·12
20·12 30·12 90·12
d) 2·7 3·7 6·7 10·7
13·7 52·7 104·7

Vorbereiten für Kapitel 6.1 Seite 146

1 Gib die Eigenschaften des Vierecks an.
a) Quadrat b) Rechteck

2 Gib die Eigenschaften des Dreiecks an.
a) allgemeines b) gleichseitig
c) gleichschenklig d) rechtwinklig

3 Welche der Dreiecke sind rechtwinklig? Wo liegt der rechte Winkel?

a)
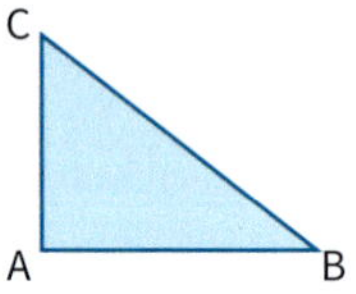

b)
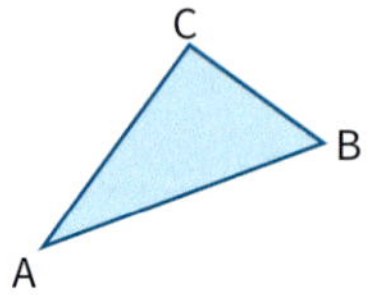

c)
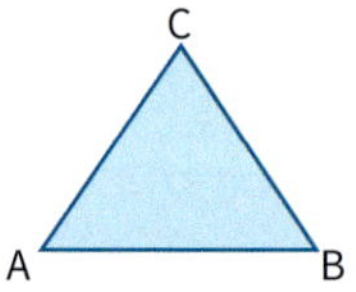

d)
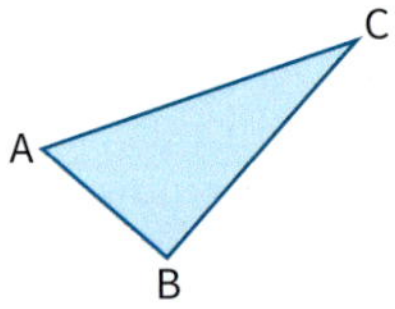

Vorbereiten für Kapitel 6.3/6.4 Seite 152

1 Zeichne ein Quadrat mit der Seitenlänge 4 cm.

2 Zeichne ein Rechteck ABCD mit den Seitenlängen a = 5 cm und b = 6 cm. Gib die Länge der Diagonalen an.

3 Zeichne ein gleichseitiges Dreieck mit der Seitenlänge 5 cm.

4 Zeichne ein gleichschenkliges Dreieck mit zwei 4 cm langen Seiten. Wie viele verschiedene solcher Dreiecke gibt es?

5 Zeichne ein Quadrat mit der Seitenlänge 4 cm.
a) Bestimme die Länge der Diagonalen $\overline{AC}$.
b) Bestimme den Abstand des Punktes B von der Diagonalen $\overline{AC}$.

Vorbereiten für Kapitel 7.2 Seite 166

1 Wande in die angebene Längeneinheit um.
a) 3 km in m b) 4 m in cm
c) 3 dm in cm d) 2 dm in mm
e) 3500 dm in m f) 420 m in km
g) 5700 mm in cm h) 7,5 dm in m

2 Bestimme die Gesamtlänge.
a) 2 m; 45 dm; 90 cm b) 4 cm; 17 dm; 40 mm
c) 50 dm; 10 m; 200 cm d) 500 m; 2 km; 650 m

3 Ein 4 m langer Holzstab soll in acht gleich lange Stücke geteilt werden. Wie lang ist jedes Stück?

Vorbereiten für Kapitel 8.1 Seite 184

4 a) $4\cdot6$ $9\cdot6$ $9\cdot4$ b) $8\cdot5$ $3\cdot8$ $7\cdot9$
c) $8\cdot7$ $3\cdot6$ $8\cdot8$ d) $7\cdot6$ $8\cdot6$ $6\cdot6$

5 a) 56:8 25:5 42:7 b) 54:9 28:4 20:5
c) 16:4 64:8 24:8 d) 45:9 36:4 15:3

6 Gib den Rest an.
a) 40:6 20:5 38:3 b) 43:6 30:4 45:7
c) 20:3 34:5 47:8 d) 60:9 50:9 54:6

7 Prüfe, ob der Rest 0 ist.
a) 48:6 35:5 b) 72:7 32:3
c) 28:6 56:6 d) 42:6 46:6

8 Prüfe, ob der Rest 0 ist.
a) 212:2 213: 3 b) 214:4 215:5
c) 216:6 217:7 d) 218:8 219:9

Vorbereiten für 9.1/9.2 Seite 200

- Kürzen und Erweitern
- Brüche Ordnen

9 (1)
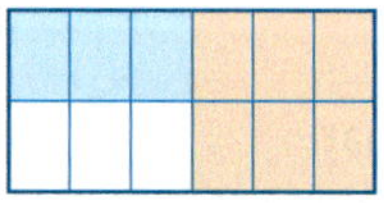

(2)
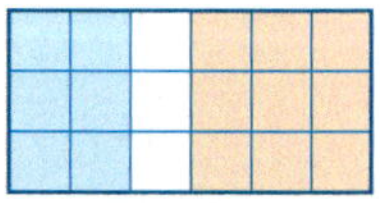

(3)
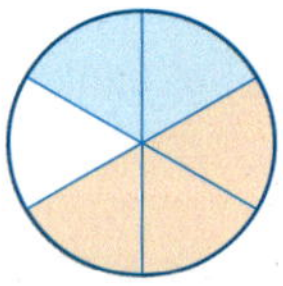

(4)
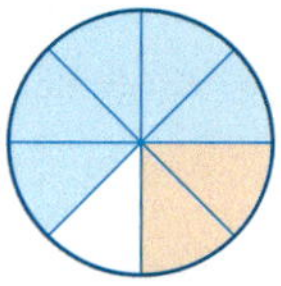

a) Gib den blau Anteil als Bruch an. Kürze dann den Bruch so weit wie möglich.
b) Gib den roten Anteil als Bruch an. Erweitere den Bruch mit 2.
c) Was bedeuten Kürzen und Erweitern im Bild?

10 Fülle die Lücken aus.
a) $\frac{3}{7}=\frac{21}{\square}$ b) $\frac{48}{56}=\frac{\square}{7}$ c) $\frac{\square}{25}=\frac{15}{125}$
d) $\frac{8}{\square}=\frac{32}{44}$ e) $\frac{\square}{27}=\frac{66}{81}$ f) $\frac{45}{\square}=\frac{\square}{8}$

11 Ordne die Zahlen der Größe nach, beginne mit

der kleinsten.

a) $\frac{7}{8}$ $\frac{18}{20}$ $\frac{4}{5}$ b) $\frac{11}{13}$ $\frac{4}{7}$ $\frac{2}{5}$ c) $\frac{1}{2}$ $\frac{7}{15}$ $\frac{11}{30}$

d) $1\frac{1}{3}$ $\frac{7}{6}$ $\frac{3}{2}$ e) $\frac{5}{2}$ 2 $\frac{11}{4}$ f) $3\frac{1}{5}$ $2\frac{4}{5}$ $\frac{17}{5}$

Vorbereiten für 9.3 Seite 208

- Brüche vervielfachen
- Anteile bestimmen

12 a) $\frac{2}{3}\cdot 5$ b) $7\cdot\frac{3}{10}$ c) $\frac{8}{9}\cdot 2$ d) $\frac{3}{4}\cdot 4$
e) $\frac{1}{2}\cdot 4$ f) $\frac{1}{3}\cdot 6$ g) $4\cdot\frac{5}{2}$ h) $12\cdot\frac{1}{8}$

13 Berechne. Denke dabei an frühzeitiges Kürzen.
a) $\frac{3}{10}\cdot 5$ b) $8\cdot\frac{1}{6}$ c) $\frac{7}{15}\cdot 10$ d) $\frac{5}{51}\cdot 21$
e) $\frac{9}{12}\cdot 8$ f) $\frac{33}{270}\cdot 12$ g) $27\cdot\frac{11}{45}$ h) $\frac{11}{15}\cdot 6$

14 Wie viele sind es? Berechne.
a) $\frac{5}{7}$ von 21 Gummibärchen bekommt Mervin.
b) Von 200 Kugelschreiber sind $\frac{3}{50}$ defekt.
c) Von den 900 Liter Milch werden $\frac{2}{3}$ zur Käseherstellung verwendet.

15 Wahr oder falsch? Begründe mit Beispielen.
a) „Beim Multiplizieren von Brüchen mit einer natürlichen Zahl ist das Ergebnis immer größer als der Dividend.“
b) „Wenn man einen echten Bruch durch eine natürliche Zahl dividiert, kann niemals eine natürliche Zahl entstehen.“

Vorbereiten für 9.4 Seite 211

- Brüche durch natürliche Zahlen dividieren
- Aufteilen und Verteilen

16 Berechne. Kürze frühzeitig, wenn möglich.
a) $\frac{2}{3}:5$ b) $\frac{3}{10}:3$ c) $\frac{8}{9}:4$ d) $\frac{9}{10}:6$
e) $\frac{1}{2}:2$ f) $\frac{12}{9}:9$ g) $\frac{10}{7}:5$ h) $\frac{27}{11}:12$
i) $\frac{5}{9}:10$ j) $\frac{21}{20}:15$ k) $\frac{10}{16}:8$ l) $\frac{30}{111}:12$

17 Bestimme, wie viel jedes Kind erhält. Gib das Ergebnis, wenn möglich, als gemischte Zahl an.
a) Verteile 2 Pizzen an 5 Kinder.
b) Verteile 6 Pfannkuchen an 5 Kinder.
c) Verteile 6 Tafeln Schokolade an 4 Kinder.
d) Verteile 3 Bleche Kuchen an 7 Kinder.

Mathematische Symbole und Sprechweisen

Zahlen

Symbol	Sprechweise
1000	„*tausend*“
1 000 000	„*eine Million*“
1 000 000 000	„*eine Milliarde*“
2,34	„*zwei Komma drei vier*"
$0,\overline{3}$	„*null Komma Periode drei*“
$0,1\overline{6}$	„*null Komma eins Periode sechs*“
$\frac{2}{3}$	„*zwei Drittel*“
$1\frac{2}{5}$	„*ein zwei Fünftel*“
−24	„*minus vierundzwanzig*“

Mathematische Schreib- und Sprechweisen

Symbol	Beispiel	Sprechweise
$<$	$7 < 19$	„*7 ist* ***kleiner als*** *19.*“
$>$	$2 > 1$	„*2 ist* ***größer als*** *1.*“
$=$	$6 = 2 \cdot 3$	„*6 ist* ***gleich*** *2 mal 3.*“
$\approx$	$197 \approx 200$	„*197 ist* ***ungefähr*** *200.*“
$\square^5$	$2^5 = 32$	„*2* ***hoch*** *5 ist 32.*“
$\square^2$	$3^2 = 9$	„*3* ***zum Quadrat*** *ist 9.*“
$\{\ldots\}$	$\{1, 4, 9\}$	„*Die* ***Menge*** *besteht aus 1, 4 und 9.*“
$T_{\square}$	$T_6 = \{1, 2, 3, 6\}$	„*Die* ***Teilermenge*** *von 6 besteht aus 1, 2, 3 und 6.*“
ggT	ggT (8, 12) = 4	„*Der* ***größte gemeinsame Teiler*** *von 8 und 12 ist 4.*“
$(\square)_2$	$(1\,0\,1)_2$	„*eins-null-eins* ***im Zweiersystem***“
%	10 %	„*10* ***Prozent***“

Geometrie

Symbol	Beispiel	Sprechweise
P	P(3 | 4)	„*Der* ***Punkt P*** *mit den Koordinaten 3 und 4*“
AB	g = AB	„***Gerade*** *g durch A und B*“
$\overline{AB}$	$a = \overline{AB}$	„***Strecke*** *a von A nach B*“
$\overline{AB}$	$\overline{AB} = 4\,cm$	„*Die* ***Strecke*** *$\overline{AB}$ ist 4 cm lang.*“
$\parallel$	$g \parallel h$	„*g ist* ***parallel zu*** *h.*“ oder „*Die Geraden g und h sind* ***parallel zueinander.***“
$\perp$	$g \perp h$	„*g ist* ***senkrecht zu*** *h.*“ oder „*g ist* ***orthogonal zu*** *h.*“ oder „*Die Geraden g und h sind* ***orthogonal zueinander.***“ oder „*Die Geraden g und h* ***stehen senkrecht aufeinander.***“
ABC	Dreieck ABC	„*Das* ***Dreieck mit den Eckpunkten*** *A, B und C*“
ABCD	Viereck ABCD	„*Das* ***Viereck mit den Eckpunkten*** *A, B, C und D*“
A	$A = 2\,cm^2$	„*Der* ***Flächeninhalt*** *ist $2\,cm^2$.*“
u	$u = 12\,cm$	„*Der* ***Umfang*** *ist 12 cm.*“
a, b, …	$a = 5\,cm$	„*Die* ***Seitenlänge von a*** *ist 5 cm.*“ oder „*Die* ***Seite a*** *ist 5 cm lang.*“

Längeneinheiten und ihre Umrechnungen

Die Umrechnungszahlen für Längeneinheiten sind 10 und 1000.

Symbol	Beispiel	Sprechweise
mm	1 mm	*„ein Millimeter“*
cm	1 cm = 10 mm	*„Ein Zentimeter ist zehn Millimeter lang.“*
dm	1 dm = 10 cm	*„Ein Dezimeter ist zehn Zentimeter lang.“*
m	1 m = 10 dm	*„Ein Meter ist zehn Dezimeter lang.“*
km	1000 m = 1 km	*„Ein Kilometer ist 1000 Meter lang.“*
m in cm	1 m = 100 cm	*„Ein Meter ist 100 Zentimeter lang.“*
m in mm	1 m = 1000 mm	*„Ein Meter ist 1000 Millimeter lang.“*

Flächeneinheiten und ihre Umrechnungen

Die Umrechnungszahl für Flächeneinheiten ist 1000.

Symbol	Beispiel	Sprechweise
mm^2	1 mm^2	*„ein Quadratmillimeter“*
cm^2	1 cm^2 = 100 mm^2	*„Ein Quadratzentimeter ist 100 Quadratmillimeter groß.“*
dm^2	1 dm^2 = 100 cm^2	*„Ein Quadratdezimeter ist 100 Quadratzentimeter groß.“*
m^2	1 m^2 = 100 dm^2	*„Ein Quadratmeter ist 100 Quadratdezimeter groß.“*
a	1 a = 100 m^2	*„Ein Ar ist 100 Quadratmeter groß.“*
ha	1 ha = 100 a	*„Ein Hektar ist 100 Ar groß.“*
km^2	1 km^2 = 100 ha	*„Ein Quadratkilometer ist 100 Hektar groß.“*
m^2 in cm^2	1 m^2 = 10 000 cm^2	*„Ein Quadratmeter ist 10 000 Quadratzentimeter groß.“*
ha in m^2	1 ha = 10 000 m^2	*„Ein Hektar ist 10 000 Quadratmeter groß.“* *Tipp: „Ein Hektar ist 100 Meter mal 100 Meter.“*
km^2 in m^2	1 km^2 = 1 000 000 m^2	*„Ein Quadratkilometer ist eine Million Quadratmeter groß.“* Tipp: *„Ein Quadratkilometer ist 1000 Meter mal 1000 Meter.“*

Masseneinheiten und ihre Umrechnungen

Die Umrechnungszahl für Masseneinheiten ist 1000.

Symbol	Beispiel	Sprechweise
mg	1 mg = 0,001 g	*„Ein Milligramm ist ein Tausendstel Gramm.“*
g	1 g = 1000 mg	*„Ein Gramm ist 1000 Milligramm.“*
kg	1 kg = 1000 g	*„Ein Kilogramm ist 1000 Gramm.“*
t	1 t = 1000 kg	*„Eine Tonne ist 1000 Kilogramm.“*

Zeiteinheiten und ihre Umrechnungen

Symbol	Beispiel	Sprechweise
ms	1 ms = 0,001 s	*„Ein Millisekunde ist eine Tausendstel Sekunde.“*
s	1 s = 1000 ms	*„Eine Sekunde ist 1000 Millisekunden lang.“*
min	1 min = 60 s	*„Eine Minute ist 60 Sekunden lang.“*
h	1 h = 60 min	*„Eine Stunde ist 60 Minuten lang.“*
d	1 d = 24 h	*„Ein Tag ist 24 Stunden lang.“*
m	1 m = 30 d	*„Ein Monat hat 30 Tage.“* Info: Banken rechnen für jeden Monat 30 Tage.
a	1 a = 12 m	*„Ein Jahr hat 12 Monate.“*

1 Daten und Zahlen

Lösungen zu Seite 11

4

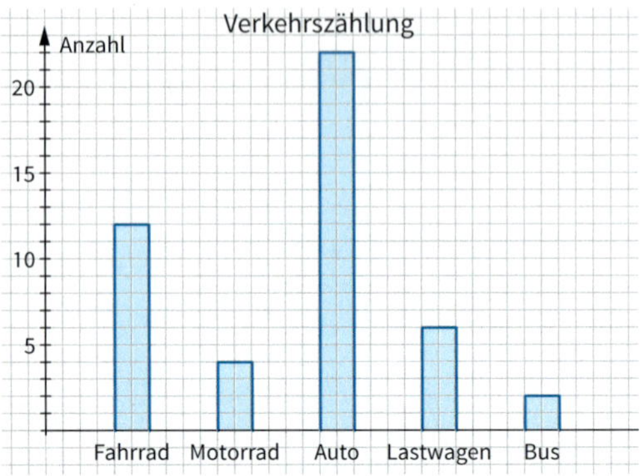

Lösungen zu Seite 12

8 a)

Fach	Anzahl
Kunst	7
Mathe	6
Deutsch	5
Sport	8
andere	4

b) Die beliebtesten Fächer sind Sport, Kunst, Mathe und Deutsch. Sport wurde am häufigsten gewählt. Kunst am zweithäufigsten.

Lösungen zu Seite 17

6 a) A: 6, B: 14, C: 26, D: 35, E: 47
b) A: 280, B: 350, C: 400, D: 510

7 Geordnete Zahlen: 28 < 34 < 42 < 50

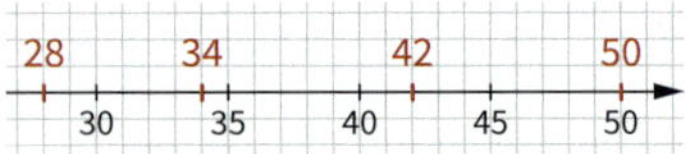

Vorgänger	Zahl	Nachfolger
27	28	29
33	34	35
41	42	43
49	50	51

Lösungen zu Seite 17

11 Zwischen 50 und 130 liegen 79 natürliche Zahlen. In der Mitte liegt die Zahl 90.
Zwischen 1200 und 1500 liegen 299 natürliche Zahlen. In der Mitte liegt die Zahl 1350.

Lösungen zu Seite 19

6 a) 518 b) 798 c) 3074

7 Dargestellt sind die folgenden Zahlen:

	Eva		Leo	
	131 314		528 202	
	neue Zahl	Änderung	neue Zahl	Änderung
a)	121 314	– 10 000	518 202	– 10 000
b)	132 214	– 100 + 1 000	529 102	– 100 + 1 000
c)	151 312	– 2 + 20 000	548 200	– 2 + 20 000

8 Größte Zahl kleiner 3000: 2871
Kleinste Zahl größer 3000: 7128

Lösungen zu Seite 20

4 a) 1 000 000 000 b) 8 385 000
c) 1 000 011 011 000

5

	Zahl	7	9
a)	70 009	Zehntausender	Einer
b)	17 234 569	Millionen	Einer
c)	7 000 000 090 000	Billionen	Zehntausender
d)	12 345 678 910	Zehntausender	Hunderter

Lösungen zu Seite 21

10 a) Größte siebenstellige Zahl: 9 999 999
Kleinste achtstellige Zahl: 10 000 000
b) Kleinste gerade Zahl: 235574
Größte ungerade Zahl: 755 423
c) (1) Eintausend (2) zehn Millionen

Lösungen zu Seite 23

7

Zahl	Rundung auf Hunderter	Rundung auf Tausender
3847	3800	4000
864 201	864 200	864 000
2500	2500	3000
99 999	100 000	100 000
1499	1500	1000
305	300	0

8 a) Kleinste Zahl: 43 650, größte Zahl: 43 749
b) Kleinste Zahl: 64 500, größte Zahl: 65 499

Lösungen zu Seite 25

6

Tier	Höchstgeschwindigkeit in km/h
Adler	130
Thunfisch	70
Strauß	80
Elefant	40

Der Adler ist das schnellste Tier.

7 Die Gewichte sind auf Hunderter gerundet.

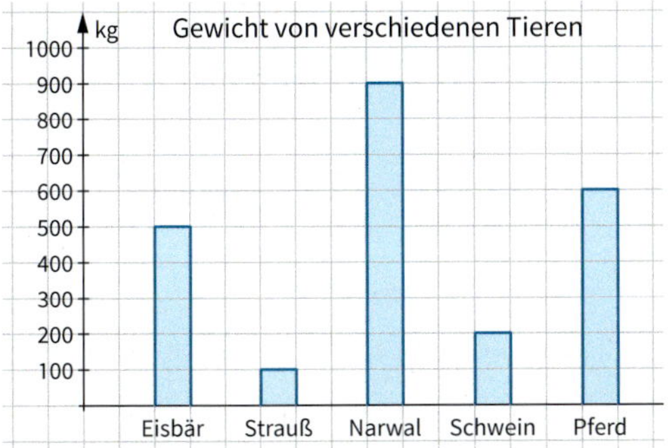

Lösungen zu Seite 27

6 a) $(11\,101)_2 = 29$ $(1000001)_2 = 65$
$(11111)_2 = 31$ $(110110110)_2 = 438$

b) $17 = (10001)_2$ $38 = (100110)_2$
$84 = (1010100)_2$ $129 = (10000001)_2$
$500 = (111110100)_2$

Lösungen zu Seite 27

11 a) Kleinste siebenstellige Zahl: $(1000000)_2 = 64$
Größte siebenstellige Zahl: $(1111111)_2 = 127$

12 a) Ungerade, da die letzte Ziffer eine 1 ist.
b) Ungerade, da die letzte Ziffer eine 1 ist.
c) Gerade, da die letzte Ziffer eine 0 ist.
d) Ungerade, da die letzte Ziffer eine 1 ist.

Wiederholen für die Klassenarbeit

Lösungen zu Seite 32

1 Von der Strichliste zum Säulendiagramm

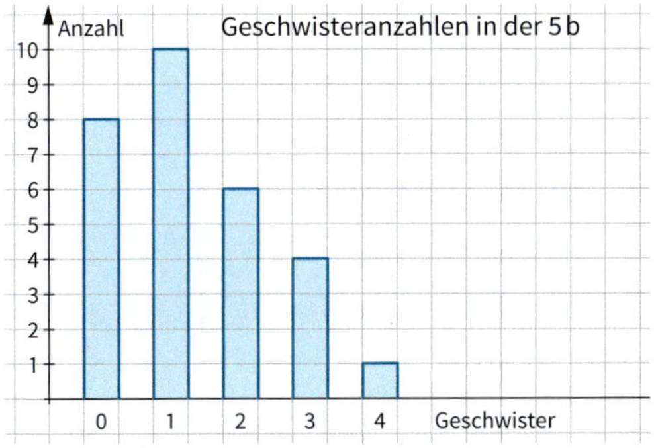

2 Säulendiagramm zeichnen

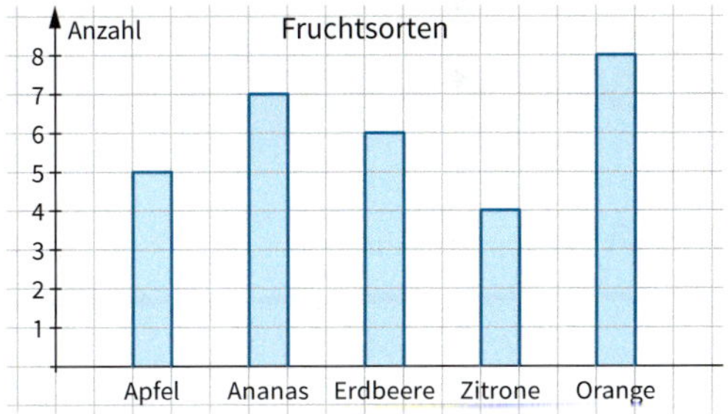

Die Gesamtanzahl ist 30.

3 Diagramm lesen

a) Gitarre

b)

Instrument	Anzahl
Klavier	4
Gitarre	5
Flöte	2
Geige	3
Schlagzeug	2
andere	4

c) Nein, denn die Summe aller Häufigkeiten beträgt 20 und ist damit geringer als die Schüleranzahl von 30 in der Klasse.

d) Es werden mindestens sechs verschiedene Instrumente gespielt, mehr Informationen liefert die Tabelle nicht. Es kann sich aber höchstens um neun verschiedene Instrumente handeln, wenn die vier Personen, welche der Kategorie „andere Instrumente" angehören, alle unterschiedliche Instrumente spielen.

4 Auf dem Zahlenstrahl

a) A: 2, B: 5, C: 6, D: 9

b)

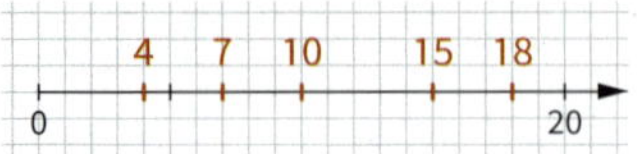

5 Zahlen ordnen

a) 5729 < 35 729 < 35 792 < 305 729

b) 42 789 < 324 789 < 324 879 < 3 240 789

6 Zahlen ablesen

A: 76 650   B: 76 700   C: 76 750   D: 76 830

7 Ausschnitt eines Zahlenstrahls zeichnen

a)

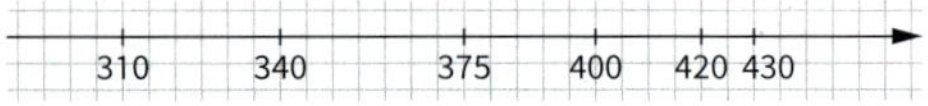

b)

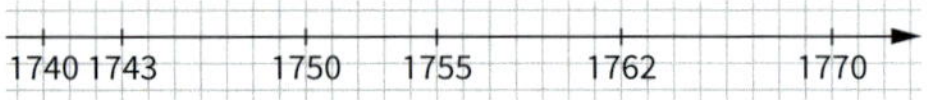

8 Zahl in der Mitte

a) 19   b) 29   c) 21   d) 125

Lösungen zu Seite 33

9 Zahlen aufschreiben

a) 328   b) 6 032   c) 320 000

d) 670 000 000 000 000 000

e) 3 050 000 000   f) 530 000 000

g) 51 000 000 000 000 000 000 000

h) 3 000 020 000 000

10 Zahlen runden

Zahl	Rundung auf		
	Hunderter	Tausender	Zehntausender
43 891	43 900	44 000	40 000
327 408	327 400	327 000	330 000
9 037	9 000	9 000	10 000
1 383 902	1 383 900	1 384 000	1 380 000

11 Über das Runden nachdenken

a) 527 499

b) Ja, zum Beispiel: 37 oder 49

c) Zum Beispiel: 12 000

12 Säulendiagramm zeichnen

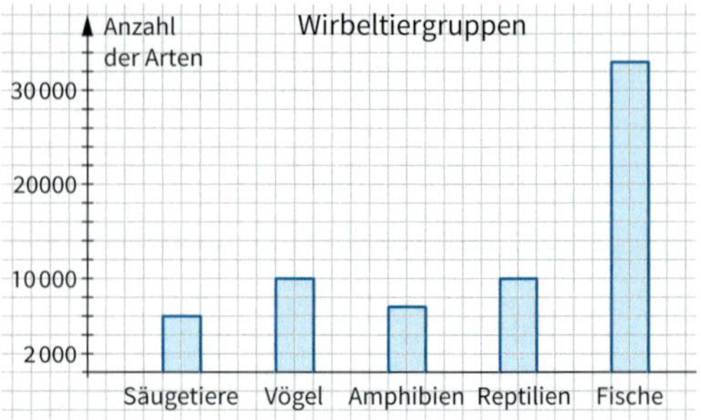

13 Passende Aussagen?

(1) Falsch, die meisten gefragten Kinder mögen Schokoladeneis.

(2) Wahr.

(3) Wahr.

(4) Wahr.

14 Umwandeln vom Zweier- ins Zehnersystem

a) 27   b) 33   c) 204   d) 19

e) 170   f) 31   g) 146   h) 23

15 Umwandeln vom Zehner- ins Zweiersystem

a) $12 = (1100)_2$ $57 = (111001)_2$

b) $99 = (1100011)_2$ $256 = (100000000)_2$

c) $112 = (1110000)_2$ $145 = (10010001)_2$

d) $300 = (100101100)_2$ $120 = (1111000)_2$

e) $111 = (1101111)_2$ $124 = (1111100)_2$

f) $2000 = (11111010000)_2$

$1024 = (10000000000)_2$

16 Größte Zahl

a) $(1111)_2 = 15$ b) $(11111)_2 = 31$

c) $(111111)_2 = 63$ d) $(1111111)_2 = 127$

17 Anzahl von Dualzahlen

Die erste Ziffer einer mehrstelligen Zahl im 2er-System muss immer eine 1 sein.

a) $(100)_2$ und $(101)_2$; $(110)_2$ und $(111)_2$

Es gibt 4 verschiedene dreistellige Zahlen.

b) $(1000)_2$ und $(1001)_2$; $(1010)_2$ und $(1011)_2$ $(1100)_2$ und $(1101)_2$; $(1110)_2$ und $(1111)_2$

Für jede dreistellige Zahl erhält man durch anhängen einer 0 oder einer 1 zwei vierstellige Zahlen. Es gibt also doppelt so viele vierstellige Zahlen wie dreistellige Zahlen: $4 \cdot 2 = 8$

c) $8 \cdot 2 = 16$; Es gibt 16 fünfstellige Zahlen.

d) $16 \cdot 2 = 32$; Es gibt 32 sechsstellige Zahlen.

2 Brüche

Lösungen zu Seite 37

5 a) Das Ganze in 9 gleich große Teile teilen und 7 Teile davon nehmen. Bruch: $\frac{7}{9}$
b) Das Ganze in 8 gleich große Teile teilen und 3 Teile davon nehmen. Bruch: $\frac{3}{8}$
c) Das Ganze in 4 gleich große Teile teilen und 3 Teile davon nehmen. Bruch: $\frac{3}{4}$
d) Das Ganze in 8 gleich große Teile teilen und 4 Teile davon nehmen. Bruch: $\frac{4}{8}$

Lösungen zu Seite 38

10 a) $\frac{10}{12}$ b) $\frac{4}{9}$ c) $\frac{5}{9}$ d) $\frac{2}{3}$

11 a)
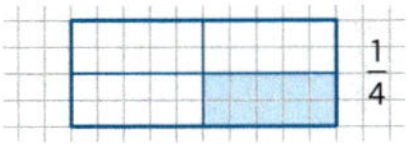

b)
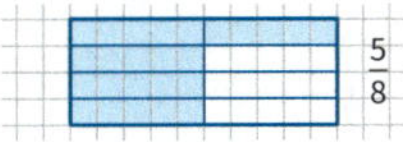

c)
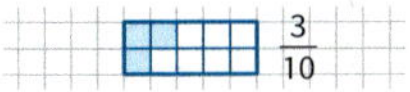

d)
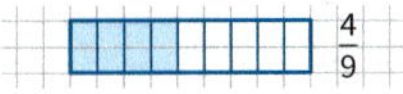

12 a) Es wurden für den Nenner nur die weißen Teile gezählt und nicht alle Teile. Der richtige Bruch ist $\frac{3}{8}$.
b) Die oberen beiden und der Teil unten links müssen jeweils noch halbiert werden. Der richtige Bruch ist dann $\frac{5}{8}$.
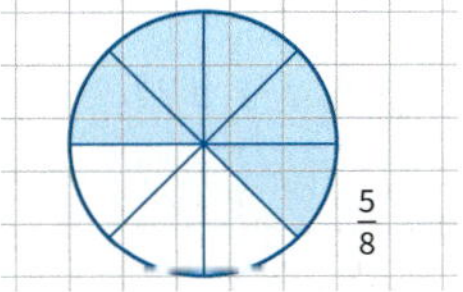

c) Die Stücke sind nicht gleich groß, z. B. so passt die Darstellung zum Bruch $\frac{2}{3}$:

d) Der Anteil $\frac{5}{8}$ ist richtig dargestellt. Im Bild fehlt aber noch eine Aufteilungslinie.
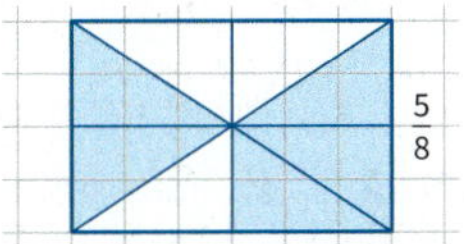

Lösungen zu Seite 39

18

Farbe	Bruch	Anzahl der Kästchen
rot	$\frac{1}{4}$	7
gelb	$\frac{1}{14}$	2
blau	$\frac{1}{2}$	14
grün	$\mathbf{\frac{5}{28}}$	**5**

19 a)
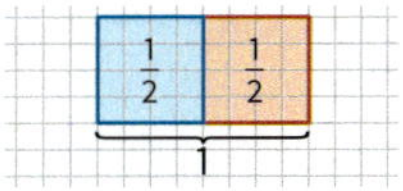

b)
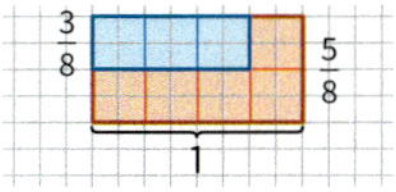

c)
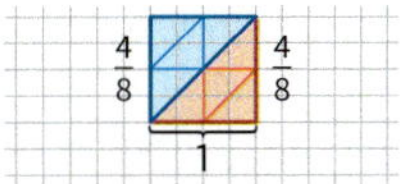

d)
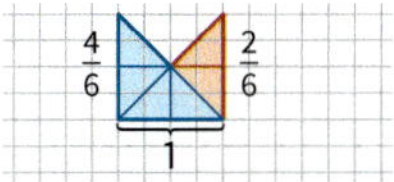

e)
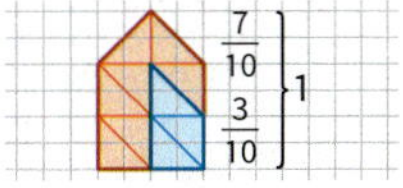

f)
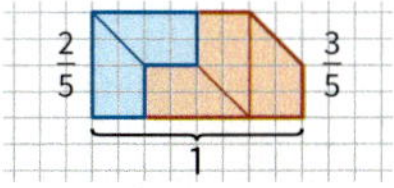

Lösungen zu Seite 42

5 a) $\frac{4}{6}$, gleichwertige Brüche: $\frac{2}{3}, \frac{8}{12}, \frac{12}{18}$
b) $\frac{8}{20}$, gleichwertige Brüche: $\frac{2}{5}, \frac{4}{10}, \frac{16}{40}$
c) $\frac{4}{10}$, gleichwertige Brüche: $\frac{2}{5}, \frac{8}{20}, \frac{16}{40}$
d) $\frac{12}{16}$, gleichwertige Brüche: $\frac{3}{4}, \frac{6}{8}, \frac{9}{12}$

6 a)
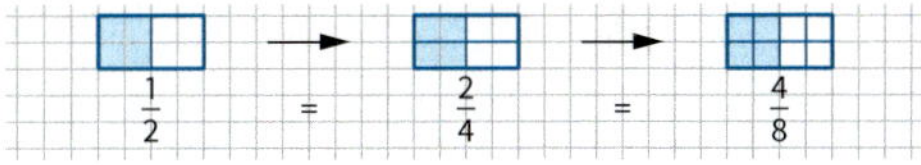

b)
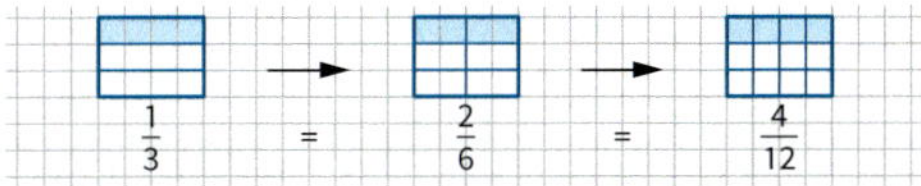

c)
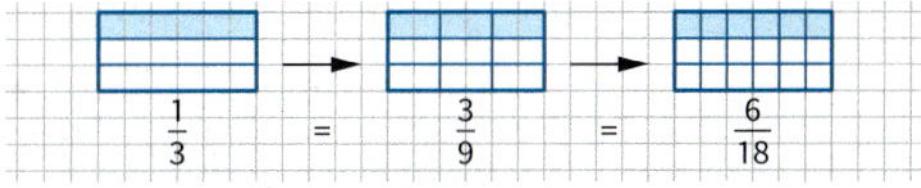

d)
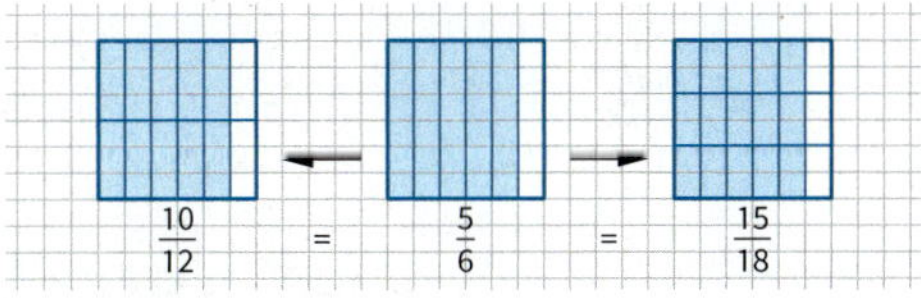

Lösungen zu Seite 43

13 a) $\frac{12}{14} = \frac{\mathbf{6}}{7}$, gekürzt mit 2 b) $\frac{9}{18} = \frac{\mathbf{1}}{2}$, gekürzt mit 9
c) $\frac{3}{8} = \frac{15}{\mathbf{40}}$, erweitert mit 5 d) $\frac{21}{24} = \frac{7}{\mathbf{8}}$, gekürzt mit 3
e) Fehler, Primzahl 7 nicht mehr kürzbar
f) $\frac{9}{\mathbf{13}} = \frac{63}{91}$, erweitert mit 7
g) Fehler, nicht auf Primzahl 17 erweiterbar
h) $\frac{9}{11} = \frac{\mathbf{99}}{121}$, erweitert mit 11

14 a) $\frac{4}{10} = \frac{2}{5}$, gekürzt mit 2; $\frac{5}{11}$, nicht kürzbar;
$\frac{6}{12} = \frac{1}{2}$, gekürzt mit 6; $\frac{16}{22} = \frac{8}{11}$, gekürzt mit 2;
$\frac{17}{23}$, nicht kürzbar; $\frac{18}{24} = \frac{3}{4}$, gekürzt mit 6;
$\frac{9}{33} = \frac{3}{11}$, gekürzt mit 3; $\frac{10}{43}$, nicht kürzbar

14 b) Man kann den Bruch $\frac{210}{420}$ zum Beispiel mit den Zahlen 3, 7 und 10 kürzen.

Erst mit 10 kürzen, dann mit 7, dann mit 3:
$\frac{210}{420} = \frac{21}{42} = \frac{3}{6} = \frac{1}{2}$
Erst mit 3, dann mit 7, dann mit 10.
$\frac{210}{420} = \frac{70}{140} = \frac{10}{20} = \frac{1}{2}$
Das Kürzen ergibt dasselbe, da insgesamt mit der Zahl $3 \cdot 7 \cdot 10 = 210$ gekürzt wird.

Lösungen zu Seite 45

3 a) $\frac{1}{3} = \frac{2}{6} < \frac{3}{6}$ b) $\frac{2}{4} = \frac{4}{8}$
c) $\frac{3}{4} = \frac{6}{8} < \frac{7}{8}$ d) $\frac{4}{5} = \frac{8}{10} > \frac{6}{10}$
e) $\frac{2}{3} = \frac{10}{15}$, $\frac{3}{5} = \frac{9}{15}$, also: $\frac{2}{3} > \frac{3}{5}$
f) $\frac{2}{3} = \frac{16}{24}$ und $\frac{5}{8} = \frac{15}{24}$, also $\frac{2}{3} > \frac{5}{8}$
g) $\frac{3}{4} = \frac{15}{20}$ und $\frac{7}{10} = \frac{14}{20}$, also $\frac{3}{4} > \frac{7}{10}$
h) $\frac{4}{5} = \frac{32}{40}$ und $\frac{7}{8} = \frac{35}{40}$, also $\frac{4}{5} < \frac{7}{8}$
i) $\frac{5}{11} = \frac{25}{55}$ und $\frac{2}{5} = \frac{22}{55}$, also $\frac{5}{11} > \frac{2}{5}$
j) $\frac{4}{5} > \frac{1}{2}$ und $\frac{6}{12} = \frac{1}{2}$, also $\frac{4}{5} > \frac{6}{12}$
k) $\frac{1}{3} = \frac{7}{21}$ und $\frac{3}{7} = \frac{9}{21}$, also $\frac{1}{3} < \frac{3}{7}$
l) $\frac{3}{5} = \frac{30}{50}$ (erweitert mit 10)

Lösungen zu Seite 46

9 a) $\frac{2}{9} < \frac{1}{4} < \frac{1}{3} < \frac{8}{9}$ b) $\frac{3}{8} < \frac{1}{2} < \frac{3}{4} < \frac{7}{8}$
c) $\frac{5}{9} < \frac{5}{8} < \frac{6}{9} < \frac{7}{10}$ d) $\frac{3}{20} < \frac{6}{28} < \frac{7}{14} < \frac{11}{12}$

10 Die Nachricht ist falsch, denn $\frac{1}{8}$ ist größer als $\frac{1}{10}$. Heute vergessen demnach mehr Kinder in der Klassenstufe 5 ihre Hausaufgaben als im Jahr 2010.

Lösungen zu Seite 46

14 Anteil der Regentage bei Tim: $\frac{4}{14} = \frac{20}{70}$
Anteil der Regentage bei Tobias: $\frac{3}{10} = \frac{21}{70}$
$\frac{20}{70} < \frac{21}{70}$, also $\frac{4}{14} < \frac{3}{10}$
Der Anteil der Regentage im Urlaub von Tobias war also höher. Tim hatte etwas besseres Wetter.

15 a) $\frac{1}{8} < \frac{1}{2} < \frac{5}{9}$ b) $\frac{3}{5} < \frac{11}{12} < \frac{15}{15}$
c) $\frac{9}{21} < \frac{13}{28} < \frac{7}{14}$ d) $\frac{13}{30} < \frac{11}{25} < \frac{7}{15}$

Lösungen zu Seite 47

3 a) Die 8 passt 1-mal in die 14, der Rest ist 6.
Das ergibt 1 Ganzes und $\frac{6}{8}$.
$\frac{14}{8} = \frac{8}{8} + \frac{6}{8} = 1\frac{6}{8} = 1\frac{3}{4}$

b) 5 Ganze als Fünftel sind $\frac{25}{5}$.
$\frac{25}{5}$ und $\frac{3}{5}$ ergeben zusammen $\frac{28}{5}$.
$5\frac{3}{5} = 5 + \frac{3}{5} = \frac{25}{5} + \frac{3}{5} = \frac{28}{5}$.

c) Die 6 passt 4-mal in die 24, der Rest ist 1.
Das ergibt 4 Ganze und $\frac{1}{6}$.
$\frac{25}{6} = \frac{24}{6} + \frac{1}{6} = 4\frac{1}{6}$

d) 7 Ganze als Siebtel sind $\frac{49}{7}$.
$\frac{49}{7}$ und $\frac{1}{7}$ ergeben zusammen $\frac{50}{7}$
$7\frac{1}{7} = 7 + \frac{1}{7} = \frac{49}{7} + \frac{1}{7} = \frac{50}{7}$.

e) Die 3 passt 6-mal in die 18, ohne Rest.
Das ergibt 6 Ganze: $\frac{18}{3} = 6$.

f) $12\frac{4}{8} = 12\frac{1}{2}$
12 Ganze als Halbe sind $\frac{24}{2}$.
$\frac{24}{2}$ und $\frac{1}{2}$ ergeben zusammen $\frac{25}{2}$.
$12\frac{4}{8} = 12\frac{1}{2} = \frac{24}{2} + \frac{1}{2} = \frac{25}{2}$

g) Die 2 passt 6-mal in die 13, der Rest ist 1.
Das ergibt 6 Ganze und $\frac{1}{2}$.
$\frac{13}{2} = \frac{12}{6} + \frac{1}{6} = 6\frac{1}{2}$

h) Die 7 passt 5-mal in die 41, der Rest ist 6.
Das ergibt 5 Ganze und $\frac{6}{7}$.
$\frac{41}{7} = \frac{35}{7} + \frac{6}{6} = 5\frac{6}{7}$

Lösungen zu Seite 49

5 a) A: $\frac{2}{3}$, B: $3\frac{1}{3}$, C: $2\frac{1}{6}$
b) A: $1\frac{1}{2}$, B: $2\frac{1}{2}$, C: $3\frac{1}{4}$
c) A: $\frac{1}{2}$, B: $1\frac{1}{2}$, C: $1\frac{1}{4}$

6 $\frac{1}{4} < \frac{7}{8} < \frac{17}{8} < \frac{30}{8} = \frac{15}{4} < \frac{9}{2} < \frac{19}{4}$

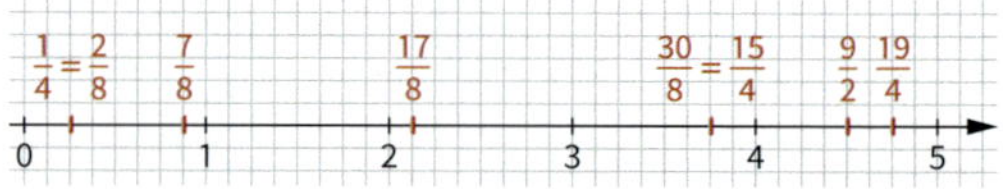

Lösungen zu Seite 49

9 a) Zahl genau in der Mitte: $\frac{2}{7}$
b) Zahl genau in der Mitte: $\frac{3}{14}$
c) Zahl genau in der Mitte: $\frac{3}{20}$
d) Zahl genau in der Mitte: $\frac{7}{8}$
e) Zahl genau in der Mitte: $\frac{5}{12}$
f) Zahl genau in der Mitte: $\frac{3}{3} = 1$

Lösungen zu Seite 51

5 a) $5 \cdot \frac{3}{7} = \frac{5 \cdot 3}{7} = \frac{15}{7} = 2\frac{1}{7}$ b) $\frac{2}{9} : 4 = \frac{2}{4 \cdot 9} = \frac{2}{36} = \frac{1}{18}$
c) $27 \cdot \frac{2}{9} = \frac{27 \cdot 2}{9} = \frac{54}{9} = 6$ d) $\frac{4}{5} : 2 = \frac{4 : 2}{5} = \frac{2}{5}$

e) $12 \cdot \frac{5}{144} = \frac{12 \cdot 5}{144} = \frac{60}{144} = \frac{5}{12}$ f) $\frac{28}{79} : 7 = \frac{28:7}{79} = \frac{4}{79}$

6 a) $\frac{1}{4} : 2 = \frac{1}{4 \cdot 2} = \frac{1}{8}$ b) $3 \cdot \frac{2}{8} = \frac{3 \cdot 2}{8} = \frac{6}{8} = \frac{3}{4}$
c) $\frac{3}{4} : 3 = \frac{1}{4}$

Lösungen zu Seite 51

8 a) $\frac{12}{20} : 8 = \frac{\overset{3}{\cancel{12}}}{20 \cdot \underset{2}{\cancel{8}}} = \frac{3}{40}$ b) $4 \cdot \frac{3}{8} = \frac{\overset{1}{\cancel{4}} \cdot 3}{\underset{2}{\cancel{8}}} = \frac{3}{2} = 1\frac{1}{2}$

c) $\frac{9}{17} : 3 = \frac{9:3}{17} = \frac{3}{17}$ oder $\frac{9}{17} : 3 = \frac{\overset{3}{\cancel{9}}}{17 \cdot \underset{1}{\cancel{3}}} = \frac{3}{17}$

d) $8 \cdot \frac{3}{6} = \frac{\overset{4}{\cancel{8}} \cdot 3}{\underset{3}{\cancel{6}}} = \frac{4 \cdot \overset{1}{\cancel{3}}}{\underset{1}{\cancel{3}}} = 4$

e) $14 \cdot \frac{17}{49} = \frac{\overset{2}{\cancel{14}} \cdot 17}{\underset{7}{\cancel{49}}} = \frac{34}{7} = 4\frac{6}{7}$

f) $\frac{64}{33} : 16 = \frac{64:16}{33} = \frac{4}{33}$ oder $\frac{64}{33} : 16 = \frac{\overset{4}{\cancel{64}}}{33 \cdot \underset{1}{\cancel{16}}} = \frac{4}{33}$

Lösungen zu Seite 53

3

Bruch	$\frac{1}{10}$	$\frac{3}{5}$	$\frac{4}{5}$	$\frac{17}{20}$	$\frac{1}{5}$
Prozent	10 %	**60 %**	80 %	**85 %**	20 %

Bruch	$\frac{3}{4}$	$\frac{3}{100}$	$\frac{15}{25}$	**1**	$\frac{150}{200}$
Prozent	**75 %**	3 %	**60 %**	100 %	**75 %**

Lösungen zu Seite 53

8 SC Jagst: $\frac{120}{500} = \frac{24}{100} = 24\,\%$
SC Enz: $\frac{7}{25} = \frac{28}{100} = 28\,\%$

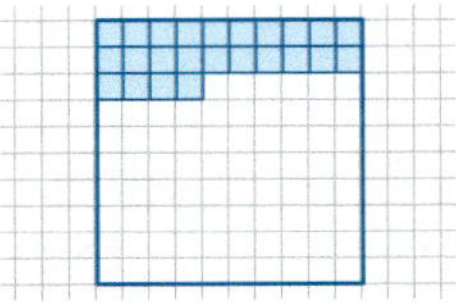
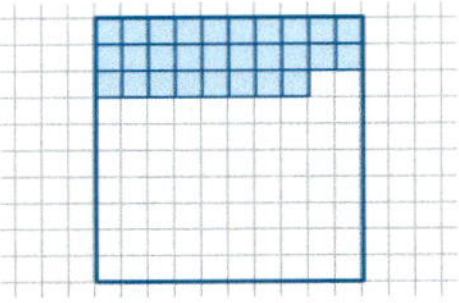

Der Anteil der Mädchen beim SC Enz ist größer als beim SC Jagst.

Lösungen zu Seite 55

7 a) Hundertstel b) Zehntel
c) Zehntel d) Hundertstel
e) Tausendstel f) Einer

8 a) $\frac{9}{1000}$ b) 0,027 c) $\frac{407}{100} = 4\frac{7}{100}$
d) 3,19 e) $\frac{71}{1000}$ f) 1,056

Wiederholen für die Klassenarbeit

Lösungen zu Seite 60

1 Brüche bestimmen

	a)	b)	c)	d)	e)	f)
blau	$\frac{5}{6}$	$\frac{7}{20}$	$\frac{4}{7}$	$\frac{9}{17}$	$\frac{2}{4} = \frac{1}{2}$	$\frac{4}{8} = \frac{1}{2}$
weiß	$\frac{1}{6}$	$\frac{13}{20}$	60 %	$\frac{8}{17}$	$\frac{2}{4} = \frac{1}{2}$	$\frac{4}{8} = \frac{1}{2}$

2 Den Teller nicht leer gegessen

Britta: $\frac{3}{6} = \frac{12}{24}$ Marcel: $\frac{5}{8} = \frac{15}{24}$ Yvonne: $\frac{7}{12} = \frac{14}{24}$

Da $\frac{12}{24} < \frac{14}{24} < \frac{15}{24}$, folgt $\frac{3}{6} < \frac{7}{12} < \frac{5}{8}$. Also hat Marcel am meisten Pizza übriggelassen und Britta hat am wenigsten Pizza übriggelassen.

3 Rätselhafte Anteile

a) 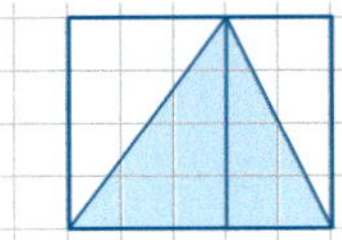
$\frac{1}{2}$

b) 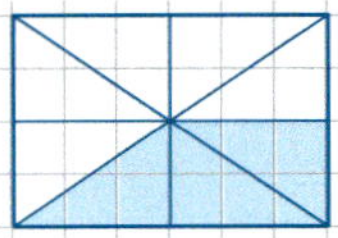
$\frac{3}{8}$

c) 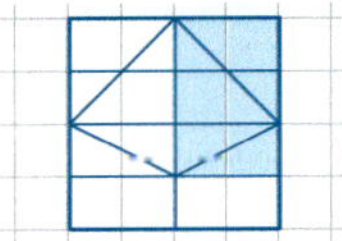
$\frac{3}{8}$

d) 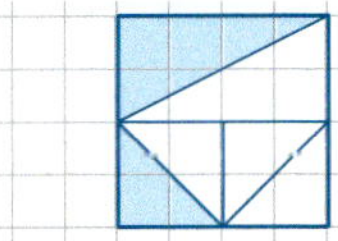
$\frac{3}{8}$

4 Brüche am Rechteck darstellen

a) 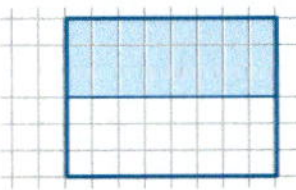
$\frac{1}{2}$

b) 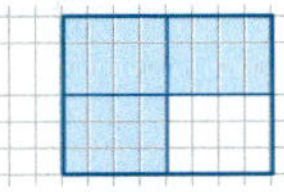
$\frac{3}{4}$

c) 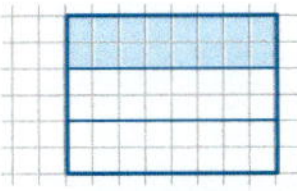
$\frac{1}{3}$

d) 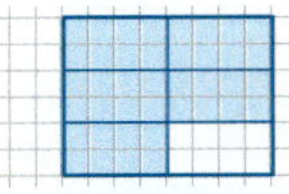
$\frac{5}{6}$

e) 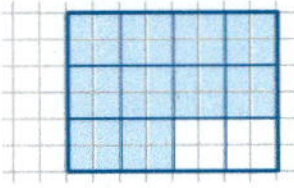
$\frac{10}{12}$

f) 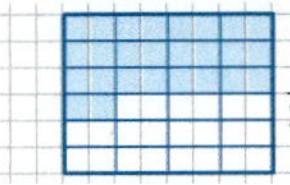
$\frac{13}{24}$

5 Von Färbungen zu Brüchen

a) $\frac{6}{12} = \frac{1}{2}$ b) $\frac{15}{24} = \frac{5}{8}$ c) $\frac{5}{28}$ d) $\frac{12}{40} = \frac{3}{10}$

6 Gekürzt

a) 6 b) 2 c) 4 d) 9
e) 25 f) 3 g) 17 h) 18
i) 3 j) 12 k) 19 l) 125

7 Unechte Brüche im Bild

$\frac{11}{6} = 1\frac{5}{6}$ b) $\frac{11}{4} = 2\frac{3}{4}$

8 Unechte Brüche

a) 5 Ganze sind $\frac{10}{2}$, dann noch $\frac{1}{2}$ dazu,
also: $5 + \frac{1}{2} = \frac{10}{2} + \frac{1}{2} = \frac{11}{2}$

b) 3 Ganze sind $\frac{9}{3}$, dann noch $\frac{2}{3}$ dazu,
also: $3 + \frac{2}{3} = \frac{9}{3} + \frac{2}{3} = \frac{11}{3}$

c) 14 Ganze sind $\frac{28}{2}$, dann noch $\frac{1}{2}$ dazu,
also: $14 + \frac{1}{2} = \frac{28}{2} + \frac{1}{2} = \frac{29}{2}$

d) 7 Ganze sind $\frac{63}{9}$, dann noch $\frac{5}{9}$ dazu,
also: $7 + \frac{5}{9} = \frac{63}{9} + \frac{5}{9} = \frac{68}{9}$

e) 15 Ganze sind $\frac{150}{10}$, dann noch $\frac{1}{10}$ dazu,
also: $15 + \frac{1}{10} = \frac{150}{10} + \frac{1}{10} = \frac{151}{10}$

f) 8 Ganze sind $\frac{56}{7}$, dann noch $\frac{3}{7}$ dazu,
also: $8 + \frac{3}{7} = \frac{56}{7} + \frac{3}{7} = \frac{59}{7}$

Lösungen zu Seite 61

9 Gemischte Schreibweise

a) 5 passt 2-mal in 12, übrig bleiben $\frac{2}{5}$,
also: $\frac{12}{5} = 2 + \frac{2}{5} = 2\frac{2}{5}$

b) 4 passt 3-mal in 13, übrig bleibt $\frac{1}{4}$,
also: $\frac{13}{4} = 3 + \frac{1}{4} = 3\frac{1}{4}$

c) 23 passt 2-mal in 55, übrig bleiben $\frac{9}{23}$,
also: $\frac{55}{23} = 2 + \frac{9}{23} = 2\frac{9}{23}$

d) 10 passt 100-mal in 1001, übrig bleiben $\frac{1}{10}$,
also: $\frac{1001}{10} = 100 + \frac{1}{10} = 100\frac{1}{10}$

e) 56 passt 3-mal in 219, übrig bleiben $\frac{51}{56}$,
also: $\frac{219}{56} = 3 + \frac{51}{56} = 3\frac{51}{56}$

f) 17 passt 3-mal in 51, ohne Rest,
also: $\frac{51}{17} = 3$

10 Vollständig kürzen

a) $\frac{3}{5}$, gekürzt mit 6
b) $\frac{1}{5}$, gekürzt mit 15
c) $\frac{2}{5}$, gekürzt mit 18
d) $\frac{4}{1} = 4$, gekürzt mit 48
e) $1\frac{2}{3}$, gekürzt mit 14
f) $\frac{13}{14}$, gekürzt mit 3

11 Geschickt vergleichen durch Argumente

a) $\frac{2}{3} > \frac{2}{5}$, weil bei gleichem Zähler der Bruch mit dem kleineren Nenner den größeren Wert hat.

b) $\frac{5}{6} > \frac{4}{6}$, weil bei gleichem Nenner der Bruch mit dem größeren Zähler den größeren Wert hat.

c) $\frac{2}{3} = \frac{6}{9}$, weil mit 3 erweitert wurde.

d) $\frac{4}{5} > \frac{4}{6}$, weil bei gleichem Zähler der Bruch mit dem kleineren Nenner den größeren Wert hat

e) $\frac{3}{5} > \frac{2}{7}$, weil $\frac{3}{5} > \frac{1}{2}$ und $\frac{2}{7} < \frac{1}{2}$.

f) $\frac{8}{9} < \frac{9}{8}$, weil $\frac{8}{9} < 1$ und $\frac{9}{8} > 1$.

12 Gemeinsamer Nenner oder geschickt begründen

a) $\frac{5}{6} > \frac{4}{6} = \frac{2}{3}$, also ist $\frac{5}{6}$ der größere Bruch.

b) $\frac{2}{9} = \frac{12}{54} > \frac{9}{54} = \frac{1}{6}$, also ist $\frac{2}{9}$ der größere Bruch.

c) $\frac{5}{8} > \frac{4}{8} = \frac{1}{2}$, also ist $\frac{5}{8}$ der größere Bruch.

d) $\frac{5}{6} > \frac{5}{9}$, weil bei gleichem Zähler der Bruch mit dem kleineren Nenner den größeren Wert hat

e) $2\frac{1}{3} > 1\frac{1}{3}$, $2\frac{1}{3}$ ist um ein Ganzes größer als $1\frac{1}{3}$.

f) $\frac{7}{30} = \frac{21}{90} < \frac{22}{90} = \frac{11}{45}$, also ist $\frac{11}{45}$ der größere Bruch.

g) $\frac{6}{5} > \frac{17}{18}$, weil $\frac{6}{5} > 1$ und $\frac{17}{18} < 1$.

h) $\frac{6}{21} = \frac{30}{105} > \frac{28}{105} = \frac{4}{15}$, also ist $\frac{6}{21}$ der größere Bruch.

13 Brüche ordnen

a) $1\frac{1}{5}$ ist der einzige Bruch, der größer als 1 ist und damit der größte Bruch. $\frac{3}{4}$ ist größer als $\frac{1}{2}$, $\frac{3}{10}$ ist kleiner als $\frac{1}{2}$. Also folgt: $\frac{3}{10} < \frac{1}{2} < \frac{3}{4} < 1\frac{1}{5}$

b) $\frac{5}{9}$ ist der einzige Bruch, der größer als $\frac{1}{2}$ ist und damit der größte Bruch. Die anderen Brüche auf den Nenner 36 erweitern:
$\frac{1}{4} = \frac{9}{36} < \frac{7}{18} = \frac{14}{36} < \frac{4}{9} = \frac{16}{36}$
Also folgt: $\frac{1}{4} < \frac{7}{18} < \frac{4}{9} < \frac{5}{9}$

c) $\frac{8}{7}$ und $\frac{5}{4}$ sind die einzigen Brüche, die jeweils um ein Teil größer sind als 1. Da $\frac{1}{4} > \frac{1}{7}$, ist $\frac{5}{4} > \frac{8}{7}$.
$\frac{7}{8}$ und $\frac{3}{4}$ sind jeweils um ein Teil kleiner als 1.
Da $\frac{1}{4} > \frac{1}{8}$, ist $\frac{7}{8} > \frac{3}{4}$.
Also folgt: $\frac{3}{4} < \frac{7}{8} < \frac{8}{7} < \frac{5}{4}$

d) $\frac{15}{6} = 2\frac{3}{6} > 2\frac{1}{6}$ und $\frac{19}{9} = 2\frac{1}{9}$.
Mit $\frac{1}{9} < \frac{1}{6}$ gilt: $\frac{19}{9} = 2\frac{1}{9} < 2\frac{1}{6} < \frac{15}{6}$

14 Anteil zum Ganzen ergänzen

a) 

b) 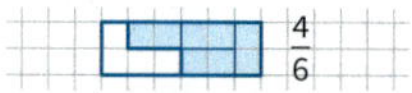

c) 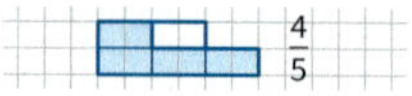

d) 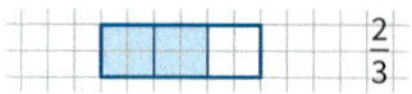

15 Brüche auf dem Zahlenstrahl

a) A: $\frac{6}{8} = \frac{3}{4}$, B: $\frac{10}{8} = 1\frac{2}{8} = 1\frac{1}{4}$, C: $\frac{13}{8} = 1\frac{5}{8}$

b) A: $\frac{4}{10} = \frac{2}{5}$, B: $\frac{9}{10}$, C: $\frac{12}{10} = 1\frac{1}{5}$

16 Platz auf dem Zahlenstrahl finden

blau	orange	grün	lila	rot	schwarz
$\frac{2}{5}$	$\frac{17}{30}$	$\frac{13}{10}$	$\frac{14}{8}$, $\frac{16}{9}$	$\frac{25}{11}$, $\frac{29}{12}$	$\frac{29}{8}$

16 Zahlenstrahl zeichnen

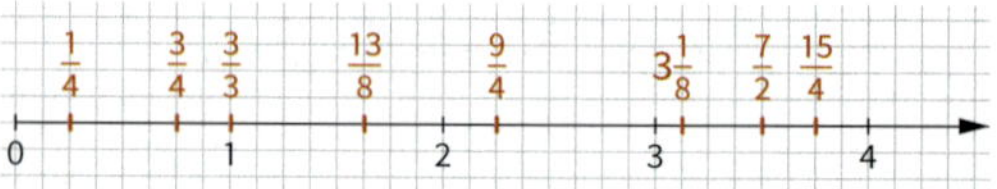

18 **Platz zwischen zwei Brüchen finden**

a) $\frac{4}{7}, \frac{1}{2}$ b) $\frac{17}{18}, \frac{33}{36}$ c) $\frac{399}{200}, \frac{797}{400}$ d) $\frac{17}{32}, \frac{33}{64}$

19 **Zahl gesucht**

a) $\frac{10}{12} = \frac{5}{6}$ b) $\frac{5}{2} = 2\frac{1}{2}$ c) $\frac{4}{6} = \frac{2}{3}$ d) $\frac{5}{10} = \frac{1}{2}$

Lösungen zu Seite 62

20 **Dichtheit**

a) Die Aussage ist falsch, wie sich durch das Erweitern mit 2 zeigen lässt:
$\frac{30}{80} = \frac{60}{160}$, $\frac{31}{80} = \frac{62}{160}$
Der Bruch $\frac{61}{160}$ liegt genau in der Mitte.

b) Diese Aussage ist wahr. Durch Erweitern mit 3 findet man immer zwei Brüche zwischen den beiden Brüchen.

21 **Adam und Eva erben**

Eva erbt mehr, denn $\frac{7}{15} = \frac{28}{60} > \frac{27}{60} = \frac{9}{20}$.
Mögliche Begründung: Adam erbt $\frac{1}{20}$ weniger als die Hälfte des Vermögens. Eva erbt $\frac{7}{15} = \frac{14}{30}$, also $\frac{1}{30}$ weniger als die Hälfte des Vermögens. Da $\frac{1}{20} > \frac{1}{30}$, weicht Adams Erbe deutlicher von der Hälfte nach unten ab als das Erbe von Eva.

22 **Tage mit Sonnenschein**

Anteil der Tage mit Sonnenschein:
Michael: $\frac{7}{10} = \frac{49}{70}$
Ole: $\frac{3}{5} = \frac{42}{70}$
Jorin: $\frac{8}{14} = \frac{40}{70}$
Es gilt $\frac{49}{70} > \frac{42}{70} > \frac{40}{70}$, also $\frac{7}{10} > \frac{3}{5} > \frac{8}{14}$.
Also hatte Michael das beste Wetter, gefolgt von Ole und Jorin.

23 **Vervielfachen und Teilen**

a) $3 \cdot \frac{5}{6} = \frac{\overset{1}{\cancel{3}} \cdot 5}{\underset{2}{\cancel{6}}} = \frac{5}{2} = 2\frac{1}{2}$

b) $\frac{3}{4} \cdot 12 = \frac{3 \cdot \overset{3}{\cancel{12}}}{\underset{1}{\cancel{4}}} = \frac{9}{1} = 9$

c) $\frac{6}{7} : 2 = \frac{6 : 2}{7} = \frac{3}{7}$

d) $\frac{6}{7} : 7 = \frac{6}{7 \cdot 7} = \frac{6}{49}$

e) $\frac{7}{6} : 6 = \frac{7}{6 \cdot 6} = \frac{7}{36}$

f) $\frac{5}{7} \cdot 28 = \frac{5 \cdot \overset{4}{\cancel{28}}}{\underset{1}{\cancel{7}}} = \frac{20}{1} = 20$

g) $\frac{14}{3} : 7 = \frac{14 : 7}{3} = \frac{2}{3}$

h) $\frac{14}{3} : 12 = \frac{\overset{7}{\cancel{14}}}{3 \cdot \underset{6}{\cancel{12}}} = \frac{7}{18}$

i) $9 \cdot \frac{7}{3} = \frac{\overset{3}{\cancel{9}} \cdot 7}{\underset{1}{\cancel{3}}} = \frac{21}{1} = 21$

j) $\frac{8}{9} : 4 = \frac{8 : 4}{9} = \frac{2}{9}$

k) $4 \cdot 1\frac{1}{2} = 4 \cdot \frac{3}{2} = \frac{\overset{2}{\cancel{4}} \cdot 3}{\underset{1}{\cancel{2}}} = \frac{6}{1} = 6$

l) $3\frac{1}{4} \cdot 8 = \frac{13}{4} \cdot 8 = \frac{13 \cdot \overset{2}{\cancel{8}}}{\underset{1}{\cancel{4}}} = \frac{26}{1} = 26$

24 **Lücken finden**

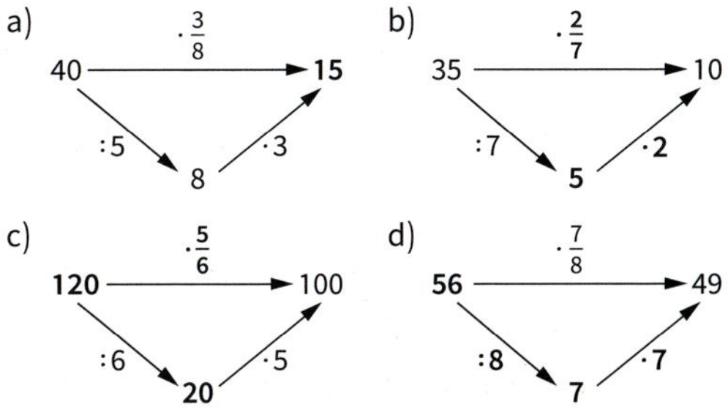

25 **Größe der Anteile durch Multiplikation bestimmen**

a) $48 \cdot \frac{3}{4} = \frac{\overset{12}{\cancel{48}} \cdot 3}{\underset{1}{\cancel{4}}} = \frac{36}{1} = 36$ Es sind 36 Kinder.

b) $\frac{2}{7} \cdot 63 = \frac{2 \cdot \overset{9}{\cancel{63}}}{\underset{1}{\cancel{7}}} = \frac{18}{1} = 18$
Theo gibt 18 € für Süßigkeiten aus.

c) $120 \cdot \frac{2}{5} = \frac{\overset{24}{\cancel{120}} \cdot 2}{\underset{1}{\cancel{5}}} = \frac{48}{1} = 48$
Mit dem Rad schafft sie es in 48 min.

26 **Immer wenn**

a) Wenn man den Nenner eines Bruches um 1 vergrößert, dann verkleinert sich der Wert des Bruchs.

b) Wenn man Zähler und Nenner eines Bruchs verdoppelt, dann erweitert man den Bruch mit 2 und der Wert des Bruchs bleibt gleich.

c) Wenn bei zwei Brüchen in gemischter Schreibweise die natürliche Zahl vor dem ersten Bruch größer ist als die natürliche Zahl vor dem zweiten Bruch, dann ist der erste Bruch größer als der zweite.

27 **Brüche, Prozente und Dezimalzahlen**

Bruchteil	$\frac{1}{4}$	$\mathbf{\frac{3}{10}}$	$\mathbf{\frac{9}{20}}$	$\mathbf{\frac{3}{4}}$
Prozentangabe	**25 %**	30 %	45 %	**75 %**
Dezimalzahl	0,25	**0,3**	**0,45**	0,75

Bruchteil	$\frac{3}{5}$	$\mathbf{\frac{1}{8}}$	$\frac{7}{20}$	$\mathbf{\frac{4}{5}}$
Prozentangabe	**60 %**	12,5 %	**35 %**	**80 %**
Dezimalzahl	**0,6**	**0,125**	**0,35**	0,8

28 **Anteile in Prozent**

a) $\frac{16}{25} = \frac{64}{100} = 64\,\%$ b) $\frac{13}{20} = \frac{65}{100} = 65\,\%$

c) $\frac{70}{200} = \frac{35}{100} = 35\,\%$ d) $\frac{16}{40} = \frac{8}{20} = \frac{40}{100} = 40\,\%$

29 Mischmasch aufräumen

- Größer als $\frac{1}{2}$:
  60% und $\frac{2}{3}$, wobei $\frac{2}{3} = \frac{20}{30} > \frac{60}{100} = \frac{3}{5} = \frac{18}{30}$
- Kleiner als $\frac{1}{2}$:
  $\frac{2}{5} = \frac{40}{100}$, $30\,\% = \frac{30}{100} = \frac{3}{10}$, $\frac{1}{4} = \frac{25}{100}$, $5\% = \frac{5}{100}$
  $\frac{3}{8} = \frac{30}{80}$ liegt zwischen $\frac{3}{10} = \frac{24}{80}$ und $\frac{2}{5} = \frac{32}{80}$

Damit folgt: $5\,\% < \frac{1}{4} < \frac{3}{10} = 30\,\% < \frac{3}{8} < \frac{2}{5} < 60\,\% < \frac{2}{3}$

Lösungen zu Seite 63

30 Wahr oder falsch?

a) Wahr. Größerer Zähler bedeutet mehr Teile.
b) Wahr. Zu jedem Bruch gibt unendlich viele erweiterte Brüche.
c) Wahr. Prozentzahlen sind Brüche mit dem Nenner 100. $1\frac{1}{2} = \frac{3}{2} = \frac{150}{100} = 150\,\%$
d) Falsch. $33\,\% = \frac{33}{100} \neq \frac{33}{99} = \frac{1}{3}$.

31 Als Bruch schreiben

a) $\frac{3}{10}$	b) $\frac{25}{100} = \frac{1}{4}$	c) $\frac{1}{100}$
d) $\frac{1}{8}$	e) $\frac{37}{100}$	f) $\frac{28}{1000} = \frac{7}{250}$
g) $\frac{103}{100} = 1\frac{3}{100}$	h) $\frac{7}{100}$	i) $\frac{703}{1000}$
j) $\frac{6}{100} = \frac{3}{50}$	k) $\frac{15}{100} = \frac{3}{20}$	m) $\frac{123}{1000}$

32 Als Dezimalzahl schreiben

a) 0,07	b) 0,103	c) 0,25
d) 0,38	e) 0,75	f) 2,031

33 Haustiere, Internetanschlüsse und Fahrradfahrer

a) 22 Schülerinnen und Schülern entsprechen $\frac{2}{3}$. Dann entsprechen $22:2 = 11$ Schülerinnen und Schülern dem Anteil $\frac{1}{3}$ und $11 \cdot 3 = 33$ Schülerinnen und Schüler entsprechen dem Ganzen, denn $3 \cdot \frac{1}{3} = 1$.
b) 14 Schülerinnen und Schüler entsprechen $\frac{7}{12}$. Dann entsprechen $14:7 = 2$ Schülerinnen und Schüler dem Anteil $\frac{1}{12}$ und $2 \cdot 12 = 24$ Schülerinnen und Schüler entsprechen dem Ganzen, denn $12 \cdot \frac{1}{12} = 1$.
c) 32 Lehrerinnen und Lehrer entsprechen $40\,\% = \frac{40}{100} = \frac{2}{5}$. Dann entsprechen $32:2 = 16$ Lehrerinnen und Lehrer dem Anteil $\frac{1}{5}$ und $16 \cdot 5 = 80$ Lehrerinnen und Lehrer entsprechen dem Ganzen, denn $5 \cdot \frac{1}{5} = 1$.

34 Ein Anteil bereits bezahlt

8250 € entsprechen dem Anteil $\frac{2}{5}$.
Dann entsprechen $8250\,€ : 2 = 4125\,€$ dem Anteil $\frac{1}{5}$.
$4125\,€ \cdot 5 = 20\,625\,€$ entsprechen dem Ganzen, denn $5 \cdot \frac{1}{5} = 1$.
Der Zuschuss von $20\,\% = \frac{1}{5}$ entspricht 4125 €.
Familie Hartmann muss also am Ende $20\,625\,€ - 4125\,€ = 16\,500\,€$ selbst bezahlen.

35 Der alte Scheich und seine 17 Kamele

17 Kamele können nicht ohne Rest aufgeteilt werden, 18 aber schon.

Der älteste Sohn erhält $\frac{1}{2} \cdot 18 = \frac{\cancel{18}^{9}}{\cancel{2}_{1}} = 9$ Kamele.

Der mittlere Sohn erhält $\frac{1}{3} \cdot 18 = \frac{\cancel{18}^{6}}{\cancel{3}_{1}} = 6$ Kamele.

Der jüngste Sohn erhält $\frac{1}{9} \cdot 18 = \frac{\cancel{18}^{2}}{\cancel{9}_{1}} = 2$ Kamele.

Zusammen wurden also nur $9 + 6 + 2 = 17$ Kamele verteilt. Das Problem liegt darin, dass die Anteile zusammen nur $\frac{17}{18}$, also kein Ganzes ergeben.

36 Brüche in der Musik

Zusammen müssen die Notenwerte des Viervierteltaktes $\frac{4}{4} = 1$ ergeben. Insgesamt ergeben die Notenwerte $\frac{7}{8}$, es fehlt also noch $\frac{1}{8}$.

3 Geometrie

Lösungen zu Seite 68

6 a)

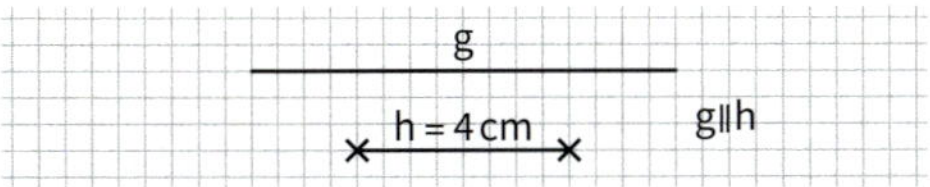

b)

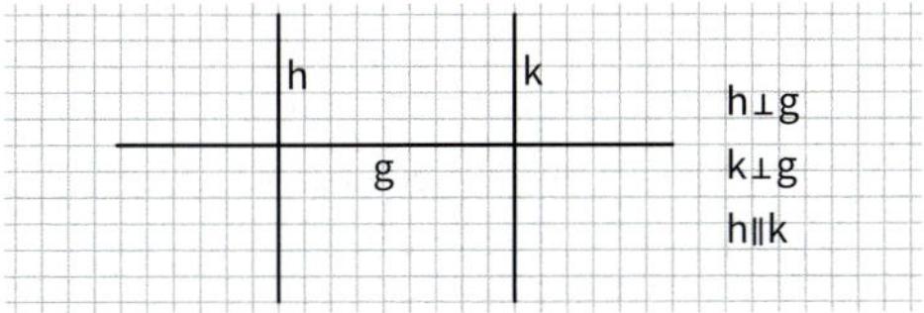

Die Geraden h und k liegen parallel zueinander.

7 a) Keine orthogonalen oder parallelen Geraden

b) g⊥k c) h ∥ k

8

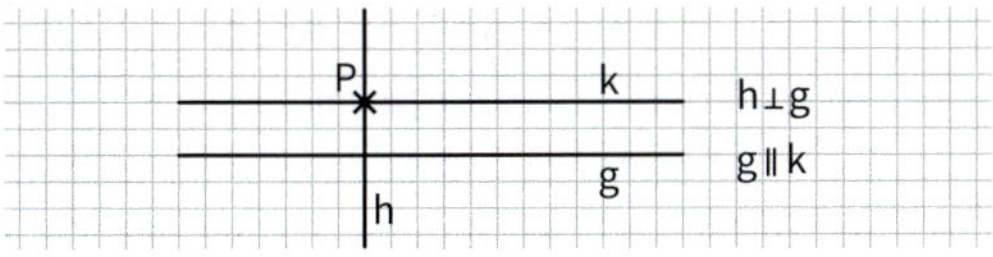

Lösungen zu Seite 70

5

	a)	b)
P zu g:	5 mm	10 mm
P zu h:	20 mm	7 mm
Q zu g:	10 mm	11 mm
Q zu h:	15 mm	6 mm
R zu g:	5 mm	12 mm
R zu h:	10 mm	7 mm
S zu g:	10 mm	5 mm
S zu h:	15 mm	13 mm

6 a) A zu B: 4,1 cm

b) g zu h: 0,6 cm

c) Punkt A zu g: 1,1 cm Punkt A zu h: 0,5 cm
Punkt B zu g: 0,8 cm Punkt B zu h: 1,4 cm

Lösungen zu Seite 71

10

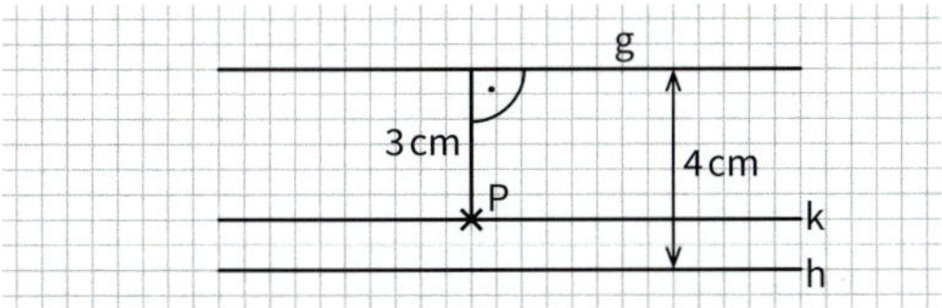

Lösungen zu Seite 75

3 a)

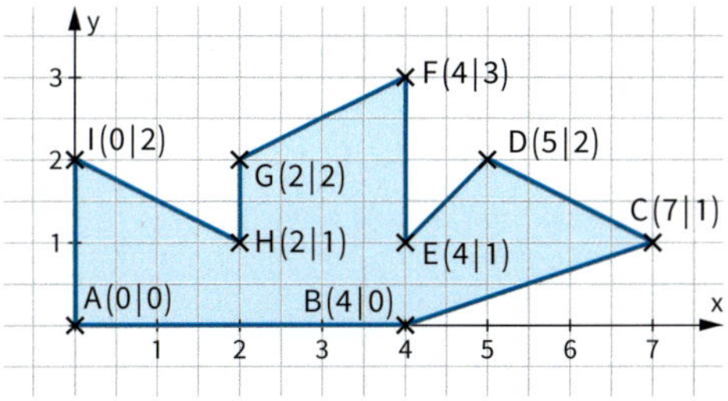

b) Koordinaten: A (1 | 2), B (5 | 1), C (6 | 5) und D (2 | 6)

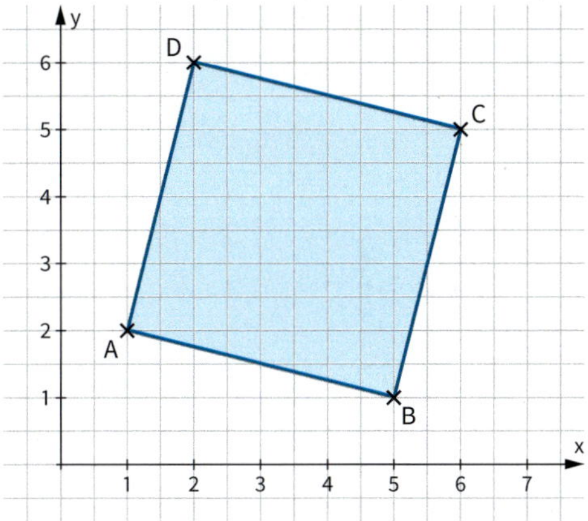

4 a)

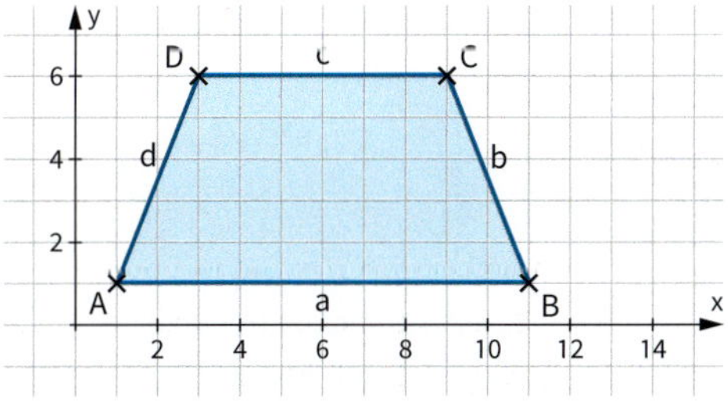

b)

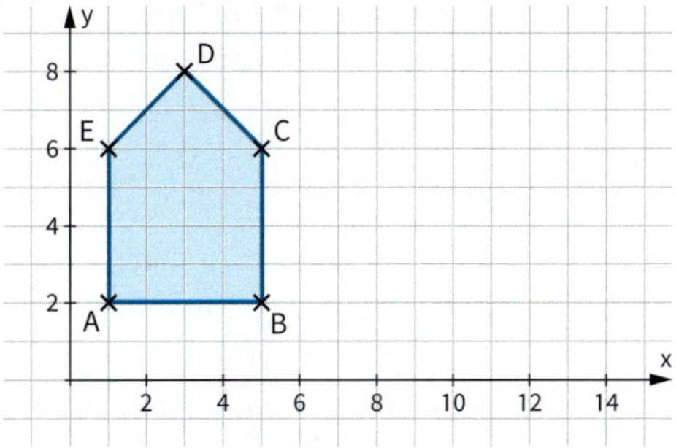

c)

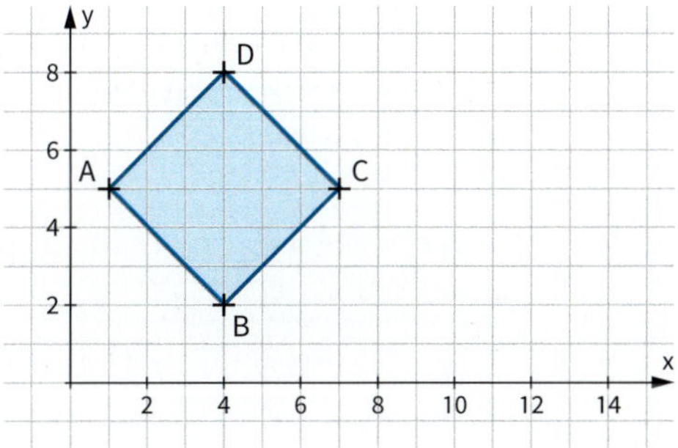

d)
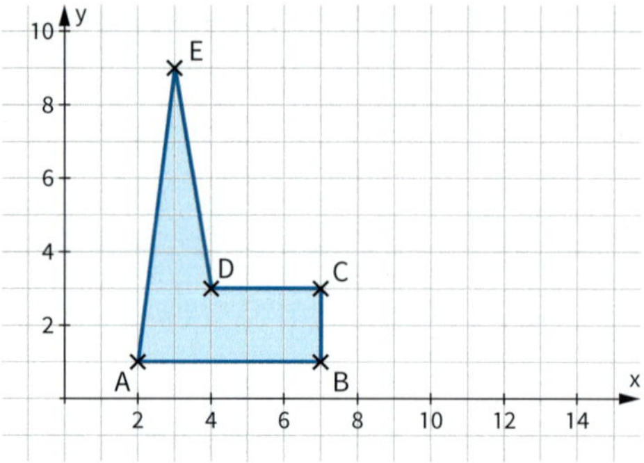

Lösungen zu Seite 77

4 a)
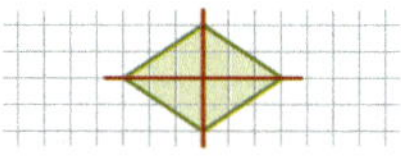
b)
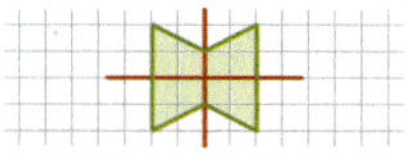
c) keine Symmetrieachse
d)
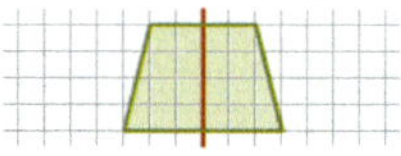
e)
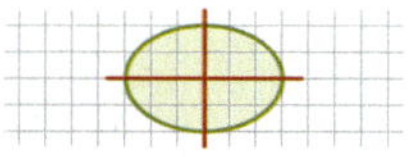

5 a)

b)

c) Das Schild ist nicht achsensymmetrisch.
d)

e)

Lösungen zu Seite 79

4 a) Der Eckpunkt (1 | 1) hat keinen Spiegelpunkt auf der Figur, sondern den Punkt (4 | 2). Daher ist Z nicht das Symmetriezentrum.

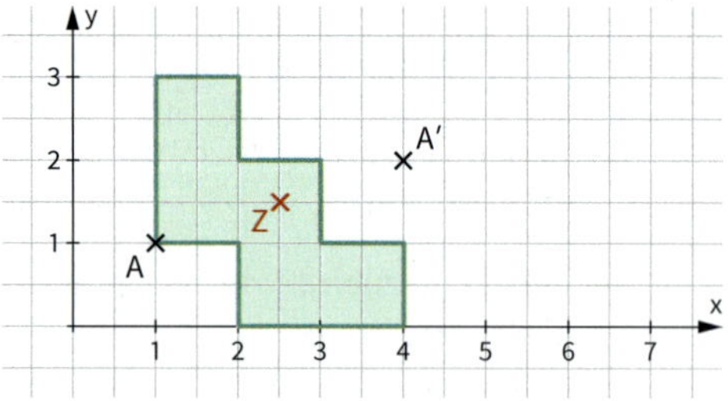

b) Das Symmetriezentrum der Figur ist Z (2 | 2).

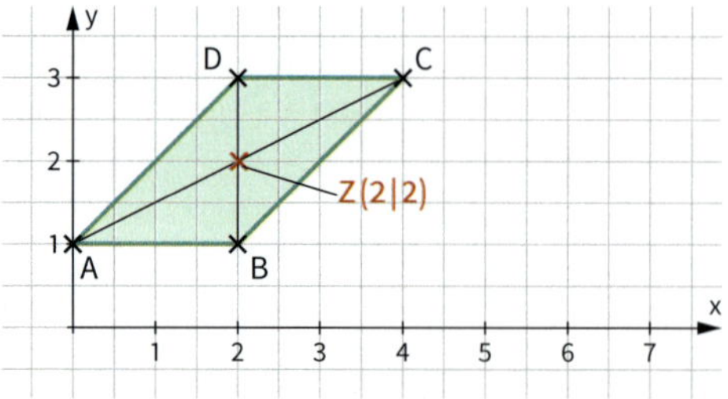

c)
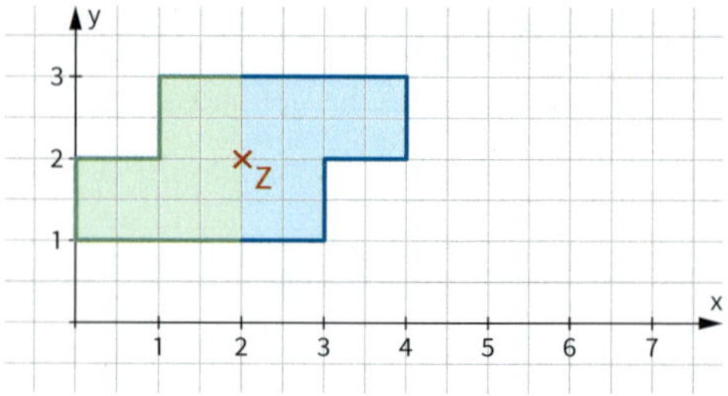

Lösungen zu Seite 82

6 a) A Quadrat B Parallelogramm
C Raute D Symmetrisches Trapez
E Drachen F Raute
G Rechteck H Quadrat
b) A, E, G, H c) A, C, F, H d) E

7 a) Raute
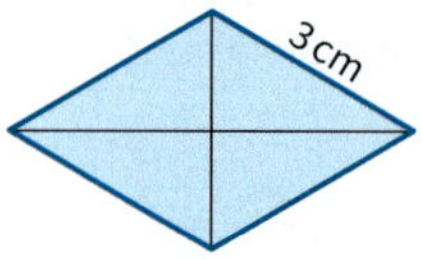

b) Rechteck
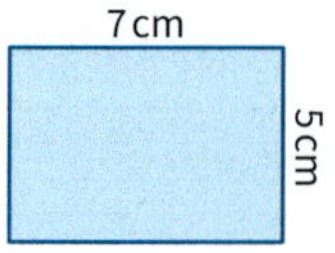

c) Parallelogramm
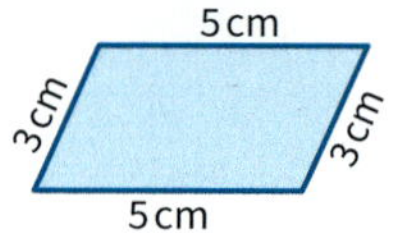

Lösungen zu Seite 82

12
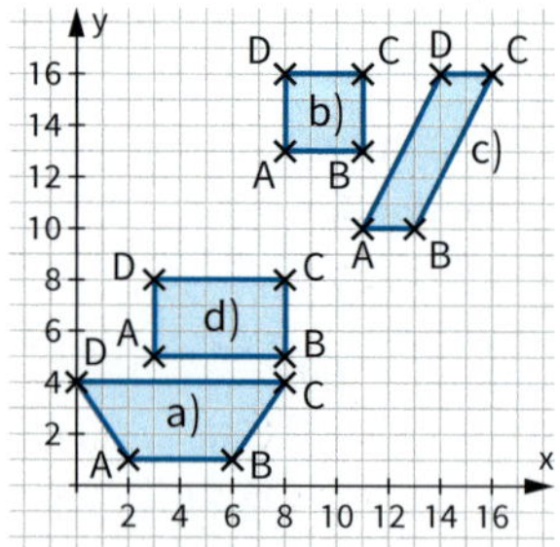

a) Symmetrisches Trapez b) Quadrat
c) Parallelogramm d) Rechteck

Lösungen zu Seite 85

3 a) Rechtwinkliges Dreieck

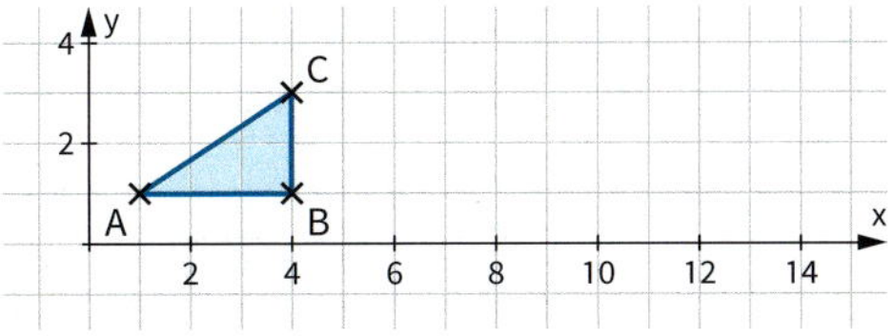

b) Gleichschenkliges Dreieck

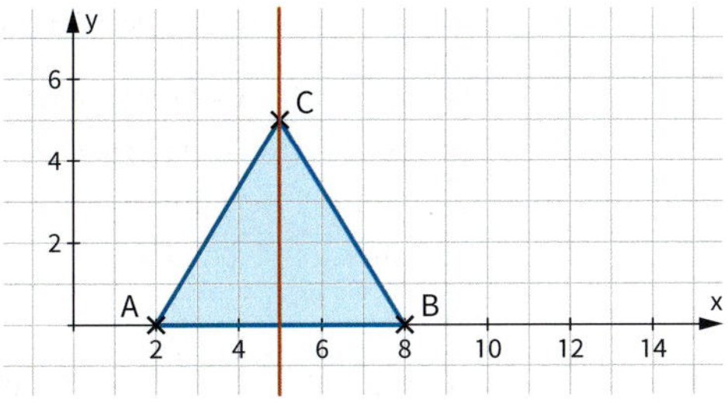

c) Gleichschenkliges Dreieck

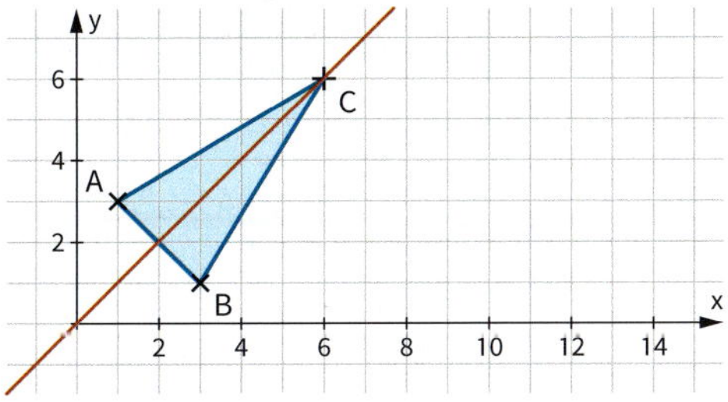

Wiederholen für die Klassenarbeit

Lösungen zu Seite 88

1 **Orthogonale und parallele Geraden**

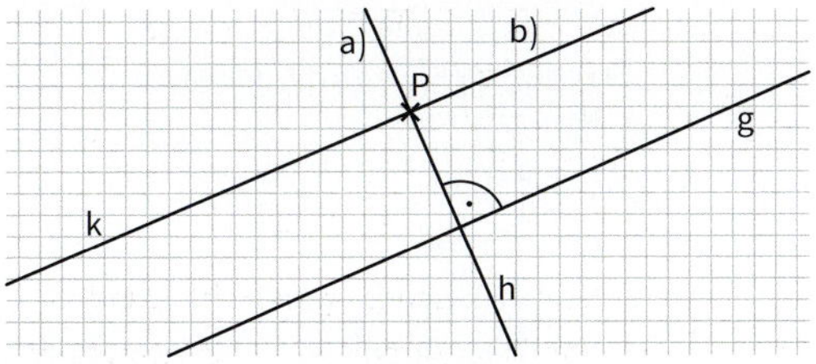

2 **Parallele Geraden konstruieren**

a)

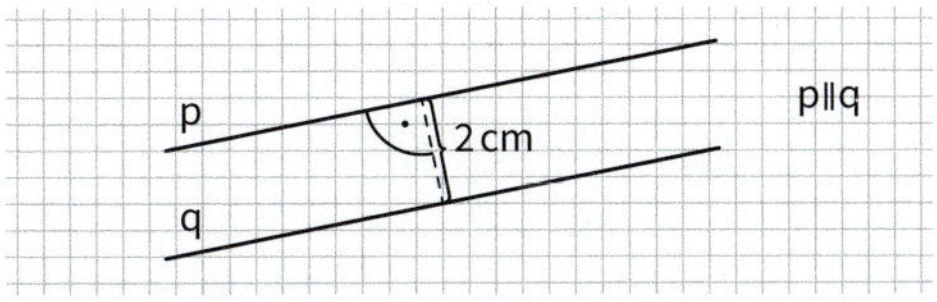

b)

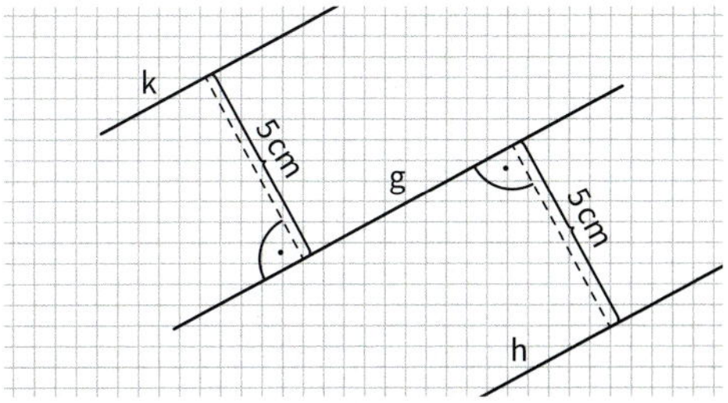

3 **Schnittpunkte**

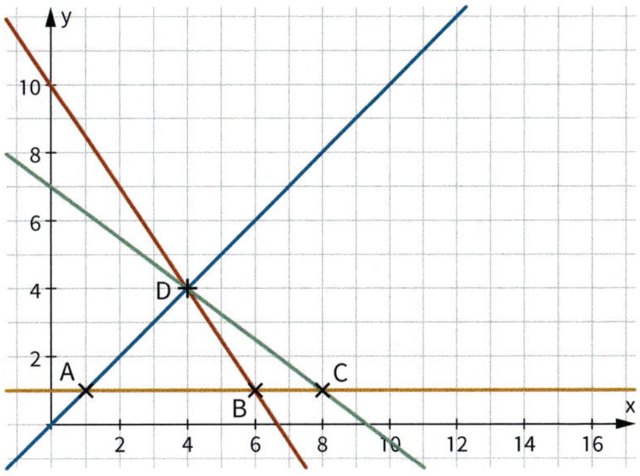

a) B(6|1) b) C(8|1) c) A(1|1)

d) Unendlich viele Schnittpunkte, da die Geraden identisch sind.

4 **Fehler in Dreiecken**

a)

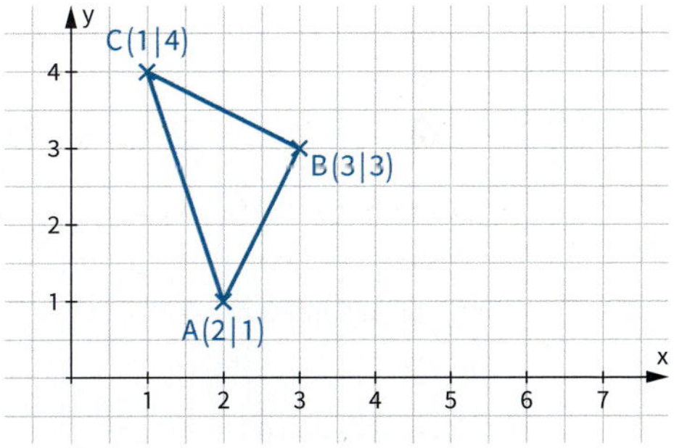

b) Janis hat B und C falsch benannt, Alina hat die x- und die y-Koordinate vertauscht.

5 **Punkte im Koordinatensystem einzeichnen**

a) Es entsteht ein Drachen.

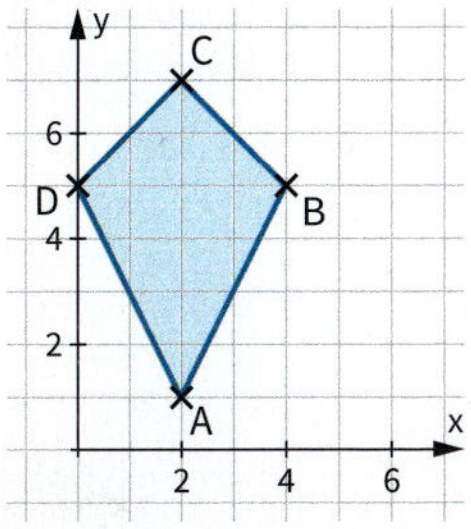

b) Die neuen Koordinaten sind:
A′(4|1), B′(6|5), C′(4|7), D′(2|5)
Das Viereck wird um zwei Einheiten parallel zur x-Achse nach rechts verschoben.

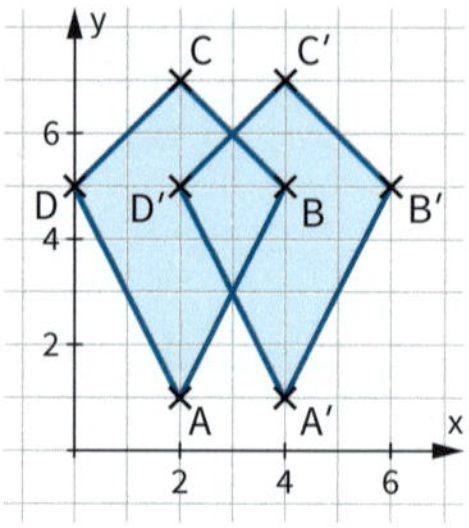

c) Die y-Koordinate wird jeweils um 3 erhöht.
Die neuen Koordinaten sind:
A′(2|4), B′(4|8), C′(2|10), D′(0|8)

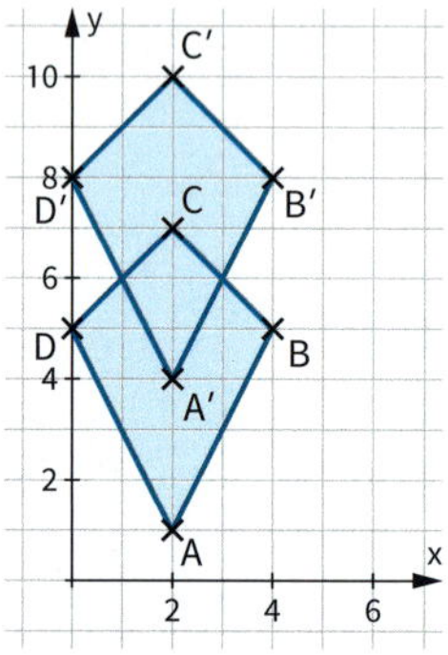

d) Die neuen Koordinaten sind:
A′(1|2), B′(5|4), C′(7|2), D′(5|0)
Das Viereck ist weiterhin ein Drachen.

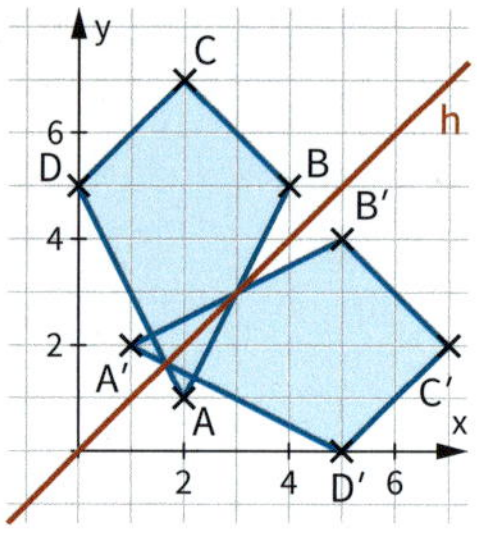

6 Symmetrie prüfen

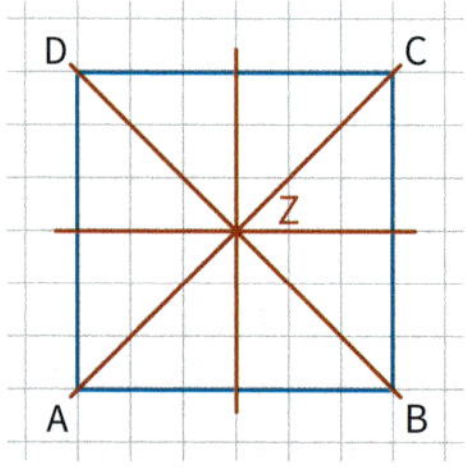

achsen- und punktsymmetrisch

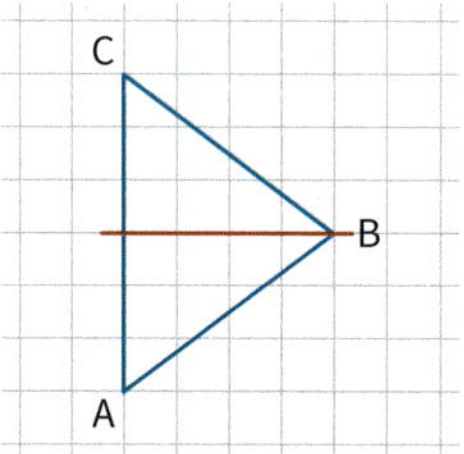

achsensymmetrisch

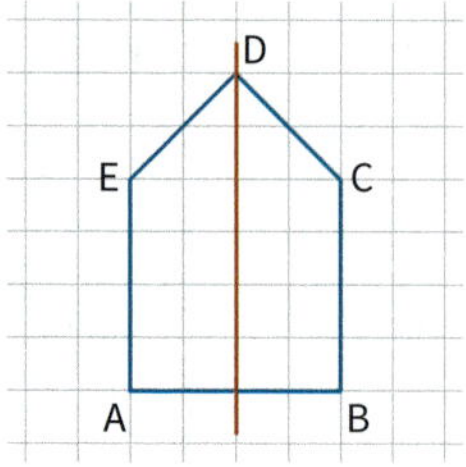

achsensymmetrisch

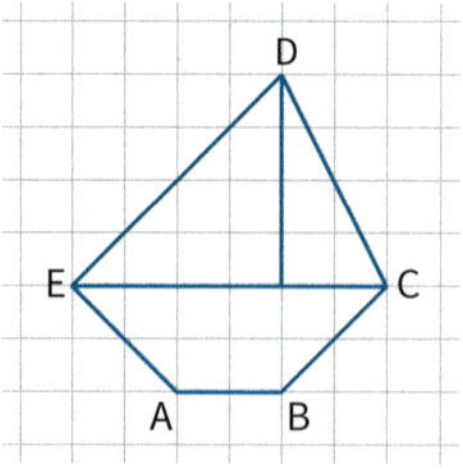

weder achsen- noch punktsymmetrisch

7 Rechteck und Quadrat zeichnen

a)

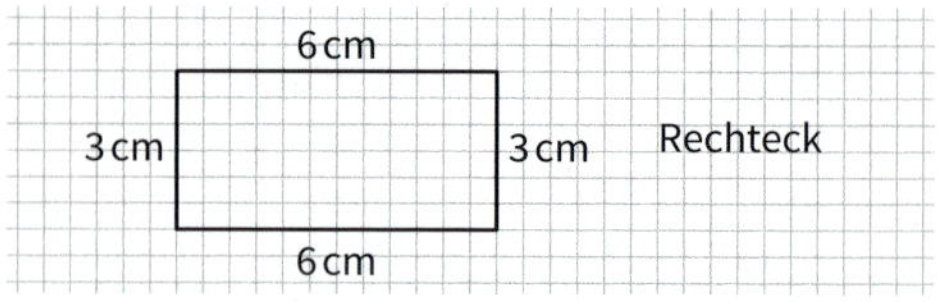

b)

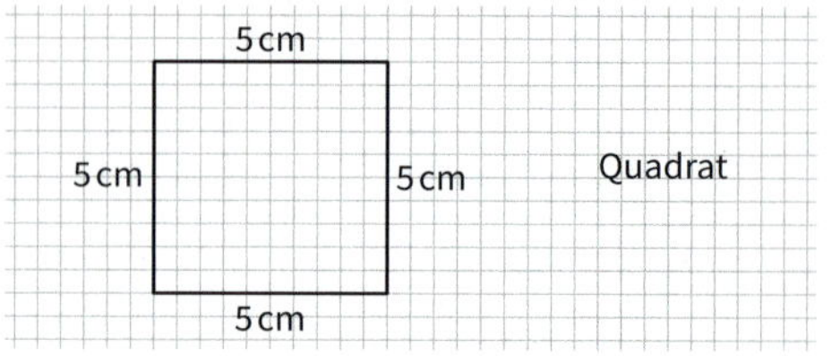

Lösungen zu Seite 89

8 Vierecke zeichnen

a)

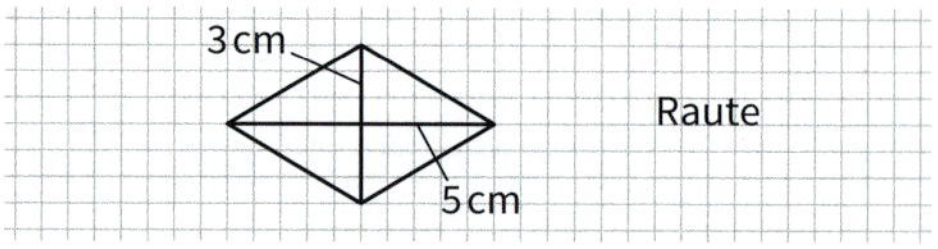

b)

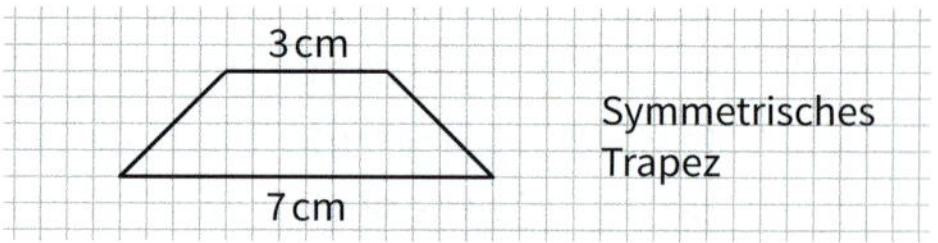

c)

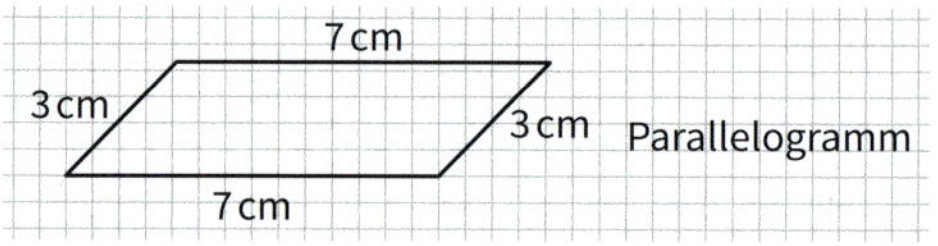

d)

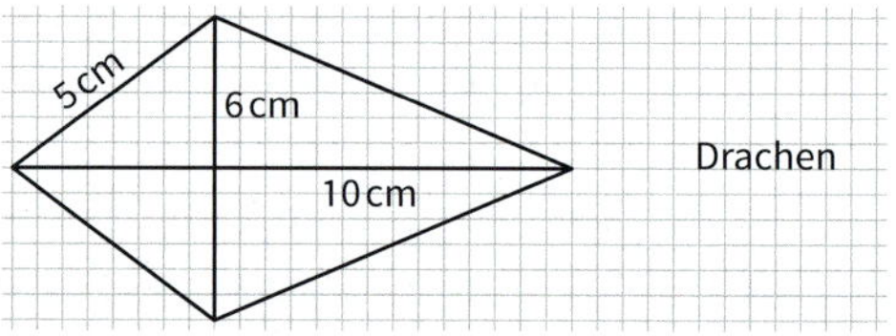

9 Vierecke im Koordinatensystem

a) Quadrat

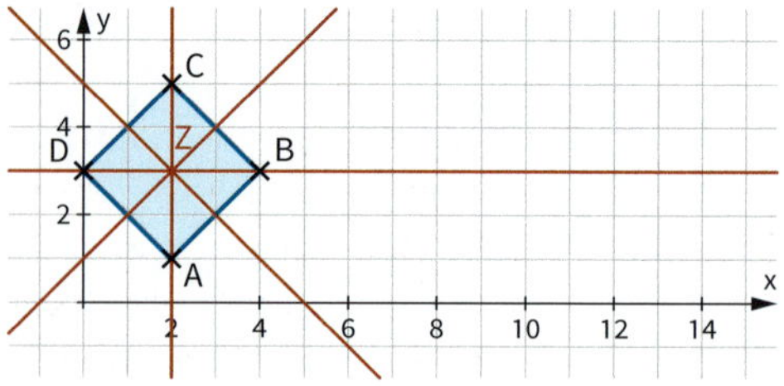

b) Parallelogramm

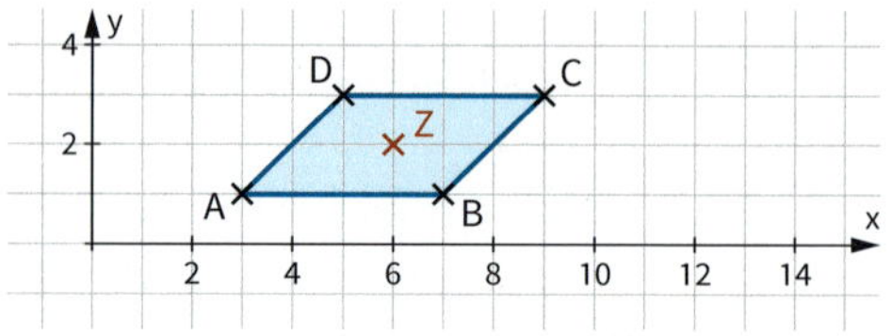

c) Symmetrisches Trapez

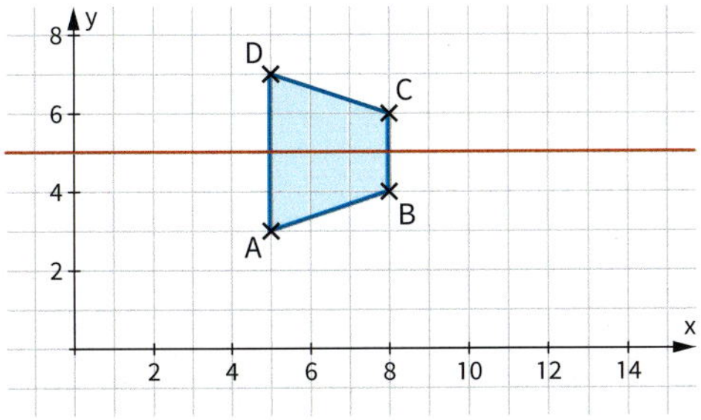

d) Drachen

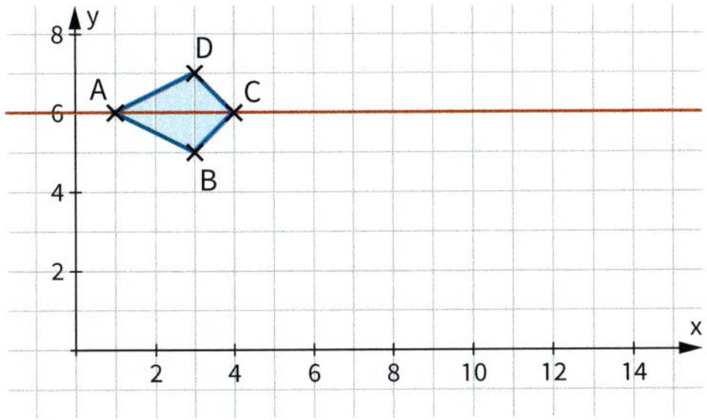

10 Vierecke unterschieden

Es werden im Folgenden nur die charakteristischen Unterschiede benannt.

a) Beim Rechteck sind nur gegenüberliegende Seiten gleich lang, beim Quadrat sind sogar alle Seiten gleich lang.
Während ein Rechteck nur zwei Symmetrieachsen besitzt, liegen beim Quadrat vier Symmetrieachsen vor. Das Quadrat ist ein spezielles Rechteck. Jedes Quadrat ist somit ein Rechteck, aber nicht jedes Rechteck ist ein Quadrat.

b) Beim Parallelogramm sind gegenüberliegende Seiten gleich lang, bei der Raute sind alle Seiten gleich lang. Die Raute ist also ein spezielles Parallelogramm. Jede Raute ist ein Parallelogramm, aber nicht jedes Parallelogramm ist eine Raute.

c) Beim Parallelogramm sind aneinanderstoßende Seiten nicht senkrecht, was beim Rechteck zusätzlich immer der Fall ist. Das Rechteck ist somit ein spezielles Parallelogramm. Jedes Rechteck ist ein Parallelogramm, aber nicht jedes Parallelogramm ist ein Rechteck.

d) Der Drachen hat zwei Paare gleich langer Seiten, die aneinanderstoßen, während bei der Raute sogar alle vier Seiten gleich lang sind.
Die Raute ist somit ein spezieller Drachen. Jede Raute ist ein Drachenviereck, aber nicht jedes Drachenviereck ist eine Raute.

11 Wahr oder falsch?

a) Die Aussage ist wahr.

b) Die Aussage ist falsch. Gegenbeispiel: eine Raute ohne rechte Winkel

c) Die Aussage ist falsch. Gegenbeispiel: ein symmetrisches Trapez ohne rechte Winkel

d) Die Aussage ist wahr.

12 Diagonalen im Viereck

a) Nachgezeichnet sind die Diagonalen, die auch eine Symmetrieachse bilden.

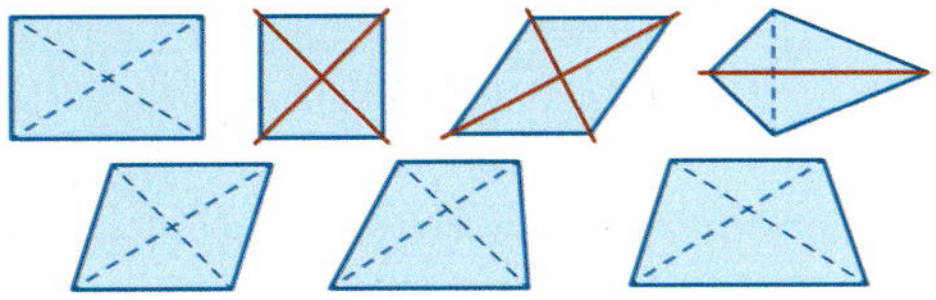

b) Quadrat, Raute, Drachen

13 Dreiecke

a)

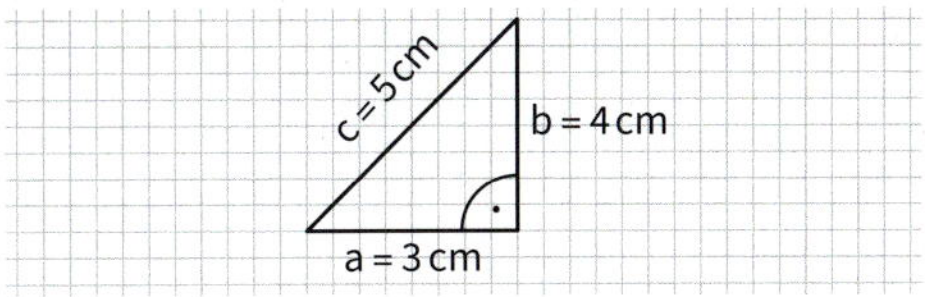

Umfang: $u = 3\,cm + 4\,cm + 5\,cm = 12\,cm$

b) Es entsteht ein gleichschenkliges Dreieck.

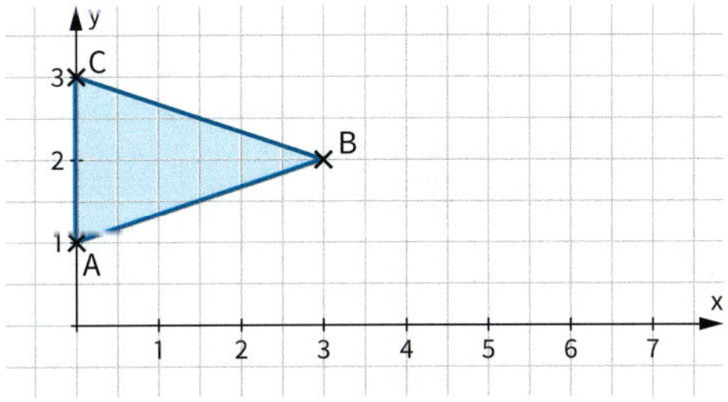

14 Dreieck verändern – was passiert, wenn …

Jedes der entstehenden Dreiecke ist gleichschenklig, genauso wie das in der Aufgabe dargestellte Dreieck. Es sind aber auch gleichseitige und rechtwinklige Dreiecke möglich.

Gleichseitige Dreiecke:

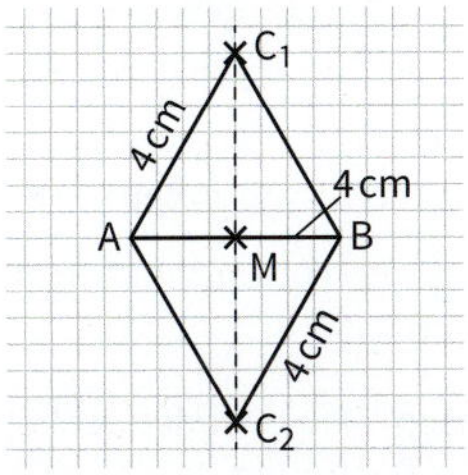

Rechtwinklige Dreiecke:

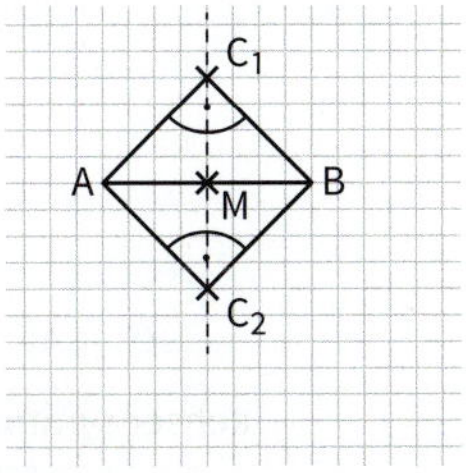

4 Rechnen mit natürlichen Zahlen

Lösungen zu Seite 93

9 a) 90 b) 32 c) 3660
d) 313 e) 197 f) 12

10 a) 68 + 65 = 133 b) 54 − 29 = 25
c) 37 + 116 = 153 d) 51 − 18 = 33

11 a) Die Differenz der Zahlen 71 und 25 ist 46.
b) Die Summe der Zahlen 36 und 19 ist 55.
c) Die Summe von 17 und 33 ergibt 50.
d) Die Differenz aus 91 und 21 ergibt 70.
e) Addiert man 12 zu 75, so ergibt sich 87.
f) Subtrahiert man 23 von 80, so ergibt sich 57.

Lösungen zu Seite 94

17 a) 75 − 58 = 17 Ihm fehlen noch 17 Sammelbilder.
b) 58 + 17 = 75 Nun hat Noah alle 75 Sammelbilder.

18 a) Die Summe wird um 27 größer.
b) Die Differenz wird um 10 größer.

Lösungen zu Seite 96

4 a) 1261 b) 10 918 c) 19 831

5 18 769 + 23 478 = 42 247
Insgesamt kamen 42 247 Personen zu den Spielen.

Lösungen zu Seite 97

8 a) Überschlag: 6400 + 8000 + 400 = 14 800;
Ergebnis: 14 781
b) Überschlag: 1000 + 10 000 + 4000 = 15 000;
Ergebnis: 15 431
c) Überschlag: 12 000 + 45 000 + 11 000 = 68 000;
Ergebnis: 68 028

9 a) Überschlag: 2400 + 100 + 300 = 2800;
die angegebene Rechnung ist wahrscheinlich nicht richtig.
b) Überschlag: 12 500 + 2100 + 4900 = 19 500;
der Überschlag lässt vermuten, dass die Rechnung richtig ist.
c) Überschlag: 3700 + 300 + 5300 = 9300;
die angegebene Rechnung ist wahrscheinlich nicht richtig.

Lösungen zu Seite 98

4 a) 212 b) 118 c) 777
d) 227 e) 26108

5 5000 − 4686 = 314
Es sind noch 314 Brötchenhälften übrig.

Lösungen zu Seite 99

8 a) 118 b) 594 c) 138 d) 53

Lösungen zu Seite 101

6 a) 36 b) 128 c) 16
d) 19 · 6 = 114 e) 35 : 7 = 5

7 a) Faktor; 7 · **11** = 77 b) Dividend; **40** : 5 = 8
c) Produkt; 15 · 8 = **120** d) Quotient; 57 : 3 = **19**
e) Faktor: **3** : 16 = 48 f) Divisor: 78 : **6** = 13

8 6 · 16 = 96

9 a) Das Produkt aus den Zahlen 15 und 4 ergibt 60.
b) Der Quotient der Zahlen 15 und 3 ist 5.
c) Der Quotient der Zahlen 15 und 5 ergibt 3.
d) Das Produkt der Zahlen 12 und 6 ergibt 72.
e) Das Produkt der Zahlen 24 und 3 ergibt 72.
f) Der Quotient der Zahlen 56 und 8 ist 7.

Lösungen zu Seite 102

14 a) 4000 b) 8 c) 70
d) 200 000 e) 20 f) 1
g) durch 0 darf man nicht dividieren
h) 0

15 a) 13, Probe: 13 · 5 = 65
b) 6, Probe: 6 · 8 = 48
c) 4, Probe: 4 · 13 = 52
d) 32, Probe: 32 · 10 = 320
e) 6, Probe: 6 · 12 = 72
f) 17, Probe: 17 · 5 = 85
g) 4, Probe: 4 · 17 = 68
h) 4, Probe: 4 · 23 = 92

Lösungen zu Seite 102

18 a) **10** · 23 = 230 b) 10 · **0** = 0
c) **2500** : 100 = 25 d) **0** : 1 = 0
e) **2** · 48 = 96 f) 72 · **1** = 72
g) **225** : 15 = 15 h) **300** : 30 = 10

19 a) Wenn ein Faktor verfünffacht wird, so wird das gesamte Produkt verfünffacht.
b) Wenn der Dividend halbiert wird, so wird auch der Quotient halbiert.

Lösungen zu Seite 104

6 a) Überschlag: $400 \cdot 7 = 2800$; Ergebnis: 2926
b) Überschlag: $330 \cdot 10 = 3300$; Ergebnis: 2943
c) Überschlag: $500 \cdot 30 = 15\,000$; Ergebnis: 13 208
d) $4400 \cdot 20 = 88\,000$; Ergebnis: 74 494

7 $17 \cdot 128 = 2176$
Bauer Lustig hat 2176 Äpfel geliefert.

Lösungen zu Seite 104

11 a) $497 \cdot 13 = 6461$ b) $624 \cdot 5000 = 3\,120\,000$
c) $44 \cdot 87 = 3828$ d) $3006 \cdot 25 = 75\,150$
e) $1234 \cdot 8 = 9872$ f) $201 \cdot 45 = 9045$

Lösungen zu Seite 105

5 a) 9^3 b) 7^4 c) 6^3
d) 5^2 e) 10^2 f) 2^5

6 a) 27 b) 16 c) 16
d) 1000 e) 64 f) 1 000 000

Lösungen zu Seite 106

4 a) Überschlag: $930 : 3 = 310$; Ergebnis: 312
b) Überschlag: $1200 : 6 = 200$; Ergebnis: 188
c) Überschlag: $3000 : 8 = 375$; Ergebnis: 363
d) Überschlag: $3000 : 15 = 200$; Ergebnis: 201

5 Rechne: $5472 : 9 = 608$.
Die gesuchte Zahl ist 608.

Lösungen zu Seite 107

11 a) Überschlag: $1400 : 20 = 70$; Ergebnis: 72
b) Überschlag: $3000 : 10 = 300$; Ergebnis: 251
c) Überschlag: $7000 : 10 = 700$; Ergebnis: 628
d) Überschlag: $1600 : 20 = 80$; Ergebnis: 67

12 $8460\,€ : 4 = 2115\,€$ Jeder bekommt 2115 €.

Lösungen zu Seite 108

16 a) 165 Rest 2; Probe: $165 \cdot 5 + 2 = 827$
b) 928 Rest 7; Probe: $928 \cdot 8 + 7 = 7431$
c) 167 Rest 3; Probe: $167 \cdot 12 + 3 = 2007$
d) 287, hier bleibt kein Rest; Probe: $287 \cdot 22 = 6314$

Lösungen zu Seite 110

6 a) $28 + 25 \cdot 3 = 28 + 75 = 103$ (erst Punkt- vor Strichrechnung, dann von links nach rechts)
b) $(45 - 12) - (18 + 7) = 33 - 25 = 8$ (Klammern zuerst berechnen, dann von links nach rechts)
c) $3^2 \cdot 5^2 = 9 \cdot 25 = 225$ (Potenzrechnung vor Punktrechnung, dann von links nach rechts)
d) $7 \cdot 4^3 = 7 \cdot 64 = 448$ (Potenzrechnung vor Punktrechnung, dann von links nach rechts)
e) $(24 + 40) : 4 + 4 = 64 : 4 + 4 = 16 + 4 = 20$ (Klammern zuerst, dann Punkt- vor Strichrechnung, zuletzt von links nach rechts)
f) $3^3 + 4 \cdot 2 = 27 + 4 \cdot 2 = 27 + 8 = 35$ (Potenzrechnung vor Punktrechnung, Punktrechnung vor Strichrechnung, zuletzt von links nach rechts)
g) $(6 + 14) \cdot 10 = 20 \cdot 10 = 200$ (Klammern zuerst, dann von links nach rechts)
h) $3^4 : 9 + 3 \cdot 7 = 81 : 9 + 3 \cdot 7 = 9 + 21 = 30$ (Potenzrechnung vor Punktrechnung, Punkt- vor Strichrechnung, zuletzt von links nach rechts)

Lösungen zu Seite 111

15 $3 \cdot 2{,}70\,€ + 2 \cdot 1{,}90\,€ = 11{,}90\,€$
Das Geld reicht nicht für die Fische, die Paul gerne hätte.

Lösungen zu Seite 112

20 a) $250 - [120 - 35] = 250 - 85 = 165$
b) $3 \cdot [12 + 60] = 3 \cdot 72 = 216$
c) $[9 : 3]^2 = 3^2 = 9$

21 $(67 - 58) \cdot (60 : 5) = 9 \cdot 12 = 108$

22 a) Addiere zu dem Produkt aus 13 und 6 die Summe aus 64 und 19.
b) Multipliziere 3 mit der Summe aus 7 und 43 und subtrahiere davon 50.

Lösungen zu Seite 113

3 a) $47 + (86 + 14) = 147$ b) $37 \cdot (2 \cdot 50) = 3700$
c) $(85 + 15) + 349 = 449$ d) $(25 \cdot 4) \cdot 57 = 5700$
e) $(89 + 11) + (37 + 63) = 200$

Lösungen zu Seite 115

10 a) $3 \cdot 17 + 3 \cdot 19 = 108$ b) $15 \cdot 7 + 15 \cdot 6 = 195$
c) $24 \cdot 4 - 8 \cdot 4 = 64$ d) $35 \cdot 2 + 16 \cdot 2 = 102$

11 a) $15 \cdot 30 + 15 \cdot 2 = 480$ b) $50 \cdot 14 = 700$
c) $2 \cdot 30 = 60$ d) $100 \cdot 8 - 1 \cdot 8 = 792$

Lösungen zu Seite 116

20 a) $7 \cdot 40 + 7 \cdot 5 = 315$ b) $(48 + 52) \cdot 6 = 600$
c) $6 \cdot (13 + 7) = 120$ d) $4 \cdot (26 - 24) = 8$
e) $(56 - 42) : 14 = 1$ f) $88 : 11 - 55 : 11 = 3$
g) $(46 - 36) \cdot 5 = 50$ h) $(130 + 13) : 13 = 11$

Lösungen zu Seite 119

4 a) Was ist gesucht? Anzahl der Bilder
Wichtige Angaben: 6 Tüten mit je 5 Bildern
Rechenart: „mit je 5“ bedeutet „$\cdot 5$“
Rechenausdruck: $6 \cdot 5 = 30$
Antwortsatz: Lara hat 30 Bilder.
b) Was ist gesucht? Anzahl der Tüten
Wichtige Angaben: 95 Bilder in Tüten zu je 5 Bildern verteilen
Rechenart: „verteilen zu je 5“ bedeutet „$:5$“
Rechenausdruck: $95 : 5 = 19$
Antwortsatz: Lena hat 19 Tüten gekauft.

Wiederholen für die Klassenarbeit

Lösungen zu Seite 122

1 **Kopfrechnen – addieren und subtrahieren**
a) 59 b) 59 c) 73
d) 56 e) 101 f) 34

2 **Vom Text zum Rechenausdruck**
a) $18 + 32 = 50$ b) $63 - 16 = 47$ c) $48 - 9 = 39$

3 **Veränderungen bei Summen und Differenzen**
a) Die Differenz wird um 5 größer.
b) Die Summe wird um zweimal 8, also um 16 kleiner.

4 **Schriftlich addieren und subtrahieren**
a) 9614 b) 4207 c) 95 791
d) 13 671 e) 49 140 f) 145 515
g) 1751 h) 13 343 i) 1785
j) 6029 k) 2353 l) 4138

5 **Zuschauer**
a) $8427 + 925 = 9352$ 9352 Karten wurden verkauft.
b) $9427 - 2839 = 6588$ 6588 Zuschauer saßen nicht auf der Haupttribüne.

6 **Zahlenrätsel**
a) $\square + 38 = 411$, $\square = 411 - 38 = 373$
b) $\square - 54 = 312$, $\square = 312 + 54 = 366$
c) $107 - \square = 38$, $38 + \square = 107$, $\square = 107 - 38 = 69$

7 **Kopfrechnen – multiplizieren und dividieren**
a) 45 b) 7 c) 52
d) 12 e) 56 f) 17

8 **Vom Text zum Rechenausdruck**
a) $9 \cdot 8 = 72$ b) $80 : 4 = 20$ c) $16 \cdot 3 = 48$
d) $39 : 13 = 3$ e) $20 : 10 = 2$ f) $5 \cdot 8 = 40$

9 **Schriftlich multiplizieren**
a) Überschlag: $400 \cdot 7 = 2800$; Ergebnis: 2576
b) Überschlag: $500 \cdot 10 = 5000$; Ergebnis: 4572
c) Überschlag: $240 \cdot 40 = 9600$; Ergebnis: 8460
d) Überschlag: $410 \cdot 70 = 28\,700$; Ergebnis: 29 857
e) Überschlag: $600 \cdot 430 = 258\,000$; Ergebnis: 261 936
f) Überschlag: $900 \cdot 300 = 270\,000$; Ergebnis: 279 356

10 **Vom Rechenausdruck zum Text**
a) Die Summe aus 5 und dem Produkt aus 7 und 11 ergibt 82.
b) Subtrahiert man vom Quotienten aus 120 und 4 die Zahl 2, so ergibt es 28.
c) Multipliziere die Differenz von 12 und 7 mit der Summe aus 12 und 7. Das Produkt ist 95.

11 **Veränderungen bei Produkten und Quotienten**
a) Das Produkt wird verneunfacht.
b) Der Quotient wird verdoppelt.

Lösungen zu Seite 123

12 **Potenzen**
a) $4^3 = 64$ b) $12^2 = 144$ c) $5^4 = 625$
d) $10^4 = 10\,000$ e) $3^5 = 243$

13 **Schriftlich dividieren**
a) Überschlag: $3000 : 6 = 500$; Ergebnis: 537
b) Überschlag: $6300 : 7 = 900$; Ergebnis: 908
c) Überschlag: $5000 : 10 = 500$; Ergebnis: 416
d) Überschlag: $24\,000 : 40 = 600$; Ergebnis: 581
e) Überschlag: $4000 : 25 = 160$; Ergebnis: 172
f) Überschlag: $6600 : 20 = 330$; Ergebnis: 367

14 **Kleine Textaufgaben**
a) $12 \cdot 18 = 216$ Der Chor hat 216 Mitglieder.
b) $468 : 6 = 78$
Jede Person muss 78 Personen befragen.

15 Rechenausdrücke berechnen

a) 55 b) 19 c) 19 d) 32
e) 10 f) 18 g) 25 h) 41

16 Vom Text zum Rechenausdruck

a) $19 \cdot 6 + 85 : 5 = 131$
b) $(98 - 29) - (16 + 4) = 49$

17 Kopfrechen

a) $46 + (87 + 13) = 146$ b) $(25 \cdot 4) \cdot 36 = 3600$
c) $(27 + 73) + 84 = 184$ d) $47 \cdot (7 + 3) = 470$
e) $37 + (64 + 16) = 117$ f) $60 + 40 = 100$
g) $(40 \cdot 25) \cdot 57 = 57\,000$ h) $104 \cdot (2 + 8) = 1040$

18 Klammern auflösen

a) 142 b) 130 c) 9 d) 42
e) 128 f) 23 g) 108 h) 98

19 Flughafen

$23\,406 + 16\,974 + 21\,684 = 62\,064$
An den drei Tagen gab es 62 064 Passagiere.
$62\,064 : 3 = 20\,688$
Es gab durchschnittlich 20 688 Passagiere pro Tag.

20 Dosen stapeln

$24 \cdot 15 \cdot 8 \cdot 12 = 34\,560$
Der Lkw hat 34 560 Dosen geladen.

21 Lauftraining

a) $10 + (10 + 2) + (10 + 4) + (10 + 6) + (10 + 8) + (10 + 10) + (10 + 12) = 112$
Ben trainiert in der ersten Woche insgesamt 112 Minuten.
b) $112 : 7 = 16$
Wenn Lukas jeden Tag 16 Minuten gelaufen ist, ist er genauso viel gelaufen wie Ben.

22 Zahlenrätsel zum Knobeln

Die gedachte Zahl kann man durch Probieren finden, indem man verschiedene Zahlen in die beiden Rechenausdrücke einsetzt. Zahl: ▢
Zahl mit 7 multiplizieren und 10 addieren: ▢ · 7 + 10
9-fache der Zahl: ▢ · 9

Zahl ▢	▢ · 7 + 10	▢ · 9	Vergleich
1	$1 \cdot 7 + 10 = 17$	$1 \cdot 9 = 9$	$17 \neq 9$
2	$2 \cdot 7 + 10 = 24$	$2 \cdot 9 = 18$	$24 \neq 18$
3	$3 \cdot 7 + 10 = 31$	$3 \cdot 9 = 27$	$31 \neq 27$
4	$4 \cdot 7 + 10 = 38$	$4 \cdot 9 = 36$	$38 \neq 36$
5	$5 \cdot 7 + 10 = 45$	$5 \cdot 9 = 45$	$45 = 45$

Für die Zahl 5 ergeben beide Rechenausdrücke 45.
Die gedachte Zahl ist 5.

5 Größen

Lösungen zu Seite 127

7 a) Meter
b) Zentimeter oder Millimeter
c) Millimeter

8 Zentimeter und Millimeter

Lösungen zu Seite 129

9 a) 0,75 km b) 80 cm c) 30 cm
d) 0,025 km e) 0,12 dm f) 250 mm
g) 200 cm h) 0,6 m i) 4500 mm

10 a) 280 cm; 4 m; 60 dm
b) 2,05 dm; 0,25 m; 10,5 m
c) 275 dm; 0,5 km; 1500 m

Lösungen zu Seite 130

17 a) 2 dm = 20 cm b) 7 dm = 70 cm c) 6 mm
d) 125 m e) 900 m f) 30 m

18 a) falsch, richtig wäre: 4,3 km = 4 km 300 m
b) richtig c) richtig d) richtig
e) falsch, richtig wäre: 3 dm 1 mm = 30,1 cm
f) falsch, richtig wäre: 10 km 80 m = 10,08 km

Lösungen zu Seite 132

7 $56\text{ cm} \cdot 8 = 448\text{ cm} = 4{,}48\text{ m}$
In Wirklichkeit ist der Pkw 4,48 m lang.

8 a)

Karte	5 m
Wirklichkeit	**100 m**
Maßstab	1:20

b)

Karte	**16 cm**
Wirklichkeit	4 m = 400 cm
Maßstab	1:25

c)

Karte	1 cm
Wirklichkeit	1 m = 100 cm
Maßstab	**1:100**

Lösungen zu Seite 133

12 $12\text{ cm} : 4 = 3\text{ cm}$
In Wirklichkeit ist die Länge 3 cm lang.

Lösungen zu Seite 135

5 a) 2500 g   b) 7 t
c) 350 g   d) 5 000 000 mg

6 a) $\frac{1}{4}$ kg; 500 g; 0,7 kg   b) 40 kg; 200 000 g; $\frac{3}{4}$ t
c) 250 mg; $\frac{1}{2}$ g; 0,5 kg   d) 200 g; $1\frac{1}{2}$ kg; 1 t

Lösungen zu Seite 137

8 a) Teile die Strecke in $6 + 2 = 8$ gleich lange Abschnitte.
Jeder Abschnitt ist also $8\,\text{cm} : 8 = 1\,\text{cm}$ lang.

Strecken: 6 cm und 2 cm
Anteile: $\frac{6}{8} = \frac{3}{4}$ und $\frac{2}{8} = \frac{1}{4}$.

b) Teile die Strecke in $3 + 5 = 8$ gleich lange Abschnitte.
Jeder Abschnitt ist also $8\,\text{cm} : 8 = 1\,\text{cm}$ lang.

Strecken: 3 cm und 5 cm
Anteile: $\frac{3}{8}$ und $\frac{5}{8}$.

c) Teile die Strecke in $3 + 1 = 4$ gleich lange Abschnitte.
Jeder Abschnitt ist also $8\,\text{cm} : 4 = 2\,\text{cm}$ lang.

Strecken: 6 cm und 2 cm
Anteile: $\frac{3}{4}$ und $\frac{1}{4}$.

d) Teile die Strecke in $1 + 7 = 8$ gleich lange Abschnitte.
Jeder Abschnitt ist also $8\,\text{cm} : 8 = 1\,\text{cm}$ lang.

Strecken: 1 cm und 7 cm
Anteile: $\frac{1}{8}$ und $\frac{7}{8}$.

e) Teile die Strecke in $9 + 3 = 12$ gleich lange Abschnitte.
Jeder Abschnitt ist also $8\,\text{cm} : 12 = \frac{2}{3}\,\text{cm}$ lang.
Streckenlängen
$9 \cdot \frac{2}{3}\,\text{cm} = 6\,\text{cm}$ und $3 \cdot \frac{2}{3}\,\text{cm} = 2\,\text{cm}$

Anteile: $\frac{9}{12} = \frac{3}{4}$ und $\frac{3}{12} = \frac{1}{4}$

f) Teile die Strecke in $5 + 7 = 12$ gleich lange Abschnitte.
Jeder Abschnitt ist also $8\,\text{cm} : 12 = \frac{2}{3}\,\text{cm}$ lang.
Streckenlängen
$5 \cdot \frac{2}{3}\,\text{cm} = 3\frac{1}{3}\,\text{cm}$ und $7 \cdot \frac{2}{3}\,\text{cm} = 4\frac{2}{3}\,\text{cm} \approx 4{,}66\,\text{cm}$

Anteile: $\frac{5}{12}$ und $\frac{7}{12}$

9 a) 1 zu 3, Anteil gelber Farbe: $\frac{3}{4}$
b) 1 zu 1, Anteil gelber Farbe: $\frac{1}{2}$
c) 2 zu 3, Anteil gelber Farbe: $\frac{3}{5}$

10 a) $2{,}5\,\text{kg} = 2500\,\text{g}$
Teile auf in $4 + 1 = 5$ Teile.
$2500\,\text{g} : 5 = 500\,\text{g}$
$4 \cdot 500\,\text{g} = 2000\,\text{g}$ stehen zu $1 \cdot 500\,\text{g} = 500\,\text{g}$ im Verhältnis 4 zu 1.

b) $4{,}2\,\text{kg} = 4200\,\text{g}$
Teile auf in $2 + 5 = 7$ Teile.
$4200\,\text{g} : 7 = 600\,\text{g}$
$2 \cdot 600\,\text{g} = 1200\,\text{g}$ stehen zu $5 \cdot 600\,\text{g} = 3000\,\text{g}$ im Verhältnis 2 zu 5.

c) $7{,}5\,\text{t} = 7500\,\text{kg}$
Teile auf in $2 + 1 = 3$ Teile.
$7500\,\text{kg} : 3 = 2500\,\text{kg}$
$2 \cdot 2500\,\text{kg} = 5000\,\text{kg}$ stehen zu $1 \cdot 2500\,\text{kg} = 2500\,\text{kg}$ im Verhältnis 2 zu 1.

Lösungen zu Seite 139

5 a) 600 s   b) 8 min   c) 6 h
d) 1440 min   e) 72 h   f) 7200 s

6 a) 95 min   b) 3 h 29 min   c) 14 h 33 min

7 a) 12 min   b) $\frac{1}{3}$ h   c) 6 min
d) $\frac{2}{3}$ d   e) $\frac{1}{4}$ min   f) 18 s

Wiederholen für die Klassenarbeit

Lösungen zu Seite 142

1 **Längeneinheiten umrechnen**
a) 1200 cm   b) 15 000 m   c) 200 mm
d) 50 cm   e) 5 m   f) 25 m
g) 52 cm   h) 50 dm   i) 75 cm
j) 0,0125 km   k) 0,05 m   l) 0,5 mm

2 **Weitsprung**
Anna springt am weitesten.

3 Absperrband

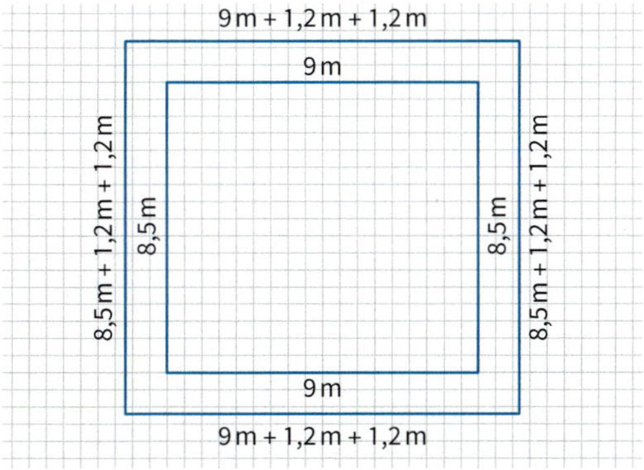

Der Länge des Absperrbands berechnet sich aus:
$2 \cdot (9\,m + 1{,}2\,m + 1{,}2\,m) + 2 \cdot (8{,}5\,m + 1{,}2\,m + 1{,}2\,m)$
$= 44{,}6\,m$.

4 Verschiedene Maßstäbe

Wirklichkeit	1:200	1:5000	1:10 000
100 m	50 cm	2 cm	1 cm
500 m	250 cm	10 cm	5 cm

5 Maßstab – Karte und Wirklichkeit

a) 3 cm auf der Karte entsprechen
600 000 cm = 6 km in der Wirklichkeit.
5 cm auf der Karte entsprechen
1 000 000 cm = 10 km in der Wirklichkeit.
9,6 cm auf der Karte entsprechen
1 920 000 cm = 19,2 km in der Wirklichkeit.

b) 8 km in der Wirklichkeit entsprechen 4 cm auf der Karte.
15 km in der Wirklichkeit entsprechen 7,5 cm auf der Karte.
20,5 km in der Wirklichkeit entsprechen 10,25 cm auf der Karte.

6 Unter dem Mikroskop

$4\,cm : 5 = 0{,}8\,cm = 8\,mm$
Das Tier ist in Wirklichkeit 8 mm lang.

7 Modellauto

a) $4\,cm \cdot 87 = 348\,cm = 3{,}48\,m$
Das Auto ist in Wirklichkeit 3,48 m lang.

b) Das Modell des Autos wurde im Maßstab 1 : 18 erstellt.

8 Kann das sein?

a) Die Aussage kann richtig sein, denn 45 000 g = 45 kg, was ein realistisches Gewicht für einen Jungen ist.

b) Die Aussage kann nicht stimmen, denn ein normaler Mensch kann wohl kaum einen Schulranzen von $250\,kg = \frac{1}{4}\,t$ tragen.

c) Die Aussage kann nicht stimmen, 3600 mg = 3,6 g ist viel zu wenig für ein neugeborenes Kind.

d) Die Aussage kann nicht stimmen. 1 kg kann (fast) jeder Mensch heben, dafür braucht man keinen Kran.

9 Massen mit und ohne Komma

a) 2500 g, 4050 g, 1075 g, 100 g

b) 2,8 kg, 0,4 t, 2,55 g, 0,02 kg

10 Abfall

$4500 \cdot 1300\,g = 5\,850\,000\,g = 5{,}85\,t$
Es fallen täglich 5,85 t Müll an.

Lösungen zu Seite 143

11 Konservendose

$420\,g : 450\,g = \frac{14}{15}$
Die Füllmenge entspricht $\frac{14}{15}$ der Gesamtmasse.

12 Zu einem Ganzen ergänzen

a) 130 mg	b) 6 dm	c) 5 mm
d) 998 g	e) 895 kg	f) 925 m
g) 275 m	h) 2,5 mm	i) 699 g
j) 440 kg	k) 8 cm	l) 455 m

13 Kosten vor Gericht

Die Kosten sind in 3 + 4 = 7 gleich große Teile aufzuteilen.
$4438\,€ : 7 = 634\,€$
Frau Hahn muss $3 \cdot 634\,€ = 1902\,€$ und Herr Henne muss $4 \cdot 634\,€ = 2536\,€$ zahlen.

14 Strecken teilen

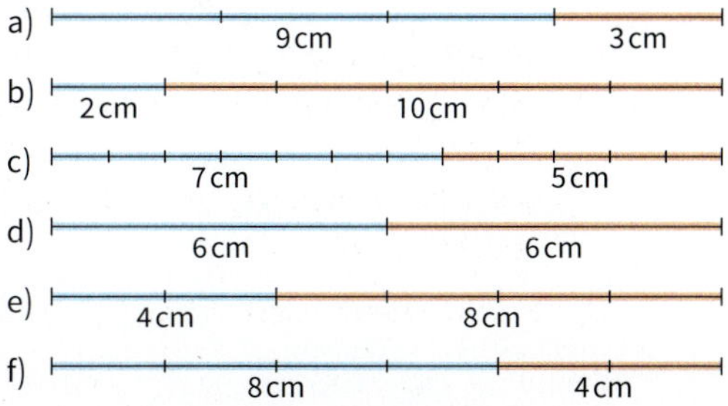

15 Mischungen

a) 3 zu 2; Anteil weiß: $\frac{3}{5}$, Anteil rot: $\frac{2}{5}$

b) 1 zu 2; Anteil Apfelsaft: $\frac{1}{3}$, Anteil Wasser: $\frac{2}{3}$

c) 500 g zu 1 kg, also 500 zu 1000, also 1 zu 2
Anteil Zucker: $\frac{1}{3}$, Anteil Erdbeeren: $\frac{2}{3}$

16 Lötzinn

Anteil Zinn: $\frac{3}{10}$ Anteil Blei: $\frac{7}{10}$

Teile die 60 g Lötzinn in $3 + 7 = 10$ gleich große Teile:
$60\,g : 10 = 6\,g$

Zinn: $3 \cdot 6\,g = 18\,g$ Blei: $7 \cdot 6\,g = 42\,g$

17 Mürbeteig

Teile die 1,8 kg Teig in $1 + 2 + 3 = 6$ gleich große
Teile: $1{,}8\,kg : 6 = 300\,g$

Zucker hat einen Anteil von $\frac{1}{6}$, das sind
$300\,g \cdot 1 = 300\,g$.

Butter hat einen Anteil von $\frac{2}{6} = \frac{1}{3}$, das sind
$300\,g \cdot 2 = 600\,g$.

Mehl hat einen Anteil von $\frac{3}{6} = \frac{1}{2}$, das sind
$300\,g \cdot 3 = 900\,g$.

18 Mitternacht

a) 13 h 15 min b) 12 h 5 min c) 3 h 45 min
d) 23 h 25 min e) 17 h 30 min f) 98 min

19 Fahrplan

Abfahrt	8:15 Uhr	6:51 Uhr	**12:38 Uhr**	14:27 Uhr	**7:31 Uhr**
Fahrzeit	4 h 36 min	**4 h 26 min**	3 h 47 min	**4 h 18 min**	4 h 52 min
Ankunft	**12:51 Uhr**	11:17 Uhr	16:25 Uhr	18:45 Uhr	12:23 Uhr

20 Training

15 h 10 min : 7 = 130 min = 2 h 10 min
oder 15 h 10 min : 7 = 14 h 70 min : 7 = 2 h 10 min
Maximilian hat durchschnittlich am Tag
2 Stunden 10 Minuten trainiert.

21 Umrechnen von Einheiten

a) 5200 dm b) 12 000 m c) 3000 g
d) 5000 mg e) 4 min f) 180 min
g) 125 cm h) 7,5 cm i) 2500 kg
j) 2,55 kg k) 96 h l) 50 d

6 Körper

Lösungen zu Seite 147

5 a) Würfel und Quader haben jeweils 8 Ecken, 12 Kanten und 6 Flächen.

b) Eine quadratische Pyramide hat 5 Ecken, 8 Kanten und 5 Flächen. Dabei ist die Grundfläche quadratisch und die vier Seitenflächen haben die Form eines gleichschenkligen Dreiecks.

Lösungen zu Seite 148

9 Es handelt sich um ein Dreiecksprisma. Dieses besteht aus sechs Ecken, neun Kanten und fünf Flächen. Zwei der Flächen sind Dreiecke, die anderen drei Flächen sind Rechtecke.

Lösungen zu Seite 148

12 a) Würfel
b) quadratische Pyramide
c) Dreiecksprisma
d) Dreieckspyramide

Lösungen zu Seite 150

3 a) Würfel und quadratische Pyramide
b) Quader und quadratische Pyramide
c) Zylinder und Kegel
d) Zylinder und Halbkugel

Lösungen zu Seite 153

5

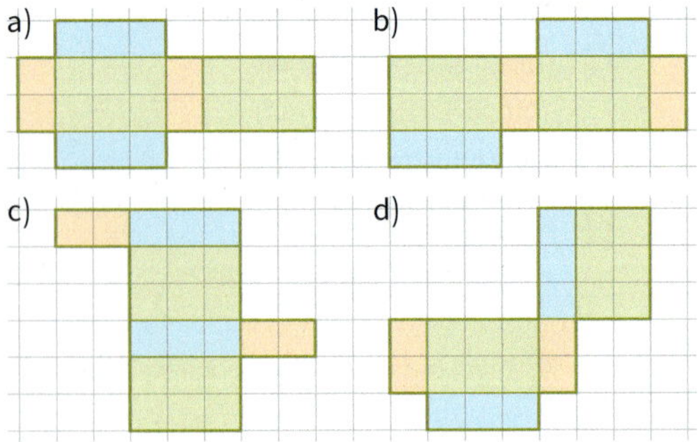

Lösungen zu Seite 154

9 a)

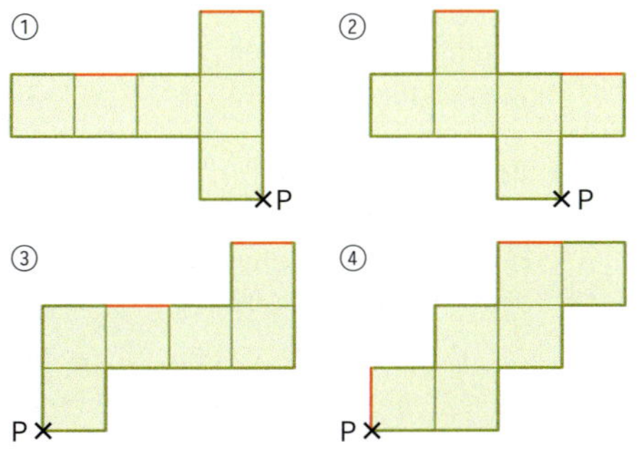

b)

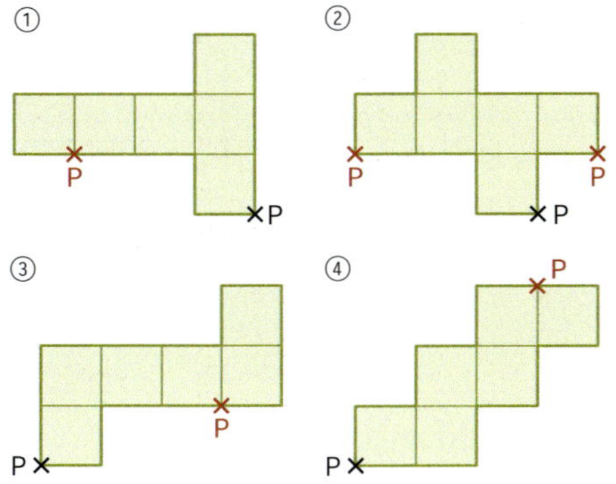

Lösungen zu Seite 156

5

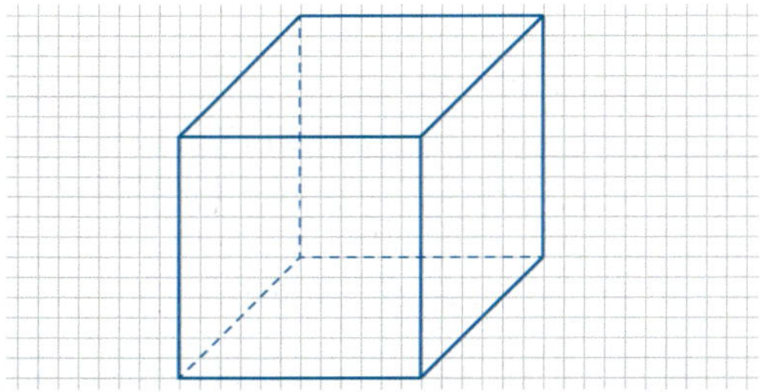

6 a)

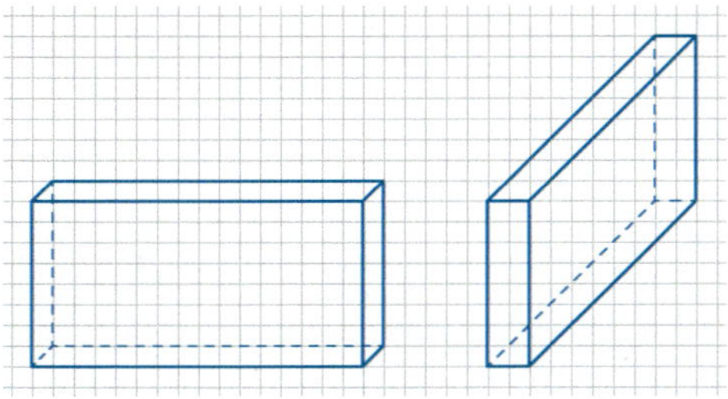

b)

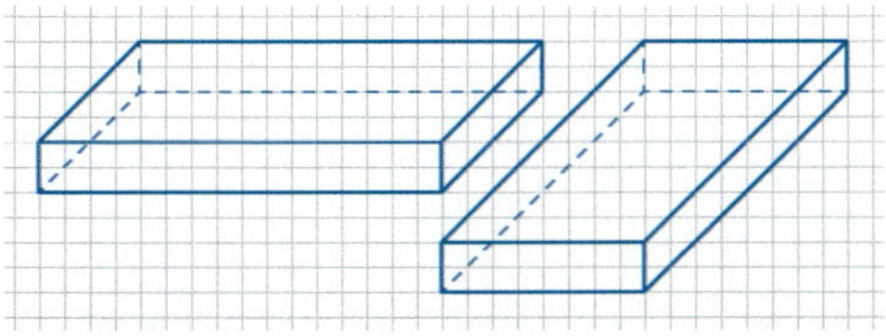

c)

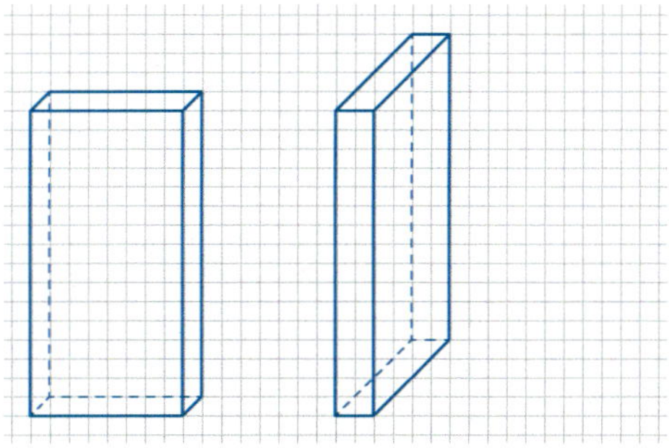

Wiederholen für die Klassenarbeit

Lösungen zu Seite 160

1 Würfel und Quader

a) Ein Würfel besteht aus 12 gleich langen Kanten, die sich in 8 Ecken treffen. Die 6 Flächen eines Würfels sind Quadrate.

b) Ein Quader besteht aus 12 Kanten, die sich in 8 Ecken treffen. Jeweils vier Kanten sind gleich lang. Die 6 Flächen eines Quaders sind Rechtecke. Dabei sind die beiden gegenüberliegenden Rechtecke jeweils gleich groß.

c) Bei einem Quader bestehen die Seitenflächen aus Rechtecken, beim Würfel aus Quadraten. Bei einem Quader sind die Kanten unterschiedlich lang, beim Würfel sind sie alle gleich lang.

2 Körperdetektiv

a) Quader b) Dreiecksprisma

c) quadratische Pyramide d) Würfel

3 Quaderschnitte

a) Die Kantenlänge des Würfels ist 4 cm, weil dies die kürzeste Kantenlänge des Quaders ist. Alle Kanten müssen auf die gleiche Länge gebracht werden und da nur etwas abgeschnitten werden kann, gibt die kürzeste Kantenlänge des Quaders die größtmögliche Kantenlänge des Würfels an.

b) 2 Schnitte

4 Netze

a) C b) B c) A

5 Quader zeichnen

a)

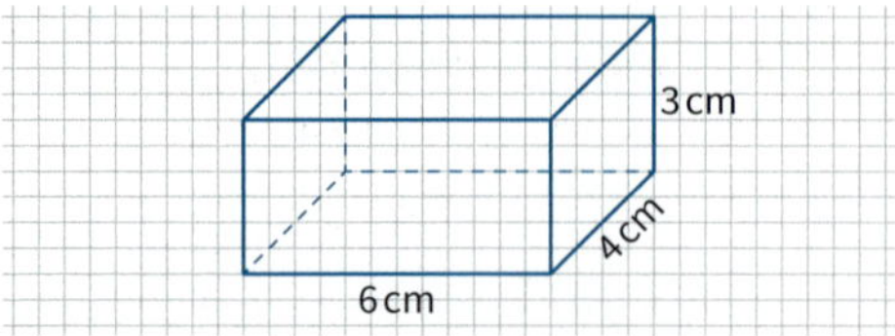

b)

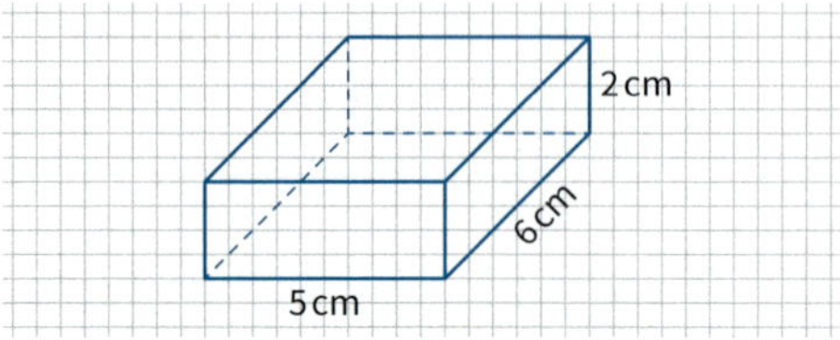

c)

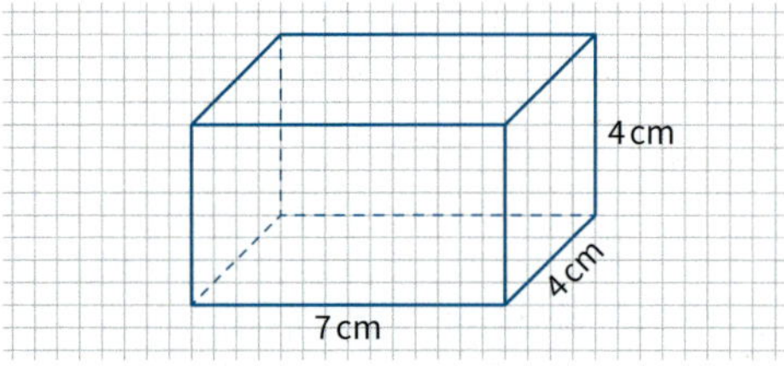

d)

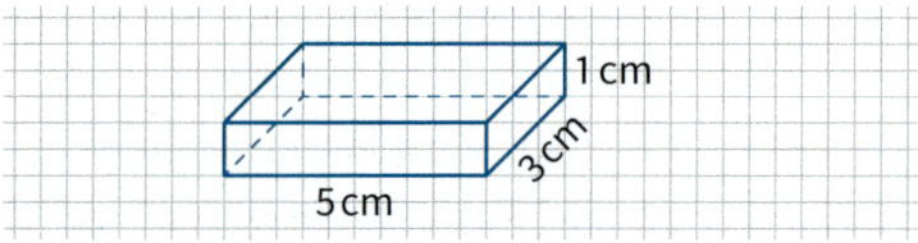

6 Geöffnete Schachtel

Die Schachtel ist zur Hälfte geöffnet, da die Schachtel 8 Kästchen breit ist und um 4 Kästchen geöffnet ist.

7 Schrägbild eines Quaders

a) Länge: 2,5 cm;
Breite: 2 cm;
Höhe: 2 cm

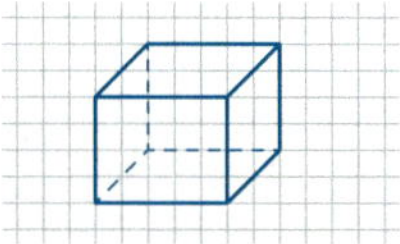

b) $4 \cdot 2{,}5\,\text{cm} + 4 \cdot 2\,\text{cm} + 4 \cdot 2\,\text{cm} = 26\,\text{cm}$
Es werden 26 cm Draht benötigt.

Lösungen zu Seite 161

8 Netze eines Körpers

a)

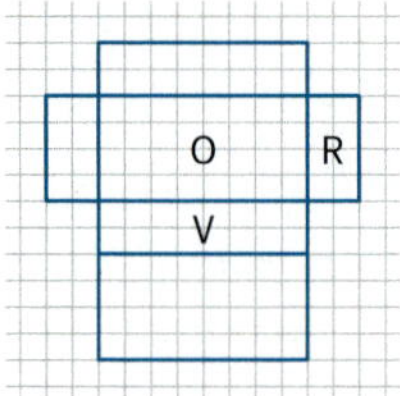

b)

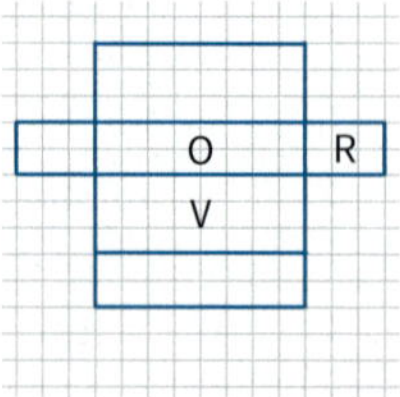

9 Merkwürdiger Würfel?

Bei der Rechnung werden alle Kanten doppelt gezählt, weil sie jeweils zwei Seitenflächen begrenzen.

10 Spielwürfel

11 Spuren im Netz

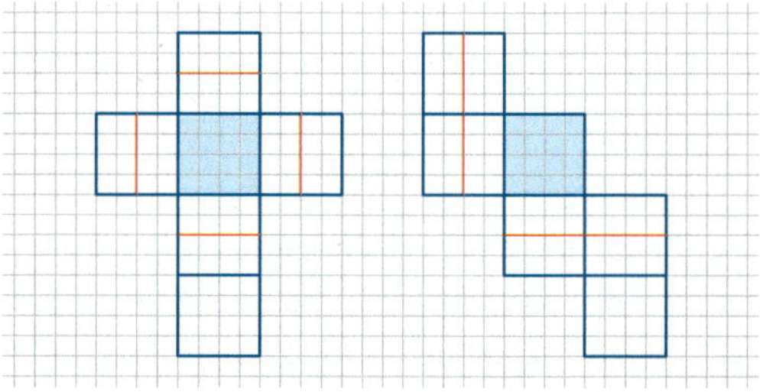

12 Vorstellungsvermögen

a) Dreiecksprisma
b) Dreiecksprisma
c) quadratische Pyramide

7 Flächeninhalt

Lösungen zu Seite 165

5 a)

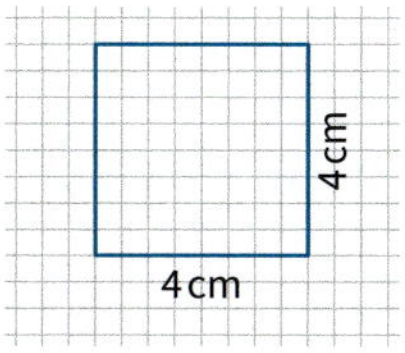

b)

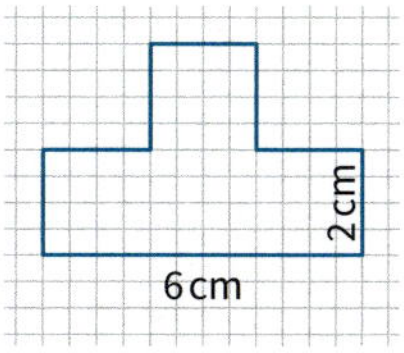

c)

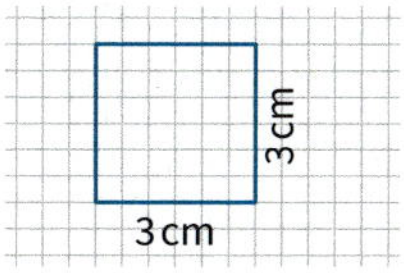

Lösungen zu Seite 168

10 a) 69,84 a b) $630\,m^2$ c) $500\,000\,m^2$
d) 0,045 ha e) $450\,dm^2$ f) $0,4\,cm^2$
g) $70\,000\,mm^2$ h) $202\,020\,dm^2$

11 Umrechnen in eine gemeinsame Einheit (z. B. a)
A: 45 a; B: 60 a; C: 40 a, D: 41 a
B hat die größte Fläche.

Lösungen zu Seite 169

19 a) $715\,cm^2$ b) $250\,017\,cm^2$
c) $39\,925\,dm^2$ d) $148\,500\,cm^2$
e) $250\,dm^2$ f) 720 ha
g) 175 a h) $90\,000\,cm^2 : 40\,cm^2 = 2250$

20 a) $7\,ha = 70\,000\,m^2$
$70\,000\,m^2 : 100\,m^2 = 700$
$700 \cdot 2\,kg = 1400\,kg$
Sie muss 1400 kg Saatgut kaufen.
b) $7\,m^2 = 700\,dm^2$
$700\,dm^2 : 4 = 175\,dm^2 = 1,75\,m^2$
Die Teilflächen sind jeweils $1,75\,m^2$ groß.

21 a) falsch, richtig ist: $8\,m^2 = 80\,000\,cm^2$
b) falsch, richtig ist: $900\,mm^2 = 9\,cm^2$
c) richtig
d) falsch, richtig ist: $4\,a\ 7\,m^2 = 407\,m^2$
e) richtig
f) falsch, richtig ist: 24 ha = 2400 a
g) falsch, richtig ist: 4 m = 400 cm
h) falsch, richtig ist: $70\,000\,m^2 = 7\,ha$
i) falsch, richtig ist: $2\,km^2 = 2\,000\,000\,m^2$

Lösungen zu Seite 171

7 a) $A = 14\,dm \cdot 3\,dm = 42\,dm^2$
$u = 2 \cdot 14\,dm + 2 \cdot 3\,dm = 34\,dm$
b) $A = 3\,cm \cdot 75\,cm = 225\,cm^2$
$u = 2 \cdot 3\,cm + 2 \cdot 75\,cm = 156\,cm$
c) $A = 1,45\,m \cdot 12\,cm = 145\,cm \cdot 12\,cm = 1740\,cm^2$
$u = 2 \cdot 145\,cm + 2 \cdot 12\,cm = 314\,cm$
d) $A = 15\,cm \cdot 15\,cm = 225\,cm^2$
$u = 4 \cdot 15\,cm = 60\,cm$

Lösungen zu Seite 172

14 a) $b = 88\,dm^2 : 11\,dm = 8\,dm$
b) $a = 306\,cm^2 : 18\,cm = 17\,cm$
c) $36\,mm - 2 \cdot 9\,mm = 18\,mm$
$a = 18\,mm : 2 = 9\,mm$
d) $28\,m - 2 \cdot 10\,m = 8\,m$
$b = 8\,m : 2 = 4\,m$
e) a = 12 cm, b = 12 cm
f) a = 10 dm, b = 100 dm

15 a) zum Beispiel: a = 4 cm, b = 6 cm
b) zum Beispiel: a = 10 cm, b = 7 cm
c) zum Beispiel: a = 3 cm, b = 9 cm

Lösungen zu Seite 173

3 a) $6\,cm^2$
b) $8\,cm^2$
c) $\frac{7\,cm \cdot 12\,mm}{2} = \frac{70\,mm \cdot 12\,mm}{2} = 420\,mm^2$
d) $\frac{3\,m \cdot 24\,dm}{2} = \frac{30\,dm \cdot 24\,dm}{2} = 360\,dm^2$

4 $\frac{17\,dm \cdot 2\,m}{2} = \frac{17\,dm \cdot 20\,dm}{2} = 170\,dm^2 = 1,7\,m^2$
Das Blumenbeet ist $1,7\,m^2$ groß.

Lösungen zu Seite 175

5 a) Zerlege in drei Rechtecke:
$A_1 = 3\,m \cdot 5\,m = 15\,m^2$
$A_2 = 5\,m \cdot 5\,m = 25\,m^2$
$A_3 = 2\,m \cdot 3\,m = 6\,m^2$
$A = A_1 + A_2 + A_3 = 46\,m^2$
$u = 3\,m + 5\,m + 2\,m + 5\,m + 3\,m + 3\,m + 2\,m$
$+ 3\,m + 5\,m + 5\,m = 36\,m$
b) Zerlege in ein Rechtwinkliges Dreieck und ein Rechteck:
$A_{Dreieck} = \frac{4\,cm \cdot 3\,cm}{2} = 6\,cm^2$
$A_{Rechteck} = 4\,cm \cdot 3\,cm = 12\,cm^2$
$A = A_{Dreieck} + A_{Rechteck} = 18\,cm^2$
$u = 4\,cm + 5\,cm + 4\,cm + 3\,cm + 4\,cm = 20\,cm$

c) Zerlege in zwei gleich große rechtwinklige Dreiecke:

$A_{Dreieck} = \frac{4\,cm \cdot 3\,cm}{2} = 6\,cm^2$

$A = 2 \cdot 6\,cm^2 = 12\,cm^2$

$u = 5\,cm + 5\,cm + 8\,cm = 18\,cm$

Wiederholen für die Klassenarbeit

Lösungen zu Seite 180

1 Flächeninhalt von Figuren

a) $A = 7\,cm^2$ b) $A = 7\,cm^2$
c) $A = 8\,cm^2$ d) $A = 3\,cm^2$

2 Figuren zeichnen

Die Figuren können unterschiedlich aussehen.
a) Die Figur besteht aus 18 Einheitsquadraten.
b) Die Figur besteht aus 5 Einheitsquadraten.
c) Die Figur besteht aus 20 Einheitsquadraten.
d) Die Figur besteht aus 4 Einheitsquadraten und einem halben Einheitsquadrat, z. B. als rechtwinkliges Dreieck.

3 Flächeneinheiten umrechnen

a) 24 a b) 40 000 a c) $9\,dm^2$
d) 290 000 a e) $36\,km^2$ f) 7 ha
g) $450\,000\,dm^2$ h) 3 ha i) $90\,000\,m^2$
j) $0{,}107\,km^2$ k) $0{,}003\,m^2$ l) 0,035 a

4 Gemischte Einheiten

a) $305\,dm^2$ b) $3015\,mm^2$
c) 820 a d) $5003\,cm^2$

5 Flächeninhalte vergleichen

Rechne alle Grundstücke in die gleiche Einheit um, zum Beispiel in m^2:
A: $3750\,m^2$; B: $4500\,m^2$; C: $5200\,m^2$; D: $600\,m^2$
Grundstück C hat den größten Flächeninhalt.

6 Figuren zeichnen

a) Zum Beispiel:

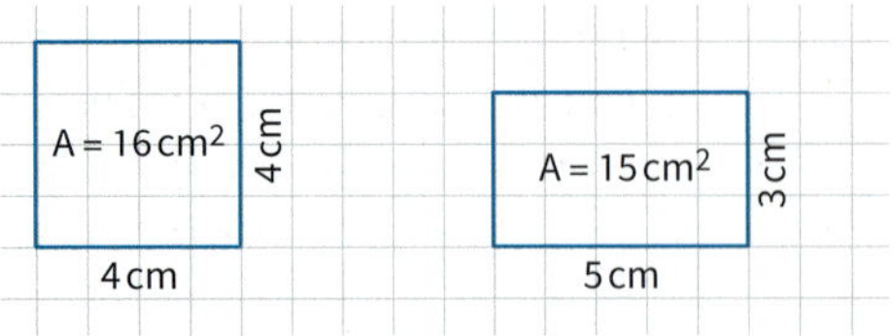

b) Zum Beispiel:

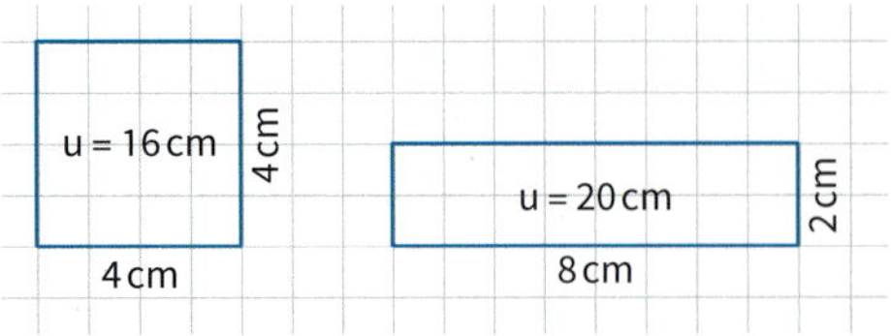

7 Grundstücke

a) $A = 220\,m^2 + 3{,}4\,a = 220\,m^2 + 340\,m^2 = 560\,m^2$
Das gesamte Grundstück ist $560\,m^2$ groß.
b) $24{,}4\,a : 4 = 2440\,m^2 : 4 = 610\,m^2$
Die vier Teilflächen sind jeweils $610\,m^2$ groß.

8 Größe oder Anzahl

Die Ergebnisse zu a) bis f) sind Größenangaben von Flächen.
a) $6\,cm^2 + 9\,mm^2 = 600\,mm^2 + 9\,mm^2 = 609\,mm^2$
b) $11\,m^2 - 28\,dm^2 = 1100\,dm^2 - 28\,dm^2 = 1072\,dm^2$
c) $17\,ha - 800\,a = 1700\,a - 800\,a = 900\,a$
d) $13\,dm^2 + 5\,mm^2 = 130\,000\,mm^2 + 5\,mm^2 = 130\,005\,mm^2$
e) $7\,m^2 \cdot 2 = 14\,m^2$
f) $2\,cm^2 : 5 = 200\,mm^2 : 5 = 40\,mm^2$
g) $10\,dm^2 : 125\,cm^2 = 1000\,cm^2 : 125\,cm^2 = 8$
Dieses Ergebnis ist eine Anzahl.
h) $9\,ha : 20\,m^2 = 90\,000\,m^2 : 20\,m^2 = 4500$
Dieses Ergebnis ist eine Anzahl.

9 Flächeninhalt und Umfang eines Rechtecks

a) $A = 9\,cm \cdot 7\,cm = 63\,cm^2$;
$u = 2 \cdot 9\,cm + 2 \cdot 7\,cm = 32\,cm$
b) $A = 14\,m \cdot 17\,m = 238\,m^2$;
$u = 2 \cdot 14\,m + 2 \cdot 17\,m = 62\,m$
c) $A = 12\,dm \cdot 90\,dm = 1080\,dm^2$;
$u = 2 \cdot 12\,dm + 2 \cdot 90\,dm = 204\,dm$
d) $A = 7\,dm \cdot 70\,dm = 490\,dm^2$;
$u = 2 \cdot 7\,dm + 2 \cdot 70\,dm = 154\,dm$

10 Farbanstrich

Flächeninhalt der Wand: $69\,m \cdot 6\,m = 414\,m^2$
Es wird Farbe für $2 \cdot 414\,m^2 = 828\,m^2$ Fläche benötigt.
828 : 60 = 13 Rest 48
13 Eimer reichen für $780\,m^2$.
14 Eimer reichen für $840\,m^2$.
Es werden 14 Eimer Farbe benötigt.

Lösungen zu Seite 181

11 Fehlende Größen berechnen

	Länge a	Breite b	Umfang u	Flächeninhalt A
a)	4 m	2 m	12 m	$8\,m^2$
b)	6 m	5 m	22 m	$30\,m^2$
c)	17 m	8 m	50 m	$136\,m^2$

12 Rechtwinkliges Dreieck

a) $\frac{6\,cm \cdot 3\,cm}{2} = 9\,cm^2$ b) $\frac{6\,cm \cdot 2\,cm}{2} = 6\,cm^2$

c) $\frac{3\,cm \cdot 4\,cm}{2} = 6\,cm^2$

13 Zusammengesetzte Figuren

a) $A_1 = 1\,cm \cdot 4\,cm = 4\,cm^2$

$A_2 = 3\,cm \cdot 3\,cm = 9\,cm^2$

$A_3 = \frac{3\,cm \cdot 1\,cm}{2} = 1{,}5\,cm^2$

$A = A_1 + A_2 + A_3 = 14{,}5\,cm^2$

b) Zerlege die dreieckige Fläche in zwei rechtwinklige Dreiecke:

$A_1 = 2 \cdot \frac{1\,m \cdot 1\,m}{2} = 1\,m^2$

$A_2 = 2\,m \cdot 4\,m = 8\,m^2$

$A_3 = 4\,m \cdot 3\,m = 12\,m^2$

$A = A_1 + A_2 + A_3 = 21\,m^2$

c) $A_1 = 4\,cm \cdot 3\,cm = 12\,cm^2$

$A_2 = 2\,cm \cdot 2\,cm = 4\,cm^2$

$A_3 = A_4 = \frac{2\,cm \cdot 1\,cm}{2} = 1\,cm^2$

$A = A_1 + A_2 + A_3 + A_4 = 18\,cm^2$

14 Quadrate mit besonderen Maßzahlen

a) Quadrat mit der Seitenlänge $a = 4\,cm$, dann gilt: $A = 16\,cm^2$ und $u = 16\,cm$.

b) Quadrat mit der Seitenlänge $a = 1\,cm$ dann gilt: $A = 1\,cm^2$.

15 Seitenlänge im Rechteck ändern

a) Die Seitenlänge b muss um 10 cm verkürzt werden, damit sich der Umfang nicht ändert.

b) Die Seitenlänge b muss durch 3 geteilt werden, damit sich der Flächeninhalt nicht ändert.

16 Rechteck verkleinern

$A = 30\,cm \cdot 12\,cm = 360\,cm^2$

$A - 60\,cm^2 = 300\,cm^2$

$a_{neu} = 300\,cm^2 : 12\,cm = 25\,cm$

Die neue Seitenlänge ist $a = 25\,cm$.

17 Hallenhandballfeld

Flächeninhalt mit den empfohlenen Maßen:

$A = 40\,m \cdot 20\,m = 800\,m^2$

Kleinstes Feld mit $a = 40\,m - 3\,m = 37\,m$ und $b = 20\,m - 2\,m = 18\,m$:

$A = 37\,m \cdot 18\,m = 666\,m^2$

$800\,m^2 - 666\,m^2 = 134\,m^2$

Das kleinste Feld ist $134\,m^2$ kleiner als das empfohlene Feld.

8 Argumentieren und Begründen

Lösungen zu Seite 185

5 a) $T_{18} = \{1, 2, 3, 6, 9, 18\}$

b) $T_{34} = \{1, 2, 17, 34\}$

c) $T_{40} = \{1, 2, 4, 5, 8, 10, 20, 40\}$

d) $T_{64} = \{1, 2, 4, 8, 16, 32, 64\}$

6 a) $T_{16} = \{1, 2, 4, 8, 16\}$ b) $T_{15} = \{1, 3, 5, 15\}$

Lösungen zu Seite 185

11 Da $3 \cdot 4 = 12$ ist, hat eine Zahl mit dem Teiler 12 auch die Teiler 3 und 4.
Beispiel: 24 hat den Teiler 12 und auch die Teiler 3 und 4. Denn $24 = 2 \cdot 12 = 2 \cdot 3 \cdot 4$.

12 a) $T_{32} = \{1, 2, 4, 8, 16, 32\}$

b) $T_{12} = \{1, 2, 3, 4, 6, 12\}$

c) Beispiel: $T_2 = \{1, 2\}$. Statt 2 kann auch jede andere Primzahl eingesetzt werden.

13 a) $T_4 = \{1, 2, 4\}$, $T_{25} = \{1, 5, 25\}$

b) Quadratzahlen haben eine ungerade Anzahl von Teilern, weil bei deren Partnerteilern, ein Paar mit zwei gleichen Zahlen dabei ist.

Lösungen zu Seite 187

5 a) durch 2 teilbar, aber nicht durch 4 oder 5

b) durch 5 teilbar, aber nicht durch 2 oder 4

c) durch 2 teilbar, aber nicht durch 4 oder 5

d) durch 5 teilbar, aber nicht durch 2 oder 4

e) durch 2 und durch 5 teilbar, aber nicht durch 4

f) durch 2 und durch 4 teilbar, aber nicht durch 5

g) durch 2 und durch 4 teilbar, aber nicht durch 5

6 „Die Zahl 100 ist durch 4 teilbar. Jede Zahl größer als 100 kann zerlegt werden in ein Vielfaches von 100 und einen Rest, der aus den letzten beiden Ziffern der Zahl besteht. Ist der Rest durch 4 teilbar, so ist die gesamte Zahl durch 4 teilbar. Deswegen genügt es, die letzten beiden Ziffern zu prüfen.“

Lösungen zu Seite 188

13 a) Z. B.: 76200, 15465, 15270, 12813, 5496, 1110
b) Z. B.: 76203, 15435, 15570, 32814, 5436, 1170
c) zum Beispiel: 76200, 15270, 12810, 5496, 1110
bei 154 ▪ 5 ist es nicht möglich eine Zahl zu finden, die auch durch 2 teilbar ist, weil die letzte Ziffer 5 und damit nicht durch 2 teilbar ist.

14 a) zum Beispiel: 2355 b) zum Beispiel: 4536

Lösungen zu Seite 190

5 2, 3, 5, 7, 11,13, 17, 19, 23, 29

6 a) $24 = 2 \cdot 2 \cdot 2 \cdot 3$ b) $240 = 2 \cdot 2 \cdot 2 \cdot 2 \cdot 3 \cdot 5$
c) $975 = 3 \cdot 5 \cdot 5 \cdot 13$ d) $189 = 3 \cdot 3 \cdot 3 \cdot 7$
e) $121 = 11 \cdot 11$ f) $135 = 3 \cdot 3 \cdot 3 \cdot 5$

Lösungen zu Seite 190

10 a) $28 = 2 \cdot 2 \cdot 7$
$T_{28} = \{1, 2, 4, 7, 14, 28\}$
b) $168 = 2 \cdot 2 \cdot 2 \cdot 3 \cdot 7$
$T_{168} =$
$\{1, 2, 3, 4, 6, 7, 8, 12, 14, 21, 24, 28, 42, 56, 84, 168\}$
c) $225 = 3 \cdot 3 \cdot 5 \cdot 5$
$T_{225} = \{1, 3, 5, 9, 15, 25, 45, 75, 225\}$
d) $126 = 2 \cdot 3 \cdot 3 \cdot 7$
$T_{126} = \{1, 2, 3, 6, 7, 9, 14, 18, 21, 42, 63, 126\}$

Lösungen zu Seite 193

5 a) ggT (18, 30) = 6 b) ggT (15, 21) = 3
c) ggT (40, 100) = 20 d) ggT (24, 30) = 6

6 a) ggT (70, 150) = 10 $\frac{70}{150} = \frac{7}{15}$
b) ggT (15, 18) = 3 $\frac{15}{18} = \frac{5}{6}$
c) ggT (42, 90) = 6 $\frac{42}{90} = \frac{7}{15}$
d) ggT (56, 84) = 28 $\frac{56}{84} = \frac{2}{3}$
e) ggT (75, 243) = 3 $\frac{75}{243} = \frac{25}{81}$
f) ggT (220, 420) = 20 $\frac{220}{420} = \frac{11}{21}$

Wiederholen für die Klassenarbeit

Lösungen zu Seite 197

1 Welches Wort füllt die Lücke?
a) 4 teilt nicht 62.
b) 6 ist ein Teiler von 84.
c) 7 teilt 105.
d) 84 ist ein Vielfaches von 14.

2 Teilbarkeit prüfen
a) 60 ist durch 2, 3, 4, 5 und 6 teilbar, aber nicht durch 9.
b) 444 ist durch 2, 3, 4 und 6 teilbar, aber nicht durch 5 oder 9.
c) 405 ist durch 3, 5 und 9 teilbar, aber nicht durch 2, 4 oder 6.
d) 2048 ist durch 2 und 4 teilbar, aber nicht durch 3, 5, 6 oder 9.
e) 1080 ist durch 2, 3, 4, 5, 6 und 9 teilbar.
f) 9375 ist durch 3 und 5 teilbar, aber nicht durch 2, 4, 6 oder 9.

3 Lücken füllen
a) $T_{12} = \{1, 2, 3, 4, 6, 12\}$ b) $T_{15} = \{1, 3, 5, 15\}$
c) $T_{16} = \{1, 2, 4, 8, 16\}$ d) $T_{22} = \{1, 2, 11, 22\}$
e) $T_{81} = \{1, 3, 9, 27, 81\}$
f) $T_{32} = \{1, 2, 4, 8, 16, 32\}$

4 Größte fünfstellige Zahlen
a) 54 312 b) 54 321 c) 54 312
d) 43 215 e) 54 312 f) 43 125

5 Teilermengen besonderer Zahlen
a) $T_{12} = \{1, 2, 3, 4, 6, 12\}$
$T_{144} = \{1, 2, 3, 4, 6, 9, 12, 16, 24, 36, 48, 72, 144\}$
b) Quadratzahlen haben eine ungerade Anzahl von Teilern.
$T_{25} = \{1, 5, 25\}$
$T_{36} = \{1, 2, 3, 4, 6, 9, 12, 18, 36\}$
$T_{16} = \{1, 2, 4, 8, 16\}$

6 Größter gemeinsamer Teiler
a) ggT (12, 60) = 12 b) ggT (56, 42) = 14
c) ggT (48, 60) = 12 d) ggT (144, 160) = 16
e) ggT (63, 90) = 9 f) ggT (330, 385) = 55

7 Primfaktorzerlegung

a) $20 = 2 \cdot 2 \cdot 5$
b) 23 (Primzahl)
c) $36 = 2 \cdot 2 \cdot 3 \cdot 3$
d) $56 = 2 \cdot 2 \cdot 2 \cdot 7$
e) 59 (Primzahl)
f) $80 = 2 \cdot 2 \cdot 2 \cdot 2 \cdot 5$
g) 149 (Primzahl)
h) $150 = 2 \cdot 3 \cdot 5 \cdot 5$
i) $300 = 2 \cdot 2 \cdot 3 \cdot 5 \cdot 5$
j) $200 = 2 \cdot 2 \cdot 2 \cdot 5 \cdot 5$
k) $600 = 2 \cdot 2 \cdot 2 \cdot 3 \cdot 5 \cdot 5$
l) $2310 = 2 \cdot 3 \cdot 5 \cdot 7 \cdot 11$

8 Mit Primfaktoren begründen

$75 = 3 \cdot 5 \cdot 5$ $\qquad 360 = 2 \cdot 2 \cdot 2 \cdot 3 \cdot 3 \cdot 5$

Da in der Primfaktorzerlegung von 75 Primfaktoren auftauchen, die in der Primfaktorzerlegung von 360 nicht enthalten sind, kann 75 kein Teiler von 360 sein.

9 Argumentieren

a) Die Aussage ist wahr, denn 6 und 4 sind Teiler von 12, somit auch Teiler von jedem Vielfachen von 12.
b) Die Aussage ist wahr. Es gibt keine Primzahl, welche beide Zahlen teilt. Dementsprechend gibt es keine gemeinsamen Primfaktoren in der Primfaktorzerlegung der beiden Zahlen.
c) Die Aussage ist falsch. Gegenbeispiel: 12 ist durch 2 und durch 4 teilbar, aber nicht durch 8.
d) Die Aussage ist falsch.
Gegenbeispiel: Die Zahlen 35 und 105 haben beide die Primfaktoren 5 und 7. Die Zahlen 35 und 105 sind aber nicht durch 2 teilbar.

10 Quadratische Fliesen

12 m = 120 dm; 2,8 m = 28 dm
ggT (120, 28) = 4
Die größtmögliche Seitenlänge ist 4 dm = 40 cm.

9 Rechnen mit Brüchen

Lösungen zu Seite 200

5

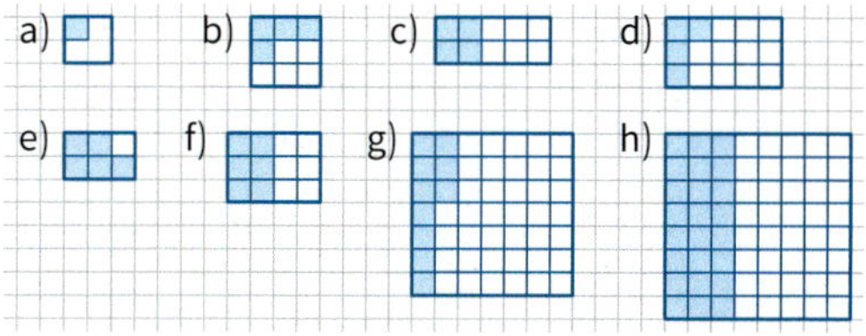

6
a) $\frac{4}{10} = \frac{2}{5}$
b) $\frac{6}{15} = \frac{2}{5}$
c) $\frac{12}{30} = \frac{2}{5}$
d) $\frac{26}{39} = \frac{2}{3}$
e) $\frac{40}{56} = \frac{5}{7}$
f) $\frac{52}{117} = \frac{4}{9}$
g) $\frac{210}{525} = \frac{2}{5}$
h) $\frac{150}{1050} = \frac{1}{7}$

Man kann einen Bruch mit allen gemeinsamen Primfaktoren der Primfaktorzerlegungen von Zähler und Nenner kürzen. Das heißt, wenn man jeweils mit einem gemeinsamen Primfaktor kürzt, dann kann man so oft kürzen, wie es gemeinsame Primfaktoren von Zähler und Nenner gibt.

Lösungen zu Seite 201

11

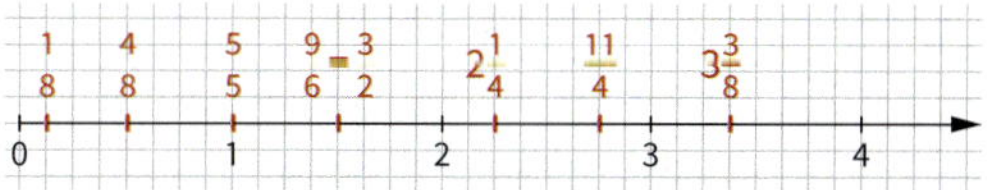

12 a) B = 3 b) $B = \frac{5}{6}$ c) $A = \frac{11}{12}$ d) $C = \frac{30}{16}$

Lösungen zu Seite 202

20
a) 390 Kinder; 75 %
b) 90 Hasen; 60 %
c) 196 Fische; 35 %
d) 18 Katzen; 60 %

21
a) 55
b) 27
c) $\frac{36}{5}$
d) $\frac{3}{2}$
e) $\frac{15}{11}$
f) $\frac{15}{8}$
g) $\frac{10}{3}$

Lösungen zu Seite 203

25
2 Personen: Jeder erhält 2 l Saft.
3 Personen: Jeder erhält $\frac{4}{3}$ l Saft.
4 Personen: Jeder erhält 1 l Saft.
5 Personen: Jeder erhält $\frac{4}{5}$ l = 0,8 l Saft.
6 Personen: Jeder erhält $\frac{2}{3}$ l Saft.

Lösungen zu Seite 205

8 a) $\frac{3}{8}$ b) $\frac{1}{4}$ c) $\frac{7}{6}$
d) $\frac{7}{3}$ e) $\frac{11}{12}$ f) $\frac{1}{9}$

9 a) $\frac{8}{12} = \frac{2}{3}$ b) $\frac{10}{9}$ c) $\frac{13}{30}$
d) $\frac{33}{700}$ e) $\frac{51}{175}$ f) $\frac{2}{35}$

Lösungen zu Seite 206

15 a) $\frac{13}{40}$ kg b) $\frac{3}{8}$ km c) $\frac{5}{4}$ cm d) $24\frac{1}{2}\,m^2$

16 $\frac{5}{6}\,kg - \frac{1}{9}\,kg = \frac{15}{18}\,kg - \frac{2}{18}\,kg = \frac{13}{18}\,kg$
Omi hat $\frac{13}{18}$ kg Kartoffeln gekauft.

Lösungen zu Seite 207

20 a) 6 b) $2\frac{3}{8}$ c) $2\frac{3}{4}$
d) $8\frac{2}{9}$ e) $3\frac{3}{4}$ f) $5\frac{3}{4}$
g) $2\frac{3}{5}$ h) $2\frac{2}{5}$ i) $1\frac{4}{9}$
j) $\frac{5}{8}$ k) $\frac{1}{4}$ l) $\frac{4}{9}$

Lösungen zu Seite 209

7 Erst $\frac{5}{7} : 3 = \frac{5}{21}$, dann $\frac{5}{21} \cdot 2 = \frac{10}{21}$, insgesamt $\frac{5}{7} \cdot \frac{2}{3} = \frac{10}{21}$

8 a) $30 \cdot \frac{2}{3} = 20$ $20 \cdot \frac{3}{5} = 12$
12 Mädchen kommen mit dem Bus zur Schule.
b) $\frac{2}{3} \cdot \frac{3}{5} = \frac{2}{5}$
$\frac{2}{5}$ der Klasse 5 a sind Mädchen, die mit dem Bus zur Schule kommen.

Lösungen zu Seite 209

11 a) $\frac{1}{9}$ b) $\frac{6}{5}$ c) 1
d) 1 e) $\frac{10}{9}$ f) $\frac{2}{3}$
g) $\frac{1}{4}$ h) $\frac{3}{5}$ i) $\frac{16}{45}$
j) 5 k) 37 l) $\frac{3}{2}$

Lösungen zu Seite 210

16 a) $\frac{21}{8}$ b) $\frac{3}{2}$ c) $\frac{4}{3}$
d) $\frac{3}{2}$ e) $\frac{25}{8}$ f) 14
g) $\frac{13}{2}$ h) $\frac{99}{7}$ i) 6
j) 3 k) 0 l) 2

17 a) $A = 4\,m^2$ b) $A = \frac{3}{2}\,cm^2$
c) $A = 2\,cm^2$ d) $A = \frac{5}{3}\,m^2$

Lösungen zu Seite 212

6 a) 3 b) 12 c) $\frac{8}{7}$
d) $\frac{2}{3}$ e) $\frac{1}{10}$ f) 15

Lösungen zu Seite 212

10 a) $b = \frac{9}{7}$ cm b) $b = \frac{8}{5}$ cm
c) $a = 1\frac{1}{2}$ cm d) $a = \frac{3}{4}$ cm

11 a) $\mathbf{\frac{2}{7}} : \frac{8}{21} = \frac{3}{4}$ b) $\frac{5}{6} : \mathbf{\frac{10}{3}} = \frac{1}{4}$
c) $\frac{3}{14} : \frac{12}{\mathbf{14}} = \frac{1}{4}$ d) $3 : \mathbf{\frac{1}{5}} = 15$

Lösungen zu Seite 213

19 a) 0 b) $\frac{14}{15}$ c) 0
d) 0 e) nicht möglich f) 7

20 Immer wenn der Divisor größer als 1 ist, ist der Quotient (das Ergebnis) kleiner als der Dividend.
a) Quotient ist größer als der Dividend
b) Quotient ist kleiner als der Dividend
c) Quotient ist größer als der Dividend.
d) Quotient ist größer als der Dividend.
e) Quotient ist kleiner als der Dividend.
f) Quotient ist größer als der Dividend.

21 $\frac{12}{5}\,l : \frac{3}{20}\,l = 16$
Es können noch 16 Cocktails gemischt werden.

Lösungen zu Seite 217

8 a) $\frac{1}{10} + \frac{7}{10} + \frac{1}{15} = \frac{4}{5} + \frac{1}{15} = \frac{13}{15}$
b) $\frac{1}{16} + \frac{7}{24} + \frac{11}{24} = \frac{1}{16} + \frac{3}{4} = \frac{13}{16}$
c) $5\frac{1}{2} + \frac{1}{7} + 1\frac{1}{4} + \frac{6}{7} = 5 + 1 + \frac{1}{2} + \frac{1}{4} + \frac{1}{7} + \frac{6}{7} = 7\frac{3}{4}$
d) $\frac{3}{8}$ e) 2

9 a) $\frac{3}{4} \cdot \frac{5}{7} + \frac{3}{4} \cdot \frac{2}{7} = \frac{3}{4} \cdot \left(\frac{5}{7} + \frac{2}{7}\right) = \frac{3}{4}$
b) $5 \cdot \frac{2}{3} + \frac{2}{15} \cdot 5 = \frac{10}{3} + \frac{2}{3} = 4$
c) $\left(\frac{5}{2} + \frac{5}{4}\right) \cdot \frac{4}{15} = \frac{15}{4} \cdot \frac{4}{15} = 1$
d) $\frac{4}{9} \cdot \left(\frac{3}{8} + \frac{9}{24}\right) = \frac{4}{9} \cdot \frac{6}{8} = \frac{1}{3}$
e) $\left(\frac{3}{4} - \frac{3}{8}\right) : \frac{9}{8} = \left(\frac{3}{4} - \frac{3}{8}\right) \cdot \frac{8}{9} = \frac{3}{8} \cdot \frac{8}{9} = \frac{1}{3}$

Lösungen zu Seite 218

12 $1\frac{1}{4}\,kg + 12 \cdot \left(1\frac{1}{2}\,kg + \frac{1}{6}\,kg\right) = 1\frac{1}{4}\,kg + 12 \cdot \frac{5}{3}\,kg$
$= 1\frac{1}{4}\,kg + 20\,kg = 21\frac{1}{4}\,kg$
Der Kasten wiegt mit vollen Flaschen $21\frac{1}{4}$ kg.

Lösungen zu Seite 219

18 a) $\left(\frac{2}{3}+\frac{3}{4}\right)\cdot 24 = 34$

b) $\frac{8}{9}\cdot\frac{3}{4}-\left(\frac{2}{3}-\frac{1}{2}\right)=\frac{2}{3}-\frac{1}{6}=\frac{1}{2}$

19 a) $\left(\frac{1}{2}+\frac{1}{4}\right)\cdot 4 = 3$

b) keine Klammersetzung notwendig, Rechnung ist so richtig.

c) $(5-2)\cdot\frac{1}{6}+1\frac{1}{2}=2$ d) $\frac{3}{4}+\left(\frac{2}{7}-\frac{3}{14}\right):\frac{2}{7}=1$

Wiederholen für die Klassenarbeit

Lösungen zu Seite 222

1 Zahlenstrahl

a) $A=\frac{2}{5}$, $B=\frac{6}{5}$ b) $A=\frac{1}{6}$, $B=\frac{7}{6}$

c) $A=\frac{3}{4}$, $B=\frac{7}{4}$ d) $A=\frac{3}{8}$, $B=\frac{7}{8}$

2 Drei Zahlen im gleichen Abstand

a) $\frac{5}{8}$ b) $3\frac{2}{3}$ c) $\frac{4}{35}$ d) $\frac{35}{12}$

3 Wie viel sind es?

a) 240 von 400 Kindern lieben Schokoladeneis.

b) In der Schulmensa werden pro Woche 1712 vegetarische Essen ausgegeben.

c) Familie Konz hat letztes Jahr 720 € für Warmwasser ausgegeben.

4 Wie viele waren es?

a) 13 560 € · 5 = 2712 € 2712 € · 12 = 32 544 €

Die Gesamtkosten lagen bei 32 544 €.

b) 80 kg : 5 = 16 kg 16 kg · 4 = 64 kg

Ein 80 kg schwerer Mensch besteht aus 64 kg Wasser.

5 Lücken füllen

a)
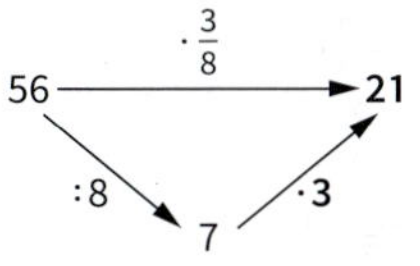

b)
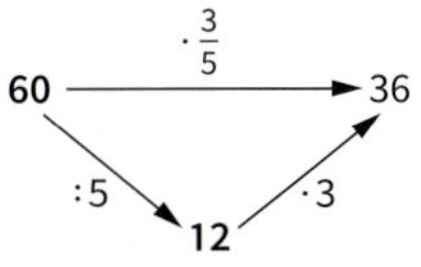

c)
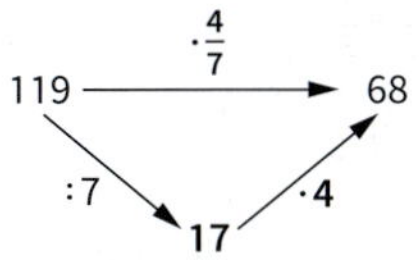

d)
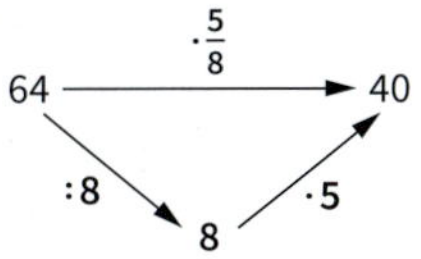

6 Brüche vervielfachen

a) $\frac{6}{7}$ b) $\frac{5}{8}$ c) $\frac{10}{9}$

d) $\frac{5}{3}$ e) 10 f) 14

7 Anteile berechnen

a) $\frac{3}{4}\cdot 5=\frac{15}{4}$; $3\frac{3}{4}$ kg b) $\frac{2}{7}\cdot 28=8$; 8 Kinder

c) $\frac{3}{8}\cdot 10=\frac{15}{4}$; $3\frac{3}{4}$ l d) $\frac{3}{5}\cdot 4=\frac{12}{5}$; $2\frac{2}{5}$ t

e) $\frac{7}{10}\cdot 2=\frac{7}{5}$; $1\frac{2}{5}$ km f) $\frac{1}{5}\cdot 12=\frac{12}{5}$; $2\frac{2}{5}$ kg

g) $\frac{3}{20}\cdot 50=\frac{15}{2}$; $7\frac{1}{2}$ m h) $\frac{24}{100}\cdot 200=48$; 48 l

8 Gerechte Verteilung

a) Jedes Kind bekommt $\frac{16}{12}=\frac{4}{3}$ Bananen.

b) Jedes Kind bekommt $\frac{3}{5}$ einer Pizza.

c) Jeder Gast bekommt $\frac{1}{8}$ Torte.

d) Jedes Kind isst $\frac{10}{4}=2\frac{1}{2}$ Pfannkuchen.

9 Summe und Differenz

a) $\frac{7}{12}$ b) $\frac{13}{24}$ c) $\frac{7}{10}$

d) $\frac{19}{40}$ e) $\frac{47}{100}$ f) $\frac{11}{36}$

g) $\frac{4}{9}$ h) $\frac{12}{35}$ i) $\frac{11}{20}$

j) $\frac{7}{36}$ k) $\frac{1}{14}$ l) $\frac{23}{54}$

Lösungen zu Seite 223

10 Addieren und subtrahieren mit gemischten Zahlen

a) $7\frac{1}{2}$ b) $3\frac{1}{8}$ c) $7\frac{4}{15}$

d) $3\frac{9}{20}$ e) $5\frac{11}{12}$ f) $21\frac{19}{40}$

g) $1\frac{1}{10}$ h) $16\frac{5}{18}$ i) $11\frac{1}{2}$

j) $2\frac{19}{24}$ k) $10\frac{1}{2}$ l) $8\frac{59}{100}$

11 Der König vererbt

$\frac{1}{2}+\frac{1}{4}+\frac{1}{8}=\frac{7}{8}$ $1-\frac{7}{8}=\frac{1}{8}$

Es bleibt noch $\frac{1}{8}$ seines Vermögens für die Diener übrig.

12 Onkel Theodor gewinnt im Lotto

a) $\frac{2}{5}+\frac{1}{3}=\frac{11}{15}$

Die Neffen Kai und Dirk erhalten zusammen $\frac{11}{15}$ des Gewinns.

b) $1-\frac{11}{15}=\frac{4}{15}$ Die Nichte erhält $\frac{4}{15}$ des Gewinns.

c) $80\,000\,€ : \frac{4}{15} = 300\,000\,€$

Der Lottogewinn war 300 000 €.

13 Multiplizieren mit natürlichen Zahlen

a) $4\cdot\frac{3}{15}=\mathbf{\frac{12}{15}}$ b) $3\cdot\mathbf{\frac{3}{10}}=\frac{9}{10}$ c) $\mathbf{5}\cdot\frac{2}{11}=\frac{10}{11}$

d) $\frac{4}{5}\cdot\mathbf{6}=\frac{24}{5}$ e) $\frac{2}{9}\cdot\mathbf{9}=2$ f) $\mathbf{\frac{6}{5}}\cdot 5=6$

g) $\mathbf{60}\cdot\frac{1}{20}=3$ h) $\mathbf{\frac{1}{100}}\cdot 100=1$ i) $\frac{2}{9}\cdot\mathbf{18}=4$

j) $\frac{3}{7}=\frac{1}{14}\cdot\mathbf{6}$ k) $\mathbf{3}\cdot 1\frac{1}{2}=4\frac{1}{2}$ l) $\mathbf{6}\cdot\frac{2}{9}=1\frac{1}{3}$

14 Dividieren und Probe machen

a) 6; Probe: $6 \cdot \frac{1}{4} = \frac{3}{2}$

b) 16; Probe: $16 \cdot \frac{1}{2} = 8$

c) $\frac{1}{6}$; Probe: $\frac{1}{6} \cdot 2 = \frac{1}{3}$

d) $\frac{4}{3}$; Probe: $\frac{4}{3} \cdot \frac{2}{3} = \frac{8}{9}$

e) $\frac{3}{4}$; Probe: $\frac{3}{4} \cdot \frac{8}{21} = \frac{2}{7}$

f) $\frac{1}{5}$; Probe: $\frac{1}{5} \cdot 4 = \frac{4}{5} = \frac{8}{10}$

g) 8; Probe: $8 \cdot \frac{1}{4} = 2$

h) 11; Probe: $11 \cdot \frac{1}{4} = \frac{11}{4} = 2\frac{3}{4}$

i) 3; Probe: $3 \cdot \frac{1}{9} = \frac{1}{3}$

j) 2; Probe: $2 \cdot \frac{6}{9} = \frac{12}{9} = \frac{4}{3}$

k) $\frac{75}{32}$; Probe: $\frac{75}{32} \cdot \frac{4}{5} = \frac{15}{8}$

l) $\frac{2}{5}$; Probe: $\frac{2}{5} \cdot \frac{15}{11} = \frac{30}{55}$

15 Frühzeitiges Kürzen hilft

a) 3	b) $\frac{5}{6}$	c) $\frac{3}{4}$	d) $\frac{2}{3}$
e) 1	f) $\frac{5}{2}$	g) $\frac{4}{9}$	h) $\frac{1}{3}$
i) $\frac{1}{2}$	j) $\frac{19}{9} = 2\frac{1}{9}$	k) $\frac{23}{12} = 1\frac{11}{12}$	l) $\frac{11}{18}$

16 Multiplizieren und Dividieren

a) $\frac{3}{4}$	b) 2	c) 6	d) 16
e) 9	f) $\frac{10}{27}$	g) $\frac{5}{3}$	h) $\frac{5}{4}$
i) 3	j) $\frac{2}{3}$	k) $\frac{1}{5}$	l) $\frac{4}{5}$
m) $\frac{1}{6}$	n) 6	o) $\frac{9}{4}$	p) 18
q) 2	r) $\frac{1}{18}$		

17 Anteile

a) $18 : \frac{2}{3} = 27$

In der Klasse sind insgesamt 27 Kinder.

b) $2\,l \cdot \frac{4}{5} = \frac{8}{5}\,l$

Sie benötigt $\frac{8}{5}$ l Hafermilch.

c) $5\frac{1}{2}\,km : \frac{5}{12} = \frac{66}{5}\,km = 13\frac{1}{5}\,km$

Die gesamte Wanderstrecke ist $13\frac{1}{5}$ km lang.

d) $6200\,g : 4 = 1550\,g$; $1550\,g \cdot 7 = 10\,850\,g = 10{,}85\,kg$

$20\,min : 4 = 5\,min$, $5\,min \cdot 7 = 35\,min$

Er benötigt 35 Minuten und pflückt dabei insgesamt 10,85 kg Äpfel.

Lösungen zu Seite 224

18 Anteile von Anteilen im Garten

$300\,m^2 \cdot \frac{2}{3} = 200\,m^2$ $200\,m^2 \cdot \frac{2}{5} = 80\,m^2$

Der Kopfsalat ist auf 80 m² Fläche gepflanzt.

19 Anteile von Anteilen im Chor

$12 : \frac{2}{5} = 30$ $30 : \frac{3}{8} = 80$

Es sind 80 Schülerinnen und Schüler in der Kursstufe.

20 Altersrätsel

a) $16\frac{1}{6} + 2\frac{5}{12} = 18\frac{7}{12}$; 18 Jahre 7 Monate

$16\frac{1}{6} - 3\frac{1}{4} = 12\frac{11}{12}$; 12 Jahre 11 Monate

Ben ist 18 Jahre 7 Monate alt und Emma ist 12 Jahre 11 Monate alt.

b) $18\frac{7}{12} - 12\frac{11}{12} = 5\frac{8}{12}$; 5 Jahre 8 Monate

Ben und Emma sind 5 Jahre 8 Monate auseinander.

21 Verteilungsrätsel

Damit Tina von jeder Glasgröße gleich viele volle Gläser erhält, müssen immer alle 3 Gläser gefüllt werden: $\frac{1}{2}\,l + \frac{1}{4}\,l + \frac{1}{8}\,l = \frac{7}{8}\,l$

$7\,l : \frac{7}{8}\,l = 8$

Es können 8 Gläser der drei Glasgrößen abgefüllt werden. Das sind zusammen 24 Gläser.

22 Alle Rechenarten

a) $\frac{3}{16}$	b) $\frac{1}{2}$	c) 3	d) 1
e) $\frac{5}{4}$	f) $\frac{5}{9}$	g) $\frac{3}{2}$	h) $\frac{1}{6}$
i) $\frac{1}{12}$	j) $\frac{1}{2}$	k) $\frac{9}{8}$	l) $\frac{17}{12}$
m) $\frac{2}{15}$	n) $\frac{8}{15}$	o) $\frac{6}{5}$	p) $\frac{22}{15}$
q) $\frac{11}{24}$	r) $\frac{5}{16}$	s) $\frac{29}{24}$	t) $\frac{20}{9}$
u) $\frac{7}{90}$	v) $\frac{9}{20}$	w) $\frac{43}{60}$	x) $\frac{35}{8}$

23 Brüche in gemischter Schreibweise

a) 26	b) 38	c) $4\frac{1}{4}$
d) $3\frac{3}{4}$	e) $\frac{10}{3} = 3\frac{1}{3}$	f) $\frac{5}{2} = 2\frac{1}{2}$

24 Lückenfüllen

a) $2\frac{3}{7} - \mathbf{1}\frac{3}{7} = 1$

b) $\frac{8}{9} - \mathbf{\frac{6}{9}} = \frac{2}{9}$

c) $\frac{1}{2} = \mathbf{\frac{7}{16}} + \frac{1}{16}$

d) $\mathbf{\frac{25}{10}} - \frac{3}{10} = 2\frac{1}{5}$

e) $3\frac{1}{7} - \mathbf{\frac{1}{7}} = 3$

f) $\frac{5}{8} + \mathbf{\frac{39}{40}} = \frac{8}{5}$

g) $\mathbf{\frac{3}{4}} \cdot \frac{2}{3} = \frac{1}{2}$

h) $\frac{4}{5} \cdot \mathbf{\frac{7}{6}} = \frac{14}{15}$

i) $\frac{2}{3} : \mathbf{\frac{16}{27}} = \frac{9}{8}$

j) $\mathbf{\frac{9}{10}} : \frac{2}{5} = \frac{9}{4}$

k) $\mathbf{\frac{3}{2}} \cdot \frac{3}{2} = 2\frac{1}{4}$

l) $\mathbf{\frac{3}{14}} : \frac{1}{2} = \frac{3}{7}$

m) $\frac{5}{8} + \frac{1}{2} \cdot \mathbf{\frac{3}{4}} = 1$

n) $\frac{1}{2} \cdot \left(\mathbf{\frac{1}{2}} + \frac{1}{4}\right) = \frac{3}{8}$

o) $\left(\mathbf{\frac{1}{5}} + \frac{1}{10}\right) : \frac{3}{5} = \frac{1}{2}$

25 Vorsicht mit der Null

a) 0

b) Rechnung nicht erlaubt, da Division durch 0 nicht möglich ist.

c) Rechnung nicht erlaubt, da Division durch 0 nicht möglich ist.

d) Rechnung nicht erlaubt, da Division durch 0 nicht möglich ist.

e) 0

f) Rechnung nicht erlaubt, da Division durch 0 nicht möglich ist.

26 Holzplatten

a) $3\,\text{cm}^2 : \frac{9}{2}\,\text{cm} = \frac{2}{3}\,\text{cm}$

b) $4\,\text{cm}^2 : \frac{5}{3}\,\text{cm} = \frac{12}{5}\,\text{cm}$

c) $3\,\text{cm}^2 : \frac{7}{2}\,\text{cm} = \frac{6}{7}\,\text{cm}$

d) $\frac{7}{2}\,\text{cm}^2 : \frac{9}{4}\,\text{cm} = \frac{14}{9}\,\text{cm}$

Lösungen zu Seite 225

27 Wasserspender

$5\,\text{l} - \left(7 \cdot \frac{1}{4}\,\text{l} + 3 \cdot \frac{1}{8}\,\text{l}\right) = \frac{23}{8}\,\text{l} = 2\frac{7}{8}\,\text{l}$

Es bleiben noch $2\frac{7}{8}\,\text{l}$ im Wasserspender.

28 Aussagen beurteilen

a) Die Aussage ist falsch. Gegenbeispiel: $2 \cdot \frac{1}{2} = 1 < 2$

b) Die Aussage ist falsch. Gegenbeispiel: $\frac{1}{2} : \frac{1}{4} - 2 > \frac{1}{2}$

c) Die Aussage ist wahr, denn ein unechter Bruch ist immer größer als 1. Damit ist auch die Summe größer als 1. Beispiel: $\frac{11}{5} + \frac{3}{2} = \frac{37}{10} > 1$

d) Die Aussage ist falsch.
Gegenbeispiel: $\frac{2}{3} + \frac{5}{24} = \frac{21}{24} = \frac{7}{8}$

e) Die Aussage ist falsch. Gegenbeispiel: $\frac{1}{2} + \frac{1}{2} = 1$

29 Versunkenes Dorf

a) $1 - \frac{2}{3} - \frac{5}{24} = \frac{3}{24} = \frac{1}{8}$

$\frac{1}{8}$ sind im Seeboden verschwunden,

das bedeutet $\frac{1}{8}$ entsprechen 4,5 m.

$4\frac{1}{2}\,\text{m} \cdot 8 = 36\,\text{m}$ Der Kirchturm ist 36 m hoch.

b) $36\,\text{m} \cdot \frac{5}{24} = \frac{15}{2}\,\text{m} = 7\frac{1}{2}\,\text{m}$

Das Wasser ist an dieser Stelle 7,5 m tief.

30 Geschickt rechnen

a) $\left(\frac{4}{7} + \frac{3}{7}\right) + \frac{1}{2} = \frac{3}{2}$

b) $\frac{1}{3}$

c) $\frac{3}{8} + \frac{6}{8} - \frac{1}{8} - \frac{8}{8} = 0$

d) $5 - \frac{5}{6} + \frac{1}{12} - 4 = 4\frac{1}{6} + \frac{1}{12} - 4 = 4\frac{3}{12} - 4 = \frac{1}{4}$

31 Vom Text zum Rechenausdruck

a) $\left(5 + \frac{3}{4}\right) \cdot \frac{1}{8} - \frac{1}{2} = \frac{7}{32}$

b) $\frac{1}{2} : \frac{2}{5} - \frac{1}{2} \cdot \frac{2}{5} = \frac{21}{20} = 1\frac{1}{20}$

c) $\left(2\frac{1}{8} + 3\frac{1}{2}\right) : \frac{1}{8} = \left(5\frac{5}{8}\right) \cdot 8 = 45$

32 Vom Rechenausdruck zum Text

a) Multipliziere die Summe aus $\frac{3}{4}$ und $\frac{1}{8}$ mit $\frac{5}{7}$ und addiere dann 7.

b) Bilde das Produkt aus $\frac{2}{3}$ und $\frac{9}{14}$ und subtrahiere davon $\frac{1}{7}$.

c) Subtrahiere $\frac{2}{3}$ vom Quotienten aus 5 und $\frac{1}{2}$.

d) Addiere zur Differenz aus $1\frac{3}{4}$ und $\frac{3}{8}$ das Produkt aus $\frac{2}{5}$ und $\frac{5}{8}$.

33 Distributivgesetz nutzen

a) $4 \cdot \frac{3}{2} + 4 \cdot \frac{1}{4} = 6 + 1 = 7$

b) $\frac{3}{2} \cdot \frac{5}{6} - \frac{3}{2} \cdot \frac{1}{3} = \frac{5}{4} - \frac{1}{2} = \frac{3}{4}$

c) $\frac{2}{3} \cdot \frac{9}{4} - \frac{2}{3} \cdot \frac{3}{8} = \frac{3}{2} - \frac{1}{4} = \frac{5}{4}$

d) $\frac{4}{5} \cdot \frac{10}{4} + \frac{4}{5} \cdot \frac{15}{4} = 2 + 3 = 5$

e) $\frac{5}{7} \cdot 42 - \frac{5}{21} \cdot 42 = 5 \cdot 6 - 5 \cdot 2 = 20$

f) $\frac{6}{10} \cdot \frac{5}{3} - \frac{6}{10} \cdot \frac{20}{33} = 1 - \frac{4}{11} = \frac{7}{11}$

g) $\frac{9}{21} \cdot \frac{7}{12} - \frac{9}{21} \cdot \frac{1}{6} = \frac{1}{4} - \frac{1}{14} = \frac{7}{28} - \frac{2}{28} = \frac{5}{28}$

h) $\frac{9}{20} \cdot \frac{5}{3} - \frac{3}{15} \cdot \frac{5}{3} = \frac{3}{4} - \frac{1}{3} = \frac{5}{12}$

34 Distributivgesetz umgekehrt

a) $18 \cdot \left(\frac{5}{8} - \frac{1}{8}\right) = 18 \cdot \frac{1}{2} = 9$

b) $\frac{5}{9} \cdot \left(\frac{5}{11} + \frac{6}{11}\right) = \frac{5}{9}$

c) $\frac{2}{9} \cdot \left(\frac{17}{3} - \frac{7}{6}\right) = \frac{2}{9} \cdot \frac{27}{6} = 1$

d) $\frac{3}{8} \cdot \frac{16}{25} = \frac{6}{25}$

35 Terme – Allerlei

a) $20 + \frac{5}{3} - 10 = 11\frac{2}{3}$

b) $\frac{7}{3} + \frac{16}{3} - \frac{28}{9} = \frac{21}{9} + \frac{48}{9} - \frac{28}{9} = \frac{41}{9} = 4\frac{5}{9}$

c) $\frac{3}{5} + \frac{1}{2} - \frac{4}{5} = \frac{3}{10}$

d) $\frac{2}{3} - \frac{1}{3} \cdot 1 = \frac{1}{3}$

e) $\frac{2}{5} \cdot 1 - \frac{1}{3} = \frac{6}{15} - \frac{5}{15} = \frac{1}{15}$

f) $\frac{3}{11} + \frac{24}{77} : 6 = \frac{21}{77} + \frac{4}{77} = \frac{25}{77}$

g) $\frac{5}{9} \cdot \left(\frac{20}{20}\right) = \frac{5}{9} \cdot 1 = \frac{5}{9}$

h) $\frac{1}{4} \cdot \frac{5}{9} \cdot 8 = \frac{10}{9} = 1\frac{1}{9}$

Stichwortverzeichnis

Bildquellenverzeichnis

|Alamy Stock Photo (RMB), Abingdon/Oxfordshire: Hempel, Shawn 177.4; Lewis, Geraint 117.3; Moran, Noelia 177.3; Otto, Werner 119.2; Purestock/Foto: Mars Rover 135.1; Vinokurov, Nikolay 96.1. |Bundesministerium der Finanzen, Berlin: 127.1. |Druwe & Polastri, Cremlingen/Weddel: 134.4. |fotolia.com, New York: iaroslava 134.6; Kautz15 178.5; Rhönbergfoto 134.2. |imprint, Zusmarshausen: 126.10, 238.1, 238.2, 239.1, 239.2, 239.3, 240.1, 240.2, 240.3, 240.4, 241.1, 241.2, 241.3, 241.4, 241.5, 241.6, 241.7, 241.8, 241.9, 241.10, 241.11, 241.12, 241.13, 241.14, 241.15, 241.16, 241.17, 242.1, 243.1, 243.2, 243.3, 243.4, 243.5, 243.6, 243.7, 243.8, 243.9, 243.10, 243.11, 243.12, 244.1, 244.2, 244.3, 244.4, 244.5, 245.1, 245.2, 245.3, 245.4, 247.1, 247.2, 247.3, 247.4, 247.5, 247.6, 247.7, 247.8, 247.9, 247.10, 248.1, 248.2, 248.3, 248.4, 248.5, 248.6, 248.7, 248.8, 248.9, 248.10, 248.11, 248.12, 248.13, 248.14, 248.15, 248.16, 249.1, 249.2, 249.3, 249.4, 249.5, 249.6, 249.7, 249.8, 249.9, 250.1, 250.2, 250.3, 250.4, 250.5, 250.6, 250.7, 250.8, 250.9, 250.10, 250.11, 250.12, 250.13, 250.14, 250.15, 251.1, 251.2, 251.3, 251.4, 251.5, 251.6, 251.7, 251.8, 257.1, 257.2, 257.3, 257.4, 257.5, 257.6, 257.7, 258.1, 258.2, 258.3, 259.1, 259.2, 259.3, 259.4, 259.5, 259.6, 259.7, 259.8, 259.9, 259.10, 259.11, 259.12, 260.1, 260.2, 260.3, 260.4, 260.5, 260.6, 260.7, 260.8, 260.9, 260.10, 261.1, 261.2, 261.3, 262.1, 262.2, 267.1, 267.3, 267.4. |iStockphoto.com, Calgary: Anghinoni, Marco 127.5; Deagreez 5.4, 226.1; Eloi_Omella 5.1, 162.1; florianfrey 127.2; grafvision 3.2, 34.1; homasha 127.3; Inside Creative House 12.5; irina88w 3.3, 64.1; Koebsch, Martin 127.4; mbongorus 134.5; Mike_Pellinni Titel; typo-graphics 4.3, 144.1; Valeriy_G 77.5, 77.6, 77.7, 77.8, 77.9; xxmmxx Titel. |mauritius images GmbH, Mittenwald: Chromorange/Mainka, Markus 138.1. |Mettin, Markus, Offenbach: 134.3. |Microsoft Deutschland GmbH, München: 14.1, 14.2, 14.3, 14.4, 15.1, 15.2, 15.3, 15.4, 15.5, 15.6, 15.7. |Picture-Alliance GmbH, Frankfurt a.M.: dpa/Weller, Tom 98.1. |Science Photo Library, München: MORENO, ROGELIO 133.1. |Shutterstock.com, New York: Ariya studio Titel, Titel; Ellet, Ross 112.7; FiledIMAGE 176.3; footageclips 172.1; grey_and 5.3, 198.1; Ground Picture 3.1, 8.1; Kletr 4.2, 124.1; mahc 4.1, 56.1, 90.1; Novikov, Sergey 92.1; Parichatphoto Titel; Samborskyi, Roman 5.2, 100.1, 100.2, 100.3, 100.4, 100.5, 182.1, 182.2; UNIKYLUCKK 39.2. |stock.adobe.com, Dublin: Calado 119.1; Ede, Hans und Christa 149.2, 225.1; Foto-Ruhrgebiet 126.9; Kara 106.1; NDABCREATIVITY 117.4; Petair 117.1; Pheby, Barbara 134.1; rukanoga 133.3; Sascha Titel. |Valentinelli, Mario, Rostock: 6.1, 6.2, 6.3, 6.4, 6.5, 6.6, 6.7, 6.8, 7.1, 7.2, 10.1, 10.2, 10.3, 10.4, 10.5, 11.1, 11.2, 11.3, 12.1, 12.2, 12.3, 12.4, 12.6, 12.7, 13.1, 13.2, 13.3, 13.4, 13.5, 13.6, 16.1, 16.2, 16.3, 16.4, 16.5, 16.6, 16.7, 16.8, 16.9, 17.1, 17.2, 17.3, 17.4, 17.5, 18.1, 18.2, 19.1, 19.2, 20.1, 20.2, 20.3, 20.4, 21.1, 21.2, 22.1, 22.2, 22.3, 22.4, 23.1, 23.2, 23.3, 23.4, 23.5, 24.1, 24.2, 24.3, 24.4, 25.1, 25.2, 25.3, 25.4, 26.1, 26.2, 26.3, 27.1, 27.2, 27.3, 27.4, 27.5, 28.1, 28.2, 29.1, 29.2, 29.3, 30.1, 30.2, 30.3, 30.4, 30.5, 32.1, 32.2, 32.3, 32.4, 33.1, 33.2, 36.1, 36.2, 36.3, 36.4, 37.1, 37.2, 37.3, 37.4, 37.5, 37.6, 37.7, 37.8, 38.1, 38.2, 38.3, 38.4, 38.5, 38.6, 38.7, 38.8, 38.9, 39.1, 39.3, 39.4, 39.5, 40.1, 40.2, 40.3, 40.4, 40.5, 41.1, 41.2, 41.3, 41.4, 41.5, 42.1, 42.2, 42.3, 42.4, 43.1, 43.2, 43.3, 43.4, 43.5, 44.1, 44.2, 44.3, 44.4, 44.5, 45.1, 45.2, 45.3, 45.4, 45.5, 45.6, 45.7, 46.1, 46.2, 46.3, 46.4, 46.5, 47.1, 47.2, 47.3, 47.4, 47.5, 47.6, 47.7, 48.1, 48.2, 48.3, 48.4, 49.1, 49.2, 49.3, 49.4, 50.1, 50.2, 50.3, 50.4, 51.1, 51.2, 51.3, 51.4, 51.5, 51.6, 52.1, 52.2, 52.3, 52.4, 52.5, 52.6, 52.7, 53.1, 53.2, 54.1, 55.1, 55.2, 56.2, 56.3, 56.4, 57.1, 57.2, 58.1, 58.2, 58.3, 58.4, 58.5, 59.1, 59.2, 59.3, 59.4, 59.5, 60.1, 60.2, 60.3, 60.4, 60.5, 61.1, 61.2, 61.3, 61.4, 62.1, 62.2, 62.3, 62.4, 63.1, 63.2, 63.3, 66.1, 66.2, 66.3, 66.4, 66.5, 66.6, 66.7, 66.8, 66.9, 67.1, 67.2, 67.3, 67.4, 67.5, 68.1, 68.2, 68.3, 68.4, 68.5, 68.6, 68.7, 68.8, 69.1, 69.2, 69.3, 69.4, 69.5, 69.6, 69.7, 70.1, 70.2, 70.3, 70.4, 70.5, 70.6, 70.7, 71.1, 71.2, 71.3, 72.1, 72.2, 72.3, 72.4, 72.5, 72.6, 72.7, 73.1, 73.2, 73.3, 73.4, 74.1, 74.2, 74.3, 74.4, 74.5, 74.6, 74.7, 75.1, 75.2, 75.3, 75.4, 75.5, 76.1, 76.2, 76.3, 76.4, 76.5, 77.1, 77.2, 77.3, 77.4, 78.1, 78.2, 78.3, 78.4, 79.1, 79.2, 79.3, 79.4, 79.5, 80.1, 80.2, 80.3, 80.4, 80.5, 80.6, 80.7, 80.8, 81.1, 81.2, 81.3, 81.4, 82.1, 82.2, 82.3, 83.1, 83.2, 83.3, 84.1, 84.2, 84.3, 85.1, 85.2, 85.3, 85.4, 86.1, 86.2, 86.3, 86.4, 86.5, 86.6, 86.7, 86.8, 86.9, 87.1, 87.2, 87.3, 87.4, 87.5, 87.6, 87.7, 87.8, 87.9, 87.10, 87.11, 88.1, 88.2, 88.3, 88.4, 89.1, 89.2, 92.2, 92.3, 92.4, 92.5, 93.1, 93.2, 93.3, 93.4, 93.5, 93.6, 93.7, 93.8, 94.1, 94.2, 94.3, 94.4, 94.5, 97.1, 97.2, 98.2, 99.1, 100.6, 100.7, 101.1, 101.2, 101.3, 101.4, 103.1, 103.2, 103.3, 103.4, 104.1, 104.2, 105.1, 105.2, 105.3, 105.4, 105.5, 105.6, 106.2, 106.3, 106.4, 107.1, 107.2, 107.3, 107.4, 107.5, 107.6, 107.7, 108.1, 108.2, 108.3, 109.1, 109.2, 109.3, 110.1, 110.2, 110.3, 110.4, 110.5, 110.6, 111.1, 111.2, 111.3, 112.1, 112.2, 112.3, 112.4, 112.5, 112.6, 112.8, 113.1, 114.1, 114.2, 114.3, 115.1, 116.1, 116.2, 117.2, 118.1, 118.2, 126.1, 126.2, 126.3, 126.4, 126.5, 126.6, 126.7, 126.8, 127.6, 127.7, 128.1, 128.2, 128.3, 129.1, 130.1, 130.2, 131.1, 132.1, 132.2, 132.3, 132.4, 133.2, 134.7, 134.8, 134.9, 134.10, 135.2, 135.3, 136.1, 136.2, 136.3, 136.4, 137.1, 137.2, 137.3, 137.4, 138.2, 138.3, 138.4,

138.5, 138.6, 138.7, 139.1, 139.2, 141.1, 142.1, 143.1, 146.1, 146.2, 146.3, 146.4, 147.1, 147.2, 147.3, 147.4, 147.5, 147.6, 148.1, 148.2, 148.3, 148.4, 148.5, 148.6, 148.7, 148.8, 149.1, 149.3, 149.4, 149.5, 149.6, 150.1, 150.2, 150.3, 150.4, 150.5, 151.1, 151.2, 151.3, 151.4, 151.5, 152.1, 152.2, 152.3, 152.4, 152.5, 153.1, 153.2, 153.3, 153.4, 153.5, 154.1, 154.2, 154.3, 154.4, 154.5, 154.6, 154.7, 155.1, 155.2, 155.3, 155.4, 156.1, 156.2, 156.3, 156.4, 156.5, 156.6, 156.7, 157.1, 157.2, 157.3, 157.4, 157.5, 158.1, 158.2, 159.1, 159.2, 159.3, 159.4, 159.5, 159.6, 159.7, 159.8, 159.9, 159.10, 159.11, 159.12, 160.1, 160.2, 160.3, 161.1, 161.2, 161.3, 161.4, 164.1, 164.2, 164.3, 164.4, 164.5, 164.6, 164.7, 165.1, 165.2, 165.3, 166.1, 166.2, 166.3, 166.4, 166.5, 166.6, 166.7, 166.8, 166.9, 166.10, 166.11, 167.1, 168.1, 169.1, 170.1, 170.2, 170.3, 170.4, 170.5, 170.6, 171.1, 171.2, 171.3, 171.4, 172.2, 173.1, 173.2, 173.3, 173.4, 174.1, 174.2, 174.3, 174.4, 174.5, 175.1, 175.2, 175.3, 175.4, 176.1, 176.2, 177.1, 177.2, 178.1, 178.2, 178.3, 178.4, 179.1, 179.2, 179.3, 179.4, 179.5, 180.1, 181.1, 181.2, 181.3, 184.1, 184.2, 184.3, 185.1, 185.2, 185.3, 185.4, 186.1, 187.1, 187.2, 187.3, 187.4, 188.1, 189.1, 190.1, 190.2, 191.1, 191.2, 191.3, 191.4, 192.1, 192.2, 192.3, 192.4, 193.1, 193.2, 193.3, 194.1, 194.2, 194.3, 195.1, 195.2, 195.3, 195.4, 195.5, 195.6, 197.1, 200.1, 200.2, 200.3, 200.4, 200.5, 200.6, 200.7, 201.1, 201.2, 201.3, 201.4, 201.5, 202.1, 202.2, 202.3, 202.4, 202.5, 202.6, 203.1, 204.1, 204.2, 204.3, 204.4, 204.5, 205.1, 205.2, 206.1, 206.2, 206.3, 206.4, 206.5, 207.1, 207.2, 207.3, 208.1, 208.2, 209.1, 209.2, 209.3, 210.1, 210.2, 210.3, 210.4, 210.5, 211.1, 211.2, 211.3, 212.1, 212.2, 212.3, 213.1, 213.2, 213.3, 213.4, 214.1, 214.2, 214.3, 215.1, 216.1, 217.1, 217.2, 218.1, 218.2, 219.1, 219.2, 220.1, 220.2, 220.3, 220.4, 220.5, 221.1, 222.1, 222.2, 222.3, 224.1, 224.2, 228.1, 228.2, 228.3, 228.4, 228.5, 228.6, 228.7, 228.8, 228.9, 228.10, 228.11, 228.12, 228.13, 228.14, 228.15, 228.16, 228.17, 228.18, 229.1, 229.2, 229.3, 229.4, 229.5, 229.6, 229.7, 229.8, 229.9, 229.10, 229.11, 229.12, 229.13, 229.14, 229.15, 229.16, 229.17, 229.18, 230.1, 230.2, 230.3, 230.4, 230.5, 230.6, 230.7, 230.8, 230.9, 230.10, 230.11, 230.12, 230.13, 230.14, 230.15, 230.16, 230.17, 230.18, 231.1, 231.2, 231.3, 231.4, 231.5, 231.6, 231.7, 231.8, 231.9, 231.10, 231.11, 231.12, 231.13, 231.14, 231.15, 231.16, 231.17, 231.18, 265.1, 265.2, 267.2.